HANDBUCH DER ANALYTISCHEN CHEMIE

HERAUSGEGEBEN
VON
W. FRESENIUS UND G. JANDER
WIESBADEN GREIFSWALD

ZWEITER TEIL
QUALITATIVE NACHWEISVERFAHREN

BAND VIII b β
ELEMENTE DER ACHTEN NEBENGRUPPE
II
(PLATINMETALLE)

SPRINGER-VERLAG BERLIN HEIDELBERG GMBH
1951

ELEMENTE DER ACHTEN NEBENGRUPPE

II

PLATINMETALLE

PLATIN · PALLADIUM · RHODIUM · IRIDIUM
RUTHENIUM · OSMIUM

BEARBEITET VON

G. BAUER

SPEKTROCHEMISCHE ANALYSENMETHODEN

VON

K. RUTHARDT

MIT 9 ABBILDUNGEN

SPRINGER-VERLAG BERLIN HEIDELBERG GMBH
1951

ISBN 978-3-662-23565-2 ISBN 978-3-662-25642-8 (eBook)
DOI 10.1007/978-3-662-25642-8

URSPRÜNGLICH ERSCHIENEN BEI SPRINGER-VERLAG OHG., BERLIN/GÖTTINGEN/HEIDELBERG 1951

Inhaltsverzeichnis.

Verzeichnis der Zeitschriften und ihrer Abkürzungen.

Abkürzung	Zeitschrift
A.	LIEBIGS Annalen der Chemie; bis **172** (1874): Annalen der Chemie und Pharmacie.
Acc. Sci. med. Ferrara	Accademia delle scienze mediche di Ferrara.
A. Ch.	Annales de Chimie; vor 1914: Annales de Chimie et de Physique.
Acta Comment. Univ. Tartu	Acta et Commentationes Universitatis Tartuensis (Dorpatensis).
Acta med. Scand.	Acta Medica Scandinavica.
Agricultura	Agricultura.
Am. Chem. J. (Am. Ch.)	American Chemical Journal; seit 1917 vereinigt mit Am. Soc.
Am. Fertilizer	The American Fertilizer.
Am. J. Physiol.	American Journal of Physiology.
Am. J. Sci.	American Journal of Science.
Am. Soc.	Journal of the American Chemical Society.
Am. Soc. Test. Mater. (Am. Soc. Testing Materials)	American Society of Testing Materials.
Anal. Chem.	Analytical Chemistry, früher Ind. Eng. Chem. Anal. Edit.
Anal. chim. Acta	Analytica chimica acta.
Analyst	The Analyst.
An. Argentina	Anales de la asociación química Argentina.
An. Españ.	Anales de la sociedad española de física y química; seit 1941: Anales de fisica y quimica (Madrid).
An. Farm. Bioquim.	Anales de farmacia y bioquímica (Buenos Aires).
Angew. Ch.	Angewandte Chemie, vor 1932: Zeitschrift für angewandte Chemie.
Ann. Acad. Sci. Fenn.	Annales academiae scientiarum fennicae.
Ann. agronom.	Annales agronomiques.
Ann. Chim. anal.	Annales de Chimie analytique et de Chimie appliquée.
Ann. Chim. appl(ic).	Annali di chimica applicata.
Ann. Falsific.	Annales des Falsifications et des Fraudes.
Ann. Office nat. Combustibles liquides	Annales de l'Office National des Combustibles Liquides.
Ann. Phys.	Annalen der Physik (GRÜNEISEN und PLANCK).
Ann. Sci. agronom. Franç.	Annales de la Science agronomique française et étrangère; nach 1930: Annales agronomiques.
Ann. Soc. Sci. Bruxelles	Annales de la société scientifique de Bruxelles, Série A: Sciences mathématiques; Série B: Sciences physiques et naturelles.
Anz. Akad. Wiss. Wien, math.-naturwiss. Kl.	Anzeiger der Akademie der Wissenschaften in Wien, Mathematische-Naturwissenschaftliche Klasse.
Anz. Krakau. Akad.	Anzeiger der Akademie der Wissenschaften, Krakau.
Apoth.-Z.	Apotheker-Zeitung.
Ar.	Archiv der Pharmazie.
Arch. Eisenhüttenw.	Archiv für das Eisenhüttenwesen.
Arch. exp. Pathol.	Archiv für experimentelle Pathologie und Pharmakologie (NAUNYN-SCHMIEDEBERG).
Arch. Math. Naturvidensk (Arch. F. Mathem. og Naturvid.)	Archiv for Mathematik og Naturvidenskab.
Arch. Néerland. Physiol.	Archives Néerlandaises de Physiologie de l'Homme et des Animaux.
Arch. Phys. biol.	Archives de Physique biologique et de Chimie-Physique des Corps organisés.
Arch. Physiol.	Archiv für die gesamte Physiologie des Menschen und der Tiere (PFLÜGER).
Arch. Sci. biol.	Archivio di scienze biologiche (Italy).
Arch. Sci. phys. nat. Genève	Archives des Sciences physiques et naturelles, Genève.

Abkürzung	Zeitschrift
Atti Accad. Lincei	Atti della Reale Accademia nazionale dei Lincei.
Atti Accad. Sci. Torino	Atti della Reale Accademia delle Scienze di Torino.
Atti Congr. naz. Chim. pura applic.	Atti del congresso nazionale di chimica pura ed applicata.
Atti X Congr. int. Chim., Roma (Atti Congr. int. Chim. Roma)	Atti del X Congresso Internazionale di Chimica (Roma).
Austr. J. exp. Biol. med. Sci.	Australian Journal of Experimental Biology and Medical Science.
B.	Berichte der Deutschen Chemischen Gesellschaft.
Ber. dtsch. keram. Ges.	Berichte der Deutschen Keramischen Gesellschaft.
Ber. dtsch. pharm. Ges.	Berichte der Deutschen Pharmazeutischen Gesellschaft.
Ber. oberhess. Ges. Naturk.	Bericht der oberhessischen Gesellschaft für Natur- und Heilkunde.
Ber. Wien. Akad.	Sitzungsberichte der Akademie der Wissenschaften, Wien.
Betriebslab.	Betriebslaboratorium; russ.: Sawodskaja Laboratorija.
Biochem. J.	Biochemical Journal.
Biol. Bl.	Biological Bulletin of the Marine Biological Laboratory; seit 1930: Biological Bulletin.
Bio. Z.	Biochemische Zeitschrift.
Bl.	Bulletin de la Société chimique de France; vor 1907: Bulletin de la Société chimique de Paris.
Bl. Acad. Roum.	Bulletin de la section scientifique de l'Académie Roumaine.
Bl. Acad. Russie	Bulletin de l'Academie des Sciences de Russie; seit 1925: Bl. Acad. URSS.
Bl. Acad. Sci. Pétersb.	Bulletin de l'Académie impériale des Sciences, Pétersbourg; seit 1917: Bl. Acad. Russie.
Bl. Acad. URSS.	Bulletin de l'Académie des Sciences de l'U[nion des] R[épubliques] S[oviétiques] S[ocialistes].
Bl. Acad. URSS., Sér. chim.	Bulletin de l'Académie des Sciences de l'U[nion des] R[épubliques] S[oviétiques] S[ocialistes], Sér. chimique.
Bl. agric. chem. Soc. Japan	Bulletin of the Agricultural Chemical Society of Japan.
Bl. Am. phys. Soc.	Bulletin of the American Physical Society.
Bl. Assoc. techn. Fonderie (Bull. [Ass.] techn. Fonderie)	Bulletin de l'Association Technique de Fonderie.
Bl. Biol. pharm.	Bulletin des Biologistes pharmaciens.
Bl. Bur. Mines Washington	Bulletin, Bureau of Mines, Washington.
Bl. chem. Soc. Japan	Bulletin of the Chemical Society of Japan.
Bl. Chim. pura apl. Bukarest (B. Chim. pura aplicata Bukarest)	Buletinul de Chimie Pură si Aplicată (al Societătii Române de Chimie) Bukarest.
Bl. Inst. physic. chem. Res. (Abstr.) Tôkyô	Bulletin of the Institute of Physical and Chemical Research, Abstracts, Tôkyô.
Bl. Sci. pharmacol.	Bulletin des Sciences pharmacologiques.
Bl. Soc. chim. Belg.	Bulletin de la Société chimique de Belgique.
Bl. Soc. Chim. biol.	Bulletin de la Société de Chimie biologique.
Bl. Soc. chim. Paris	Vgl. Bl.
Bl. Soc. Min.	Bulletin de la Société française de Minéralogie.
Bl. Soc. Mulhouse	Bulletin de la Société industrielle de Mulhouse.
Bl. Soc. Pharm. Bordeaux	Bulletin des Travaux de la Société de Pharmacie de Bordeaux.
Bl. Soc. România	Buletinul societatii de chimie din România.
Bodenkunde Pflanzenernähr.	Bodenkunde und Pflanzenernährung: 1. Folge (Band **1** bis **45**) heißt: Zeitschrift für Pflanzenernährung, Düngung und Bodenkunde.
Boll. chim. farm.	Bolletino chimico-farmaceutico.
Branntwein-Ind. (russ.)	Branntwein-Industrie (russisch).
Brit. chem. Abstr.	British Chemical Abstracts.
Bur. Stand. J. Res.	Bureau of Standards Journal of Research.
C.	Chemisches Zentralblatt.
Canad. Chem. Metallurgy (Can. Chem. Met.)	Canadian Chemistry and Metallurgy; ab Bd. **22** (1938): Canadian Chemistry and Process Industries.
Canadian J. Res.	Canadian Journal of Research.
Časopis českoslov. Lékárn.	Časopis československého, Lékárnictva.

Abkürzung	Zeitschrift
Cereal Chem.	Cereal Chemistry.
Chem. Abstr.	Chemical Abstracts.
Chem. Age	Chemical Age.
Chem. Apparatur	Chemische Apparatur.
Chem. eng. min. Rev.	Chemical Engineering and Mining Review.
Chem. Ind.	Chemistry and Industry.
Chemisat. soc. Agric. (Chemisat. socialist. Agr.) (russ.)	Chemisation of Socialistic Agriculture (russisch).
Chemist-Analyst	The Chemist-Analyst.
Chem. J. Ser. A	Chemisches Journal Serie A, Journal für allgemeine Chemie; russ.: Chimitscheski Shurnal Sser. A, Shurnal obschtschei Chimii.
Chem. J. Ser. B	Chemisches Journal Serie B, Journal für angewandte Chemie; russ.: Chimitscheski Shurnal Sser. B, Shurnal prikladnoi Chimii.
Chem. Listy	Chemické Listy pro vědu a průmysl.
Chem. Metallurg. Eng. (Chem. Met. Engin.)	Chemical and Metallurgical Engineering.
Chem. N.	Chemical News.
Chem. Obzor	Chemický Obzor.
Chem. Reviews	Chemical Reviews.
Chem. social. Agric.	Chemisation of socialistic Agriculture; russ.: Chimisazia ssozialistitscheskogo Semledelija.
Chem. Trade. J. chem. Engr. (Chem. Trade J.)	Chemical Trade Journal and Chemical Engineer.
Chem. Weekbl.	Chemisch Weekblad.
Ch. Fabr.	Die chemische Fabrik.
Chim. e Ind. (Milano)	Chimica e Industria (Milano).
Chim. Ind.	Chimie & Industrie.
Chim. Ind. 17. Congr. Paris	Chimie & Industrie, 17. Congrès, Paris.
Ch. Ind.	Die chemische Industrie.
Ch. Z.	Chemiker-Zeitung.
Ch. Z. Chem. techn. Übersicht	Chemiker-Zeitung, Chemisch-technische Übersicht.
Ch. Z. Repert.	Chemiker-Zeitung, Repertorium.
Coll. Trav. chim. Tchécosl.	Collection des Travaux chimiques de Tchécoslovaquie.
C. r.	Comptes rendus de l'Académie des Sciences.
C. r. Acad. URSS.	Comptes rendus (Doklady) de l'académie des sciences de l'U[nion des] R[épubliques] S[oviétiques] S[ocialistes].
C. r. Carlsberg	Comptes rendus des Travaux du Laboratoire de Carlsberg.
C. r. Soc. Biol.	Comptes rendus de la Société de Biologie.
Current Sci.	Current Science.
Dansk Tidsskr. Farm.	Dansk Tidsskrift for Farmaci.
Dingl. J.	DINGLERS Polytechnisches Journal.
Dtsch. med. Wschr.	Deutsche medizinische Wochenschrift.
Dtsch. tierärztl. Wschr.	Deutsche tierärztliche Wochenschrift.
Eng. Min. Journ.	Engineering and Mining Journal.
E. P.	Englisches Patent.
Erzmetall	Zeitschrift für Erzbergbau und Metallhüttenwesen; neue Folge von „Metall und Erz".
Fenno-Chem.	Fenno-Chemica.
Finska Kemistsamfundets Medd.	Finska Kemistsamfundets Meddelanden; fortgesetzt unter der Bezeichnung: Fenno-Chemica.
Fortschr. Chem. Physik physik. Chem.	Fortschritte der Chemie, Physik und physikalischen Chemie.
Fr.	Zeitschrift für analytische Chemie (FRESENIUS).
G.	Gazzetta chimica italiana.
Gas- und Wasserfach	Das Gas- und Wasserfach; vor 1922: Journal für Gasbeleuchtung sowie für Wasserversorgung.
Gen. electr. Rev. (General Electric Rev.)	General Electric Review.
Giorn. Biol. appl. Ind. chim. aliment. (G. Biol. appl. Ind. chim.)	Giornale di Biologia Applicata alla Industria Chimica ed Alimentare; ab Bd. **5** (1935): Giornale di Biologia Industriale Agraria ed Alimentare.

Abkürzung	Zeitschrift
Giorn. Chim. ind. ed applic. (Giorn. Chim. ind. appl.)	Giornale di Chimica Industriale ed Applicata.
Glastechn. Ber.	Glastechnische Berichte.
Glückauf	Glückauf, berg- und hüttenmännische Zeitschrift.
H.	Zeitschrift für physiologische Chemie (HOPPE-SEYLER).
Helv.	Helvetica chimica acta.
Ind. Chemist (chem. Manufacturer) (Ind. Chemist. a. Chemical Manufacturer)	Industrial Chemist and Chemical Manufacturer.
Ind. chimica	L'Industria chimica, mineraria e metallurgica.
Ind. eng. Chem.	Industrial and Engineering Chemistry.
Ind. eng. Chem. Anal. Edit.	Industrial and Engineering Chemistry, Analytical Edition.
Ing. Chimiste (Bruxelles)	Ingénieur Chimiste (Bruxelles).
Internat. Sugar J.	International Sugar Journal.
J. agric. Sci.	Journal of Agricultural Science.
J. Am. ceram. Soc.	Journal of the American Ceramic Society.
J. Am. Leather Chem.	Journal of the American Leather Chemists' Association.
J. Am. med. Assoc.	Journal of the American Medical Association.
J. Am. pharm. Assoc.	Journal of the American Pharmaceutical Association.
J. Am. Soc. Agron.	Journal of the American Society of Agronomy.
J. Am. Water Works Assoc.	Journal of the American Water Works Association.
J. anal. appl. Chem.	Journal of Analytical and Applied Chemistry.
J. Assoc. offic. agric. Chem.	Journal of the Association of Official Agricultural Chemists.
J. Biochem.	Journal of Biochemistry (Japan).
J. biol. Chem.	Journal of Biological Chemistry.
Jbr.	Jahresberichte über die Fortschritte der Chemie (LIEBIG und KOPP), 1847—1910.
Jb. Radioakt.	Jahrbuch der Radioaktivität und Elektronik.
J. chem. Educat.	Journal of Chemical Education.
J. chem. Ind.	Journal der chemischen Industrie; russ.: Shurnal Chimitscheskoi Promyschlennosti.
J. chem. Physics (J. chem. Phys.)	Journal of Chemical Physics.
J. chem. Soc.	Journal of the Chemical Society of London.
J. chem. Soc. Japan	Journal of the Chemical Society of Japan.
J. Chim. appl. (J. chem. applic.) (russ.)	Journal de Chimie Appliquée (russisch).
J. Chim. phys.	Journal de Chimie physique; seit 1931: ... et Revue générale des Colloides.
J. chos. med. Assoc.	Journal of the Chosen Medical Association (Japan).
Jernkont. Ann.	Jernkontorets Annaler.
J. ind. eng. Chem.	Journal of Industrial and Engineering Chemistry; seit 1923: Ind. eng. Chem.
J. Indian chem. Soc.	Journal of the Indian Chemical Society.
J. Indian Inst. Sci.	Journal of the Indian Institute of Science.
J. Inst. Brew.	Journal of the Institute of Brewing.
J. Inst. Petrol. Tech.	Journal of the Institution of Petroleum Technologists.
J. Iron Steel Inst.	Journal of the Iron and Steel Institute.
J. Labor clin. Med.	Journal of Laboratory and Clinical Medicine.
J. Landwirtsch.	Journal für Landwirtschaft.
J. of Hyg. (Brit.)	Journal of Hygiene (britisch).
J. opt. Soc. Am.	Journal of the Optical Society of America.
J. Pharm. Belg.	Journal de Pharmacie de Belgique.
J. Pharm. Chim.	Journal de Pharmacie et de Chimie.
J. pharm. Soc. Japan	Journal of the Pharmaceutical Society of Japan.
J. physic. Chem.	Journal of Physical Chemistry.
J. Physiol.	Journal of Physiology.
J. pr.	Journal für praktische Chemie.
J. Pr. Austr. chem. Inst.	Journal and Proceedings of the Australian Chemical Institute
J. Res. Nat. Bureau of Standards	Journal of Research of the National Bureau of Standards, früher: Bur. Stand. J. Res.
J. Russ. phys.-chem. Ges.	Journal der russischen physikalisch-chemischen Gesellschaft.
J. S. African chem. Inst.	Journal of the South African Chemical Institute.

Abkürzung	Zeitschrift
J. Sci. Soil Manure	Journal of the Sciences of Soil and Manure (Japan).
J. Soc. chem. Ind.	Journal of the Society of Chemical Industrie (Chemistry and Industry).
J. Soc. chem. Ind. Japan (Suppl.)	Journal of the Society of Chemical Industry, Japan. Supplement.
J. Soc. Dyers Colourists	Journal of the Society of Dyers and Colourists.
J. Washington Acad. Sci.	Journal of the Washington Academy of Sciences.
J. Zucker-Ind.	Journal der Zuckerindustrie; russ.: Shurnal Sakharnoi Promyschlennosti.
Keem. Teated	Keemia Teated (Tartu).
Kem. Maanedsbl. nord. Handelsbl. kem. Ind.	Kemisk Maanedsblad og Nordisk Handelsblad for Kemisk Industri.
Klin. Wschr.	Klinische Wochenschrift.
Koks u. Chem. (russ.)	Koks und Chemie (russisch).
Kolloidchem. Beih.	Kolloidchemische Beihefte.
Kolloid-Z.	Kolloid-Zeitschrift.
Lantbruks-Akad. Handl. Tidskr.	Kungl. Lantbruks-Akademiens Handlingar och Tidskrift.
Lantbruks-Högskol. Ann.	Lantbruks-Högskolans Annaler.
L. V. St.	Landwirtschaftliche Versuchsstationen.
M.	Monatshefte für Chemie.
Magyar Chem. Folyóirat	Magyar Chemiai Folyóirat (Ungarische chemische Zeitschrift).
Malayan agric. J.	Malayan Agricultural Journal.
Medd. Centralanst. Försöksväs. jordbruks., landwirtsch.-chem. Abt.	Meddelande från Centralanstalten för Försöksväsendet på Jordbruksområdet, landbrukskemi.
Medd. Nobelinst.	Meddelanden från K. Vetenskapsakademiens Nobelinstitut.
Med. Doswiadczalna i Spoleczna	Medycyna Doswiadczalna i Spoleczna.
Mem. Sci. Kyoto Univ.	Memoirs of the College of Science, Kyoto Imperial University
Metal Ind. (London)	Metal Industry (London).
Metallurgia ital. (Metallurg. Ital.)	Metallurgia Italiana.
Metallwirtschaft (Metallwirtsch., Metallwiss., Metalltechn.)	Metallwirtschaft, Metallwissenschaft, Metalltechnik.
Met. Erz	Metall und Erz.
Mikrochemie (Mikrochem.)	Mikrochemie, vereinigt mit Mikrochimica acta.
Mikrochim. A.	Mikrochimica acta.
Milchw. Forsch.	Milchwirtschaftliche Forschungen.
Mitt. berg- u. hüttenmänn. Abt. kgl. ung. Palatin-Joseph-Universität Sopron	Mitteilungen der berg- und hüttenmännischen Abteilung der königlich ungarischen Palatin-Joseph-Universität, Sopron.
Mitt. Forsch.-Anst. G. H. Hütte (Gutehoffnungshütte-Konzerns)	Mitteilungen aus den Forschungsanstalten des Gutehoffnungshütte-Konzerns.
Mitt. Geb. Lebensmitteluntersuch. Hyg.	Mitteilungen auf dem Gebiet der Lebensmitteluntersuchung und Hygiene.
Mitt. Kali-Forsch.-Anst.	Mitteilungen der Kali-Forschungsanstalt.
Mitt. K.W.I. Eisenforschg (Düsseldorf)	Mitteilungen aus dem Kaiser-Wilhelm-Institut für Eisenforschung zu Düsseldorf.
Nachr. Götting. Ges.	Nachrichten der Kgl. Gesellschaft der Wissenschaften, Göttingen; seit 1923 fällt „Kgl." fort.
Nature	Nature (London).
Naturwiss.	Naturwissenschaften.
Natuurwetensch. Tijdschr.	Natuurwetenschappelijk Tijdschrift.
Nederl. Tijdschr. Geneesk.	Nederlandsch Tijdschrift voor Geneeskunde.
Neues Jahrb. Mineral. Geol.	Neues Jahrbuch für Mineralogie, Geologie und Paläontologie.
New Zealand J. Sci. Tech.	New Zealand Journal of Science and Technology.
Öst. Ch. Z.	Österreichische Chemiker-Zeitung.
Onderstepoort J. Vet. Sci.	Onderstepoort Journal of Veterinary Science and Animal Industry.
P. C. H.	Pharmazeutische Zentralhalle.

Abkürzung	Zeitschrift
Ph. Ch.	Zeitschrift für physikalische Chemie.
Pharm. Weekbl.	Pharmaceutisch Weekblad.
Pharm. Z.	Pharmazeutische Zeitung.
Phil. Mag.	Philosophical Magazine and Journal of Science.
Phil. Trans.	Philosophical Transactions of the Royal Society of London.
Phys. Rev.	Physical Review.
Phys. Z.	Physikalische Zeitschrift.
Plant Physiol.	Plant Physiology.
Pogg. Ann.	Annalen der Physik und Chemie, herausgegeben von POGGENDORFF (1824—1877); dann Wied. Ann. (1877—1899); seit 1900: Ann. Phys.
Pr. Am. Acad.	Proceedings of the American Academy of Arts and Sciences, Boston.
Pr. Am. Soc. Test. Mater. (Pr. Am. Soc. for testing Materials)	Proceedings of the American Society for Testing Materials.
Pr. (chem. Soc.)	Proceedings of the Chemical Society (London).
Pr. Indian Acad. Sci.	Proceedings of the Indian Academy of Sciences.
Pr. internat. Soc. Soil Sci.	Proceedings of the International Society of Soil Science.
Pr. Leningrad Dept. Inst. Fert.	Proceedings of the Leningrad Departmental Institute of Fertilizers.
Pr. Roy. Soc. Edinburgh	Proceeding of the Royal Society of Edinburgh.
Pr. Roy Soc. London Ser. A	Proceedings of the Royal Society (London). Serie A: Mathematical and Physical Sciences.
Pr. Roy Soc. New South Wales	Proceedings of the Royal Society of New South Wales.
Pr. Soc. Cambridge	Proceedings of the Cambridge Philosophical Society.
Problems Nutrit.	Problems of Nutrition; russ.: Woprossy Pitanija.
Pr. Oklahoma Acad. Sci.	Proceedings of the Oklahoma Academy of Science.
Pr. Soc. exp. Biol. Med.	Proceedings of the Society for Experimental Biology and Medicine.
Pr. Utah Acad. Sci.	Proceedings of the Utah Academy of Sciences.
Przemysl Chem.	Przemysl Chemiczny.
Publ. Health Rep.	Public Health Reports.
R.	Recueil des Travaux chimiques des Pays-Bas.
Radium	Le Radium, seit 1920: Journal de Physique et Le Radium.
Rep. Connecticut agric. Exp. Stat.	Report of the Connecticut Agricultural Experiment Station.
Repert. anal. Chem.	Repertorium der analytischen Chemie (1881—1887).
Répert. Chim. appl.	Répertoire de Chimie pure et appliquée (von 1864 ab: Bulletin de la Société chimique de France).
Rep. Invest. (Rep. Investig.)	United States Department Interior, Bureau of Mines, Report of Investigation.
Rev. brasil. chim. (Revista brasileira de chimica)	Revista Brasileira de Chimica (São Paulo).
Rev. Centro Estud. Farm. Bioquim.	Revista del centro estudiantes de farmacia y bioquímica.
Rev. Mét.	Revue de Métallurgie.
Rev. univ. des Min.	Revue universelle des Mines.
Roczniki Chem.	Roczniki Chemji.
Schweiz. Apoth. Z.	Schweizerische Apotheker-Zeitung.
Schweiz. med. Wschr.	Schweizerische medizinische Wochenschrift.
Schw. J.	SCHWEIGGERS Journal für Chemie und Physik (Nürnberg, Berlin 1811—1833, 68 Bde.).
Science	Science (New York).
Sci. Pap. Inst. Tôkyô	Scientific Papers of the Institute of Physical and Chemical Research Tôkyô.
Sci. quart. nat. Univ. Peking	Science Quarterly of the National University of Peking.
Sci. Rep. Tôhoku (Imp. Univ.)	Science Reports of the Tôhoku Imperial University.
Skand. Arch. Physiol.	Skandinavisches Archiv für Physiologie.
Soc.	Journal of the Chemical Society of London.

Abkürzung	Zeitschrift
Soc. chem. Ind. Victoria (Proc.)	Society of Chemical Industry of Viktoria, Proceedings.
Soil Sci.	Soil Science.
Spectrochim. Acta	Spectrochimica Acta.
Sprechsaal	Sprechsaal für Keramik-Glas-Email.
Stahl Eisen	Stahl und Eisen.
Svensk Tekn. Tidskr.	Svensk Teknisk Tidskrift.
Sv. V.A.H. (SvVAH, Sv. Vet. Akad. Handl.)	Svenska Vetenskaps-Akademiens-Handlingar.
Techn. Mitt. Krupp	Technische Mitteilungen KRUPP.
Tôhoku J. exp. Med.	Tôhoku Journal of Experimental Medicine.
Trans. Am. electrochem. Soc.	Transactions of the American Electrochemical Society.
Trans. Am. Inst. min. metalling. Eng. (Trans. Am. Inst. Min. Eng.)	Transactions of the American Institute of Mining and Metallurgical Engineers.
Trans. Butlerov Inst. chem. Technol. Kazan	Transactions of the BUTLEROV Institute; (seit 1935: KIROV Institute) for Chemical Technology of Kazan.
Trans. ceram. Soc. England	Transactions of the Ceramic Society, England; ab Bd. **38** (1939): Transactions of the British Ceramic Society.
Trans. Dublin Soc.	Scientific Transactions of the Royal Dublin Society.
Trans. Faraday Soc.	Transactions of the FARADAY Society.
Trans. Roy. Soc. Edinburgh	Transactions of the Royal Society of Edinburgh.
Trans. sci. Inst. Fert.	Transactions of the Scientific Institute of Fertilizers and Insectofungicides (USSR.).
Trans. Sci. Soc. China	Transactions of the Science Society of China.
Trav. Inst. Etat Radium (russ.)	Travaux de l'Institut d'Etat de Radium (russisch).
Trav. Lab. biogéochim. Acad. Sci. URSS.	Travaux du laboratoire biogéochimique de l'académie des sciences de l'U[nion des] R[épubliques] S[oviétiques] S[ocialistes].
Uchen. Zapiski Kazan. Gosud. Univ.	Uchenye Zapiski Kazanskogo Gosudarstvennogo Universiteta (USSR.).
Ukrain. chem. J.	Ukrainian Chemical Journal (Journal chimique de l'Ukraine).
Union pharm.	Union pharmaceutique.
Union S. Africa Dept. Agric.	Union of South Africa. Department of Agriculture.
Univ. Illinois Bl.	University of Illinois, Bulletin.
U.S. Dep. Commerce Bur. Mines Bl. (U.S. Bur. Min. B.)	U.S. Department of Commerce, Bureau of Mines, Bulletin.
U.S. Dep. Interior Bur. (U.S. Mines Bull.)	United States Department of the Interior, Bureau of Mines, Bulletin.
U.S. Dept. Agric. Bl.	United States Department of Agriculture, Bulletins.
U.S. Geol. Surv. Bl.	United States Geological Survey Bulletin.
Verh. phys. Ges.	Verhandlungen der Deutschen physikalischen Gesellschaft.
Vorratspflege u. Lebensmittelforsch.	Vorratspflege und Lebensmittelforschung.
Washington Acad. Science	Journal of the Washington Academy of Sciences.
Wschr. Brauerei	Wochenschrift für Brauerei.
Wied. Ann.	Annalen der Physik und Chemie, herausgegeben von WIEDEMANN; s. Pogg. Ann.
Wien. klin. Wschr.	Wiener klinische Wochenschrift.
Wien. med. Wschr.	Wiener medizinische Wochenschrift.
Wiss. Nachr. Zucker-Ind.	Wissenschaftliche Nachrichten der Zuckerindustrie (ukrain.).
Wiss. Veröffentl. Siemens-Konzern	Wissenschaftliche Veröffentlichungen aus dem SIEMENS-Konzern (seit 1935: aus den SIEMENS-Werken).
Z. anorg. Ch.	Zeitschrift für anorganische und allgemeine Chemie.
Zbl. Min. Geol. Paläont. Abt. A	Zentralblatt für Mineralogie, Geologie und Paläontologie, Abt. A: Mineralogie und Petrographie.
Z. Chem. Ind. Kolloide	Zeitschrift für Chemie und Industrie der Kolloide; seit 1913: Kolloid-Zeitschrift.
Z. Deutsch. Öl- u. Fettind.	Zeitschrift für Deutsche Öl- und Fettindustrie.
Z. El. Ch.	Zeitschrift für Elektrochemie.

Abkürzung	Zeitschrift
Zentr. wiss. Forsch.-Inst. Leder-Ind.	Zentrales wissenschaftliches Forschungsinstitut für die Lederindustrie; russ.: Zentralny nautschno-issledowatelski Institut koshewennoi Promyschlennosti, Sbornik Rabot.
Z. ges. Brauw.	Zeitschrift für das gesamte Brauwesen.
Z. ges. Kältetechnik (-Industrie)	Zeitschrift für die gesamte Kältetechnik (-Industrie).
Z. Hygiene	Zeitschrift für Hygiene und Infektionskrankheiten.
Z. klin. Med.	Zeitschrift für klinische Medizin.
Z. Kryst.	Zeitschrift für Krystallographie und Mineralogie.
Z. landw. Vers.-Wes. Österr.	Zeitschrift für das landwirtschaftliche Versuchswesen in Deutsch-Österreich; 1925—1933 genannt: Fortschritte der Landwirtschaft.
Z. Lebensm.	Zeitschrift für Untersuchung der Lebensmittel; bis 1925: Zeitschrift für Untersuchung der Nahrungs- und Genußmittel sowie der Gebrauchsgegenstände.
Z. Metallkunde	Zeitschrift für Metallkunde.
Z. Naturforschg.	Zeitschrift für Naturforschung.
Z. Oberschl. Berg- u. Hüttenmänn. Verb	Zeitschrift des Oberschlesischen Berg- und Hüttenmännischen Verbandes.
Z. öffentl. Ch.	Zeitschrift für öffentliche Chemie.
Z. Pflanzenernähr. Düng. Bodenkunde	Vgl. Bodenkunde Pflanzenernähr.
Z. Phys.	Zeitschrift für Physik.
Z. pr. Geol.	Zeitschrift für praktische Geologie.
Zprávy česk. keram. společnosti	Zprávy československé keramické společnosti.
Z. techn. Phys. (russ.)	Zeitschrift für Technische Physik (russ.).
Z. VDI (Z. Ver. dtsch. Ing.)	Zeitschrift des Vereins Deutscher Ingenieure.

Abkürzungen oft benutzter Sammelwerke.

Abkürzung	Sammelwerk
Berl-Lunge	Berl-Lunge: Chemisch-technische Untersuchungsmethoden, 8. Aufl. Berlin 1931—1934. Bis zur 7. Aufl. „Lunge-Berl" genannt.
GM.	Gmelins Handbuch der anorganischen Chemie, 8. Aufl. Berlin.
Handb. Pflanzenanal.	Handbuch der Pflanzenanalyse (Klein).
Lunge-Berl	Vgl. Berl-Lunge.
Schiedsverfahren	Analyse der Metalle. Erster Band: Schiedsverfahren. 2. Aufl. Berlin-Göttingen-Heidelberg 1949.

Die Platinmetalle.

Von G. BAUER, Hanau.

Mit 9 Abbildungen.

Inhaltsübersicht.

§ 1. Geschichtliches.

Bereits im 16. Jahrhundert hat das als Begleiter des Goldes in den goldführenden Alluvionen gewisser Flußtäler Columbiens, wie z. B. im Chocogebiet, vorkommende Platin die Aufmerksamkeit der spanischen Eroberer auf sich gelenkt. Die ersten Proben von columbischem Platinerz sandte Charles Wood im Jahre 1741 aus Jamaica nach England. Dieses grauweiße Metall, mit dem man zunächst gar nichts anzufangen wußte, weil es sich weder schmelzen noch durch Kupellation und Verschlackung vom Golde trennen ließ, wurde schließlich wegen seines häufigen Vorkommens eine immer lästigere Beigabe der Goldgewinnung. Da es außerdem ein dem Golde nahekommendes spezifisches Gewicht aufwies, sich mit anderen Metallen, darunter auch dem Golde, legieren ließ, war zu befürchten, daß dieses Metall zur Verfälschung des Goldes verwendet werden könnte, was wahrscheinlich auch vielfach absichtlich oder unabsichtlich geschehen sein mag. Wegen seiner dem Silber ähnlichen Farbe nannte man das neue Metall Platina (Diminutivum vom spanischen plata = Silber), anscheinend, um damit seine Minderwertigkeit gebührend zu kennzeichnen.

Die ersten eingehenderen Untersuchungen stammen von dem schwedischen Münzprobierer Scheffer, der sich hauptsächlich mit dem chemischen und metallurgischen Verhalten des neuen Metalles befaßte und die Ergebnisse seiner

Untersuchungen im Jahre 1752 der Stockholmer Akademie mitteilte. Unabhängig von SCHEFFER hatte LEWIS mit einer großen Menge Rohmaterial seine Untersuchungsarbeiten aufgenommen, deren Ergebnisse Jahrzehnte hindurch den größten Teil der Kenntnis vom Platin ausmachten. Weitere Beiträge über die chemischen und physikalischen Eigenschaften des Platins lieferte MARGGRAF. Im Jahre 1772 erkannte v. SICKINGEN, kurpfälzischer Gesandter in Paris, die Schweißbarkeit des Platins und stellte als erster durch starkes Erhitzen des Schwammes und Schmieden im glühenden Zustand Bleche und Drähte her. Schon vorher hatten MACQUER und BAUMÉ auf die Schmelzbarkeit des Platins im Fokus eines Brennspiegels aufmerksam gemacht.

Den ersten Platintiegel hat ACHARD 1779 in Berlin hergestellt. Er legierte Platin mit Arsen und entfernte dieses nachträglich aus der leichtschmelzenden Legierung durch anhaltendes Glühen. Aus dem so erhaltenen zusammenhängenden Platin wurde ein dünnes Blech geschlagen und daraus der Tiegel geformt. Nach dem von KNIGHT angegebenen Verfahren, schmiedbares Platin aus zusammengepreßtem, in der Glühhitze agglomeriertem Platinschwamm herzustellen, wurde 1809 von P. N. JOHNSON, Begründer der bekannten Firma Johnson-Matthey, für die Schwefelsäurekonzentration eine Platinretorte im Gewicht von 13 kg geliefert.

Von den übrigen 5 Platinmetallen entdeckte WOLLASTON 1803 bei Aufarbeitung von Mutterlaugen der Platinfällung das Palladium, dem er den Namen nach dem fast gleichzeitig entdeckten Planetoiden Pallas gab. Die Weiterverarbeitung der Rückstände führte WOLLASTON noch in demselben Jahre zur Auffindung eines weiteren Elementes, des Rhodiums. Dieses erhielt seinen Namen von der Rosenfarbe seiner verdünnten Lösungen: Rhodium — von dem griechischen Wort τὸ ῥόδον = die Rose.

An der ebenfalls im Jahre 1803 erfolgten Entdeckung des Iridiums und Osmiums, die als Osmiridium (Abkürzung: OsIr) in den in Königswasser unlöslichen Erzrückständen enthalten sind, haben außer S. TENNANT auch noch französische Forscher gearbeitet. Während diese aber glaubten, ein einziges Element vor sich zu haben, hat TENNANT deutlich erkannt, daß es sich hierbei um zwei verschiedene Elemente handelte, und ihnen den Namen gegeben, und zwar Iridium von der Mannigfaltigkeit der Farben seiner Salze und Osmium — von dem griechischen Wort ἡ ὀσμή = der Geruch — nach dem stechenden Geruch des Tetroxydes.

Als letztes Element der 6 Platinmetalle wurde 1844 das Ruthenium von C. CLAUS entdeckt. Seinen Namen erhielt es Rußland zu Ehren (Ruthenen ist ein alter Name der Klein-Russen).

Bei dem großen Interesse, das dem Platin allenthalben begegnete, nachdem man seine wertvollen Eigenschaften erkannt hatte und durch sie zu immer neuen Versuchen angeregt wurde, ist es trotzdem erstaunlich, daß von den 5 Begleitmetallen im Platinerz: Osmium, Iridium, Rhodium und Palladium erst 50 Jahre und das Ruthenium sogar erst 90 Jahre nach den grundlegenden Arbeiten SCHEFFERS entdeckt wurden.

Einen außerordentlichen Fortschritt bedeutet schließlich die Anwendung des Knallgasgebläses zum Schmelzen des Platins, die von HARE 1847 eingeführt und von DEVILLE und DEBRAY später verbessert worden ist, so daß auch heute noch das Schmelzen mit Knallgas im wesentlichen nach diesem Verfahren ausgeführt wird. Von WILHELM CARL HERAEUS, Besitzer der Einhorn-Apotheke in Hanau, wurde erstmalig auf dem Kontinent das Schmelzen größerer Platinmengen mit dem Knallgasgebläse für industrielle Zwecke angewendet.

Literatur.

GM., Syst. Nr. 68 Platin, Teil A, Lieferung 1: Geschichtliches und Vorkommen (1938). (Die Literatur ist dort bis Ende 1937 berücksichtigt.)

ULLMANN, FR. (Genf): Enzyklopädie der technischen Chemie, 2. Aufl., Bd. VIII Platin, bearbeitet von M. SPETER. Berlin-Wien: Urban und Schwarzenberg 1931.

§ 2. Vorkommen.

Die wichtigsten Platinfundstätten von wirtschaftlicher Bedeutung sind: Canada, Ural, Südafrika und Columbien. Daneben spielen die Vorkommen von Britisch-Columbien, USA, Abessinien, Brasilien, Sierra Leone, Borneo, Tasmanien, Japan nur eine untergeordnete Rolle.

Canada steht seit etwa 15 Jahren an der Spitze aller Platinerzeuger, Hauptfundstelle ist der Sudbury-Bezirk, der außerdem das bisher wichtigste Nickelvorkommen der Welt besitzt. Das Platin kommt hier auf primärer Lagerstätte vor, und zwar größtenteils als Sperrylith $PtAs_2$ in kupfer- und nickelhaltigen Magnetkiesen. Der Sperrylith wurde übrigens 1889 auf der Vermilliongrube des Sudbury-Bezirkes entdeckt. Dagegen ist das zweite Hauptmetall, das Palladium, welches etwa in der gleichen Menge im Erze enthalten ist wie das Platin, offenbar nicht an ein bestimmtes Mineral gebunden. Möglicherweise sind auch die Platinmetalle in feinverteiltem Zustand als gediegene Metalle oder als feste Lösungen in den sulfidischen Mineralien enthalten. Der Gehalt an Platinmetallen ist im Roherz schwer feststellbar. Dieses enthält die Edelmetalle nur in ganz geringer Menge und in sehr ungleichmäßiger Verteilung. Erst nach Konzentration der Kupfer-Nickel-Sulfide durch hüttenmännische Verfahren läßt sich der Gehalt an Platinmetallen analytisch ermitteln. Er betrug z. B. nach T. Ulke um die Jahrhundertwende in Sudbury etwa 15,5 g Platinmetalle je Tonne. Nach Angabe der Canadian Copper Comp. enthielt der Nickel-Kupfer-Stein in den Jahren 1913 bis 1915 durchschnittlich 3,11 g Platin, 4,66 g Palladium, 1,55 g Gold und 54,42 g Silber in der Tonne. Weitere Angaben über den Gehalt der Erze an Platinmetallen s. unter Gewinnung S. 17/18. Die Erzvorräte des Sudbury-Bezirkes sind außerordentlich groß. Im Jahre 1932 wurde von der International Nickel Comp. ein Erzvorrat von 204000000 Tonnen angegeben und darauf hingewiesen, daß diese Zahl noch eine weitere Erhöhung erfahren könne. Bei einem Gehalt an Platinmetallen von 1 g je Tonne würde sich danach der Gesamtvorrat an Platinmetallen auf rd. 200000 kg belaufen

Ural. Das Uralplatin ist im Jahre 1819 entdeckt worden. Es handelt sich hierbei um Seifenplatin, also um sekundäre Lagerstätten. Im Jahre 1892 wurde erstmalig in dem Dunitmassiv von Nischni-Tagil Platinerz auch auf primärer Lagerstätte gefunden. Es ist dies das einzige Vorkommen im Ural, das Platinerze auf primärer Lagerstätte in abbauwürdigen Mengen enthält. Das Muttergestein des Uralplatins ist der Dunit. Auf den primären Lagerstätten sind die gediegenen Platinkörner noch mit dem Muttergestein und den Begleitmineralien, wie z. B. Chromit, innig verwachsen. Dagegen sind die sekundären Vorkommen als platinhaltige Schotter, Gerölle und Sande in den Flußtälern der platinführenden Gebirgsmassive aus den zu Tale strömenden Wassermassen abgelagert worden. In diesem Falle hat also die Natur die Zerkleinerung des Muttergesteins durch Verwitterung und damit das Freilegen der gediegenen Platinkörner von sich aus bewerkstelligt (eluviale Seifen), eine Arbeit, die bei der Ausbeutung der primären Lagerstätten einen nicht unerheblichen Mehraufwand an Kosten und Arbeit bedingt, so daß unter Umständen hierdurch die Wirtschaftlichkeit in Frage gestellt wird. Den Transport der ausgewitterten Platinkörner zu den jetzigen Fundstellen haben dann die Gebirgsbäche und Flüsse besorgt (fluviatile Seifen). Die uralischen Platinvorkommen erstrecken sich im Nord- und Mittelural ununterbrochen von 63 bis 57° nördlicher Breite auf einer Länge von über 600 km und einer Breite von 10 bis 30 km. Sie liegen teils auf der asiatischen, teils auf der europäischen Seite des Urals. Die platinführende Schicht der Platinseifen beträgt etwa $^1/_4$ bis $1^1/_2$ m und wird von Geröllen, Sanden und einer Vegetationsdecke überlagert. Das Platin tritt in Einzelkrystallen und Krystallaggregaten auf. Die Größe der Körner schwankt meistens zwischen

0,5 und 6 mm. Auch größere Körner und Klumpen sind gefunden worden, der größte Klumpen in Nischni-Tagil hatte ein Gewicht von 9,6 kg. Der Platingehalt der Seifen schwankt sehr stark und hat in neuerer Zeit erheblich abgenommen. Während man vor etwa 70 Jahren noch Seifen mit über 30 g in der Tonne abbaute, beträgt der Gehalt zur Zeit 1 g und weniger je Tonne.

Die größte Bedeutung kommt den Produktionsgebieten des Flusses Iss und den Bezirken von Nischni-Tagil und Kytlym-Koswinski zu, die vor dem ersten Weltkrieg 95 bis 96% der gesamten uralischen Jahresproduktion geliefert haben. Die Gewinnung aus primären Vorkommen ist bisher von untergeordneter Bedeutung.

Südafrika. Größere Platinvorkommen wurden erstmalig 1924 in Südafrika entdeckt, und zwar in Transvaal, im Lydenburg-Distrikt. Im Jahre darauf folgten dann die noch bedeutenderen Vorkommen im Norit des Buschfeldmassivs in den Distrikten von Potgietersrust und Rustenburg. Die wichtigsten Lagerstätten in den ultrabasischen und basischen Gesteinen des Buschfeldkomplexes sind Dunitvorkommen und solche, auf denen das Platin mit magmatischen Nickel-Kupfer-Eisen-Sulfiden im Norit vergesellschaftet ist. Von den Dunitvorkommen sind besonders die eisenreichen Hortonolith-Dunite von Onverwacht wegen ihres hohen Platingehaltes bekanntgeworden. Der Hortonolith-Dunit, der die Form röhrenförmiger Gebilde oder Schlote besitzt, enthält das Platin vorwiegend in gediegenem Zustand, zum Teil in gut ausgebildeten Krystallen, aber auch als Sperrylith und Platinsulfarsenid. Der Platingehalt schwankt sehr stark und beträgt im Durchschnitt 9 bis 30 g je Tonne. Als höchster Gehalt wurden 1650 g Platin je Tonne festgestellt. Das Vorkommen ist bereits abgebaut.

Im Gegensatz zu diesen Hortonolith-Schloten besitzt das nach seinem Entdecker genannte MERENSKY-Reef einen flözartigen Charakter und stellt eine fast horizontal gelagerte Schicht von durchschnittlich 0,80 bis 1,50 m Mächtigkeit dar mit ziemlich gleichmäßigem Edelmetallgehalt von etwa 10 bis 12 g je Tonne. In seiner Breitenausdehnung ist dieses Reef auf Hunderte von Kilometern festgestellt. Es enthält das Platin zum Teil als Sperrylith und Cooperit, neben den Sulfiden des Nickels, Kupfers und Eisens. Osmiridium kommt in kleinen Plättchen vor. Nach spektrographischen Untersuchungen sind die Platinmetalle ausschließlich an die älteren Sulfide gebunden und wahrscheinlich in fester Lösung vorhanden. Das Verhältnis Pd : Pt schwankt zwischen 1 : 6 und 1,6 : 1, es ist am höchsten bei den Vorkommen von Potgietersrust, wo auch das neue Palladiummineral Stibiopalladinit Pd_3Sb erstmalig aufgefunden wurde. Es besteht also bezüglich des südafrikanischen Vorkommens im MERENSKY-Reef eine weitgehende Übereinstimmung mit dem canadischen Vorkommen mit dem Unterschied, daß der Gehalt an Platinmetallen bei dem canadischen Vorkommen erheblich niedriger ist als bei dem südafrikanischen. Das Umgekehrte ist hinsichtlich des Nickel- und Kupfergehaltes der Fall, weshalb eine unmittelbare Verhüttung der südafrikanischen Roherze wie in Canada nicht möglich ist.

Als sekundäre Lagerstätten für *Osmiridium* sind noch die goldführenden Konglomerate des Witwatersrand zu erwähnen. Das Osmiridium kommt sowohl als Sysserskit (Os, Ir) als auch als Newjanskit (Ir, Os) vor. Obwohl der relative Gehalt der Konglomerate an Osmiridium verschwindend gering ist, hat mit der Einführung neuer Gewinnungsmethoden für Gold auch die Gewinnung des in den Konglomeraten vorkommenden Osmiridiums als Nebenprodukt der Goldgewinnung erhebliche Bedeutung erlangt. Südafrika kommt daher auch als Erzeuger für Osmiridium in Frage.

Columbien. In Columbien, im sog. Choco-Gebiet, befindet sich das am längsten bekannte Platinvorkommen, das zugleich auch die wichtigste Platinlagerstätte Südamerikas darstellt. Das Platin kommt hier auf Goldseifen vor, die den spanischen Eroberern schon 1513 bekannt waren. Da man das Platin zunächst als unerwünschte Verunreinigung beim Goldwaschen ansah, wurde es mit dem goldfreien Waschgut wieder fortgeworfen. In Columbien wird das Platin nur aus Seifen gewonnen. Die reichsten Vorkommen liegen in der Nähe der Flüsse Tamanà, Irò und San Juan. Über den Platingehalt der columbianischen Seifen und über die Platinvorräte liegen keine genauen Angaben vor. Im reichen Condoto-Bezirk werden die Edelmetallvorräte in einem Gebiet von etwa 23 km Länge und mehreren Kilometern Breite auf etwa 200000 kg geschätzt. Von den vorhandenen Vorkommen ist bisher nur ein Teil von Eingeborenen mit ganz primitiven Mitteln an besonders reichen Stellen ausgebeutet worden. Über Vorkommen auf primärer Lagerstätte ist wenig bekannt. Zwischen den Vorkommen Columbiens und denjenigen des Urals besteht kein wesentlicher Unterschied.

Tasmanien. Von den kleinen Vorkommen beansprucht das tasmanische Osmiridiumvorkommen noch ein gewisses Interesse, da Tasmanien längere Zeit den Hauptweltverbrauch an Osmiridium gedeckt hat. Die im Jahre 1925 entdeckten wirtschaftlich wertvollsten Vorkommen liegen im Gebiet des Adam River und seiner Nebenflüsse. Das im Bezirk von Adamsfeld auf sekundärer Lagerstätte gewonnene Osmiridium wird von etwas Gold und Platin und verschiedenen Mineralien, wie Korund, Topas, Zirkon, Jaspis, begleitet. Sehr begehrt war das tasmanische Osmiridium für die Herstellung von Schreibfederspitzen.

Sonstige wissenswerte Vorkommen. Über geringe Gehalte an Platinmetallen in Erzen, wie z. B. Blei-, Kupfererzen, ferner in Nickel-, Kobalt- und Zinnerzen, im Mansfelder Kupferschiefer, in Manganmineralien, Chromiten u. dgl., Silicaten, Sedimentgesteinen, Aschen von Steinkohlen (KRÜMMER) vgl. GM., Syst. Nr. 68, Teil A: Geschichtliches und Vorkommen, S. 37 bis 43 (1938).

Literatur.

DUPARC, LOUIS, u. M. TIKONOWITSCH: Le Platine usw. (1920) Impr. „Sonnor“, Genf.

GM., Syst. Nr. 68 Platin, Teil A, Lieferung 1: Geschichtliches und Vorkommen (1938). (Die Literatur ist berücksichtigt bis Ende 1937.) Lieferung 2: Vorkommen (Schluß). (Die Literatur ist berücksichtigt bis Juni 1939.)

KRÜMMER, A.: Chem. Industrie, Gemeinschaftsausg., S. 179 (1938).

WAGNER, PERCY A.: The platinum deposits and mines of South Africa. Edinburgh: Oliver and Boyd 1929.

§ 3. Gewinnung.

Um verkaufsfähige und für die nachfolgende Naßscheidung brauchbare Konzentrate zu erhalten, werden die auf den einzelnen Lagerstätten gewonnenen Roherze an Ort und Stelle Aufbereitungsverfahren unterworfen, die je nach der Beschaffenheit und Zusammensetzung der Erze verschieden sind.

Waschprozesse. Am einfachsten liegen die Verhältnisse bei den sekundären Vorkommen, wie z B. im Ural und in Columbien. Hier genügen, wie bei der Goldgewinnung, einfache Waschprozesse, die Zerkleinerung hat die Natur besorgt. Je nach den verwendeten Wascheinrichtungen werden dabei die spezifisch leichten, tonigen oder sandigen Bestandteile der Seifen in mehr oder weniger vollständiger Weise von den spezifisch schwereren Körnchen und Flittern des gediegenen Platins, Osmiridiums und Goldes getrennt. Dem Konzentrat wird dann meist noch das Gold mit Quecksilber entzogen. Das Verwaschen geschieht teils von Hand, teils maschinell. Die Handwäscherei ist namentlich in Columbien unter den Eingeborenen, und zwar in sehr primitiver Form, noch ziemlich verbreitet, wird aber auch zum Teil noch im Ural und besonders auf den kleineren Vorkommen viel betrieben. Sie ist das teuerste Verfahren und lohnt nur bei reichen Erzen und hohen Platinpreisen. Im Ural, wo nur noch verhältnismäßig arme Seifen zur Verfügung stehen und die alten Haldenbestände noch mehrfach nachgewaschen werden, benutzt man seit Jahren schon Schwimmbagger größten Ausmaßes. Auch in Columbien hat man bereits einzelne Bagger aufgestellt. Im Ural ist das Verwaschen nur in den wenigen Sommermonaten möglich; auch in Columbien erschweren die klimatischen Verhältnisse in den Urwaldgebieten des Choco die Gewinnung außerordentlich. In der geschilderten Weise erfolgt auch die Konzentration der natürlichen Osmiridiumvorkommen. Die Metallverluste bei den Waschprozessen sind erheblich und betragen nach SWJAGINZEFF bei Benutzung von Baggern bis zu 30%, bei den übrigen Anlagen 50%. Unter diesen Umständen ist es erklärlich, daß sich selbst das mehrfache Nachwaschen der Abgänge — entsprechende Platinpreise und rationell arbeitende Wascheinrichtungen vorausgesetzt — unter Umständen schon lohnt.

Die auf primären Lagerstätten gewonnenen südafrikanischen Duniterze werden zunächst zerkleinert und anschließend einer Herdaufbereitung in mehreren Stufen unterworfen. Nach weiteren mechanischen und chemischen Behandlungen wird ein Produkt mit 82% Platinmetallen erhalten bei einem Gesamtausbringen von 83%. Die Noriterze werden zunächst ebenfalls zerkleinert und anschließend einer naßmechanischen Aufbereitung unterworfen. Die Weiterbehandlung geschieht durch Flotieren, zum Teil auch durch Chlorieren oder Reinigen auf magnetische Weise und Behandeln mit Säuren. Es werden Konzentrate mit 60% Platinmetallen ausgebracht. Die Abgänge von den naßmechanischen Aufbereitungsverfahren werden flotiert. Das Ausbringen beträgt 88 bis 91% der Platinmetalle bei sulfidischen und 71 bis 75% der Platinmetalle bei oxydischen Erzen. Ein weiteres Anreicherungsverfahren ist der Chlorprozeß. Die feinen Flotationskonzentrate werden zunächst zur Entfernung des Arsens und Schwefels geröstet. Das Röstgut wird mit 15 bis 20% Kochsalz gemischt, bei 500 bis 650° mit Chlor behandelt, wobei sich wasserlösliche Verbindungen der Platinmetalle bilden, die ausgelaugt und zur Gewinnung der Edelmetalle mit Zink oder Eisen gefällt werden. Das Muttergestein auf den primären Lagerstätten besitzt je nach dem Verwitterungsgrad verschiedene Härte. Seine Zerkleinerung in Backenbrechern und Rohrmühlen kann unter Umständen ziemliche Unkosten verursachen und, wie es in vielen Fällen in Südafrika tatsächlich der Fall war, die Wirtschaftlichkeit der Gewinnung in Frage stellen. Die Gestehungskosten sind deshalb in Südafrika erheblich größer als z. B. in Canada (vgl. S. 19).

Schmelzverfahren. Das Erz wird in Gegenwart eines „Sammelmetalles" (Kupfer oder silberhaltiges Blei) oder unter Bildung eines Nickel-Kupfer-Steines (wie in Canada) in Schacht- oder Flammöfen verschmolzen, wobei die Edelmetalle von dem Metall oder Stein aufgenommen werden. Die dabei erhaltenen, mehr oder weniger verunreinigten Metalle oder Steine werden nun einem Raffinations- oder Verblaseprozeß unterworfen. Die raffinierten Metalle werden zu Anoden vergossen und elektrolysiert. Der konzentrierte Nickel-Kupfer-Stein wird zuvor geröstet, das Kupfer ausgelaugt, das Nickel reduziert und ebenfalls elektrolysiert. Man erhält auf der einen Seite die reinen Elektrolytmetalle und auf der anderen Seite Gold und Platinmetalle im Anodenschlamm. Durch geeignete elektrochemische und chemische Verfahren werden die Schlämme weiter konzentriert und enthalten schließlich 50 bis 60% Platinmetalle, und zwar in der Hauptsache Platin und Palladium neben Rhodium, Ruthenium und Iridium, wobei das Iridium gegenüber Rhodium und Ruthenium stark zurücktritt.

Carbonylverfahren nach LANGER-MOND. Das nach dem geschilderten Schmelzverfahren gewonnene edelmetallhaltige Nickel, das in Form eines feinen Schwammes vorliegt, wird mit Kohlenoxyd behandelt, wobei flüchtiges Nickelcarbonyl entsteht, das abdestilliert und thermisch zersetzt wird. Das frei werdende Kohlenoxyd wird in den Betrieb zurückgeleitet. Die Platinmetalle neben Gold und Silber verbleiben im Rückstand. Dieser steht zum Aufgabeerz etwa im Verhältnis wie 1 : 16000 und enthält 1,85% Pt, 1,91% Pd, 0,56% Au, 15,42% Ag und 0,39% Rh + Ir + Ru im Verhältnis Rh : Ir : Ru wie 5 : 1 : 4. Es entfallen demnach auf 100 Teile Platin

103 Teile Palladium, 21,1 Teile Rh, Ir, Ru, und zwar 10,55 Teile Rh, 2,11 Teile Ir und 8,44 Teile Ru, ferner 30,3 Teile Gold und 833,4 Teile Silber, d. h. also, daß, *abgesehen von Palladium, das Verhältnis der Beimetalle Rhodium und Ru zum Pt erheblich größer* ist als bei den *uralischen und columbischen Platinvorkommen.* Canada ist also nicht nur der bedeutendste Lieferant für Platin und Palladium, sondern zugleich auch für das wichtige Beimetall Rhodium neben Ruthenium. Die nach dem Carbonylverfahren gewonnenen edelmetallhaltigen Rückstände werden verbleit und im Treibofen mit silberhaltigen Rückständen auf Blicksilber verarbeitet, das die gesamten Platinmetalle nebst Gold enthält. Die weitere Trennung und Gewinnung erfolgt auf elektrochemischem bzw. chemischem Wege. Die INTERNATIONAL NICKEL COMP. verarbeitet die nach dem beschriebenen Schmelz- und Carbonylverfahren ausgebrachten Konzentrate in ihrer mit allen Mitteln der Neuzeit ausgestatteten Affinerie in Acton bei London, die außerdem so großzügig angelegt ist, daß sie den gesamten Weltbedarf an Platin und Platinmetallen verarbeiten könnte.

Amalgamationsverfahren. Für Aufbereitung der sulfidischen Platinerze ist in Südafrika das ENZLIN-EKLUND-Verfahren vorgeschlagen worden. Hierbei erfolgt die Gewinnung der Edelmetalle mit Hilfe der Amalgamation, und zwar mit Zink-Amalgam. Da weder die Arsen-, Antimon- und Schwefelverbindungen der Platinmetalle noch gediegenes Platin ohne weiteres amalgamiert werden können, werden bei diesem Prozeß noch Reagenzien zugesetzt, wie z. B. Sublimatlösung, Zinkchlorid, Salzsäure, Chlor und Kochsalzlösung.

Literatur.

DUPARC, LOUIS, u. M. TIKONOWITSCH: Le platine usw. (1920). Imprimerie „Sonnor", Genf.

The Extraction of Platinum Metals. S. African Min. Eng. Journ. Nr. 1894, S. 519 (1928). Die Arbeit enthält eine Zusammenstellung wichtiger Literaturangaben.

GM., Syst. Nr. 68 Platin, Teil A: Darstellung der Platinmetalle. (Die Literatur ist berücksichtigt bis Juni 1939.)

SWJAGINZEFF, O. E. unter Mitwirkung von O. A. JESSIN: Affinaž blagorodnych metallov (russ.), S. 26. Moskau-Leningrad: Onti 1934. — SWJAGINZEFF, O. E.: Metallurgija i Technologija platiny i ee sputnikov (russ.), S. 74. Moskau-Leningrad: Cvetmetizdat 1933; durch GM., Syst. Nr. 68 Platin, Teil A: Darstellung der Platinmetalle.

TROTZIG, P.: Über Aufbereitungsmöglichkeiten südafrikanischer Platinerze und eine für den Betrieb anwendbare Methode. Freiberg i. Sa.: E. Maukisch 1927.

WAGNER, PERCY A.: The platinum deposits and mines of South Africa. Edinburgh: Oliver and Boyd 1929.

§ 4. Statistisches.

Die Angaben über *die Jahresproduktion Rußlands* schwanken bis 1914 zwischen 5500 und 9300 kg. Hierbei sind die auf illegalem Wege (Diebstahl, nichtkonzessionierte Wäschereien) gewonnenen Mengen nicht inbegriffen. Nach dem ersten Weltkriege sank die Produktion Rußlands auf einige 100 kg und erreichte in den letzten Jahren schätzungsweise etwa 3100 kg. Vor dem ersten Weltkriege lieferte Rußland 95% der gesamten Weltproduktion an Platin. Im Jahre 1934 wurde es erstmalig von Canada mit 3613 kg gegenüber einer geschätzten russischen Produktion von 3100 kg überflügelt.

Die Produktion Columbiens betrug vor dem ersten Weltkriege 400 bis 600 kg jährlich, stieg während des Krieges auf rund 1000 kg und erreichte 1928 ihren höchsten Stand mit 1662 kg. Im Jahre 1937 betrug sie nur noch 912 kg.

Canadas Erzeugung an Platinmetallen aus Nickel-Kupfer-Stein, die zum allergrößten Teil auf den Sudbury-Bezirk entfällt, wird angegeben mit (kg):

	1932	1933	1934	1935	1936
Platin	849	770	3613	3276	4091
Andere Platinmetalle . .	1169	964	2610	2636	3224

Die canadische Produktion war vor dem ersten Weltkriege verhältnismäßig niedrig, ist aber namentlich in den letzten 15 Jahren ganz gewaltig angestiegen.

Die südafrikanische Produktion setzte im Jahre 1926 mit 271 kg Rohplatin und 57 kg in Form von Konzentraten ein und erreichte im Jahre 1930 mit 1532 kg Rohplatin und 185 kg in Form von Konzentraten ihren Höhepunkt. 1933 wurde überhaupt kein Rohplatin erzeugt, sondern es gelangten nur 74 kg Konzentrate zum Versand. Im Jahre 1937 betrug die Produktion 937 kg Pt. In Südafrika bildete sich bald nach der Erschließung der Platinvorkommen eine große Anzahl von Gesellschaften, von denen aber nur ein geringer Teil die Ausbeutung aufnahm. Inzwischen ist der Abbau der Duniterze des Lydenburg-Distrikts wieder eingestellt worden, und der Abbau des Merensky-Horizontes wurde wegen des Sinkens der Platinpreise am Weltmarkte nur noch von zwei Gesellschaften betrieben. Durch die weitere Verschlechterung auf dem Platinmarkt wurden die Arbeiten aber auch hier größtenteils eingestellt und zeitweise sogar die noch in Förderung stehende letzte Grube stillgelegt.

Die Osmiridiumproduktion am Witwatersrand begann im Jahre 1922 mit 24 kg und stieg 1933 bis auf 208 kg; sie betrug 1936 noch 168 kg.

Die tasmanische Osmiridiumproduktion erreichte im Jahre 1925 mit 114,01 kg ihren Höchststand, nahm aber in den folgenden Jahren wieder ab und betrug 1936 nur noch 8,73 kg.

1937 verteilte sich *die Weltproduktion* nach G. Berg auf die wichtigsten Länder wie folgt:

Canada	4335 kg	(44 %)
UdSSR	3110 „	(32 %)
Südafrika	937 „	(9,4%)
Columbien	912 „	(9,2%)
USA	311 „	(3,1%)
Abessinien	225 „	(2,3%)
	9830 kg	(100,0%)

Da in Canada das Platin als Nebenprodukt der Nickel- und Kupfergewinnung anfällt, ist die International Nickel bezüglich des Gestehungspreises allen anderen Produzenten gegenüber bei weitem im Vorteil. Nach Veröffentlichungen dieser Gesellschaft betrug der Gestehungspreis bei einem Kurs von RM 0,60 für 1 sh etwa RM 0,15/g Platin[1], während er bei den übrigen Erzeugern um das 10- bis 20fache, unter Umständen sogar noch höher liegt.

Literatur.

Berg, G.: Metallwirtschaft, S. 121 (1941).
GM., Syst. Nr. 68 Platin, Teil A: Vorkommen. (Die Literatur ist berücksichtigt bis Juni 1939.)

Verbrauchsübersicht für USA nach dem Stand von 1937.
(Mengen in Feinunzen; eine Unze = 31,1 g.)

	Pt	Pd	Ir	Andere Pt-Metalle	Summe	Prozent des Gesamtverbrauches
Chemische Industrie . . .	18300	170	106	223	18799	11
Elektrische Industrie . .	9465	20854	972	356	31647	18
Dentalindustrie	11115	40214	117	19	51465	30
Schmuckwarenindustrie . .	49848	8277	2764	932	61821	36
Verschiedene Industrien .	7223	55	45	1075	8398	5
	95951	69570	4004	2605	172130	100

Eingehende Verbrauchsstatistiken werden nur in USA geführt. Dabei ist allerdings zu berücksichtigen, daß namentlich in USA verhältnismäßig große Mengen

[1] S. African Min. Eng. Journ. vom 6. VIII. 1938, Nr. 2375, S. 711.

Platin für Schmuck verwendet werden, im Gegensatz zu den europäischen Ländern. Es können daher diese Verbrauchsangaben nicht ohne weiteres auf europäische Verhältnisse übertragen werden, vielmehr sollen diese Zahlen nur als Anhaltspunkte gelten dafür, in welcher Größenordnung sich die für Europa in Frage kommenden Mengen etwa bewegen.

Literatur.

Dtsch. Goldschm.Ztg. vom 1. XI. 1941, Nr. 44, S. 2.

Zahlentafel I.

Rohplatin-Waschkonzentrate.

Gehalte in %

	Pt	Ir	Rh	Pd	OsIr	Cu	Fe
I	77,93	2,46	0,50	0,24	1,37	3,20	14,20
II	84,17	1,37	0,57	0,40	4,68	0,55	7,95
III	84,97	1,16	0,79	0,70	0,42	—	—
IV	85,00	—	1,4—3,5	0,5—1,0	0,5—1,5	—	5—8
V	83,38	1,69	—	3,03	1,64	Spur	Spur
VI	83,76	3,16	—	3,64	0,70	1,12	Spur

Osmiridium-Waschkonzentrate.

Gehalte in %

	Os	Ir	Ru	Pt	Rh	Au
VII	45,51	41,65	6,40	1,12	0,29	0,002
VIII	32,72	28,12	15,12	11,44	0,46	0,27

Die Waschkonzentrate sind durch Behandlung mit Quecksilber vom mechanisch beigemengten Golde befreit. Der an 100 fehlende Betrag ihrer Gehalte besteht aus Mineralien, wie Chromeisenstein, Sand usw., die den Konzentraten gewöhnlich noch beigemengt sind.

I Tagil-Ural, dunkle Abart, magnetisch.
II Fluß Iss-Ural, helle Abart, unmagnetisch.
III u. IV Columbien (Choco-Gebiet).
V u. VI Brasilien.
VII Tasmanisches OsIr.
VIII Südafrikanisches OsIr.

Literatur.

DUPARC, L., u. M. TIKONOWITSCH: Le platine usw., S. 253 (1920). Impr. „Sonnor“, Genf.
GM., Syst. Nr. 68 Platin, Teil A: Vorkommen.
SWJAGINZEFF, O. E.: C. **108 II**, 2973 (1937). — SWJAGINZEFF, O. E., u. B. K. BRUNOWSKI: C. **103 II**, 2868 (1932); C. **107 II**, 30 (1936); Metallwirtschaft **15**, 439 (1936).

Zahlentafel II.

Analysen verschiedener Platinrückstände aus Rohplatin-Waschkonzentraten nach der Behandlung mit Königswasser in %.

	1	2	3	4	5	6
Osmiridium	12,3	34,0	29,1	92,5	26,6	60,0
Palladium	0,2	—	Spur	Spur	0,7	0,4
Platin (Ir)	0,5	—	0,9	0,8	7,0	2,1
Rhodium	0,15	—	0,1	0,1	0,2	1,3
Sand	86,85	66,0	69,8	6,6	65,5	36,0
	100,0	100,0	99,9	100,0	100,0	99,8

Die Analysen stammen von DEVILLE und DEBRAY.

Der Gehalt dieser Rückstände an Platinmetallen schwankt in den oben angegebenen Fällen von insgesamt 0,85 (Nr. 1) bis 7,0% (Nr. 5). Diese Platinmetalle konnten durch Königswasser nicht entfernt werden, weil sie offenbar einer in Königswasser unlöslichen Legierung angehörten, die erst nach Behandeln mit der Silber-Borax-Schmelze aufgeschlossen worden ist.

1. Rohe Rückstände von Platinkonzentraten vom Ural; aus der Petersburger Münze.
2. Gesiebte Rückstände.
3. Wie zu 1, nur feiner.
4. Rückstände in großen Körnern aus London.
5. Feine Rückstände.
6. Rückstände von columbischen Konzentraten, schwarz, glänzende Blättchen.

Literatur.

GRAHAM-OTTO: S. 1146 (1889).

Zahlentafel III.

Analysen von reinem Osmiridium aus Rückständen von Rohplatin-Waschkonzentraten nach der Königswasserbehandlung (vgl. Tafel I und II) in %.

	1	2	3	4	5	6
Ir	70,4	57,8	77,2	43,3	43,9	70,3
Rh	12,3	0,6	0,5	5,7	1,6	4,7
Pt	0,1	—	1,1	0,6	0,1	0,4
Ru	—	6,4	0,2	8,5	4,7	—
Os	17,2	35,1	21,0	40,1	48,8	23,0
Cu	—	0,1	—	0,8	0,1	0,2
Fe	—	0,1	—	1,0	0,6	1,3
	100,0	100,1	100,0	100,0	99,8	99,9

Die Rückstände sind zuvor mit der Silber-Borax- oder Bleiglätte-Bleischmelze behandelt und mit Salpetersäure und Königswasser gereinigt worden (vgl. GRAHAM-OTTO).

Die Analysen stammen von DEVILLE und DEBRAY.

1. Aus Rückständen columbischer Konzentrate auf trockenem Wege erhalten.
2. Desgleichen aus einer Londoner Fabrik, enthielt viele große glänzende Blättchen und Körner.
3. Aus russischen Platinrückständen.
4. Desgleichen aus einer Probe ausgesuchte schöne Blättchen vom spez. Gew. 18,9.
5. Desgleichen sehr große Blättchen vom spez. Gew. 20,4.
6. Große Körner aus der gleichen Probe wie Nr. 5, spez. Gew. 20,5.

Literatur.

DUPARC, L., u. M. TIKONOWITSCH: Le platine usw., S. 189 (1920). Impr. „Sonnor", Genf.
GRAHAM-OTTO: S. 1146 und 1400 bis 1409 (1889).

Erläuterungen zu den Zahlentafeln I bis III.

In Zahlentafel I sind Analysen von Rohplatinkonzentraten aus drei ganz verschiedenen Lagerstätten zusammengestellt, desgleichen Analysen von den beiden wichtigsten OsIr-Vorkommen. Hierzu ist zunächst zu bemerken, daß selbst innerhalb einer und derselben Lagerstätte noch gewisse Abweichungen in der Zusammensetzung der Konzentrate vorkommen können. Bezüglich der *Rohplatinkonzentrate* erkennt man, daß gegenüber den beiden *Uralkonzentraten* (I und II) die beiden *columbischen Konzentrate* (III und IV) durch ihren höheren Pt-, Rh- und Pd-Gehalt und den geringeren Ir- und OsIr-Gehalt gekennzeichnet sind. Ebenso weisen die columbischen Vorkommen weniger oder gar kein Kupfer oder Eisen auf. Die *brasilianischen Konzentrate* (V und VI) schließlich heben sich durch ihren Pd-Gehalt und das Fehlen des Rhodiums deutlich von den anderen ab. Das Rohplatin besteht aus losen, eckigen oder mehr oder weniger abgeplatteten Körnern von etwa 0,5 bis 5 mm Korngröße mit eckigkörnigem Bruch und silberweißer Farbe mit Stich ins Stahlgraue; diese sind löslich in Königswasser, vor dem Lötrohr unschmelzbar. *Die beiden OsIr-Konzentrate* weichen nicht nur in den Os- und Ir-Werten, sondern vor allem im Ru und Pt stark voneinander ab. Außerdem sind beide auch in ihrer physikalischen Beschaffenheit sehr voneinander verschieden. Das tasmanische OsIr besteht aus gröberen und kleineren Flittern und Tafeln von deutlichem hexagonalem Krystallhabitus; sie sind nach $0\,P$ spaltbar. Die

Farbe ist zinnweiß bis stahlgrau mit einem Stich ins Bläuliche. Dagegen ist das südafrikanische OsIr feinkörnig, mattglänzend, von dunkelgrauer Farbe, mit einem Stich nach bronzegelb. Osmiridium ist ausgezeichnet durch seine Sprödigkeit und Härte (6 bis 7) und seine *vollkommene Unlöslichkeit* in Königswasser. Es besitzt ein hexagonales Gitter und dichteste Kugelpackung. Ir und Pt liegen wahrscheinlich als feste Lösungen in Os vor.

Tafel IV. Mineralien der Platinmetalle.

Die natürlichen Vorkommen der Platinmetalle stellen hauptsächlich Legierungen von Platin und Eisen dar mit verschiedenen Anteilen an Ir, Os, Rh, Pd, wenig Ru in fester Lösung, außerdem Kupfer, Silber, Gold, Nickel, Kobalt und Mangan. Von gediegenen Platinmineralien und Legierungen sind außer Platin (fast 100%) vor allem *Ferroplatin* und *Polyxen* zu nennen. Ferroplatin ist verhältnismäßig eisenreich (15%) und dafür platinärmer (78%) als Polyxen (82% Pt, 8% Fe). Ferroplatin ist im Gegensatz zu Polyxen magnetisch, doch soll in beiden Fällen auch bisweilen das Gegenteil vorkommen. Krystallsystem: Kubisch, Härte 4 bis 4,5, kubisch-flächenzentriertes Gitter, geschmeidig und löslich in Königswasser.

Iridiumreiches Platin mit etwa 28% Ir und 58% Pt, 4 bis 7% Rh ist sehr schwer in Königswasser löslich, bildet feinste Einschlüsse in der Grundmasse des Platins.

Platinreiches Iridium mit etwa 77% Ir und 20% Pt, in Würfelform, ist spröde, das schwerste unter den Platinmineralien; es ist silberweiß, zeigt starken Metallglanz und ist in Königswasser unlöslich.

Os-haltiges Iridium mit weniger als 31 bis 35% Os besitzt kubisches Gitter und stellt Lösungen von Os in Ir dar; es ist hell, silberweiß, besitzt die Härte 7, ist spröde und unlöslich in Königswasser; es enthält 61 bis 77% Ir, 21 bis 31% Os, 0,5 bis 7,5% Rh, 1 bis 3% Pt.

Aurosmirid enthält neben 20% Au und 25% Os etwa 52% Ir; es ist eine feste Lösung von Gold, Osmium und Ruthenium in Iridium. In Königswasser ist es unlöslich.

Palladiumreiches Platin mit 73 bis 84% Pt und 3 bis 21% Pd, 0 bis 3% Ir kommt sowohl in Südafrika als auch in Sibirien vor.

Gediegenes Palladium (fast 100% Pd) findet sich außer im Ural auch in Brasilien.

Vorkommen von sog. *Allopalladium* (Pd_xHg_y) sind von Tilkerode im Harz bekannt. Ein anderes Palladium-Quecksilber-Mineral *Potarit* (PdHg) kommt am Flusse Potaro (Britisch-Guayana) vor und enthält 35 bis 45% Pd und 54 bis 65% Hg. Es löst sich in Salpetersäure.

Bekannt sind ferner noch:

Palladiumgold	mit	9,8% Pd; 86% Au; 4% Ag.
Platingold	„	10,4% (Pt + Ir); 84,6% Au; 2,9% Ag.
Iridiumgold	„	30,4% Ir; 62,0% Au; 2,1% Ag; 3,8% Pt.
Rhodiumgold	„	11,6% Rh; 88,4% Au.
Cuproplatin	„	65,78% Pt; 5 bis 13% Cu; 13 bis 17% Fe; 0,5 bis 1,5% Ni.
Nickelplatin	„	73,7% Pt; 7,5% Ir; 13% Fe; 3,2% Ni; 2,1% Cu.

Von den *Sulfiden, Arseniden, Antimoniden* der Pt-Metalle verdient der *Sperrylith* $PtAs_2$ wegen seiner Häufigkeit besonderes Interesse. Er bildet einen großen Teil der Platinvorkommen von Sudbury und Südafrika und enthält: 52,57 bis 54,83% Pt, 39,89 bis 40,98% As, 0,72 bis 1,60% Rh. Beachtlich ist der Rh-Gehalt. Er besitzt die Härte 6 bis 7, ist tesseral. wird nur von Königswasser langsam angegriffen und verliert auf rotglühendem Platinblech alles Arsen.

Laurit RuS_2 enthält 65 bis 67% Ru, bis 3,03% Os und 32 bis 33% S; Borneo, Südafrika; er wird von Königswasser und schmelzendem Kaliumhydrogensulfat nicht angegriffen, besitzt die Härte 7,5 und ist tesseral.

Cooperit $Pt(As, S)_2$ ist tetragonal, wird nur von Königswasser etwas angegriffen, enthält 64,2% Pt, 17,7% S, 7,7% As und besitzt die Härte 4,5.

Braggit (*Pt, Pd, Ni*)*S* mit 58 bis 59% Pt, 18 bis 20% Pd, 3 bis 5% Ni, 17 bis 19% S ist stahlblau.

Stibiopalladinit Pd_3Sb mit 70,4% Pd und 26 bis 28% Sb. Ausgebildete Krystalle fehlen. Kommt mit Sperrylith zusammen vor. Meist nur in gerundeten Körnern, silberweiß, leicht löslich in verdünntem Königswasser.

Als Fundstätten einzelner Mineralien sind der Ural und bezüglich der As-Sb-S-Verbindungen des Platins und Palladiums Südafrika zu nennen. Der größte in Südafrika gefundene Sperrylithkrystall wog 33,75 g (WAGNER).

Die Kenntnis der in der Natur vorkommenden Mineralien der Platinmetalle ist für den Analytiker insofern von Wichtigkeit, als die durch Waschprozesse gewonnenen Rohplatinkonzentrate oder Osmiridien ja letzten Endes ein Gemenge solcher Mineralien darstellen.

Literatur.

GM., Syst. Nr. 68 Platin, Teil A: Vorkommen.

WAGNER, PERCY A.: The platinum deposits and mines of South Africa, S. 16. Edinburgh: Oliver and Boyd 1929.

Zusammensetzung der Konzentrate und Platinmineralien.

Über Gold und Platinmetalle im Eisen.

Eisen läßt sich bekanntlich mit Gold, Platin, Palladium, Iridium und Osmium in allen Gewichtsverhältnissen vereinigen. Aber der hohe Preis dieser Metalle schließt von vornherein jede Verwertung der Legierungen im Großbetrieb aus.

Im gewerblich hergestellten Eisen mögen bisweilen sehr kleine Mengen der in Rede stehenden Metalle vorkommen, aber sie entgehen in der Regel der Beachtung. Ein in der Sammlung der Freiberger Bergakademie befindliches Probestück eines zu Jekatarinenburg erzeugten Roheisens enthält 0,001% Gold. (LEDEBUR, A.: Handbuch der Eisenhüttenkunde I, Einführung in die Eisenhüttenkunde.)

Näheres über die mit den betr. Legierungen des Eisens angestellten Versuche s. WEDDING: Eisenhüttenkunde Bd. 1, 2. Aufl., S. 404.

Auch das Problem, aus goldhaltigen Eisenerzen ein goldhaltiges Roheisen zu gewinnen und dieses dann elektrometallurgischer Raffination zuzuführen, ist bereits mehrfach Gegenstand[1] zum Teil eingehender Versuche gewesen. Vgl. auch die Gewinnung der Platinmetalle unter Verwendung von Eisen als Sammelmetall DP. 586284 und 584844 (1929); ferner GM., Syst. Nr. 68 Platin, Teil A, S. 323 (1939). Vgl. auch S. 16, Literaturverzeichnis unter A. KRÜMMER.

§ 5. Die zur Durchführung qualitativer Analysen erforderlichen zusätzlichen Geräte[2].

Besondere Geräte[2] sind erforderlich:

1. Für die Behandlung im Chlorstrom bei höheren Temperaturen.
2. Für den NaCl-Aufschluß im Chlorstrom bei höheren Temperaturen.
3. Für die Oxydation des Osmiums im O_2- oder NO_2-Strom bei höheren Temperaturen.
4. Für die Destillation von OsO_4 und RuO_4 aus Lösungen.

A. Geräte für die Chlorierung und den NaCl-Cl_2-Aufschluß.

1. Behandlung im Chlorstrom bei höheren Temperaturen.

Außer den bei den vorgeschriebenen Chlorierungstemperaturen nichtflüchtigen Trichloriden von Ir, Rh und Ru entstehen noch flüchtige Chloride der Platinmetalle Os, Pt, Pd, Ru und der Unedelmetalle, die für die qualitative Prüfung ebenfalls erfaßt werden sollen. Für die praktische Durchführung der Chlorierung

[1] Nach privaten Mitteilungen.

[2] Die mit einem * versehenen Geräte oder Apparaturen sind im Text durch Skizzen oder Angabe der Abmessungen näher erläutert.

hat sich ein *Rohr aus durchsichtigem Quarzglas** am geeignetsten erwiesen. Das Rohr hat eine Länge von 310 mm, eine lichte Weite von 17 mm und auf der Zugangseite des Chlores eine mit einem dichtsitzenden Schliff versehene Verschlußkappe mit einem Zuleitungsröhrchen, beide ebenfalls aus Quarzglas (Abb. 1). Auf der Gegenseite ist das Rohr in seiner Fortsetzung U-förmig abgebogen zur Aufnahme der Absorptionsflüssigkeit. Der aufsteigende Schenkel besitzt, wie eine FRESENIUS-Vorlage, 2 Kugeln[1] zur Zurückhaltung der Absorptionsflüssigkeit und verläuft dann wieder horizontal. Falls erforderlich, können hier noch weitere Vorlagen und eine Saugpumpe angeschlossen werden. Das zu chlorierende Material wird zur Schonung des Rohres in kleinen flachen *Schiffchen aus Quarzglas* oder Porzellan* (75 mm lang, 15 mm breit, 9 mm hoch) ausgebreitet, in das Rohr eingeschoben. Ein weiterer Vorteil der Benutzung von Schiffchen besteht in der Möglichkeit des raschen Wechselns bzw. der Chlorierung mehrerer Proben hintereinander.

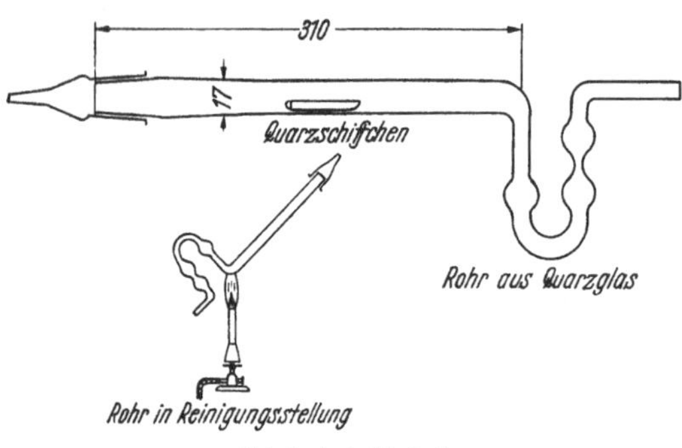

Abb. 1. Aufschlußrohr.

Das Quarzglasrohr läßt sich außerordentlich leicht und bequem mit Säure durch Erhitzen über der Flamme reinigen und rasch mit der Flamme trocknen[2]. Weitere Verwendungsmöglichkeit des Rohres besteht bei den nachfolgenden Vorgängen:

2. Aufschluß mit NaCl und Cl_2; Oxydation des Osmiums im O_2- bezw. NO_2-Strom.

Wie bei der Chlorierung wird hierbei ebenfalls das zu behandelnde Material, in Schiffchen ausgebreitet, in das Rohr eingeführt. Das Quarzglasrohr kann auch für *Reduktionszwecke* benutzt werden. Als Heizquelle benutzt man in allen vorgenannten Fällen zweckmäßig einen kleinen Schlitzbrenner. Mitunter genügt auch, je nach der Länge der verwendeten Schiffchen, ein guter BUNSEN-Brenner.

Handelt es sich bei dem NaCl-Cl_2-Aufschluß z. B. um verhältnismäßig reines Iridium, z. B. aus der Bleischmelze, das zum Nachweis z. B. mit NH_4Cl oder $NH_4NO_3 + H_2SO_4$ lediglich in wasserlösliche Form gebracht werden soll, so kann man auch ein im ersten Drittel der Länge schwach eingebogenes Glasrohr von etwa 150 mm Länge und 6 bis 8 mm Weite aus schwerschmelzbarem Glas benutzen. Die mit NaCl verriebene Probe wird in das Rohr eingefüllt und durch leichtes Klopfen mit einem Spatel oder Hornlöffel an die eingebogene Stelle befördert. Der längere Schenkel wird mit einem Gummischlauch an die Chlorleitung angeschlossen und Chlor hindurchgeleitet, wobei die mit dem Material beschickte Stelle allmählich auf dunkle Rotglut erhitzt wird, bis die Mischung zu schmelzen beginnt. Man erhitzt noch einige Minuten, läßt dann abkühlen und spült die Schmelze mit möglichst wenig Wasser heraus.

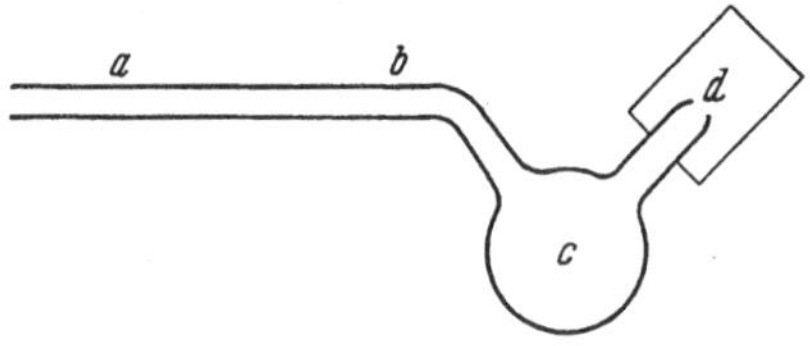

Abb. 2. Apparat nach BEHRENS-KLEY. a und b Chlorierungsraum zur Aufnahme des mit NaCl gemischten Pulvers, c Chlorentwickler, d Öffnung zum Einführen der Cl-entwickelnden Reagenzien ($KClO_3$ + HCl), Die Öffnung wird mit einem Kork verschlossen.

Für die Mikroanalyse wird ein einfacher Apparat zur Ausführung des NaCl-Cl_2-Aufschlusses von BEHRENS-KLEY beschrieben (Abb. 2).

[1] Der absteigende Schenkel wird aus dem gleichen Grunde zweckmäßig auch mit einer Kugel ausgestattet.

[2] Vgl. Abb. 1 S. 24: Rohr in Reinigungsstellung.

B. Destillationsapparatur.

In mehrjähriger Laboratoriumspraxis hat sich die beim Ruthenium auf S. 127 näher beschriebene kleine Glasapparatur* ausgezeichnet bewährt. Sie läßt sich außerdem auch noch beim Auflösen z. B. von Legierungen mit flüchtigen Bestandteilen (Os) mit bestem Erfolg verwenden. Gegenüber der von H. REMY empfohlenen Apparatur* (S. 133, Ru) hat sie den Vorzug, daß sie auch verhältnismäßig größere Mengen Ruthenium zu destillieren gestattet, während die Apparatur nach REMY für die Spurensuche besonders geeignet ist.

Einen für Mikrozwecke bestimmten Apparat* zur Destillation von OsO_4 haben WHITMORE und SCHNEIDER beschrieben (Abb. 3). Ein anderer, dem gleichen Zwecke dienender Mikroapparat ist von BENEDETTI-PICHLER und RACHELE entworfen und empfohlen worden. Hierbei werden die bei der Destillation entweichenden Tetroxyde des Osmiums und des Rutheniums in Tröpfchen von konz. Kalilauge aufgefangen. Apparate, die sich gleichfalls für die Konzentration von OsO_4 in KOH-Tröpfchen als sehr brauchbar erwiesen haben, hat FEIGL näher beschrieben.

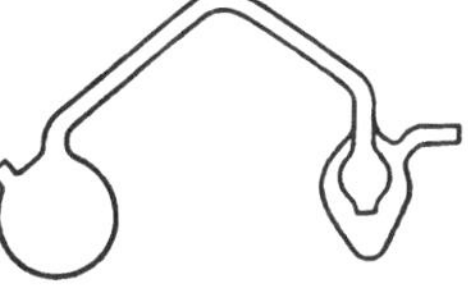
Abb. 3. Apparat zur Destillation von OsO_4.

C. Geräte für Schmelzaufschlüsse.

Die für Schmelzaufschlüsse erforderlichen Geräte sind bei der Besprechung der einzelnen Aufschlußmethoden angegeben, und zwar:

für die Pyrosulfatschmelze	unter	Rhodium	S. 86
„ „ Wismutschmelze	„	Rhodium	S. 88
„ „ Bleischmelze	„	Iridium	S. 109
„ „ Silberschmelze	„	Iridium	S. 110
„ „ Zinkschmelze	„	Aufschlußmethoden	S. 207
„ den Alkalihydroxyd-Salpeter-Aufschluß	„	Aufschlußmethoden	S. 209

Literatur.

BEHRENS, H., u. P. D. C. KLEY: Mikrochim. A. **I**, 251 (1921). — BENEDETTI-PICHLER, A. A., u. J. A. RACHELE: Mikrochemie **19**, 1 (1935); Fr. **109**, 184 (1937).
FEIGL, F.: Tüpfelreaktionen, S. 153, 198 (1938).
REMY, H.: Angew. Ch. **39**, 1061 (1926).
WHITMORE, W. F., u. H. SCHNEIDER: Mikrochemie **17**, 279 (1935).

§ 6. Über die qualitative Analyse der Platinmetalle.

Allgemeines.

Bekanntlich gehört die analytische Behandlung des Platins und seiner Begleitmetalle mit zu den schwierigeren Aufgaben der analytischen Chemie. Die dabei auftretenden Schwierigkeiten können verschiedener Natur sein. Sie beginnen nicht etwa erst bei der Trennung, dem Nachweis oder der Bestimmung der Metalle, sondern können unter Umständen schon bei den Vorarbeiten, wie der Entnahme des Analysenmaterials und beim Lösungsvorgang, auftreten. Handelt es sich z. B. um Gemenge der Platinmetalle in Pulverform, wie sie etwa durch reduzierendes Glühen ihrer Salze erhalten werden, so kann unter sonst gleichen Umständen allein schon der beträchtliche Unterschied im spezifischen Gewicht (etwa 12 bei den Metallen der leichten Triade gegen 22 bei den Metallen der schweren Triade) bei der Herstellung eines Durchschnittsmusters sich recht störend bemerkbar machen. In noch stärkerem Maße ist dies der Fall, wenn das zu untersuchende Material noch durch oxydische Bestandteile der Unedelmetalle, wie Aluminiumoxyd, ferner durch Kieselsäure, Silicate u. dgl. verunreinigt ist. Unter dem Einfluß dieser Schwierigkeiten können bei der Probenahme sich bereits Fehlerquellen ergeben, durch die selbst gröbere Analysenfehler bei weitem in den Schatten gestellt werden. Über weitere Schwierigkeiten bezüglich der Probenahme vgl. Analysenbeispiel I, S. 229.

Die Hand- und Lehrbücher gehen bei Behandlung der Analyse der Platinmetalle vielfach davon aus, daß diese Metalle hierbei etwa zu gleichen Teilen als eine Mischung ihrer chemisch reinen Chloride vorliegen. Durch diese willkürliche Annahme werden die Schwierigkeiten, die sich bei der praktischen Durchführung der Analyse einstellen — und dazu gehören das Auflösen und Aufschließen in gleicher Weise wie die Trennung und der Nachweis —, stillschweigend übergangen. In der Praxis liegt das zu untersuchende Material außer in Pulverform häufig auch in kompaktem und geschmolzenem Zustand, bisweilen sogar stark verunreinigt, jedenfalls aber meistens legiert vor, am wenigsten dagegen als Lösung der reinen Chloride oder als Salz. Das Mengenverhältnis der Legierungsbestandteile ist fast niemals gleich oder annähernd gleich. Das ergibt sich schon aus der chemischen Zusammensetzung z. B. der natürlichen Vorkommen (vgl. Tafel I bis III, Rohplatinkonzentrate und Osmiridium) und auch der meisten künstlichen Legierungen. Ganz allgemein sind diese, ebenso wie die natürlichen Legierungen, aufgebaut auf der Basis Platin oder Osmium-Iridium-Ruthenium, oder Silber-Gold-Palladium, die den Hauptlegierungsbestandteil bilden, während alle übrigen Edel- oder Unedelmetalle anteilmäßig als Nebenbestandteile zu betrachten sind.

Besondere Schwierigkeiten können sich beim Lösungsvorgang bereits dann einstellen, wenn die Platinmetalle nicht als lose Gemenge, sondern, wie es meist der Fall ist, zum Teil oder in ihrer Gesamtheit als Legierungen vorliegen. Die Verhältnisse werden noch komplizierter, wenn als Legierungsbestandteile Silber oder Unedelmetalle hinzutreten. Dann können an sich säureunlösliche Bestandteile der Legierung zum großen Teil säurelöslich werden, und umgekehrt. Bei Anwesenheit von Os entstehen z. B. beim Lösen in HNO_3 Os-Verluste durch Bildung des flüchtigen Osmium(VIII)-oxydes. In diesem Falle muß das Osmium vor dem Beginn des Lösungsprozesses durch Oxydations- und Destillationsprozesse entfernt werden, falls man den Lösungsvorgang nicht in geschlossener Apparatur durchführen kann. Bisweilen treten beim Auflösen durch Bildung von Silberchlorid oder oxydischen Deckschichten Passivierungserscheinungen auf, die durch reduzierende Behandlung oder mechanisch beseitigt werden müssen. Der nach beendetem Auflösen verbleibende Rest muß dann schließlich z. B. durch Behandeln mit Kochsalz und Chlor bei höherer Temperatur aufgeschlossen und so in wasser- oder säurelösliche Form gebracht werden. Ist endlich das Material restlos in Lösung, dann beginnen bei der Trennung, dem Nachweis und der Bestimmung die Hauptschwierigkeiten, auf die auch im Schrifttum mehrfach hingewiesen wird. Obwohl im allgemeinen die Unterschiede im analytischen Verhalten der Platinmetalle recht beachtlich sind, wird ihr Verhalten, ähnlich wie beim Lösungsvorgang, durch die Anwesenheit der anderen Metalle dieser Gruppe stark beeinflußt (Brunck). So wird z. B. Iridium(III)-chlorid weder von KCl noch von NH_4Cl gefällt. In Gegenwart von Chloroplatin(IV)-säure hingegen wird sowohl mit der KCl- als auch mit der NH_4Cl-Fällung des Platins stets eine gewisse Menge Iridium mitgefällt, die unter Umständen 50% und mehr des in der Lösung vorhandenen Iridiums betragen kann. Von Bedeutung ist schließlich, wie bereits oben angedeutet, auch noch das Mengenverhältnis, in welchem die Metalle vorliegen. Es ist eine bekannte Tatsache, daß sich der Analysengang um so schwieriger gestaltet, je ungleicher dieses Verhältnis ist, wie dies z. B. für die Spurensuche bei hochreinen Metallen der Fall ist, in ganz besonders hohem Maße aber bei den Platinmetallen, mit Ausnahme des leicht oxydierbaren und als Tetroxyd bequem zu verflüchtigenden Osmiums. Hinzu kommt, daß in den Lösungen der Chloride der Platinmetalle mitunter Veränderungen vor sich gehen, welche Trennung und Nachweis der einzelnen Metalle ebenfalls erschweren. So spielen z. B. Hydrolyse, Oxydations- und Reduktionsvorgänge,

Komplexbildung[1] hierbei eine beachtliche Rolle. Durch die angedeuteten Veränderungen, wie sie z. B. der leichte Übergang aus einer Oxydations- bzw. Chlorierungsstufe in die andere darstellt, werden oft die wichtigsten Erkennungsmerkmale aufgehoben. Auch können z. B. die intensiven Farben der Chloride des Iridiums und Rutheniums, aber auch die des Rhodiums hydrolytisch stark beeinflußt werden, was namentlich für colorimetrische Nachweismethoden von größter Bedeutung ist (Mylius und Mazzucchelli). Die stark ausgeprägten katalytischen Eigenschaften der Platinmetalle können sich ebenfalls bei einzelnen chemischen Reaktionen in verschiedener Weise bemerkbar machen[2].

Im Falle des Rhodiums ist, abgesehen von einzelnen anderen Farbreaktionen, wie der Zinn(II)-chloridreaktion, z. B. die rosenrote Farbe seiner Chloride auch heute noch das bekannteste und zugleich einfachste Kennzeichen für den qualitativen Nachweis. Mit dem Iridium zusammen teilt das Rhodium die Eigenschaft, die in analytischer Hinsicht geringste Reaktionsfähigkeit von allen Platinmetallen zu besitzen, so daß diese beiden Metalle in ihren Fällungen vielfach nur mit besonderen Kunstgriffen restlos erfaßt werden können. Während aber z. B. die Spektralanalyse infolge ihrer Eigenart von den geschilderten Schwierigkeiten, abgesehen von der Sorgfalt bei der Entnahme des Analysenmusters, unberührt bleibt, wird bei den anderen analytischen Verfahren, insbesondere bei der Makroanalyse und den Farbenreaktionen, der Nachweis um so eindeutiger und schärfer gelingen, je weniger Störungsmöglichkeiten bestehen.

Zur Erreichung dieses Zweckes sind zwei Wege gangbar:

1. entweder geeignete Trennungsverfahren anzuwenden oder
2. geeignete Reagenzien, die den Nachweis der einzelnen Metalle in Gegenwart der anderen einwandfrei gestatten.

Von dem zweiten Wege wird, wie sich aus dem Schrifttum entnehmen läßt, auch in der Mikro- und Tüpfelanalyse des Platins ausgiebig Gebrauch gemacht.

Die Makroanalyse arbeitet, ihrem Wesen entsprechend, mit Trennungsverfahren, indem die Metalle einzeln abgeschieden und nachgewiesen oder zunächst in Gruppen abgetrennt und dann innerhalb der Gruppe nachgewiesen werden, was, gute Trennungsmethoden vorausgesetzt, mit den zur Verfügung stehenden Fällungs- und Farbenreaktionen auch bei den Platinmetallen ohne Schwierigkeiten mit hinreichender Schärfe gelingt.

Was die Mikro-, Tüpfel- und Farbenreaktionen anbelangt, so werden in Verbindung mit der Makroanalyse Farbenreaktionen schon seit ihrem Bekanntwerden auch bei der qualitativen Analyse der Platinmetalle mit bestem Erfolg angewendet. In besonderen Fällen ist auch das Mikroskop zur Identifizierung krystalliner Niederschläge schon seit Jahrzehnten herangezogen worden. Das gleiche gilt von einzelnen Tüpfelreaktionen, z. B. bei der Kontrolle über den Verlauf von Reduktionsvorgängen in wäßriger Lösung. Trotzdem haben sowohl reine Mikromethoden als auch Tüpfelreaktionen unseres Wissens seither verhältnismäßig wenig Eingang in die Praxis der Edelmetallaboratorien, die sich in der Hauptsache mit den Platinmetallen befassen, gefunden, obwohl die beachtlichen Erfolge dieser Methoden auf dem Gebiete der Unedelmetalle wie der Edelmetalle außer Zweifel stehen. Der Grund hierfür wird sich weiter unten ergeben. Bei Bearbeitung der Mikroanalyse, deren Methoden in langjähriger Arbeit von namhaften Forschern entwickelt worden sind, mußte in Rücksicht auf die zur Verfügung stehende Zeit und mangels hinreichender Erfahrung und Übung auf diesem Sondergebiet davon abgesehen werden, die zahlreichen Reaktionen im einzelnen praktisch zu erproben. Wir haben uns daher, von Ausnahmen abgesehen, in der Hauptsache auf eine Wiedergabe dieser Methoden beschränkt.

---

[1] Nach H. Fischer ist die Neigung zur Bildung beständiger Komplexe am ausgeprägtesten bei den Kationen der Übergangsmetalle mit unvollständiger Elektronenschale.

[2] Über Katalysenreaktionen und induzierte Reaktionen bei Edelmetallen vgl. Feigl.

Besondere Bedeutung hat in den letzten Jahrzehnten für die Untersuchung der Platinmetalle die Spektralanalyse erlangt, und zwar sowohl in qualitativer als auch in quantitativer Hinsicht. In besonders schwierigen Fällen lassen sich nur mit ihrer Hilfe genaue Nachweise und Bestimmungen in kurzer Zeit durchführen.

Bekanntlich ist der Zweck der qualitativen Analyse nicht nur die möglichst rasche, sichere und genaue Ermittlung der einzelnen Bestandteile der zu untersuchenden Substanz, sondern es soll damit gleichzeitig auch eine annähernde Schätzung des mengenmäßigen Anteils der gefundenen Bestandteile verbunden sein. Davon hängt nicht nur die Größe der für die quantitative Analyse zu verwendenden Substanzmenge ab, sondern vielfach auch die Auswahl der Trennungs- und Bestimmungsmethoden, was nicht zuletzt bei den Platinmetallen von außerordentlicher Bedeutung sein kann. Nebenher kann die qualitative Analyse auch wertvolle Hinweise auf das Verhalten der Substanz gegenüber Lösungs- und Aufschlußmitteln liefern (Brunck). Auch bei Beantwortung der Frage nach dem chemischen Aufbau des zu analysierenden Materials (Mineralien) ist die qualitative Analyse mitbestimmend.

Diese im wesentlichen an die qualitative Analyse zu stellenden Forderungen werden, soweit hierbei die Platinmetalle in Betracht kommen, unseres Erachtens gerade wegen deren Eigenart in weitestgehendem Maße durch die Methoden der Makroanalyse erfüllt, wobei allerdings die anderen Analysenmethoden in vielen Fällen recht wertvolle und willkommene Ergänzungen liefern können.

Nun ist aber z. B. die durchschnittliche chemische Zusammensetzung der Rohplatinkonzentrate ebenso wie der Osmiridien (vgl. Tafel I bis III) im allgemeinen bereits seit der Entdeckung ihrer Lagerstätten mit großer Genauigkeit bekannt. Liegen daher — was meistens zutrifft — über eine zu analysierende Probe zuverlässige Angaben über die Herkunft vor und erweist sich die physikalische Beschaffenheit des vorliegenden Materials nach dem Augenschein als einwandfrei (zu dieser Feststellung gehört allerdings einige praktische Erfahrung), so erübrigt sich die qualitative Analyse, zumal bei besonders schwierigem Material, wie z. B. Osmiridium, der Wert der qualitativen Analyse vielfach in keinem Verhältnis zu der hierfür aufzuwendenden Zeit und Arbeit stehen würde. Doch wird in manchen Fällen, wo namentlich die oben gemachte Voraussetzung nicht zutrifft oder besondere mineralogische oder lagerstättenkundliche Interessen vorliegen oder aber auch Verdacht auf Verfälschung besteht, stets die qualitative Analyse einzuschalten sein. Selbst bei vielen an sich bekannten Legierungen wird sich die qualitative Analyse jedoch selten auf die Ermittlung der sämtlichen Bestandteile erstrecken als vielmehr auf den Nachweis einzelner wichtiger Hauptbestandteile oder Verunreinigungen.

Die qualitative Analyse als solche spielt daher, sofern es sich hierbei in der Hauptsache um die Platinmetalle handelt, in der Praxis der Edelmetallaboratorien nicht die Rolle wie z. B. bei den Unedelmetallen. Dagegen sind qualitative Nachweismethoden für mancherlei Kontrollzwecke von außerordentlicher Wichtigkeit. Häufig steht der Analytiker vor der Frage, zu entscheiden, ob in stark verdünnten und verunreinigten Mutterlaugen noch gewinnbare Edelmetallmengen vorhanden sind (z. B. in sauren Ablaugen, die mit Zink oder Eisen gefällt sind), oder es müssen Destillations- oder Fällungsprozesse daraufhin geprüft werden, ob der Vorgang bereits zu Ende ist oder nicht. Neben rein analytischen spielen hierbei auch technische und wirtschaftliche Fragen eine wichtige Rolle. Da die meisten Fällungsreaktionen wegen der starken Verdünnung und Verunreinigung hierbei versagen, eröffnet sich hier, abgesehen von der Dokimasie, ein wichtiges Gebiet für die Farbenreaktionen und vielleicht auch für die katalytischen Reaktionen. Die zu verwendenden Reagenzien müssen eine hohe Empfindlichkeit gegenüber dem festzustellenden Edelmetall vereinigen mit einer ebenso großen Unempfindlichkeit gegenüber den häufig sehr reichlich vorhandenen Verunreinigungen dieser Endlaugen.

Als vorzügliches, insbesondere scharfes und zuverlässiges Reagens hat sich in dieser Hinsicht in langjähriger Erfahrung z. B. das Zinn(II)-chlorid erwiesen.

Die Arbeiten TSCHUGAJEFFs über die Oxime ließen die Möglichkeit der Verwendung organischer Reagenzien in der anorganischen Analyse als besonders aussichtsreich erkennen. Seit den ersten größeren Erfolgen auf diesem Gebiet (Nickel- und Palladiumbestimmung als Oxime) ist eine erstaunliche Fülle von organischen Reagenzien auch für weitere Nachweise der Platinmetalle empfohlen worden. Die Anzahl ist derart angewachsen, daß dem Anfänger oder dem auf dem Gebiete der Platinmetalle unerfahrenen Analytiker mit dieser großen Menge von Vorschlägen nur wenig gedient ist, dies im Gegenteil nur zur Verwirrung und Erschwerung der Auswahl beiträgt. Wir haben es daher für unsere besondere Aufgabe betrachtet, nur solche Reaktionen ausführlich zu behandeln, die sich in längerer Laboratoriumspraxis besonders bewährt haben, während die übrigen, soweit es der zur Verfügung stehende Umfang dieses Buches erlaubt, nur erwähnt werden sollen. Es liegt uns durchaus fern, damit irgendein Werturteil zum Ausdruck zu bringen. Ganz abgesehen davon, war es in vielen Fällen gar nicht möglich, die betreffenden Reagenzien wegen der zur Zeit bestehenden Schwierigkeiten zu beschaffen.

Dieses Buch soll vor allen Dingen dazu dienen, den auf dem Gebiete der Platinmetalle nicht bewanderten Analytiker im Bedarfsfalle ohne zeitraubendes Studium des Schrifttums mit den wichtigsten Reaktionen bekannt zu machen, die für die Ausführung qualitativer Nachweise erforderlich sind. Zu diesem Zwecke sind auch die beiden bekanntesten und für die Praxis wichtigsten Platinmetalle, nämlich Platin und Palladium, zuerst aufgeführt worden, an der auf Grund der Anordnung im periodischen System sonst die im allgemeinen weniger bekannten Metalle Osmium und Ruthenium stehen.

Das Buch soll und kann ferner, besonders mit Rücksicht auf die Zeitverhältnisse, unter denen es entstanden ist, auch keinen Anspruch auf absolute Vollständigkeit erheben. Es soll vielmehr die wichtigsten bisherigen Erkenntnisse auf dem analytischen Gebiet der Platinmetalle, soweit diese zugängig waren, vermitteln und dadurch ein möglichst zuverlässiges Fundament schaffen, auf dem nötigenfalls später weitergebaut werden kann.

Literatur.

BRUNCK, O.: Quantitative Analyse, S. 117. Dresden u. Leipzig: Theodor Steinkopf 1936.
FEIGL, F.: Tüpfelreaktionen, S. 53, 61 (1938). — FISCHER, H.: Studien über den Reaktionsbereich organischer Reagenzien in der Metallanalyse. [Wiss. Veröffentl. Siemens-Werke, Werkstoff-Sonderheft, S. 217 bis 229 (1940), Siemensstadt, Siemens-Halske, Abt. für Elektrochemie.]; durch C. **112 I**, 2975 (1941).
MYLIUS, F., u. A. MAZZUCCHELLI: Z. anorg. Ch. **89**, 9 (1914).
TSCHUGAJEFF, L.: Z. anorg. Ch. **46**, 144 (1905).

Reaktionen der sechs Platinmetalle.

1. Platin.

Pt, Atomgewicht 195, 23; Ordnungszahl 78.

I. Physikalische Eigenschaften.

Geschmolzenes Platin ist ein grauweißes, glänzendes und ziemlich duktiles Metall. Es besitzt von allen Platinmetallen die geringste Härte. Seine Dichte bei 20° beträgt 21,447. Es schmilzt bei 1775° C. Durch Verglühen aus seinen Salzen (z. B. Platinsalmiak) gewonnenes Platin ist eine je nach der Glühtemperatur mehr oder weniger lockere, poröse, hellgraue, glanzlose Masse, die man als Platinschwamm bezeichnet. Vor den übrigen Metallen der Platingruppe ist es durch seine hervorragenden mechanischen Eigenschaften besonders ausgezeichnet. Es ist das bei weitem wichtigste Metall dieser Gruppe.

II. Stellung im periodischen System, Wertigkeit, Koordinationszahl.

Seinem Atomgewicht und seiner Ordnungszahl entsprechend steht das Platin in der dritten großen Periode, und zwar in der VIII. Gruppe als letztes Glied der sog. schweren Triade: Os, Ir, Pt. Auf Grund seiner Stellung unterhalb des Palladiums besitzt es in seiner Valenzbetätigung Ähnlichkeit mit diesem Metall. Das Platin ist in seinen namentlich für analytische Zwecke wichtigen Chlorverbindungen zwei- oder vierwertig.

In seinen Komplexverbindungen hat das vierwertige Platin die Koordinationszahl 6, das zweiwertige die Koordinationszahl 4.

III. Chemisches Verhalten des Metalles.

a) Gegen Wasserstoff. Kompaktes Platin nimmt bei Zimmertemperatur keine meßbaren Mengen Wasserstoff auf. Mit Wasserstoff bei höheren Temperaturen gesättigtes Platin z. B. hält beim Erkalten in diesem Gas praktisch keinen Wasserstoff zurück. Diese Feststellungen gelten jedoch nicht für Mohr, bei welchem die Adsorption infolge der großen Oberfläche wesentlich größer ist. Beim Glühen jedoch verlieren auch Metallmohre diese Eigenschaft und gehen in Schwamm über (SIEVERTS und JURISCH). Die Existenz eines Platinhydrids konnte bisher nicht nachgewiesen werden (MOND, RAMSAY und SHIELDS).

Den Analytiker interessiert im Zusammenhang mit den soeben geschilderten Eigenschaften am meisten das Verhalten des Platinschwammes, der z. B. durch Erhitzen von Platinsalmiak und anschließendes Reduzieren in Wasserstoff hergestellt wird. Hierbei ergeben sich für die Wasserstoffaufnahme Beträge, die nur in außergewöhnlichen Fällen ein Vielfaches des Schwammvolumens betragen. Eine Beeinträchtigung der Bestimmung des Platins durch Aufnahme von Wasserstoff ist daher nicht zu erwarten, doch ist zu beachten, daß *glühendes Platin* für *Wasserstoff durchlässig ist.*

b) Gegen Sauerstoff. Als typisches Edelmetall läßt sich Platin an der Luft erhitzen, ohne sich zu oxydieren.

Oxyde des Platins. Über die Existenz der beiden bisher noch nicht präparativ hergestellten wasserfreien Platinoxyde, Monoxyd und Dioxyd, liegt eine Reihe von eingehenden Untersuchungen vor, so insbesondere von WÖHLER, WÖHLER und FREY, ferner von LAFFITTE und GRANDADAM. Aus den von diesen Oxyden sich ableitenden Hydraten[1], wie z. B. $PtO \cdot H_2O$ oder $PtO_2 \cdot 2\,H_2O$, können die wasserfreien Oxyde PtO und PtO_2 durch thermischen Abbau deshalb nicht hergestellt werden, weil die letzten Reste des Wassers erst bei hohen Temperaturen unter gleichzeitiger Zersetzung der Oxyde entweichen.

Dagegen war bisher von der Bildung von Oxyden des höherwertigen Platins nur wenig bekannt. Die Tatsache, daß beim Erhitzen von Platin im Sauerstoffstrom bei höheren Temperaturen wesentlich größere Gewichtsabnahmen festgestellt werden können als nach dem Dampfdruck des reinen Platins zu erwarten sind, läßt sich nur dadurch erklären, daß hierbei flüchtige Platinoxyde entstehen.

SCHNEIDER und ESCH haben nun, einer vorläufigen Mitteilung zufolge, neuerdings aus den mit der Änderung des Sauerstoffpartialdruckes sich ergebenden Platinoxyd-Gleichgewichtspartialdrucken mit Hilfe des Massenwirkungsgesetzes die Dissoziationskonstante K für die einzelnen möglichen Platinoxyde berechnet und gefunden, daß bei einer Versuchstemperatur von 1200° oberhalb etwa 850 mm Hg

[1] Über Herstellung der Hydrate vgl. WÖHLER (a), ferner ADAMS und SHRINER.

Sauerstoffdruck das Tetroxyd PtO_4, zwischen 275 und 850 mm Hg das Trioxyd PtO_3 und unterhalb 275 mm Hg das Dioxyd PtO_2 beständig ist. Für die anderen möglichen Oxyde, wie Pt_2O_3, Pt_2O_5, einschließlich der dimeren Oxyde, wie Pt_2O_2, wurde innerhalb der untersuchten Druckgebiete keine Konstanz der *K-Werte* gefunden. Unter den vorliegenden Bedingungen ergeben sich daher für die Existenz dieser Oxyde keine Anhaltspunkte. Dagegen wird hierdurch die Verflüchtigung des Platins durch Bildung höherer Oxydstufen geklärt. Bei der Bestimmung des Platins, die in der Regel als Schwamm erfolgt, ist es zweckmäßig, diesen entweder bis zur Rotglut zu erhitzen, wobei der thermische Zerfall etwa vorhandener Oxyde des Platins vervollständigt wird, oder den bei niedrigeren Temperaturen geglühten Schwamm nochmals zu reduzieren.

c) Gegen Chlor. Über die Darstellung der Platinchloride und deren Existenzbereiche liegen eingehende Untersuchungen vor. Hiernach wurden bei einer Atmosphäre Chlordruck für die einzelnen Chloride folgende Zersetzungs- bzw. Bildungstemperaturen durch Eingrenzen von beiden Seiten gefunden:

$PtCl_4$ (rostbraun)	bis 370°	$PtCl_2$ (braungrün)	435 bis 582°
$PtCl_3$ (schwarzgrün)	370 bis 435°	$PtCl$ (hellgelbgrün)	581 bis 583°

Die Existenz von PtCl ist indes nicht eindeutig sichergestellt (Wöhler und Streicher). Die Herstellung von $PtCl_4$ erfolgt am einfachsten dadurch, daß man $H_2(PtCl_6)$ im Ölbade zuerst im Chlorstrom auf 200° erwärmt, die hierbei entstandene braune Kruste aufreibt und das Pulver zur Entfernung der letzten Reste H_2O und HCl schließlich auf 275° erhitzt. Die übrigen Chloride lassen sich durch thermischen Abbau von $PtCl_4$ im Chlorstrom von 1 Atm. herstellen:

$$PtCl_4 \rightarrow PtCl_3 \rightarrow PtCl_2 \rightarrow PtCl \rightarrow Pt.$$

Bequemer noch erhält man $PtCl_3$ durch Chlorieren von $PtCl_2$ bei 390 bis 400° und $PtCl_2$ durch Erhitzen von $H_2(PtCl_6)$ auf dem Sandbade bei 280°.

Bei der thermischen Zersetzung von $PtCl_2$ läßt sich keine Verflüchtigung von Pt feststellen (Meyer). Dagegen verflüchtigt sich $PtCl_4$ zum Teil beim Glühen (Limmer). Die Verflüchtigung beginnt schon bei verhältnismäßig niedrigen Temperaturen, und zwar bei Dunkelrotglut (Pigeon). Im Chlorstrom von Atmosphärendruck ist $PtCl_2$ zwischen 478 und 582° schon in beträchtlichem Maße unzersetzt flüchtig (Wöhler und Streicher). Trockenes Platin(II)-chlorid bildet bei 250° mit CO leichtflüchtige Carbonylchloride (Manchot). Deswegen dürfen zum reduzierenden Verglühen von Platinchlorid (das gilt ebenso von den Chloriden der übrigen Platinmetalle) keine CO-haltigen Reduktionsgase verwendet werden.

$PtCl_4$ löst sich in wäßriger HCl-Lösung leicht unter Bildung der komplexen Verbindung $H_2(PtCl_6)$, $PtCl_2$ dagegen unter den gleichen Bedingungen nur schwer zu der komplexen Verbindung $H_2(PtCl_4)$.

Mit den einfachen Chloriden des Platins wird sich der Analytiker weniger zu befassen haben. Im Laufe der Analyse begegnet ihm das Platin meist in der Form der komplexen Chloroplatin(IV)-säure $H_2(PtCl_6) \cdot 6\,H_2O$, gewöhnlich auch als Platinchlorid bezeichnet, und ab und zu vielleicht auch die Chloroplatin(II)-säure, die sich aber leicht durch Oxydationsmittel in die Chloroplatin(IV)-säure überführen läßt.

d) Gegen Säuren. Die Angreifbarkeit des Platins wird nicht allein von der Säure, sondern auch von der Beschaffenheit und dem Zustand des Metalles bestimmt.

Reines Platin wird von Salpetersäure ebensowenig gelöst wie Gold. Auch von Salzsäure wird Platin bei Gegenwart von Luft kaum angegriffen. In verdünnter Schwefelsäure ist Platin praktisch vollkommen unlöslich. Konzentrierte heiße Schwefelsäure greift Platin um so weniger an, je reiner es ist. Wenn die früher zur Konzentrierung der Kammersäure verwendeten Platinkessel wegen der hierbei entstehenden Platinverluste mit einer Goldplattierung geschützt worden sind, soweit sie mit der heißen Säure in Berührung kamen, so dürfen hierbei zwei Tatsachen nicht übersehen werden. Zunächst wurde zur Herstellung dieser großen, flachen Apparate mit Rücksicht auf ihre Festigkeit nur technisch reines Platin mit 99 bis 99,5% Pt verwendet, das neben Iridium und Rhodium noch geringe Mengen Kupfer und Eisen enthielt. Das zur Plattierung verwendete Gold dagegen war wesentlich reiner und daher verhältnismäßig widerstandsfähiger gegen Schwefelsäure als das technisch reine Platin.

Daß hochreines Platin gegen nascierenden Sauerstoff erheblich edler ist als Gold vom gleichen Reinheitsgrade, läßt sich ohne weiteres durch anodische Polarisation in verdünnter Schwefelsäure nachweisen: Während das Platin hierbei vollkommen resistent ist, wird Gold erheblich angegriffen und teils gelöst, teils kathodisch niedergeschlagen oder als feines Metall im Elektrolyten ausgeschieden.

Ist Platin jedoch mit Silber legiert, so geht mit Salpetersäure ein großer Teil des Platins, und wenn der Silberanteil das Achtfache oder mehr beträgt, sogar alles Platin in Lösung. Dagegen wird beim Behandeln mit heißer konz. Schwefelsäure, besonders in Gegenwart einiger Kryställchen von As_2O_3, nur Silber gelöst (Brunck, Fröhlich), was namentlich für dokimastische Zwecke wichtig ist.

Das beste Lösungsmittel für Platin ist Königswasser, doch erfolgt der Lösungsvorgang langsamer als bei Gold.

In heißer konz. Salzsäure geht Platin beim Einleiten von Chlor ebenso in Lösung wie durch den elektrischen Strom bei anodischer Polarisation.

Feuchter Platinmohr wird, in heißer Salzsäure (1 : 1) mit Chlor behandelt, ebenfalls gelöst, desgleichen von Salzsäure bei Zusatz von H_2O_2. Der Platinmohr teilt dieses Verhalten mit den Mohren der übrigen Platinmetalle, weil, abgesehen von der größeren Oberfläche, die Mohre eben im eigentlichen Sinne des Wortes keine „reinen" Metalle darstellen, sondern durch den Gehalt an Gasen (wie z. B. Sauerstoff, Wasserstoff, CO, CO_2) mehr oder weniger verunreinigt und verändert sind.

Beim Erhitzen verwandelt sich der Mohr in Schwamm, wobei gleichzeitig die im Mohr zurückgehaltenen gasförmigen Bestandteile größtenteils wieder entweichen. Stark geglühter Platinschwamm verhält sich wie kompaktes Platin.

e) Gegen Alkalihydroxyde und Superoxyde. Von heißer konz. Alkalihydroxydlösung wird Platin nicht angegriffen, doch greifen schmelzendes Natrium- und Kaliumhydroxyd bei Temperaturen über 500° Platin um so stärker an, je höher die Temperatur ist. KOH wirkt stärker korrodierend als NaOH. Von schmelzenden Superoxyden wird Platin heftig angegriffen (Bauer).

f) Gegen Salzschmelzen. Schmelzender Salpeter ist bis 800° ungefährlich für Platin, ebenso sind Soda und Pottasche unterhalb 900° bei Fernhaltung des Luftsauerstoffs ohne Einwirkung auf Platin. Von schmelzenden Alkalimetallchloriden, mit Ausnahme von LiCl (Hofmann), wird Platin ebensowenig angegriffen wie von schmelzenden Sulfaten, vorausgesetzt, daß reduzierende Flammengase von der Schmelze ferngehalten werden. Ebenso wird Platin von schmelzendem Pyrosulfat bis 700° nur unbedeutend angegriffen. Cyanide, Kaliumsulfid und Polysulfide im Schmelzfluß greifen dagegen Platin stark an. Beim Glühen von P und As enthaltenden Salzen kann der Einfluß reduzierender Gase zur P- bzw. As-Vergiftung führen (Bauer; J. Fischer).

Natriumchlorid-Chlor-Aufschluß. Feinverteiltes metallisches Platin wird von Natriumchlorid im Chlorstrom bei 550 bis 600° vollständig aufgeschlossen unter Bildung von wasserlöslichem Natriumplatinchlorid $Na_2(PtCl_6)$. Dieses bleibt bis 705° fest und infolge von Reaktionsverzögerung fast unzersetzt, sintert aber. Erst oberhalb 710° beginnt Platin als Chlorid sich merklich zu verflüchtigen (Wöhler und Balz).

g) Verhalten gegen Metallschmelzen. Die Eigenschaft des Platins, sich in der Schmelzhitze in Metallen, wie z. B. Blei, Wismut, Silber oder Gold glatt aufzulösen, läßt sich für Zwecke der Trennung von anderen Platinmetallen, die diese Eigenschaft nicht zeigen, analytisch verwerten. (Vgl. hierzu Iridium, S. 109.)

IV. Reaktionen des Platins auf trockenem Wege.

Beim Erhitzen mit Soda auf Kohle geben alle Platinverbindungen grauen Metallschwamm, der, mit dem Pistill im Achatmörser gerieben, Metallglanz annimmt. Seine Farbe ist grauweiß (Unterschied von Gold), er ist unschmelzbar vor dem Lötrohr und in Säuren (außer Königswasser) unlöslich.

Boraxperle. Wird Boraxschaum mit einer Platinsalzlösung befeuchtet und zur Perle verschmolzen, so erscheint die Boraxperle im durchfallenden Lichte rehbraun, im auffallenden Lichte milchig getrübt.

Erfassungsgrenze: 0,05 γ Platin. Goldsalze stören, wenn die Menge des Goldes das Platin um das 15fache übersteigt. Die anderen Platinmetalle färben die Perle ebenfalls (DONAU).

Eine rasche Identifizierung von Körnern oder Flittern von Platin ist mit Hilfe ihrer *pyrognostischen Reaktionen* möglich: Platin ist unschmelzbar vor dem Lötrohr, verbindet sich aber mit Blei, nach dessen Verschlackung das Metall als graue schwammige Masse zurückbleibt (BRALY; vgl. ferner BUNSEN).

Beim *Abtreiben* von jeweils 500 mg Feinsilber mit verschiedenen Platinmengen und je 3 g Blei in der Treibmuffel bei etwa 1150° ergibt sich bezüglich der dabei erhaltenen Silberkörner folgendes Bild: Bis 17,5 mg = 3,5% Pt[1] bleiben die Körner weiß, glänzend, hochrund und zeigen Spratzerscheinungen wie das Silber. Die Körner verlieren diese Eigenschaften bei mehr als 25 mg = 5% Platin. Die Oberfläche ist gestrickt. Von 150 bis 250 mg ab = 30 bis 50% Pt werden die Körner dunkelglänzend, glatt und flach, bei 375 mg = 75% Pt mattweiß und allmählich platingrau. Die Körner erstarren auf Blickhöhe, kommen nicht mehr zum reinen Blick, sind flach und eingefallen, rauh und höckerig. Der Bleirückhalt der Körner nimmt zu mit steigendem Platingehalt (TRUTHE; vgl. auch BANNISTER u. PATCHIN).

Nachweis durch Katalyse der Oxydation von Wasserstoff. Die Durchführung des Nachweises der Platinmetalle durch Katalysenreaktion gestaltet sich nach HAHN wie folgt: Ein Streifen Asbestpapier von 0,5 mm Dicke wird an einem Ende gut angefeuchtet und durch einen dicken, abgerundeten Glasstab mit einer flachen Wölbung ausgestattet. Die tiefste Stelle der Einbuchtung wird darauf mit einem spitz ausgezogenen Glasstab zu einer kleinen Spitze geformt, wobei es belanglos ist, ob die Spitze hierbei etwa einreißt oder rund durchlocht wird. Diese Stelle des Asbeststreifens wird nunmehr in einer gut entleuchteten Bunsenflamme kräftig ausgeglüht. Dann wird ein Tropfen der zu prüfenden Substanz genau auf die Spitze gebracht, wieder geglüht und die Auswölbung zugleich mit der konkaven Seite nach unten über ausströmenden Wasserstoff gehalten, der mit reinster Schwefelsäure aus reinstem Zink hergestellt wird. Die Stärke der Glüherscheinungen hängt, abgesehen vom Katalysatormetall, in erster Linie von der Konzentration der angewendeten Lösung ab und nur wenig von der Größe des aufgebrachten Tropfens.

Die bei Verwendung je eines Mikrotröpfchens (1 mm³) von Platinchloridlösungen verschiedener Konzentration zu beobachtenden Glüherscheinungen sind in der Originalarbeit in einer Übersicht zusammengestellt. Erfassungsgrenze: 0,04 γ in 1 mm³. Grenzkonzentration: 1 : 25000. Von Fe-, U-, Cu-, Mo-, Ni- und Co-Salzen wird der Nachweis selbst bei 1000fachem Überschuß nicht gestört. As vergiftet die Katalyse, doch lassen sich noch 0,07 γ Pt neben der 50fachen Menge As (als As_2O_3) nachweisen. Ähnliche Reaktionen geben auch Pd, Ir und Rh (CURTMAN und ROTHBERG; FEIGL).

In Laboratorien, in denen viel oder ausschließlich mit Platin gearbeitet wird, ist diese katalytische Reaktion nicht nur an Asbestunterlagen, Asbestdeckeln u. dgl. zu beobachten, sondern z. B. auch an längere Zeit benutzten aufgerauhten Por-

[1] Die Platinangaben in Prozenten sind auf die angewendete Silbermenge (500 mg) bezogen.

zellandeckeln und selbst an den Porzellanröhrchen, die zum Einleiten von Wasserstoff dienen und irgendwie mit Platin in Berührung gekommen sind.

Zu diesem Nachweis wird von DAVIS (a) darauf hingewiesen, daß der in der oben beschriebenen Weise vorbereitete Katalysator in seiner Aktivität abhängig ist von der Größe, Dicke und Porosität des Asbestpapieres, ebenso wie von der Konzentration und der Menge der zu prüfenden Lösung, der Geschwindigkeit des Trocknens, der Höhe und Dauer der dabei vorgenommenen Erhitzung, der Gegenwart von Giften oder Aktivatoren und anderen die Herstellung des Kontaktes beeinflussender Substanzen. Gifte können sowohl in der Lösung als auch in dem Gasgemisch vorhanden sein. Im Anschluß an diese Betrachtungen wird noch eine Vorschrift gegeben für die Durchführung der Glühprobe sowie eine Aufzählung der Substanzen, deren Gegenwart den regelmäßigen Verlauf verhindern kann, die daher abzuscheiden oder zu vermeiden sind. Auch andere Metallsalze können sich nämlich unter Umständen bei der Glühprobe ähnlich verhalten.

Damit sind die schwachen Seiten des Nachweises hinreichend gekennzeichnet. Bei der großen Einfachheit, mit der dieser Nachweis zu führen ist (es genügt z. B., einen dünnen Asbeststreifen mit der zu untersuchenden Lösung zu tränken, dann zu trocknen und zu verglühen, um anschließend den Nachweis zu führen), und wegen seiner Unempfindlichkeit gegenüber Verunreinigungen der zu prüfenden Lösungen (z. B. Eisen(II)-sulfat, Zinkchlorid, Alkalichloriden usw.) könnte man daran denken, den Nachweis ganz allgemein zur Prüfung von Ablaugen auf Platinmetallgehalte zu verwenden. Dafür liegt aber leider die Erfassungsgrenze z. B. beim Platin mit $0{,}04\ \gamma/\mathrm{mm}^3 = 40\ \gamma/1\ \mathrm{cm}^3$ nicht tief genug, während für eine solche Prüfung etwa $1\ \gamma/1\ \mathrm{cm}^3$ entsprechend 1 g Edelmetall auf $1\ \mathrm{m}^3$ Lösung gefordert werden müßte. Bei den übrigen Platinmetallen liegen die Verhältnisse zum Teil noch ungünstiger, wie z. B. beim Iridium mit einer Erfassungsgrenze von $0{,}18\ \gamma/1\ \mathrm{mm}^3$. Immerhin läßt sich mit der Katalysenprobe die Anwesenheit von Platinmetallen in der angedeuteten Konzentration *auf trockenem Wege* in einfachster Weise feststellen (W. BILTZ).

V. Reaktionen der Chloroplatin(IV)-säure oder des entsprechenden Na-Salzes auf nassem Wege.

a) Mit anorganischen Reagenzien. Versuchslösung: Eine wäßrige Lösung von $H_2PtCl_6 \cdot 6\,H_2O$. Wenn nichts anderes angegeben, werden für die Reaktionen immer Grammliterlösungen verwendet.

α) Kaliumchlorid und Ammoniumchlorid fällen aus nicht zu verdünnten, schwach sauren Lösungen der Chloroplatin(IV)-säure (etwa 5 bis 10 g Pt in 100 cm³) augenblicklich reingelbe krystalline Niederschläge von Kaliumchloroplatinat(IV), K_2PtCl_6, oder Ammoniumchloroplatinat(IV), $(NH_4)_2PtCl_6$. Bei Verwendung verdünnter Lösungen (z. B. 1 g Pt/l) erfolgt die Fällung bereits mit ziemlicher Verzögerung, indem sich erst nach und nach gröbere Kryställchen des gelben Niederschlages ausscheiden. Die Fällungen sind in Wasser und Säuren merklich löslich, nicht dagegen im Überschuß des Fällungsmittels und bei Gegenwart von Alkohol. Ein Bild von der Löslichkeit in Wasser gibt die nachfolgende Übersicht:

Niederschlag	Nach TREADWELL: Gramm in 100 cm³	Nach TREADWELL: Mol. Konz. der gesättigten Lösung	Nach GRAHAM-OTTO: Gramm in 100 cm³, 20°	Nach GRAHAM-OTTO: Gramm in 100 cm³, 100°
K_2PtCl_6*	0,852	$1{,}7 \times 10^{-2}$	1,12 g	5,13 g
$(NH_4)_2PtCl_6$	0,67	$1{,}5 \times 10^{-2}$	0,67 g	12,5 g
Rb_2PtCl_6	0,028	$4{,}9 \times 10^{-4}$	0,141 g	0,614 g
Cs_2PtCl_6	0,0086	$1{,}2 \times 10^{-4}$	0,079 g	0,377 g

* Vgl. auch ARCHIBALD, WILCOX u. BUCKLEY.

Über die in Frage kommende Temperatur macht TREADWELL zwar keine Angaben, doch ist wohl anzunehmen, daß es sich hierbei um Zimmertemperatur handelt. Während die Werte für die Löslichkeit bei Zimmertemperatur bei den ersten beiden Salzen eine zufriedenstellende bis gute Übereinstimmung aufweisen, weichen die Angaben für das Rubidium- und Caesiumsalz sehr stark voneinander ab. Bezüglich der Fällung mit RbCl, CsCl oder Tl_2SO_4 vgl. Mikroreaktionen, S. 44.

In 10%igem Alkohol sinkt die Löslichkeit von K_2PtCl_6 auf die Hälfte, in 50%igem Alkohol auf $^1/_{20}$ (TREADWELL). Nach STREBINGER muß der hierfür verwendete Alkohol frei von Aldehyd sein. Schon ein geringer Gehalt hiervon genügt, um durch Reduktionswirkung und die damit verbundene Erhöhung der Löslichkeit wesentlich niedrigere Analysenzahlen vorzutäuschen. Die reduzierende und dadurch störende Wirkung des Aldehyds zeigt sich besonders bei der colorimetrischen Bestimmung des Platins mit KJ in wäßrigen K_2PtCl_6-Lösungen. Schon nach kurzer Zeit wurde im Falle der Anwesenheit von Aldehyd nach Zugabe von KJ die zunächst intensiv rotgefärbte Lösung braunviolett, und bald begann die Abscheidung von metallischem Platin.

Die Fällungen des Platins mit KCl oder NH_4Cl werden stark beeinträchtigt durch Stickoxyde [Bildung von Nitrosylplatinchlorid — $(NO)_2PtCl_6$], die *vor* der Fällung durch Eindampfen und Aufnehmen mit Wasser und Salzsäure entfernt oder zerstört werden müssen. Zur Vermeidung von Überhitzung und damit verbundener teilweiser Zersetzung der Chloroplatin(IV)-säure unter Bildung von Chloroplatin(II)-säure erfolgt das Eindampfen zweckmäßig auf Wasserbädern. Sicherheitshalber kann man beim Eindampfen der sauren Lösungen einige Tropfen H_2O_2 hinzufügen (während der Gasentwicklung ist das Gefäß zu bedecken).

Die Vollständigkeit der Fällung des Platins mit NH_4Cl oder KCl ist, wie wir bereits oben gesehen haben, außer von dem Vorliegen des Platins in der vierwertigen Stufe, noch in weitgehendem Maße von der Konzentration abhängig, in der das Metall in den Lösungen vorliegt. Quantitative Fällungen werden daher nur in möglichst konzentrierten Lösungen und bei Verwendung gesättigter Lösungen des Fällungsmittels erreicht. Doch darf die Konzentration der zu fällenden Lösungen keineswegs so weit gehen, daß diese etwa bereits beginnen dickflüssig zu werden. Dadurch würden selbst bei Verwendung verdünnter Fällungsmittel infolge Klumpenbildung nur höchst unvollständige, für analytische Zwecke völlig unbrauchbare Fällungen (und Trennungen) erzielt werden.

Weiterhin spielt auch die HCl-Konzentration bei der Vollständigkeit der Fällungen eine beachtliche Rolle. So läßt sich bekanntlich z. B. aus Lösungen von $Na_2PtCl_6 \cdot 6\,H_2O$ in Wasser, entsprechende Konzentration dieser Lösungen und der Fällungsmittel vorausgesetzt, das Platin bis auf Spuren als $(NH_4)_2PtCl_6$ oder K_2PtCl_6 ausfällen. Zu berücksichtigen ist schließlich noch, daß bei der Fällung von wäßrigen Lösungen der Chloroplatin(IV)-säure mit NH_4Cl oder KCl freie Salzsäure entsteht, bei Verwendung einer Lösung von $Na_2PtCl_6 \cdot 6\,H_2O$ dagegen neutrales Natriumchlorid. Vielfach wird deshalb auch *vor* der Fällung z. B. mit NH_4Cl die Neutralisation der überschüssigen Salzsäure mit Ammoniak vorgeschlagen (vgl. BRUNCK; auch hierunter S. 51 unter C, ferner S. 55 unter Ziffer 3).

Um das Platin aus wäßrigen Lösungen der Platin(IV)-chlorosäure möglichst vollständig mit NH_4Cl (oder KCl) abzuscheiden, verfährt man wie folgt:

Die verdünnte, schwach salzsaure Platinlösung wird, nötigenfalls nach vorausgegangener Oxydation mit H_2O_2, mit der erforderlichen Salmiakmenge im Überschuß[1] versetzt und auf dem Wasserbad langsam[2] zur Trockne verdampft[3]. Die

[1] Auf 1 Teil Pt mindestens 3 Teile NH_4Cl.

[2] Durch langsames Eindampfen erhält man den Platinsalmiak in gröberer, oberflächenarmer, gegen Lösewirkung widerstandsfähigerer Form.

[3] Sehr gut bewährt hat sich für diesen Zweck auch das Eindampfen mit frisch bereitetem Chlorwasser.

mit dem entstandenen Niederschlag vermengten Salzkrusten werden mit einem Glasstäbchen zerdrückt und unter öfterem Umrühren so lange auf dem Wasserbad erhitzt, bis die lockere Salzmasse nicht mehr nach Salzsäure riecht. Der trockene Salzrückstand wird nunmehr vorsichtig mit möglichst wenig Wasser angefeuchtet, mit kalt gesättigter Salmiaklösung aufgenommen und filtriert[1]. Das Auswaschen erfolgt zunächst mit Salmiaklösung, zum Schluß mit etwas Alkohol.

Bei einiger Übung gelingt es leicht, in dieser Weise das Platin, auch ohne Verwendung größerer Mengen Alkohol, nahezu vollständig abzuscheiden. Die Mutterlauge ist vollkommen farblos; es lassen sich mit H_2S und $SnCl_2$ nur noch Spuren von Platin nachweisen.

Bis zu einem gewissen Grade ist die kanariengelbe Farbe des Niederschlages ein Kennzeichen für seine Reinheit. Enthält nämlich die auf Platin zu prüfende Lösung außer Pt noch andere Platinmetalle, wie z. B. Iridium, so wird der Niederschlag durch diese mehr oder weniger stark verunreinigt, und zwar in besonders hohem Maße, wenn in der Lösung noch oxydierend wirkende Stoffe, wie beispielsweise Salpetersäure oder Chlor, anwesend sind und die Fällung unter Zusatz von Alkohol erfolgt.

Dieses Verhalten des Iridiums, in Gegenwart von Oxydationsmitteln mit dem Platin zusammen durch NH_4Cl oder KCl größtenteils mit gefällt zu werden, hat sich namentlich für eine möglichst vollständige Trennung, z. B. des Platins und Iridiums, von den übrigen Platinmetallen als besonders vorteilhaft erwiesen. Zu diesem Zweck dampft man die wäßrige Lösung mit einem Überschuß von NH_4Cl oder KCl (vgl. S. 38) auf dem Wasserbade unter Zugabe eines Oxydationsmittels, wie z. B. H_2O_2 oder Chlorwasser, zur Trockne und verfährt weiter, wie oben S. 38 angegeben. Ist noch Palladium in der Lösung zugegen, so wird bei Verwendung von Chlorwasser dieses ebenfalls oxydiert und als Palladium(IV)-Komplex zunächst gefällt, geht aber beim Eindampfen zur Trockne und Anfeuchten des Rückstandes mit Wasser unter Chlorabgabe in den löslichen Pd(II)-Komplex über[2]. Wird jedoch H_2O_2 als Oxydationsmittel verwendet, so findet, falls die HCl-Konzentration in mäßigen Grenzen gehalten wird, keine Oxydation von Pd(II) zu Pd(IV) statt (vgl. hierunter S. 50 und im Abschnitt Palladium, S. 78, den letzten Absatz; ferner Analysenvorschläge, S. 183).

Trennung und Nachweis von Platin und Iridium werden dann in höchst einfacher Weise nach dem Verfahren von Wölbling durchgeführt (vgl. S. 189).

Beim Verglühen von $(NH_4)_2PtCl_6$ hinterbleibt sog. Platinschwamm und im Falle von $K_2(PtCl_6)$ ein Gemisch von Pt und KCl. Die Zersetzung des letzteren Salzes ist nur dann vollständig, wenn das Glühen im Wasserstoffstrom oder unter Zugabe von etwas Oxalsäure erfolgt (Fresenius).

Reines Platin gibt, als Chloroplatin(IV)-säure, mit Salmiak oder KCl als *einziges Metall* dieser *Gruppe* einen *reingelben Niederschlag*, den man geradezu als spezifisch für Platin bezeichnen kann, während unter diesen Umständen alle übrigen Beimetalle, mit Ausnahme des Rhodiums, das fleischfarbige Niederschläge gibt, zinnoberrote (Pd) bis schwarzrote (Ir) Fällungen hervorbringen, wie wir später sehen werden. Fällt daher bei Zusatz von KCl oder Salmiak zu der zu prüfenden Lösung ein Niederschlag, der nicht die lebhafte, kanariengelbe Farbe der reinen Platinfällung zeigt, so sind außer Platin noch Beimetalle zugegen, was sich übrigens auch sowohl von vornherein an der dunkleren Farbe der Lösung selbst als auch *nach* der Fällung an der Farbe der Mutterlauge zeigt. Reine Lösungen der Chloro-

---

[1] Das Filter ist nicht mit Wasser, sondern mit Salmiaklösung zu durchfeuchten.

[2] Etwa beim Platin-Iridium-Salmiak gebliebenes Palladium würde bei der Trennung und dem Nachweis des Platins und Iridiums nach Wölbling (vgl. oben) sich durch entsprechende Grünfärbung des wäßrigen Teiles nach dem Ausschütteln zu erkennen geben (vgl. Analysenvorschläge S. 190).

platin(IV)-säure sind immer orange, die Mutterlaugen nach der Fällung höchstens hellgelb. Am intensivsten gefärbt ist das dem Kaliumchloroplatinat(IV) isomorphe Kaliumhexachloroiridat $K_2(IrCl_6)$ (von den entsprechenden Salmiaksalzen gilt natürlich das gleiche), die Platinniederschläge, weniger stark Ru und Pd, am wenigsten Rh[1]. Aus der Farbe der Niederschläge die Menge der Verunreinigungen zu schätzen, ist schwierig und unsicher. Die Farbe krystalliner Niederschläge wird bekanntlich bereits durch die Korngröße der Krystalle beeinflußt: Gröbere Krystalle erscheinen dunkler als feine. Während größere Mengen Verunreinigungen an Beimetallen sich an der Farbe der Niederschläge ohne weiteres verraten, gehört zur Feststellung kleiner Mengen größere Übung. Nur der Farbenvergleich mit einer unter gleichen Verhältnissen bezüglich Konzentration und Temperatur hergestellten Fällung aus reinster Chloroplatin(IV)-säure kann vor groben Täuschungen bewahren.

Auch der in den Lehr- und Handbüchern vielfach gemachte Vorschlag, durch mehrfaches Abdampfen mit Salzsäure alle oxydierenden Einflüsse auszuschalten und dabei die Beimetalle in die nichtfällbare dreiwertige (Ir, Ru) bzw. zweiwertige (Pd) Stufe überzuführen, ist zwar durchaus folgerichtig, scheitert aber, bis zu einem gewissen Grade, an den im allgemeinen Teil geschilderten Schwierigkeiten im Verhalten der Platinmetalle als Lösungsgenossen, worauf übrigens auch schon Mylius und Mazzucchelli hingewiesen haben.

Das gleiche gilt von dem Vorschlag, die verunreinigten Platinfällungen nach starkem Glühen in verdünntem Königswasser zu lösen, den die verunreinigenden Bestandteile enthaltenden Rückstand (Ir, Ru, Rh) abzufiltrieren und aus dem Filtrat das Platin in bekannter Weise mit KCl oder NH_4Cl von neuem zu fällen. Am unvollständigsten verläuft hierbei die Trennung Pt-Rh. Doch läßt sich durch Umlösen, ebenso wie nach restloser Entfernung der Salpetersäure durch mehrfaches Abdampfen mit Salzsäure und Zugabe eines leichten Reduktionsmittels, wie z. B. Alkohol, eine für qualitative Zwecke meist hinreichende Trennung des Platins von seinen Begleitmetallen erreichen, was man auch an der Farbe der Niederschläge ohne weiteres erkennen kann. Läßt die Farbenprüfung dieser Fällungen mit einer Standardfällung aus reinstem Platin keine wesentlichen Unterschiede in der gelben Farbe der Fällungen mehr erkennen, dann kann das durch Verglühen aus diesen Fällungen erhaltene Platin eine Reinheit von 99% und mehr aufweisen. Vgl. hierzu Iridium, S. 110, Rhodium, S. 99, Ruthenium, S. 140.

Bei Verwendung von Alkohol zur Herabsetzung der Löslichkeit der Pt-Fällungen ist vor allen Dingen zu berücksichtigen, daß dadurch Bestandteile der zu prüfenden Lösung mitgefällt werden, die bei der betreffenden Alkoholkonzentration ebenfalls unlöslich sind. Soweit es sich hierbei um Salze handelt, die beim Auswaschen mit der alkoholischen Waschflüssigkeit löslich sind oder die sich nach dem Verglühen der Platinfällung durch Wasser oder verdünnte Säuren entfernen lassen, bestehen keine Bedenken. Das trifft z. B. in solchen Fällen zu, in denen es sich ausschließlich um die quantitative Abscheidung des Platins aus reinen Lösungen der Chloroplatin (IV)-säure handelt. Ist aber, um nur ein Beispiel zu nennen, Rh in der zu fällenden Lösung vorhanden, so wird bei der Fällung mit KCl durch Zusatz von Alkohol der fleischrote Kaliumkomplex des Rhodiums mitgefällt, der nur in wäßriger Lösung leicht löslich ist. Seine Entfernung durch verdünnte alkoholische Waschflüssigkeit ist außerordentlich langwierig und kann unter Umständen sogar Veranlassung geben, daß hierbei Teile des Platinniederschlages mit aufgelöst werden. Über den störenden Einfluß des Aldehyds im Alkohol vgl. S. 35. Siehe ferner Iridium, S. 112, Ziffer 3; S. 113, Absatz 1.

Eine glatte Trennung des Platins von Ir, Rh und Pd wird durch Hydrolyseverfahren, wie z. B. nach Mylius und Mazzucchelli oder nach Gilchrist und

[1] Bei der Fällung Rh-haltiger Platinlösungen entstehen häufig grünlichgelb gefärbte Niederschläge. Vgl. hierzu Rhodium S. 101.

WICHERS, und schließlich auch durch die Bleischmelze erreicht. Über die Ausführung der hydrolytischen Trennungsverfahren siehe S. 53. Über die Ausführung der Bleischmelze siehe Iridium, S. 54.

Für den Fall, daß die Mutterlauge von den Platinniederschlägen zum weiteren Nachweis von Platinmetallen verwendet werden soll, ist es unter Umständen zweckmäßig, die Platinfällung durch KCl zu bewerkstelligen oder bei der Fällung mit NH_4Cl den in der Mutterlauge noch vorhandenen Salmiak zu zerstören[1]. Die Anwesenheit von Ammoniumsalzen wirkt häufig im weiteren Verlauf der Analysen nicht nur störend[2], sie kann sogar, z. B. bei der Prüfung auf Ru mit Chlor, in alkalischer Lösung zur Bildung explosiven Chlorstickstoffs führen.

Vom umgekehrten Falle, daß beispielsweise der Niederschlag hauptsächlich Iridium neben wenig Platin enthält, wird bei den Reaktionen des Iridiums die Rede sein.

β) Kaliumbromid fällt zunächst gelbes Kaliumchloroplatinat. Beim längeren Kochen mit konz. Kaliumbromidlösung wird jedoch das Chlor des komplexen Anions gegen Brom ausgetauscht, so daß beim Abkühlen der Lösung sich schließlich ein scharlachroter Niederschlag von $K_2(PtBr_6)$ ausscheidet. Der gleiche Niederschlag entsteht beim Fällen einer Lösung von $H_2(PtBr_6)$ mit KBr (TREADWELL).

γ) Alkalihydroxyde. NaOH, in geringem Überschuß zu einer Lösung von Chloroplatin(IV)-säure gesetzt, ergibt auch nach Kochen keine Veränderung. Bei größerem Überschuß und längerem Kochen wird die Lösung infolge Bildung von Oxyplatinat nahezu farblos. Hierbei wird das Chlor des komplexen Anions durch Hydroxyl-Ion ersetzt. Nach längerem Stehen scheidet sich infolge teilweiser Hydrolyse eine gelblichweiße Trübung aus. Durch vorsichtiges Neutralisieren mit Essigsäure wird weißes Platinhydrat $Pt(OH)_4$ abgeschieden, das, frisch gefällt, von verdünnter Salzsäure leicht gelöst wird. Durch Abgabe von Hydratwasser beim Erwärmen wird der Niederschlag gelb und schließlich braun und ist dann nur noch durch längeres Erhitzen mit Salzsäure in Lösung zu bringen. Der Niederschlag zeigt also auch die den Hydraten der übrigen Platinmetalle eigentümlichen Alterungserscheinungen (TREADWELL).

Kaliumhydroxyd erzeugt anfangs eine gelbe Fällung von $K_2(PtCl_6)$, die sich im Überschuß des Fällungsmittels beim Erhitzen wieder löst. Aus der farblosen Lösung wird nach längerem Kochen gelbbraunes Oxydhydrat ausgefällt (CLAUS). Alkohol scheidet aus Lösungen des Oxyplatinats nach längerem Kochen Platin als Mohr ab.

δ) Ammoniumhydroxyd verhält sich zunächst ähnlich wie Kaliumhydroxyd. Nach längerem Kochen mit überschüssigem Ammoniak wird die Lösung farblos, indem sich eine ammoniakalische Platinbase bildet. Die meisten Säuren fällen daraus weiße, krystalline Niederschläge (CLAUS).

ε) Natriumcarbonat und -hydrogencarbonat geben auch nach längerem Kochen keine Fällung. Vgl. hiergegen das Verhalten einer K_2PtCl_4-Lösung, S. 48.

ζ) Kaliumcarbonat fällt zunächst gelbes Kaliumchloroplatinat(IV), das sich in mäßig konzentrierter Lösung in der Wärme löst und beim Abkühlen zum Teil in groben Krystallen wieder ausscheidet.

η) Alkalicyanide bringen mit der zunehmenden Bildung des Cyankomplexes, namentlich in der Wärme, die orangegelbe Farbe des Chlorkomplexes allmählich zum Verschwinden: die Lösung wird schließlich farblos.

Kaliumnitrit erzeugt zunächst eine K_2PtCl_6-Fällung. Die weitere Umsetzung geht auch bei längerem Kochen nur sehr träge vor sich, schneller dagegen bei Verwendung von $NaNO_2$ statt des Kalisalzes. Sehr glatt verläuft die Reaktion, wenn

[1] Der Salmiak läßt sich am einfachsten durch mehrmaliges Eindampfen mit Königswasser oder HNO_3 zerstören. Während der Gasentwicklung sind die Gefäße bedeckt zu halten.

[2] Vgl. Ruthenium S. 140.

statt einer Lösung von Chloroplatin(IV)-säure eine wäßrige Lösung der Chloroplatin-(II)-säure oder deren Salze, z. B. K_2PtCl_4, verwendet werden. In kurzer Zeit verschwindet, namentlich beim Erwärmen, die bräunlichrote Farbe des Chlorokomplexes, die Lösung wird farblos, das Chlor des komplexen Anions ist durch NO_2 ersetzt.

Unter diesen Bedingungen erfolgt übrigens auch die Reaktion der Alkalicyanide wesentlich schneller.

ϑ) Schwefelwasserstoff[1] bewirkt in kalten sauren bis neutralen Lösungen der Chloroplatin(IV)-säure zunächst keine Fällung, sondern nur eine Braunfärbung; nach einiger Zeit schlägt sich allmählich dunkelbraunes Sulfid nieder. Dagegen wird aus heißen salzsauren Lösungen sofort dunkelbraunes PtS_2 gefällt (Claus, Rose-Finkener). Die Schwefelwasserstoffällung läßt sich wesentlich beschleunigen und leicht quantitativ gestalten, wenn die schwach saure Platinsalzlösung mit 5%iger Magnesiumchloridlösung versetzt und dann mit H_2S-Gas gesättigt wird. Nach dem Austreiben des überschüssigen Schwefelwasserstoffs durch Kochen kann das Platinsulfid sofort abfiltriert werden (Iwanoff).

Platinsulfid ist in Salzsäure und Schwefelsäure unlöslich, löslich dagegen in Salpetersäure und namentlich in Königswasser, ferner in Salzsäure (D 1,19) und Chlor[2]. Von farblosen Alkalisulfiden wird Platinsulfid nur schwer gelöst, ebenso von farblosem oder gelbem Ammoniumsulfid. Da Platin zur Gruppe der Sulfosalzbildner gehört, sollte man eher das Gegenteil erwarten. Die Ursache für dieses Verhalten ist wahrscheinlich in Alterungserscheinungen zu suchen oder vielleicht auch darin, daß der Sulfidniederschlag zum Teil aus PtS besteht, welches durch die reduzierende Wirkung des Schwefelwasserstoffs in der sauren Lösung gebildet wurde (Treadwell).

Dagegen ergeben Alkalisulfide mit Lösungen der Chloroplatin(IV)-säure vollständig lösliches Sulfosalz von dunkelbraunroter Farbe. Beim Ansäuern mit Salzsäure fällt dunkelbraunes Sulfid, das sich beim Erwärmen rasch absetzt. Die Mutterlauge ist wasserhell und enthält kein Platin mehr. Ammoniumsulfid verhält sich ganz ähnlich.

ι) Zinn(II)-chlorid bewirkt in verdünnten sauren Platinsalzlösungen eine blutrote Färbung. Diese Rotfärbung, die zunächst vielfach als Folge einer Reduktion von Pt(IV) zu Pt(II) angesehen wurde, erwies sich vielmehr als ein Platinsol, welches durch die kolloiden Hydrolyseprodukte des Zinn(II)-chlorids geschützt wird und daher längere Zeit haltbar ist. Das ständig dunkler werdende Sol geht auch in Gegenwart von Schutzkolloiden allmählich in braunes Platinsol über und flockt schließlich aus. Bei sehr großer Verdünnung entstehen je nach der Platinkonzentration orange bis gelbe Färbungen, die bei Platingehalten von 10^{-6} g/cm^3 noch deutlich wahrnehmbar sind. Erfassungsgrenze: 0,1 γ Pt/cm^3 (Wöhler und Spengel).

Da sich die Färbungen mit Äther oder Essigester ausschütteln lassen, kann der Nachweis selbst in gefärbten Lösungen durchgeführt werden (Wölbling; Wöhler und Spengel). Auch können auf diese Weise noch geringe Mengen Platin selbst in den Mutterlaugen der KCl- oder NH_4Cl-Fällungen mit großer Schärfe nachgewiesen werden. Der Nachweis neben Pd, Rh und Ir, die ihrerseits ebenfalls mit $SnCl_2$ Farbreaktionen ergeben, wird an anderer Stelle behandelt (siehe Ausschüttelverfahren nach Wölbling, S. 189; Analysenvorschläge).

Das Zinn(II)-chlorid als Reagens auf Platin hat sich in analytischer Hinsicht als außerordentlich brauchbar erwiesen, und zwar sowohl wegen der Schärfe des Pt-Nachweises als auch wegen der Unempfindlichkeit dieser Reaktion gegenüber

[1] Über Fällung der Platinmetalle durch organische Monosulfide siehe Currah und Mitarbeiter. Vgl. auch Schiff und Tarugi, S. 44.

[2] Über das Verhalten der Sulfide in alkalischer Lösung gegen Chlor siehe Ruthenium, S. 129.

zahlreichen Verunreinigungen, wie sie häufig in den zu prüfenden Mutterlaugen enthalten sind. Die Zinn(II)-chloridreaktion ist z. B. nicht nur gegen größere Mengen Zinkchlorid und Eisen(II)-sulfat unempfindlich, sondern in der Kälte auch gegen oxydierende Stoffe, wie HNO_3[1].

So verursacht z. B. HNO_3 in der Wärme zwar zunächst ein Verschwinden der Farbreaktion, die aber nach dem Abkühlen und auf weiteren Zusatz des Reagenzes wieder erscheint. Ähnlich verhält es sich mit Eisen(III)-salzen, nach deren Reduktion sogleich die Farbreaktion auf Platin einsetzt. In den vorgenannten Fällen tritt also eine Störung nur insofern ein, als durch den Verbrauch von Zinn(II)-chlorid für anderweitige Reduktionsvorgänge der Eintritt der Farbreaktion lediglich etwas verzögert wird. Für den Nachweis des Platins ist es vor allen Dingen wichtig, daß die Lösung hinreichend mit Salzsäure angesäuert wird, doch kann eine zu hohe HCl-Konzentration auch störend wirken. Auf 3 cm^3 Probelösung genügen im allgemeinen 4 bis 5 Tropfen Salzsäure (D 1,19) bei entsprechender Menge Zinn(II)-chloridlösung[2] vollauf für das Zustandekommen der Farbreaktion und deren Überführung in die Esterschicht.

Nach LANGSTEIN und PRAUSNITZ sollen Huminsubstanzen, die sich in Erzen befinden können, die gleiche Reaktion geben wie Platin, ebenso Filtrierpapier, das mit Königswasser eingedampft worden ist. Alle Huminkörper sind *vor* der Königswasserextraktion durch einen Pyrosulfataufschluß zu zerstören.

Weitere Reaktionen mit Zinn(II)-chlorid vgl. Tüpfelreaktionen.

$\varkappa$) Kaliumjodid erzeugt in einer nicht zu verdünnten sauren Lösung von Chloroplatin(IV)-säure eine dunkelpurpurrote Färbung. In sehr verdünnten Lösungen kann man nur eine Rosafärbung oder gelbliche Farbtöne wahrnehmen. Der rote Farbton beruht auf der Bildung von $(PtJ_6)^{--}$, seine Einstellung wird durch Zusatz von Salzsäure beschleunigt. Am vorteilhaftesten scheint in bezug auf den Salzsäuregehalt eine 0,4 n Lösung zu sein. Die rote Färbung wird durch gelindes Erwärmen vertieft, verschwindet aber bei stärkerem Erhitzen. Erfassungsgrenze: 0,5 γ Pt/cm^3 in 0,4 n salzsaurer Lösung, bei reichlichem Überschuß an KJ (etwa 0,1 g). Letzterer ist nötig, um die Ausscheidung von K_2PtCl_6 zu verhindern.

Die Kaliumjodidreaktion erfolgt nicht in Lösungen der Chloroplatin(II)-säure. Aus diesem Grunde verhindern viele Reduktionsmittel, wie z. B. SO_2, H_2S und $S_2O_3^{--}$, die Reaktion. Dasselbe gilt auch für viele Oxydationsmittel, die Jod-Ion zu Jod oxydieren.

Anwesenheit farbiger Ionen oder solcher, die mit KJ in saurer Lösung farbige Verbindungen bilden, stören ebenfalls. Tellur bringt in mineralsaurer Lösung eine ähnliche Farbe hervor, ebenso Kupfer. Gold stört in kleinen Mengen nicht, größere Mengen jedoch, von etwa 0,5 mg ab, geben eine stark gelbe bis braungelbe Farbe. Über den störenden Einfluß des Aldehyds bei der colorimetrischen Bestimmung des Platins mit KJ in wäßrigen K_2PtCl_6-Lösungen vgl. S. 35. Siehe auch KARPOFF und SSAWTSCHENKO.

Da manche Oxydationsmittel in essigsaurer Lösung mit KJ nicht oder sehr langsam reagieren, läßt sich ein Teil dieser Störungen dadurch verhindern, daß man statt in mineralsaurer in essigsaurer Lösung arbeitet. Hierdurch wird allerdings die Empfindlichkeit auf 2 γ Pt/cm^3 verringert [CLAUS, FIELD, ROSE-FINKENER, KÜHNEL-HAGEN, DAVIS (b)]. Vgl. auch GM., Syst. Nr. 68 Pt, S. 458 (1940).

Über das Verhalten der übrigen Platinmetalle gegenüber KJ siehe Palladium, S. 63.

λ) Quecksilber(I)-chlorid. Aus einer verdünnten Platinsalzlösung, die etwa 2% HCl enthält, wird durch schwaches Schütteln mit 0,1 g Quecksilber(I)-chlorid

[1] Über die colorimetrische Bestimmung kleiner Platinmengen in Salpetersäure und anderen Produkten vgl. FIGUROWSKY.

[2] Der Zusatz der Zinn(II)-chloridlösung erfolgt tropfenweise, solange hierdurch die Färbung noch zunimmt.

beim Erhitzen Platin metallisch abgeschieden. Beim Arbeiten in kochender saurer Lösung werden 0,02% $HgCl_2$ hinzugefügt, um Zersetzung des Quecksilber(I)-chlorids in der Hitze unter Bildung grauer oder schwarzer Zersetzungsprodukte zu verhüten. Neben der Reduktionswirkung beruht der analytische Wert des Quecksilber(I)-chlorids darauf, daß es infolge seiner Schwerlöslichkeit, Feinheit und Schwere die reduzierten Substanzen schnell und sicher absorbiert. Erfassungsgrenze: 0,2 γ. Gold muß vorher durch Kochen der Lösung mit 1% Oxalsäure gefällt und abfiltriert werden. Se-, Te- und As-Verbindungen stören nicht. Palladium gibt die gleiche Reaktion bereits bei Zimmertemperatur und kann daher in einfacher Weise von Platin getrennt werden. Aus den verschiedenen Farbschattierungen, die das Quecksilber(I)-chlorid durch das beigemengte Platin annimmt, wird die vorhandene Platinmenge geschätzt. Mit 0,1 g Hg_2Cl_2 und verschiedenen Mengen Platin lassen sich die folgenden Färbungen hervorbringen:

0,1	mg Pt	dunkelgrau
0,02	„ „	grau
0,01	„ „	cremefarbig-grau
0,005	„ „	grau-cremefarbig
0,001	„ „	cremefarbig
0,0002	„ „	schwach cremefarbig

(PIERSON, WILLIAMSON). Vgl. auch Pd, S. 64, Ziffer 10, ferner KARPOFF und FEDOROWA: Reduktion von Iridium- und Platinchlorid mit Quecksilber(I)-chlorid, das rascher als metallisches Quecksilber reagiert.

Mitunter zeigt sich jedoch, daß das Quecksilber(I)-chlorid nur zum Teil von der Lösung benetzt wird, zum Teil auch Klümpchen bildet, so daß die Probe längere Zeit geschüttelt oder ein Glasstab zu Hilfe genommen werden muß, um die Klümpchen zu zerdrücken und das ausgeschiedene Metall mit dem abgesetzten Quecksilber(I)-chlorid zu homogenisieren. Dieser Vorgang verläuft außerdem in der Wärme rascher als bei Zimmertemperatur.

μ) Verhinderung der Bildung blauer Jodstärke durch Platin. In ein Reagensglas werden 2 cm³ H_2O, in ein zweites 2 cm³ der Platinsalzlösung und hernach in beide 5 bis 6 Tropfen Stärkelösung gegeben. Nun wird zu der Blindprobe tropfenweise so lange 0,02%ige wäßrige Jodlösung zugesetzt, bis eine schwache Blaufärbung auftritt. Die gleiche Anzahl Tropfen Jodlösung wird jetzt zu der Platinsalzlösung gegeben. Die Anwesenheit von Platin verhindert die Blaufärbung unter Bildung von Jodid. Sehr verdünnte Platinsalzlösungen färben sich schwach blau, doch ist die Färbung schwächer als die der Vergleichslösung. Erfassungsgrenze: 0,4 γ/2 cm³. Grenzkonzentration: 1 : 5000000. Ähnliche Reaktionen geben Pd, Au(III), Hg(II), Hg(I) und Ag. Störend wirken Oxydations- und Reduktionsmittel, wie Sn^{++} (SCHAPIRO).

b) Katalytische Reaktionen in wäßriger Lösung. Das Wesentliche der hierbei in Betracht kommenden Reaktionen besteht darin, daß durch die zunächst erfolgende Reduktion von kolloidalem Platin die an sich außerordentlich langsam verlaufende Reduktion, z. B. der Nickelsalze zu metallischem Nickel oder des Phosphormolybdats zu dem sog. Molybdänblau[1] dermaßen katalytisch beschleunigt wird, daß sich hierdurch ohne weiteres das Vorliegen eines Katalysators erkennen läßt. Je nach der Geschwindigkeit der katalysierten und der nichtkatalysierten Reaktion läßt sich dann mit oder ohne Vornahme einer Vergleichsprobe an dem Nachweis eines Reaktionsproduktes das Vorliegen eines bestimmten Katalysators erkennen. Andererseits kann in manchen Fällen auch bei der Auswertung von Katalysenreaktionen der Katalysator lediglich als Hilfsmittel für die Erhöhung der Empfindlichkeit eines Nachweises dienen (FEIGL und FRÄNKEL).

---

[1] Molybdänblau ist ein wasserhaltiges Oxyd der ungefähren Zusammensetzung Mo_3O_8 (F. P. TREADWELL) oder Mo_5O_{14} (REMY). Siehe auch bei MALOWAN.

α) Katalytische Reduktion von Nickelsalzen. Einzelheiten über die Durchführung vgl. unter Palladium, S. 65. Erfassungsgrenze: 0,15 γ Pt/1 cm^3. Grenzkonzentration: 1 : 6600000 (FEIGL und FRÄNKEL, FEIGL).

β) Katalytische Reduktion von Phosphor-Molybdat mit Ameisensäure. Von der zu prüfenden Lösung wird 1 cm^3 mit 2 Tropfen 2 n Sodalösung und 4 Tropfen konz. Ameisensäure versetzt und die Mischung etwa 5 Min. lang zum Sieden erhitzt. Hernach werden noch 5 Tropfen einer 5%igen Phosphormolybdänsäurelösung hinzugegeben. War die Platinkonzentration der Versuchslösung verhältnismäßig hoch (z. B. 100 mg/l), so erscheint sofort die Blaufärbung (Molybdänblau), im anderen Falle wird die Lösung zunächst grün gefärbt, und erst nach und nach stellt sich die Blaufärbung ein. Bei ganz verdünnten Lösungen (z. B. unter 1 γ Pt/cm^3) tritt nur eine Grünfärbung auf, die eine Mischfarbe aus dem Gelb der Phosphormolybdänsäure und dem Blau des Molybdänblaus darstellt. Erfassungsgrenze: 0,1 γ Pt/cm^3, wobei allerdings zu beachten ist, daß die Grünfärbung erst nach 24 Std. auftritt, während in Anwesenheit von 1 γ Pt/cm^3 nach 10 Sek. eine grüne Färbung entsteht, die nach etwa 1 Min. blau wird. Bei einem Gehalt von 2 γ Pt/cm^3 tritt die Blaufärbung nach 4 Sek. auf (PAULI und SCHILD).

Ein sehr einfacher, aber scharfer und zuverlässiger Nachweis wird hier beschrieben.

c) Mit organischen Reagenzien. α) Benzidin. Als Reagens dient eine Lösung von 1 g Benzidin in 10 cm^3 konz. Essigsäure und 50 cm^3 Wasser.

Eine stark verdünnte Lösung der Chloroplatin(IV)-säure (z. B. 100 bis 250 mg Pt/l) gibt mit dem Reagens in kurzer Zeit einen flockigen blauen Niederschlag[1], der sich nach kräftigem Schütteln zusammenballt und gut absetzt. Die Abscheidung wird durch Erwärmen gefördert, wobei sich der Niederschlag dunkler färbt. Freie Mineralsäure verzögert die Platinreaktion in der Kälte.

Erfassungsgrenze: 12,5 γ Pt/cm^3 (MALATESTA und DI NOLA).

Freie Mineralsäure wird am besten mit Natriumhydrogencarbonat abgestumpft. Der frischgefällte blaue Niederschlag ist in verdünnter Salzsäure mit violettbrauner Farbe leicht löslich. Aus dieser Lösung fällt beim Neutralisieren der flockige blaue Niederschlag wieder aus.

Verwendet man eine konzentriertere Lösung der Chloroplatin(IV)-säure (z. B. 5 bis 10 γ Pt/l), so fällt auf Zusatz des Reagenses zunächst ein gelblichweißer, breiiger Niederschlag aus, der bei Zugabe weiterer Mengen Reagens immer dunkler wird, bis er schließlich eine schwärzlichblaue Farbe angenommen hat. Mit Chloroplatin(II)-säure gibt das Reagens keine blaue Fällung.

Die Annahme CHLOPINS, daß der mit Benzidin in Platin(IV)-chloridlösungen erzeugte flockige, blaue Niederschlag auf die Gegenwart von Iridium(IV)-salz zurückzuführen sei, ist daher nicht zutreffend. Ebenso sind die auf Grund dieser Annahme von CHLOPIN gemachten Vorschläge, geringe Mengen Ir(IV)-salz mit Benzidin im $(NH_4)_2PtCl_6$ nachzuweisen, damit hinfällig.

Ähnliche Reaktionen ergeben verdünnte Goldlösungen und wäßrige Lösungen von OsO_4 (intensiv blaue Färbung), ferner Ir(IV)-Lösungen (hellblauer, flockiger Niederschlag). Rh(III)-Verbindungen bilden bräunlichgelbe Niederschläge, Pd(II)-Verbindungen orangefarbige Fällungen. Über das Verhalten von Os(IV)-Lösungen vgl. Osmium, S. 163, über Reaktionen der Rutheniumchloridlösungen vgl. Ruthenium, S. 144.

β) Thioglykolsaures β-Aminonaphthalid, $C_{10}H_7 \cdot NH \cdot CO \cdot CH_2SH$, auch „*Thionalid*" genannt, liefert mit Metallen, die schwerlösliche Sulfide bilden, beständige Metallkomplexe. Die Metallfällungen sind hochempfindlich und übertreffen die anderen Fällungsreagenzien in mineralsaurer Lösung um ein Vielfaches.

[1] Der Niederschlag ist unseres Wissens noch nicht näher untersucht worden, doch scheint es sich hierbei um das sog. „Benzidinblau", ein Oxydationsprodukt des Benzidins, zu handeln [vgl. FEIGL: Tüpfelreaktionen, S. 169, 206 (1938)].

Ausführung: Zur Verwendung gelangt eine 1%ige alkoholische oder essigsaure Lösung des Reagenses. Man erhitzt die schwach mineralsaure Lösung (bis 2 n Säure) zum Sieden und setzt 1 bis 2 Tropfen Reagens hinzu, wobei sich ein gelber Niederschlag ausscheidet. Da das Reagens in mineralsaurem Wasser schwer löslich ist, empfiehlt es sich, gleichzeitig einen Blindversuch vorzunehmen, um Täuschungen durch ausfallendes Reagens auszuschließen. Zum Nachweis ganz geringer Mengen von Pt muß auf Zimmertemperatur abgekühlt werden. Erfassungsgrenze: 0,1 γ Pt/cm^3. Grenzkonzentration: 1 : 10000000 (Bestimmung in 5 cm^3 Gesamtvolumen). Ähnliche Reaktionen ergeben: Pd, Bi, Sb, As, Sn, Hg, Au, Ag und Cu (Berg und Roebling).

γ) α-Furildioxim. Dieses Reagens ist von Ogburn für die Fällung des Platins in Vorschlag gebracht worden. α-Furildioxim wird in 2%iger alkoholischer Lösung verwendet. Die platinchloridhaltige Lösung, die etwa 300 mg Pt/100 cm^3 enthält und 7 bis 8 cm^3 konz. HCl auf 100 cm^3 Gesamtlösung, wird nach Zusatz des Reagenses in Gegenwart von 10% Alkohol einige Zeit gekocht, wobei sich ein rotbrauner Niederschlag abscheidet, den man heiß abfiltriert. Das Auswaschen des Niederschlags erfolgt mit kaltem Wasser, das einige cm^3 Alkohol enthält. Von den übrigen Platinmetallen gibt mit α-Furildioxim Palladium erst nach einigen Stunden eine gelbe Färbung und Rhodium eine solche nur in ammoniakalischer Lösung. Ruthenium gibt unter den gleichen Bedingungen wie beim Rhodium eine rotbraune bis violette Färbung. Zur Trennung von Pt und Pd wird letzteres zunächst mit Dimethylglyoxim in geringem Überschuß in der Kälte gefällt, vorsichtig auf 35 bis 40° erwärmt und abfiltriert.

δ) Phenylthiocarbamid. Fügt man zu 1 cm^3 der zu untersuchenden Platinsalzlösung 5 Tropfen einer 2%igen alkoholischen Lösung des Reagenses, so entsteht je nach der Menge des in Lösung befindlichen Platins entweder ein gelber Niederschlag oder nur eine gelbliche Trübung. Erfassungsgrenze: 50 γ Pt. Grenzkonzentration: 1 : 20000. Säuren oder Laugen stören nicht. Ähnliche Reaktionen geben: Hg(I), Ag, Cu(II), Pd(II) und Au(III). (Schapiro und Rud).

ε) Rubeanwasserstoff. Eine 0,2%ige Lösung des Reagenses in Eisessig scheidet aus einer salzsauren Platinlösung nach vorübergehender Rotfärbung kleine rotviolette, seidenglänzende Nädelchen mit grünem Oberflächenschimmer ab. Der Niederschlag ist in wäßriger ammoniakalischer Lösung und in Alkalien mit braungelber Farbe leicht löslich, mit Säure daraus wieder fällbar. Außer in Säuren ist der Niederschlag noch in Schwefelkohlenstoff, Chloroform und Äther unlöslich, ziemlich leicht dagegen löslich in Methyl- und Äthylalkohol. Bei eisgekühlter Probe erfolgt die Fällung des Platins erst nach etwa 3 Std., während die entsprechende Palladiumverbindung fast sofort quantitativ ausfällt (Wölbling und Steiger).

ζ) p-Dimethylaminobenzylidenrhodanin. Eine Lösung dieses Reagenses in Aceton fällt aus einer salzsauren Platinlösung sofort einen flockigen, orangeroten Niederschlag, der bei längerem Stehen karminrot wird. Bei Ausführung als Tüpfelreaktion erhält man auf Filtrierpapier eine rosarote Färbung. Sind Gold und Silber zugegen, so ist eine Unterscheidung des Platins von diesen beiden nach der geschilderten Methode nicht möglich (Holzer).

d) Sonstige Reaktionen. Über Reaktionen mit seltener gebrauchten anorganischen Reagenzien, wie z. B. Borax, phosphorsaures Natrium, Silbernitrat, Quecksilber(I)-nitrat, Bleiacetat, Kaliumhexacyanoferrat(II) und -ferrat(III), Gerbsäure u. a. m., vgl. Claus (a). Für Trennungs- und Nachweismethoden sind diese Reaktionen von untergeordneter Bedeutung.

Ogburn hat außer 30 anorganischen noch 90 organische Reagenzien auf ihre Brauchbarkeit für den qualitativen Nachweis der Pt-Metalle untersucht und die Ergebnisse in Tafeln zusammengestellt. Durch diese Untersuchung ist die Zahl der Farbreaktionen um einige neue vermehrt worden.

Über das von H. FISCHER zum Nachweis des Pt vorgeschlagene Diphenylthiocarbazon (Dithizon) vgl. auch Palladium, S. 71. An Stelle der Verwendung von H_2S für analytische Zwecke wird von SCHIFF und TARUGI Thioessigsäure empfohlen. Über eine Reihe weiterer organischer Reagenzien, wie z. B. Methylenblau, Resorcin, Eisen(II)-dipyridin-Komplex, β-Naphthylammoniumchlorid, Natriumalizarinsulfonat, Urotropin, vgl. GM., Syst. Nr. 68 A, S. 461 (1940).

e) Mikro- und Tüpfelreaktionen. *Mikroskopischer Nachweis des Platins als schwerlösliches Chloroplatinat.* α) KCl gibt gut ausgebildete gelbe Oktaeder von 10 bis 50 μ. In Lösungen mit weniger als 0,1% Chloroplatin(IV)-säure wirkt KCl bereits zu träge. Verdünnte Lösungen müssen durch Verdunsten eingetrocknet werden. Größere Mengen Alkalisalze stören. In solchen Fällen ist es daher besser, die nachfolgenden Reagenzien zu verwenden. Erfassungsgrenze: 0,6 γ Pt (BEHRENS).

β) RbCl fällt Lösungen mit 0,1% Chloroplatin(IV)-säure fast augenblicklich. Krystallgröße etwa nur $^1/_3$ derjenigen des Kaliumsalzes (BEHRENS).

γ) CsCl reagiert augenblicklich in Lösungen, die 0,03% Chloroplatin(IV)-säure enthalten. Durchmesser der Kryställchen: 2 μ. Erfassungsgrenze: 0,2 γ Pt (BEHRENS).

δ) Tl_2SO_4 reagiert noch bei 20000facher Verdünnung der Chloroplatin(IV)-säure deutlich. Die Kryställchen sind auch unter günstigsten Verhältnissen sehr klein; aus einigermaßen konz. Lösungen fällt gelber Staub. Verwechslung mit dem entsprechenden Iridiumsalz ist ausgeschlossen, da Ir durch Thallium(I)-sulfat reduziert wird. Erfassungsgrenze: 0,004 γ Pt (BEHRENS).

ε) Kupfer(II)-acetat. Diese Reaktion, die eine Lösung von K_2PtCl_4 zur Voraussetzung hat, ist dieserhalb bei den Reaktionen der Chloroplatin(II)-säure, S. 48, behandelt.

Mikroskopischer Nachweis der Pt-Metalle durch unmittelbare Bildung von Komplexsalzen der Platinmetallchloride mit aliphatischen oder aromatischen Aminen und Alkaloiden nach WHITMORE *und* SCHNEIDER.

Diese Komplexsalze sind größtenteils durch Bildung wohldefinierter Krystalle ausgezeichnet und geben bei der unterschiedlichen Löslichkeit, die sie aufweisen, unter den gewöhnlichen Versuchsbedingungen vielfach unlösliche krystalline Niederschläge, die kennzeichnend sind für den Nachweis der einzelnen Metalle, selbst in Gegenwart einiger oder aller Elemente der Gruppe.

Als Versuchslösungen dienten die komplexen Chloride der Platinmetalle in 1- bis 2%iger Lösung, vom Osmium das Natriumchloroosmeat in der gleichen Konzentration. Um Zersetzungserscheinungen durch Hydrolyse vorzubeugen, wurden die Lösungen mit einigen Tropfen HCl angesäuert. Die Reagenzien wurden in 10%iger Lösung oder als gesättigte Lösungen verwendet, die Alkaloide in 1%iger Lösung. Vielfach wurde das Reagens dem Versuchstropfen in fester Form zugesetzt

Bei den drei Elementen der schweren Triade: Os, Ir, Pt zeigt sich eine weitgehende Ähnlichkeit in ihrem Verhalten gegenüber dem einzelnen Reagens. Sie bilden auf Grund der übereinstimmenden Krystallstruktur eine isomorphe Reihe. Häufig bestehen Unterschiede nur in der Farbe und Größe der Krystalle.

Dagegen läßt sich bei den Elementen der leichten Triade: Ru, Rh, Pd, eine weit geringere diesbezügliche Übereinstimmung feststellen. Palladium ist am reaktionsfähigsten und bildet in vielen Fällen wohldefinierte Krystalle. Beim Ruthenium sind diese Eigenschaften bereits weit weniger ausgebildet, und Rhodium schließlich zeigt die geringste Neigung, Niederschläge oder Krystalle zu bilden, und nur mit ausnehmend wenig Reagenzien kommen überhaupt Reaktionen zustande. Krystalle sind selten und wenig ausgebildet.

Von etwa 40 der untersuchten und oben näher gekennzeichneten organischen Verbindungen kommen die folgenden drei als besonders kennzeichnend für den Pt-Nachweis in Betracht.

ζ) Reagens: m-Toluidin-Hydrochlorid. ***Versuchslösung:*** 1%ige Lösung von Chloroplatin(IV)-säure. Bei Zusatz eines Splitters des Reagenses zu dem Versuchstropfen bilden sich entlang dem Saume des Tropfens Bündel von langen, dünnen, gelben Krystallen, die sich nach und nach entwickeln.

η) Reagens: m-Phenylendiamin. ***Versuchslösung:*** 2%ige Lösung von Chloroplatin(IV)-säure. Ein Splitter des Reagenses wird zu dem Versuchstropfen gegeben. Nach kurzer Zeit entwickeln sich lange, dünne hellgelbe, nadelförmige Krystalle am Saum des Tropfens entlang.

ϑ) Reagens: Diäthylaminhydrochlorid. ***Versuchslösung:*** Wie bei ζ. Ein Tropfen der Versuchslösung wird auf einem Objektträger zur Trockne gedampft. Ein schmaler Streifen der Reagenslösung wird über den trockenen Film gestrichen. Hellgelbe Krystalle entwickeln sich sofort, viele bilden diamantförmige Platten. Auch hexagonale Prismen mit abgeschrägten Enden und Oktaeder mit abgestumpften Spitzen kommen zum Vorschein. Das Reagens wird auch in fester Form verwendet.

Weitere Reaktionen der übrigen Platinmetalle werden bei den betreffenden Metallen behandelt. Der von WHITMORE und SCHNEIDER auf Grund ihrer Befunde zusammengestellte qualitative Analysengang befindet sich auf S. 197 der Analysenvorschläge.

In 46 Tabellen sind für jedes untersuchte Reagens (5 anorganische und 41 organische) von den Verfassern die Reaktionen mit den komplexen Chloriden der 6 Platinmetalle und des Goldes zusammengestellt, beschrieben und zum Teil durch Krystallskizzen erläutert (vgl. Original).

Da manche der organischen Basen definierte Krystallverbindungen mit den Platinmetallen bilden, schlagen die Verfasser vor, umgekehrt die Platinmetalle als Nachweis für diese basischen Verbindungen zu benutzen.

Weitere Mikroreaktionen mit NH_4OH, CsCl, KNO_2, NaJ siehe WHITMORE und SCHNEIDER. Ferner vgl. FRASER.

Tüpfelreaktionen. ι) Reagens: $SnCl_2$. Der Nachweis von Platin in Gegenwart von Gold kann nach HOLZER durch Tüpfeln mit salzsaurer Zinn(II)-chloridlösung erfolgen. Hierbei entsteht auf Filterpapier ein kleiner gelber bis gelblichbrauner Fleck mit einer violettblauen Zone, die von ausgeschiedenem Gold verursacht wird. Je geringer die zugesetzte Zinn(II)-chloridmenge ist, desto besser der Nachweis.

κ) Reagens $SnCl_2$ und $TlNO_3$. Da die Empfindlichkeit der Zinn(II)-chloridreaktion mit der Verdünnung stark abnimmt, schlagen TANANAJEFF und DOLGOFF vor, das Platin als schwerlösliches Tl_2PtCl_6 auf Filtrierpapier zu fixieren und durch Tüpfeln mit Zinn(II)-chlorid nachzuweisen. In Gegenwart von wenig Gold und Palladium muß der Tüpfelfleck mit Ammoniaklösung zur Entfernung der durch Gold und Palladium hervorgerufenen Braunfärbung nachgewaschen werden. Größere Mengen Au und Pd müssen vorher mit H_3PO_2 reduziert werden.

Sehr einfach und sicher läßt sich der Nachweis wie folgt führen: Auf Filtrierpapier wird zunächst ein Tropfen gesättigter $TlNO_3$-Lösung gebracht, dann ein Tropfen der Probelösung und schließlich wieder ein Tropfen der $TlNO_3$-Lösung. Durch Auswaschen des Tüpfelfleckes mit wäßriger Ammoniaklösung werden gleichzeitig mit der Platinverbindung entstandene Doppelsalze des Thalliums mit Gold und Palladium weggewaschen, so daß $Tl_2(PtCl_6)$ zurückbleibt. Wird nun mit stark salzsaurer Zinn(II)-chloridlösung angetüpfelt, so entsteht je nach der Menge des Platins ein gelber bis orangeroter Fleck.

Erfassungsgrenze: 0,025 γ Pt/0,002 cm³. Grenzkonzentration: 1:80000 (TANANAJEFF und MICHALTSCHISCHIN, FEIGL).

λ) Reagens KJ. Zum Nachweis von Platin mit KJ wird ein Krystall dieses Salzes auf Filtrierpapier gebracht und mit der auf Platin zu prüfenden Lösung angetüpfelt. Es genügen schon 0,5 γ Pt, um eine zwar schwache, aber noch deutlich sichtbare Gelbfärbung um den Krystall hervorzubringen. Da KJ und Wasser Filtrierpapier färben, ist ein Blindversuch nötig.

Die Tüpfelreaktion von Platin verläuft bei Verwendung einer konzentrierteren Lösung von Chloroplatin(IV)-säure je nach der Konzentration verschieden. Läßt man einen Tropfen einer Kaliumjodidlösung auf einem hierfür geeigneten Filtrierpapier einsaugen und setzt darauf einen Tropfen einer 0,5%igen Platinlösung, so zeigt sich folgende Erscheinung. Der Tüpfelfleck ist zuerst braun und von einem sich nach außen rasch ausbreitenden hellroten Ring umgeben. Nach kurzer Zeit wird der ganze Fleck hellrot, von der Farbe des gebildeten $(PtJ_6)^{--}$-Ions herrührend. Bei einer 0,25%igen Lösung wird der Tüpfelfleck rot, von einem braungrünen, nach außen rot werdenden Ring eingeschlossen. Allmählich geht die Farbe in Rot über, wobei das Innere des Fleckes dunkler erscheint. Die Farbe des anfangs entstehenden Tüpfelflecks wird bei zunehmender Verdünnung immer heller und ist bei einer 0,17%igen Lösung gelb, während die anschließenden Ringe grünbraun und rot gefärbt sind. Der Fleck wird über Violett ebenfalls rot. Die Tüpfelreaktion auf Platin gelingt noch mit einem Tropfen einer 0,05%igen Lösung, wobei ein roter, von einem violetten und rosa gefärbten Ring umgebener Fleck entsteht. Durch Erwärmen kann die Reaktion beschleunigt werden. Dabei entsteht jedoch die Gefahr der Färbung des Papiers durch Jodausscheidung infolge Oxydation des Kaliumjodids durch die Oberflächenwirkung des Filtrierpapiers (GRÜNSTEIDL).

μ) Durch Tüpfeln auf blankem Kupfer gelingt der Nachweis von Platin aus Platinchloridlösungen mit Sicherheit bis zu einem Gehalt der untersuchten Lösung von 0,004% Pt, entsprechend 0,2 γ im Mikrotropfen von 0,005 cm^3. Grenzkonzentration: 1:25000. Kennzeichnend für Platin ist die glänzende, dunkelbraunschwarze Färbung der Randzone des Mikrotropfens bei senkrechter Beobachtung oder die ausgesprochene grauschwarze Färbung des Tropfens bei Beobachtung im auffallenden Licht (FRITZ).

f) Verhalten der Platinsalze gegenüber Reduktionsmitteln. Durch Reduktionsmittel läßt sich aus Lösungen der Chloroplatin(IV)-säure oder ihrer Salze das Metall je nach den Versuchsbedingungen als Mohr oder auch als kolloidale Suspension zur Abscheidung bringen. Auch die Reduktion bis zur Chloroplatin(II)-säure ist durchführbar. Als Reduktionsmittel kommen unedle Metalle, wie z. B. Zink, Magnesium, Aluminium, in Betracht, ferner geeignete anorganische und organische Verbindungen, wie z. B. Titan(III)-chlorid, Ameisensäure oder Formiate, Salze des Hydrazins, schweflige Säure, Formaldehyd, Glycerin, Alkohol.

Die Abscheidung des Platins als Metall (Mohr) erfolgt aus

α) schwach saurer Lösung: durch Unedelmetalle, wie Zn, Al, Mg, Fe, Cu, ferner $TiCl_3$, Hydrazinchlorid, Wasserstoff;

β) neutraler, ammoniakalischer oder schwach alkalischer Lösung: durch HCOOH, HCOONa, Salze des Hydrazins;

γ) stark alkalischer Lösung durch Formaldehyd, Glycerin, Alkohol. Im Falle des Alkohols verwendet man vorteilhafterweise statt der Platin(IV)-Salze Platin(II)-Salze (LIEBIG). (Herstellung vgl. unter ε.)

Bei vorsichtiger Reduktion und in der Kälte erfolgt die Abscheidung der Metalle in Form von kolloidalen, braun bis schwarz gefärbten Suspensionen, in der Siedehitze dagegen fällt das Platin als mehr oder weniger oberflächenreicher Mohr. Bei besonders feinverteilten Abscheidungen, wie z. B. mit Formaldehyd, muß mit salzhaltigem Wasser ausgewaschen werden, weil der Niederschlag sehr leicht durchs Filter geht (TREADWELL).

δ) Eisen(II)-sulfat reduziert in saurer Lösung Chloroplatin(IV)-säure nicht (Unterschied von Goldchlorid). Macht man jedoch die Lösung sodaalkalisch, so wird alles Platin von dem entstehenden Eisen(II)-hydroxyd zu Metall reduziert (TREADWELL). Vgl. auch WÖLBLING.

Gibt man zu der Platinlösung außer Eisen(II)-sulfat noch NaOH und danach HCl, so wird das Platin als Mohr abgeschieden (FRESENIUS, HEMPEL).

ε) Schwefeldioxyd reduziert die Chloroplatin(IV)-säure allmählich zu Chloroplatin(II)-säure. Der Endpunkt der Reduktion läßt sich, abgesehen vom Farbenumschlag von Orange nach Rötlichbraun, leicht durch Tüpfeln mit NH_4Cl an dem Ausbleiben der gelben Fällung von Platinsalmiak feststellen. Das Einleiten des SO_2 muß rechtzeitig unterbrochen werden, sonst wird die Lösung farblos unter Bildung von Pt(II)-sulfit (BIRNBAUM).

ζ) Durch Hydroxylaminhydrochlorid wird, namentlich in der Wärme, Chloroplatin(IV)-säure ebenfalls zu Chloroplatin(II)-säure reduziert. Ebenso entsteht Chloroplatin(II)-säure als Zwischenprodukt bei der Reduktion von Chloroplatin(IV)-säure mit Wasserstoff (vgl. unter η).

η) Durch Einleiten von Wasserstoff in eine Lösung von Chloroplatin(IV)-säure wird Platin als Mohr sowohl bei gewöhnlicher Temperatur als auch bei 100° sehr langsam, aber vollständig ausgefällt (PHILLIPS, BUNSEN). Zusatz von Platinmohr beschleunigt die Reaktion. Die Abscheidung von Platinmohr beginnt erst, wenn mehr als 50% der Chloroplatin(IV)-säure zu Chloroplatin(II)-säure reduziert sind. Verzögernd wirken Erhöhung der Konzentration der freien Chlorwasserstoffsäure und starke Oxydationsmittel (IPATIEFF und TRONEFF). Eine siedende Lösung von 1,2 g Chloroplatin(IV)-säure in 7,5 cm³ Wasser wird in wenigen Minuten reduziert, wobei das ausgeschiedene Platin autokatalytisch wirkt [WÖHLER (b)].

ϑ) Kohlenoxyd reduziert sowohl in der Kälte und bei 100° nach längerer Zeit nur unvollständig, wobei sich die Lösung dunkler färbt (PHILLIPS).

ι) Durch Erwärmen einer Lösung von Chloroplatin(IV)-säure in Gegenwart eines mit Wasserstoff beladenen Pd-Bleches fällt Platin als schwarzes Pulver vollständig aus (KRITSCHEWSKY).

κ) Quecksilber reduziert Platinsalzlösungen auch noch bei einer Grenzkonzentration von 1:3000000 (SONSTADT). Wegen der ungünstigen Oberfläche des Quecksilbers verläuft die Reaktion verhältnismäßig langsam. Siehe auch S. 40, Ziffer λ (KARPOFF und FEDOROWA).

λ) Von Oxalsäure wird Chloroplatin(IV)-säure ebensowenig zu Metall reduziert wie von Hydroxylamin und Wasserstoffperoxyd in alkalischer Lösung (Unterschied von Gold).

Die oben geschilderten Reduktionsvorgänge finden durchweg in wäßrigen Lösungen statt. Am leichtesten von allen Platinmetallen gelingt die Abscheidung als Mohr unmittelbar aus der Lösung der Salze beim Palladium. Es folgen Platin und Rhodium. Verhältnismäßig am schwierigsten gestaltet sich die restlose Abscheidung des Iridiums.

Trotz günstigen Verhaltens in einzelnen Fällen können aber regelrechte Trennungen der Platinmetalle voneinander und teilweise auch von Unedelmetallen auf diesem Wege nicht erwartet werden. Dafür wird das Verhalten der Platinmetalle in gemeinsamer Lösung zu stark, z. B. durch induzierte Reaktionen, beeinträchtigt. Wie die Erfahrung lehrt, wird in solchen Fällen ein großer Teil der an sich unter den gegebenen Bedingungen nicht fällbaren übrigen Metalle mit abgeschieden (siehe auch BRUNCK, Palladium, S. 76). So wird beispielsweise bei der Fällung des Platins mit Hydraziniumchlorid vorhandenes Kupfer mit dem Platin zusammen quantitativ niedergeschlagen [JANNASCH und STEPHAN: B. **37**, 1986, 1987 (1904)].

Neben der Trennung geringer Iridiummengen von Platin durch Fällen des letzteren in schwach saurer Lösung[1] mit Hydraziniumchlorid sollen angeblich mit der Reduktion der Platinmetalle durch Wasserstoff bei verschiedenen Temperaturen und Drucken Aussichten auf eine Trennung der Platinmetalle aus ihren Lösungen bestehen (IPATIEFF und TRONEFF).

[1] Siehe auch MYLIUS und MAZZUCCHELLI.

Zur Reduktion auf trockenem Wege wird ausschließlich Wasserstoff verwendet. Die zu reduzierenden Salze werden zunächst gut getrocknet und nach Aufreiben zu feinem Pulver in Schiffchen ausgebreitet und in Röhren aus schwer schmelzbarem Glas, geschmolzenem Quarzglas (Rotosil!) oder Porzellan der Einwirkung des Wasserstoffs bei mäßiger Temperatur ausgesetzt. Die Reduktion geht meistens bereits bei 200 bis 300° C vor sich. So wird z. B. K_2PtCl_6 schon bei 250° C im Wasserstoffstrom in $^1/_2$ Std. vollständig reduziert[1]. Je niedriger die Reduktionstemperatur ist, und je langsamer die Reduktion verläuft, desto feiner wird der entstehende Mohr. Nach dem Abkühlen wird der Schiffcheninhalt auf dem Wasserbade eine geraume Zeit mit Wasser behandelt, wobei die als Chloride vorliegenden Alkalisalze gelöst und zunächst durch Dekantieren, schließlich auf dem Filter gründlich ausgewaschen werden. Zurück bleibt tief schwarzer, äußerst feiner Platinmohr. Vgl. auch GM., Syst. Nr. 68, Pt (A), S. 393 (1939).

Platinmohr, auch als Platinschwarz bezeichnet[2], ist ein schwarzes feines Pulver, das beim Reiben zwischen den Fingern nicht fühlbar ist. Durch mäßiges Erhitzen geht der Mohr in grauen Schwamm über.

Nähere Einzelheiten über Platinmohr, seine Herstellung und Eigenschaften siehe GM., Syst. Nr. 68, Pt (A), S. 391 (1939).

VI. Reaktionen der Chloroplatin(II)-säure.

Versuchslösung: Eine wäßrige Lösung von K_2PtCl_4.

a) Alkalihydroxyd. Gibt man zu einer verdünnten wäßrigen Lösung von K_2PtCl_4 vorsichtig NaOH bis zur ganz schwach alkalischen Reaktion und wird die Lösung zum Sieden erhitzt, so entfärbt sie sich zunächst. Bei längerem Kochen wird sie allmählich wieder dunkler, und nach Zusatz eines Elektrolyten (NaCl) fällt ein schwarzer, flockiger Niederschlag aus, während die darüberstehende Flüssigkeit nahezu farblos erscheint.

b) Carbonate und Hydrogencarbonate. Der gleiche Niederschlag wird auf die gleiche Weise, auch durch Fällen mit Carbonat oder Hydrogencarbonat, erhalten. Diese Reaktion ist für den Analytiker insofern von Wichtigkeit, als sie besagt, daß eine einwandfreie Trennung des Platins von den Beimetallen mit Hilfe der Hydrolyse in allen Fällen nur dann möglich ist, wenn das gesamte Platin in der IVwertigen Stufe vorliegt. Trifft das nicht zu, liegt also ein Teil als IIwertiges Platin vor, so kann dieses mit den Beimetallen ausgefällt werden, so daß eine glatte Trennung nicht zu erreichen ist (vgl. S. 53—54).

Am meisten gefährdet in dieser Hinsicht sind vor allen Dingen diejenigen Hydrolyseverfahren, die ohne Verwendung eines Oxydationsmittels ausgeführt werden, wie z. B. die Trennung des Platins vom Rhodium nach dem bei Rhodium, S. 99, unter 2b geschilderten Verfahren (Verwendung einer Suspension von $BaCO_3$).

c) Ammoniak. Wird eine hinreichend konzentrierte, salzsaure Lösung von K_2PtCl_4 mit Ammoniak übersättigt, so fällt allmählich, rascher in der Wärme, ein grüner, krystalliner Niederschlag aus, der in Wasser unlöslich ist.

Diese ammoniakalische Platinverbindung, $Pt_2Cl_4N_4H_{12}$, von der übrigens noch eine rote Modifikation besteht, führt nach ihrem Entdecker den Namen „MAGNUSsches Salz". Nach HERTEL und SCHNEIDER kommt beiden Modifikationen, der grünen wie der roten, die gleiche Koordinationsformel $[Pt(NH_3)_4](PtCl_4)$ zu.

d) Mikroreaktion mit Kupfer(II)-acetat, Ammoniumchlorid und Ammoniak. Der Lösung wird etwas Kupfer(II)-acetat oder Kupfersulfat und eine reichliche Menge Ammoniumchlorid zugesetzt und mit Ammoniak übersättigt. Es bilden sich violette Nadeln von Kupfer(II)-Ammoniumchloroplatinat(II) (Salz von MILLON und COMMAILLE).

[1] FRESENIUS-JANDER: Handbuch der Analyt. Chemie, Kaliumband.

[2] Bezüglich der Schreibweise siehe B. GERDES, Chem. Z. **22**, 57 (1898). Weder Platinmoor noch *das* Platinmohr sind richtig, sondern *der* Platinmohr.

Bei Lösungen mit 0,1% Kaliumchloroplatinat(II) erfolgt die Krystallbildung sogleich, die Nadeln erreichen eine Länge von 200 μ. Bei Lösungen, die 0,01% Chloroplatinat(II) enthalten, dauert es einige Minuten, bis sich kurze Nadeln von erkennbarer Farbe gebildet haben (H. BEHRENS, BEHRENS-KLEY). Vgl. S. 44.

e) Die Zinn(II)-chlorid-Reaktion. Sie verläuft bei den Salzen des Pt(II) in der gleichen Weise wie bei den Salzen des Pt(IV).

f) Dimethylglyoxim bildet mit dem IIwertigen Platin Platin(II)-dimethylglyoxim ($PtC_8H_{14}N_4O_4$ mit 45,88% Pt), das die gleiche chemische Zusammensetzung aufweist wie die analoge Pd-Verbindung (vgl. Palladium, S. 67), mit der es außerdem in physikalischer und chemischer Hinsicht große Ähnlichkeit besitzt. Die Farbe des Platin(II)-dioxims ist meistens braun, in feinzerteiltem Zustand violett bis blau, während das entsprechende Palladiumsalz kanariengelbe Farbe besitzt. Das Platin(II)-dioxim löst sich ebenfalls wie die entsprechende Palladiumverbindung leicht[1] in verdünnter wäßriger Natronlauge mit intensiv gelber Farbe und fällt nach Ansäuern (HCl) unverändert mit prachtvoll dunkelblauer Farbe wieder aus.

Im Gegensatz zum Palladium, das mit Dimethylglyoxim bereits in der Kälte vollständig ausgefällt wird, erfolgt die Fällung des Pt vornehmlich in der Wärme. Da im Verlaufe der Analyse das Pt größtenteils in der IVwertigen Stufe vorliegt, muß zunächst die Reduktion des Pt(IV) zu Pt(II) erfolgen, bevor die Fällung einsetzen kann. Bei Verwendung von Dimethylglyoxim in fester Form kann außerdem die Fällung erst vor sich gehen, wenn die Auflösung des im kalten Lösungsmittel etwas schwer löslichen Dimethylglyoxims begonnen hat. Rascher verläuft daher der Vorgang bei Verwendung einer heißgesättigten essigsauren oder wäßrigen Lösung von Dimethylglyoxim in der Wärme. In dem Maße, wie die Reduktion fortschreitet, erfolgt die Abscheidung des Platindioxims. Liegt dagegen das Platin bereits in der IIwertigen Stufe vor, so beginnt nach Zugabe des Reagenses in der Wärme die Fällung in kurzer Zeit. Verwendung des Reagenses in alkoholischer Lösung kommt im vorliegenden Fall nicht in Betracht, weil das Platindioxim in organischen Lösungsmitteln löslich ist (TSCHUGAJEFF[2]). Zur Bindung der bei der Reaktion frei werdenden HCl setzt man zweckmäßig etwas Natriumacetat zu und digeriert einige Zeit auf dem Wasserbad.

Als Vorbedingung für die Fällung des Platins als Dioxim gilt demnach

a) Vorliegen des Platins in der IIwertigen Stufe,

b) Fällung in der Wärme,

c) schwach saure, alkoholfreie, ziemlich verdünnte Lösung (vgl. auch Palladium, S. 69),

d) Zusatz von alkoholfreiem Dioxim im Überschuß.

Bei der Trennung des Pd vom Pt mit der Dimethylglyoximfällung sind diese Gesichtspunkte besonders zu beachten (Palladium, S. 68).

Der *Nachweis des Platins mit Dimethylglyoxim* wird also nach den obigen Feststellungen zweckmäßig in folgender Weise geführt: Die möglichst wenig freie Säure enthaltende, ziemlich verdünnte Probelösung wird mit einem Überschuß von festem Dimethylglyoxim versetzt, aufgekocht und in der Wärme einige Zeit digeriert, wobei sich das Platin als faserig-krystallinisches Gemenge des blauen und braunen Dioxims in verhältnismäßig kurzer Zeit nahezu vollständig abscheidet.

Nach THOMPSON, BEAMISCH und SCOTT ist der Nachweis des Platins mit Dimethyglyoxim zwar zuverlässig, aber nicht besonders empfindlich. Man arbeitet am besten mit sehr geringer Säurekonzentration. Die bronzefarbigen oder blauen Kryställchen erscheinen unter dem Mikroskop prismatisch mit ausgesprochenem Pleochroismus.

---

[1] Das Platindioxim löst sich ebenso wie das Palladiumdioxim auch in starker heißer Salzsäure leicht auf.

[2] TSCHUGAJEFF, L.: Z. anorg. Ch. **46**, 152 (1905).

Ausführung der Reaktion: 25 cm³ einer Lösung mit 33,0 mg Platin wurden mit dem doppelten Volumen Wasser verdünnt, 0,01 cm³ HCl und 200 mg Dimethylglyoxim in alkoholischer Lösung[1] hinzugefügt. Die Probe wurde 5 Std. auf dem Dampfbad erhitzt, kalt filtriert und mit kaltem Wasser gewaschen. Unter diesen Bedingungen durchgeführte Versuchsreihen ergaben, daß die Fällung des Platins als Oxim nicht vollständig ist und deshalb für quantitative Bestimmungen nicht in Betracht kommt. Trotzdem erwies sich diese Methode für die Trennung des Platins von Rh, Ir und Unedelmetallen, wie Fe, Cu usw., als recht brauchbar. Die Vollständigkeit und Schnelligkeit der Fällung ließ sich durch Verwendung von Lösungen, die das Platin in der IIwertigen Form enthielten, nicht erhöhen. Durch Säureüberschuß wird die Fällung gestört. Das Platindioxim neigt bei unmittelbarer Erhitzung zur Verpuffung.

Die Autoren verwendeten bei ihren Versuchen über die Fällung des Platins für jede Probe 200 mg Dimethylglyoxim in alkoholischer Lösung, was etwa 25 cm³ Alkohol entsprechen würde, bei 75 cm³ Lösung, mithin 25 Vol. % Alkohol. Wenn nun nach den Feststellungen TSCHUGAJEFFS (siehe oben) das Platindioxym in organischen Lösungsmitteln löslich ist, so dürfte damit die Unvollständigkeit der Platinfällung erklärlich sein.

g) Über Reaktionen mit Alkalinitriten und Cyaniden siehe S. 38, Ziffer η.

h) KJ gibt keine Reaktion; vgl. S. 40.

i) Die Oxydation der Chloroplatin(II)-säure zur IVwertigen Stufe erfolgt in der Regel durch Salpetersäure, Königswasser oder Chlor. Anschließend muß dann die Lösung mehrmals mit Salzsäure auf dem Wasserbade zur Entfernung der Stickoxyde und des überschüssigen Chlors eingedampft werden. Bequemer ist die Oxydation mit Perhydrol in Gegenwart von Chlorwasserstoffsäure. Sie hat außerdem, wie wir festgestellt haben, den Vorzug, daß z. B. im Falle der Anwesenheit von Palladium dieses in Lösungen bis zu einer HCl-Konzentration von 4 n Acidität[2] nicht mit oxydiert wird und das mehrmalige Abdampfen mit HCl sich daher erübrigt. Bei der anschließenden Fällung des Pt mit Ammonium- oder Kaliumchlorid bleibt dann das Palladium in Lösung. Vgl. auch W. D. TREADWELL: Tabellen 1947, S. 96, Ziffer 4.

VII. Nachweis des Platins neben anderen Edel- und Unedelmetallen.

a) Trennung und Nachweis von Gold und Platin. α) Durch Ausschütteln des Goldes mit Äther. Platin und Gold lassen sich nach MYLIUS durch Ausschütteln mit Äther in einfacher Weise trennen. Goldchlorid ist als $AuCl_3$ in Äther löslich, geht aber bei Gegenwart von HCl als $HAuCl_4$ in die ätherische Lösung. Die zweckmäßigste Metallkonzentration beträgt 5 bis 10%, außerdem soll die Lösung 5 bis 10% Gesamtchlorwasserstoff enthalten. Das Ausschütteln muß 4 bis 5 mal wiederholt werden.[3] Nach dem Abdestillieren des Äthers auf dem Wasserbad wird das Gold mit SO_2 gefällt. Die das Platin enthaltende wässerige Schicht wird mit etwas Königswasser eingedampft, mit Salzsäure aufgenommen und das Platin mit Ammoniumchlorid oder KCl nachgewiesen.

β) Durch Fällen des Platins mit NH_4Cl in Gegenwart von abs. Alkohol. Der Nachweis von Spuren Platin in Goldbarren oder in Mineralien mit überwiegendem Goldgehalt gelingt durch Ausfällen des Platins aus der salzsauren Lösung mit Ammoniumchlorid und absolutem Alkohol. Der gelbe Niederschlag von Am-

---

[1] Das entspricht etwa 25 cm³ Alkohol D 0,79.

[2] Vgl. Palladium, S. 58.

[3] Chromsäure kann vom Äther aufgenommen werden und ihn gelb bis blau färben. Entscheidend ist der Reduktionsversuch. Auch $FeCl_3$ kann leicht in den Äther übergehen (MYLIUS; MYLIUS u. HÜTTNER). Ebenso lassen sich steigende Mengen $H_2(IrCl_6)$ mit steigendem Gehalt an HCl ausäthern. (Siehe Iridium, S. 122).

moniumchloroplatinat wird in Salzsäure wieder gelöst und das Platin mit Zinn(II)-chlorid in bekannter Weise nachgewiesen (SPORCQ).

γ) Mit Zinn(II)-chlorid und Ausschütteln mit Äther. In Gegenwart von Au läßt sich Pt mit Zinn(II)-chlorid durch Ausschütteln der für Pt kennzeichnenden Färbung mit Äther nachweisen. Das Au scheidet sich als schwarzer Schaum an der Grenzfläche der wäßrigen und nichtwäßrigen Schicht ab. (JOHN und BEYERS.) Brauchbare Ergebnisse nur bei Verwendung ziemlich verdünnter Lösungen.

δ) Nachweis von Gold in Platinlegierungen. Über den Nachweis geringer Mengen Gold in Platinlegierungen siehe F. P. TREADWELL.

b) Trennung des Au und Pt von anderen Metallen durch Hydraziniumsalze. Die Trennung kann ohne Verwendung von H_2S durch Hydraziniumsalze bewirkt werden. Zur schwach salzsauren Lösung[1] wird ein Überschuß von Hydraziniumsulfat (bei Anwesenheit von $Ba^{\cdot\cdot}$ verwendet man Hydrazinchlorhydrat) gegeben und die Mischung 1 Std. in siedendem Wasser stehengelassen. Neben Au und Pt kann der Niederschlag nur Hg und wenig Cu[2] enthalten, die übrigen Metalle werden nicht gefällt. Der gut ausgewaschene Niederschlag wird mit HNO_3 ausgekocht, wobei Hg und Cu gelöst werden. Der Rest wird in Königswasser gelöst, eingedampft und in der HCl-sauren Lösung Au durch SO_2 und Pt mit NH_4Cl nachgewiesen (CHRISTENSEN).

Anmerkung: Da Palladium durch Hydraziniumsulfat in schwach salzaurer Lösung noch leichter zu Metall reduziert wird als Platin, ist im Falle der Anwesenheit von Palladium zu berücksichtigen, daß dieses sich vollständig bei dem Gold-Platin-Niederschlag befindet.

c) Trennung des Platins vom Palladium. Von KRAUSS und DENEKE wird folgende Methode als die zweckmäßigste empfohlen:

Die Lösung wird zur restlosen Entfernung der HNO_3 mehrmals mit HCl abgeraucht, der Rückstand in HCl gelöst und mit etwas überschüssigem Ammoniumchlorid zur Trockne verdampft. Der Rückstand wird mit Wasser aufgenommen und kaltgesättigte Salmiaklösung zugegeben[3]. Nach kurzem Stehen wird das Ammoniumhexachloroplatinat (IV) abfiltriert, mit gesättigter Salmiaklösung gewaschen, bis diese wasserklar abläuft, und zum Schluß noch mit 96%igem Alkohol nachgewaschen. Der Niederschlag wird in heißem Wasser gelöst und die siedende Lösung mit Natriumformiat versetzt. Der entstandene Platinmohr wird gründlich mit heißer verdünnter Salzsäure gewaschen und im Wasserstoffstrom verglüht. Das Filtrat von der Platinsalmiakfällung wird mit Natriumcarbonat neutralisiert und das Palladium mit ameisensaurem Natrium als Mohr gefällt und nach gründlichem Waschen im Wasserstoffstrom verglüht. Für qualitative Zwecke genügt der Nachweis des Pd in der Mutterlauge der Platinsalmiakfällung mit Dimethylglyoxim. Vgl. auch Palladium, S. 53.

d) Nachweis des Platins in Gegenwart von Palladium. Nach vielen vergeblichen Versuchen hat sich folgender Weg als der bequemste erwiesen:

Um etwa vorhandenes Pt(II) zu Pt(IV) zu oxydieren, wird die Salzlösung mit Königswasser gekocht und mehrfach zur Reduktion des gebildeten Pd(IV) zu Pd(II) mit Salzsäure abgeraucht. Nach dem Aufnehmen mit verdünnter Salzsäure wird die Lösung mit Tl_2SO_4-Lösung versetzt, wobei ein starker Niederschlag entsteht, der sich aus TlCl, Tl_2PdCl_4 und Tl_2PtCl_4 zusammensetzt. In der Wärme lösen sich die beiden ersteren leicht auf. Bei Spuren von Platin entsteht erst nach einiger Zeit eine auch in der Wärme bleibende Trübung. Zur Erkennung von 0,1 mg Pt in Gegenwart von 40 mg Pd gehört einige Übung (W. JANDER).

e) Nachweis kleiner Mengen Platin neben Palladium. Um kleine Mengen Pt neben Pd nachzuweisen, läßt man trockenes CO auf ein trockenes Gemisch von

[1] Vgl. hierzu Iridium, S. 119.
[2] Offenbar induzierte Fällung.
[3] Vgl. hierzu S. 35.

$PdCl_2$ und $PtCl_2$ bei etwa 250° einwirken, bis sich das dabei entstehende Sublimat nicht weiter vermehrt. Es ist zweckmäßig, das Material einige Male umzurühren. Das mit Wasser und Königswasser aus dem Rohr ausgespülte Sublimat gibt nach Eindampfen und Verglühen die Menge des in dem angewandten Material enthaltenen Platins. In 1,905 g käuflichem $PdCl_2$ wurden auf diese Weise 3,8 mg Pt = 0,2% nachgewiesen. Ruthenium, Osmium und Rhodium werden hierbei ebenfalls als CO-Verbindungen verflüchtigt (MANCHOT). Vgl. auch ROBERTSON. MYLIUS und MAZZUCCHELLI erwähnen gleichfalls Versuche von MYLIUS und FÖRSTER über Aufsuchung kleiner Mengen von Verunreinigungen in Platin mit Hilfe des Kohlenoxydverfahrens.

Der Nachweis kleinster Mengen Platin in Palladium läßt sich auch in der Weise führen, daß man die schwach saure, ziemlich verdünnte Lösung in der Kälte mit einem möglichst geringen Überschuß einer 1%igen alkoholischen Lösung von Dimethylglyoxim versetzt und kräftig durchrührt[1]. Nach ½stündigem Stehen wird das gelbe Palladiumoxim abfiltriert[2] und die klare farblose Lösung mit einigen Kubikzentimetern Königswasser eingedampft, mit HCl angesäuert und das Platin mit $SnCl_2$ nachgewiesen. Durch Ausschütteln mit Äther oder Essigester läßt sich die Farbreaktion noch deutlicher sichtbar machen. Erfassungsgrenze: 1 γ/cm^3 (in 5 cm^3 festgestellt). Sollte beim Eindampfen der Mutterlauge von der Palladiumoximfällung blaues oder braunes Platinoxim ausfallen[3], so ist damit ebenfalls der Nachweis für Platin erbracht (S. 49, Ziffer f). Über weitere Methoden zur Trennung des Platins vom Palladium und zum Nachweis vgl. Palladium, S. 79.

f) Nachweis von Platin neben Iridium. In sehr einfacher Weise kann man in einer Pt- und Ir-haltigen Lösung sowohl Platin als auch Iridium nach der Methode von WÖLBLING nachweisen. Man gibt zu der mit HCl angesäuerten[4] und entsprechend verdünnten Lösung (vgl. Platin, S. 39) tropfenweise Zinn(II)-chlorid, bis keine Farbenänderung mehr feststellbar ist, und schüttelt im Scheidetrichter mit dem gleichen Volumen Äthylacetat aus. Nach vollständiger Trennung beider Schichten wird die untere abgelassen. In vielen Fällen wird man mit einer Ausschüttelung auskommen, andernfalls muß der wäßrige Ablauf nochmals, wie zuvor, mit Äthylacetat ausgeschüttelt werden. Ist der Essigester gelb oder orange gefärbt, so ist Platin vorhanden. Im Zweifelsfalle läßt sich die erhaltene Färbung durch einen Blindversuch kontrollieren oder nach Verjagen des Esters in schwach salzsaurer, zuvor oxydierter Lösung mit der KJ-Reaktion auf Platin prüfen (vgl. Platin, S. 40). Der farblose wäßrige Ablauf wird mit frischbereitetem Chlorwasser im Überschuß versetzt; Braunfärbung zeigt Iridium an. Zur Nachprüfung wird die Lösung eingedampft, der Trockenrückstand mit H_2SO_4 bis zur Bildung von SO_3-Nebeln erhitzt und die heiße, aber nicht mehr stark rauchende Lösung mit NH_4NO_3 nach LECOQ DE BOISBAUDRAN geprüft. Blaufärbung zeigt Iridium an. Vgl. hierzu Iridium, S. 113.

In der gleichen Weise lassen sich Fällungen der Chloroplatin(IV)-säure mit KCl oder NH_4Cl, die infolge eines Iridiumgehaltes orange oder rötlich gefärbt sind, bequem, rasch und zuverlässig auf Ir prüfen. Man löst einen Teil des gut mit NH_4Cl oder KCl und anschließend mit Äthylalkohol ausgewaschenen, getrockneten Niederschlages in Wasser und verfährt weiter wie oben angegeben. Zur Prüfung auf Ruthenium wird ein Teil des Niederschlages nach der beim Ruthenium, S. 148, angegebenen Methode behandelt.

---

[1] Ballt sich der Niederschlag hierbei zusammen, so ist das bisweilen ein Zeichen, daß das Reagens in hinreichender Menge vorhanden ist.

[2] Filtrat auf Vollständigkeit der Pd-Oximfällung prüfen.

[3] Es genügt auch schon die Entstehung eines zartblauen Hauches im Eindampfgefäß zum Nachweis des Platins.

[4] Die Lösung soll etwa 10 Vol.-% HCl 1,19 enthalten.

Ebenso einfach und schnell läßt sich umgekehrt der Nachweis des Platins in den entsprechenden komplexen Fällungen des Iridiums durchführen. Die Fällungen mit KCl oder NH_4Cl werden am zweckmäßigsten in stark konzentrierten Lösungen vorgenommen. Außerdem ist dafür zu sorgen, daß hierbei sowohl Platin als auch Iridium in der IVwertigen Form vorliegen. (Vorheriges Oxydieren mit H_2O_2 oder frisch bereitetem Chlorwasser.) Vgl. hierzu S. 35.

In längerer Praxis hat sich gerade die Trennung des Iridiums vom Platin und der Nachweis beider mit Hilfe des Ausschüttelverfahrens nach WÖLBLING als recht vorteilhaft und zuverlässig erwiesen.

α) Eine Trennungsmethode des Platins vom Iridium, namentlich in Gemischen von $(NH_4)_2PtCl_6$ und $(NH_4)_2IrCl_6$, wird von KARPOFF vorgeschlagen. Sie beruht auf der Beobachtung, daß Platinsalze durch Hg leichter reduziert werden als Iridiumsalze. Vgl. auch S. 47, KARPOFF und FEDOROWA, Ziffer ϰ.

Die Ausführung geschieht in der Weise, daß das fragliche Gemisch mit Hg unter Wasser so lange geschüttelt wird, bis die gelbrote Lösung entfärbt ist. Man filtriert und wäscht das Gemisch Hg, Pt und HgCl mit heißem Wasser aus. Durch Erhitzen des Rückstandes werden die flüchtigen Bestandteile entfernt, zurück bleibt das Platin. Das durch Hg ausgeschiedene Platin enthielt 0,04 bis 0,11% Ir.

Die entfärbte Lösung dampft man mit HNO_3 bis zur Trockne ein und führt das Iridium mittels Kaliumtartrats in Oxyd über, welches im Leuchtgas reduziert wird.

Bemerkung: Für den qualitativen Nachweis der beiden Metalle wird das nach obigem Verfahren ausgeschiedene Platin in Königswasser gelöst und in der üblichen Weise nach Eindampfen der Lösung mit HCl mikrochemisch als K_2PtCl_6 oder mit $SnCl_2$ oder KJ nachgewiesen.

Der Iridiumnachweis im entfärbten Filtrat wird wie oben unter fα geführt.

Über die Verwendung von KJ als Reagens für den Nachweis von wenig Platin neben viel Iridium in Lösungen ihrer Komplexe vgl. Iridium, S. 119.

Über weitere Methoden zur Trennung des Platins von Iridium siehe dieses, S. 119 unter d.

g) Trennung des Platins vom Iridium, Rhodium, Palladium durch Hydrolyse.

α) Methode nach MYLIUS und MAZZUCCHELLI. Die Lösung wird zur vollständigen Entfernung der freien Säure mit 6 g reinem Natriumchlorid (auf 10 g Pt) auf dem Wasserbade mehrmals zur Trockne eingedampft und zum Schluß noch eine Stunde lang auf 120° erhitzt. Man löst den Salzrückstand in Wasser, filtriert und wäscht die ungelöst bleibenden Teile, hauptsächlich Gold und Silberchlorid, mit Wasser. Das Filtrat wird auf 500 cm³ mit Wasser aufgefüllt. Man gibt 0,8 g reines Natriumhydrogencarbonat hinzu, erhitzt zum Sieden und läßt wieder erkalten. Die Lösung soll gegen Lackmus nur ganz schwach alkalisch reagieren.

Zur Oxydation wird nunmehr, ohne Rücksicht auf eine etwa entstandene Fällung, eine Auflösung von 0,8 g Natriumhydrogencarbonat in 20 cm³ gesättigtem Bromwasser hinzugegeben, wobei die Lösung schwärzlich gefärbt wird.

Die anfangs kolloidale Fällung wird auf dem Wasserbade erwärmt, bis sich ein schwarzer, flockiger Niederschlag auszuscheiden beginnt, der sich in der gelbroten Lösung rasch absetzt. Je näher hierbei die schwach alkalische Reaktion der Lösung dem Neutralpunkt kommt, desto vollständiger ist die Abscheidung der fremden Oxyde. Zu starke alkalische Reaktion führt jedoch zur hydrolytischen Abscheidung von Natriumplatinoxyd, während unter den oben gekennzeichneten Bedingungen der Platingehalt des Niederschlages auf einen sehr geringen Anteil beschränkt bleibt.

Für den Fall, daß die Ausscheidung des schwarzen Niederschlages nach einer halben Stunde noch nicht erfolgt ist, gibt man zu der schwach alkalischen Lösung nach dem Erkalten noch etwas Natriumhypobromit und nach etwa 10 Min. einige Kubikzentimeter Alkohol und erhitzt zum schwachen Sieden, wobei Koagulation eintritt.

Ergibt eine Probe der gelben Lösung (vor dem Alkoholzusatz) mit dem Oxydationsmittel keine dunkle Farbe mehr, so wird der schwarze Niederschlag abfiltriert und mit Wasser gewaschen bis zur Farblosigkeit des abfließenden Filtrates. Um zu verhindern, daß der Niederschlag kolloidal in Lösung geht, setzt man dem Waschwasser etwas Natriumchlorid zu.

Es ist zweckmäßig, das Filtrat auf jeden Fall noch mit etwas Alkohol zum Sieden zu erhitzen, um durch die Reduktion die Abscheidung der fremden Stoffe zu vervollständigen. Nach dem Filtrieren wird die Lösung nach Zusatz von etwas HCl zwecks Zerstörung des Bromates zur Trockne verdampft. In der wäßrigen, schwach sauren Lösung des Rückstandes wird das Platin mit Salmiak als hellgelber Platinsalmiak gefällt oder mit Hydrazin als Metall abgeschieden. Diese Methode kann sowohl zum Nachweis als auch zur quantitativen Bestimmung des Platins benutzt werden.

Der schwarze Niederschlag wird in heißer verdünnter HCl gelöst. Die weitere qualitative Untersuchung erfolgt entweder nach dem Ausschüttelverfahren von Wölbling oder nach dem Analysengang von Mylius und Mazzucchelli.

Eine ausschließlich qualitativen Zwecken dienende Abänderung dieses Trennungsverfahrens ist beim Iridium, S. 120, beschrieben.

β) Methode nach Gilchrist und Wichers. Die Lösung der Chloride wird auf dem Wasserbade weitgehend eingedampft und mit Wasser auf 200 cm³ verdünnt. Nun wird zum Sieden erhitzt und die Lösung mit 20 cm³ einer 10%igen Natriumbromatlösung versetzt. Darauf wird vorsichtig eine 10%ige $NaHCO_3$-Lösung hinzugefügt, bis ein Niederschlag eben gerade bestehen bleibt. Zur Feststellung der Acidität wird die Lösung mit einem Tropfen einer 0,01%igen Bromkresollösung geprüft, wobei der Indicator von Gelb nach Blau umschlagen muß ($p_H = 6$). Nach Zusatz von 10 cm³ Bromatlösung wird die Lösung 5 Min. gekocht und zur vollständigen Fällung des Palladiums tropfenweise $NaHCO_3$-Lösung hinzugegeben, bis der Indicator blaßrote Färbung zeigt. Nach abermaliger Zugabe von 10 cm³ Bromatlösung wird weiterhin 15 Min. gekocht. Der Niederschlag wird filtriert und nach Auswaschen mit 1%iger NaCl-Lösung in verd. HCl gelöst und die Lösung mit 2 g NaCl auf dem Wasserbad zur Trockne gedampft. Den Rückstand nimmt man mit 2 cm³ verd. HCl und 300 cm³ Wasser auf uud wiederholt die Abscheidung der Oxydhydrate. Zur vollständigen Trennung des Platins von den Beimetallen genügt meist eine einmalige Wiederholung der Fällung.

Der Nachweis des Platins in den vereinigten Filtraten und der Beimetalle in der HCl-sauren Lösung der Oxydhydrate geschieht in der bereits bei der Hydrolyse nach Mylius und Mazzucchelli angegebenen Weise. Vgl. auch Analysengang nach Miller und Lowe. S. 198 (Analysenvorschläge). Vgl. hierzu auch Rhodium, S. 99.

h) Trennung des Platins vom Iridium durch die Bleischmelze. Über die Ausführung dieser Methode siehe Iridium, S. 109.

i) Nachweis von Platin in Gegenwart von Gold und Unedelmetallen. α) Zum Nachweis von Platin neben Au, Sb, As, Hg, Ag, Pb. Bi, Cu, Cd, Sn, Ni und Co wird die schwach saure Lösung mit Zink gefällt, filtriert, ausgewaschen und die Fällung mit schwacher Salzsäure erwärmt, wobei Cd, Sn und Co in Lösung gehen. Nach Filtration wird der gut ausgewaschene Rückstand mit schwacher HNO_3 ausgekocht, wobei alles bis auf Au, Pt und Sb gelöst wird. Durch Glühen des Restes mit 1 bis 2 Teilen Ammoniumnitrat und 5 Teilen Salmiak wird Sb als Chlorid verflüchtigt. Au und Pt werden in Königswasser gelöst und Pt mit Salmiak nachgewiesen (PETERSEN. Vgl. hierzu auch: Über Trennung und Nachweis von Nichtedelmetallen in Gegenwart der Platinmetalle und Gold, Analysengang, S. 225).

β) Mikrochemischer Nachweis kleiner Platinmengen in Kupfer-Silber-Gold-Legierungen. Die Legierung, die auf 1 Gew.-Teil Gold 4 Gew.-Teile Silber enthalten soll, wird zunächst zur Entfernung des Silbers und Kupfers mit konz. H_2SO_4 behandelt. Hierauf wird der Rückstand in Königswasser gelöst und wiederholt mit HCl eingedampft. Die hierbei entstandene $HAuCl_4$ wird durch Erhitzen auf 170 bis 190° C in das wasserunlösliche AuCl verwandelt, mit wenig Wasser aufgenommen und filtriert. Man gibt einige Tropfen HCl hinzu und weist das Platin nach Zugabe von festem KCl unter dem Mikroskop als K_2PtCl_6 (Oktaeder) nach (v. BREUKELEVEEN).

Um sicher zu gehen, daß das Platin hierbei auch in der mit KCl fällbaren IVwertigen Form vorliegt, halten wir es für zweckmäßig, die schwach HCl-saure Lösung vor der Fällung mit einigen Tropfen Perhydrol zu versetzen oder den Nachweis statt mit KCl mit der $SnCl_2$-Reaktion zu führen.

γ) Trennung des Platins von Kupfer. Mit gutem Erfolg läßt sich die Bestimmung des Platins unter gleichzeitiger Trennung von Kupfer durch Fällung des Platins mit alkoholischer Ammoniumchloridlösung in fast neutraler Lösung durchführen (RIENÄCKER und HILDEBRANDT. Vgl. S. 35.)

k) Nachweis kleiner Mengen Platin. Das Abtrennen und Konzentrieren kleiner Mengen Platin (evtl. auch anderer Platinmetalle) wird durch Ausfällen mit Tellur erreicht, das der Probelösung in Form von telluriger Säure zugesetzt und aus salzsaurer Lösung mit schwefliger Säure wieder zu metallischem Tellur reduziert wird, wobei kleine Mengen Platin fast vollständig mitgerissen werden. Der verglühte Rückstand wird mit Königswasser behandelt, eingedampft und das Platin in essigsaurer Lösung mit KJ nachgewiesen. Weitere Einzelheiten vgl. Original. (KÜHNEL-HAGEN.)

l) Nachweis und Bestimmung des Platins in platinarmen Gesteinen. Von dem feinpulverigen Material werden 4 Proben zu je 200 bis 500 g, nach vorherigem Rösten, im Tiegel mit der dreifachen Menge Soda, 50 bis 100 g Bleiweiß und 10 bis 20 g Holzkohle geschmolzen. Die hierbei erhaltenen 4 Bleikönige werden durch Ansieden und Verschlacken bis auf einen König von etwa 10 g Gewicht konzentriert, der nach Zugabe der 12- bis 20fachen Menge Silber (bezogen auf das Platin) abgetrieben wird. Das Silberkorn wird in HNO_3 (D 1,4) gelöst, die Lösung von etwa zurückbleibendem Gold abgegossen und das Silber mit wenig HCl gefällt. Das Filtrat wird drei bis viermal mit wenig HCl eingedampft, die Lösung in einen langhalsigen Kolben (100 cm³) gebracht, bis zum Kolbenhals mit 5%iger HCl aufgefüllt und nach Zusatz einiger Tropfen konz. Zinn(II)-chloridlösung mit 10 cm³ Äthylacetat ausgeschüttelt. Dem Platingehalt entsprechend ist die Äthylacetatschicht mehr oder weniger gelb bis orangerot gefärbt. Auf diese Weise lassen sich in 200 g Gestein noch 0,5 g Platin auf die Tonne deutlich nachweisen. Außerdem kann man durch Vergleich mit einer ebenso behandelten Platinlösung von bekanntem Gehalt den Platininhalt hinreichend genau schätzen (KRUG. Vgl. auch Analysenbeispiele, S. 244).

Diese Konzentrationsprobe muß, um Täuschungen zu verhüten, mit besonderer Vorsicht und Sorgfalt ausgeführt werden. Das gilt ganz besonders für Laboratorien, in denen öfter oder ausschließlich edelmetallhaltiges Gut auf dokimastischem Wege auf Platin probiert wird. Jedenfalls ist es ratsam, das Ergebnis durch eine unter gleichen Bedingungen durchgeführte Blindprobe zu kontrollieren.

m) Nachweis von Platin neben Au und Ag in kiesführendem Quarz. Eine diesbezügliche mikrochemische Methode wird von BEHRENS-KLEY angegeben.

VIII. Nachweis von Phosphor und Arsen in Platin.

Um Spuren Phosphor in Platin nachzuweisen, ist es vorteilhaft, das Platin durch Reduktion mit Hydraziniumchlorid vorher abzuscheiden. In der abgegossenen Lösung wird nach entsprechender Vorbereitung der Phosphor als Ammoniumphosphormolybdat gefällt:

Spuren Arsen werden im Platin mit der GUTZEITschen Arsenprobe nachgewiesen. Zu diesem Zwecke wird das Platin zunächst mit Ammoniak in geringem Überschuß als Salmiak gefällt und dieser ebenfalls mit Hydrazinchlorid zu Metall reduziert. Lösung samt Niederschlag werden dann zur Ausführung des Nachweises in das GUTZEITsche Entwicklungsgefäß gegeben.

Erfassungsgrenze: 1 γ Phosphor und 0,5 γ Arsen in 0,1 bis 0,2 g Platin. Weitere Einzelheiten siehe Original (J. FISCHER). Vgl. auch Fr. **126**, 191 (1943).

IX. Physikalische Methoden.

a) Chromatographische Methode. Etwa 0,25 cm³ einer Lösung von $AuCl_3$ und $H_2(PtCl_4(OH)_2)$ werden in einem 5 mm engen Rohr durch eine Schicht von Aluminiumoxyd (nach BROCKMANN hergestellt von der Firma Merck) gesaugt, mehrmals wird mit H_2O nachgewaschen, wodurch auf Grund der verschiedenen Adsorption der gelösten Salze eine Trennung in zwei Schichten erfolgt. Der Nachweis geschieht durch Entwickeln mit einer halbgesättigten Lösung von $(NH_4)_2S$.

Die stark adsorbierte Schicht färbt sich dunkelbraun: Pt-Sulfid. Die zweite, das Goldsalz enthaltende Schicht färbt sich braungelb: die braungelbe Au-Verbindung ist löslich im Überschuß des Entwicklers (VENTURELLO und AGLIARDI).

b) Prüfung des Platins auf Reinheit durch elektrische Messungen. Die Prüfung des Platins auf absolute Reinheit läßt sich mit größter Genauigkeit vor allem durch die Bestimmung des Temperaturkoeffizienten des elektrischen Widerstandes durchführen, der durch jede Verunreinigung erniedrigt wird. Bis zu einem gewissen Grade kann auch die Messung der Thermokraft für diesen Zweck herangezogen werden.

c) Spektralanalyse. Der Nachweis des Platins auf *spektralanalytischem Wege* wird in einem besonderen Abschnitt gemeinsam mit den anderen Platinmetallen behandelt.

Literatur.

ADAMS, R., u. R. L. SHRINER: Am. Soc. **45**, 2175, 2178 (1923). — ARCHIBALD, WILCOX u. BUCKLEY: Am. Soc. **30**, 747 (1908); durch Ch. Z. Repert. 309 (1908).

BANNISTER, C. O., u. G. PATCHIN: Ch. Z. **38**, 64 (1914). — BAUER, G.: Ch. Z. **62**, 257 (1938). — BEHRENS, H.: Fr. **30**, 152 (1891). — BEHRENS-KLEY: Mikrochem. A. **I**, 158, 159 (1921). — BERG, R., u. W. ROEBLING: Angew. Ch. **48**, 430 (1935). — BILTZ, W.: Ausf. Qual. Anal. **53**, 163 (1939). — BIRNBAUM, K.: A. **152**, 145; durch GRAHAM-OTTO 1174 (1889). — BRALY, A.: Bl. Soc. Min. **49**, 141 (1926); durch C. **98I**, 2580 (1927). — VAN BREUKELEVEEN, M.: Rec. trav. chim. Pays Bas **36**, 285 (1916); durch C. **88I**, 605 (1917); Ch. Z. **43**, 684 (1919). — BRUNCK, O.: Quantitative Analyse, S. 117. Dresden u. Leipzig 1936. — BUNSEN, R.: A. **138**, 257 (1866); A. **146**, 265 (1868).

CHLOPIN, W.: Ann. Inst. Platine (russ.) **4**, 324 bis 330 (1926); durch C. **97II**, 1672 (1926). — CHRISTENSEN, A.: Fr. **54**, 158 (1915). — CLAUS, C.: Festschrift 37 (1854). — CURRAH, I. E., W. A. E. MCBRYDE, A. I. CRUIKSHANK u. F. E. BEAMISH: Ind. eng. Chem. Anal. Edit. **18**, 120 (1946). — CURTMAN, L. J., u. P. ROTHBERG: Am. Soc. **33**, 718 (1911); durch C. **82II**, 489 (1911); FEIGL, F.: Tüpfelreaktionen, S. 207 (1938).

DAVIS, C. W.: (a) J. Franklin Inst. **203**, 679 (1927); durch C. **98II**, 1002 (1927); Phys. Ber. 1776 (1927); (b) Techn. Pap. Bur. Mines Nr. 270, 9 (1921); durch GM., Syst. Nr. 68, (A) 458 (1940). — DONAU, J.: M. **25**, 916 (1904); Z. Chem. Ind. Kolloide **2**, 275 (1908); durch C. **75II**, 1256 (1904).

FEIGL, F.: Tüpfelreaktionen, S. 210 (1938). — FEIGL, F., u. R. FRÄNKEL: B. **65**, 541 (1932). — FIELD, F.: Chem. N. **43**, 75 (1881); durch KÜHNEL-HAGEN, S.: C. **108I**, 1987 (1937). — FIGUROWSKY, N. A.: Ann. secteur platine **15**, 129 (1938); durch C. **110I**, 2257 (1939); Ref. GRASSNER

u. ABRAMCZIK: Chemie **55**, 314 (1942). — FISCHER, H.: Angew. Ch. **42**, 1025 (1929); **50**, 919 (1937). — FISCHER, J.: Chem. Fabr. **11**, 406 (1938). — FRASER, H. J.: Am. Mineralogist **22**, 1016 (1937). — FRESENIUS, C. R.: Qual. Anal: 291 (1919). — FRITZ, H.: Mikrochemie **23**, 69 (1927/28). — FRÖHLICH, K. W.: Z. El. Ch. **41**, 207 (1935).

GILCHRIST, R., u. E. WICHERS: Am. Soc. **57**, 2565 (1935). — GRAHAM-OTTO: 1187/88 (1889). — GRANDADAM, P.: Ann. Chim. (11) **4**, 83 (1935); durch C. **107 I**, 4699 (1936); vgl. SCHNEIDER, A., und U. ESCH. — GRÜNSTEIDL, E.: Mikrochemie **12**, 170/171 (1933).

HAHN, F. L.: Mikrochemie **8**, 77 (1930). — HEMPEL, C. W.: A. **107**, 97 (1858). — HERTEL, E., u. K. SCHNEIDER: Z. anorg. Ch. **202**, 77 (1931). — HOFMANN, K. A.: Anorganische Chemie, S. 632 (1931). — HOLZER, H.: Mikrochemie **8**, 272 (1930).

IPATIEFF, W. W., u. W. G. TRONEFF: C. r. Acad. URSS. I, 627 bis 632 (1935); durch C. **107 I**, 1790, 3260 (1936), **II**, 2079 (1936). — IWANOFF, W. N.: J. Russ. phys.-chem. Ges. **48**, 527 (1916); durch Angew. Ch. **31 II**, 245 (1918).

JANDER, W.: Z. anorg. Ch. **199**, 309 (1931). — JOHN, W. E., u. E. BEYERS: J. Chem. Met. Min. Soc. S. Africa **33**, 26 bis 27 (1932); durch C. **103 II**, 3584 (1932). —

KARPOFF, B. G.: Ann. Inst. de platina **4**, 360 (russ.); durch C. **97 II**, 1672 (1926). — KARPOFF, B. G., u. A. N. FEDOROWA: Izvestija Inst. Izuženiju Platiny (russ.) **9**, 106 (1932); durch C. **104 II**, 1224 (1933); GM., Syst. Nr. 68 Pt, (A) 509 (1940). — KARPOFF, B. G., u. G. S. SSAWTSCHENKO: Ann. secteur platine **15**, 125 bis 128 (1938); durch C. **110 I**, 2257 (1939). — KRAUSS, F., u. H. DENECKE: Fr. **67**, 86 (1925); durch C. **97 I**, 739 (1926). — KRITSCHEWSKY, L.: Diss. Bern 20, 31 (1885); durch GM., Syst. Nr. 68, (C) 84 (1939). — KRUG, K.: In F. KÖGLER: Taschenbuch für Berg- und Hüttenleute, S. 1164. Berlin 1924. — KÜHNEL-HAGEN, S.: Mikrochemie **20**, 180 (1936); durch C. **108 I**, 1987 (1937).

LAFFITTE, P., u. P. GRANDADAM: C. r. **198**, 1925 bis 1927 (1934); **200**, 456 bis 458 (1935); durch C. **105 II**, 2970 (1934); C. **106 I**, 2657 (1935); vgl. SCHNEIDER, A., u. U. ESCH. — LANGSTEIN, E., u. P. H. PRAUSNITZ: Ch. Z. **802** (1914). — LEBEDINSKI, W. W., u. J. A. FJEDOROFF: Ann. secteur platine (russ.) **15**, 19 u. 27 (1938). — LIEBIG, J.: Pogg. Ann. **17**, 103 (1829); durch GM., Syst. Nr. 68, (A) 395 (1939). — LIMMER, F.: Ch. Z. **31**, 1025 (1907).

MAGNUS, G.: Pogg. Ann. **14**, 242 (1828); durch GRAHAM-OTTO 1209, 1232 (1889). — MALATESTA, G., u. E. DI NOLA: Boll. Chim. Farm. **52**, 461 (1913); durch C. **84 II**, 716 (1913). — MALOWAN, L. S.: Fr. **84**, 209 (1931). — MANCHOT, W.: B. **58**, 2518 (1925). — MEYER, V.: B. **12**, 2203 (1879). — MOND, L., W. RAMSAY u. J. SHIELDS: Z. anorg. Ch. **10**, 178 (1895). — MYLIUS, F.: Z. anorg. Ch. **70**, 215 (1911). — MYLIUS, F., u. R. DIETZ: B. **31**, 3191 Fußnote (1898). — MYLIUS, F., u. A. MAZZUCCHELLI: Z. anorg. Ch. **89**, 13 (1914).

OGBURN, S. C.: Am. Soc. **48**, 2493 (1926).

PAULI, W., u. T. SCHILD: Kolloid-Z. **72**, 165 (1935). — PETERSEN, J.: Fr. **45**, 342 (1906); C. **77 II**, 361 (1906). — PHILLIPS, F. C.: Z. anorg. Ch. **6**, 230 (1894). — PIERSON, G. G.: Ind. eng. Chem. Anal. Edit. **6**, 437 (1934); durch C. **106 I**, 2219 (1935). — PIGEON, L.: C. r. **110**, 79 (1890).

REMY, H.: Lehrb. Anorg. Ch. 2. u. 3. Aufl., II, 168 (1942). Leipzig: Akad. Verl. Ges. Becker u. Erler, Kom.-Ges. — RIENÄCKER, G., u. H. HILDEBRANDT: Z. anorg. Ch. **248**, 55 (1941). — ROBERTSON, J. B.: J. S. African Chem. Inst. **12**, 29 bis 49 (1929); durch C. **101 I**, 2774 (1930). — ROSE-FINKENER 394 (1867).

SCHAPIRO, M. J.: Chem. J. Ser. B (russ.) **11**, 367 (1938); durch C. **109 II**, 1453 (1938). — SCHAPIRO, M. J., u. M. J. RUD: Chem. J. Ser. B (russ.) **11**, 140 (1938); durch C. **109 II**, 3579 (1938). — SCHIFF, R., u. N. TARUGI: B. **27**, 3439 (1894); Fr. **34**, 456 (1895). — SCHNEIDER, A., u. U. ESCH: Z. El. Ch. **49**, 55 (1943). — SIEVERTS, A., u. E. JURISCH: B. **45**, 225 (1912). — SONSTADT, E.: J. chem. Soc. **67**, 985 (1895); durch GM., Syst. Nr. 68, (A) 460 (1940). — SPORCQ: Bl. Soc. chim. Belg. **38**, 21 (1929); durch C. **100 I**, 2906 (1929). — STREBINGER, R.: Mikrochemie **10**, 310 (1931/32).

TANANAJEFF, N. A., u. K. A. DOLGOFF: J. Russ. phys.-chem. Ges. (russ.) **61**, 1377 (1929); durch C. **101 I**, 2130 (1930); Met. Erz 397 (1930). — TANANAJEFF, N. A., u. S. T. MICHALTSCHISCHIN: Chem. J. Ser. B (russ.) **7**, 613 (1934); Fr. **94**, 188 (1933); durch C. **104 II**, 3018 (1933); Ref. C. **107 I**, 3185 (1936). — THOMPSON, S. O., F. E. BEAMISH, u. M. SCOTT: Ind. eng. Chem. 420 (1937); Univ. Toronto, Ontario, Canada. — TREADWELL, F. P.: Anal. Ch. I, S. 273 (1930). — TRUTHE, W.: Z. anorg. Ch. **154**, 413 (1926). — TSCHUGAJEFF, L., u. W. LEBEDINSKI: Z. anorg. Ch. **83**, 2 (1913).

VENTURELLO, G., u. N. AGLIARDI: Ann. Chim. applic. **30**, 224 bis 230 (1940); durch C. **111 II**, 1757 (1940).

WHITMORE, W. F., u. H. SCHNEIDER: Mikrochemie **17**, 289 (1935). — WILLIAMSON, D. K.: Austr. Inst. J. Proc. **5**, 407 (1938). — WÖHLER, L.: (a) Z. anorg. Ch. **40**, 456, 434 (1904); (b) Z. anorg. Ch. **186**, 331 (1930). — WÖHLER, L., u. PH. BALZ: Z. anorg. Ch. **149**, 353 (1925). — WÖHLER, L., u. W. FREY: Z. El. Ch. **15**, 129 (1909). — WÖHLER, L., u. F. MARTIN: B. **42**, 3960 (1909). — WÖHLER, L., u. A. SPENGEL: Z. Chem. Ind. Kolloide **7**, 243 (1910). — WÖHLER, L., u. S. STREICHER: B. **46**, 1591 (1913). — WÖLBLING, H.: B. **67**, 773 (1934). — WÖLBLING, H., u. B. STEIGER: Mikrochemie **15**, 300 (1934).

2. Palladium.

Pd, Atomgewicht 106,7; Ordnungszahl 46.

I. Physikalische Eigenschaften.

In seinem Aussehen ähnelt das Palladium am meisten dem Platin, jedoch ist die Farbe etwas dunkler als die des Platins. Es besitzt von allen Platinmetallen nicht nur den niedrigsten Schmelzpunkt (1557°), sondern auch die geringste Dichte, die bei 18° zu 11,96 festgestellt ist. Die Härte liegt etwas höher als beim Platin, dagegen ist die Dehnung geringer als die des Platins. Aus seinen Salzen reduziertes Palladium stellt, je nach der Reduktionstemperatur, einen mehr oder weniger zusammenhängenden hellgrauen Schwamm dar, der bei Anwendung entsprechend hoher Reduktionstemperaturen bereits stark sintert und schwachen Metallglanz zeigt.

Nächst dem Platin ist das Palladium das zweithäufigste Metall dieser Gruppe.

II. Stellung im periodischen System, Wertigkeit, Koordinationszahl.

Entsprechend seiner Ordnungszahl steht Palladium in der zweiten großen Periode in der 8. Vertikalgruppe des Periodischen Systems, und zwar als letztes Glied der Triade: Ru, Rh, Pd. In vertikaler Richtung steht es somit zwischen dem Nickel und dem Platin und nimmt demzufolge eine Mittelstellung zwischen diesen beiden Metallen hinsichtlich seiner Valenzbetätigung ein, was sich auch in der weitgehenden Isomorphie und Ähnlichkeit mit den Platinverbindungen besonders ausprägt. Die im Hinblick auf seine Stellung in der 8. Gruppe zu erwartende maximale Wertigkeit von 8 ist bisher nicht beobachtet worden.

Das Palladium kommt in seinen Verbindungen hauptsächlich 2- und 4wertig vor. Auch 3wertiges Palladium ist bekannt, z. B. im PdF_3. In der 2wertigen Stufe liegt das Pd vor als $PdCl_2$, $PdBr_2$ und in der Form der entsprechenden komplexen Säuren und Salze, wie z. B. H_2PdCl_4 oder Na_2PdCl_4.

4wertiges Palladium ist in $PdCl_4$ und den daraus abgeleiteten komplexen Säuren und Salzen vorhanden, wie z. B. H_2PdCl_6 und K_2PdCl_6. Die 4wertige Form ist die unbeständigere. Durch Eindampfen auf dem Wasserbad tritt bereits Zerfall in die 2wertige Form ein unter Abgabe von Cl_2. Durch Oxydationsmittel läßt sich andererseits das 2wertige Palladium ohne Schwierigkeit wieder in das 4wertige verwandeln. Vgl. hierzu S. 78 unter VI, letzter Absatz.

In seinen Komplexverbindungen besitzt das 2wertige Palladium vorwiegend die Koordinationszahl 4, das 4wertige Palladium vorwiegend die Koordinationszahl 6.

III. Chemisches Verhalten des Metalles.

a) Gegen Wasserstoff. In seiner Fähigkeit, Wasserstoff zu lösen unter Mischkrystallbildung nach Art der Legierungen, ist das Palladium dem Platin weit überlegen. Blankes Pd-Metall in Blech- oder Drahtform nimmt nach Erwärmen auf 100° beim Abkühlen etwa das 600fache seines Volumens an gasförmigem Wasserstoff auf, ohne sein metallisches Aussehen zu verändern. Pd-Schwamm nimmt bei Zimmertemperatur und Normaldruck etwa 850 Volumina Wasserstoff auf. Besonders schnell und vollständig läßt sich z. B. Pd-Blech mit Wasserstoff sättigen, wenn es als Kathode bei der Elektrolyse verdünnter Schwefelsäure verwendet wird. Hierbei wird sein Volumen nicht unbeträchtlich vergrößert, so daß sich das Blech krümmt und rissig wird. Noch größer wird die Lösefähigkeit für Wasserstoff, wenn das Palladium in kolloidaler Form vorliegt. Nach Paal kann ein Volumen eines Präparates mit etwa 50% Pd in kolloidaler Lösung nahezu das 3000fache Volumen Wasserstoff aufnehmen. Auch Legierungen von Pd mit Ag nehmen Wasserstoff auf wie das reine Palladium, sofern sie mehr als 50 Atom-% Pd enthalten

(TAMMANN und ROCHA). Über die Möglichkeit der Bildung von Hydriden vgl. GILLESPIE und GALSTAUN. Eine zusammenfassende Darstellung über Arbeiten, die Pd-H-Verbindungen behandeln, bringt GM., Syst. Nr. 65, S. 204 (1942) unter „Vermutete Pd-H-Legierungen".

Da der Wasserstoff im Metall in atomarer Form wirksam wird, stellt mit Wasserstoff gesättigtes Palladium ein außerordentlich kräftiges Reduktionsmittel dar, das sich bequem für Reduktionen in wäßriger Lösung verwenden läßt. Erwärmt man z. B. ein als Kathode mit Wasserstoff beladenes Pd-Blech mit einer verdünnten Pt-Lösung, so wird in kurzer Zeit das Platin als schwarzes Pulver abgeschieden. Ebenso leicht lassen sich Eisen(III)-salze zu Eisen(II)-salzen reduzieren. Ferner ist Palladium als bester Hydrierungskatalysator z. B. für die Fetthärtung bekannt. Auch Oxydationsprozesse vermag das Palladium zu katalysieren, wobei nach WIELAND es zunächst dem Objekt Wasserstoff entzieht, der dann in aktivierter Form durch Luftsauerstoff oder andere Oxydationsmittel zu Wasser oxydiert wird.

Erhitztes Palladium besitzt außerdem eine erhebliche, mit der Temperatur steigende Durchlässigkeit für Wasserstoff.

Um bei der Reduktion von Pd-Schwamm Beeinträchtigung des Gewichtes durch Aufnahme von Wasserstoff zu vermeiden, muß bei quantitativen Pd-Bestimmungen mit dem Auslöschen der BUNSEN-Flamme auch gleichzeitig der Wasserstoffstrom abgestellt werden (BRUNCK). Es wird auch zu diesem Zweck das Abkühlen des Palladiums in Gegenwart von CO_2 oder N_2 vorgeschlagen (PAAL und AMBERGER, MEYER und HÖHNE).

b) Gegen Sauerstoff. Von den Oxyden des Palladiums ist nur PdO mit Sicherheit in reinem Zustand hergestellt worden. Es wird durch Erhitzen von feinverteiltem Palladium im Sauerstoff bei etwa 850° erhalten oder besser durch Schmelzen von $PdCl_2$ mit Salpeter bei Temperaturen bis zu 600°. Es bildet ein schwarzes Pulver, das in Säuren unlöslich und auch in Königswasser nur wenig löslich ist. Auch geschmolzenes Palladium wird bei Dunkelrotglut oberflächlich zu PdO oxydiert, indem es sich mit violetten bis blaugrünen Anlauffarben überzieht. Bei stärkerem Erhitzen zerfällt das PdO in Metall und Sauerstoff, dessen Tension bei 875° 1 Atm. erreicht. Aus Lösungen gefälltes Palladium(II)-hydrat ist lufttrocken braun, nach dem Trocknen auf dem Wasserbad schwarz. Frischgefällt ist es in verdünnten Säuren und auch in Natronlauge löslich, die Löslichkeit nimmt aber mit der Wasserabgabe ab. Mit Wasserstoff reagieren wasserhaltige wie wasserfreie Oxyde bereits bei gewöhnlicher Temperatur unter Aufglühen und Reduktion zu Metall (LUNDE, SHRINER und ADAMS).

Ein höheres Oxyd, vermutlich Dioxyd, bildet sich wahrscheinlich bei der anodischen Oxydation von schwach saurem Nitrat. Das Dioxydhydrat ist selbst bei 0° leicht zersetzlich und bei 200° bereits vollkommen in Palladium(II)-oxyd umgewandelt. Es wirkt daher stark oxydierend. Es löst sich, frisch bereitet, in verdünnten Säuren und auch in konz. Natronlauge, doch verringert sich die Löslichkeit mit der Abgabe von Hydratwasser (WÖHLER und KÖNIG).

Außerdem ist von WÖHLER und MARTIN ein Pd-Sesquioxydhydrat hergestellt und beschrieben worden.

c) Gegen Chlor. Entsprechend den Sauerstoffverbindungen sind auch von den Chlorverbindungen des Pd in der Hauptsache 2 Chloride bekannt, nämlich das Pd(II)-chlorid, $PdCl_2$, und das Palladium(IV)-chlorid, $PdCl_4$. Nach L. WÖHLER existiert noch ein Palladiumsesquichlorid.

Zur Herstellung von Palladium(II)-chlorid wird am einfachsten metallisches Pd in verdünntem Königswasser gelöst. Durch mehrfaches Abdampfen mit HCl wird die überschüssige HNO_3 zerstört und das beim Löseprozeß gleichzeitig entstandene Palladium(IV)-chlorid ebenfalls zu Palladium(II)-chlorid reduziert. Aus der dunkelbraunroten Lösung erhält man beim Eindampfen Palladium(II)-chlorid $PdCl_2 \cdot 2\,H_2O$.

Ferner bildet sich beim Erhitzen von feinverteiltem Pd im Chlorstrom auf 550 bis 600° wasserfreies granatrotes $PdCl_2$, das in verdünnter Salzsäure leicht löslich ist (KEISER und BREED). Vgl. auch S. 62, Fußnote.

Wird eine Lösung von Palladium(II)-chlorid mit Chlor behandelt, so entsteht das Palladium(IV)-chlorid, das aber, wie alle Palladium(IV)-Verbindungen, wenig beständig ist und bereits beim Eindampfen auf dem Wasserbad das aufgenommene Chlor wieder abgibt. Beim analytischen Arbeiten wird daher in den meisten Fällen das Palladium in der Form der Palladium(II)-salze vorliegen.

Mit HCl bilden diese beiden Chloride die entsprechenden komplexen Ionen $(PdCl_4)^{--}$ und $(PdCl_6)^{--}$, die wiederum in Verbindung mit Ammoniumchlorid und den Chloriden der Alkalimetalle Komplexsalze geben, welche hinsichtlich ihrer Krystallform und Löslichkeit mit den entsprechenden Platinsalzen völlig übereinstimmen. Während aber die unlöslichen Komplexe der Chloroplatin(IV)-säure, wie beispielsweise $K_2(PtCl_6)$, die bekannte kanariengelbe Farbe zeigen, sind die entsprechenden Komplexe der Chloropalladium(IV)-säure, wie z. B. $K_2(PdCl_6)$, zinnoberrot gefärbt und ebenfalls schwer löslich.

d) Gegen Säuren. Palladium wird bereits von Salpetersäure unter Bildung von Nitrat gelöst. Die Lösungsgeschwindigkeit ist abgesehen von der Temperatur und der Konzentration der Säure, von der Oberfläche und dem Zustand des Metalles abhängig. Oxydhaltiges Material muß z. B. vorher reduziert werden. Ist das Palladium mit Silber oder Unedelmetallen wie Kupfer oder Blei legiert, so wird es je nach dem Mengenverhältnis bereits von verdünnter Salpetersäure und unter Umständen schon in der Kälte gelöst.

Von konz. heißer *Schwefelsäure* wird Palladium wesentlich leichter gelöst als Rhodium unter Bildung von Palladium(II)-sulfat. Mit Silber legiert, wird es von konz. Schwefelsäure mit dem Silber in Lösung gebracht, und zwar um so vollständiger, je mehr Silber zulegiert war, was besonders für dokimastische Zwecke von Bedeutung ist.

Chlorwasserstoffsäure greift kompaktes Palladium in der Wärme und bei Luftzutritt zwar wenig, aber deutlich an. Feinverteiltes Palladium dagegen löst sich bei Luftzutritt schon in Chlorwasserstoffsäure. Leicht geht es in Anwesenheit von Oxydationsmitteln, wie z. B. Chlor oder H_2O_2 mit Chlorwasserstoffsäure, namentlich in der Wärme, in Lösung. Palladiumschwamm wird bereits von Chlorwasser in der Wärme langsam gelöst. Am leichtesten löst sich das Palladium in verdünntem Königswasser. Die Farbe sämtlicher Lösungen ist braunrot bis dunkelbraun.

e) Sonstige Lösungsmittel für Palladium. In gesättigter Kochsalzlösung geht Palladiumschwamm beim Einleiten von Chlor, namentlich in der Wärme, in kurzer Zeit restlos in Lösung, unter Bildung des wasserlöslichen Natrium-Palladium(IV)-Komplexes, der beim Erwärmen leicht unter Abgabe von Chlor in den Palladium(II)-Komplex übergeht.

f) Elektrochemisches Verhalten. In chloridfreien NO_3^--SO_4^{--}-Lösungen, ebenso wie in alkalischen Lösungen, selbst bei Gegenwart von Chloriden, verhält sich Palladium bei anodischer Polarisation vollständig passiv. Dagegen zeigt es in neutralen oder sauren chloridhaltigen Lösungen von nicht zu geringer Wasserstoff-Ionenkonzentration ein von den übrigen Platinmetallen völlig abweichendes Verhalten. Es geht hierbei quantitativ in Lösung, und zwar bei verhältnismäßig niederen Spannungen. Von einer bestimmten Stromdichte ab wird es passiv, wobei Chlorentwicklung eintritt. Doch läßt sich die völlige Passivität durch Zusatz von HCl zu höheren Potentialen verschieben. Das Palladium zeigt dieses Verhalten sowohl in reinen Kochsalzlösungen als auch in salzsauren Lösungen verschiedener Konzentrationen und in Mischungen beider (MÜLLER; MÜLLER und RIEFKOHL).

Ist jedoch das Palladium mit Platin legiert, so verliert es die Lösefähigkeit bei anodischer Polarisation mit steigendem Platingehalt, ohne daß eine Resistenzgrenze erkennbar wird. Aus einem Gemisch von Platin- und Palladiumschwamm läßt sich aber durch anodische Polarisation in Kochsalzlösung das Palladium glatt herauslösen (TREADWELL). Dagegen wird Platin zum Unterschied von Palladium nur in heißer konz. Chlorwasserstoffsäure anodisch gelöst (GRUBE und REINHARD).

In schwach chlorwasserstoffsauren oder neutralen Kochsalzlösungen läßt sich Palladium nicht nur anodisch bequem lösen, sondern auch in festhaftender Form kathodisch abscheiden. (D.R.P. 587737 vom 24. XII. 1931.)

In der Spannungsreihe steht das Palladium zwischen dem Silber und dem Platin, ist also edler als das Silber, aber etwas unedler als Platin. Vgl. hierzu GM., Syst. Nr. 65, S. 87 (1941).

g) Gegen Alkalihydroxyde. Palladium wird unter 500° von Alkalihydroxyden im Schmelzfluß wenig angegriffen, erheblich stärker indes bei Temperaturen von 750 bis 800°.

h) Gegen Salzschmelzen. Alkalinitrate greifen Palladium im Schmelzfluß kräftig an, ebenso Schmelzen von Alkalihydroxyd oder -carbonat mit einem Zusatz von Alkalinitrat. Desgleichen wird Palladium von schmelzenden Chloriden und Sulfaten der Alkalimetalle bei Temperaturen bis zu 800 bzw. 900°, im Gegensatz zu Platin, erheblich angegriffen. Von schmelzendem Pyrosulfat wird Palladiumschwamm unter Sulfatbildung vollkommen aufgelöst[1]. Der Schmelzkuchen ist in der Wärme dunkelbraun und abgekühlt hellbraun. Die wäßrige Lösung ist gelbbraun gefärbt. Natriumcarbonat ist selbst bei Temperaturen bis zu 900° ohne Einwirkung auf Palladium.

Feinverteiltes metallisches Palladium gibt, mit Kochsalz gemischt, im Chlorstrom bei Temperaturen von 550 bis 600° wasserlösliches Natriumpalladium(II)-chlorid.

i) Gegen Metalle im Schmelzfluß. Über das Verhalten des Palladiums gegen Metalle in der Schmelzhitze siehe Platin.

IV. Reaktionen des Palladiums auf trockenem Wege.

a) Glühen mit Natriumcarbonat. Beim Glühen mit Natriumcarbonat in der oberen Oxydationsflamme geben alle Palladiumverbindungen grauen Metallschwamm, der beim Zerreiben im Achatmörser silberweiße duktile Metallflitterchen liefert (FRESENIUS; BUNSEN).

b) Einfache pyrognostische Reaktionen. Palladium ist unschmelzbar vor dem Lötrohr. Beim Erhitzen auf Rotglut färbt es sich auf der Oberseite indigoblau, während die untere, aufliegende Schicht ihre Farbe behält. Es legiert sich mit Blei. Nach dem Abtreiben der Legierung hinterbleibt ein blauschwarzes Korn von bleihaltigem Palladium. Es legiert sich auch mit Au, Ag und Pb und hat dann ein stahlartiges Aussehen (BRALY).

c) Färbung der Boraxperle. Wird teilweise entwässerter Borax, sog. Boraxschaum, mit verdünnter Palladiumlösung befeuchtet und zur Perle verschmolzen, so färbt sich die Perle durch kolloidal gelöstes Palladium schwarz. Die gleiche Färbung gibt Ruthenium (DONAU).

d) Kupellation. Treibt man jeweils 500 mg Feinsilber mit verschiedenen Palladiummengen in der Treibmuffel mit je 3 g Blei bei etwa 1150° ab, so zeigen die dabei erhaltenen Silberkörner folgendes Aussehen: bis etwa 20 mg Palladium (4%)[2] bleiben die Körner weiß, glänzend, hochrund bis rund und zeigen die üblichen Spratzerscheinungen. Von 25 mg Palladium ab (5%) bis 75 mg Palladium (15%) erscheint ein Weiß mit einem an Intensität zunehmenden Stich ins Rosa, wobei die Körner glatt und rund bleiben. Darüber hinaus zeigt sich ein dunkler Glanz

---

[1] Auch geschmolzenes Palladium wird von schmelzendem Pyrosulfat stark angegriffen. Selbst Legierungen wie Au-Pd 90/10 sind bei dunkler Rotglut nicht hinreichend widerstandsfähig gegen schmelzendes Pyrosulfat.

[2] Bezogen auf das Silber.

mit Stich ins Rot bis Rotbraune. Von 500 mg Palladium aufwärts geht dieser Farbton in ein Rötlichgrau über, und bei 1000 mg Palladium tritt von neuem der dunkle Glanz auf. Die Pd-reichsten Körner sind mehr oder weniger flach mit gitterartig dendritischer Oberflächenstruktur. Alle Körner bis 1000 mg Palladium bleiben auf Blickhöhe flüssig. Der Bleirückstand beträgt bei 900 mg Palladium 500 mg (TRUTHE).

e) Katalyse der Wasserstoffoxydation. Über die Ausführung dieses Nachweises sowie über den Einfluß von Fremdstoffen vgl. unter Platin, S. 33. Mit dieser Katalysenreaktion können noch 0,01 γ Palladium im Mikrotröpfchen (1 mm^3) erfaßt werden (CURTMAN und ROTHBERG, FEIGL, HAHN).

V. Reaktionen des Palladium(II)-chlorids oder seiner Komplexsalze auf nassem Wege.

a) Mit anorganischen Reagenzien. ***Versuchslösung:*** Eine schwach chlorwasserstoffsaure Lösung des Palladium(II)-chlorids[1] mit 1 g Pd/l.

α) Kaliumhydroxyd fällt aus Palladium(II)-Lösungen einen gelbbraunen, in großem Überschuß des Fällungsmittels löslichen Niederschlag, der bei längerem Erhitzen der Lösung wieder ausfällt (CLAUS, ROSE-FINKENER). Gibt man zu einer nicht zu verdünnten Lösung von Natriumpalladium(II)-chlorid vorsichtig tropfenweise KOH oder NaOH, bis die Lösung schwach alkalisch ist, so beginnt die hellrotbraune Lösung zu dunkeln. Beim Erhitzen färbt sie sich dunkelbraun, und beim beginnenden Sieden scheidet sich schließlich ein rotbraunes Hydroxyd aus, das sich rasch zusammenballt.

Nach kurzem Kochen ist die über dem Niederschlag stehende Lösung farblos.

Wird zu der siedenden Lösung tropfenweise Alkalihydroxyd hinzugegeben, so fällt ein schleimiger Niederschlag von Palladiumhydroxyd aus, der sich im Überschuß des Fällungsmittels nicht löst. Gibt man aber zu der verdünnten Palladium(II)-chloridlösung sogleich einen größeren Überschuß des Fällungsmittels in der Kälte, so bleibt die Fällung aus, und es tritt Farbenumschlag von Hellbraun nach Blaßgelb ein, offenbar unter Bildung von Palladat. Kurzes Erwärmen oder Kochen der Lösung bringt keine Veränderung hervor. Bei längerem Kochen trübt sich die Lösung unter Abscheidung eines geringen Niederschlags. Die Löslichkeit der Palladiumhydroxydfällungen ändert sich rasch infolge Alterung (TREADWELL).

β) Ammoniumhydroxyd. Eine nicht zu verdünnte HCl-saure Palladium(II)-chloridlösung wird tropfenweise mit Ammoniak versetzt. Es entsteht zunächst ein fleischroter Niederschlag, der im Überschuß von Ammoniak, namentlich in der Wärme, leicht löslich ist unter Bildung von Palladium(II)-tetramminchlorid $[Pd(NH_3)_4]Cl_2$. Wird zu der nahezu farblosen Lösung vorsichtig Chlorwasserstoffsäure gegeben, so erfolgt nach Überschreitung des Neutralpunktes Farbenumschlag nach Gelb, und es scheidet sich gelbes krystallines Palladium(II)-diamminchlorid $[Pd(NH_3)_2]Cl_2$ aus, unlöslich in verdünnter Chlorwasserstoffsäure und Ammoniumchloridlösung. Das Palladium(II)-diamminchlorid ist in Ammoniak vollkommen löslich und wird durch HCl unverändert wieder ausgefällt. Beim Verglühen des Salzes hinterbleibt Palladiumschwamm. Bei Verwendung ziemlich verdünnter Palladium(II)-chloridlösungen kann die fleischrote Ammoniakfällung ausbleiben, wobei sich sogleich die farblose Lösung von Palladium(II)-diamminchlorid bildet. Für Palladium außerordentlich kennzeichnende Reaktionen! (Vgl. auch Mikroreaktionen.)

γ) Carbonate und Hydrogencarbonate der Alkalien erzeugen ähnliche braune Niederschläge wie die Alkalihydroxyde. Ammoniumcarbonat verhält sich wie Ammoniumhydroxyd (ROSE-FINKENER).

---

[1] Das Palladium(II)-chlorid des Handels enthält mitunter etwas Oxychlorid und ist deshalb in Wasser nicht vollkommen löslich. Nach Zugabe einiger Tropfen verdünnter Chlorwasserstoffsäure oder einiger Körnchen Kochsalz geht jedoch das Präparat restlos in Lösung. Über Herstellung von reinem Palladium(II)-chlorid siehe auch PHILLIPS.

δ) KCl und NH_4Cl geben in Palladium(II)-chloridlösungen, in völliger Übereinstimmung mit den entsprechenden Lösungen der Chlorplatin(II)-säure, keine Fällungen, in stark konzentrierten Lösungen krystallisieren die entsprechenden Komplexsalze K_2PdCl_4 und $(NH_4)_2PdCl_4$ aus, die, wie die analogen Platinsalze, in Wasser leicht löslich, in Alkohol aber unlöslich sind. Das erstere zeigt im reflektierten Licht braune, im durchfallenden pistaziengrüne Farbe, das zweite ist olivfarben mit Bronzeglanz (GRAHAM-OTTO, DAMMER).

ε) Kaliumjodid. In sehr verdünnten sauren Lösungen entsteht durch KJ ein schwarzer Niederschlag von PdJ_2, der im Überschuß des Fällungsmittels mit dunkelbrauner Farbe löslich ist (ROSE-FINKENER). Die Fällung wird außerdem von Cyaniden und Alkalimetallhydroxyden leicht gelöst (TREADWELL). Von den Platinmetallen stört bei der Fällung des PdJ_2 das Platin insofern, als es der Lösung eine purpurrote Farbe erteilt (siehe Platin, S. 40). Vgl. ferner Mikro- und Tüpfelreaktionen. Nach CLAUS bilden sich bei Einwirkung des Kaliumjodids auf die Chloride der Platinmetalle immer die entsprechenden Jodverbindungen mit dem Unterschied, daß beim Palladium die Umsetzung sogleich, beim Platin etwas langsamer und bei den übrigen Platinmetallen sehr träge erfolgt. Beim Erhitzen ergeben alle Lösungen schwarzes Jodid bis auf das Osmium, dessen Jodverbindung mit purpurroter Farbe gelöst bleibt. Vgl. hierzu auch die tabellarische Übersicht von MYLIUS und MAZZUCCHELLI: Platinmetalle als Chloride — Reaktionen der Grammliterlösungen. Die Reaktion dient sowohl zum Nachweis als auch zur Bestimmung des Palladiums wie auch des Jods.

ζ) Quecksilber(II)-cyanid fällt aus nahezu neutraler Lösung gelblichweißes, gelatinöses Palladium(II)-cyanid $Pd(CN)_2$; in saurer Lösung wird die Fällung etwas verzögert (ROSE-FINKENER). Der Niederschlag ist in verdünnten Säuren unlöslich, dagegen leicht löslich in einem Überschuß von Alkalicyanid, -nitrit und -hydroxyd. Mit der Verwendung des wenig dissoziierten Quecksilber(II)-cyanids als Fällungsmittel vermeidet man einen lösend wirkenden Überschuß an Cyanion und bindet die in größerer Menge lösend wirkenden Chlorionen durch Quecksilberion (TREADWELL). Vgl. ferner Mikroreaktionen.

η) Kaliumnitrit erzeugt in nicht zu verdünnten Palladium(II)-chloridlösungen einen gelben krystallinischen Niederschlag, der bei längerem Stehen rötlich wird und in viel Wasser löslich ist (FRESENIUS). Gibt man zu einer Palladium(II)-chloridlösung Kaliumnitrit und hierauf sofort einen Überschuß von Kalilauge, Natronlauge oder Ammoniak, so entsteht ein krystalliner, mehr oder weniger gelb gefärbter Niederschlag von Kaliumpalladiumnitrit. Temperaturerhöhung ist zu vermeiden, weil hierdurch die Verbindung zersetzt wird (POZZI-ESCOT und COUQUET, RÜDISÜLE).

ϑ) Schwefelwasserstoff und Ammoniumsulfid[1] fällen aus sauren und neutralen Lösungen schwarzes Palladium(II)-sulfid, unlöslich in Ammonsulfid wie in Salzsäure, leicht löslich in Königswasser, in Salzsäure und Chlor. Von allen Platinmetallen wird Palladium am leichtesten und vollständigsten von H_2S gefällt. Die Fällung setzt auch bei Zimmertemperatur *sofort* ein, während bei den übrigen Platinmetallen die Reaktion infolge Bildung löslicher Zwischenprodukte nur träge verläuft. Läßt man z. B. Schwefelwasserstoff bei 18° auf verdünnte Chloridlösungen der Platinmetalle einwirken, so nimmt die Reaktionsgeschwindigkeit ab in der Reihenfolge: Palladium, Ruthenium, Platin, Rhodium, Osmium, Iridium (MYLIUS und MAZZUCCHELLI).

Dieses unterschiedliche Verhalten der Platinmetalle bei der H_2S-Fällung kann mit Vorteil zur Trennung z. B. des Palladiums von den übrigen Platinmetallen benutzt werden. Die Reaktionsgeschwindigkeit ist in diesem Falle beim Palladium

[1] Über Fällung der Platinmetalle durch organische Monosulfide siehe Platin, S. 39, Fußnote 1.

so groß, daß seine Fällung als Sulfid schon vollständig ist, während die Sulfidfällung der anderen Platinmetalle noch nicht begonnen hat, so daß bei raschem Arbeiten eine annähernde, für qualitative Zwecke hinreichende Scheidung möglich ist. Mit dem Palladium werden gleichzeitig auch Cu, Au, Pb ausgefällt (ROSE-FINKENER, MYLIUS und MAZZUCCHELLI). Aus Sulfatlösungen (wie z. B. von der Bisulfatschmelze) wird das Palladium ebenso rasch und vollständig mit Schwefelwasserstoff gefällt wie aus den Palladium(II)-chloridlösungen im Gegensatz zum Rhodium, das aus Sulfatlösungen nicht ohne weiteres oder nur unvollkommen gefällt wird; vgl. Rhodium, S. 92 (GILCHRIST). Palladiumsulfidniederschläge lassen sich nur unvollständig abrösten, da sie beim Erhitzen sehr leicht zusammenschmelzen. Außerdem entstehen hierbei durch Versprühen leicht mechanische Verluste. Dagegen wird Palladiumsulfid durch verdünntes warmes Königswasser leicht gelöst. Über das Verhalten des Sulfides in alkalischer Lösung gegen Chlor vgl. Ruthenium, S. 126 und 142.

Nach WADA und SAITO läßt sich eine Trennung der Elemente der Platingruppe und ihrer Verwandten auf Grund der verschiedenen Fällbarkeit mit H_2S herbeiführen. Drei Gruppen sind hierbei zu unterscheiden. Leicht und vollständig fällbar aus kalter, schwach saurer Lösung sind Sb, Bi, Cd, Cu, Au, Pb, Hg, Pd, Te (Gruppe A). Aus heißer, stark saurer Lösung sind dagegen fällbar Ir, Rh, Ru (Gruppe B), während Mo und Pt (Gruppe C) eine Mittelstellung zwischen A und B einnehmen.

Sind größere Mengen von den Elementen der Gruppe B anwesend, so werden diese teilweise mit denen der Gruppe A gefällt, sollen aber aus dem Niederschlag ausgezogen werden können.

ι) Verhinderung der Bildung blauer Jodstärke. Über die Ausführung des Nachweises vgl. unter Platin, S. 41, Ziffer μ. Erfassungsgrenze: 0,4 γ Pd/2 cm³. Grenzkonzentration: 1 : 5000000.

κ) Quecksilber(I)-chlorid. Die Ausführung des Nachweises erfolgt im wesentlichen, wie unter Platin, S. 40, Ziffer λ angegeben. Eine Erhitzung der Probe ist bei Palladium nicht nötig, die Reaktion erfolgt bereits bei Zimmertemperatur. Mit verschiedenen Palladiumkonzentrationen nimmt das HgCl folgende Färbungen an:

0,1	mg	Pd	grauschwarz,
0,01	„	„	schwach grau,
0,001	„	„	grau-cremefarbig,
0,0001	„	„	hellcremefarbig.

0,1 mg Palladium lassen sich mit etwa ± 3% Genauigkeit feststellen. An 0,1 g HgCl können noch 0,00005 mg Palladium erkannt werden (PIERSON, WILLIAMSON).

λ) Zinn(II)-chlorid. In HCl-saurer Lösung erzeugt das Reagens eine rote, dann braune und endlich grüne Lösung, die bei Zusatz von Wasser bräunlichrot wird. In Abwesenheit freier Chlorwasserstoffsäure fällt ein braunschwarzer Niederschlag (C. R. FRESENIUS). In HCl-sauren Lösungen erzeugt Zinn(II)-chlorid Braunfärbungen, die mehr oder weniger schnell über Oliv unter Abscheidung grauer Metallblättchen in ein grünes, in organischen Lösungsmitteln nicht lösliches Hydrosol übergehen (WÖLBLING). Über den Nachweis des Palladiums in Gegenwart der anderen Platinmetalle (Pt, Rh, Ir), die mit Zinn(II)-chlorid ebenfalls Farbenreaktionen geben, siehe S. 189 (Analysenvorschläge). Weitere Reaktionen mit Zinn(II)-chlorid vgl. Tüpfelreaktionen.

μ) KCNS gibt keine Fällung, auch nicht nach Zusatz von Schwefeldioxyd (Unterschied und bestes Trennungsmittel von Kupfer-Ion) (C. R. FRESENIUS). Aus konzentrierten Lösungen scheidet sich mit KCNS ein voluminöser, rotbrauner Niederschlag von $Pd(CNS)_2$ ab, löslich im Überschuß des Fällungsmittels. Je nach dem Grade der Verdünnung ist die Lösung mehr oder weniger intensiv blutrot gefärbt (BELLUCCI). Stark verdünnte salz- oder salpetersaure Palladiumlösungen mit so geringen Palladiumgehalten, daß die Lösung nahezu oder vollständig farblos ist, werden bei Zugabe von CNS^- sofort deutlich gelb gefärbt. Die Färbung ist bei einem Gehalt von 0,00125 g Palladium in 500 cm³ Lösung noch sehr deutlich wahrnehmbar (HRADECKY).

b) Katalytische Reaktionen. α) Nachweis durch katalytische Reduktion von Nickelsalzen. Wesen des Verfahrens. Aus wäßrigen Nickelsalzlösungen wird durch Natriumhypophosphit nur sehr langsam elementares Nickel (mit wechselnden Mengen Nickelphosphidgehalt) abgeschieden. Geringe Mengen Palladium (und andere Platinmetalle, wie Pt, Ru, Os) beschleunigen diese Reaktion außerordentlich. Da Palladiumlösungen durch Hypophosphit zu Metall reduziert werden, dürfte es sich um die Wirkung von kolloidalem Palladium handeln, an dessen Oberfläche Hypophosphit unter H_2-Entwicklung zersetzt wird. Die Reduktionswirkung auf Nickelsalze würde dann davon herrühren, daß hierbei die hervorragenden Eigenschaften des Palladiums als Hydrierungskatalysator zur Geltung kommen.

Ausführung: Zu 10 cm³ einer Lösung, die 0,0015 γ Palladium enthält, werden 0,1 g festes Nickelacetat und hierauf 1 cm³ einer gesättigten Hypophosphitlösung[1] zugesetzt. Nach guter Durchmischung wird das Probeglas samt einem zweiten, ohne Palladiumsalz, als Blindprobe in ein Becherglas mit siedendem Wasser gestellt. Nach einigen Minuten beginnt eine lebhafte Wasserstoffentwicklung. Nach etwa 20 Min. langem Kochen hat sich aus der palladiumhaltigen Lösung Nickel teils als Pulver, teils als Spiegel abgesetzt, während die Blindprobe grün bleibt und erst nach längerem Erwärmen eine Nickelabscheidung beginnt. Erfassungsgrenze: 0,00015 γ Pd/cm³. Grenzkonzentration: 1 : 6600000000. Die Reaktion wird von der Intern. Komm. zur Ausführung empfohlen (Tabellen der Reagenzien, S. 76). Durch Zusatz von KJ wird infolge Bildung von PdJ_2 die katalytische Wirkung des Pd vollkommen aufgehoben. Auch eine gesättigte wäßrige PdJ_2-Lösung hat keinerlei Wirkung im Gegensatz zu einer gesättigten Lösung von Pd-Dimethylglyoxim, von welcher bereits ein Tropfen einen deutlichen Effekt zeigt. Verfasser halten es nicht für ausgeschlossen, daß die katalytische Wirkung der anderen Platinmetalle auf Verunreinigung mit Palladium zurückzuführen ist (FEIGL und FRÄNKEL[2]).

Dieser Verdacht hat sich bei Versuchen, die im chemischen Laboratorium der Firma W. C. Heraeus zunächst unter Benutzung von reinstem, absolut palladiumfreiem Platin durchgeführt wurden, als unbegründet erwiesen. Die Nickelabscheidung stellte sich nach dem Einsetzen der lebhaften Wasserstoffentwicklung jedesmal rechtzeitig ein und verlief in allen Fällen einwandfrei bis zur völligen Farblosigkeit der Versuchslösung. Die Versuche wurden immer durch Blindproben kontrolliert. Auch bei Verwendung von reinem Osmium verlief der Versuch positiv. Da dieses Metall ausschließlich über das flüchtige Tetroxyd gewonnen wird, ist eine Verunreinigung mit Palladium hierbei gar nicht möglich. Anders liegt der Fall beim Ruthenium, sofern dieses nicht gleichfalls über das RuO_4 gewonnen worden ist, und das dann, ebenso wie die daraus gefertigten Präparate, bisweilen Spuren Palladium enthalten kann. Über die RuO_4-Herstellung vgl. Ruthenium, S. 126. Bei Verwendung von über die RuO_4-Destillation hergestelltem Rutheniumchlorid erfolgte ebenfalls die katalytisch beschleunigte Nickelreduktion wie beim Osmium, doch konnte die von FEIGL und FRÄNKEL angegebene niedrige Erfassungsgrenze (0,05 γ/cm³) dabei nicht erreicht werden.

Das für die Versuche zunächst verwendete Nickelacetat war von der Firma Schering-Kahlbaum bezogen worden. Auffallend hierbei war, daß die Blindproben

[1] In der Originalabhandlung der Verfasser steht eigentümlicherweise statt einer „gesättigten" eine „90%ige" Hypophosphitlösung.

[2] Vgl. auch PAAL u. FRIEDERICI sowie SCHOLDER u. HAKEN.

häufig verhältnismäßig zeitig ebenfalls zur Nickelabscheidung führten. Ein nach einem besonderen Verfahren hergestelltes Nickelacetat (Ausgangsmaterial: reinstes Carbonylnickel der J. G. Farbenindustrie 99,7% Ni, Rest C) zeigte diesen Übelstand nicht bzw. in weit geringerem Maße. Da der überwiegende Teil des Nickels, und zwar fast 90%, der gesamten Weltnickelerzeugung in Kanada aus Erzen gewonnen wird, die ebenfalls Platinmetalle, hauptsächlich aber Palladium und Platin enthalten[1], wäre es immerhin möglich, daß selbst die aus solchem Nickel hergestellten Präparate Spuren Palladium enthalten können. Die von uns gemachten Beobachtungen bei Verwendung der beiden verschiedenen Nickelpräparate scheinen unsere Annahme zu bestätigen.

Wie bereits eingangs erwähnt, zeigen außer dem Palladium noch Platin, Osmium und Ruthenium ähnliche katalytische Wirkung, jedoch nicht in so großen Verdünnungen wie Palladium. Von den vier in Frage kommenden Platinmetallen, die sich mit Hilfe der katalytischen Reduktion von Nickelsalzen nachweisen lassen, steht also das Palladium bei weitem an der Spitze, wie folgende Zusammenstellung veranschaulicht:

	Pd	Pt	Os	Ru
Erfassungsgrenze für 1 cm³	0,00015 γ	0,15 γ	0,05 γ	0,05 γ
Grenzkonzentration	1 : 6600000000	1 : 6600000	1 : 20000000	1 : 20000000

Von diesen von FEIGL und FRÄNKEL selbst ermittelten Zahlen weichen diejenigen der Internationalen Kommission für neue analytische Reaktionen und Reagenzien der „Union Internationale de Chimie" im Os und Ru zum Teil erheblich ab. So wird für Ruthenium (S. 70 der Tabellen) die Erfassungsgrenze mit 0,0015 γ Ru/cm³ und die Grenzkonzentration mit 1 : 70000000 angegeben. Es entspricht aber eine Erfassungsgrenze von 0,0015 γ/cm³ einer Grenzkonzentration von 1 : 700000000. Für Osmium (S. 78) werden angegeben: Erfassungsgrenze 0,5 γ/cm³, Grenzkonzentration 1 : 2000000. Da FEIGL selbst als Mitglied dieser Kommission genannt ist, darf wohl angenommen werden, daß die von seinen eigenen Befunden abweichenden Angaben lediglich auf einen Irrtum zurückzuführen sind.

Dieser über alle Maßen empfindliche Nachweis ist in Laboratorien, in denen hauptsächlich mit Platinmetallen gearbeitet wird, mit allergrößter Vorsicht auszuführen, wenn eine Beeinflussung des Ergebnisses durch zufällig in die Probe gelangte Spuren eines Katalysatormetalles, wie z. B. Palladium, vermieden werden soll. So müssen z. B. wegen der lebhaften Wasserstoffentwicklung beim Reduktionsbeginn bei Ausführung der Proben in Reagiercylindern diese mit Glaskappen (kleine Bechergläschen genügen) abgedeckt werden, um jede gegenseitige Infizierung der Proben zu vermeiden. Trotz größter Vorsicht kommt es manchmal vor, daß die Blindprobe sogar gleichzeitig mit der Palladiumprobe anspricht, während die anderen Platinmetalle, also Ru, Os, Pt, in der Regel erst in weiterem zeitlichen Abstand folgen. Die allzu große Schärfe der Reaktion kann sich unter Umständen sogar als nachteilig erweisen, insbesondere dann, wenn die Empfindlichkeit der Reaktion gegenüber Verunreinigungen oder sonstigen störenden Stoffen ebenfalls stark ausgeprägt ist. Auf alle Fälle muß das zu verwendende Nickelacetat absolut frei von den hierbei in Betracht kommenden Platinmetallen sein.

Bei der Prüfung dieses Nachweises auf seine analytische Brauchbarkeit für Betriebsproben zeigte sich zunächst, daß die Reaktion, wie nicht anders zu erwarten war, keine freie Mineralsäure verträgt und außerdem sehr empfindlich gegen oxydierende Einflüsse ist. Die Untersuchung über die Einwirkung von in Betriebsproben häufig vorkommenden Salzen ergab, daß Eisen(II)-sulfat die Reaktion kaum stört, daß aber bei Zinkchlorid und Zinksulfat das Gegenteil der Fall zu sein

[1] Vgl. hierzu unter „Vorkommen" S. 14 und 15, ferner unter „Gewinnung" S. 16.

scheint, und zwar in um so stärkerem Maße, je weniger Katalysatormetall vorhanden ist. Auf Grund der bisherigen Erfahrungen bei betriebsmäßigen Versuchen scheint allerdings die Zuverlässigkeit des Nachweises noch nicht gewährleistet zu sein.

β) Nachweis durch Katalyse der Reduktion von Phosphormolybdat durch CO. Die Reduktion von saurer Phosphormolybdatlösung durch CO und H_2 geht nur langsam vor sich, sie wird aber durch metallisches Palladium beschleunigt, wobei sich ein niederes Molybdänoxyd, das sog. Molybdänblau[1], bildet. Das aus saurer Palladium(II)-salzlösung mit CO reduzierte, feinverteilte Palladium wirkt hierbei als Katalysator. Es besitzt eine besonders große katalytische Wirksamkeit auf die Reduktion der Phosphormolybdänsäure durch CO, wahrscheinlich infolge Adsorption des CO durch das feinverteilte Palladium.

Ausführung: Zwei Tropfen der schwachsauren Probelösung werden in einem Spitzröhrchen mit einem Tropfen einer 10%igen Phosphormolybdänlösung vermischt und schwach erwärmt. Mit einer Capillare wird dann ein rascher Strom von CO (durch Eintröpfeln von konz. HCOOH in konz. H_2SO_4 bei etwa 100° hergestellt) hindurchgeleitet, wobei je nach der Palladiummenge entweder sofort oder nach 1 bis 2 Min. eine mehr oder weniger intensive Blaufärbung entsteht. Bei ganz geringen Palladiummengen ist ein Blindversuch erforderlich. Erfassungsgrenze: 0,025 γ Pd/0,1 cm^3, Grenzkonzentration: 1 : 4000000.

Störungen können durch die Eigenfarbe etwa vorhandener größerer Mengen Os und Ru verursacht werden. In diesem Falle empfiehlt es sich, nach Einleiten des Kohlenmonoxyds das Molybdänblau mit einigen Tropfen Amylalkohol auszuschütteln. Es stören ferner Arsenite und Arsenate bei Mengen, die größer als 0,05% sind, außerdem setzen Fe(III)-, Hg- und Au-Salze die Empfindlichkeit herab. Andere Metallsalze, deren Gehalt 0,25 bis 1% nicht übersteigt, beeinträchtigen den Nachweis nicht oder nur unwesentlich. Bei Prüfung von Platinsalzen auf Palladiumgehalt darf die Versuchslösung nicht mehr als 0,1% Platin enthalten, da sonst die Empfindlichkeit des Palladiumnachweises herabgesetzt wird.

Bei der Prüfung des Verhaltens anderer Platinmetalle kamen FEIGL und KRUMHOLZ zu dem Schluß, daß die Eigenreaktion der von ihnen verwendeten Platin- und Rhodiumsalze von einem geringen Palladiumgehalt herrühren dürfte (FEIGL und KRUMHOLZ; FEIGL).

Versuche mit spektralreinem, absolut palladiumfreiem Platin im Laboratorium der Firma W. C. Heraeus haben die Richtigkeit dieser Vermutung bestätigt. Selbst nach 5 Min. langem Einleiten von CO zeigte die rein gelbe Phosphormolybdänfarbe der mit spektralreinem Platin hergestellten Versuchslösung keine Veränderung. Wurde aber die Versuchslösung mit etwas Palladiumlösung infiziert, so erfolgte beim Einleiten von CO sofort Blaufärbung oder bei geringsten Spuren von Palladium nach 2 bis 3 Min. deutliche Grünfärbung.

Die beim Rhodium beobachtete Farbenreaktion ist ohne Zweifel ebenfalls dem Palladium zuzuschreiben, was ohne weiteres aus der Tatsache verständlich wird, daß Rhodium sehr häufig Spuren Palladium enthält.

Demnach ist, was auch schon FEIGL und KRUMHOLZ betont haben, dieser Nachweis für Palladium spezifisch.

c) Mit organischen Reagenzien. α) Dimethylglyoxim (Diacetyldioxim) in 1%iger alkoholischer Lösung fällt aus neutraler, schwach mineral- oder essigsaurer Palladium(II)-lösung gelbes Palladium(II)-dimethylglyoxim von der Zusammensetzung $PdC_8H_{14}N_4O_4$ mit 31,67% Pd. Was die Frage der Konstitution anbelangt, so ist auch das Palladium wie das Nickel offenbar zur Bildung innerkomplexer Salze sehr befähigt, so daß anzunehmen ist, daß in der so gebildeten innerkomplexen

[1] Siehe hierzu Platin, S. 41, Fußnote.

Verbindung das Palladium ebenfalls koordinativ 4wertig vorliegt. Vgl. hierzu REMY. Von der analogen Platinverbindung dürfte somit das gleiche gelten.

```
CH3—C=N—O\      /O—N=C—C H3
    |      >Pd<       |
CH3—C====N/      \N====C—C H3
         |        |
         HO       OH
```

Die Reaktion verläuft, wenn DH_2 = Dimethylglyoxim gesetzt wird, im Sinne der allgemeinen Gleichung:

$$PdCl_2 + 2\,DH_2 = Pd(DH)_2 + 2\,HCl.$$

Bei der Reaktion wird somit Chlorwasserstoffsäure frei. Der auf diese Weise erhaltene Niederschlag bildet mikroskopisch kleine kanariengelbe Nädelchen, die in Wasser praktisch vollständig unlöslich und in Alkohol und Essigsäure nur wenig löslich sind. Der Niederschlag läßt sich aus heißgesättigten Lösungen umkrystallisieren und ist unzersetzt sublimierbar. (Vorsicht beim Verglühen!) Durch Kaliumcyanid wird er in der Wärme leicht zersetzt unter Bildung von $K_2Pd(CN)_4$ und freiem Oxim (TSCHUGAJEFF).

In verdünnten Säuren ist das Palladiumdioxim unlöslich, dagegen leicht löslich mit intensiv gelber Farbe in Ammoniak und verdünnter Natron- oder Kalilauge. Durch Säuren wird aus diesen Lösungen unverändertes Palladiumdioxim wieder ausgefällt (TSCHUGAJEFF). Palladiumdioxim verhält sich in dieser Hinsicht genau wie das entsprechende Platin(II)-dioxim, und beide zusammen verhalten sich gerade umgekehrt wie die analoge rote Verbindung des Nickels, die in Ammoniak- und Alkalihydroxydlösungen unlöslich und in verdünnten Säuren löslich ist[1].

Der nach Zusatz hinreichender Mengen des Reagenses zunächst ausfallende voluminöse Niederschlag ballt sich bei kräftigem Schütteln oder Rühren zusammen, wobei die Mutterlauge farblos wird. Gelindes Erwärmen begünstigt das Zusammenballen und Absitzen. Zur Trennung von Platin wird zweckmäßig von der Erwärmung abgesehen; unter Umständen muß die Lösung sogar gekühlt werden.

Größere Mengen freier Säure werden am besten durch vorheriges Eindampfen auf dem Wasserbade entfernt. Abgesehen von der Salpetersäure, die vor allem in der Wärme Dimethylglyoxim zersetzt, kann die Fällung auch durch Chlorwasserstoffsäure[2], sofern diese 3% (bezogen auf HCl D 1,19) überschreitet, in der Wärme bereits gestört, zum mindesten aber verzögert werden. Nicht zu vergessen ist, daß bei der Reaktion, wie oben dargelegt, ebenfalls HCl frei wird, die durch Hydrogencarbonat oder Zusatz von etwas Natriumacetat unschädlich gemacht werden kann.

Da auch Alkohol, namentlich in der Wärme, etwas lösend wirkt, wird man bei der Fällung den Überschuß des Reagenses in mäßigen Grenzen halten. WUNDER und THÜRINGER (b) empfehlen, auf 1 Teil Palladium 3 Teile Reagens (theoretisch 1 : 2,18) zu nehmen. Bei Verwendung einer 1%igen alkoholischen Lösung wären somit auf 10 mg Pd 3,8 cm³ (spez. Gewicht des Alkohols = 0,79) der alkoholischen Reagenslösung zu verwenden. Der störende Einfluß des Alkohols macht sich in der Wärme von etwa 35% ab bemerkbar. Selbst Essigsäure kann in stärkerer Konzentration die Fällung beeinträchtigen. Da der Palladiumniederschlag in Wasser praktisch unlöslich ist, lassen sich auch durch entsprechende Verdünnung die erforderlichen Konzentrationsverhältnisse bis zu einem gewissen Grade einregulieren.

Die günstigsten Fällungsbedingungen sind demnach:

1. Stark verdünnte, schwach mineral- oder essigsaure Lösung.
2. Verwendung des Reagenses in mäßigem Überschuß.
3. Fällung bei Zimmertemperatur.

---

[1] Vgl. WUNDER u. THÜRINGER (a).

[2] Die Dioxime des Palladiums und Platins werden von starker Salzsäure glatt gelöst.

4. Im Falle der Trennung von Platin ist die Fällung unter Kühlung vorzunehmen, z. B. Kühlen des Gefäßes an der Wasserleitung, was namentlich im Sommer wichtig ist (BRUNCK).

Erfassungsgrenze: $< 1\,\gamma$ Pd/cm³ (in 5 cm³ festgestellt vom Verfasser).
Grenzkonzentration: 1 : 1000000.

Durch Anwesenheit der anderen Platinmetalle wird die Fällung nicht gestört[1], vorausgesetzt, daß nicht etwa Platin(II)-verbindungen vorhanden sind. Diese bilden, wie wir beim Platin gesehen haben, ebenfalls ein Oxim, das sich in Form brauner bis blauer Nadeln, allerdings erst nach längerer Zeit und vorzugsweise in der Wärme abscheidet. Die reingelbe Farbe des Palladiumniederschlages erhält dadurch einen je nach der Menge des Platins mehr oder weniger intensiven grünen Farbton, der als Mischfarbe aus Blau und Gelb aufzufassen ist. Sie ist außerordentlich kennzeichnend für das Vorhandensein von Platin neben Palladium.

Die Ursache der Entstehung von Platin(II)-Verbindungen wird vielfach in einer Überhitzung beim Eindampfen der Königswasserlösung zur Entfernung der HNO_3 zu suchen sein. Um etwaige Reduktionswirkungen des Alkohols auszuschalten, wird auch vorgeschlagen, statt der alkoholischen Lösung eine heiß gesättigte wäßrige Lösung von Dimethylglyoxim zu benutzen und der salzsauren Lösung vor der Fällung einige Tropfen Perhydrol hinzuzufügen (HOLZER). Es konnte aber in einer Reihe von Versuchen einwandfrei nachgewiesen werden, daß auch in *Abwesenheit von Alkohol* aus ganz schwach saurer, stark verdünnter, heißer Platin(IV)-chloridlösung durch Dimethylglyoxim, das in fester Form oder in heiß gesättigter wäßriger oder essigsaurer Lösung der Probe zugefügt wurde, das Platin fast vollständig als braunes oder blaues Dimethylglyoxim ausgefällt wird, nachdem man eine Zeitlang in der Wärme digeriert hat. Die Versuche haben weiterhin ergeben, daß, falls in der schwach sauren Lösung und in der verhältnismäßig kurzen Zeit während der Ausführung der Probe bereits eine Reduktionswirkung des Alkohols im Sinne Chloroplatin(IV)-säure → Chloroplatin(II)-säure stattfindet, diese im Vergleich zu der des Dimethylglyoxims nur gering sein kann. (Vgl. auch Platin, S. 49.) In Gegenwart von Platin wird man bei der Palladiumfällung daher vom Erwärmen der Lösung absehen und unter Umständen sogar, wie bereits erwähnt, unter Kühlung arbeiten.

Gold wird namentlich in der Wärme und bei Verwendung von festem Dimethylglyoxim in kurzer Zeit vollständig als Metall gefällt. Da Palladium- und Platinoxime in verdünnter warmer NaOH leicht löslich sind, ist über die Oximfällung eine Trennungsmöglichkeit des Goldes von Platin und Palladium gegeben. Im Gange der Analyse wird das Gold gewöhnlich vorher abgeschieden. Vgl. auch WUNDER und THÜRINGER (c).

Das Palladiumoxim wird kalt filtriert und mit heißem, ganz schwach mit stark verdünnter Salzsäure angesäuertem Wasser ausgewaschen. Zur Überführung in Metall wird der getrocknete Niederschlag samt Filter im bedeckten Porzellantiegel zunächst vorsichtig mit kleiner Flamme unter Wasserstoff erhitzt und die Temperatur allmählich bis zur Rotglut gesteigert. Nach etwa $^1/_2$stündigem Erhitzen wird der Wasserstoff abgestellt, der Deckel abgenommen, der Rückstand bei Luftzutritt vollständig verascht und im Wasserstoffstrom reduziert. Es genügt auch vorsichtiges Veraschen des zuvor mit verdünnter Ammoniumchloridlösung durchtränkten und getrockneten Niederschlages.

Die Fällung des Palladiumdimethylglyoxims ist für Palladium *spezifisch* und hat sich in jahrzehntelanger Praxis ausgezeichnet bewährt. Sie wurde bereits vor

[1] Mitunter beginnt der gelbe Niederschlag des Palladiumoxims erst in der Wärme auszuflocken. Diese Erscheinung ist offenbar auf starke Verdünnung und das Fehlen einer genügenden Menge eines Elektrolyten zurückzuführen.

der im Jahre 1913 durch WUNDER und THÜRINGER erfolgten Veröffentlichung im Jahre 1910 in die Praxis eingeführt (BAUER)[1]. Der weitaus größte Teil aller Palladiumbestimmungen dürfte wohl auch heute noch nach dieser Methode ausgeführt werden. Neuerdings wird das Dimethylglyoxim in 1%iger alkoholischer Lösung auch als Mikroreagens für Rhodium (mit dem es in schwach chlorwasserstoffsaurer Lösung angeblich ebenfalls ein analoges Oxim bilden soll) empfohlen (FRASER). Im Gegensatz zum Rhodium soll die Fällung des Palladiums mit Dimethylglyoxim in stark salzsaurer Lösung vonstatten gehen. Für den makroanalytischen Nachweis des Rhodiums kommt diese Reaktion jedenfalls nicht in Betracht. Vgl. hierzu unter Rhodium, S. 94.

Sulfatlösungen des Palladiums, wie z. B. aus der Bisulfatschmelze, geben mit Dimethylglyoxim die gleiche Reaktion wie Palladium(II)-chloridlösungen, was an sich nicht anders zu erwarten ist, da das Palladium im Sulfat ebenfalls in der 2wertigen Stufe vorliegt. Palladiumnitratlösungen dagegen werden aus den oben dargelegten Gründen besser durch Eindampfen mit HCl auf dem Wasserbad in Palladium(II)-chloridlösungen verwandelt, obwohl der Palladiumnachweis mit Dimethylglyoxim in der Kälte auch in schwach salpetersaurer Lösung geführt werden kann.

Der Nachweis mit Dimethylglyoxim wird wegen seiner großen Empfindlichkeit von der Internationalen Kommission zur Ausführung empfohlen (Tabellen der Reagenzien, S. 75).

Weitere Reaktionen mit Dimethylglyoxim vgl. unter Mikroreaktionen.

β) Methylbenzoylglyoxim, in heiß gesättigter wäßriger Lösung, fällt aus schwach HCl-sauren Palladiumlösungen einen ockergelben flockigen Niederschlag, dessen Zusammenballen durch vorsichtiges Schütteln beschleunigt wird. Der Niederschlag wird mit kaltem Wasser ausgewaschen und enthält nach dem Trocknen bei 110° 20,64% Palladium. Der Niederschlag läßt sich, mit Ammoniumformiat überschichtet, zu Metall verglühen.

Der Niederschlag ist zum Teil in 96%igem Alkohol löslich. Die Filtration muß in der Kälte erfolgen, da der Niederschlag in der Wärme in geringer Menge löslich ist. Aus den gleichen Gründen ist die Anwesenheit von Ammoniumsalzen störend.

Das Reagens ist zur Trennung des Palladiums von Platin besonders geeignet. Die Trennung erfolgt wie bei der Verwendung von Dimethylglyoxim (HOLZER).

In 100 cm³ einer 1,216 γ Palladium (Erfassungsgrenze) enthaltenden siedenden HCl-sauren Palladium(II)-chloridlösung zeigt sich nach Zugabe eines Überschusses einer 2%igen alkoholischen Lösung des gleichen Reagenses nach 9stündigem Stehen noch ein gelber Niederschlag (HANUŠ, JILEK und LUKAS).

γ) Salicylaldoxim in wäßriger Lösung fällt aus schwach mineralsaurer Palladiumlösung einen eigelben, amorphen flockigen Niederschlag, der durch Schütteln leicht zum Zusammenballen und Absitzen gebracht wird. Der Niederschlag ist unlöslich in Wasser, verdünntem Alkohol (30%), löslich in 96%igem Alkohol. Die Zusammensetzung entspricht der Formel $(C_7H_6O_2N)_2Pd$ mit 28,15% Pd.

Außer Palladium geben noch Kupfer und auch Gold Fällungen mit dem Reagens.

Für mikroanalytische Bestimmungen des Palladiums soll das Dimethylglyoxim in seinen analytischen Eigenschaften von den beiden vorgenannten Reagenzien übertroffen werden (HOLZER).

δ) β-Benzildioxim, in Alkohol oder Aceton gelöst, fällt aus einer verdünnten HCl-sauren Lösung von Na_2PdCl_4 in Gegenwart von Natriumacetat einen blaßgelben Niederschlag. Unter den gleichen Bedingungen geben Pt, Rh, Ru, Au, Ni und andere unedle Metalle keine Fällung. Es lassen sich noch 3 γ Pd/cm³ nachweisen (DWYER und MELLOR). Erfassungsgrenze: 15 γ Pd in 5 cm³ Lösung. Grenzkonzentration: 1 : 333000; Internationale Kommission (Tabellen der Reagenzien, S. 75).

[1] Vgl. BRUNCK.

ε) 6-Nitrochinolin. Eine in heißem Wasser gesättigte Lösung des Reagenses fällt aus einer Palladium(II)-chloridlösung einen gelben flockigen Niederschlag, dessen Zusammensetzung der Formel $Pd(C_9H_6NNO_2)_2$ entspricht. Die Fällung erfolgt in der Siedehitze. Nach dem Absetzen kann der Niederschlag sofort filtriert und mit heißem Wasser ausgewaschen werden. Der getrocknete Niederschlag enthält 23,45% Palladium. Durch Veraschen der organischen Substanz und Glühen im Wasserstoffstrom wird metallisches Palladium erhalten. Die anderen Metalle der Platingruppe werden von dem Reagens nicht gefällt, es ist daher für die Trennung des Palladiums von den übrigen Metallen der Gruppe geeignet (OGBURN und RIESMEYER, HOLZER).

ζ) α-Nitroso-β-naphthol[1]. Das in 50%iger Essigsäure gelöste Reagens fällt einen voluminösen, rotbraunen Niederschlag, der etwas dunkler als Eisenhydroxyd ist. Er ist leicht filtrierbar und läßt sich vollständig zu metallischem Palladium verglühen. Die Fällung verläuft quantitativ. Die übrigen Platinmetalle geben mit dem Reagens keine Fällung. Das Verfahren eignet sich daher zum Nachweis und zur Bestimmung kleiner Mengen Pd neben viel Pt und Rh (SCHMIDT). Das Auswaschen des voluminösen Niederschlages ist schwierig (HOLZER).

Nach Internationaler Kommission (Tabellen der Reagenzien, S. 74) beträgt die Erfassungsgrenze 1,8 γ in 5 cm³, Grenzkonzentration: 1 : 2700000. Ähnliche Reaktionen ergeben Co, Fe(III), UO_2(II), Cu(II).

η) Acetylen (als Gas oder in wäßriger Lösung) fällt aus saurer Lösung rotbraunes, flockiges Palladium(II)-acetylenid, das sich in Ammoniak, Kaliumcyanid und Natriumhydrosulfit löst. Trennungsmöglichkeit von Kupfer-, Platin- und Iridium-Ion (ERDMANN und MAKOWKA). Das Auswaschen des voluminösen Niederschlages ist schwierig (HOLZER). Die Angaben über die Löslichkeit des Niederschlages beziehen sich offenbar nur auf frischgefällte Niederschläge. Gealterte (Stehen über Nacht genügt schon) werden, wenn überhaupt, nur noch schwer gelöst.

ϑ) Thioglykolsaures β-Aminonaphthalid (Thionalid). Ausführung der Reaktion vgl. unter Platin, S. 42.

Erfassungsgrenze: 0,1 γ Pd/cm³. Grenzkonzentration: 1 : 10000000 (BERG und ROEBLING).

ι) Diphenylthiocarbazon (Dithizon). Palladium reagiert in schwach saurer Lösung ($p_H = 4$) bei Extraktion mit Dithizonlösung (CCl_4 als Lösungsmittel) unter Bildung bräunlichvioletter Flocken in der CCl_4-Phase. Dagegen erhält man bei Verwendung von $CHCl_3$ als Extraktionsmittel eine braunrote Lösung mit vereinzelten rötlichen Flocken. Der Nachweis wird nur von Gold gehindert. In Gegenwart von CN^-, $S_2O_3^{--}$ und SCN^- unterbleibt die Reaktion. Erfassungsgrenze (in CCl_4) 0,4 γ (Tropfennachweis) (FISCHER).

ϰ) Rubeanwasserstoff. Eine Lösung des Reagenses in Eisessig gibt mit einer Palladium(II)-chloridlösung einen dunkelroten Niederschlag, der aus kleinen, seidenglänzenden Nadeln besteht. Durch Arbeiten mit Seidenfaden, Capillare oder als Tüpfelreaktion auf imprägniertem Papier nach FEIGL oder mit Rubeanwasserstoffgelatine nach WINKELMANN läßt sich die Empfindlichkeit der Palladiumreaktion noch bedeutend erhöhen.

Zur Trennung des Palladiums vom Platin, das eine ähnliche Reaktion gibt, wird die Fällung unter Eiskühlung vorgenommen, wobei das Palladium fast sofort quantitativ ausfällt und in der Mutterlauge zunächst nur die für Platin kennzeichnende tiefrote Färbung erscheint. Die Fällung des Platins hingegen wird dadurch stark (etwa 3 Std.) verzögert (WÖLBLING und STEIGER).

λ) p-Nitroso-diphenylamin läßt sich zur colorimetrischen Palladiumbestimmung verwenden. Auf Papier können noch 0,01 γ Pd, auf der Tüpfelplatte sogar noch 0,005 γ nachgewiesen werden (JOE und OVERHOLZER). Vgl. auch GM., Syst. Nr. 68, S. 445 (1940).

[1] Vgl. hierzu MAYR u. PRODINGER.

d) Sonstige Reaktionen. Als Reaktionen mit seltener gebrauchten anorganischen Reaktionen sind noch zu erwähnen:

Phenylthiocarbamid (SCHAPIRO und RUD).

Thiophenol (MANN und PURDIE).

Methylenblau (PASSERINI und MICHELOTTI).

p-Dimethylaminostyryl-β-naphthothiazol (P. KRUMHOLZ und E. KRUMHOLZ).

Anthranilsäure (SCHEINZISS).

β-Naphthylamin (DETWILER und WILLARD).

Hexamethylentetramin (COLE). Mikroskopischer Nachweis von Pd in Gegenwart größerer Mengen Platinsalz (VIVARIO und WAGENAAR).

Siehe ferner OGBURN.

e) Mikroreaktionen. α) Dimethylglyoxim. aa) Ein aus gleichen Volumen Wasser und 5 n HCl bestehender Tropfen des gelösten Palladiumsalzes wird mit einigen kleinen Kryställchen des Reagenses versetzt. Unter dem Mikroskop werden sehr dünne gelbe Nadeln (3 bis 40 μ) beobachtet, die während 15 Min. in feuchter Atmosphäre sehr stark wachsen und unter gekreuzten Nichols schönen Zwillingseffekt zeigen als einen Nachweis, der für Palladium spezifisch ist. Erfassungsgrenze: 0,01 γ Pd. Diese Methode dient zum Nachweis von Palladium in Mineralien, die man mit HNO_3 oder Königswasser aufgeschlossen hat. Die Lösung wird auf dem Objektträger eingedampft und der Rückstand, wie oben angegeben, gelöst (PUTNAM, ROBERTS und SELCHOW).

bb) Zu einem mit konz. HCl angesäuerten Versuchstropfen wird ein Stückchen Dimethylglyoxim gegeben. Rings um das Reagensstückchen kommt ein verwickeltes Netzwerk langer, dünner, gelber Nadeln zum Vorschein, die in den Tropfen ausstrahlen. Diese Reaktion ist spezifisch für Palladium und gibt ausgezeichnete Ergebnisse in Gegenwart aller anderen Elemente (WHITMORE und SCHNEIDER).

cc) Ein Tropfen der zu untersuchenden Lösung wird auf einem Uhrglas zur Trockne eingedampft und der Rückstand nach dem Erkalten mit einer mit Dimethylglyoxim gesättigten Lösung von 95 Vol.-% Alkohol mit 5 Vol.-% Essigsäure versetzt. Es entstehen schnell gelbe Nadeln. Auf diese Weise lassen sich noch 0,005 γ Pd^{++} nachweisen. Grenzkonzentration: 1 : 200000. Außer von größeren Mengen Gold wird die Reaktion durch beträchtliche Konzentrationen anderer Kationen nicht gestört. In dem gleichen Tropfen läßt sich nach Zugabe von Alkalihydroxyd Nickel nachweisen (KORENMAN).

β) Kaliumjodid. Ein geringer Zusatz von KJ bringt einen schwarzbraunen flockigen Niederschlag hervor, der sich im Überschuß des Fällungsmittels mit rotbrauner Farbe löst. Mit Ammoniak gibt PdJ_2 orangefarbige Nädelchen und eine farblose Lösung, aus welcher sich nach kurzer Zeit hellgelbe, rechtwinkelige Dendriten (20 bis 30 μ) von $[Pd(NH_3)_2]J_2$ abscheiden. Ein Überschuß von Kaliumjodid verursacht Störungen, die durch Eindampfen mit HCl behoben werden können. Erfassungsgrenze: 0,1 γ Pd (BEHRENS, BEHRENS-KLEY).

γ) Thallium(I)-nitrat fällt hellbraune Stäbchen und Nadeln von Tl_2PdCl_4. In Lösungen von Palladium(I)-nitrat erhält man die gleiche Reaktion, wenn man zunächst ein Tröpfchen HCl und danach etwas Thallium(II)-nitrat hinzufügt. Die Verbindung kann aus Wasser und verd. HCl umkrystallisiert werden. Zusatz von KJ gibt größere Empfindlichkeit und kleinere Krystalle. Erfassungsgrenze: 0,2 γ Pd (BEHRENS-KLEY).

δ) Fällung als Palladium(II)-diamminchlorid. Auf der Beständigkeit und geringen Löslichkeit dieser Verbindung in verdünnter Salzsäure läßt sich eine Reaktion von nahezu der gleichen Empfindlichkeit wie diejenige der Tl_2PdCl_4-Fällung aufbauen. Versetzt man die Lösung eines Palladium(II)-chloridsalzes mit einem Überschuß von Ammoniumchlorid und Ammoniak, so entsteht zunächst eine farblose Lösung von leicht löslichem Palladium(II)-tetramminchlorid $[Pd(NH_3)_4]Cl_2$.

Wird diese mit verdünnter Salzsäure gelinde erwärmt, so krystallisieren höchst charakteristische hellbraune tetragonale Krystallskelette von Palladium(II)-diammin-chlorid $[Pd(NH_3)_2]Cl_2$ (BEHRENS-KLEY).

ε) Ammoniumrhodanid fällt Palladium nicht. Auf Zusatz von Thallium(I)-nitrat entsteht in der braunen Flüssigkeit ein starker brauner Niederschlag von $Tl_2(CNS)_2 \cdot Pd(CNS)_2$, der sich in heißem Wasser löst. Aus dieser Lösung krystallisieren schöne, rechtwinkelige Rosetten (100 μ), die zu schillernden Plättchen anwachsen. Stark verdünnte Lösungen geben rechtwinkelige Prismen und Kreuze (30 μ), dem tetragonalen oder rhombischen System angehörig. Platinlösung gibt bei gleicher Behandlung plumpe Rauten. Erfassungsgrenze: 0,07 γ (BEHRENS-KLEY).

ζ) Quecksilber(II)-cyanid $Hg(CN)_2$ ergibt mit Ammoniak in Palladium(II)-lösungen farblose Würfel (10 μ). Die Reaktion ist charakteristisch, aber nicht empfindlich. Erfassungsgrenze: 2 γ Pd (BEHRENS-KLEY).

η) Coffein. Versuchslösung mit 2% Pd. Ein Tropfen des Reagenses wird unmittelbar dem Versuchstropfen hinzugefügt. Eine dichte Masse unregelmäßiger, durchscheinender, blättriger Individuen entwickelt sich nach und nach. Dieser Versuch kann in Gegenwart aller anderen Elemente durchgeführt werden. Ist Gold zugegen, so entwickeln sich zarte, hellgelbe, nadelförmige Krystalle am Saume des Tropfens entlang, doch stören diese den Palladiumnachweis ebensowenig, wie die Gegenwart von Palladium bei Verwendung dieses Reagenses den Nachweis des Goldes stört (WHITMORE und SCHNEIDER).

ϑ) p-Aminoacetophenon gibt mit Palladiumsalzen in neutralen oder schwach sauren Lösungen Komplexsalz, das in einigen Minuten einen gelblichen, voluminösen Niederschlag bildet, der in kaltem Wasser, verdünnten Säuren, Äther, Aceton und Chloroform unlöslich ist. Starke Alkalien zerstören das Reagens und das Komplexsalz.

Herstellung des Reagenses: 1 g p-Aminoacetophenon wird in 40 cm^3 des mit 2 cm^3 konz. Chlorwasserstoffsäure angesäuerten Wassers, gegebenenfalls unter Erwärmen, gelöst und nach dem Erkalten auf 100 cm^3 aufgefüllt.

Ausführung: Ein Tropfen der zu untersuchenden Lösung wird mit einem Tropfen Reagenslösung auf einem Objektträger versetzt. Die entstehende Trübung oder der amorphe Niederschlag werden mikroskopisch verfolgt. Es können noch 0,75 γ $PdCl_2$ nachgewiesen werden. Die Reaktion ist spezifisch für Palladium und kann zur Trennung von den übrigen 5 Platinmetallen sowie von Gold und Eisen benutzt werden. Ceriumsalze müssen vorher beseitigt werden (SCHOENTAL).

ι) Weitere Mikroreaktionen mit KNO_2, CsCl, Ammoniumoxalat, NaJ, Hexamethylentetramin vgl. WHITMORE und SCHNEIDER. Vgl. ferner FRASER.

f) Tüpfelreaktionen. α) Dimethylglyoxim. Ein mit Nickel-Dimethylglyoxim getränktes Filterpapier wird mit einem Tropfen der zu prüfenden $PdCl_2$-Lösung betupft, wobei sich die Farbe dieser Stelle in Gelb (Pd-Dimethylglyoxim) verwandelt. Wird nun das Papier in verdünnte HCl getaucht, so geht das leichtlösliche rote Nickelsalz nur da in Lösung, wo es von dem abgeschiedenen Palladiumsalz nicht geschützt wird, während in Gegenwart von Palladium dieser Fleck gefärbt bleibt. Erfassungsgrenze: 0,05 γ Pd in Gegenwart von Au, Pt und anderen Edelmetallen (FEIGL).

β) p-Dimethylaminobenzylidenrhodanin. aa) Eine schwach HCl-saure Lösung des Palladium(II)-chlorids ergibt mit einer Lösung des Reagenses in Aceton einen flockigen Niederschlag von dunkelvioletter Färbung, der bei längerem Stehen nachdunkelt, so daß er schließlich ein schwarzviolettes Aussehen bekommt. Unter diesen Bedingungen ergeben Pt, Au, Ag ebenfalls sehr intensiv gefärbte flockige Niederschläge. Beim Tüpfeln ist eine Unterscheidung dieser drei Metalle in verdünnten Lösungen fast unmöglich, da sie beinahe übereinstimmende Farben ergeben. Dagegen ist Palladium an seiner schönen rotvioletten Färbung nach dem

Tüpfeln leicht zu erkennen. Im Zweifelsfalle ist es ratsam, die Eigenfarbe des Reagenses durch Nachtüpfeln mit n Salpetersäure zu entfernen.

Erfassungsgrenze: 0,1 γ Pd (HOLZER).

bb) Filtrierpapier, das mit einer gesättigten Lösung des Reagens in Alkohol oder Aceton imprägniert ist, wird mit einem Tropfen der neutralen oder sauren Probelösung betupft. Je nach der Palladiummenge entsteht ein rotvioletter, in saurer Lösung ein blauvioletter Fleck oder Ring.

	Neutrale	Saure Lösung
Erfassungsgrenze	0,004 γ Pd	0,0066 γ Pd
Grenzkonzentration . . .	1 : 12500000	1 : 8000000

(FEIGL, Tüpfelreaktionen, S. 212).

cc) *Nachweis des Palladiums neben anderen Platinmetallen.* Iridium- und Platinsalze reagieren ebenfalls in saurer Lösung mit dem Reagens. Die Umsetzung findet aber zum Unterschied von Palladium viel langsamer statt, so daß dieses an dem im Zentrum des Tüpfelflecks sofort entstehenden violetten Kreis oder Ring erkannt werden kann. Störend wirken Os und Ru durch ihre Eigenfärbung.

	Neben der 400 fachen Os- oder 200 fachen Ru-Menge	2000facher Rh-Menge
Erfassungsgrenze	0,025 γ Pd	0,012 γ Pd
Grenzkonzentration . . .	1 : 2000000	1 : 4000000

(F. FEIGL).

dd) *Nachweis des Palladiums neben Silber* gelingt durch Überführung des Silbers in die lösliche Komplexverbindung $K(AgBr_2)$*.

aaa) Ein Tropfen der neutralen oder schwach sauren Probelösung wird auf lufttrockenes, mit dem Reagens imprägniertes Filterpapier gebracht. Nach Aufsaugen des Tropfens wird der entstandene violette Fleck mit einem Tropfen gesättigter KBr-Lösung angetüpfelt. Bleibt die Mitte des violetten Tüpfelflecks dabei unverändert, so ist Palladium anwesend.

Erfassungsgrenze	0,05 γ Pd	neben der 1000fachen
Grenzkonzentration . . .	1 : 1000000	Silbermenge

bbb) In einem Mikrotiegel wird ein Probetropfen unter Erwärmen mit so viel festem KBr versetzt, bis die Lösung klar ist. Hernach wird der Tiegelinhalt auf das Reagenspapier gebracht und der erstarrte Krystallbrei nach $^1/_2$ Min. mit einigen Tropfen Wasser weggelöst. Ein scharf umrandeter lichtvioletter Fleck zeigt die Anwesenheit von Pd an.

Erfassungsgrenze	0,5 γ Pd	neben der 10000fachen
Grenzkonzentration . . .	1 : 100000	Silbermenge

[FEIGL, (a)].

ee) *Nachweis des Palladiums neben Gold.* Das Gold wird in neutraler Lösung durch Erwärmen mit Kaliumnitrit als Metall ausgefällt, während Palladiumsalze dabei nur sehr wenig verändert werden.

$$2\,AuCl_3 + 3\,KNO_2 + 3\,H_2O = 2\,Au + 3\,KNO_3 + 6\,HCl.$$

Ausführung: In einem EMICHschen Spitzröhrchen wird ein Tröpfchen der sauren Probelösung mit einem geringen Überschuß von gefälltem Calciumcarbonat versetzt, ein Tropfen KNO_2-Lösung hinzugesetzt, einige Male aufgekocht und zentrifugiert. Mit einer Capillare wird ein Tropfen der Lösung auf ein mit dem Reagens imprägniertes Tüpfelpapier gebracht. Eine über das Gebiet des ursprünglichen Tropfens hinausragende Violettfärbung zeigt die Anwesenheit von Palladium an.

Erfassungsgrenze	0,1 γ Pd	neben der 5000fachen
Grenzkonzentration . . .	1 : 500000	Goldmenge

* Nachweis von Silber neben Gold, Platin und Palladium vgl. FEIGL: Tüpfelreaktionen, 3. Aufl., S. 159 (1938).

Anmerkung: Stärkere Goldlösungen zeigen nach dieser Behandlung eine geringe Violettfärbung, die sich aber stets auf das Gebiet des aufgebrachten Tropfens beschränkt.

Bei verdünnten Goldlösungen oder bei größeren Palladiumgehalten, als im vorstehenden Falle angegeben, kann man vom Zentrifugieren absehen. Neutralisation und Reduktion werden in einem Mikrotiegel vorgenommen und ein Teil des Tiegelinhaltes auf das Reagenspapier gebracht. Das Gebiet des aufgebrachten Tropfens ist dann von abgeschiedenem Gold und Calciumcarbonat bedeckt, und eine darüber hinausragende violette Umrandung mit unscharfer Begrenzung zeigt Palladium an.

Erfassungsgrenze	0,5 γ Pd	neben der 1000fachen Goldmenge
Grenzkonzentration . . .	1 : 100000	

(FEIGL).

γ) Kaliumjodid. Man bringt einen Kaliumjodidkrystall auf Filtrierpapier und setzt einen Tropfen der zu prüfenden Lösung dazu. 0,25 γ $PdCl_2$ entsprechend 0,15 γ Palladium im Tropfen ergeben noch eine gut wahrnehmbare Reaktion. Da KJ und H_2O Filtrierpapier färben, ist ein Blindversuch nötig. Hierbei tritt die Färbung des Filterpapiers mindestens 10 bis 15 Sek. später auf als bei Gegenwart von Palladium. Auch in stärkerer Konzentration gibt Palladium mit KJ kennzeichnende Erscheinungen durch die Tüpfelreaktion auf Filterpapier. Man läßt einen Tropfen einer KJ-Lösung zunächst auf einem geeigneten Filtrierpapier einsaugen. Setzt man einen Tropfen einer 10%igen Lösung von $PdCl_2$ darauf, so erzeugt dieser einen dunkelbraunen Fleck, an den sich ein hellerer Ring anschließt, der wieder von einer dunkelbraunen Zone umgeben ist, die nach außen heller ist und in einen schwachblau gefärbten Ring übergeht, dessen Farbintensität mit der Zeit zunimmt. Es folgt ein blaß rötlichbrauner Ring mit dunklerer Randzone.

Ein Tropfen einer 0,05%igen Lösung gibt in der gleichen Weise zugesetzt noch einen schmutzigbraunen, nach außen zu heller werdenden Fleck, umgeben von einer blauen und einer rötlichbraunen Zone. Infolge der verschiedenen Diffusionsgeschwindigkeiten der Reaktionsprodukte läßt sich auch der Nachweis von Platin neben Palladium durch die Tüpfelanalyse mit KJ durchführen. Dabei entsteht ein heller, von einem braunen Palladiumjodidring umgebener Innenfleck, an den sich ein violetter und außen der rosa gefärbte Platinring anschließt (GRÜNSTEIDL).

δ) Zinn(II)-chlorid. Durch Zinn(II)-chlorid werden Pd-, Pt- und Au-Salze in saurer Lösung zu Metall reduziert. Um Palladium neben den beiden anderen durch die Tüpfelreaktion nachzuweisen, wird dieses durch Quecksilber(II)-cyanid als unlösliches gelbes $Pd(CN)_2$ gefällt, während Gold- und Platinsalze hierbei unverändert bleiben.

Zur Ausführung des Nachweises wird zunächst ein Tropfen einer $Hg(CN)_2$-Lösung auf Filterpapier gebracht, dann ein Tropfen der Probelösung hinzugesetzt und schließlich noch ein zweiter Tropfen der Quecksilberlösung dazugegeben. Hierbei wird das Palladium in der Mitte des Flecks als $Pd(CN)_2$ ausgefällt, wohingegen Au und Pt nach außen wandern und durch Aufbringen einiger Tropfen Wasser völlig hinausgespült werden. Wird nun mit Zinn(II)-chlorid angetüpfelt, so entsteht in der Mitte des Tüpfelflecks eine goldgelbe bis dunkelorange Färbung (N. A. TANANAEFF und DOLGOFF; FEIGL).

ε) Jodtinktur. Betupft man ein Palladiumblech mit einem Tropfen Jodtinktur, den man eintrocknen läßt, so wird das Palladium an dieser Stelle schwarz. Durch Glühen verschwindet die schwarze Farbe. Auf Platinblech dagegen verflüchtigt sich der Tropfen, ohne einen schwarzen Fleck zu hinterlassen. Auf diese Weise läßt sich Palladiumblech von Platinblech leicht unterscheiden (ROSE-FINKENER). Palladiumreiche Platinlegierungen geben ebenfalls diese Reaktion, während platinreiche Legierungen sich nicht verändern. Ähnliche Erscheinungen treten bei kupferhaltigen Platinlegierungen auf, doch ist der zurückbleibende Fleck grau gefärbt (LEROUX).

ζ) Naphthalin-4'-sulfosäure-1'-azo-5-ortho-8-oxychinolin. Da Cl^- stört, wird die Reaktion in salpetersaurer Lösung ausgeführt. Palladium(II)-chloridlösungen müssen daher mit HNO_3 zur Trockne eingedampft und mit 20%iger HNO_3 aufgenommen werden. Eine alkoholische Lösung des Reagens gibt mit der salpetersauren Palladiumlösung zunächst eine Orangefärbung und nach einiger Zeit eine rote Fällung, die von einem innerkomplexen Palladiumsalz herrührt. Im Gegensatz zum unsubstituierten 8-Oxychinolin ist das Reagenses weitgehend selektiv; es setzt sich in salpetersaurer Lösung nur noch mit Quecksilber(II)-salzen (Rosafärbung) und Chromaten (Grünfärbung) um, sowie mit Cu- und V-Salzen.

Ausführung der Probe: Ein Tropfen der alkoholischen Reagenslösung wird auf Filterpapier gebracht und nach dem Eintrocknen mit einem Tropfen der an HNO_3 20%igen Probelösung angetüpfelt. Je nach der Palladiummenge entsteht ein orange gefärbter Fleck oder Ring. Erfassungsgrenze: 1 γ Pd. Grenzkonzentration: 1 : 10000 (GUTZEIT und MONNIER).

η) Weitere Abkömmlinge des Oxychinolins.

Zusammenstellung.

1. o-Carboxylphenyl-5-azo-8-oxychinolin }
2. p-Tolyl-5-azo-o-8-oxychinolin } (GUTZEIT und MONNIER)
3. Phenyl-5-azo-o-8-oxychinolin }
4. 5-Methyl-8-oxychinolin (GIETZ)

Als spezifische Reagenzien (Tüpfelplatte oder Tüpfelpapier) für Palladium können noch folgende Azoderivate des 8-Oxychinolins angesehen werden:

5-(2-Oxyphenylazo)-, 5-(3-Oxyphenylazo)-, 5-(2-Chlorophenylazo)-, 5-(3-Chlorophenylazo)-, 5-(3-Tolylazo)- und 5-(Benzidinmonoazo)-8-Oxychinolin (BOYD, DEGERING und SHREVE).

Nähere Einzelheiten siehe GM., Syst. Nr. 68, S. 445 (1940).

g) Verhalten der Pd-Verbindungen gegenüber Reduktionsmitteln. Die Reduktion erfolgt beim Palladium wesentlich leichter als beim Platin. Infolgedessen läßt sich Palladium(II)-Ion von zahlreichen Reduktionsmitteln in der Wärme bequem zu Metall reduzieren. So wird z. B. Palladium von Hydraziniumsulfat bereits in schwach saurer Lösung ($<$ 4% HCl) vollständig zu grauem metallischem Pulver reduziert. Die Reduktion verläuft in diesem Fall jedoch auch in der Wärme langsamer als aus neutraler, ammoniakalischer oder alkalischer Lösung. Das gleiche gilt bezüglich der Ameisensäure (BRUNCK). Natriumformiat fällt bei 50° alles Palladium als Mohr, ebenso fällt Alkohol bei Gegenwart von Alkalihydroxyd metallisches Palladium. Je nach den Umständen wird bei diesen Reduktionsvorgängen das Palladium glänzend (als Spiegel), pulverig oder kolloidal abgeschieden (FRESENIUS). Aus wäßrigen Lösungen der Pyrosulfatschmelze wird das als Sulfat gelöste Palladium durch Hydraziniumsulfat in der Wärme glatt als metallisches Pulver ausgefällt im Gegensatz zum Rhodium, das nur in alkalischer Lösung zu Metall reduziert wird.

Eine Trennung des Palladiums vom Platin in saurer Lösung durch Hydrazin oder Ameisensäure ist nicht durchführbar, obwohl dieses unter den gleichen Bedingungen weder von Hydrazin noch von Ameisensäure abgeschieden wird. Es fällt stets eine große Menge, meist das ganze Platin mit (BRUNCK).

Von Hydroxylaminhydrochlorid werden saure Palladium(II)-chlorid- oder -sulfatlösungen nicht zu Metall reduziert (Unterschied von Gold). Dagegen wird aus alkalischen Lösungen alles Palladium als feinverteiltes Metall abgeschieden (Unterschied von Platin). Unterphosphorige Säure und Äthylen reduzieren schwach salzsaure Palladiumlösungen in der Siedehitze zu Metall.

Sehr leicht wird auch Palladium(II)-Ion z. B. durch unedle Metalle wie Zn, Cd, Fe, aber auch schon durch Eisen(II)-, Kupfer(I)-salze, schweflige Säure, Ameisensäure und Alkohol zu Metall reduziert (TREADWELL). Was die Reduktionsmöglichkeit des Palladiums mit Hilfe von Eisen(II)-, Kupfer(I)-salzen und schwefliger Säure anbelangt, so bedürfen diese Angaben einiger ergänzender Bemerkungen. Eisen(II)-, ebenso Kupfer(I)-salze fällen Palladium zwar in neutraler, *nicht* aber in *saurer* Lösung. So wird z. B. die Abscheidung des Goldes in Gegenwart von Palladium aus schwach saurer Lösung in der Praxis häufig mit $FeCl_2$ durchgeführt (Chemiker-Fachausschuß). Zur Trennung des Goldes von Palladium oder Platin wird aber außer Eisen(II)-chlorid bekanntlich auch SO_2 benutzt. Dieses soll sogar gegenüber dem Eisen(II)-chlorid gewisse Vorzüge aufweisen (LENK). Die Goldfällung erfolgt auch hierbei in schwach chlorwasserstoffhaltiger Lösung in der Wärme. Wie verhält sich nun das Palladium in Gegenwart von SO_2?

Wird eine neutrale Na_2PdCl_4-Lösung mit frisch bereiteter wäßriger SO_2-Lösung versetzt, so erfolgt zunächst Farbenumschlag von Braunrot nach Goldgelb, wahrscheinlich infolge von Sulfitbildung. Wird die Lösung zum Sieden erhitzt, so geht die Farbe von Goldgelb in Orangerot über, wobei gleichzeitig der SO_2-Geruch vollständig verschwindet. Fügt man abermals SO_2-Wasser hinzu, so erfolgt wiederum Farbenumschlag nach Goldgelb, während beim Kochen die orangerote Farbe wieder zum Vorschein kommt und der SO_2-Geruch vollständig verschwindet. Dieses Spiel kann ohne die geringste Abscheidung von Palladium noch öfter wiederholt werden. Läßt man die SO_2-haltige goldgelbe Palladiumlösung in einer gut verschlossenen Flasche tagelang bei Zimmertemperatur stehen, so findet keinerlei Abscheidung statt, die Lösung bleibt vollkommen klar. Nun wurde die goldgelbe SO_2-haltige Palladiumlösung 2 Std. in der Druckflasche in kochendem Wasser erhitzt. Nach Beendigung zeigte sich eine geringe schwarze, feinverteilte Abscheidung, die, in $HCl + H_2O_2$ gelöst, sich als Palladium erwies. Die ursprüngliche Lösung blieb nach wie vor goldgelb gefärbt. Selbst unter diesen Bedingungen ist also die Palladiumabscheidung nur äußerst gering.

Fällt man dagegen eine saure Pd-haltige Goldlösung in der Wärme mit einem größeren Überschuß von SO_2, so kann man häufig feststellen, daß, je nach den Versuchsbedingungen, das gefällte Gold nicht nur nicht die reine Goldfarbe zeigt, sondern bisweilen nach dem Glühen sogar die graue Farbe des Palladiums besitzt. Beim Quartieren mit Silber und Scheiden mit HNO_3 kommt erst die reine Goldfarbe zum Vorschein, während die salpetersaure Silberlösung sich als palladiumhaltig erweist. So enthielt in einem Falle der graue Niederschlag neben Gold 13,9% Palladium.

Ähnliche Beobachtungen lassen sich übrigens auch bei der Fällung des Goldes mit Eisen(II)-chlorid machen. Durch besondere Vorsicht bei der Fällung (schwach saure Lösung, möglichst geringer Überschuß des Fällungsmittels, höchstens gelindes Erwärmen) lassen sich diese Erscheinungen weitgehend beseitigen. Bei besonders genauen Goldbestimmungen ist es auf alle Fälle ratsam, das gefällte Gold durch Quartieren mit Silber und Scheiden mit HNO_3 nochmals zu reinigen.

Die Versuche haben demnach in Übereinstimmung mit der Praxis ergeben, daß schweflige Säure, im Gegensatz zu den im Schrifttum vielfach anzutreffenden Angaben, unter den angegebenen Bedingungen zu einer analytisch oder technisch verwertbaren Reduktion von Palladiumsalzlösungen zu metallischem Palladium *nicht* zu gebrauchen ist.

Zinn(II)-chlorid fällt aus sauren Lösungen braunen Palladiumpurpur. Vgl. auch S. 64, Ziffer λ.

Titan(III)-chlorid reduziert Palladiumlösungen augenblicklich zu Metall. Über das Verhalten der übrigen Platinmetalle bei der Reduktion mit $TiCl_3$ vgl. Rhodium, S. 96.

Kohlenoxyd scheidet Palladium aus schwach saurer Lösung als Metall ab. Bei Zusatz von überschüssigem Natriumacetat ist die Fällung vollständig. Diese Reaktion kann sowohl zur Fällung des Palladiums als auch umgekehrt zum Nachweis des CO benutzt werden.

aa) *Zur Fällung des Pd mit CO* wird die mit Natriumacetat versetzte Palladiumlösung in einen Erlenmeyerkolben gebracht, CO eingeleitet, bis die Luft aus dem Kolben verdrängt ist und der Kolben durch einen Stopfen verschlossen gehalten. Durch öfteres Umschwenken wird das Gas mit der Palladiumlösung in innige Berührung gebracht. In dem Maße, wie das Palladium sich als Mohr abscheidet, wird die Lösung farblos. Die Reaktion ist nach etwa $^1/_2$ Std. beendet (BRUNCK).

bb) *Zum Nachweis des CO* kann man so verfahren, daß man die zu untersuchende Luft oder das Gasgemisch nach dem Waschen mit KOH (zur Reinigung von H_2S und CO_2) mit Hilfe eines fein ausgezogenen Glasröhrchens durch 10 cm³ einer schwach sauren, mit etwas Natriumacetat versetzten, 1 mg $PdCl_2$ enthaltenden Lösung hindurchsaugt. Bei Anwesenheit von CO scheidet sich schwarzes Palladium aus, während die Lösung sich allmählich entfärbt (F. P. TREADWELL). Über ein neues, angeblich sehr empfindliches Schnellverfahren zum Nachweis von CO siehe VOIRET und BONAIMÉ.

Wasserstoff. Versuche zur Ausfällung von Platinmetallen aus Lösungen mit Wasserstoff, zum Teil unter Druck, sind von IPATIEFF und TRONEFF durchgeführt worden. Am leichtesten scheint hierbei die Abscheidung des Palladiums, am schwierigsten die des Iridiums vor sich zu gehen. Weitere Hinweise bei den einzelnen Platinmetallen. Aus den Ergebnissen kann gefolgert werden, daß es möglich ist, die Platinmetalle durch Wasserstoff unter Druck zu trennen. Vgl. auch BUNSEN sowie PHILLIPS, ferner S. 76, Absatz g (BRUNCK).

VI. Reaktionen der Pd(IV)-chloridlösungen.

Durch Oxydation der Pd(II)-chloridlösungen mit Chlor oder Salpetersäure entstehen Pd(IV)-chloridlösungen, die aber sehr unbeständig sind und zum Teil schon durch Erwärmen unter Cl_2-Abgabe wieder in die 2wertige Stufe zurückverwandelt werden. Am bekanntesten sind die Reaktionen mit KCl und NH_4Cl, welche krystalline, zinnoberrote Fällungen von $K_2(PdCl_6)$ oder $(NH_4)_2(PdCl_6)$ ergeben, die ihrerseits isomorph mit den analogen gelben Salzen der Chloroplatin(IV)-säure sind.

Wegen der Unbeständigkeit der Pd(IV)-chloridlösungen ist es zweckmäßig, bereits die Oxydation in Gegenwart des Fällungsmittels vorzunehmen, d. h. also, man sättigt die Pd(II)-chloridlösung mit dem Fällungsmittel (KCl oder NH_4Cl) und leitet in die gesättigte saure Lösung z. B. Chlor ein, bis alles Palladium als zinnoberrotes Salz ausgefällt und die Lösung farblos geworden ist. Diese Reaktion bietet außerdem die Möglichkeit der Trennung des Pd von Unedelmetallen, wie Cu, Ni, Co, Fe. Die Niederschläge werden mit KCl- oder NH_4Cl-haltigem Wasser ausgewaschen.

Durch längeres Kochen mit Wasser werden die roten Salze K_2PdCl_6 und $(NH_4)_2PdCl_6$ unter Chlorabspaltung wieder in die entsprechenden wasserlöslichen Pd(II)-chloridsalze verwandelt. Zusatz einiger Tropfen SO_2-Wasser beschleunigt den Reduktionsvorgang.

Mit Ammoniak erfolgt ebenfalls zunächst Reduktion zu Pd(II)-chlorid unter gleichzeitiger Stickstoffentwicklung, die namentlich bei der Reduktion des $(NH_4)_2(PdCl_6)$ sehr stürmisch verlaufen kann (GRAHAM-OTTO, DAMMER).

Bei weiterem Zusatz von Ammoniak treten dann die bereits bei der Ammoniakfällung beschriebenen Reaktionserscheinungen auf. Es bildet sich schließlich eine farblose Lösung von Palladium(II)-tetramminchlorid $[Pd(NH_3)_4]Cl_2$, aus der man mit HCl gelbes Palladium(II)-diamminchlorid $[Pd(NH_3)_2]Cl_2$ erhält.

Wird eine chlorwasserstoffsaure Lösung des Pd(II)-chlorids mit H_2O_2 in der Wärme behandelt, so findet keine Oxydation zu Pd(IV)-chlorid statt (Unterschied von Pt!), solange die HCl-Konzentration der Lösung unter 4 n Acidität liegt. Bei 6 n Acidität dagegen wird das Palladium restlos zu Pd(IV) oxydiert und mit NH_4Cl oder KCl quantitativ als zinnoberrotes $(NH_4)_2PdCl_6$ bzw. K_2PdCl_6 ausgefällt. (Vgl. Platin, S. 50.)

Pd(IV)-Chloridlösungen werden von Dimethylglyoxim nicht gefällt.

VII. Nachweis von Palladium neben anderen Metallen.

a) Palladium neben viel Platin läßt sich am schnellsten durch Dimethylglyoxim in neutraler oder schwach essigsaurer (nicht in ammoniakalischer) Lösung nachweisen. Dabei entsteht ein gelber, voluminöser, flockiger Niederschlag. Auf diese Weise lassen sich noch 0,1 mg Pd in einer Lösung, die außerdem noch 20 mg Pt enthält, gut erkennen (W. JANDER). Nachweis von Platin neben viel Palladium siehe unten.

b) Nachweis von Palladium in Pt-Pd-Legierungen durch die Strichprobe. Als *Vorprobe* zur Prüfung von Platin mit einem Gehalt von 900 bis 980‰ und Palladium oder Palladium und Kupfer bis zu 100‰ kann die Strichprobe auf dem Probierstein dienen. Sie beruht im wesentlichen auf der Bildung der verschieden gefärbten Komplexe Kali- bzw. Ammoniumsalze der Platin(IV)- und Palladium(IV)-chlorwasserstoffsäure, die außerdem selbst in stark konzentrierten Königswassergemischen schwer löslich sind. Während das reine komplexe Platinsalz auf dem Stein blaßgelb erscheint, zeigt das entsprechende Palladiumsalz eine tief kirschrote Farbe.

Ausführung: Auf einem gut geölten, säurebeständigen Probierstein werden gleichmäßige, kompakte, etwa 4 bis 5 mm breite Striche der fraglichen Legierungen zwischen solchen des Standardmaterials aufgetragen. Quer über diese Striche zieht man mit einer in 0,01 cm^3 geteilten Mikromeßpipette einen möglichst gleich breiten Flüssigkeitsstreifen (etwa 0,15 bis 0,2 cm^3) des folgenden Reaktionsgemisches: 4 Vol. konz. Chlorwasserstoffsäure (1,2), 1 Vol. konz. Salpetersäure (1,42), 5 Vol. bei 20° gesättigter KCl-Lösung. Der Stein wird auf einem Luftbade oder einer Asbestplatte vorsichtig auf 60 bis 100° erhitzt und auf dieser Temperatur gehalten, bis die Säure fast verdampft ist. (Bei den meisten reinen Platinlegierungen Wärmezufuhr abstellen!) Die Palladiumdoppelchloride treten bräunlichgelb bis braun hervor. Erfaßt wird bei diesen Legierungstypen das Palladium bis zu 10‰. Schätzbare Unterschiede: 5‰. Bei Palladiumgehalten zwischen 10 und 50‰ muß die Legierung, mit Nadeln bekannter Zusammensetzung verglichen, zumindest ähnliche Korrosionsverhältnisse und Niederschlagsfarbe aufweisen. In Zweifelsfällen sind qualitative Mikromethoden anzuwenden (siehe STREBINGER und HOLZER). Besonders schöne Färbungen werden mit CsCl erhalten.

Korrosionsgemisch: 1 Teil konz. Salpetersäure, 5 Teile konz. Chlorwasserstoffsäure. Darin wird kurz vor Beginn der Erwärmung ein Körnchen reines Cs-Salz aufgelöst. Farbenskala: Chromgelb bis leuchtend orange (GOLDBERGER und KIENBERGER).

c) Weitere Trennungen des Palladiums von Platin. Über weitere Methoden zur Trennung der beiden Metalle und zum Nachweis siehe Platin unter c, d, und e, S. 51 bis 52.

d) Trennung des Palladiums von Rhodium. Über Trennung des Palladiums vom Rhodium in Lösungen der Pyrosulfatschmelze vgl. unter Rhodium, S. 100, Ziffer f.

e) Trennung des Palladiums von Gold, Platin, Iridium. Da Palladium von schmelzendem Pyrosulfat in wasserlösliches Sulfat übergeführt wird, läßt sich dieses Verfahren auch zur Trennung des Palladiums zum Teil von Gold, Platin, Iridium benutzen. Voraussetzung ist natürlich, daß die Metalle in feinverteilter und nicht legierter Form vorliegen. Vgl. hierzu auch Rhodium, S. 87.

f) Nachweis des Palladiums neben Silber oder Gold oder Platinmetallen mit Tüpfelreaktionen. Hierzu siehe S. 73 α bis β einschließlich.

g) Trennung des Palladiums von den übrigen Platinmetallen. α) Die beste und einfachste Methode zur Trennung des Palladiums von den sämtlichen Metallen der Platingruppe ist die Fällung mit Dimethylglyoxim. Über die Fällungsbedingungen vgl. S. 68.

β) In der auf S. 63 geschilderten Weise läßt sich Palladium auch mit H_2S von den übrigen Platinmetallen trennen. Mit dem Palladium werden außerdem Blei, Kupfer und Gold gefällt.

h) Nachweis des Palladiums gleichzeitig neben Gold und Platin. Ein gleichzeitiger Nachweis von Gold, Platin und Palladium[1] läßt sich z. B. in ein und derselben Lösung mit Dimethylglyoxim in einfacher Weise wie folgt führen:

Die mit etwas NaCl versetzte, mehrfach mit HCl auf dem Wasserbade bis zum Sirup eingedampfte Lösung, die höchstens einige Milligramme dieser Metalle enthält, wird in einem Probierzylinder auf etwa 30 cm^3 mit heißem Wasser verdünnt und dieser in einen Becher mit kochendem Wasser gestellt. Der ebenfalls siedenden Lösung im Probierrohr wird nun eine gehäufte Messerspitze feingepulvertes krystallisiertes Dimethylglyoxim hinzugefügt. Sofort beginnt das kanariengelbe Palladiumdioxim in flockiger Form auszufallen. Nach einiger Zeit wird das Gold in feinsten, braunen, glitzernden Kryställchen ausgeschieden, und zum Schluß erscheint das Dioxim des inzwischen reduzierten Platin(II)-chlorids, das an der Verfärbung des Pd-Dioxims einwandfrei erkannt wird. Das kanariengelbe Pd-Dioxim wird zusehends dunkelfarbiger, bis es schließlich eine schmutziggrüne Farbe angenommen hat. Man kocht noch etwa $^1/_2$ Std., filtriert und wäscht den Niederschlag mit Wasser. Behandelt man diesen mit heißem Wasser, dem man einige Tropfen verd. NaOH hinzugefügt hatte, so geht der Oximniederschlag mit intensiv gelber Farbe in Lösung. Zurück bleibt das feinverteilte metallische Gold. Wird das gelbe Filtrat mit verd. HCl vorsichtig angesäuert, so fällt nach Überschreitung des Neutralpunktes das Oximgemisch, je nach Korngröße, Konzentration und dem Verhältnis Pt : Pd mit (bei viel Pd) orange bis purpurroter oder violetter bis blauer Farbe (bei viel Pt) unverändert wieder aus.

Bestätigung: Der filtrierte Niederschlag wird, nach vorsichtigem Verglühen zu Metall (vgl. S. 69 letzter Absatz), in verdünntem Königswasser gelöst und eingedampft. In der schwach HCl-sauren Lösung lassen sich Pt und Pd in bekannter Weise nachweisen[2].

Zeigt das Gold nicht die reine Goldfarbe, so wird es mit der 3- bis 4fachen Menge Silber quartiert und das ausgeplättete Korn in HNO_3 geschieden.

VIII. Physikalische Methoden.

a) Chromatographische Methode. Etwa 0,25 cm^3 (5 Tropfen) einer wäßrigen Lösung von $AsCl_3$ und $PdCl_2$ werden in einem 5 mm engen Rohr durch eine Schicht von Al_2O_3 (hergestellt nach Brockmann von der Firma Merck) gesaugt. Um eine Abscheidung von Palladium zu vermeiden, ist es vorteilhaft, das Adsorbens vor der Zugabe der Probelösung mit verd. HCl durchzuspülen. Nach mehrmaligem Nachwaschen mit Wasser, wodurch auf Grund der verschiedenen Adsorption der Salze eine Trennung in 2 Schichten erfolgt, wird der Nachweis durch Entwickeln mit frisch hergestellter gesättigter, mit HCl-Lösung angesäuerter H_2S-Lösung durchgeführt. Die erste Schicht ist mattbraun gefärbt: PdS; die zweite Schicht ist gelb gefärbt: As_2S_3 (Venturello und Agliardi).

---

[1] Vgl. Analysengang, S. 223, vorletzter Absatz unter Analysengang II.

[2] Vgl. Thüringer in Duparc und Tikonowitsch, ferner Wunder und Thüringer (c).

b) Spektralanalytische Nachweismethoden. Der Nachweis auf spektralanalytischem Wege wird in einem besonderen Abschnitt gemeinsam mit den anderen Platinmetallen behandelt.

Literatur.

BEHRENS, H.: Fr. **30**, 153 (1891). — BEHRENS-KLEY: Mikrochem. Anal. I, 160 (1921). — BELLUCCI, J.: Atti Accad. Lincei (5) **13II**, 386 (1904); durch C. **76I**, 359 (1905). — BERG, R., u. W. ROEBLING: Angew. Ch. **48**, 431 (1935). — BOYD, T., E. F. DEGERING u. R. N. SHREVE: Ind. eng. Chem. Anal. Edit. **10**, 606 (1938); durch C. **110II**, 480 (1939). — BRALY, A.: Bl Soc. Min. **49**, 141 (1926); durch C. **98I**, 2580 (1927). — BRUNCK, O.: Quant. Anal. S. 118, 119 (Fußnote) (1936). — BUNSEN, R.: A. **146**, 265 (1868).

CHEMIKERFACHAUSSCHUSS DER GES. DTSCH. METALLH. UND BERGL. E. V.: Angew. Meth. f. Schiedsanal., 2. Aufl., S. 137. Berlin 1931. — CLAUS, C.: Festschrift, S. 34 (1854). — COLE, H. I.: Philippine J. Sci. **22**, 631 (Manila); durch C. **94IV**, 559 (1923). — CURTMAN, L. J., u. P. ROTHBERG: Am. Soc. **33**, 718 (1911); durch C. **82II**, 489 (1911); FEIGL, F.: Tüpfelreaktionen, S. 207 (1938).

DAMMER, O.: Handb. d. anorg. Ch. III, S. 881 (1893). — DETWILER, E. B., u. M. L. WILLARD: Mikrochemie **12**, 262 (1932/33). — DONAU, J.: M. **25**, 913 (1904); durch C. **75II**, 1256 (1904). — DWYER, F. P., u. D. P. MELLOR: Pr. Roy. Soc. New South Wales **68**, 109 (1935); durch C. **106II**, 2797 (1935).

ERDMANN, H., u. O. MAKOWKA: Fr. **46**, 141 (1907); FRESENIUS: Qual. Anal., S. 276 (1919).

FEIGL, F.: (a) Tüpfelreaktionen, S. 211 (1938); (b) J. Soc. chem. Ind. **57**, 1161 (1938); durch C. **110I**, 3420 (1939). — FEIGL, F., u. E. FRÄNKEL: B. **65**, 539 (1932). — FEIGL, F., u. P. KRUMHOLZ: B. **63**, 1917 (1930). — FEIGL, F., P. KRUMHOLZ u. E. RAJMANN: Mikrochemie **9**, 169 (1931). — FISCHER, H.: (a) Angew. Ch. **50**, 930 (1937); (b) **42**, 1025 (1929). — FRASER, H. J.: Am. Mineralogist **22**, 1026 (1937). — FRESENIUS, C. R.: Qual. Anal., S. 276, 277 (1919).

GIETZ, C. A., u. A. SA: An. Argentina **23**, 45 (1935); durch C. **107I**, 4736 (1936). — GILCHRIST, R.: Bur. Stand. J. Res. **12**, 300 (1934). — GILLESPIE, L. J., u. L. S. GALSTAUN: Am. Soc. **58**, 2565 (1936); durch C. **108I**, 2104 (1937). — GOLDBERGER, F., u. O. KIENBERGER: Mikrochemie **10**, 397 (1932); durch Fr. **94**, 114 (1933). — GRAHAM-OTTO: S. 1187 (1889). — GRUBE, G., u. H. REINHARDT: Z. El. Ch. **37**, 307 (1931). — GRÜNSTEIDL, E.: Mikrochemie **12**, 171 (1935). — GUTZEIT, G., u. R. MONNIER: (a) Helv. **16**, 233 (1933); (b) **16**, 478 (1933); durch C. **104I**, 2981, 3979 (1933).

HAHN, F. L.: Mikrochemie **8**, 77 (1930). — HANUŠ, J., A. JÍLEK u. J. LUKAS: Chem. N. **131**, 401 (1925); **132**, 1 (1926); durch C. **97I**, 1676, 3170 (1926). — HOLZER, H.: (a) Fr. **95**, 393 (1933); (b) Mikrochemie **8**, 274, 276 (1930). — HRADECKY, K.: Öst. Ch. Z. **23**, 152 (1920); durch C. **92IV**, 168 (1921).

IPATIEFF, W. W., u. W. G. TRONEFF: C. r. Acad. URSS. **1**, 622 (1935); **2**, 29 (1935); ferner Ser. A J. allg. Ch. **5** (67), 643, 661 (1935); durch C. **107I**, 1790, 3259 (1936); **107II**, 2079 (1936). Vgl. GM., Syst. Nr. 68, A (Darstellung der Platinmetalle) S. 399 (1939).

JANDER, W.: Z. anorg. Ch. **199**, 310 (1931).

KEISER, E. H., u. M. B. BREED: Am. Chem. J. **16**, 21 (1894); durch GM., Syst. Nr. 65, Pd, S. 272 (1942). — KORENMAN, J. M.: J. chem. appl. **13**, 1523 (1940); durch C. **112II**, 928 (1941). — KRUMHOLZ, P., u. E. KRUMHOLZ: Mikrochemie **19**, 36, 52 (1935).

LENK, G. E.: Met. Erz **97** (1935). — LEROUX, J. A. A.: Mitt. Forsch.-Inst. u. Prob.-Amtes f. Edelmetalle Nr. 12, S. 103 (1929), Staatl. h. Fachschule Schwäb.-Gmünd. — LUNDE, G.: Z. anorg. Ch. **163**, 349 (1927).

MANN, F. G., u. D. PURDIE: J. Chem. Soc., S. 1549 (1935); durch C. **107I**, 3290 (1936). — MAYR, C., u. W. PRODINGER: Fr. **117**, 334 (1939). — MEYER, J., u. K. HÖHNE: Mikrochemie **19**, 70 (1935). — MÜLLER, FR.: Z. El. Ch. **34**, 744 (1928). — MÜLLER, FR., u. A. RIEFKOHL: Z. El. Ch. **36**, 181 (1930). — MYLIUS, F., u. A. MAZZUCCHELLI: Z. anorg. Ch. **89**, 1 (1914).

OGBURN, S. C.: Am. Soc. **48**, 2493 (1926). — OGBURN, S. C., u. A. H. RIESMEYER: Am. Soc. **50**, 3018 (1928); durch Fr. **81**, 412 (1930).

PAAL, C., u. C. AMBERGER: B. **38**, 1392 (1905). — PAAL, C., u. L. FRIEDERICI: (a) B. **64**, 1766, 2561 (1931); (b) **65**, 540 (1932). — PASSERINI, L., u. L. MICHELOTTI: G. **65**, 824 (1935); durch C. **107II**, 2595 (1936). — PHILLIPS, F. C.: Z. anorg. Ch. **6**, 230 (1894). — PIERSON, G. G.: (a) Ind. eng. Chem. Anal. Edit. **11**, 86 (1939); (b) **6**, 437 (1934). — POZZI-ESCOT, M. E., u. H. C. COUQUET: C. r. **130**, 1073 (1900); durch C. **71I**, 1092 (1900). — PUTNAM, P. C., E. J. ROBERTS u. D. H. SELCHOW: Am. J. Sci. (5) **15**, 423 (1928); durch C. **99I**, 3097 (1928).

REMY, H.: Lehrb. anorg. Ch., 2. u. 3. Aufl., II, S. 316. Leipzig: Akad. Verl. Ges. Becker und Erler K.-Ges. 1942. — ROSE-FINKENER: I, S. 351 (1867). — RÜDISÜLE, A.: Nachweis, Bestimmung u. Trennung d. Chem. Elemente, S. 6 (1916).

SCHAPIRO, M. J., u. M. J. RUD: Chem. J. Ser. B (russ.) **11**, 140 (1938); durch C. **109II**, 3579 (1938). — SCHEINZISS, O. G.: Chem. J. Ser. A (russ.) **8** (70), 596 (1938); durch C. **110I**, 4507 (1939). — SCHMIDT, W.: Z. anorg. Ch. **80**, 335 (1913). — SCHOENTAL, R.: Mikrochemie **24**, 20

(1938). — SCHOLDER, R., u. H. L. HAKEN: B. **64**, 2870 (1931). — SHRINER, R. L., u. R. ADAMS: Chem. Soc. **46**, 1684 (1924). — STREBINGER, R., u. H. HOLZER: (a) Mikrochemie **7**, 264 (1930); (b) **9**, 401 (1931).

TAMMANN, G., u. H. J. ROCHA: Festschrift z. 50jähr. Bestehen d. Fa. G. Siebert, S. 315 (1931). — TANANAEFF, N. A., u. K. A. DOLGOFF: J. Russ. phys.-chem. Ges. **61**, 1377 (1929); durch C. **101 I**, 2130 (1930). — THÜRINGER, V., in DUPARC, L., u. M. N. TIKONOWITSCH: Le platine usw., S. 230 im Originaltext. — TREADWELL, F. P.: Anal. Chem. I, S. 548 (1930). — TRUTHE, W.: Z. anorg. Ch. **154**, 413 (1926). — TSCHUGAJEFF, L.: Z. anorg. Ch. **56**, 144 (1905).

VENTURELLO, G., u. N. AGLIARDI: Ann. Chim. applic. **30**, 221, 228 (1940); durch C. **111 II**, 1757 (1940). — VIVARIO, R., u. M. WAGENAAR: Pharm. Weekbl. **54**, 157 (1917); durch C. **88 II**, 244 (1917). — VOIRET, E. G., u. A. L. BONAIMÉ: Ann. Chim. anal. **26**, 11 (1944); durch C. **115 II**, 1095 (1944).

WADA, J., u. S. SAITO: Chem. N. **139**, 292 (1929); durch C. **101 I**, 865 (1930). — WHITMORE, W. F., u. H. SCHNEIDER: Mikrochemie **17**, 287, 301 (1935). — WIELAND, H.; durch HOFMANN, K. A., u. U. R. HOFMANN: Anorg. Ch., S. 643 (1939). — WILLIAMSON, D. K.: J. Pr. Austr. chem. Inst. **5**, 410 (1938). — WÖHLER, L.: Z. anorg. Ch. **57**, 407 (1908). — WÖHLER, L., u. J. KÖNIG: Z. anorg. Ch. **46**, 323 (1905). — WÖHLER, L., u. F. MARTIN: Z. anorg. Ch. **57**, 398 (1908). — WÖLBLING, H.: B. **67**, 774 (1934). — WÖLBLING, H., u. B. STEIGER: Mikrochemie **15**, 298 (1934). — WUNDER, M., u. V. THÜRINGER: (a) Ann. Chim. anal. **17**, 201; durch C. **83 II**, 550 (1912); (b) Fr. **52**, 101 (1913); (c) Fr. **52**, 660 (1913).

YOE, J. H., u. L. G. OVERHOLZER: Am. Soc. **61**, 2058 (1939); durch C. **110 II**, 4542 (1939); Ref. GRASSNER u. ABRAMCZIK: Chemie **55**, 314 (1942).

3. Rhodium.

Rh, Atomgewicht 102,91; Ordnungszahl 45.

I. Physikalische Eigenschaften.

Geschmolzenes Rhodium besitzt eine weiße, dem Silber ähnliche Farbe und einen hervorragenden Glanz. Es ist härter als Platin. Sein Lichtreflexionsvermögen kommt dem des Silbers im ganzen sichtbaren Spektralbereich am nächsten (GRUBE und KERSTING). Das Rhodium ist in dieser Hinsicht dem Platin überlegen. Im Luftstrom erhitzt zeigt Rhodium zwar dunkle Anlauffarben, verändert aber auch bei 1150° sein Gewicht nicht feststellbar und ist deshalb das an der Luft am wenigsten flüchtige Platinmetall (L. WÖHLER und MÜLLER). Der Schmelzpunkt liegt bei 1966 $\pm$ 3°, die Dichte bei 20° beträgt 12,414. Durch Verglühen und Reduzieren aus seinen Salzen gewonnenes Rhodium ist ein auffallend hellgraues Pulver.

II. Stellung im periodischen System, Wertigkeit, Koordinationszahl.

Entsprechend seiner Ordnungszahl 45 hat das Rhodium in der zweiten großen Periode des periodischen Systems seinen Platz, und zwar in der achten Vertikalgruppe in der Mitte der zur leichten Triade gehörenden 3 Platinmetalle Ru, Rh, Pd. In vertikaler Anordnung steht es also zwischen Co und Ir, was sich auch in der weitgehenden Isomorphie und Ähnlichkeit des Verhaltens der Komplexverbindungen ausprägt.

Das Rhodium ist das einzige Element in der Gruppe der Platinmetalle, das in seiner Valenzbetätigung hauptsächlich die 3wertige Stufe bevorzugt. Die einfachen, ebenso wie die Komplexverbindungen dieser Wertigkeitsstufe sind, ganz im Gegensatz z. B. zu den höheren Oxydationsstufen, durch große Beständigkeit ausgezeichnet.

Neben dem 3wertigen Rhodium sind noch bekannt:

4wertiges Rhodium (im $RhO_2 \cdot H_2O$, das wasserfrei nicht erhalten werden kann),
2wertiges Rhodium (im RhO und $RhCl_2$) und
1wertiges Rhodium (im RhCl). Vgl. S. 83, Absatz c.
(WÖHLER und MÜLLER, WÖHLER und EWALD.)

Alle übrigen Wertigkeitsstufen sind mehr oder weniger unsicher. Über höhere Oxydationsstufen des Rhodiums siehe GRUBE und AUTENRIETH, GRUBE und BAU-TSCHANG-GU, GRUBE und MEYER.

Für die meisten dargestellten Komplexverbindungen höherer Ordnung besitzt Rhodium die Koordinationszahl 6.

III. Chemisches Verhalten des Metalles.

a) Gegen Wasserstoff. Die Wasserstoffaufnahme des Rhodiums entspricht etwa derjenigen des Platins. Beim Reduzieren des Oxyds nimmt das Metall im Augenblick des Entstehens infolge der großen Oberfläche verhältnismäßig viel Wasserstoff auf. Tiefschwarzer Rhodiummohr nimmt je nach der Temperatur 170 bis 206 Vol. Wasserstoff auf, während der durch Erhitzen im Wasserstoffstrom auf 400 bis 500° erhaltene Rhodiumschwamm bei verschiedenen Temperaturen nur noch 1 bis 2 Vol. Wasserstoff auf 1 Vol. Metall adsorbiert (GUTBIER und MAISCH). Geglühtes Rhodiumpulver nimmt zwischen 420 und 1020° keine meßbaren Mengen H_2 auf (SIEVERTS und JURISCH). Der vom Rh aufgenommene Wasserstoff ist druckunabhängig und nur an der Oberfläche gebunden. Im kompakten Zustand adsorbiert daher Rh, ebenso wie Ruthenium, Osmium und Iridium, praktisch keinen Wasserstoff (E. MÜLLER und SCHWABE).

Da von Rhodium nur unwesentliche Mengen Wasserstoff aufgenommen werden, ist beim Reduzieren des Rhodiums zwecks analytischer Bestimmung das Abkühlen im CO_2-Strom nicht nötig (WICHERS).

b) Gegen Sauerstoff. Feinpulveriges Rhodium wird bei gewöhnlicher Temperatur weder von Luft noch von Sauerstoff angegriffen. Die Sauerstoffaufnahme wird erst oberhalb 100° merkbar. Der Einfluß der Temperatur ist hierbei sehr bedeutend: je höher die Temperatur, desto schneller verläuft die Oxydation. Über 1150° zerfällt jedoch das Rh_2O_3 wieder in seine Bestandteile. Bei dem Glühvorgang bildet sich ausschließlich das grauschwarze Rh_2O_3 (GUTBIER, HÜTTLINGER und MAISCH). Durch Schmelzen mit KOH und KNO_3 entsteht ein kaffeebraunes Monohydrat $Rh_2O_3 \cdot H_2O$, dessen Farbe sich beim Auswaschen mit HCl und H_2O ändert (BERZELIUS). Vgl. auch L. WÖHLER und EWALD.

In Ätzkalisalpeter während 1 Std. bei Rotglut geschmolzenes reines Rhodium ergab eine kaffeebraune Masse, die anfangs mit Wasser, dann mit HCl und schließlich mit Königswasser behandelt keine Löslichkeit zeigte, auch die Farbe selbst nach Trocknen nicht änderte. Auch Alkalilösung wirkt in der Siedehitze nicht darauf ein, das so behandelte Oxyd bleibt nach wie vor in Säuren unlöslich. In Gegenwart von Iridium jedoch geht es größtenteils in konzentriertem Königswasser in Lösung (CLAUS). Über das Verhalten des Rh_2O_3 in Gegenwart von Iridium vgl. Fußnote S. 65 des Originals.

Ein besonders feinverteiltes, reaktionsfähiges Sesquioxyd erhält man durch Erhitzen von $RhCl_3$ im Sauerstoffstrom bei 750 bis 800°, bis kein Chlor mehr entweicht. Rh_2O_3 ist, wie die entsprechend gewonnenen Oxyde des Ir, Ru, Os in Säuren, auch in Königswasser unlöslich. Von Wasserstoff wird es bei Dunkelrotglut leicht zu Metall reduziert, in feinverteilter Form bereits bei Zimmertemperatur (L. WÖHLER und W. MÜLLER).

Die den Analytiker weniger interessierenden niederen Oxyde RhO und Rh_2O lassen sich nach L. WÖHLER und W. MÜLLER durch stufenweise Dissoziation des III-Oxydes oberhalb 1113 bzw. 1121° in Sauerstoff von einer Atmosphäre darstellen. Nach neueren Untersuchungen von R. SCHENCK und FINKENER konnte aber z. B. beim Abbau des Rhodiumoxyds in Gegenwart anderer Metalloxyde nirgends eine Phase Rh_2O angetroffen werden. Vgl. S. 82, letzter Absatz.

c) Gegen Chlor. α) Unlösliche Chloride. Wie bei den Oxyden des Rhodiums, so ist auch bei den Chloriden die 3wertige Stufe, das $RhCl_3$, für den Analytiker von besonderem Interesse. Die Einwirkung des Chlors auf feinverteiltes metallisches Rhodium setzt erst bei Temperaturen über 250° ein, nimmt aber rasch mit der Temperatur zu (GUTBIER und HÜTTLINGER).

Die Chlorierung von Rh liefert zwischen 300 und 948° nur Rhodium(III)chlorid $RhCl_3$, während zwischen 948 bis 968° Gemische von Rhodium(II)chlorid und Rhodium(I)chlorid entstehen, die sich durch Schlämmen zerlegen lassen. Aus der

Druckkurve der drei Chloride ergibt sich, daß im Chlorstrom von einer Atmosphäre die Zersetzung beginnt, und zwar für:

Rhodium(I)chlorid, $RhCl$	bei 948°,
Rhodium(II)chlorid, $RhCl_2$	„ 958°,
Rhodium(III)chlorid, $RhCl_3$	„ 965°.

Oberhalb von 968° wird Rhodium von Chlor daher nicht angegriffen. Rhodium(IV)-chlorid, $RhCl_4$, konnte durch Aufchlorierung von $RhCl_3$ mit flüssigem Chlor nicht erhalten werden (L. Wöhler und Müller). Das wasserfreie $RhCl_3$ ist bis 700°, je nach der Oberfläche, ein ziegelrotes bis dunkelviolettes, anscheinend amorphes Pulver, das aber oberhalb 700° deutlich krystallin wird. Über 800° beginnt Sublimation zu schönen rotgoldenen Blättchen. Bei Temperaturen über 950° setzt bereits starke Verflüchtigung ein (L. Wöhler und Müller). Bei der praktischen Durchführung der Chlorierung bildet daher 800° die äußerste Temperaturgrenze, die nicht überschritten werden darf.

Die Ausführung erfolgt in Röhren aus Porzellan, schwer schmelzbarem Glas oder am besten aus geschmolzenem Quarzglas, die über freier Flamme oder zur besseren Temperaturkontrolle im elektrisch geheizten Röhrenofen erhitzt werden. Zur bequemeren Beschickung des Rohres wird die zu chlorierende Substanz in Schiffchen aus Porzellan oder Quarzglas in das Rohr eingeführt. Was die Menge des von den Schiffchen aufzunehmenden Materials anbelangt, ist zu berücksichtigen, daß bei der Chlorierung die Substanz eine Volumenvergrößerung um das 10fache und mehr erfährt. Nach beendeter Chlorierung läßt man das Material im Chlorstrom erkalten.

Durch Glühen des Rhodiumpurpureochlorids $[Rh(NH_3)_5Cl]Cl_2$ im trockenen Chlorstrom entsteht ebenfalls $RhCl_3$ (Jörgensen).

$RhCl_3$ ist in Säuren, auch in Königswasser, unlöslich und wird selbst von kochender konz. Schwefelsäure nicht angegriffen. In Form des äußerst lockeren, amorphen, ziegelroten Pulvers zerstäubt es leicht und wird von Flüssigkeiten schwer benetzt. Mit konz. Alkalilauge längere Zeit gekocht, quillt es auf, wird gelblich und geht beim Kochen in HCl mit rosenroter Farbe in Lösung (Claus).

Abgesehen von der Temperatur sind für einen glatten Verlauf der Chlorierung große Oberfläche, also feinstes Rhodiumpulver und dessen einwandfreier metallischer Zustand Vorbedingung. Oxydhaltiges Material muß vorher sorgfältig reduziert werden. Aus dem gleichen Grunde darf für die Chlorierung nur reines, vor allen Dingen O-freies trockenes Chlor benutzt werden. Soll Bombenchlor, das gewöhnlich eine geringe Menge Sauerstoff enthält, verwendet werden, so wird dem Chlorstrom etwas CO beigegeben, aber so, daß das Chlor stets im Überschuß vorhanden ist. Chlor und Kohlenoxyd werden zuvor mit konz. Schwefelsäure getrocknet. Temperatursteigerung nur allmählich.

Wasserfreies $RhCl_3$ enthält theoretisch 49,17% Rh, d. h. durch die Chloraufnahme muß das angewandte Rhodium eine Gewichtszunahme von etwas mehr als 100%[1] erfahren, wodurch eine einfache überschlägliche Kontrolle über die Vollständigkeit der Chlorierung, gleichzeitig aber auch über die Reinheit des Rhodiums gegeben ist (L. Wöhler und Metz). Vgl. auch Iridium, S. 122. Mit Kochsalz gemischt und im Chlorstrom auf Rotglut erhitzt, bildet feinverteiltes metallisches Rhodium oder $RhCl_3$ wasserlösliches Natrium-Rhodiumchlorid $Na_3(RhCl_6)$. Näheres siehe unter Salzschmelzen.

Durch Reduktion im Wasserstoffstrom bei nicht zu hoher Temperatur erhält man aus $RhCl_3$ feinverteiltes hellgraues Metallpulver.

---

[1] Der genaue Wert beträgt $\frac{50,83}{49,17} \times 100 = 103.38\%$.

β) Wasserlösliches Rhodiumchlorid $RhCl_3 \cdot xH_2O$. Das im Handel erhältliche, z. B. durch Auflösung des Hydroxydes in Salzsäure und Eindampfen erhaltene wasserlösliche Präparat ist in der Regel nicht frei von Chlorwasserstoffsäure. Es kann daher nicht als ein definiertes Hydrat angesehen werden. Durch mehrfaches Eindunsten der wäßrigen Lösung und längeres Erhitzen des Rückstandes, z. B. auf 130° läßt sich zwar die HCl bis auf einen geringen Anteil entfernen, doch gelingt das nur auf Kosten der Wasserlöslichkeit des Präparates (GRUBE und AUTENRIETH).

Die wäßrigen bzw. chlorwasserstoffsauren Lösungen besitzen je nach den Konzentrationsverhältnissen gelbe, rotbraune oder himbeerrote Farbe. Nach neueren Untersuchungen hängt diese Erscheinung auch mit der Bildung komplexer Verbindungen zusammen (J. MEYER und KAWCZYK; GRUBE und KERSTING).

Ähnliche Vorgänge sind auch bei dem Rhodiumsulfat festgestellt worden (KRAUSS und UMBACH).

d) Gegen Säuren. Das Verhalten des Rhodiums gegen Säuren wird, abgesehen von der Temperatur, sehr stark von der Oberfläche und von dem Zustand des Metalls beeinflußt. Geschmolzenes Rhodium z. B. wird von keiner Säure, auch nicht von konz. Königswasser oder konz. H_2SO_4 in der Siederhitze angegriffen, ebensowenig von konz. heißer HCl und Cl_2.

Liegt das Rhodium als hellgraues, metallisches Pulver vor, wie man es beispielsweise aus dem wasserfreien, amorphen $RhCl_3$ durch Reduktion bei nicht zu hoher Temperatur (sonst Sinterung und Oberflächenschrumpfung) erhält, so wird es nicht nur von Königswasser, sondern auch von Chlorwasserstoffsäure bei Gegenwart von Luftsauerstoff bereits deutlich angegriffen. Von heißer konz. Chlorwasserstoffsäure (D 1,19) wird es in Gegenwart von Chlor schon beträchtlich gelöst (DRP. 668873 v. 21. I. 1937), erheblich stärker aber noch von konz. heißer Schwefelsäure. Dagegen ist der Angriff verdünnter Chlorwasserstoffsäure (1 : 1) selbst in Gegenwart von Cl_2 und in der Wärme nur minimal, während konz. HNO_3 ohne jede Einwirkung bleibt.

Rhodiummohr, gleich ob feucht oder trocken, wird von konz. heißer Schwefelsäure glatt mit brauner Farbe gelöst. Ebenso wird Rhodiummohr von Königswasser in der Wärme stark angegriffen und von Chlorwasserstoffsäure in Gegenwart von Chlor oder Luftsauerstoff, besonders in der Wärme leicht gelöst. Schon TH. WILM hat über die leichte Löslichkeit von Rhodium aus einem Fällungsgemisch der Platinmetalle durch Digerieren mit Chlorwasserstoffsäure unter Luftzutritt berichtet. Bis zu einem gewissen Grade wird der Lösungsvorgang auch von der Herstellungsweise der Mohre beeinflußt. Bei passivem Verhalten kann durch reduzierende Behandlung der Mohr wieder säurelöslich gemacht werden. Stark geglühter Rhodiummohr oder -schwamm verhält sich wie kompaktes Rhodium.

Mit Unedelmetallen, wie beispielsweise Bi, Cu, Pb, Zn, oder mit Edelmetallen wie Gold, Platin, Palladium legiert, geht Rhodium, je nach dem Legierungsverhältnis, nicht nur in Königswasser, sondern in Legierungen mit Unedelmetallen sogar zum Teil in Salpeter-, Chlorwasserstoff- oder Schwefelsäure in Lösung. Rhodiumreiche Pt-Legierungen werden von heißem konz. Königswasser z. B. um so weniger angegriffen, je höher der Rhodiumgehalt ist. Zwecks Auflösung müssen derartige Legierungen daher mit der Zinkschmelze vorbehandelt werden (vgl. unter Aufschluß durch die Zinkschmelze, S. 207).

e) Alkalische Schmelzen. Wird Rhodium mit Natriumcarbonat oder Natriumcarbonat und Salpeter, ferner mit NaOH oder NaOH und Salpeter oder mit Na_2O_2 geschmolzen, so bildet sich in allen Fällen das unlösliche Oxyd Rh_2O_3, zum Teil in der schokoladenbraunen Abart. Kompaktes oder geschmolzenes Rhodium wird von schmelzendem NaOH bis zu Temperaturen von 550° überhaupt nicht und bei 800° nur minimal angegriffen, im Gegensatz zu Iridium und Ruthenium. Ein ungefähres Bild von der Angreifbarkeit dieser geschmolzenen Metalle durch NaOH im Schmelzfluß bei 800° gibt folgende Gegenüberstellung:

Durch die Schmelze hatten an Gewicht verloren:

Rh 0,4%, Ir 2,3%, Ru 92,0%.

Es verhält sich demnach in diesem Falle die Angreifbarkeit von

Rh : Ir : Ru etwa wie 1 : 6 : 230.

Die wäßrigen Lösungen der Schmelzen zeigten folgende Färbungen: Ruthenium: tiefrotbraun, Iridium: blaugrün, Rhodium: schwach gelblich. Rhodium ist also gegenüber alkalischen Schmelzflüssen das bei weitem widerstandsfähigste aller Platinmetalle.

f) Gegen Salzschmelzen. α) Bisulfatschmelze. Der wirksame Teil des Bisulfataufschlusses ist bekanntlich das nach der Entwässerung bei höheren Temperaturen der Schmelze aus dem Pyrosulfat frei werdende SO_3. Das Pyrosulfat geht hierbei allmählich in neutrales, unwirksames Sulfat über.

Zur Vermeidung von Verlusten durch Spritzen während der Entwässerung ist es daher zweckmäßig, statt Bisulfat fertiges Natrium- oder Kaliumpyrosulfat zu benutzen.

Von schmelzendem Natrium- oder Kaliumpyrosulfat wird feinverteiltes metallisches Rhodium, ebenso wie Palladium, unter Bildung von wasserlöslichem Alkali-Rhodium-Sulfat aufgeschlossen. Auch geschmolzenes Rhodium wird von schmelzendem Pyrosulfat bei Dunkelrotglut erheblich angegriffen. Die zuvor hochglänzende Oberfläche des Metalls wird nach dem Schmelzen dunkelgrau und nach Reduktion matt und hellgrau.

Der Aufschluß wird in folgender Weise durchgeführt:

Geht man von Hydrogensulfat aus, so wird dieses zunächst mit ganz kleiner Flamme (sonst Überschäumen!) entwässert, bis kein Wasserdampf mehr entweicht nd die Schmelze vollkommen ruhig geworden ist. Benutzt man fertiges Pyrosulfat, so wird dieses ebenfalls zunächst im Tiegel eingeschmolzen. Man entfernt den Brenner und gibt auf die erstarrte, aber noch warme Schmelze das feinpulverige Material, erhitzt wiederum mit kleiner Flamme bis zum Schmelzen und steigert die Temperatur allmählich bis zur Entwicklung der weißen SO_3-Dämpfe. Der Schmelzpunkt des Pyrosulfats liegt bei etwa 300°, während bei etwa 450° SO_3 zu entweichen beginnt [H. Biltz und W. Biltz; Brunck (a)].

Mit dem Auftreten der SO_3-Dämpfe beginnt sich die Schmelze braun zu färben, der Löseprozeß ist im Gang. Von Zeit zu Zeit wird der Tiegel vorsichtig umgeschwenkt. Es ist zweckmäßig, nach einiger Zeit das Schmelzen zu unterbrechen, etwas konz. Schwefelsäure hinzuzufügen und dann den Schmelzvorgang fortzusetzen [O. Brunck (b)].

Allmählich wird die Temperatur des Tiegelinhaltes bis auf dunkle Rotglut gesteigert und einige Minuten dabei gehalten. Nach 20 bis 25 Min. (vom Beginn der Entwicklung der SO_3-Dämpfe gerechnet) ist der Aufschluß bei Verwendung von etwa 0,1 g Rhodium beendet. Die Farbe der Schmelze ist je nach der Menge des Rhodiums rotbraun bis schwärzlichbraun. Nach dem Erkalten ist der Schmelzkuchen gelb bis bräunlichgelb gefärbt. Die wäßrige Lösung der Schmelze ist reingelb. Nach Zusatz von HCl und Digerieren auf dem Wasserbad schlägt die Farbe in Rot um.

Das Gelingen des Aufschlusses ist im wesentlichen von der Schmelztemperatur abhängig. Er gelingt unter sonst gleichen Umständen, am besten, wenn die Temperatur im Verlaufe des Schmelzvorganges allmählich auf dunkle Rotglut gesteigert wird. Ist Iridium zugegen, so wird bei dieser Temperatur aber bereits eine kleine Menge davon mit aufgeschlossen, die allerdings für qualitative Zwecke nicht von Belang ist. Hält man mit der Temperatur etwas unter Rotglut, so geht zwar kein

Iridium in Lösung, dafür bleibt aber der Rhodiumaufschluß unvollständig, so daß er wiederholt[1] werden muß. Über das Verhalten von Ruthenium und Platin vgl. Iridium, S. 108.

Bei Ausführung der Pyrosulfatschmelze ist der Platintiegel entbehrlich. Die Schmelze läßt sich mit dem gleichen Erfolg in einem guten glatten Porzellantiegel vornehmen. Als besonders geeignet haben sich Tiegel aus geschmolzenem Quarzglas erwiesen. Diese Tiegel werden von der Schmelze überhaupt nicht angegriffen, bleiben also im Innern vollkommen glatt und blank, so daß die erkaltete Schmelze, besonders wenn man durch Drehen des schräg gehaltenen Tiegels die erstarrende Schmelzmasse auf eine möglichst große Oberfläche verteilt[2], durch leichtes Aufstoßen des umgestülpten Tiegels auf die hohle Hand ohne weiteres herausfällt. Der durchsichtige Tiegel hat noch den weiteren Vorzug, daß er eine sorgfältige Beobachtung des gesamten Schmelzvorganges gestattet, ohne den Deckel abnehmen zu müssen. Eine geringe Aufrauhung des Tiegels stellt sich mit der Zeit an der Stelle der Außenseite ein, wo der Tiegel von der Gasflamme berührt wird.

Für den Aufschluß von 100 mg Rhodium genügen 5—10 g Alkalihydrogensulfat. In den meisten Fällen ist eine einzige Schmelze für einen vollständigen Aufschluß ausreichend, vorausgesetzt, daß das Rhodium als lockeres, gut reduziertes Pulver vorliegt. Oxydisches Material liefert nur unvollständige Aufschlüsse. Auch das wasserfreie, lockere $RhCl_3$ ist hierfür geeignet. (Vorsicht bei der Aufgabe; Verstäubungsverluste!)

Für Zwecke der qualitativen Trennung des Rhodiums von den anderen Platinmetallen, z. B. Iridium, Ruthenium, Platin, eignet sich das Pyrosulfatverfahren in all den Fällen, in denen eine lose Mischung dieser Metallpulver namentlich mit überwiegendem Rhodiumgehalt vorliegt. Ist noch Palladium vorhanden, so wird dieses zusammen mit dem Rhodium aufgeschlossen.

Ist das Rhodium jedoch mit den fraglichen Platinmetallen mehr oder weniger legiert (z. B. durch starkes Glühen), so treten ähnliche Erscheinungen auf, wie sie bei der Behandlung von Legierungen, z. B. mit Säuren, sich einstellen; denn die Pyrosulfatschmelze ist schließlich nichts anderes als ein Lösevorgang bei höheren Temperaturen. Je nach dem Legierungsverhältnis und der Art der Legierungsgenossen kann sich z. B. ein Teil des Rhodiums dem Aufschluß und damit dem Lösevorgang entziehen und andererseits dafür ein anderer an sich unlöslicher Legierungsbestandteil in Lösung gehen. Dieser Vorgang verrät sich unter Umständen bereits an der Änderung der Färbung beim Lösen des Schmelzkuchens in Wasser. Die wäßrige Lösung ist, falls sie nur Rhodium gelöst enthält, stets rein gelb gefärbt. Wenn z. B. Iridium aufgeschlossen ist, wird die Farbe der Lösung grünlichgelb. Auch zeigen sich mitunter beim Lösen in der Umgebung des Schmelzkuchens violette Schlieren[3]. Beim Vorliegen legierten Materials ist es daher unter Umständen zweckmäßiger, statt der Pyrosulfatschmelze den Aufschluß mit Kochsalz und Chlor oder die Wismutschmelze zu wählen.

β) Natriumchlorid-Cl_2-Aufschluß. Von allen Platinmetallen wird Rhodium verhältnismäßig schwer mit NaCl + Cl_2 aufgeschlossen, so daß häufig der Aufschluß wiederholt werden muß (Gutbier und Leutheusser). Es ist deshalb vorteilhafter, das Rhodium vorher bei 700 bis 800° in $RhCl_3$ (vgl. S. 85) zu verwandeln und nachher mit NaCl gemischt abermals der Einwirkung des Chlors bei 650° auszusetzen. Um dem Chlor ungehinderten Zugang zu der Beschickung des Schiffchens zu ermöglichen, wird zunächst in der Hauptsache nur gesintert und erst zum Schluß die Temperatur bis zum Schmelzen gesteigert (Claus).[4] Um Substanz-

[1] Bei Wiederholung der Schmelze muß der unaufgeschlossene Teil vorher reduziert werden.
[2] Die so behandelte Schmelze löst sich außerdem spielend leicht in Wasser.
[3] Über Trennung des Rh vom Ir in schwefelsaurer Lösung mit $TiCl_3$ vgl. S. 96.
[4] Vgl. ferner L. Wöhler und Witzmann.

verluste durch Dekrepitieren zu verhindern, verwendet man beim Aufschluß geknistertes und feingemahlenes Natriumchlorid.

Aus der wäßrigen, tief himbeerroten Lösung des auf diese Weise aufgeschlossenen Rhodiums krystallisiert, dem entsprechenden Iridiumsalz $Na_3(IrCl_6) \cdot 12\,H_2O$ isomorph, das Natriumrhodiumchlorid $Na_3(RhCl_6)$ mit 12 Mol. Krystallwasser in großen, stark glänzenden und tief kirschroten, monoklin-prismatischen Krystallen, die in Wasser leicht löslich, in Alkohol dagegen vollkommen unlöslich sind (Claus; Delépine und Boussu). Bei 400° im Chlorstrom entwässertes $Na_3(RhCl_6)$ ist in Acetonäther (1 : 1) ebenfalls vollständig unlöslich, sehr wenig löslich dagegen in Aceton allein. Bei ungenügender Entwässerung steigt die Löslichkeit auch in Acetonäther (1 : 1) mit dem Wassergehalt stark an (L. Wöhler und Metz). Über das Verhalten des $Na_2(IrCl_6)$ in diesem Falle siehe S. 98, ferner Iridium, S. 108. Betreffs weiterer Herstellungsmethoden des Natrium-Rhodium-Chlorids vgl. Gutbier und Hüttlinger.

g) Gegen Metallschmelzen. α) Die Schmelze mit Wismut. Von dem Verhalten des Rhodiums gegen Metalle in der Schmelzhitze interessiert den Analytiker zunächst am meisten die Schmelze mit Wismut, weil dadurch das Rhodium nicht nur in säurelösliche Form gebracht, sondern gleichzeitig auch vom Iridium und Ruthenium getrennt werden kann. Werden Rhodium und Wismut im Verhältnis 1 : 20 zusammengeschmolzen, so erhält man eine in heißer 50%iger Salpetersäure lösliche Legierung, welche das Rhodium in Form einer in Salpetersäure der angegebenen Konzentration ebenfalls löslichen Verbindung $RhBi_4$ enthält. Die Löslichkeit der Legierung steigt mit der beim Schmelzvorgang angewandten Temperatur. Im Gegensatz zu Rhodium legiert sich Iridium selbst im Verhältnis 1 : 31 bei 800° in 45 Min. nicht mit Wismut und bleibt beim Lösen der Schmelze in Salpetersäure unverändert zurück. Wie Iridium verhält sich auch Ruthenium. Beide lassen sich daher von Rh mit Hilfe der Wismutschmelze trennen.

Legiert man Rhodium und Wismut im Verhältnis 1 : 10, so erhält man bei gleicher Schmelzdauer (1 Std.) und gleicher Temperatur (800°) einen Regulus, der von Krystallnadeln durchsetzt ist, während die Löslichkeit des Rhodiums in Salpetersäure stark zurückgeht. Es hinterbleibt schließlich eine wohlkrystallisierte, silbergraue Verbindung von der Zusammensetzung $RhBi_2$, unlöslich in heißer konz. Salpetersäure, die sich aber in Königswasser mit roter Farbe löst.

Ausführung der Schmelze:

a) Im Röhrenofen, im Wasserstoffstrom, in Schiffchen, oder

b) im elektrischen Tiegelofen, in reinem Stickstoffstrom, im Rosetiegel, oder

c) im elektrischen Muffelofen, im Graphittiegel.

Zweckmäßigstes Legierungsverhältnis für den ersten Fall: Rh : Bi-1 : 25 bis 1 : 50.

Schmelztemperatur: 800°, *Schmelzdauer:* 1 Std., *Rh-Menge:* 0,1 g.

Schutzgas, z. B. Stickstoff, ist zur Vermeidung von Schlackenbildung von Sauerstoff vollständig zu befreien.

Auflösung des Regulus: In 50%iger heißer Salpetersäure (L. Wöhler und Metz).

Nach Filtration des unlöslichen Iridiums wird das Filtrat mehrfach mit HCl zur Trockne gedampft, mit wenig HCl aufgenommen und das Bi als BiOCl durch Eingießen in heißes Wasser ausgefällt. Rosa gefärbtes Oxychlorid muß so oft umgelöst und wieder ausgefällt werden, bis es reinweiß fällt. Schon sehr geringe Mengen Rh verraten sich durch die Rosafarbe des BiOCl. In der Regel genügt dreimaliges Umfällen. Die vereinigten Filtrate werden eingedampft. Wenn kein oder nur wenig Bi durch Verdünnen mit Wasser nachweisbar ist, wird das Rh mit Zink gefällt, durch Chlorieren (nach Mischen mit Kochsalz) der Rest von Wismut aus der Zinkfällung ausgetrieben, der Rhodiumkomplex gelöst und das Rhodium aus essigsaurer Lösung mit Magnesium gefällt oder der Komplex mit Wasserstoff zu Metall reduziert und das NaCl mit Wasser entfernt.

Die wiederholte Trennung des Rhodiums von Wismut durch Ausfällen des letzteren als BiOCl ist nicht allein recht umständlich, sie bildet auch eine Verlustquelle, die um so größer ist, je größer die abzuscheidenden Mengen BiOCl sind, und die sich, selbst nach mehrfachem Umlösen des BiOCl, wohl verringern, aber nie vollkommen beseitigen läßt. Außerdem spielt bei der noch zu erwähnenden Auflösung geringer Mengen Iridium (Ruthenium) bei der Wismutschmelze auch die Menge des Wismuts eine Rolle.

Aus den angeführten Gründen wird daher zur Wismutschmelze höchstens die 10fache Wismutmenge, bezogen auf das zu schmelzende Material, verwendet. Der dabei sich nötig machende Königswasserauszug (neben der vorausgegangenen HNO_3-Behandlung) wird um so eher in Kauf genommen, als bei den meisten Rh-Ir-(Ru)-Trennungen immer mit der Anwesenheit geringer Mengen Platin zu rechnen ist, die durch vorherige Behandlung mit Königswasser infolge Vorliegens von schwer löslichen Legierungen nicht entfernt werden konnten.

Zu beachten ist noch, daß beim Erhitzen im Wasserstoffstrom Wismut abdestilliert (Erdmann). Das gleiche Verhalten, wenn auch nicht in dem gleichen Maße, zeigt Wismut gegenüber CO in der Schmelzhitze[1]. Beim Erstarren dehnt sich Wismut so stark aus, daß z. B. Glasgefäße dadurch zersprengt werden (K. A. Hofmann und U. R. Hofmann).

In komplizierten Fällen, wie z. B. bei vorwiegend legiertem Material, läßt sich ein vollständiger Aufschluß nur dann erreichen, wenn man die Schmelze wiederholt. Zweckmäßiger ist es in solchen Fällen, das Material vor dem Schmelzen durch mehrfaches Chlorieren und Reduzieren in seinem Gefüge aufzulockern[2]. Vielfach genügt dann eine einzige Schmelze für einen vollständigen Aufschluß.

Daß mit dem Rhodium geringe Mengen Ir(Ru) gelöst werden, wurde bereits erwähnt. Obwohl L. Wöhler und Metz angeben, daß sich Iridium bei 800° nicht mit Wismut legiert, scheint selbst unter den von den beiden Autoren angegebenen Bedingungen doch auf der Wismutseite des (bisher noch nicht untersuchten) binären Systems Bi-Ir eine wenn auch nur geringe Löslichkeit des Iridiums im Wismut zu bestehen. In dem salpetersauren Auszug des aufgelösten Ir-haltigen Wismutregulus (Ir : Bi = 1 : 10) konnte nach Ausfällen des Wismuts als BiOCl und Eindampfen der wäßrigen Lösung mit der Reaktion nach Lecoq de Boisbaudran bisher in allen zur Untersuchung gelangten Fällen Iridium nachgewiesen werden. Ein ähnliches Verhalten zeigt Ruthenium. Immerhin läßt sich über die Wismutschmelze ein Rhodium abtrennen, das im großen Durchschnitt mehr als 99,5% Rh neben 0,25 bis 0,30% Ir (Ru) enthält.

Eine vollständige Trennung des Rhodiums vom Iridium wird z. B. durch Fällen des Rhodiums mit $TiCl_3$ aus schwefelsaurer Lösung erzielt [Gilchrist (b)]. Über die Ausführung der Trennung vgl. S. 96.

Ein Ersatz des Wismuts durch Blei, das mit Iridium (Ruthenium) keine feste Lösung bildet, bietet keinen Vorteil. Zwar läßt sich durch Salpetersäure der Überschuß des Bleis neben wenig Rhodium entfernen, doch erhält man bei Behandlung mit Königswasser außer einer Rh-haltigen Lösung eine in Königswasser unlösliche Verbindung $PbRh_2$. Auch kann durch längeres Kochen mit konz. Königswasser Iridium in Lösung gehen. Die unlösliche Bleilegierung läßt sich durch Behandeln mit Kochsalz und Chlor bei 700° aufschließen, wobei Blei größtenteils verflüchtigt

---

[1] Deshalb muß die Wismutschmelze bei verhältnismäßig niedrigen Temperaturen durchgeführt werden (etwa 800°). Einen Ausgleich bietet bis zu einem gewissen Grade die Schmelzdauer.

[2] Der gleiche Zweck wird auch durch die Zinkschmelze erreicht.

und der Rhodiumkomplex in wasserlösliche Form gebracht wird (L. WÖHLER und METZ). Dasselbe erreicht man durch Schmelzen der unlöslichen Verbindung $PbRh_2$ mit Pyrosulfat. Das Blei wird hierbei als $PbSO_4$ ausgeschieden. Vgl. auch S. 86 und 100 Pyrosulfatschmelze.

Von den drei für Rhodium in Betracht kommenden Aufschlußmethoden, dem Kochsalz-Chlor-Aufschluß, der Pyrosulfatschmelze und der Wismutschmelze hat die letztere trotz ihrer unverkennbaren Mängel den Vorzug, daß sie bezüglich der Zusammensetzung des aufzuschließenden Materials den größten Spielraum läßt. Dem Aufschluß wird im allgemeinen Material unterworfen, das in konz. Königswasser unlöslich ist. Das schließt jedoch nicht aus, wie wir wissen, daß der unlösliche Rückstand außer den Beimetallen, wie z. B. Iridium, Rhodium, Ruthenium, auch noch geringe Mengen der anderen Edelmetalle, also Pt, Pd und Ag, enthalten kann, die mit den erstgenannten Metallen legiert sind, aber in einem Verhältnis, daß diese Legierungen gegenüber Königswasser noch innerhalb der Resistenzgrenze liegen. Aus dem gleichen Grunde ist sogar noch mit der Anwesenheit gewisser Mengen Unedelmetalle zu rechnen (z. B. Zink von der Zinkschmelze, falls eine solche vorausgegangen ist). Hinzu kommt, daß die zu analysierenden Rückstände, je nach der Herkunft, auch nichtmetallische Verunreinigungen enthalten können, die sich weder durch Glühen noch durch Säurebehandlung entfernen lassen.

Unter diesen Voraussetzungen ist die Wismutschmelze das Gegebene. Die Ausführung erfolgt in diesem Falle am besten in einem kleinen, innen mit Borax glasierten hessischen Tontiegel oder im Goldglühtiegel in der Muffel unter Zugabe von Borax, um die nichtmetallischen Bestandteile zu verschlacken. Der äußerst spröde Regulus wird vorsichtig von anhaftender Schlacke befreit, zunächst mit Salpetersäure (D 1,3) und anschließend mit Königswasser (1 + 4) ausgekocht. Der in Königswasser unlösliche Rückstand enthält nach Behandeln mit Ammoniakflüssigkeit (zur Entfernung von AgCl) die Beimetalle Ir und Ru in feinkrystalliner und ziemlich reiner Beschaffenheit[1], während alle übrigen Metalle sich in der salpetersauren bzw. Königswasserlösung befinden und darin nachgewiesen werden können.

β) Die Bleischmelze. Über das Verhalten des Rhodiums bei der Trennung des Platins vom Iridium und Ruthenium mit Hilfe der Bleischmelze siehe Iridium, S. 109.

γ) Reinigung des Rhodiums durch Schmelzen mit Silber. Rhodium legiert sich nicht mit Silber. Dieses Verhalten läßt sich zur Trennung des Rhodiums von kleinen Mengen Platin, Palladium, Gold, Kupfer mit Vorteil verwerten. Zu diesem Zwecke schmelzt man z. B. unreines Rhodium mit der 8fachen Menge Silber, löst den Silberregulus zunächst zur Entfernung des Silbers in HNO_3 und behandelt den unlöslichen Rückstand schließlich mit Königswasser (1 : 4) in der Wärme. Der so erhaltene reine Rhodiumrückstand wird im Wasserstoffstrom reduziert. (Analytische Kommission des Platininstituts Leningrad.)

IV. Reaktionen des Rhodiums auf trockenem Wege.

a) Natriumcarbonat. Mit Natriumcarbonat am Platindraht in der oberen Oxydationsflamme des Bunsenbrenners geglüht, geben alle festen Rhodiumverbindungen Metall, das durch seine Unlöslichkeit in Königswasser und seine Löslichkeit in Kaliumpyrosulfat gut gekennzeichnet ist (C. R. FRESENIUS).

b) Boraxperle. Wird Boraxschaum mit der verdünnten Lösung eines Rhodiumsalzes befeuchtet und zur Perle verschmolzen, so erscheint diese in durchfallendem Licht braun, im auffallenden Licht schiefergrau (DONAU).

c) Kupellation. Beim Abtreiben von jeweils 500 mg Silber mit verschiedenen Rh-Mengen und je 3 g Blei in der Treibmuffel bei etwa 1150° ergeben sich besonders charakteristische und empfindliche Reaktionen. Selbst bei Spuren von Rh

---

[1] Weitere Reinigung des Rückstandes mit Flußsäure und Salzsäure.

zeigt das Silberkorn nach dem Blick von den üblichen Spratzwirkungen des reinen Silbers deutlich zu unterscheidende eigenartige Spratzerscheinungen. Der explosionsartig entweichende Sauerstoff zerreißt das ganze Korn, wobei er das aus dem Innern des Kornes mechanisch mitgerissene flüssige Silber als kugelige Gebilde hinterläßt, die auf feinsten Silberfäden wie Stecknadelköpfe sitzen und zu hochglänzenden Kügelchen erstarren. Bis 5 mg Rh (1%)[1] sind die geschilderten Spratzerscheinungen außerordentlich stark, verschwinden aber zwischen 5 und 10 mg Rh ganz. Es erscheint dafür aber ein schwarzer Anflug und Beschlag, dem Ir-Schwarz ähnlich, der schon bei 0,25 mg Rh auftritt und bis 20 mg Rh immer mehr zunimmt. Von 25 mg ab (5%) frieren die Körner bei 1150° ein und zeigen eine neue, dem Rh eigene Erscheinung: das treibende Korn fällt plötzlich in sich zusammen, indem es zu einer grauen, blumenkohlähnlichen, aufgeblähten Masse erstarrt. Der Bleirückhalt ist bei Kupellation von Silber-Rhodium am größten (TRUTHE). Vgl. auch BANNISTER und DU VERGIER.

d) Katalyse der Wasserstoffoxydation. Über die Ausführung dieses Nachweises vgl. Platin, S. 33 unter IV. Die Erfassungsgrenze beträgt 0,02 γ Rh (CURTMAN und ROTHBERG, FEIGL).

V. Reaktionen des Rhodium(III)-chlorids oder des $Na_3(RhCl_6)$ auf nassem Wege.

a) Mit anorganischen Reagenzien. ***Versuchslösungen:*** Eine schwach chlorwasserstoffsaure Lösung des Rhodium(III)-chlorids mit 5 g Rh/l oder eine neutrale Lösung von $Na_3(RhCl_6)$ der gleichen Konzentration.

α) Alkalihydroxyd. Bei tropfenweisem Zusatz des Reagenses entsteht nach Neutralisation sogleich eine weißgelbe Fällung von Rhodiumhydroxyd, die in Essigsäure löslich ist und im Überschuß des Fällungsmittels ebenfalls gelöst wird, bei längerem Kochen aber mit senfgelber Farbe wieder ausfällt. Wird die alkalische Lösung mit Alkohol versetzt und längere Zeit kräftig gekocht, so wird alles Rhodium als schwarzer Niederschlag, in der Hauptsache wohl als Mohr, abgeschieden.

β) Ammoniumhydroxyd erzeugt in konzentrierteren Lösungen des Rhodium(III)-chlorids nach längerem Kochen eine hellgelbe Fällung von Chloropurpureorhodiumchlorid $[Rh(NH_3)_5Cl]Cl_2$, unlöslich in Chlorwasserstoffsäure (JÖRGENSEN, GUTBIER und LEUTHEUSSER, LEBEDINSKI).

γ) Natrium- und Kaliumcarbonat bringen auch bei vorsichtiger Zugabe und geringem Überschuß zunächst keine Fällung hervor. Nach längerem Kochen fällt senfgelbes Hydroxyd.

Im Gegensatz zu den frischgefällten weißgelben Niederschlägen, die in Essigsäure leicht löslich sind, werden die durch längeres Kochen erzeugten nur zum Teil gelöst (Alterungserscheinungen). Sie sind aber in heißer Chlorwasserstoffsäure mit roter Farbe löslich.

δ) $NaHCO_3$ und $BaCO_3$. Zur quantitativen Abscheidung des Rhodiums mit Hilfe der Hydrolyse wird eine 2%ige Lösung von $NaHCO_3$ in gesättigtem Bromwasser oder eine Suspension von $BaCO_3$ (Mischung gleicher Vol. von Lösungen, die 90 g $BaCl_2$/l und 36 g wasserfreies Na_2CO_3/l enthalten) verwendet. Die Fällung erfolgt nach beiden Methoden in kochender Lösung (WICHERS). Siehe auch S. 99.

ε) Kaliumchlorid und Ammoniumchlorid ergeben keine Fällung. Die hierbei sich bildenden Komplexe Kaliumrhodium(III)chlorid und Ammoniumrhodium(III)-chlorid sind leicht wasserlöslich, aber unlöslich in Alkohol. Vgl. auch GM., Syst. Nr. 64, S. 70 (1938).

Wird aus einer Rh-haltigen Lösung der Chloroplatin(IV)-säure das Platin z. B. mit Salmiak gefällt, so scheidet sich nach einigem Stehen aus dem zunächst in Lösung gebliebenen geringen Teil des Ammoniumchloroplatinats ein grünlich ge-

---

[1] Bezogen auf 500 mg Silber.

färbter Niederschlag ab. Hierdurch lassen sich nach GILCHRIST und WICHERS noch äußerst kleine Rhodiummengen auffinden. Nähere Angaben über die Fällungsbedingungen werden nicht gemacht. Die gleiche Erscheinung zeigt sich übrigens auch bei der Fällung des Platins mit KCl. Beim Stehen über Nacht bilden sich mitunter dünne grün gefärbte Schichten oder Ringe auf dem gelben Niederschlag, meist ist auch der gesamte Niederschlag schwach grünlich verfärbt. Um dies einwandfrei festzustellen, ist es zweckmäßig, die Färbung mit derjenigen einer Standardfällung aus reinster Chloroplatin(IV)-säure mit KCl oder NH_4Cl zu vergleichen.

Der Nachweis ist recht kennzeichnend für Rhodium bei der Fällung von Ammonium- bzw. Kaliumchloroplatinat, aber nicht empfindlich.

ζ) Kalium- und Natriumnitrit. Auf Zusatz des Reagenses zur schwach chlorwasserstoffsauren Lösung erfolgt zunächst keine Veränderung. Beim Erwärmen wird die Lösung allmählich heller und verliert beim Kochen die Farbe nahezu vollständig, während sich ein gelblichweißer krystalliner Niederschlag von Kaliumrhodium(III)nitrit, $K_3[Rh(NO_2)_6]$, Kaliumhexanitrorhodiat(III), abscheidet [W. GIBBS (a)]. Vgl. auch unter Mikroreaktionen. Das Kaliumrhodium(III)-nitrit, welches mit der entsprechenden Kobaltverbindung, dem sog. FISCHERschen Salz $K_3[Co(NO_2)_6]$, große Ähnlichkeit besitzt, ist in warmem Wasser schwer, in kaltem fast unlöslich. Es ist ferner unlöslich in überschüssiger Kaliumnitritlösung, in 30%iger KCl-Lösung, 50%iger Kaliumacetatlösung, sowie in Alkohol. Von konz. Chlorwasserstoff wird es in der Wärme unter Bildung von $K_3(RhCl_6) \cdot 3\,H_2O$ gelöst (LEIDIÉ).

Bei Verwendung von Natriumnitrit als Reagens bildet sich das leichtlösliche $Na_3[Rh(NO_2)_6]$, das mit Kaliumsalz umgesetzt das reine, weiße $K_3[Rh(NO_2)_6]$ (FERRARI und COLLA) liefert. Aus schwach sauren Lösungen, die das Rhodium als Sulfat enthalten, fällt auf Zusatz von KNO_2 in der Siedehitze sogleich weißes, reines $K_3[Rh(NO_2)_6]$, während die Mutterlauge farblos wird. Die Fällung mit KNO_2 wird in dem von OGBURN vorgeschlagenen Analysengang zur Trennung des Rhodiums vom Iridium, Ruthenium und Osmium in alkoholischer Lösung benutzt (vgl. S. 195), obwohl die anderen Platinmetalle, so insbesondere das Iridium, mit KNO_2 ebenfalls zum Teil krystalline Niederschläge ergeben. Da die Abscheidung des Iridiums aber erst nach längerem Kochen beginnt, die Fällung sich außerdem mit der Verdünnung der Lösung verzögert, ist mit KNO_2 eine für qualitative Zwecke hinreichende Trennung des Rhodiums vom Iridium möglich. So lassen sich z. B. durch Fällung des Rhodiums als $K_3[Rh(NO_2)_6]$ neben 100 mg Rhodium noch 0,7 mg Ir in der Mutterlauge mit Hilfe der H_2SO_4-NH_4NO_3-Reaktion (vgl. Iridium, S. 113) bequem nachweisen, ebenso wie umgekehrt hierbei neben 100 mg Ir noch 1 mg Rh durch die $SnCl_2$-Reaktion in dem in diesem Falle sehr geringen Niederschlag von $K_3[Rh(NO_2)_6]$ mit Sicherheit nachgewiesen werden, der zuvor zu diesem Zweck mit konz. HCl, wie oben angegeben, zu $K_3(RhCl_6)$ umgesetzt wird.

η) Schwefelwasserstoff und Natriumsulfid[1]. Schwefelwasserstoff fällt in der Kälte erst nach längerem Einwirken, rascher jedoch in der Siedehitze aus sauren Lösungen braunes Rh_2S_3, unlöslich in Ammoniumsulfid und Alkalipolysulfid, wenig löslich in HCl (D 1,19) und konz. H_2SO_4, löslich in konz. HNO_3, besonders aber in Königswasser, ferner in HCl (D 1,19) in Gegenwart von Chlor. Über das Verhalten des Sulfids in alkalischer Lösung gegen Chlor vgl. Ruthenium, S. 126 und 142. Von Natriumsulfid wird in der Hitze ebenfalls braunes Rhodiumsulfid gefällt.

Aus Lösungen des Rhodiumsulfats in verd. H_2SO_4 wird Rhodium nur unvollständig als Sulfid gefällt. Behandelt man jedoch die Sulfatlösung mit Chlorwasserstoffsäure in der Wärme, so geht die gelbe Färbung der Sulfatlösung in die rosenrote des Chlorids über, und die Fällung des Rhodiums verläuft nunmehr quantitativ [GILCHRIST (a)].

[1] Über Fällung der Platinmetalle durch organische Monosulfide siehe Platin, S. 39 Fußnote.

Zwecks Überführung in Metall wird das Sulfid durch oxydierendes Glühen abgeröstet und anschließend im Wasserstoffstrom reduziert.

ϑ) Zinn(II)-chlorid[1]. Wird eine Rhodiumsalzlösung mit dem Reagens versetzt, so erfolgt bei Zimmertemperatur zunächst keine Veränderung, beim Erhitzen jedoch bildet sich eine Braunfärbung, die nach Abkühlen in eine himbeerrote Farbe übergeht. Dieser Vorgang wird damit erklärt, daß Rhodium, ähnlich wie Platin oder Gold, in Gegenwart des Reagenses zunächst ein braunes Sol bildet, welches aber im weiteren Ablauf der Reaktion von der gleichfalls vorhandenen Chlorwasserstoffsäure mit himbeerroter Farbe gelöst wird. Beim längeren Stehen (z. B. über Nacht) vollzieht sich der durch die Reaktion bedingte Farbenwechsel auch ohne Erhitzen.

Ausführung: 1 cm³ der Rh enthaltenden Lösung wird mit dem gleichen Volumen einer 40%igen $SnCl_2$-Lösung in 30%iger Chlorwasserstoffsäure versetzt und zum Sieden erhitzt, wobei die Farbe der Lösung zunächst braun wird. Beim langsamen Abkühlen kommt dann der himbeerrote Farbton zum Vorschein. Je größer die Rhodiummenge ist, desto langsamer erfolgt der Farbenumschlag. Erfassungsgrenze: 0,6 γ Rh in 1 cm³ Lösung (IWANOFF). Grenzkonzentration: 1 : 1660000 (Tabellen der Reagenzien, S. 73).

Ist die Rotfärbung durch Gelbfärbung verunreinigt, so wird die Lösung eingedampft, der Rückstand zu Metall verglüht und dieses mit etwas $KHSO_4$ geschmolzen, die Schmelze in wenig Wasser gelöst, bis auf 1 cm³ eingedampft und die Lösung wie oben angegeben weiterbehandelt. Auf diese Weise läßt sich Rhodium auch colorimetrisch bestimmen im Vergleich mit einer wäßrigen Rhodiumammoniumchloridlösung von bekanntem Gehalt (IWANOFF[2]).

Wie beim Platin, so hat sich auch beim Nachweis des Rhodiums das Zinn(II)-chlorid als die zuverlässigste und brauchbarste Farbenreaktion erwiesen, und zwar nicht allein wegen ihrer Schärfe, sondern auch wegen der verhältnismäßigen Unempfindlichkeit gegen Verunreinigungen, wie sie häufig in den zu prüfenden Mutterlaugen angetroffen werden (vgl. Platin, S. 39). Von den Platinmetallen, die ebenfalls Farbenreaktionen mit $SnCl_2$ geben, sind Störungen in erster Linie von Platin und Palladium zu erwarten, die sich aber durch Fällungsmittel größtenteils vorher entfernen lassen, dagegen sind Iridium, Ruthenium, Osmium ohne Einfluß (WÖLBLING). Ganz abgesehen davon, wird der Nachweis des Rhodiums in der Regel erst nach der Abscheidung der übrigen Platinmetalle geführt. Eine Ausnahme bildet das Ausschüttelverfahren nach WÖLBLING (vgl. S. 189, Analysenvorschläge).

ι) Natriumhypochlorit. aa) *Methode nach* DEMARÇAY. Eine neutrale oder schwach saure Lösung von Ammoniumhexachlororhodiat(III) wird mit einem geringen Überschuß einer frisch bereiteten konz. Natriumhypochloritlösung versetzt, wobei in hinreichend konz. Lösungen ein gelblicher Niederschlag entsteht. Fügt man zu der Lösung nun unter Umschütteln tropfenweise 20%ige Essigsäure, so löst sich der Niederschlag mit ziemlich intensiver orangeroter Farbe auf, die aber schnell verblaßt unter Abscheidung eines grauen Niederschlages, der sich schließlich in einer schönen himmelblauen Farbe verliert. Die Färbung hält sich einige Stunden, verschwindet aber allmählich und tritt auf Zusatz der Reagenzien wieder auf.

Erfassungsgrenze: 0,1 mg in 3 cm³.

Die Reaktion wird durch freie Mineralsäure gestört, die zweckmäßig vorher mit Natrium- oder Kaliumcarbonat nahezu vollständig neutralisiert wird. Außerdem verläuft die Reaktion am besten in der Kälte, Reaktionswärme muß beseitigt

[1] Über Zinn(II)-bromid und HBr als Reagenzien auf Rhodium vgl. Fr. **123**, 122 (1942).

[2] Man kann auch die saure Lösung in der Wärme mit Zink behandeln, den entstandenen Zinnschwamm filtrieren, nach gründlichem Auswaschen trocknen und das Sn mit Cl_2 entfernen. Der Rückstand wird nach vorheriger Reduktion mit etwas Pyrosulfat geschmolzen usw. wie oben.

werden. Der Nachweis kann sowohl in gelben als auch in roten Rhodiumsalzlösungen geführt werden.

Die blaue Lösung gibt mit Kaliumhydroxyd einen grünlichen Niederschlag, der sich in Essigsäure mit dunkelblauer Farbe löst (DEMARÇAY). Die Reaktion gelingt am besten mit frisch bereitetem, alkalischem Hypochlorit.

bb) *Methode nach* ALVAREZ. Zu der verdünnten wäßrigen Lösung irgendeines löslichen Rhodiumsalzes, wie z. B. Natriumrhodiumchlorid $Na_3(RhCl_6)$, gibt man einen Überschuß von NaOH in der Kälte, um eine alkalische Lösung von Rhodiumsesquioxydhydrat $Rh(OH)_3 \cdot H_2O$ zu erhalten. In diese Lösung wird Chlor eingeleitet. Zunächst nimmt die sehr verdünnte und meist farblose alkalische Lösung von Natriumhexachlororhodiat(III) eine rötlichgelbe Farbe an, die sogleich in Rot umschlägt. Diese Rotfärbung wird zusehends intensiver, bis die Lösung zu dunkeln beginnt und durch Bildung eines schwach grünen Niederschlags sich trübt. Schließlich löst sich die Trübung wieder mit schöner blauer Farbe, ähnlich der einer ammoniakalischen Kupferlösung. Die lösliche Verbindung, die in der Lösung die blaue Farbe hervorruft, ist das CLAUSsche Perrhodat $Na_2(RhO_4)$. Vgl. hierzu L. WÖHLER und EWALD.

Läßt man auf diese blaue Lösung eine frisch bereitete SO_2-Lösung einwirken, so verschwindet die blaue Farbe augenblicklich, und die Lösung nimmt eine hellgelbe Färbung an, entsprechend dem hierbei entstandenen Rhodiumsulfat. Natriumperoxyd und -persulfat entfärben die Lösung unter heftigem Aufschäumen, das durch die O_2-Entwicklung aus den Persalzen und dem Perrhodat verursacht wird. Chloroform, Äther sowie reines Benzin lösen die blaue Verbindung nicht auf (ALVAREZ).

Die Erfassungsgrenze liegt unter $1\,\gamma/cm^3$ (in $5\,cm^3$ festgestellt). Es empfiehlt sich, während des Einleitens des Chlors die Lösung zu kühlen. Nach Ansicht des Autors besitzt die vorher hauptsächlich in Laboratorien verwendete Reaktion nach DEMARÇAY nicht die vorteilhaften Eigenschaften, die man ihr zuschreibt. Dagegen soll der von ihm vorgeschlagene kennzeichnende Nachweis außerordentlich empfindlich sein und die Unterscheidung des Rhodiums von allen anderen Metallen dieser Gruppe ermöglichen.

Gegen die Empfindlichkeit des Nachweises ist nichts einzuwenden. Dagegen wird die Reaktion durch Anwesenheit gewisser Salze, wie z. B. Zinkchlorid, Eisen(II)-sulfat, gestört. Platin bewirkt Grün- statt Blaufärbung. Hinzu kommt, daß Iridiumlösungen (vgl. Ir, S. 144), in der gleichen Weise behandelt, ebenfalls blaue Farbenreaktionen geben können.

$\varkappa$) Kaliumjodid. Der Nachweis wird in Verbindung mit dem auf S. 189 (Analysenvorschläge) geschilderten Verfahren von WÖLBLING geführt. Nach der Entfernung des Platins wird unter den dort angegebenen Bedingungen das Rh mit Äthylacetat ausgeschüttelt und dadurch von Pd und Ir getrennt. Diese Trennung ist erforderlich, um bei dem folgenden Rhodiumnachweis mit KJ Störungen durch die in Gegenwart von Ir und Pd auftretende schwache Braunfärbung zu vermeiden. Wird nun die Lösung des Rhodiumsalzes mit KJ versetzt, so erscheint eine für die Gegenwart von Rhodium kennzeichnende Rotfärbung.

b) Mit organischen Reagenzien. *Dimethylglyoxim.* Durch Einwirkung von festem Dimethylglyoxim auf eine wäßrige Lösung von $Na_3(RhCl_6)$ entsteht nach längerem Erhitzen und hinreichender Konzentration allmählich ein schwer löslicher, krystalliner Niederschlag von schwefelgelber Farbe. Es handelt sich hierbei um eine Dichlorodioximinsäure des Rhodiums $(RhCl_2 \cdot D_2H_2)H$ (DH_2 = Dimethylglyoxim). Diese Säure löst sich in wäßrigem Ammoniak und Alkalihydroxydlösungen auf unter Bildung von sehr leicht löslichen Salzen. Durch Zusatz von Salz- oder Schwefelsäure wird die ursprüngliche Säure als schwer löslicher Niederschlag wieder ausgefällt (TSCHUGAJEFF und LEBEDINSKI).

Außer dieser Säure beschreiben die Autoren noch eine komplexe Base, die sich aus dem Purpureorhodiumchlorid mit Dimethylglyoxim herstellen läßt. Diese ist analytisch aber ebenso bedeutungslos wie die aus beiden Verbindungen abgeleiteten Salze. Vgl. auch GM., Syst. Nr. 64, S. 146, 151 (1938). Es entsteht die Frage, ob durch die vorher angegebene Reaktion die Fällung des Palladiums mit Dimethylglyoxim in Gegenwart von Rhodium beeinträchtigt werden kann. Die Fällungsbedingungen für die obige Reaktion sind:

1. Mäßig verdünnte wäßrige Natriumhexachlororhodiat(III)-lösung.
2. Zusatz von festem Dimethylglyoxim.
3. Fällung in der Siedehitze.

Arbeitet man in stark verdünnter Lösung[1], wie bei der Palladiumfällung allgemein üblich, so besteht nach unseren Versuchen, selbst bei Verwendung einer heißen gesättigten wäßrigen Lösung von Dimethylglyoxim als Reagens, keine Möglichkeit einer Verunreinigung des Pd-Niederschlages durch die Dichlorodioximinsäure des Rh. Bei Verwendung des Reagenses in 1%iger alkoholischer Lösung ist jegliche Gefahr ausgeschlossen.

Weitere Mitteilungen über Entstehung von Verbindungen des Dimethylglyoxims mit Rhodium und Iridium bringen LEBEDINSKI und FJEDOROFF. Hierbei handelt es sich um Salze, die bei der Einwirkung von Dimethylglyoxim auf Natriumhexanitrorhodiat entstehen, ferner um die bei Behandlung von Ammoniumchloroiridit $(NH_4)_3IrCl_6$ mit Dioxim sich bildende, den bekannten Säuren des Kobalts und Rhodiums analoge Säure $(IrD_2H_2Cl_2)H$, wobei D_2H_2 zwei Dimethylglyoximreste bedeuten. Siehe auch Iridium, S. 116.

Auch in diesen Fällen ist aus den bereits oben angeführten Gründen mit keiner Störung der Pd-Fällungen durch Rhodium oder Iridium zu rechnen. Das wird auch durch die Tatsache bestätigt, daß in 40jähriger Praxis die Bestimmung des Palladiums mit Dimethylglyoxim sich vollauf bewährt hat. Siehe auch GILCHRIST, WICHERS (b). Irgendwelche Bedeutung haben diese Reaktionen in makroanalytischer Hinsicht unseres Wissens bisher nicht erlangt. Über Angaben FRASERS betr. Fällung des Rhodiums mit 1%iger alkoholischer Dimethylglyoximlösung aus schwach salzsaurer Lösung vgl. Palladium, S. 70.

c) Mikroreaktionen. α) Kaliumnitrit fällt aus sauren und ammoniakalischen Rhodiumlösungen Kaliumhexanitrorhodiat(III) $K_3[Rh(NO_2)_6]$. Der Niederschlag gleicht dem Kaliumhexanitrokobaltat(III) und besteht aus gelben Würfeln von 2 bis 4 μ, die am Glase haften. Erfassungsgrenze bei mikroskopischer Beobachtung 0,09 γ Rh. Die Reaktion verträgt eine Verdünnung von 1 : 10000. Durch Anwendung von Caesiumchlorid kann die Empfindlichkeit gesteigert werden. In ammoniakalischer Lösung wird sie etwas herabgesetzt, dagegen bilden sich hierbei sehr charakteristische, sechsblätterige, blumenähnliche Rosetten. Gelindes Erwärmen fördert die Krystallbildung sowohl in saurer wie in ammoniakalischer Lösung (BEHRENS, KLEY-BEHRENS). Diese Reaktion wird von der Internationalen Kommission zum Nachweis des Rhodiums empfohlen (Tabellen der Reagenzien, S. 72).

β) Kaliumoxalat fällt feine kurze Nadeln, die denen des Kobaltoxalates ähnlich sind. Unter den gleichen Bedingungen gibt Palladium lange, dünne Stäbchen. Die Reaktion ist nicht sonderlich empfindlich. Erfassungsgrenze bei mikroskopischer Beobachtung 0,4 γ Rh (BEHRENS).

γ) Ammoniumquecksilberrhodanid $(NH_4)_2[Hg(CNS)_4]$. *Versuchslösung:* Eine 1%ige Lösung von Rhodium(III)-chlorid. Zu einer mit etwas konz. Salpetersäure versetzten Probelösung wird ein Tropfen der Reagenslösung gegeben. In

---

[1] Vgl. hierzu Analysengang II, S. 223; vgl. auch Palladium, S. 68.

kurzer Zeit entsteht ein feiner Niederschlag, der sich unter dem Mikroskop als aus gelben Krystallen bestehend erweist. In 100facher Verdünnung läßt sich die langsam vonstatten gehende Reaktion durch Zusatz von etwas festem Zinksulfat beschleunigen. Es bilden sich zunächst Krystalle von Zinkquecksilberrhodanid und nach einiger Zeit daneben die typischen Krystalle der Rhodiumverbindung (MARTINI).

δ) Caesiumchlorid. In nicht zu verdünnten Lösungen von Rhodium(III)-chlorid bilden sich schwerlösliche, rosenrote Nadeln und Stäbchen von 150 bis 200 μ Länge (BEHRENS-KLEY).

ε) Kupfer(II)-tetramminchlorid. Durch Diffusion zwischen 2 Tropfen (das Reagens in dem einen, Rhodium(III)-chlorid und Salmiak in dem anderen) entstehen rote Nadeln und Garben (50 μ). Mit Cd an Stelle von Cu erhält man doppelt so große und breite Nadeln (BEHRENS-KLEY).

d) Verhalten der Rh-Verbindungen gegenüber Reduktionsmitteln. α) In wäßriger Lösung. Die Reduktion des Rhodiums aus seinen Salzlösungen erfolgt im allgemeinen beträchtlich schwieriger als beim Palladium, aber immerhin noch leichter als beim Iridium oder Ruthenium. So wird, wie z. B. GUTBIER und MÜLLER festgestellt haben, Rhodium in der Siedehitze nur von Hydrazinhydrat aus neutraler Lösung vollständig reduziert. Dagegen gelingt die Reduktion durch Hydraziniumsalze nur in alkalischer Lösung und ebenfalls in der Siedehitze, und zwar erhält man in beiden Fällen aus konzentrierteren Lösungen tiefschwarzes pulverförmiges, aus verdünnteren metallisch glänzendes Rhodium. Ebenso werden Rhodiumsalzlösungen in ammoniakalischer Lösung beim Erhitzen durch Ameisensäure oder durch Natriumformiat in Gegenwart von Ammoniumacetat sowie durch Formaldehyd in alkalischer Lösung zu schwarzem metallischem Rhodium reduziert. Das sehr fein verteilte Metall zeigt beim Auswaschen mitunter Neigung, kolloidal in Lösung zu gehen, weshalb man dem Waschwasser etwas Ammoniumcarbonat zusetzt. Hingegen reduziert Hydroxylaminchlorhydrat Rhodiumsalzlösungen weder in saurer (Unterschied von Gold) noch in alkalischer Lösung (Unterschied von Palladium) [BRUNCK (b); C. R. FRESENIUS; GUTBIER und LEUTHEUSSER; GUTBIER und RIESS]. Über die Fällung des Rhodiums aus alkalischer Lösung durch Alkohol siehe S. 91.

Aus verdünnten wäßrigen Lösungen (etwa 0,01 n) wird Rhodium von Wasserstoff bei Atmosphärendruck und in gelinder Wärme quantitativ als Mohr ausgeschieden, und zwar schneller als Pt, aber langsamer als Pd (IPATIEFF und TRONEFF; vgl. auch BUNSEN).

Durch Unedelmetalle, wie Zink, Aluminium oder besser Magnesium, wird Rhodium in der Siedehitze aus salzsaurer Lösung leicht ausgefällt. Bisweilen wird auch die Fällung mit Magnesium aus essigsaurer Lösung vorgenommen (L. WÖHLER und METZ). Vgl. S. 89.

Für Zwecke der quantitativen Bestimmung dürfen zum Fällen des Rhodiums nur reinste Metalle verwendet werden. Das gilt namentlich für das Zink, das mitunter geringe Mengen Blei enthält. Trotz Auskochens der Zinkfällung mit verd. heißer HNO_3 und gründlichem Auswaschen bleiben häufig geringe Mengen Zink mit großer Hartnäckigkeit beim Rh und können vielfach erst durch Chlorieren der Zinkfällung vollständig entfernt werden. Das scheint darauf zurückzuführen zu sein, daß in der Zinkfällung das Zink mit dem Rhodium zum Teil legiert vorliegt (vgl. auch FOERSTER).

Aus schwefelsaurer Lösung wird Rhodium durch Reduktion mit $TiCl_3$ (20%ige Lösung) in der Hitze gefällt. Für quantitative Zwecke wird der mit verd. H_2SO_4 gut ausgewaschene Niederschlag in konz. H_2SO_4 unter Zusatz von konz. HNO_3 wieder gelöst und nach Entfernung der HNO_3 das Rhodium abermals aus verd. H_2SO_4-Lösung mit $TiCl_3$ zu Metall reduziert [GILCHRIST (b)].

Iridiumlösungen werden dagegen mit $TiCl_3$ nur bis zur 3wertigen Stufe reduziert. Infolgedessen ist die Fällung mit $TiCl_3$ ein ausgezeichnetes Mittel zur vollständigen Trennung des Rhodiums vom Iridium. Bedingung ist allerdings die Abwesenheit der übrigen Platinmetalle, von denen Platin und Palladium vollständig, Osmium und Ruthenium teilweise mitgefällt werden, das letztere besonders nach längerem Kochen (Blaufärbung).

In der Mutterlauge von der Rhodiumfällung läßt sich nach Eindampfen mit Salpetersäure, auch in Gegenwart des Titans, das Iridium mit konz. H_2SO_4 und NH_4NO_3 als blaue Farbreaktion nach LECOQ DE BOISBAUDRAN nachweisen.

Zinn(II)-chlorid reduziert die Rhodiumsalzlösung zu sehr beständigem rotbraunem Purpur. Vgl. unter V, S. 93.

β) In festen Salzen. Enthalten die Salze nur flüchtige oder verbrennbare Bestandteile, so genügt einfaches Glühen und anschließendes Reduzieren. Hinterbleiben nach diesen Glüh- und Reduktionsvorgängen noch fixe Alkalichloride [wie z. B. beim Reduzieren von $Na_3(RhCl_6)$], so werden diese durch Behandlung mit heißem Wasser entfernt. Das zurückbleibende Metall muß abermals reduzierend geglüht werden.

e) Sonstige Reaktionen. Über weitere Nachweisreaktionen mit anorganischen Reagenzien vgl. CLAUS.

Über Reaktionen der Platinmetalle mit zahlreichen anorganischen und organischen Reagenzien vgl. OGBURN.

Über mikrochemische Nachweismethoden der Platinmetalle mit anorganischen und organischen Substanzen, insbesondere Stickstoffverbindungen vgl. WHITMORE und SCHNEIDER. Siehe ferner FRASER.

VI. Reaktionen der Rhodiumsulfatlösungen.

Rhodiumsulfatlösungen ergeben, mit wenig Ausnahmen, mit den bei Rhodium(III)-chloridlösungen aufgeführten Reagenzien die gleichen Reaktionen, wie unter V, a, S. 91ff. angegeben. Zu den Ausnahmen gehört bis zu einem gewissen Grade die H_2S-Fällung (vgl. S. 92, Ziffer η). Die Reaktionen der Rhodiumsulfatlösungen sind, soweit sie besonders erwähnt sind, der besseren Übersicht und der Einfachheit halber bei den betreffenden Reaktionen des Rhodium(III)-chlorids bzw. des Natriumhexachlororhodiats(III) behandelt worden.

VII. Trennung des Rhodiums von anderen Platinmetallen und ihr Nachweis.

a) Trennung des Rhodiums von Iridium, Platin, Palladium nach WÖLBLING. Sie erfolgt am einfachsten aus entsprechend verdünnter Lösung nach dem von WÖLBLING angegebenen Ausschüttelverfahren (vgl. S. 94). Als Reagens für den Rhodiumnachweis dient KJ. Nach dem Ausschütteln der Rhodiumreaktion mit Essigester und der Trennung von der wäßrigen Phase kann man den Ester auch durch Eindampfen verjagen und in der HCl-sauren Lösung nach IWANOFF das Rhodium mit $SnCl_2$ nachweisen (vgl. S. 93).

b) Trennung des Rhodiums von den übrigen Platinmetallen auf Grund der Unlöslichkeit des Na_3RhCl_6-Komplexes in Alkohol. Die Unlöslichkeit des mit Hilfe des $NaCl$-Cl_2-Aufschlusses erhaltenen Natrium-Rhodium(III)-Komplexes in Alkohol kann zur Trennung von den übrigen Platinmetallen benutzt werden, die teils in Alkohol löslich, teils bei der Cl_2-Behandlung flüchtig sind (Os, Ru).

Dieser Aufschluß gestattet eine gleichzeitige Reinigung des Rhodiums von kleinen Mengen der anderen Metalle der Platingruppe [BRUNCK (b)], deren Nachweis nach vorheriger Entfernung etwa noch vorhandener Anteile von Os und Ru mit der Cl_2-Destillation zweckmäßig nach dem Ausschüttelverfahren von WÖLBLING erfolgt (vgl. S. 189).

Rhodiumnachweis: In der wäßrigen Lösung des Natrium-Rhodium(III)-Komplexes mit $SnCl_2$ nach IWANOFF oder in der schwach sauren Lösung mit KNO_2 als weißes $K_3[Rh(NO_2)_6]$.

c) Trennung des Rhodiums vom Iridium. α) Auf Grund der Unlöslichkeit des Na_3RhCl_6-Komplexes in Acetonäther. Ein ähnliches Trennungsverfahren wie unter b, das aber auf der Unlöslichkeit des wasserfreien Na_3RhCl_6 in Acetonäther (1 : 1) beruht, wird in folgender Weise ausgeführt: Das Metallgemisch wird mit überschüssigem Kochsalz bei 650° chloriert, die wäßrige Lösung im Chlorstrom eingedampft und das trockene Chloridgemisch bei 350° im Chlorstrom vom Wasser völlig befreit. Durch wiederholtes Ausschütteln der wasserfreien Komplexe mit Acetonäther in der Kälte wird das mit brauner Farbe lösliche Na_2IrCl_6 vom unlöslichen, pfirsichblütenfarbigen Na_3RhCl_6 getrennt. Wesentlich dabei ist, daß das Iridium ausschließlich in Form des komplexen, in Äther-Aceton löslichen Iridium(IV)-chlorids vorliegt und nicht als das in Äther-Aceton unlösliche komplexe Iridium(III)-chlorid. Das erstere ist im Chlorstrom bis zu 600° beständig, beginnt aber dann allmählich zum komplexen (III)-Chlorid zu dissoziieren, das bei Temperaturen über 750° allein beständig ist (L. WÖHLER und METZ). Vgl. hierzu S. 87, ferner Iridium, S. 108. Nach Angaben der Autoren ist die Methode zwar genau, aber noch nicht einfach genug.

Für qualitative Zwecke genügt es, das mit NaCl im Chlorstrom aufgeschlossene Material im Achatmörser rasch zu verreiben, gegebenenfalls nochmals bei 400° im Chlorstrom zu trocknen und in der angegebenen Weise mit Aceton-Äther zu behandeln.

Der Nachweis des Iridiums erfolgt nach Verdunsten des Aceton-Äthers in einer kleinen Salzprobe mit der Reaktion nach LECOQ DE BOISBAUDRAN. Der Rhodiumnachweis wird wie unter b ausgeführt.

β) Mit Hilfe der KNO_2-Fällung. Über die Ausführung der Fällung des Rhodiums mit KNO_2 siehe S. 92. Der krystalline Niederschlag wird mit 50%igem Alkohol ausgewaschen, durch Digerieren mit konz. HCl in der Wärme gelöst und die verdünnte Lösung mit $SnCl_2$ nach IWANOFF geprüft. In der Mutterlauge der KNO_2-Fällung wird das Iridium nach Abdampfen mit H_2SO_4 bis zum Erscheinen der SO_3-Dämpfe mit NH_4NO_3 nach LECOQ DE BOISBAUDRAN nachgewiesen.

γ) Durch die KCl- oder NH_4Cl-Fällung. Fällung und Nachweis erfolgen in der beim Iridium, S. 121, angegebenen Weise.

δ) Durch Reduktion des Rhodiums mit $TiCl_3$ zu Metall. Siehe hierzu S. 96.

ε) Durch Ausschütteln nach WÖLBLING. Siehe S. 94, Ziffer κ.

d) Trennung des Rhodiums von Iridium und Ruthenium. α) Mit Hilfe der Pyrosulfatschmelze. Sie erfolgt in der auf S. 86 geschilderten Weise. Der beim Auflösen der Schmelze in Wasser verbleibende krystalline Rückstand wird, nach Reduktion, mit Natriumchlorid im Chlorstrom aufgeschlossen. Aus der alkalischen wäßrigen Lösung des Aufschlusses wird das Ruthenium mit Hilfe der Chlordestillation entfernt und in der beim Ruthenium angegebenen Weise mit Thioharnstoff nachgewiesen. In der Lösung des Destillierkölbchens wird das Iridium, nach Zerstörung des Chlorates, mit KCl oder Salmiak nachgewiesen[1]. Bestätigung des Befundes mit der blauen Reaktion nach LECOQ DE BOISBAUDRAN. Der Rhodiumnachweis in der wäßrigen Lösung der Pyrosulfatschmelze geschieht mit der KNO_2-Fällung oder der $SnCl_2$-Reaktion nach IWANOFF.

β) Mit Hilfe der Wismutschmelze. Über das Wesen und die praktische Durchführung dieses Schmelzaufschlusses siehe S. 88. Er dient, wie die Pyrosulfatschmelze, in erster Linie der Trennung des Rhodiums vom Iridium und Ruthenium. Beide Metalle werden im Gegensatz zu Rhodium, Platin, Palladium vom Wismut

[1] Vgl. hierzu Platin, S. 35/36, ferner Iridium, S. 112.

bis auf einen für die qualitative Analyse belanglosen Betrag nicht gelöst und bleiben daher nach der Königswasserbehandlung als krystallines hellgraues Metallpulver zurück. Die Weiterbehandlung erfolgt in ganz derselben Weise wie unter b angegeben durch Aufschluß mit NaCl und Chlor usw. Das Rhodium wird nach Abscheidung des Wismuts als BiOCl in der eingedampften HCl-sauren Lösung ebenfalls wie unter a) nachgewiesen.

e) Trennung des Rhodiums von Platin. α) Mit Hilfe der KCl-(NH_4Cl)-Fällung. Eine für qualitative Zwecke in vielen Fällen hinreichende Trennung des Rhodiums vom Platin läßt sich auch durch Ausfällen des Platins mit KCl oder NH_4Cl erreichen. Zu diesem Zwecke wird die HCl-saure Lösung mit etwas überschüssigem, feingeriebenem KCl auf dem Wasserbad nach Zusatz einiger Tropfen Perhydrol zur Trockne verdampft. Der trockene Rückstand wird mit wenig Wasser angefeuchtet und mit kaltgesättigter KCl-Lösung aufgenommen und filtriert[1]. In der je nach dem Rhodiumgehalt mehr oder weniger rosenrot gefärbten Mutterlauge wird das Rhodium nach IWANOFF mit HCl-saurem $SnCl_2$ nachgewiesen; in der Wärme braune Färbung, nach Abkühlen himbeerrot. Nach diesem Trennungsverfahren werden durch die KCl- bzw. NH_4Cl-Fällung etwa 99,5% des Gesamtplatins und vom Rhodium in der Mutterlauge der Platinfällung etwa 95% des Gesamtrhodiums erfaßt. Vgl. S. 101 unter VIII.

β) Mit Hilfe der Hydrolyse. Die Hydrolyse kann durchgeführt werden:

1. Nach den beim Platin, S. 53, eingehend geschilderten Verfahren von MYLIUS und MAZZUCCHELLI oder von GILCHRIST und WICHERS.

2. Nach der auf S. 91 angeführten, von WICHERS stammenden Vorschrift, und zwar entweder
   a) mit Hilfe einer 2%igen Lösung von $NaHCO_3$ in gesättigtem Bromwasser oder
   b) mit einer Suspension von $BaCO_3$.

3. Durch Neutralisation der schwach sauren Lösung mit $NaHCO_3$ in der Wärme bis $p_H = 6$ nach W. D. TREADWELL.

4. Durch Behandeln der schwachsauren Lösung mit einem Bromat-Bromid-Gemisch in der Siedehitze nach MOSER und GRABER.

Die Hydrolyse der Lösung einer Platinrhodiumlegierung mit 5% Rhodium wird z. B. nach 2b ($BaCO_3$-Suspension) in folgender Weise ausgeführt: Die 1 g Pt plus Rh enthaltende Lösung (200 bis 250 cm^3) wird, falls sie ziemlich sauer ist, zunächst mit starker NaOH versetzt, bis die Säure größtenteils abgestumpft ist. Zur Neutralisation[2] verwendet man zweckmäßig eine verd. NaOH-Lösung mit 30 bis 40 g NaOH/l, von welcher man vorsichtig so viel hinzusetzt, bis sich eben ein Niederschlag zu bilden beginnt[3] und die Lösung ganz schwach alkalisch ist.

Man verwendet zur Hydrolyse eine Suspension von $BaCO_3$, die man durch Mischen gleicher Volumen von Lösungen mit 90 g $BaCl_2$/l und 36 g wasserfreies Na_2CO_3/l erhält. Im vorliegenden Falle werden hiervon je 5 cm^3 der Pt-Rh-Lösung hinzugefügt. Das gleiche Volumen Mischung wird auch bei Rh-Gehalten unter 5% verwendet, bei höheren dagegen ein im gleichen Verhältnis größeres Volumen (z. B. bei 8% Rh je 8 cm^3 $BaCl_2$ und Na_2CO_3). Die Lösung wird rasch zum Sieden erhitzt, 2 Min.[4] lang gekocht und anschließend heiß filtriert (doppeltes Weißbandfilter). Der bräunlichgelbe Niederschlag wird mit heißem Wasser gewaschen, dem man 2% NaCl hinzugesetzt hat, in HCl gelöst und die Fällung in der gleichen Weise wiederholt, um mitgefälltes Platin möglichst zu entfernen.

[1] Über den Rh-Nachweis im $K_2(PtCl_6)$ oder $(NH_4)_2(PtCl_6)$ vgl. S. 91. Vgl. auch WICHERS: S. 1824.

[2] Die Neutralisation läßt sich auch in der von MYLIUS und MAZZUCCHELLI vorgeschlagenen Weise durch mehrfaches Eindampfen mit Wasser in Gegenwart von NaCl (2 bis $2^1/_2$ g) auf dem Wasserbade erreichen (vgl. Platin, S. 53).

[3] Bei sehr geringen Rh-Mengen entsteht in der Kälte kein Niederschlag.

[4] Bei Wiederholung der Fällung 3 Min.

Der nunmehr erhaltene Niederschlag wird abermals in HCl gelöst und aus der siedend heißen Lösung, die etwa 3 bis 5 Vol.-% HCl (D 1,19) enthält, das Rhodium mit einem lebhaften H_2S-Strom als Sulfid gefällt. Man läßt absetzen, filtriert das Rhodiumsulfid ab und wäscht mit HCl-haltigem Wasser aus. Das Sulfid wird getrocknet, vorsichtig verglüht und im Wasserstoffstrom reduziert. Es ist zweckmäßig, das Rhodium durch Erhitzen im trockenen Chlorstrom bis auf 750 bis 800° auf Platin zu prüfen (vgl. S. 101).

Für den qualitativen Nachweis des Rhodiums genügt es, wenn der nach beendeter Hydrolyse abfiltrierte und gut ausgewaschene Niederschlag feucht in HCl gelöst oder getrocknet, verglüht und nach leichtem Reduzieren mit Pyrosulfat geschmolzen wird. In der HCl-sauren Lösung bzw. in dem wäßrigen Auszug der Schmelze wird das Rhodium mit $SnCl_2$ nach Iwanoff nachgewiesen.

Enthält die zu analysierende Lösung SO_4^{--}, wie z. B. nach vorausgegangener Fällung des Goldes mit SO_2, so verwendet man, um Störungen durch Einschleppen von $BaSO_4$ zu vermeiden, zweckmäßiger das Hydrolyseverfahren nach 2[1], mit Hilfe einer 2%igen Lösung von $NaHCO_3$ in gesättigtem Bromwasser.

Die Ausführung ist im wesentlichen die gleiche wie zu 2b. Nachdem man die freie Säure neutralisiert oder nach der Methode von Mylius und Mazzucchelli (vgl. S. 99, Fußnote) entfernt hat, wird die wäßrige Lösung auf etwa 200 cm³ mit dest. Wasser aufgefüllt. Zu der neutralen oder nur ganz schwach alkalischen Lösung werden nun bei einer Einwaage von 1 g Platinrhodium mit 10% Rh etwa 50 cm³ einer 2%igen Lösung von $NaHCO_3$ in gesättigtem Bromwasser[2] hinzugefügt und die Mischung zum Sieden erhitzt. Man kocht etwa 30 Min. kräftig, bis sich der grünlichschwarze Niederschlag[3] zusammenballt, filtriert nach kurzem Absitzenlassen und wäscht mit heißem Wasser aus, dem man etwas NaCl hinzugefügt hat. Zur Erzielung einer vollständigen Trennung muß der Niederschlag in HCl gelöst und die Hydrolyse wiederholt werden. Eine einmalige Wiederholung ist meist hinreichend. Nach dem Trocknen wird die Fällung verascht, leicht reduziert und, wie oben angegeben, weiterbehandelt.

In den vereinigten Filtraten der Hydrolyse wird das Platin nach Einengen und Ansäuern mit HCl mit den bekannten Fällungs- oder Farbreaktionen nachgewiesen. Im Falle der Hydrolyse nach 1 wird zuvor mit HCl auf dem Wasserbade zur Trockne gedampft und der Rückstand mit Wasser aufgenommen (vgl. Platin, S. 54).

Mit der Hydrolyse wird die quantitative Trennung des Rhodiums vom Platin erreicht. Als recht zuverlässig haben sich in längerer Praxis die Hydrolysenmethoden nach 2a und 2b erwiesen.

γ) Mit Hilfe der Pyrosulfatschmelze. Die Ausführung der Pyrosulfatschmelze erfolgt in der auf S. 86 geschilderten Weise. In der wäßrigen Lösung des Schmelzkuchens läßt sich das Rhodium mit der $SnCl_2$-Reaktion nach Iwanoff oder mit KNO_2 als $K_3[Rh(NO_2)_6]$ nachweisen. Der in Wasser unlösliche Rückstand wird mit Königswasser gelöst, die Lösung mit HCl eingedampft und in der Lösung durch Fällen mit KCl das Platin mikrochemisch (Oktaeder!) nachgewiesen.

f) Trennung von Rhodium und Palladium in Lösungen der Pyrosulfatschmelze. Mit Hilfe der Pyrosulfatschmelze lassen sich sowohl Mischungen als auch Legierungen beider Metalle bei Dunkelrotglut um so vollständiger aufschließen, je feiner verteilt

[1] Man kann auch die Edelmetalle mit Zink fällen, filtrieren, nach gründlichem Auswaschen wieder lösen und anschließend die Hydrolyse nach 2b durchführen. Sollte beim Auflösen ein geringer Rückstand von unlöslichem Rh bleiben, so wird dieses später bei der Chlorbehandlung oder für die qualitative Prüfung bei der Pyrosulfatschmelze mit aufgeschlossen. Größere Mengen werden besser mit NaCl im Chlorstrom aufgeschlossen.

[2] Das Bromwasser ist möglichst immer frischbereitet zu verwenden.

[3] Nach Wichers entsteht hierbei grünschwarzes, hydratisiertes Rhodium(IV)-oxyd $Rh(OH)_4$. Bei Gegenwart von Zink, wie z. B. nach dem Zinkaufschluß, ist die Farbe des Niederschlages mehr schmutziggelb.

das Material vorliegt. In der wäßrigen, schwach sauren Lösung der Schmelze läßt sich das Palladium mit Dimethylglyoxim fällen und als solches nachweisen. Der gelbe Niederschlag wird abfiltriert und im Filtrat[1] das Rhodium nach Einengen mit der $SnCl_2$-Reaktion nachgewiesen.

VIII. Besondere Nachweismethoden des Rhodiums.

a) Nachweis kleiner Rhodiummengen in Gegenwart von Platin durch Grünfärbung der KCl- oder NH_4Cl-Fällung des Platins. Die Ausführung des Nachweises geschieht ganz einfach durch Fällen des Platins mit KCl oder NH_4Cl und längeres Stehenlassen des Niederschlages (am besten über Nacht) bis zum Auftreten der Grünfärbung. Siehe hierzu S. 91.

b) Nachweis kleinster Mengen Platin neben Rhodium. α) In metallischem Rhodium. Das fein verteilte Analysenmaterial wird längere Zeit im Chlorstrom, und zwar zunächst bis zur beginnenden Rotglut, erhitzt, dann allmählich die Temperatur gesteigert, falls nötig, auf 750 bis höchstens 800° und etwa 20 bis 30 Min. bei dieser Temperatur gehalten. Die Chlorierung des Rhodiums beginnt oberhalb 250° (vgl. S. 83).

Ist Platin zugegen, so wird dieses bereits zwischen 300 und 400°, wo die Chloraufnahme des Platins am stärksten ist, chloriert, bei weiterer Temperatursteigerung aber auch teilweise verflüchtigt, wobei sich das flüchtige Chlorid an den kälteren Teilen des Rohres als hellgelbes bis orangerotes Sublimat wieder niederschlägt[2]. Dieses Sublimat läßt sich mit verdünntem Königswasser leicht lösen und herausspülen. Bei weiterer Steigerung der Temperatur bis auf 750 oder 800° wird schließlich die Chlorierung des Rhodiums vervollständigt, während das Platinchlorid bei Temperaturen über 600° wieder in Chlor und Metall zerfällt (vgl. Platin, S. 31), das beim Abkühlen im Chlorstrom zum Teil aber wieder chloriert wird. Der Grad der hierbei stattfindenden Aufchlorierung ist, abgesehen von der Zeit, innerhalb welcher das obengenannte Temperaturintervall bei der Abkühlung rückwärts durchlaufen wird, allerdings stark von der vorher angewandten Höchsttemperatur abhängig (Sinterung, Oberflächenschrumpfung). Es ist zweckmäßig, die Verchlorung so lange fortzusetzen, bis kein Sublimat mehr erscheint.

Durch den Chlorierungsvorgang wird also z. B. das in fein verteilter, legierter Form in die Apparatur eingebrachte Platin-Rhodium-Pulver vollständig zersetzt. Es bildet sich hierbei auf der einen Seite in Königswasser unlösliches, ziegelrotes bis dunkelviolettes, amorphes oder auch, je nach der Temperatur, krystallines Rhodium(III)-chlorid (vgl. S. 83), während das Platin andererseits nach beendeter Chlorierung als Chlorid oder Metall vorliegt und infolgedessen durch Behandeln mit Königswasser (1 + 4) in der Wärme in Lösung gebracht und vom Rhodium auf diese Weise vollständig getrennt werden kann.

Man dampft das mit der Königswasserlösung vereinigte Spülwasser, das zum Herausspülen des Sublimates aus dem Chlorierungsrohr benutzt wurde, auf dem Wasserbad zweimal mit Chlorwasserstoffsäure ein und prüft die klare salzsaure Lösung mit $SnCl_2$. An der gelben bis orangeroten Färbung wird die Anwesenheit von Platin erkannt. Durch Ausschütteln mit Äther läßt sich der Nachweis noch schärfer gestalten.

Geschmolzenes oder grobkörniges Analysenmaterial muß zuvor mit der Zinkschmelze[3] vorbehandelt werden. Vgl. auch Iridium, S. 122 unter F, vorletzter und letzter Absatz.

---

[1] In nicht zu sehr verdünnten Lösungen läßt sich das Rhodium mit der $SnCl_2$-Reaktion nach Iwanoff ohne weiteres im Filtrat in Anwesenheit des Palladiums nachweisen, sofern das Verhältnis Rh : Pd nicht zu ungünstig für das Rhodium ist.

[2] Ein Teil des flüchtigen Chlorids wird offenbar von dem gleichzeitig entstehenden $RhCl_3$ hartnäckig zurückgehalten und entweicht erst bei verhältnismäßig hoher Temperatur.

[3] In diesem Falle tritt bei der Chlorierung zu dem flüchtigen Platinchlorid noch leicht flüchtiges Zinkchlorid, das sich zum Teil als weißer Beschlag im kälteren Teil des Rohres zusammen mit Platinchlorid wieder abscheidet.

β) In Rhodiumlösungen. Die Pt-haltige Rhodiumlösung wird in einem Bechergläschen mit NH_4Cl zur Trockne verdampft und das entstandene Ammoniumhexachlororhodiat(III) samt Überschuß von NH_4Cl in wenig Wasser gelöst. Beim Umrühren lassen sich auf diese Weise noch winzige Mengen Platin als $(NH_4)_2PtCl_6$ feststellen. So konnten in Gegenwart von 200 mg Rh noch Bruchteile eines Milligramms Pt nachgewiesen werden (WICHERS). Vgl. S. 99 unter α.

c) Nachweis von Rhodiumüberzügen auf weißen Schmuckstücken. Zum Schutz gegen Anlaufen werden echt silberne oder versilberte Schmuckstücke oder solche aus Neusilber häufig mit einem galvanischen Rhodiumüberzug versehen.

Zur Prüfung, ob ein rhodiniertes Schmuckstück vorliegt oder nicht, wird dieses mit einem Tropfen einer verdünnten Goldchloridlösung betupft. Entsteht hierbei nach einigen Sekunden ein bräunlich-schwarzer Fleck, so besitzt das zu untersuchende Stück keinen Rhodiumüberzug, im anderen Fall tritt keine Fleckenbildung auf. Der Fleck läßt sich durch Abreiben mit Seesand wieder beseitigen.

d) Nachweis von Rhodium neben Iridium durch „indirekte Analyse". Siehe Iridium, S. 122.

IX. Prüfung des Rhodiums auf seine Reinheit.

Hierzu siehe S. 84 unter III, c, Verhalten gegen Chlor. Vgl. auch: Nachweis durch „indirekte Analyse", VIII, d.

X. Physikalische Methoden.

Spektralanalytische Nachweismethoden.

Der Nachweis auf spektralanalytischem Wege wird in einem besonderen Abschnitt gemeinsam mit den anderen Platinmetallen behandelt.

Literatur.

ALVAREZ, E. P.: Chem. N. **91**, 216 (1905). — ANALYTISCHE KOMMISSION DES PLATININSTITUTS LENINGRAD: Ann. Inst. Platine (russ.) **9**, 102 (1932); durch C. **104 II**, 1221 (1933); GM., Syst. Nr. 68, S. 532 (1940).

BANNISTER, C. O., u. E. A. DU VERGIER: Analyst **39**, 340 (1914); durch C. **86 I**, 506 (1915). — BEHRENS, H.: Fr. **30**, 154 (1891). — BEHRENS-KLEY: Mikrochem. Anal. I, S. 162 (1921). — BERZELIUS, J. J.: Ann. **13**, 451 (1828); durch GM., Syst. Nr. 64, S. 47 (1938). — BILTZ, H., u. W. BILTZ: Ausf. Quant. Anal., S. 200 (1937). — BRUNCK, O.: (a) Quant. Anal., S. 29 (1936); (b) Ch. Z. **61**, 434 (1937). — BUNSEN, R.: A. **146**, 265 (1868).

CLAUS, C.: Festschrift, S. 65 (1854).

DELÉPINE, M., u. P. BOUSSU: Bl. (4) **23**, 287 (1918); durch GM., Syst. Nr. 64, S. 74 (1938). — DEMARÇAY, M. E.: C. r. **102**, 951 (1885). — DONAU, J.: M. **25**, 913 (1904); durch C. **75 II**, 1256 (1904).

ERDMANN, H.: Lehrb. anorg. Ch., S. 688 (1910).

FERRARI, A., u. C. COLLA: Atti Accad. Lincei [6] **18**, 45 (1933); durch C. **104 II**, 3553 (1933). — FOERSTER, F.: Elektrochemie wäßriger Lösungen, 3. Aufl., Bd. 1, S. 185 (1922). — FRASER, H. J.: Am. Mineralogist **22**, 1026 (1937). — FRESENIUS, C. R.: Qual. Anal., S. 278 (1919).

GIBBS, W.: (a) Am. J. Sci. [2] **34**, 346 (1862); (b) J. pr. **91**, 173 (1864); durch GM., Syst. Nr. 64, S. 78 (1938). — GILCHRIST, R.: (a) Bur. Stand. J. Res. **12**, 300 (1934); (b) Bur. Stand. J. Res. **9**, 552 (1932). — GILCHRIST, R., u. E. WICHERS: Am. Soc. **57**, 2572 (1935). — GRUBE, G., u. H. AUTENRIETH: Z. El. Ch. **43**, 880 (1937); **44**, 296 (1938). — GRUBE, G., u. BAU-TSCHANG-GU: Z. El. Ch. **43**, 397 (1937). — GRUBE, G., u. E. KERSTING: Z. El. Ch. **39**, 953 (1933). — GRUBE, G., u. K. H. MEYER: Z. El. Ch. **43**, 404 (1937). — GUTBIER, A. u. A. HÜTTLINGER: B. **41**, 213 (1908). — GUTBIER, A., A. HÜTTLINGER u. O. MAISCH: Z. anorg. Ch. **95**, 225 (1916). — GUTBIER, A., u. E. LEUTHEUSSER: Z. anorg. Ch. **149**, 182 (1925). — GUTBIER, A., u. O. MAISCH: B. **52**, 2275 (1919). — GUTBIER, A., u. L. v. MÜLLER: B. **42**, 2205 (1909). — GUTBIER, A., u. M. RIESS: B. **42**, 1437 (1909).

HOFMANN, K. A., u. U. R. HOFMANN: Anorg. Ch., S. 558 (1939).

IPATIEFF, W. W., u. W. G. TRONEFF: C. r. Acad. URSS. I, S. 627 (1935); durch C. **107 I**, 3260 (1936); I, S. 1790; II, S. 2079 (1936). — IWANOFF, W. N.: J. Russ. phys.-chem. Ges. **50**, 460 (1918); durch C. **94 IV**, 136 (1923); Fr. **64**, 408 (1924).

JÖRGENSEN, S. M.: J. pr. [2] **27**, 433; **34**, 394; durch GRAHAM-OTTO: S. 1352 (1889).

KRAUSS, F., u. H. UMBACH: Z. anorg. Ch. **180**, 42, 48, 49, 54 (1929).

LEBEDINSKI, W.: Izvestija Ssektora Platiny i drugich blagorodnych Metallow **13**, 9 (1936); durch C. **108II**, 2809 (1937). — LEIDIÉ, E.: C. r. **111**, 106 (1890).
MARTINI, A.: Mikrochemie **16**, 233 (1934/35). — MEYER, J., u. M. KAWCZYK: Z. anorg. Ch. **228**, 299 (1936). — MÜLLER, E., u. K. SCHWABE: Ph. Ch. A **154**, 143 (1931). — MOSER, L., u. H. GRABER: M. **59**, 65 (1932); durch C. **103I**, 2357 (1932).
OGBURN, S. C.: Am. Soc. **48**, 2494 (1926).
SCHENCK, R., u. F. FINKENER: B. **75** A, 1962 (1942). — SIEVERTS, A., u. E. JURISCH: B. **45**, 228 (1912).
TREADWELL, W. D.: Tabellen zur quant. Analyse, S. 95. Leipzig u. Wien 1938. — TRUTHE, W.: Z. anorg. Ch. **154**, 420 (1926). — TSCHUGAJEFF, L., u. W. LEBEDINSKI: Z. anorg. Ch. **83**, 2 (1913).
WHITMORE, W. F., u. H. SCHNEIDER: Mikrochemie **17**, 279 (1935). — WICHERS, E.: Am. Soc. **46**, 1822, 1826 (1924); durch C. **95II**, 2285 (1924). — WILM, TH.: B. **14**, 634 (1881). — WÖHLER, L., u. K. F. A. EWALD: Z. anorg. Ch. **201**, 145, 161 (1931). — WÖHLER, L., u. L. METZ: Z. anorg. Ch. **149**, 309 (1925). — WÖHLER, L., u. W. MÜLLER: Z anorg. Ch. **149**, 137 (1925). — WÖHLER, L., u. W. WITZMANN: Z. anorg. Ch. **57**, 324 (1908).

4. Iridium.

Ir, Atomgewicht 193,1; Ordnungszahl 77.

I. Physikalische Eigenschaften.

Geschmolzenes Iridium ist ein rein weißes, glänzendes, ziemlich sprödes Metall. Durch Schlag oder Druck zerfällt es in Stücke von glänzendem, unebenem Bruch. Es ist außerordentlich hart, und zwar noch wesentlich härter als z. B. Rhodium. Indessen läßt sich Iridium, ebenso wie das Rhodium, in glühendem Zustand zu Blech und Draht auswalzen, dagegen nicht zu dünnerem Draht ziehen. Sein Schmelzpunkt liegt bei 2454 ± 3°, es wird in dieser Hinsicht also nur noch von Ruthenium und Osmium übertroffen. Die Dichte bei 18° beträgt 22,41. Aus seinen Salzen durch Verglühen und Reduzieren gewonnenes Iridium ist ein graues Pulver.

II. Stellung im periodischen System, Koordinationszahl, Wertigkeit.

Auf Grund seiner Ordnungszahl 77 steht das Iridium im Periodischen System in der dritten großen Periode, und zwar in der VIII. Gruppe. Es nimmt in der sog. schweren Triade der Platinmetalle (Os, Ir, Pt) den Mittelplatz ein. In der vertikalen Anordnung steht das Iridium unter Kobalt und Rhodium, woraus sich die bereits beim Rhodium erörterten gegenseitigen chemischen und krystallographischen Beziehungen ergeben.

Entsprechend der Oktaederstruktur des komplexen Anions bzw. Kations besitzen die meisten dargestellten Komplexverbindungen höherer Ordnung die Koordinationszahl 6.

In seiner Valenzbetätigung ist das Iridium vielseitiger als das Rhodium. Während von diesem vier Wertigkeitsstufen bekannt sind, kommt das Iridium in fünf, nämlich in der 1-, 2-, 3-, 4- und 6wertigen Stufe vor. 1wertiges Iridium ist im IrCl, 2wertiges in $IrCl_2$ enthalten. Die 3- und 4wertige Stufe sind durch große Beständigkeit, namentlich der komplexen Verbindungen, gekennzeichnet. 3wertiges Iridium ist z. B. im $IrCl_3$ und den daraus abgeleiteten zahlreichen Komplexen vom Typus $Na_3(IrCl_6)$ enthalten, 4wertiges im IrO_2 (ein dem $IrCl_3$ analog hergestelltes $IrCl_4$ existiert nicht) und zahlreichen Salzen vom Typus $Na_2(IrCl_6)$. Von Vertretern der 6wertigen Oxydationsstufe ist neben dem IrF_6 noch das Kaliumiridat $K_2O \cdot IrO_3$ zu nennen.

Außer diesen fünf Stufen wird im Schrifttum noch das IrO_4 genannt, welches das Iridium in der 8wertigen Stufe enthalten würde. Die Existenz des IrO_4 ist jedoch zweifelhaft. Vgl. hierzu auch GM., Syst. Nr. 67, S. 13 (1939). Vgl. ferner Platin, S. 30, und LATHE: The Determination of the Metals of the Platinum Group in Nickel Ores and Concentrates, Fußnote S. 335 im Original.

III. Chemisches Verhalten des Metalles.

a) Gegen Wasserstoff. Sowohl kompaktes graues Iridiumpulver als auch samtschwarzer Iridiummohr nehmen Wasserstoff auf. Die Gasaufnahme ist von der Temperatur und der Teilchengröße, also der Oberfläche des Metalles, abhängig.

Iridiummohr, der durch Reduktion von $(NH_4)_2(IrCl_6)$ mit Hydraziniumchlorid hergestellt war, zeigte eine Adsorption von 807 Vol. Wasserstoff auf 1 Vol. Metall bei 25° und Atmosphärendruck (SHUKOW). Wie bei allen übrigen Platinmetallen findet auch beim Iridium im Augenblick des Entstehens (z. B. aus Oxyd durch Reduktion) die größte Wasserstoffaufnahme statt (E. MÜLLER und SCHWABE). Iridium, welches beim Auflösen einer Legierung von Iridium in Zink mit Schwefelsäure als feines Pulver zurückbleibt, zeigt infolge Adsorption von Wasserstoff und Sauerstoff beim Erhitzen explosive Eigenschaften (COHEN und STRENGERS). Über die Verhinderung solcher Explosionserscheinungen vgl. Aufschluß mit Hilfe der Zinkschmelze, S. 207.

Im Hinblick auf die Möglichkeit, daß bei der Reduktion von Iridium größere Mengen Wasserstoff adsorbiert werden können, ist es auf alle Fälle ratsam, das reduzierte Iridium nicht im Wasserstoff, sondern im CO_2-Strom erkalten zu lassen, wie es wohl auch meistens geschieht (PALMAER). Vgl. auch JUZA. Es finden sich allerdings auch Anhänger der gegenteiligen Meinung (A. WERNER, DE VRIES, JUL. MEYER und HOEHNE).

b) Gegen Sauerstoff. Von den im Schrifttum angegebenen Oxyden IrO, Ir_2O_3, IrO_2 und IrO_3 ist bisher nur IrO_2 in reiner Form dargestellt worden.

Versuche zur Herstellung von IrO mit Alkalihydroxyd über die Ir(II)-sulfite haben nicht zum Ziele geführt, auch scheint das Iridium(II)-oxyd derart hohe Zersetzungsdrucke aufzuweisen, daß auch sein Hydrat bei gewöhnlicher Temperatur nicht existenzfähig ist. Ebenso ist es nicht gelungen. wasserfreies Ir_2O_3 herzustellen. Beim Entwässern zerfällt $Ir_2O_3 \cdot H_2O$ in seine Eckstufen IrO_2 und Ir, verhält sich also ganz wie das analoge Ruthenium(III)-oxyd [L. WÖHLER und WITZMANN (a); LUNDE].

α) Iridium(IV)-oxyd IrO_2. Die unmittelbare Oxydation feinverteilten Iridiums führt zu IrO_2, doch werden hierbei ähnlich wie beim Palladium, Rhodium und Ruthenium immer nur unvollständige Oxydationsprodukte erhalten. Das liegt daran, daß bei zu niedrigen Temperaturen die Geschwindigkeit der Sauerstoffaufnahme zu gering ist, während bei höheren Temperaturen das Iridium bereits stark sintert. Bei Anwendung von Sauerstoff und Atmosphärendruck verläuft die Oxydation bei 1070° am schnellsten. Weitere Steigerung auf 1100° führt bereits zum Zerfall, so daß oberhalb dieser Temperatur keine Oxydation des Iridiums zu IrO_2 mehr stattfindet [L. WÖHLER und WITZMANN (b)].

Geschmolzenes Iridium verhält sich ebenso. Bei der Oxydation bilden sich blauschwarze Anlauffarben, die bei hoher Temperatur wieder verschwinden.

Auch auf nassem Wege läßt sich das Dioxyd durch Fällen einer konz. heißen Lösung von Natriumhexachloroiridat(IV) mit Kaliumhydroxyd und anschließender Oxydation durch Einleiten von Sauerstoff herstellen. Diese Darstellungsweise ist jedoch sehr umständlich und liefert nur selten reine Produkte. Am einfachsten wird IrO_2 aus fein verteiltem oberflächenreichem $IrCl_3$ (vgl. S. 105) durch Erhitzen im Sauerstoffstrom auf 600° hergestellt, wobei man blauschwarzes Oxyd in der gleichen feinen Verteilung erhält wie das Ausgangschlorid [L. WÖHLER und WITZMANN (a), (b); STREICHER]. IrO_2 ist für den Analytiker von allen Oxyden des Iridiums bei weitem das wichtigste. Bei Temperaturen über 100° getrocknetes oder durch Erhitzen von $IrCl_3$ im Sauerstoffstrom hergestelltes Dioxyd ist in allen Säuren unlöslich. Es wird auch von schmelzendem Pyrosulfat nicht angegriffen, im Gegensatz zu metallischem Iridium, bei welchem je nach der angewandten Temperatur mitunter eine wenn auch nur geringe Löslichkeit festzustellen ist. Zwecks analytischer Bestimmung des Ir im Oxyd wird dieses zunächst im Wasserstoffstrom erhitzt und dann der Wasserstoff durch CO_2 verdrängt [L. WÖHLER und WITZMANN (a)]. Reines IrO_2 gibt beim Erhitzen im Sauerstoffstrom kein isolierbares höheres Oxyd. Nur in Gegenwart von Alkalioxyd findet Sauerstoffaufnahme in beschränktem Maße statt unter

β) Bildung von Iridat, während alkalifreies Iridium(VI)-oxyd nicht herstellbar ist. Das Iridium folgt vielmehr in dieser Hinsicht den analogen Oxyden RuO_3, OsO_3, RhO_3, die ebenfalls nur in Verbindung mit Alkali vorkommen. Iridiumtrioxyd entsteht ferner noch durch anodische Oxydation bei der Elektrolyse einer stark alkalischen blauen Dioxydlösung bei 20° [L. WÖHLER und WITZMANN (a)].

γ) Iridium(VIII)-oxyd IrO_4. Ein bisher noch nicht bekanntes IrO_4 entsteht vermutlich beim Erhitzen des Ir auf höhere Temperatur. Wird nämlich metallisches Iridium über 700° erhitzt, so geht mit der Oxydation zu IrO_2 auch Verflüchtigung des Iridiums Hand in Hand. Sie nimmt zu mit der Temperatur und dem Sauerstoffgehalt der umgebenden Atmosphäre. Dagegen ist in Gegenwart von Wasserstoff z. B. keine Verflüchtigung zu bemerken. Sie ist auch im Stickstoff nur unbedeutend und wahrscheinlich auf einen geringen Sauerstoffgehalt zurückzuführen. Da die Verflüchtigung vom Sauerstoff abhängt, ist anzunehmen, daß sie über das Oxyd vor sich geht und wahrscheinlich durch die Entstehung eines stark endothermen, dem OsO_4 analogen IrO_4 hervorgerufen wird, das aber beim Überschreiten seines Existenzgebietes während des Erkaltens in das beständigere Dioxyd übergeht [L. WÖHLER und WITZMANN (b); HOLBORN, HENNING und AUSTIN; EMICH]. Vgl. auch Platin, S. 30.

Iridium verflüchtigt sich an der Luft zehnmal so stark wie Platin (HOLBORN und HENNING). Gegenüber Sauerstoff ist also Iridium weniger beständig als Platin, Palladium und Rhodium.

Im Verlaufe der Analyse wird das Iridium meist in Form des Dioxyds gewonnen, das an sich nicht flüchtig ist (EMICH). Es besteht daher beim vorsichtigen Veraschen der Niederschläge von IrO_2 bzw. $IrO_2 \cdot 2H_2O$ keine Gefahr des Substanzverlustes durch Verflüchtigung. Wegen Verhinderung der häufig hierbei zu beobachtenden Verpuffungserscheinungen vgl. Ruthenium, S. 141.

δ) Oxydhydrate. Von den Hydraten sind $Ir_2O_3 \cdot xH_2O$ und $IrO_2 \cdot 2H_2O$ isoliert worden. Über ihre Herstellung vgl. L. WÖHLER und WITZMANN (a); H. GERLACH.

c) Verhalten gegen Chlor[1]. α) Wasser- und säureunlösliche Chloride Von einfachen Verbindungen des Iridiums mit Chlor sind bekannt $IrCl_3$, $IrCl_2$ und $IrCl$. Erhitzt man sorgfältig reduziertes, fein verteiltes Iridiumpulver, wie man es z. B. durch Reduktion einer Lösung von $Na_2(IrCl_6)$ mit Mg erhält, in einem sauerstofffreien, trockenen Chlorstrom von 1 Atm., so wird das Iridium zwischen 500 und 620° quantitativ zu Trichlorid $IrCl_3$ umgesetzt. Bei 600 bis 620° erfolgt die Umsetzung fast augenblicklich, sobald das Metall diese Temperatur erreicht hat. Dagegen findet bereits bei 445° auch nach längerer Zeit nur eine teilweise Chlorierung statt. Das entstehende Trichlorid ist bis 760° in Chlor von einer Atmosphäre beständig. Oberhalb dieser Temperatur findet Chlorabspaltung statt. Wie beim Rhodium, ist auch beim feinverteilten Iridium die Chlorierung mit einer großen Volumenzunahme verbunden. Überscheiten der Temperatur von 620° ist zu vermeiden, da sonst das zuerst erzeugte, oberflächenreiche, olivgrüne Chlorid schon unter 760° zu oberflächenarmem $IrCl_2$ zerfällt und nur schwer wieder aufchloriert werden kann. Das olivgrüne Chlorid wird durch vorsichtiges Sintern bei 650° hellgelb, ohne seine Zusammensetzung zu ändern (L. WÖHLER und STREICHER). Über Ausführung der Chlorierung vgl. Rhodium, S. 84.

---

[1] Über Prüfung des Iridiums auf seine Reinheit mit Hilfe der Chlorierung vgl. S. 122.

Die Farbe des Chlorids ist, je nach der Herstellungsweise, verschieden, sie ändert sich mit dem Grade der Verteilung und schwankt im allgemeinen zwischen Hellgelb und Olivgrün. Dunkle, grobkrystalline Produkte entstehen bei raschem Erhitzen, wobei teilweise Zersetzung eintritt. $IrCl_3$ ist etwas flüchtig, und zwar bereits in merklichen Mengen bei 470° (von 200 mg in 2 Std. 1 mg = 0,5%). Die Verflüchtigung nimmt bei steigender Temperatur zu. Bei 800° ist es nahezu vollständig dissoziiert, wobei sich ebenfalls ein Teil als IrCl verflüchtigt (L. Wöhler und Streicher; Streicher). Zusatz von CO zum Chlor (vgl. Rhodium, S. 84) erzeugt bei Belichtung (Sonnenlicht, brennendes Magnesiumband) unter lebhafter Reaktion, Bildung von braunroten Chlorierungsprodukten, die über Gelbgrün in helles Gelbgrün übergehen. Als Ursache dieser beschleunigenden Wirkung des CO wird die Bildung von Zwischenprodukten (Carbonylchloriden) angenommen (Krauss und Gerlach). Über weitere Methoden zur Herstellung von $IrCl_3$ vgl. GM., Syst. Nr. 67, S. 56 (1939).

Von Säuren, auch Königswasser, und von Laugelösungen wird $IrCl_3$ in keinem Zustand seiner Verteilung angegriffen (Streicher). Stark konz. Alkalihydroxyde zersetzen $IrCl_3$ in der Hitze unter Blaufärbung zu Iridat(III), das sich in HCl vollständig löst (Delépine).

Durch Reduktion im Wasserstoffstrom wird $IrCl_3$ zu Metall reduziert. Mehrfache Chlorierung und Reduktion führt schließlich zu sehr fein verteiltem Mohr (L. Wöhler und Streicher). Bei hinreichend feiner Verteilung erfolgt die Reduktion des $IrCl_3$ bereits in der Kälte. In Gegenwart von Luft sind kleine Knallgasexplosionen möglich (Streicher). Durch Erhitzen des olivgrünen $IrCl_3$ im Sauerstoffstrom entsteht schwarzes voluminöses IrO_2 (vgl. S. 104). Kohlenoxyd beginnt bei 120° auf $IrCl_3$ einzuwirken unter Bildung von flüchtigem Carbonylchlorid, das sich bei höheren Temperaturen unter Abscheidung schwarzer glänzender Metallspiegel zersetzt (Manchot und Gall).

Durch thermischen Abbau von $IrCl_3$ ist die Existenz zweier weiterer Chloride, des $IrCl_2$ und IrCl, nachgewiesen. Der Existenzbereich im Chlorstrom von 1 Atm. liegt für $IrCl_2$ zwischen 763° und 773°, für IrCl zwischen 773 und 798°. Das Dichlorid bildet braune Krystalle, das Monochlorid rote. Beide sind in Wasser, Säuren, Alkalien unlöslich. Der höheren Bildungstemperatur entsprechend zeigt besonders das Monochlorid bei seiner Entstehung auch größere Flüchtigkeit. Diese beiden Chloride interessieren den Analytiker nur insofern, als sie bei Überschreitung der für $IrCl_3$ geltenden Dissoziationstemperatur von 760° dem $IrCl_3$ in der Regel beigemengt sind. $IrCl_3$ enthält theoretisch 64,48% Iridium.

Iridium(IV)-chlorid $IrCl_4$ wasserfrei herzustellen, erwies sich als unmöglich, da dieses wahrscheinlich schon unter 100° den Chlordruck von 1 Atm. erreicht, also bei Temperaturen, bei denen $IrCl_3$ nicht merklich mit Cl_2 reagiert (Streicher).

β) Wasserlösliche Iridiumchloride. Die im Schrifttum angegebenen und im Handel als wasserlösliche (III)- und (IV)-Chloridhydrate des Iridiums erhältlichen Präparate werden hauptsächlich durch Auflösen von IrO_2 oder $IrO_2 \cdot 2H_2O$ in Chlorwasserstoffsäure oder Königswasser und vorsichtiges Eindampfen oder Eindunsten bis zur Erstarrung des Sirups erhalten. Sie sind, auf diese Weise hergestellt, zwar nicht als definierte Hydrate zu bezeichnen, enthalten vielmehr, auch nach mehrfachem Abdampfen, neben Wasser noch wechselnde Mengen Chlorwasserstoffsäure (im Interesse ihrer Löslichkeit) und sind als mehr oder weniger zersetzte Abbauprodukte der beim Lösevorgang entstandenen komplexen Iridium(III)-Chlorwasserstoffsäure $H_3(IrCl_6)$ bzw. der komplexen Ir(IV)-Chlorwasserstoffsäure $H_2(IrCl_6) \cdot 6H_2O$ aufzufassen. Die Farbe der Lösungen ist je nach den Konzentrationsverhältnissen schwarz, rotbraun, violett, braungrün und olivgrün, doch sind die $(IrCl_6)^{---}$-Lösungen weniger intensiv gefärbt als die $(IrCl_6)^{--}$-Lösungen. Durch Oxydationsmittel, wie Chlor, HNO_3 werden die ersteren leicht in $(IrCl_6)^{--}$-Lösungen verwandelt, ebenso wie diese durch Reduktionsmittel, wie z. B. H_2S, leicht in

$(IrCl_6)^{---}$-Lösungen übergehen. Während die chlorwasserstoffsauren und konzentrierten Lösungen beständig sind, hydrolisieren verdünnte wäßrige Lösungen allmählich unter Bildung von blauem Dioxyd. Bezüglich weiterer Einzelheiten über Herstellung der wasserlöslichen Iridiumchloride und der Iridium(III)- und (IV)-Chlorwasserstoffsäuren vgl. GM., Syst. Nr. 67, S. 58 (1939). Über Hydrolyse vgl. ebenda S. 66.

d) Verhalten gegen Säuren. Iridium besitzt von sämtlichen Platinmetallen die größte Widerstandsfähigkeit gegenüber allen Säuren. Das gilt sowohl für geschmolzenes Iridium als auch für stark geglühten Iridiumschwamm. Selbst von heißem konz. Königswasser und von heißer konz. Chlorwasserstoffsäure (D 1,19) und Chlor wird Iridium nur als fein verteilter Mohr allmählich und nur zum Teil gelöst (PALMAER). Ferner wird Iridium von heißem konz. Königswasser gelöst, wenn es mit Platin legiert ist. Der Lösungsvorgang wird, abgesehen von der Oberfläche, allerdings stark von der Menge des anwesenden Iridiums beeinflußt, so daß bei einer Legierung mit z. B. 10% Ir die Lösungsgeschwindigkeit nur noch verhältnismäßig gering ist. Sie läßt sich allerdings durch Vergrößerung der Oberfläche ganz erheblich steigern. Wird z. B. das Material zu 0,01 mm starker Folie ausgewalzt, so benötigt man zur Lösung in konz. Königswasser (1 Raumteil HNO_3 1,40 und 4 Raumteile HCl 1,19) etwa nur die vierfache Zeit, welche die Auflösung gleich starker Folie aus reinem Platin in Königswasser der gleichen Konzentration erfordert. Wahrscheinlich spielt hierbei das durch den intensiven Walzvorgang stark veränderte Gefüge eine erhebliche Rolle; denn eine bei 1100° rekrystallisierte Folie mit 10% Ir benötigte unter den gleichen Verhältnissen die doppelte Zeit für den Lösungsvorgang als die nichtgeglühte Folie. Platinlegierungen mit noch höheren Iridiumgehalten als 10% sind praktisch als unlöslich zu bezeichnen.

Über die außerordentliche chemische Widerstandsfähigkeit von Tiegeln aus Iridium gegen chemische Reagenzien vgl. CROOKES.

e) Verhalten gegen alkalische Schmelzflüsse allein und in Gegenwart von Oxydationsmitteln. Fein verteiltes reduziertes Iridium wird von schmelzendem Kaliumhydroxyd schon bei verhältnismäßig niedrigen Temperaturen (200 bis 300°) teilweise gelöst im Gegensatz zum Natriumhydroxyd, welches selbst bei Temperaturen von 400 bis 500° Iridium wohl zum kleinen Teil in Dioxyd überführt, aber nicht löst (L. WÖHLER und METZ). Durch Kaliumcarbonat, ebenso wie durch Natriumcarbonat, wird Iridium bei Temperaturen von 850° ebenfalls zum Teil gelöst, und zwar durch das erstere erheblich mehr als durch das letztere.

Da Ruthenium (vgl. dieses, S. 137) von der NaOH-Schmelze bei den angegebenen Temperaturen größtenteils zu Ruthenat gelöst wird, während ein kleinerer Teil sich in Oxyd verwandelt, welches in Salpetersäure löslich ist, läßt sich mit dieser Schmelze eine einfache Trennung des Iridiums vom Ruthenium durchführen. Die intensive orangerote Färbung der wäßrigen Ruthenatlösung gestattet ferner, diese Schmelze zur Prüfung des Iridiums auf seine Reinheit, in diesem Falle also auf einen etwa vorhandenen Rutheniumgehalt zu benutzen. Vgl. Ruthenium, S. 137. Dagegen wird geschmolzenes Iridium bei 800° auch von Natriumhydroxyd bereits merklich angegriffen (vgl. Rhodium, S. 85).

Wird z. B. den Alkalihydroxydschmelzen noch ein Oxydationsmittel, wie Salpeter, Chlorat, Natriumsuperoxyd, zugefügt, so wird auch ein sehr wesentlicher Teil des Iridiums mitgelöst. Beim Auflösen der schwarzgrünen Schmelze im Wasser wird das Iridium in blaue kolloidale Dioxydlösung verwandelt, während man nach älteren Literaturangaben in der Lösung die Bildung eines basischen Iridats $IrO_3 \cdot 4Na_2O$ annahm (L. WÖHLER und METZ). Der Aufschluß mit Alkalihydroxyd und einem Oxydationsmittel kommt namentlich beim Vorliegen von Legierungen des Iridiums mit anderen schwer löslichen Platinmetallen, wie z. B. Ruthenium oder Osmium, in Frage. Da bei diesen Schmelzen das Tiegelmaterial (es werden meist Tiegel aus Silber, aber auch aus Nickel verwendet) stark angegriffen wird, ist hierbei immer mit Verunreinigung des Analysenmaterials durch das Tiegelmetall zu rechnen.

f) Verhalten gegen Salzschmelzen. α) Schmelzen von Iridium mit Kaliumnitrat führen zu ähnlichen Schmelzprodukten wie solche mit Kaliumhydroxyd unter Zusatz von Kaliumnitrat [CLAUS (a)]. Vgl. ferner WÖHLER und WITZMANN (a) und W. BILTZ.

β) Von schmelzendem Natriumpyrosulfat wird Iridium zum geringen Teil gelöst[1], wenn man hierbei mit der Temperatur bis auf Rotglut geht. Nach dem Erkalten ist der Schmelzkuchen grünlichgelb gefärbt. Er löst sich in Wasser mit smaragdgrüner Farbe. Der gelöste Iridiumanteil beträgt etwa 1%. Die eingedampfte Lösung ergibt mit konz. H_2SO_4 und NH_4NO_3 die blaue Farbenreaktion nach LECOQ DE BOISBAUDRAN. Bleibt man mit der Temperatur unter Rotglut, so wird das Iridium von der Schmelze nicht angegriffen. Geschmolzenes Iridium wird von schmelzendem Pyrosulfat auch bei Rotglut *nicht* gelöst. Wie Iridium verhalten sich auch Platin und Ruthenium, doch ist, namentlich beim Ruthenium, der Lösungsvorgang in erster Linie vom Verteilungsgrade, also von der Oberfläche abhängig. Palladium und Rhodium werden bei Temperaturen unter Rotglut größtenteils und bei Rotglut vollständig aufgeschlossen. Bei Rotglut wird auch geschmolzenes Osmium angegriffen, *nicht* dagegen geschmolzenes Ruthenium.

γ) Kochsalz-Chloraufschluß. Wird feinverteiltes, sorgfältig reduziertes Iridium mit Kochsalz vermischt, bei höheren Temperaturen der Einwirkung trockenen Chlores ausgesetzt, so bilden sich, je nach der Temperatur, die in Wasser leicht löslichen Komplexe $Na_2(IrCl_6)$ oder $Na_3(IrCl_6)$. An Stelle des metallischen Iridiums kann hierbei auch von $IrCl_3$ ausgegangen werden (vgl. Rhodium, S. 87). Das komplexe $Na_2(IrCl_6)$ ist bis 600° beständig, beginnt aber dann allmählich zum komplexen (III)-Chlorid zu dissoziieren, welches bei mehr als 750° allein beständig ist.

Läßt man das chlorierte Material langsam im Chlorstrom erkalten, so wird der z. B. bei 750° dissoziierte Anteil, sobald die Temperatur auf etwa 600 bis 650° zurückgegangen ist, teilweise wieder zum komplexen (IV)-Chlorid aufchloriert, dessen Bildung in den meisten Fällen der Zweck des Aufschlusses mit Kochsalz und Chlor ist.

Eine Lösung des komplexen (IV)-Chlorids wird allmählich, rascher in der Hitze, zersetzt unter Bildung des beständigeren komplexen (III)-Chlorids. Sehr leicht erfolgt die Reduktion durch Alkohol in alkalischer Lösung zu dem grünen, in Alkohol unlöslichen (III)-Chlorid-Komplex, wodurch eine Trennungsmöglichkeit des Iridiums vom Platin gegeben ist, dessen Natriumkomplex sich hierbei unverändert in Alkohol löst (L. WÖHLER und METZ).

Übrigens läßt sich der Anteil des (IV)-Komplexes neben dem (III)-Komplex durch Titration mit $Na_2S_2O_3$ ($1\,cm^3$ n/10 $Na_2S_2O_3 = 0{,}0193$ g Iridium) ermitteln, wobei das Reaktionsende am besten elektrometrisch festgestellt wird (L. WÖHLER und BALZ).

Bei 400° im Chlorstrom entwässertes $Na_3(IrCl_6)$ löst sich leicht bei 18° in einer Mischung von Aceton-Äther (1 : 1), wovon für etwa 0,5 g entwässertes Salz 100 cm^3 benötigt werden. Dagegen genügt Trocknen an der Luft bei 100° nicht. Durch noch zurückgehaltenes Wasser und infolge hierbei eingetretener Zersetzung kann das Salz mehr als die Hälfte seiner Löslichkeit einbüßen. Äther wie Aceton müssen deshalb über Calciumspänen am Rückflußkühler gekocht und zweimal fraktioniert werden (L. WÖHLER und METZ; L. WÖHLER und BALZ). Bezüglich des in der gleichen Weise behandelten Na_3RhCl_6-Komplexes vgl. Rhodium, S. 88.

[1] Schmelzsatz: 0,3 g Iridium, 5 g Natriumhydrogensulfat. Schmelzdauer: vom Entweichen der SO_3-Dämpfe ab gerechnet 20 Min. Ausführung: im Quarzglastiegel.

Von dem Aufschluß mit Kochsalz und Chlor wird bei der Analyse fast ausschließlich Gebrauch gemacht, um Iridium in wasserlösliche Form überzuführen. Gegenüber dem Aufschluß mit Ätzkali und Salpeter oder Chlorat hat die Kochsalz-Chlormethode den Vorzug größerer Einfachheit und Sauberkeit insofern, als hierbei keine Verunreinigung der Schmelze durch das Gefäßmaterial stattfindet (vgl. S. 107).

Die Angabe TREADWELLS[1], daß der Kochsalz-Chloraufschluß bereits bei 400° ausführbar sei, beruht offenbar auf einem Irrtum.

g) Verhalten des Iridiums gegen Metallschmelzen. In der Schmelzhitze wird Iridium von Metallen, wie Blei, Wismut, Silber, Gold, ebensowenig gelöst wie Ruthenium und Osmium. Dieses Verhalten läßt sich dadurch analytisch verwerten, daß man z. B. unlösliche Platin-Iridium-Legierungen mit einem größeren Überschuß von Blei legiert und das Blei hernach mit verdünnter Salpetersäure, das Platin in verdünntem Königswasser löst, während Iridium, Ruthenium und Osmium als feinkrystallines Metallpulver zurückbleiben. Vgl. Ruthenium, S. 139.

α) Bleischmelze. Diese von SAINTE-CLAIRE DEVILLE und STAS angegebene Methode ist von GILCHRIST einer eingehenden Prüfung unterzogen worden. Die benutzten Legierungen enthielten 0,1 bis 20% Iridium. Sie wurden mit der 10fachen Menge reinsten Probierbleis 1 Std. lang bei etwa 1000°, und zwar am besten im elektrischen Ofen geschmolzen[2]. Hierbei wird die Platinlegierung vollständig vom schmelzflüssigen Blei zersetzt, das sich seinerseits mit dem Platin, Rhodium, Palladium, Kupfer, einem sehr geringen Teil Eisen legiert. Iridium, Ruthenium und Eisen bilden miteinander eine Legierung, die aber bleifrei ist. Wird nun der Bleiregulus mit heißer verd. HNO_3 behandelt, so geht hierbei die Hauptmenge des Bleis mit dem Palladium und Kupfer neben ganz wenig Platin und Rhodium in Lösung. Die Hauptmenge des Rhodiums und Platins wird in heißem verd. Königswasser völlig gelöst, während die Iridium-Ruthenium-Eisen-Verbindung unlöslich zurückbleibt.

Die Ausführung der Bleischmelze erfolgt in bedeckten Graphittiegeln. Man läßt die Schmelze im Tiegel erkalten, dem man innen zur besseren Entfernung des Regulus eine schwach konische Form gibt.

Die Nachprüfung des Verfahrens führte zu folgendem Ergebnis: Die Konzentration der Salpetersäure und des Königswassers ebenso wie die Menge des Bleis und die Dauer und Temperatur der Schmelze können innerhalb weiter Grenzen geändert werden, ohne die Bestimmung zu beeinflussen. Ebenso sind Palladium, Rhodium[3] und Gold ohne jeden Einfluß. Iridium und Ruthenium werden in Form feiner Krystalle mit hellem Metallglanz quantitativ ausgebracht. Mit diesen beiden zusammen wird das Eisen ebenfalls nahezu quantitativ abgeschieden. Zur Trennung des Eisens von Iridium wird die Verbindung mit Zink geschmolzen, der Überschuß des Zinks mit HCl entfernt und der Rückstand mit Pyrosulfat geschmolzen, wobei das Iridium ungelöst zurückbleibt. Es ist eisenfrei, enthält aber etwas SiO_2.

Die spektrographische Prüfung des Iridiums gab weder Platin noch Blei in beachtlichen Mengen. Ein geringer Verlust entstand dadurch, daß Iridium vom Königswasser etwas gelöst wurde. Er betrug jedoch in der Regel weniger als 0,05% und nur in wenigen Fällen 0,10 bis 0,30% der Legierung.

β) Wismutschmelze. Zweck dieser Schmelze ist die Trennung des Iridiums vom Rhodium, welches im Gegensatz zu jenem sich mit Wismut legiert und durch Behandeln der Legierung mit Salpetersäure und Königswasser vollständig in Lösung

[1] Tabellen und Vorschriften zur quantitativen Analyse von W. D. TREADWELL, S. 96. Leipzig und Wien: Franz Deuticke 1938.

[2] Bei dieser Schmelztemperatur findet bereits eine beachtliche Verdampfung des Bleies statt, die je nach der Schmelzdauer bis zu 10% und mehr betragen kann.

[3] Beim Vorhandensein größerer Mengen Rhodium ist es zweckmäßig, den in Königswasser unlöslichen Rückstand zur Entfernung der letzten Reste des Rhodiums mit Pyrosulfat zu schmelzen. Vgl. hierzu Rhodium, S. 86.

geht und auf diese Weise vom Iridium getrennt werden kann, das in HNO_3 (D 1,3) und Königswasser (1 : 4) unlöslich ist. Über die Ausführung dieses Schmelzaufschlusses vgl. Rhodium, S. 88.

γ) Die Goldschmelze. Der Nachweis kleiner und kleinster Mengen Iridium wird auf dokimastischem Wege durchgeführt. Das zu untersuchende Material wird mit Blei und Fluß zusammengeschmolzen und der Bleiregulus nach dem Abschlacken unter Zusatz von Gold abgetrieben. Nähere Einzelheiten siehe S. 123.

δ) Gegenüber Silber im Schmelzfluß verhält sich Iridium wie Rhodium (vgl. dieses, S. 90). Das gleiche Verhalten zeigt übrigens auch das natürliche Osmiridium. Infolgedessen benutzt man die Silberschmelze vorzugsweise zur Reinigung des Osmiridiums von mechanisch beigemengten Mineralien (Chromeisenstein, Titaneisen, Sand u. dgl.), deren Verschlackung durch Zusatz von Borax zur Schmelze herbeigeführt wird (vgl. auch S. 232). Das gleiche erreicht man durch Schmelzen mit Bleiglätte und Blei (vgl. hierzu GRAHAM-OTTO).

ε) Die Schmelze mit Zink bezweckt vor allen Dingen die Zerkleinerung bzw. Zerlegung von gröberem, geschmolzenem Material (vgl. hierzu Aufschluß durch die Zinkschmelze, S. 207). Es braucht nicht besonders betont zu werden, daß für analytische Zwecke zur Durchführung der Metallschmelzen nur reinste Metalle verwendet werden dürfen.

IV. Reaktionen des Iridiums auf trockenem Wege.

a) Boraxperle. Wird sog. Boraxschaum mit einer Iridiumsalzlösung befeuchtet und zur Perle verschmolzen, so erscheint die Boraxperle im durchfallenden Licht rehbraun. Die gleiche Färbung ergeben Platin und Osmium; beim Platin jedoch erscheint die Perle, im Gegensatz zu Iridium und Osmium, im auffallenden Licht milchig getrübt (DONAU).

b) Nachweis durch Katalyse der Oxydation von Wasserstoff. Über die Ausführung dieses Nachweises vgl. Platin, S. 33. Die Erfassungsgrenze beträgt: 0,18 γ Iridium für 1 mm³ (CURTMANN und ROTHBERG; F. L. HAHN).

c) Kupellation. Werden jeweils 500 mg Feinsilber mit verschiedenen Iridiummengen und je 3 g Blei in der Treibmuffel bei etwa 1150° abgetrieben, so zeigen die hierbei erhaltenen Silberkörner folgende Merkmale: Bis 0,5 mg Iridium (0,1%)[1] sind die Körner noch reinweiß glänzend und hochrund. Spratzeffekte erscheinen mehr seitlich, an der Oberfläche des Kornes. Die bei 0,25 mg Ir zu beobachtende krystalline Struktur der Oberfläche des Kornes verschwindet von 1 mg Ir ab, dafür erscheint ein immer größer werdender dunkler Fleck, und bei 2,5 mg Ir (0,5%) ist das Korn mit einem schwarzen Anflug, bei 5,0 mg Ir (1%) mit einem tiefschwarzen Beschlag bedeckt, der mit steigendem Ir-Gehalt weiter zunimmt. Starke Spratzeffekte treten bei 2,5 bis 10 mg Ir besonders an den unteren Teilen des Kornes auf. Die Spratzerscheinungen verschwinden bei 25 mg Ir (5%); die Körner werden länglich und von 75 mg ab ganz flach und laufen schließlich breit. Sie sind rauh und mit einer graphitglänzenden Schicht (Iridiumschwarz) überzogen. Bis 25 mg Ir bleiben die Körner bei 1150 bis 1200° flüssig (TRUTHE). Vgl. auch SCHIFFNER, ferner BANNISTER und DU VERGIER.

V. Reaktionen der Iridium(IV)-chlorwasserstoffsäure und ihrer Salze auf nassem Wege.

a) Mit anorganischen Reagenzien. ***Versuchslösung:*** Eine Lösung von $Na_2(IrCl_6)$, die man erhält durch Aufschließen einer Mischung von gleichen Teilen feinpulverigem, gut reduziertem Iridium mit Kochsalz im Chlorstrom bei 600 bis 650°. Zusatz von Chlorwasserstoffsäure (etwa 5%) zur Lösung erhöht die Haltbarkeit[2].

---

[1] Die Iridiumangaben in Prozent sind auf die angewandte Silbermenge (500 mg) bezogen.
[2] Über Reindarstellung von $Na_2(IrCl)_6$ vgl. L. WÖHLER und BALZ.

α) Kaliumhydroxyd verwandelt zunächst die je nach der Konzentration mehr oder weniger dunkel gefärbte, rotbraune Lösung des $Na_2(IrCl_6)$ in das olivgrüne lösliche Sesquichlorid unter Bildung von Kaliumhypochlorit. Bei Verwendung einer konz. Natriumhexachloroiridat(IV)-lösung entsteht anfangs ein dunkelroter, krystalliner Niederschlag von Kaliumhexachloroiridat(IV), der sich jedoch allmählich mit olivgrüner Farbe auflöst. Beim Erhitzen wird die Lösung heller, fast farblos, schließlich rötlich und violett, bis endlich durch Einwirkung des Luftsauerstoffes blaues Iridiumdioxydhydrat ausfällt. Fügt man zu der mit Kaliumhydroxyd entfärbten Lösung etwas Alkohol, so fällt beim Erhitzen das Iridium als schwarzer Niederschlag aus [Claus (a)].

Gibt man zu einer konz. heißen Lösung von Natriumhexachloroiridat(IV) Kaliumhydroxyd, so fällt sofort ein Teil des Iridiums als schwarzes (III)-Oxydhydrat aus, während die Hauptmenge kolloidal oder als Iridit farblos in Lösung bleibt. Mit der durch den Luftsauerstoff verursachten fortschreitenden Oxydation zu Dioxyd, die sich in der intensiver werdenden Blaufärbung kundgibt, wird das gelöste Sesquioxydhydrat ebenfalls nach und nach ausgeschieden. Zur Beschleunigung der Oxydation leitet man Sauerstoff durch die erwärmte Lösung, wobei auch gleichzeitig das anfangs abgeschiedene, in alkalischer Lösung sehr unbeständige Sesquioxydhydrat schneller oxydiert wird. Der Rest des noch kolloidal in Lösung befindlichen Dioxyds läßt sich durch Kohlensäure aus der erhitzten alkalischen Lösung abscheiden [L. Wöhler und Witzmann (a)].

β) Natriumhydroxyd und kohlensaure Alkalien ergeben, besonders in der Wärme, die gleichen Reaktionserscheinungen. Bei Verwendung von Kaliumcarbonat entsteht anfangs in konzentrierteren Lösungen ebenfalls ein Niederschlag von $K_2(IrCl_6)$, der beim Erhitzen wieder verschwindet.

γ) Ammoniumhydroxyd verursacht ähnliche Erscheinungen wie Kaliumhydroxyd. In konzentrierten Lösungen bildet sich zunächst Ammonium, das sich aber nach Erwärmen bald wieder auflöst. Farbenwechsel, Sauerstoffabsorption und Abscheidung des blauen Oxydhydrats finden in gleicher Weise wie beim Kaliumhydroxyd statt. Daneben bilden sich aber mit überschüssigem Ammoniumhydroxyd auch Amminverbindungen [Claus (a); L. Wöhler und Witzmann (a)].

Besonders kennzeichnend für die Fällungen des Dioxydhydrats aus Lösungen von $Na_2(IrCl_6)$ ist der lebhafte Farbenwechsel, dem das Element seinen Namen verdankt und der von tief Rotbraun über Grün, Gelb zu Lösungen führt, die farblos wie Wasser sind, schließlich aber violett und dann blau werden. Die violetten und blauen alkalischen Lösungen sind ebenso kolloidale Lösungen des Dioxyds wie die blauen und grünen Lösungen, die beim Auflösen von Dioxyd in Salzsäure entstehen.

Das gefällte Dioxydhydrat zeigt, wie es allgemein bei den Oxyden der Platinmetalle beobachtet werden kann, verschiedene Farbschattierungen. Temperatur und Konzentration spielen hierbei eine ausschlaggebende Rolle. Je konzentrierter die Iridiumlösung ist, aus der die Fällung durch Kochen mit KOH erfolgt, desto dunkler ist die Farbe des Dioxyds, und zwar erhält man hierbei dunkelblaue, meist schwarze Produkte. In der Kälte aus kolloidalen Lösungen ausflockende Oxydhydrate dagegen weisen alle Schattierungen von Lichtmarineblau bis Indigoblau auf. Dunkelfärbung erfolgt auch bei Erhitzen der frischgefällten hellen Oxyde infolge Wasserverlustes. Aus dem Verhalten bei der Abgabe des Hydratwassers geht hervor, daß es sich im Falle des Dioxydhydrats um eine Absorptionsverbindung handelt. Die letzten Spuren Hydratwasser werden erst bei verhältnismäßig hohen Temperaturen (760°) abgegeben [L. Wöhler und Witzmann (a)].

Mit dem Wassergehalt ändert sich auch das Lösungsvermögen sehr stark, ein Vorgang, der auf Alterungserscheinungen zurückzuführen ist, die alle amphoteren Oxyde mehr oder weniger zeigen. Von verdünnten Alkalihydroxyden wird das frischgefällte Dioxyd nicht, von konzentrierteren in der Hitze nur spurenweise gelöst. Salpetersäure und Schwefelsäure vermögen nur frischgefälltes Hydroxyd zu lösen. Ein ausgesprochenes Lösungsvermögen kommt nur der Salzsäure zu infolge des größeren Energiegewinnes bei der Bildung der komplexen rotbraunen Iridium(IV)-chlorwasserstoffsäure [L. Wöhler und Witzmann (a)].

Reines grünes Iridium(III)-oxydhydrat wird mit Alkalihydroxyd nur aus verdünnten kalten Lösungen und bei Ausschluß des Luftsauerstoffes (Arbeiten im CO_2-Strom) gefällt. Auch beim Filtrieren und Auswaschen muß aller Luftsauerstoff ferngehalten werden. Während in alkalischer Lösung bei Luftzutritt das Dioxyd sehr beständig ist, stellt in saurer Lösung das aus dem Sesquioxyd erhaltene Chlorid die beständigere Oxydationsstufe dar im Gegensatz zum Ir(IV)-Chlorid [oder $H_2(IrCl_6)$, was dasselbe ist], das beim Erhitzen allmählich Chlor abgibt, unter Bildung von $H_3(IrCl_6)$. Das grüne Sesquioxydhydrat wird von KOH ebenfalls kaum gelöst, von verd. H_2SO_4 nur sehr langsam, von konz. sofort mit rotgelber Farbe wahrscheinlich zu Sulfat. Von Salpetersäure wird es zu blauem Dioxyd oxydiert. Verd. HCl löst es allmählich, konz. namentlich in der Hitze, rascher mit olivgrüner Farbe, die schließlich in Rotgelb übergeht. Die olivgrüne Farbe ist nur eine kolloidale Auflösung des Sesquioxyds, während die letztere dem komplexen Sesquichloridion $(IrCl_6)^{---}$ entspricht [L. Wöhler und Witzmann (a)].

Die Reaktionen der $(IrCl_6)^{---}$-Lösungen mit den Alkalihydroxyden und Carbonaten sind im wesentlichen die gleichen wie die der $(IrCl_6)^{--}$-Lösungen.

Die beim Vorliegen wäßriger Lösungen der Iridiumchloride und der daraus abgeleiteten komplexen Säuren oder Salze stärker hervortretende Hydrolyse führt im wesentlichen zu ähnlichen Reaktionserscheinungen wie bei den soeben geschilderten Fällungsreaktionen (Mylius und Mazzucchelli). Die Kenntnis aller dieser Vorgänge ist insofern sehr wichtig, als gerade beim Iridium die zuverlässigsten und genauesten Trennungs- und Bestimmungsmethoden mit Hilfe hydrolytischer Verfahren durchgeführt werden. Vgl. hierzu Mylius und Mazzucchelli wie auch Gilchrist und Wichers.

δ) KCl und NH_4Cl. In einer konz. $Na_2(IrCl_6)$-Lösung erzeugen KCl oder NH_4Cl fast augenblicklich schwarze krystalline Niederschläge von $K_2(IrCl_6)$ oder $(NH_4)_2(IrCl_6)$, die in konz. Kalium- oder Ammoniumchloridlösungen unlöslich sind. In verd. $Na_2(IrCl_6)$-Lösungen dagegen entstehen, wegen ihrer beträchtlichen Löslichkeit in Wasser, diese Niederschläge entweder mit mehr oder weniger starker Verzögerung oder überhaupt nicht, je nach dem Grade der Verdünnung. Ein entsprechender Anteil des Iridiums bleibt in der Mutterlauge. Die Fällung bleibt auch aus, wenn Iridium in der 3wertigen Form, also z. B. als $Na_3(IrCl_6)$, vorliegt. Da außerdem die $(IrCl_6)^{---}$-Komplexe die beständigere Form darstellen und die $(IrCl_6)^{--}$-Komplexe dazu neigen, unter Chlorabgabe in die 3wertige Stufe überzugehen, ist es vorteilhaft, z. B. beim Eindampfen der sauren Iridiumlösungen zwecks Verhinderung der Reduktion ein Oxydationsmittel hinzuzufügen. Zur möglichst vollständigen Abscheidung des Iridiums verfährt man am besten in der gleichen Weise, wie beim Platin, S. 35[1], angegeben. Als Oxydationsmittel benutzt man zweckmäßig Perhydrol, oder man nimmt das Eindampfen in Gegenwart des Fällungsmittels (NH_4Cl oder feingeriebenes KCl) unter Zusatz von frischbereitetem Chlorwasser vor.

Wie beim Platin wird auch beim Iridium die Vollständigkeit der Fällung mit KCl oder NH_4Cl durch Alkoholzusatz erhöht, wobei indes auch die beim Platin behandelten Nachteile in Kauf genommen werden müssen.

Die krystallinen dunklen Iridiumniederschläge bestehen aus mikroskopischen Oktaedern, sind also der analogen gelben Platinfällung isomorph. Enthält die Lösung neben Iridium noch Platin, und zwar ebenfalls in der 4wertigen Form, so fällt

---

[1] Vgl. auch unter Analysenvorschläge Mylius-Mazzucchelli, S. 186, III.

mit KCl oder NH_4Cl ein krystalliner Niederschlag, dessen Farbe sich mit dem Mengenverhältnis der beiden Komponenten ändert. Während iridiumreichere Fällungen mehr schwarzrote Farben zeigen, sind platinreichere mehr rot bis orange gefärbt. Über den Nachweis von Platin in den mit KCl oder NH_4Cl erzeugten Niederschlägen vgl. S. 119.

Beim Verglühen des sog. Iridiumsalmiaks $(NH_4)_2(IrCl_6)$ erhält man zunächst ein oxydisches Produkt, das nach der Reduktion graues metallisches Iridiumpulver liefert. Zur Vermeidung von Iridiumverlusten mechanischer oder chemischer Art muß das Verglühen vorsichtig bei Temperaturen nicht über 700° erfolgen (S. 105). Das reduzierte Iridium läßt man im CO_2- oder N_2-Strom erkalten. $K_2(IrCl_6)$ wird zunächst in reduzierender Atmosphäre bei etwa 500° (W. D. TREADWELL) verglüht, das KCl mit Wasser entfernt und der metallische Rückstand wie oben nochmals reduziert.

ε) Schwefelwasserstoff entfärbt zunächst die rotbraune $Na_2(IrCl_6)$-Lösung, wobei unter Schwefelabscheidung Reduktion zu Iridium(III)-Salz stattfindet. Auch durch Kochen der Lösung wird vorerst kein Sulfid gefällt, doch scheidet sich nach längerer Zeit ein geringer Niederschlag aus [CLAUS (a)]. Die Fällung bleibt unvollständig. Quantitative Sulfidfällungen lassen sich nur in der Siedehitze unter Druck erreichen[1]. Die Sulfide sind unlöslich in Na_2S, $(NH_4)S_2$ und Polysulfid, löslich in Salpetersäure, Königswasser, ferner in Salzsäure (D1,19) in Gegenwart von Chlor. Über das Verhalten der Sulfide in alkalischer Lösung gegen Chlor vgl. Ruthenium, S. 129.

Ammoniumsulfid bewirkt ebenfalls zunächst einen Farbenumschlag von Braun nach Hellgelb. Beim Erhitzen oder auf Zusatz von Chlorwasserstoffsäure fällt ein hellbrauner Niederschlag aus.

Natriumsulfid[2]. Wird die Iridiumlösung mit etwas Natriumsulfid versetzt und nachher angesäuert, so fällt Iridiumsulfid rasch und quantitativ aus. Es ist unlöslich in Polysulfiden (TREADWELL). Bisweilen lassen sich in der Mutterlauge nach Eindampfen mit HNO_3 noch geringe Mengen Iridium mit der von LECOQ DE BOISBAUDRAN angegebenen Reaktion (siehe unten) nachweisen.

ζ) Natriumbromat — Natriumbromid. Eine schwach saure Iridiumsalzlösung wird mit Natriumbromat versetzt und auf 60° erwärmt. Anschließend wird eine Lösung von Natriumbromid im geringen Überschuß hinzugegeben und zum Sieden erhitzt. Nach einhalbstündigem Kochen zeigt sich auf der Oberfläche eine dunkle Haut von Dioxydhydrat. Auf diese Weise lassen sich noch 0,1 mg in 100 cm^3 einer Lösung von $Na_2(IrCl_6)$ nachweisen (MOSER und HACKHOFER). Vgl. auch S. 120.

η) Schwefelsäure und Ammoniumnitrat. Das Iridiumsalz wird mit einem Überschuß von Schwefelsäure so lange erhitzt, bis alle Chlorwasserstoffsäure ausgetrieben ist und die weißen Schwefelsäurenebel lebhaft entweichen. Man läßt etwas abkühlen, bis die Entwicklung der Schwefelsäuredämpfe ziemlich nachgelassen hat, gibt in kleinen Mengen festes Ammoniumnitrat hinzu und steigert die Temperatur auf mäßige Hitze, indem mit dem Zusatz kleiner Mengen Ammoniumnitrat fortgefahren wird. Auf diese Weise entsteht in der Masse eine prächtige Blaufärbung von einer Ergiebigkeit, daß noch 1 γ Iridium mit dieser Reaktion deutlich nachgewiesen werden kann. Unterbricht man die Operation, bevor alles Ammoniumnitrat zersetzt ist, so löst sich die Masse in Wasser zu einer blauen Flüssigkeit.

Bisweilen entsteht statt der indigoblauen eine smaragdgrüne Farbe. In diesem Falle läßt man das Reaktionsgemisch abkühlen und gibt etwas konz. Schwefelsäure hinzu. Nach gelindem Erwärmen zeigt sich dann die reinblaue Farbe.

[1] Vgl. WADA und NAKAZONO (Trennung Ir—Ti).
[2] Über Fällung der Platinmetalle durch organische Monosulfide, siehe Platin, S. 39, Fußnote.

Bei Anwesenheit anderer Metallsalze wird die Empfindlichkeit des Nachweises mehr oder weniger beeinträchtigt. Die Reaktion läßt sich trotzdem bei Anwesenheit von Gold, Ruthenium, Platin und Rhodium gut anwenden, obwohl in diesem Falle der blaue Iridiumnachweis durch die Eigenfarbe einiger dieser Metalle verändert wird. So entsteht z. B. bei Gegenwart von Gold eine Grünfärbung.

Ein etwas abgeänderter Iridiumnachweis kommt wie folgt zustande: Anstatt die Chlorwasserstoffsäure durch Schwefelsäure auszutreiben, werden zur heißen Schwefelsäure gleichzeitig oder besser in kurzen Zwischenräumen Ammoniumnitrat und Ammoniumchlorid hinzugegeben, wobei statt der blauen eine rosarote Farbe entsteht. Durch Überschuß an Ammoniumsalzen wird der Nachweis zum Teil gestört, doch läßt sich durch Hinzufügen von etwas konz. Schwefelsäure und gelindes Erwärmen die ursprüngliche Farbe wiederherstellen. Erfassungsgrenze: ebenfalls 1 γ. Diese beiden von Lecoq de Boisbaudran angegebenen Farbenreaktionen bildeten für längere Zeit die einzige Möglichkeit, um Iridium insbesondere neben anderen Platinmetallen befriedigend nachzuweisen (Tschugajeff).

Die Methode ist nicht geeignet für den Nachweis von Iridium in größeren Mengen von Platinsalzen, da hierbei unbefriedigende Ergebnisse erhalten werden (Chlopin). Weiteres Schrifttum über Anwendung der Reaktion vgl. GM., Syst. Nr. 68, S. 452 (1940).

Die praktische Ausführung dieses Nachweises erfolgt am besten in kleinen Porzellanschälchen, die auf Asbestplatten erhitzt werden. Das zu prüfende Material kann als Lösung (größere Mengen sind vorher einzudampfen und unter Umständen mehrmals mit HNO_3 abzurauchen) oder als Salz verwendet werden. Zur Prüfung keine zu großen Mengen verwenden! Bei Salzen genügt normalerweise eine Messerspitze vollauf, bei armem Material wird entsprechend mehr verwandt.

Dieser Nachweis gehört mit zu den einfachsten und zuverlässigsten Methoden, die wir zur Prüfung auf Iridium besitzen. Bei hinreichender Schärfe ist die Reaktion ziemlich unempfindlich gegen Verunreinigungen. Es ist vollkommen gleichgültig, ob das Iridium in der 3- oder 4wertigen Form vorliegt. Selbst die übrigen Platinmetalle stören, wenn das Mengenverhältnis nicht gerade sehr ungünstig liegt, nicht oder nur wenig. Sie lassen sich außerdem durch einfache Fällungsreaktionen so weit abtrennen, daß ein einwandfreier Nachweis des Iridiums immer möglich ist. Die häufig auszuführende Prüfung auf Iridium neben Rhodium und Platin gelingt glatt bei einem Mengenverhältnis 1 : 1; sie läßt sich bei einiger Übung sogar noch bei einem Verhältnis Ir : Rh wie 1 : 4 und Ir : Pt wie 1 : 5 einwandfrei durchführen.

ϑ) Zinn(II)-chlorid. Lösungen des $(IrCl_6)^{--}$-Komplexes werden von dem Reagens augenblicklich entfärbt unter Bildung des schwach gelblichgrünen $(IrCl_6)^{---}$-Komplexes. Der Nachweis des Iridiums neben Platin, Palladium und Rhodium läßt sich mit dem Reagens nach der von Wölbling angegebenen Methode (vgl. S. 52) in einfacher Weise durchführen.

ι) Chlor. Wird in eine verdünnte, schwachsaure Iridium(IV)-chloridlösung Chlor eingeleitet, so färbt sie sich vorübergehend tiefrotviolett. Die Farbe gleicht der einer konz. Lösung von Kobaltnitrat (Palmaer). Wird Chlor vorsichtig durch eine Suspension geleitet, die man durch Kochen einer $(IrCl_6)^{--}$-Lösung mit Natriumcarbonat erhält, so bilden sich ebenfalls vorübergehend höhere unbeständige Oxydationsprodukte von tiefblauer Farbe (Treadwell). Die zuerst genannte Reaktion von Palmaer ist nach unseren Erfahrungen nicht zu empfehlen.

Wird eine verdünnte Iridiumchloridlösung mit Alkalihydroxyd alkalisch gemacht und nach dem Aufkochen in die gut gekühlte, nahezu farblose Lösung Chlor eingeleitet, so färbt sich diese ebenfalls schön blau, wenn man die Einleitung des Chlores im Augenblick der beginnenden Sauerstoffentwicklung unterbricht. Diese wird durch einen rasch sich durch die ganze Flüssigkeitssäule ausbreitenden dunklen Farbenumschlag eingeleitet. Nach kurzer Zeit entsteht unter lebhafter

Sauerstoffentwicklung eine, je nach dem Iridiumgehalt, mehr oder weniger intensive Blaufärbung. Nach längerem Stehen wird die Lösung allmählich violett, bisweilen tritt auch Entfärbung ein unter Ausscheidung von Dioxydhydrat.

b) Mit organischen Reagenzien. α) Leukomalachitgrün. ***Wesen des Verfahrens.*** Der rotbraune Komplex $(IrCl_6)^{--}$ wird durch reduzierend wirkende Agenzien leicht in den schwach grünlich gefärbten $(IrCl_6)^{---}$-Komplex übergeführt. Andererseits ist die farblose Leukoverbindung des Malachitgrüns außerordentlich empfindlich gegen oxydierend wirkende Stoffe. Sie wird dadurch leicht zu blaugrünem Malachitgrün oxydiert.

Ausführung: Eine $(IrCl_6)^{--}$ enthaltende, ziemlich verdünnte Lösung wird mit einigen Tropfen einer 1%igen Lösung des Reagenses in konz. Essigsäure versetzt, wobei sofort die blaugrüne Farbe des Malachitgrüns hervortritt. Grenzkonzentration: 1 : 6000000. Durch oxydierend wirkende Stoffe, wie Chlor, Goldchlorid und den leicht Chlor abgebenden $(PdCl_6)^{--}$-Komplex wird der Nachweis gestört, während die beständigen Komplexe der Platinmetalle, wie $(PtCl_6)^{--}$, $(RhCl_6)^{---}$, $(OsCl_6)^{--}$, ferner die beständigen Verbindungen des 2wertigen Palladiums und des 4wertigen Osmiums ohne Einwirkung auf den Nachweis bleiben. Mit diesem Reagens läßt sich noch ein Teil Iridium neben 3000 Teilen Platin leicht nachweisen, wenn der Platingehalt der Lösung etwa 0,05% beträgt (Tschugajeff).

Lösungen des 3wertigen Iridiums müssen vorher oxydiert werden (z. B. mit Perhydrol in saurer Lösung). Da die als störend bezeichneten Stoffe leicht beseitigt werden können, gestattet die Verwendung dieses Reagenses bei hinreichender Verdünnung der zu prüfenden Lösung (um Störungen durch die Eigenfarbe hintanzuhalten) einen sehr empfindlichen Nachweis, selbst in Gegenwart der oben als nicht störend bezeichneten Verbindungen des Platins, Rhodiums, Palladiums und Osmiums.

Die Reaktion wird deshalb von der Internationalen Kommission, Tabellen der Reagenzien, S. 81, zur Ausführung empfohlen. Erfassungsgrenze 0,8 γ in 5 cm^3.

Das Reagens besitzt leider den Nachteil, daß es auch gegen Luftsauerstoff außerordentlich empfindlich ist. Schon kurze Zeit nach der Auflösung in konz. Essigsäure beginnt diese sich blaugrün zu färben. Hinzu kommt, daß eine Gewähr für das Vorliegen des Iridiums in der 4wertigen Form nur dann gegeben ist, wenn die zu prüfende Lösung vorher oxydiert wird, wobei aber andererseits jeder Überschuß des Oxydationsmittels peinlichst zu vermeiden ist. Bei der Oxydation mit Chlor z. B. würde das Palladium ebenfalls zu dem leicht Chlor abgebenden Komplex $(PdCl_6)^{--}$ oxydiert und damit in die Reihe der störend wirkenden Stoffe eintreten. Noch nicht berücksichtigt ist hierbei, daß Ruthenium die 3wertige Chlorierungsstufe sehr leicht mit der 4wertigen vertauscht und umgekehrt (vgl. Ruthenium, S. 140).

Unter diesen für die Praxis wesentlichen Umständen erscheint die Zuverlässigkeit des Nachweises, trotz oder vielmehr infolge seiner Schärfe, leider recht erheblich beeinträchtigt. Bei Aufstellung eines Analysenschemas für eine qualitative Halbmikroanalyse nach Noyes und Bray wurde festgestellt, daß der Nachweis des Iridiums mit einer 1%igen Lösung von Leukomalachitgrün nach Tschugajeff weniger zufriedenstellend verlief als der zuverlässige Nachweis mit H_2SO_4 und HNO_3 (Miller und Lowe).

β) Benzidin. Als Reagens dient die bereits beim Platin verwendete Lösung von 1 g Benzidin in 10 cm^3 konz. Essigsäure und 50 cm^3 Wasser. Die Fällung erfolgt in der gleichen Weise, wie beim Platin angegeben. Der ausfallende blaue flockige Niederschlag[1] unterscheidet sich von der analogen Platinfällung nur dadurch, daß er im allgemeinen in der Farbe etwas heller und beständiger ist, während jene von vornherein dunkler ist und außerdem noch nachdunkelt. Es werden von dem

[1] Vgl. Platin, S. 42.

Reagens, wie beim Platin, nur Iridiumlösungen der 4wertigen Oxydationsstufe gefällt. Lösungen mit 3wertigem Iridium müssen vorher oxydiert werden. Bei Verwendung von Chlor für diesen Zweck ist der störende Überschuß vorher durch Erwärmen und Lufteinblasen zu entfernen. Außer Platin bilden auch die übrigen Platinmetalle zum Teil ähnlich gefärbte (Ruthenium), zum Teil andersfarbige flockig Niederschläge (vgl. Platin, S. 42). Grenzkonzentration: 1 : 100000 (Internationale Kommission, Tabellen der Reagenzien, S. 80). Die von CHLOPIN vertretene Ansicht, daß die mit Benzidin in Platin(IV)-chloridlösungen entstehende blaue flockige Fällung lediglich auf die Anwesenheit von Iridium zurückzuführen sei, trifft nicht zu. Damit wird auch der von CHLOPIN angegebene Nachweis von Iridium(IV)-salz in $(NH_4)_2(PtCl_6)$ hinfällig. Weitere Literaturhinweise siehe unter Platin, S. 42.

γ) Methylenblau erzeugt in sauren oder neutralen Iridium(IV)-chloridlösungen einen pulverigen, rötlichen Niederschlag, der nach einiger Zeit körnig wird und sich schließlich blau färbt (PASSERINI und MICHELOTTI).

δ) Anilinsulfat gibt mit Iridiumlösungen in der Wärme eine tiefblaue Färbung (OGBURN).

ε) Diphenylthiocarbazon (Dithizon). Über Verwendung dieses Reagens zum Nachweis der Platinmetalle vgl. H. FISCHER.

ζ) Äther. Mit steigendem Gehalt an Chlorwasserstoffsäure lassen sich steigende Mengen $H_2(IrCl_6)$ ausäthern (MYLIUS und HÜTTNER). Vgl. Analysenbeispiel, S. 233.

η) Dimethylglyoxim. Über einige neue Verbindungen des Iridiums und Rhodiums mit Dimethylglyoxim siehe LEBEDINSKI und FJEDOROFF. Vgl. auch Rhodium, S. 95, und Platin, S. 49.

c) Sonstige Reaktionen. Über weitere Reaktionen mit seltener gebrauchten anorganischen Reagenzien vgl. CLAUS (a).

Über Reaktionen der Platinmetalle mit 30 anorganischen und 90 organischen Reagenzien vgl. OGBURN.

d) Mikroreaktionen. α) KCl, RbCl, CsCl. Wird $(NH_4)_2(IrCl_6)$ in Wasser gelöst, so erhält man eine rötliche Lösung, aus welcher KCl nach einiger Zeit schwärzlichrote Oktaeder (25 μ) fällt.

Rubidiumchlorid bringt in einer Lösung von $(NH_4)_2(IrCl_6)$ in 300 Teilen Wasser augenblicklich einen Niederschlag hervor, während aus einer Lösung in 1500 Teilen Wasser sich erst nach einigen Minuten eine zinnoberrote Fällung ausscheidet, die aus Oktaedern (10 μ) besteht.

In dieser stark verdünnten Lösung fällt Caesiumchlorid sofort sehr kleine, aber gut ausgebildete rote Oktaeder. Erfassungsgrenze bei mikroskopischer Beobachtung 0,3 γ Iridium (BEHRENS und KLEY). Vgl. auch GUTBIER und LINDNER.

β) Methylammoniumchlorid. Dieses für den Rutheniumnachweis verwendete Reagens kann gleichzeitig auch zur Prüfung auf Iridium dienen. Es wird dem Versuchstropfen (1%ige Lösung) in Form eines festen Splitters hinzugefügt. Durch Bildung tiefroter Oktaeder und hellroter hexagonaler Plättchen um das Reagensstückchen herum wird die Anwesenheit von Iridium angezeigt. Das Reagens kann auch zum Nachweis von Platin benutzt werden, wenn kein Iridium zugegen ist. In diesem Falle bilden sich hierbei hellgelbe, wohl ausgebildete Oktaeder (WHITMORE und SCHNEIDER).

γ) Hexamethylentetramin (Urotropin). Aus einer 1%igen Iridiumsalzlösung wird durch das in fester Form zugesetzte Reagens augenblicklich ein dunkler, amorpher Niederschlag rings um das Reagensstückchen erzeugt, der sich allmählich über den ganzen Versuchstropfen ausbreitet, während sich am Rande tiefrote Oktaeder entwickeln. Die Mehrzahl der Krystalle ist wenig ausgebildet (WHITMORE und SCHNEIDER). Ein größerer Überschuß des Reagenses ist zu vermeiden. Die Reaktion wird gestört durch Silber- und Quecksilberverbindungen; Gold- und Palladiumverbindungen stören dagegen nicht (COLE). Erfassungsgrenze bei mikroskopischer Beobachtung 2γ (VIVARIO und WAGENAAR).

Über weitere mikrochemische Nachweismethoden der Platinmetalle mit anorganischen und organischen Substanzen, insbesondere mit organischen Stickstoffverbindungen siehe WHITMORE und SCHNEIDER. Vgl. auch FRASER.

e) Verhalten der Ir-Verbindungen gegenüber Reduktionsmitteln. α) In wäßriger Lösung. Von allen Platinmetallen läßt sich das Iridium verhältnismäßig am schwierigsten aus seinen Lösungen durch Reduktionsvorgänge als Metall ausscheiden. Die meisten der bekannten Reduktionsmittel reduzieren $(IrCl_6)^{--}$-Lösungen nur bis zum $(IrCl_6)^{---}$-Komplex.

Dieser Vorgang wird dadurch kenntlich, daß die Farbe der Lösungen hierbei von Rotbraun nach Hellgelbgrün oder Hellgelb übergeht, bisweilen auch ganz verschwindet. Zu solchen Reduktionsmitteln gehören z. B. die Alkalinitrite, Natriumthiosulfat, Kaliumjodid, Zinn(II)-chlorid, Titan(III)-chlorid, Eisen(II)-sulfat, Hydroxylaminchlorhydrat und Oxalsäure. Im Falle des Natriumthiosulfats und Kaliumjodids läßt sich die Reaktion analytisch, und zwar unmittelbar für quantitative Bestimmungen verwenden[1]. Durch Erwärmen werden die Reduktionsvorgänge erheblich beschleunigt.

Andere Reagenzien bringen unter diesen Umständen außer der Reduktion noch weitere Veränderungen in den Iridiumlösungen hervor. So entstehen durch SO_2 nach erfolgter Reduktion beim Erhitzen Iridiumsulfitverbindungen, durch H_2S Sulfidfällungen, ebenso durch $(NH_4)_2S$ und Na_2S nach Ansäuern mit Chlorwasserstoffsäure. Zu den Reduktionsmitteln in diesem Sinne gehören, wie wir bereits gesehen haben, auch die Alkalihydroxyde und Alkalicarbonate.

Hydrazinchlorid reduziert in sauren Lösungen $(IrCl_6)^{--}$ ebenfalls nur zu $(IrCl_6)^{---}$, in alkalischer Lösung dagegen zu Mohr. Wasserstoff reduziert bei 25° in wäßrigen $(IrCl_6)^{--}$-Lösungen langsam zu $(IrCl_6)^{---}$, bei Temperaturen über 50° und 100 Atm. Druck zu metallischem Iridium (IPATIEFF und TRONEFF; vgl. auch BUNSEN). Desgleichen reduzieren Formiate, Formaldehyd in Gegenwart von überschüssigem Alkalihydroxyd beim Sieden zu metallischem Iridium (LEIDIÉ). Aus einer mit Kaliumhydroxyd entfärbten $(IrCl_6)^{---}$-Lösung wird durch Alkohol beim Erhitzen alles Iridium als schwarzer Niederschlag ausgefällt (CLAUS). Durch Unedelmetalle, wie Zink und Eisen, erfolgt in schwach saurer Lösung und in der Wärme ebenfalls Reduktion bis zum Metall.

Von Magnesium (am besten in Pulverform) wird die möglichst schwach saure Iridium(IV)-chlorwasserstoffsäure zunächst unter H_2-Entwicklung über Grün nach Strohgelb entfärbt und schließlich beim Erhitzen quantitativ zu metallischem Iridium reduziert (AOYAMA).

Über weitere Einzelheiten bei diesen Reduktionsvorgängen und über die diesbezüglichen Schrifttumsangaben vgl. GM., Syst. Nr. 67, S. 67 (1939).

β) In festen Salzen. Vor den Fällungen namentlich mit organischen Reduktionsmitteln aus Lösungen in Gegenwart von mehr oder weniger großen Mengen Alkalihydroxyd als auch den Fällungen mit Unedelmetallen aus sauren Lösungen (vgl. Rhodium, S. 96) hat die Reduktion der festen Salze im Wasserstoffstrom den Vorzug, daß hierdurch keinerlei Verunreinigung des metallischen Iridiums durch Reagenzien möglich ist. Außerdem beansprucht die Fällung des metallischen Iridiums aus Lösungen in der Regel längere Zeit in Rücksicht auf ihre Vollständigkeit, die gerade beim Iridium zu wünschen übrigläßt und durch die Farblosigkeit der Lösung nicht mit Sicherheit angezeigt wird.

Als Reduktionsmittel kommt ausschließlich Wasserstoff in Betracht. Im wesentlichen gelten hierbei die bereits beim Rhodium, S. 97, angegebenen Gesichtspunkte.

---

[1] Vgl. GM., Syst. Nr. 67, S. 68 (1939).

Nach der Reduktion des Iridiums läßt man das reduzierte Metall im CO_2- oder N_2-Strom erkalten. Beim Verglühen gewisser Amminkomplexe des Iridiums wird zunächst der Glührückstand nochmals im CO_2-Strom und anschließend im H_2-Strom zur vollständigen Entfernung des Sauerstoffs und Chlors geglüht. Schließlich läßt man im CO_2Strom erkalten (PALMAER). Vgl. auch S. 104.

VI. Reaktionen der Iridium(III)-chlorwasserstoffsäure und ihrer Salze auf nassem Wege.

In allen den Fällen, in welchen die Reaktionen der Iridium(IV)-chlorwasserstoffsäure und ihrer Salze über die Iridium(III)-chlorwasserstoffsäure und deren Salze zu den beabsichtigten Reaktionsendprodukten führen, wie z. B. bei den Reaktionen der Iridium(IV)-chlorwasserstoffsäure mit Alkalihydroxyden, Schwefelwasserstoff usw. erübrigt sich eine besondere Besprechung an dieser Stelle.

Ebenso ist bei den Reaktionen der Iridium(IV)-chlorwasserstoffsäure in allen den Fällen, in welchen die betreffende Reaktion nur für die 4wertige Stufe des Iridiums, nicht aber für das 3wertige Iridium gilt, besonders darauf aufmerksam gemacht worden.

Daß Iridium(III)-salzlösungen durch Oxydation leicht in die 4wertige Stufe übergeführt werden können, ist in den vorhergehenden Abschnitten ebenfalls mehrfach erwähnt worden. Der Oxydationsvorgang erfolgt in der bereits beim Platin angegebenen Weise.

Für den Analytiker sind noch die unterschiedlichen Löslichkeitsverhältnisse, namentlich der Natriumkomplexsalze des Iridiums für Zwecke der Trennung von Wichtigkeit. Im Gegensatz zu $Na_2(IrCl_6) \cdot 6\,H_2O$, das sich in Wasser, Alkohol, Aceton leicht löst, ist das $Na_3(IrCl_6) \cdot 12\,H_2O$ unlöslich in absolutem Alkohol, schwer löslich in Aceton (L. WÖHLER und BALZ). Das entsprechende Kaliumsalz $K_3(IrCl_6) \cdot 3\,H_2O$ ist ebenfalls unlöslich in Alkohol.

VII. Nachweis des Iridiums neben anderen Platinmetallen.

a) Nachweis des Ir im $(NH_4)_2(PtCl)_6$. α) Um Iridium im $(NH_4)_2(PtCl_6)$, dem sog. Platinsalmiak, nachzuweisen, vergleicht man die Färbung des Platinsalzes vor und nach dem Umfällen. Je nach der Menge des vorhandenen Iridiums ist das Platinsalz vor dem Umfällen mehr oder weniger rot gefärbt. Dadurch lassen sich sehr geringe Mengen von Iridium im Platinsalz nachweisen (DESCOSTILS).

Dem gleichen Zweck dient folgende Methode:

β) Etwa 1 g des Salzes wird im Reagensglas mit wenig Wasser aufgekocht und verdünnte NaOH-Lösung hinzugefügt. Nachdem sich alles gelöst hat, werden einige Tropfen Ammoniak hinzugegeben. Man kocht 5 Min., säuert nach dem Abkühlen mit Chlorwasserstoffsäure an, sättigt die Lösung mit festem NH_4Cl, fügt einige Tropfen Salpetersäure hinzu, kocht bis zum Farbenumschlag und läßt abkühlen. Enthält das Platinsalz über 0,5% Iridium, so entsteht ein schwarzer Niederschlag, bei Gehalten von weniger als 0,1% Iridium ein rotbrauner, und bei noch geringeren Gehalten wird die Färbung erst nach Stehen über Nacht sichtbar. Die schwachen Färbungen des ausfallenden Platinsalzes lassen sich nur dann feststellen, wenn von oben durch den Hals nach dem Boden des Reagensglases geblickt wird (TSCHERNJAJEFF).

γ) Über Trennung des Pt und Ir durch Reduktion mit Hg vgl. KARPOFF, Platin, S. 53.

Die Färbung der Niederschläge kann aber durch Zufälligkeiten (Korngröße) recht erheblich beeinflußt werden. Vgl. hierzu unter Platin, S. 36. Zuverlässiger sind die folgenden Methoden:

b) Colorimetrischer Nachweis des Iridiums. α) Durch Braunfärbung der Iridium(IV)-chloridlösungen. Das große Färbevermögen der Iridium(IV)-chloridlösungen in HCl-saurer Lösung (Braunfärbung) gestattet, den Iridiumgehalt in

Platin-Iridium-Legierungen ohne Schwierigkeit nachzuweisen und colorimetrisch abzuschätzen Es werden 0,01 g der Legierung in Königswasser gelöst und nach der Entfernung der Salpetersäure mit konz. Chlorwasserstoffsäure auf 100 cm³ verdünnt. Aus Dezigrammliterlösungen des reinen Platins und reinen Iridiums (beide ebenfalls mit konz. Chlorwasserstoffsäure bereitet) wird eine Mischung hergestellt, deren Färbung derjenigen der Versuchslösung gleichkommt. Das aufgewandte Volumenverhältnis der beiden Dezigrammliterlösungen gibt annähernd das gesuchte Verhältnis des Iridiums zum Platin. Sehr kleine Mengen anderer Verunreinigungen beeinflussen die Färbung nur wenig (MYLIUS und MAZZUCCHELLI).

β) Durch die KJ-Reaktion. Für den colorimetrischen Nachweis kleiner Mengen Platin in einer Iridiumchloridlösung bietet die Kaliumjodidreaktion ein bequemes Mittel. Von Kaliumjodid wird nämlich die dunkelbraune Iridium(IV)-chloridlösung gelb gefärbt, dagegen die gelbe Platin(IV)-chloridlösung purpurrot. An dem dunklen Farbton einer gemischten Lösung läßt sich noch ein Teil Platin neben 100 Teilen Iridium deutlich erkennen. Vergleichslösungen werden durch Mischen reiner Iridium- und reiner Platinlösungen hergestellt, die 2 bis 4% Kaliumjodid enthalten. Palladium gibt ebenfalls diese Färbung und kann damit im Iridium nachgewiesen werden (MYLIUS und MAZZUCCHELLI) Vgl. die Tafel in Platinmetalle als Chloride. Reaktionen der Grammliterlösungen von MYLIUS und MAZZUCCHELLI. Die Versuchslösung muß etwa 0,4 n HCl-sauer sein und das Platin in der 4wertigen Stufe enthalten (vgl. hierzu Platin, S. 40).

c) Nachweis von Pt und Ir nach WÖLBLING. Siehe hierzu Platin, S. 52.

d) Nachweis des Ir nach vorausgegangener Abscheidung des Pt. *α*) Nach Abscheidung des Platins mit Hydraziniumchlorid in schwach saurer Lösung als Metall. Nach MYLIUS und MAZZUCCHELLI läßt sich Platinsalmiak in schwach saurer Lösung mit Hydraziniumchlorid in der Wärme zu Metall reduzieren. Hierbei bleiben etwa im Platinsalmiak vorhandene kleine Mengen Iridium um so vollständiger mit etwas Platin in der Mutterlauge gelöst, je saurer die Mischung war.

Mit Hilfe dieser Methode läßt sich ein brauchbarer Nachweis kleiner Mengen Iridium in folgender Weise führen:

Die verdünnte, etwa 2 Vol.-% HCl (D 1,19) enthaltende Lösung (mit ungefähr 0,1 bis 0,2 g Platin in 50 cm³) wird in einem Becherglas von mindestens dem doppelten Fassungsvermögen zum Sieden erhitzt. In die heiße Lösung hat man, nach vorübergehender Unterbrechung der Erhitzung durch Wegnahme des Brenners, zuvor die erforderliche Menge Hydraziniumchlorid (auf 1 Teil Platin etwa 1 bis $1^1/_2$ Teile Hydrazinsalz) auf einmal[1] gegeben (Vorsicht, Aufschäumen!) und kocht dann kräftig, bis die Lösung vollkommen farblos geworden ist, was nach etwa 10 Min. eintritt. Das Platin scheidet sich hierbei durchweg in ziemlich dichter, leicht filtrierbarer und bequem auszuwaschender Form ab, teilweise auch unter Spiegelbildung[2]. Man kocht noch etwa 15 bis 20 Min., filtriert den Platinniederschlag ab und wäscht mit heißem Wasser aus. Mit steigender HCl-Konzentration wird die Ausfällung des Platins mehr und mehr verzögert, bis sie schließlich bei hinreichender Konzentration der HCl (> 5 Vol.-%) ganz aufhört[3].

Anmerkung: MYLIUS und MAZZUCCHELLI suspendieren z. B. Ir-haltigen Platinsalmiak in schwach mit HCl angesäuertem Wasser und reduzieren unter allmäh-

---

[1] Vgl. auch GUTBIER u. LEUTHEUSSER: Z. anorg. Ch. **149**, 187 (1925).

[2] Durch Zugabe einiger Schnitzel aschearmen Filtrierpapiers läßt sich nicht nur das heftige Aufschäumen vermeiden, die in lebhafter Bewegung befindlichen Papierstückchen wirken sogar auch mit, an den Glaswänden gebildete Spiegel zu entfernen. Die Abscheidung des Platins beginnt zunächst vorzugsweise an den Rändern der Schnitzel. Das äußerst feinverteilte Platin scheint hierbei außerdem den weiteren Reduktionsverlauf autokatalytisch zu beeinflussen.

[3] Bei dem Reduktionsvorgang wird ebenfalls HCl gebildet. Es empfiehlt sich, den Platinniederschlag durch Auflösen und abermaliges Fällen in der gleichen Weise auf mitgefällt gewesenes Iridium zu prüfen.

lichem Zusatz mit einer Lösung von HCl-saurem Hydrazin in der Wärme. Nach Maßgabe dieses Zusatzes und der Temperatursteigerung läßt sich dabei die Reaktionsgeschwindigkeit nach Belieben verändern.

Das Filtrat wird auf dem Wasserbad zur Trockne gedampft, mehrmals mit HNO_3 abgeraucht[1], mit verd. H_2SO_4 aufgenommen und in einem kleinen Porzellanschälchen bis zum Erscheinen der weißen Schwefelsäuredämpfe auf der Heizplatte erhitzt und mit festem $(NH_4)NO_3$ nach LECOQ DE BOISBAUDRAN auf Ir geprüft.

Auf diese Weise gelingt es z. B., neben Platin noch 0,01 mg Ir einwandfrei nachzuweisen. Die Methode ist im besonderen für den Nachweis kleiner und kleinster Mengen Iridium im Platin [oder in Platinfällungen, wie z. B. Platinsalmiak bzw. $K_2(PtCl_6)$] geeignet, weil sie gestattet, z. B. bei der Prüfung von Platinsalmiak auf einen etwaigen Ir-Gehalt, von größeren Mengen auszugehen, als das z. B. bei Verwendung der Methode nach WÖLBLING möglich ist.

β) Nach Abscheiden des Platins durch Hydrolyse. Vollständige und zuverlässige Trennungen des Iridiums vom Platin lassen sich auch durch hydrolytische Verfahren erreichen. Diese haben den Vorzug, daß sie in allen Fällen angewendet werden können, weil sie von dem Mengenverhältnis Ir : Pt mehr oder weniger unabhängig sind. Für den qualitativen Nachweis wird wie folgt verfahren:

Die stark verdünnte Chloridlösung wird mit Natriumcarbonat schwach alkalisch gemacht und bis zum Kochen erhitzt. Unterbleibt das Erhitzen bis zum Sieden, so fällt die Reaktion negativ aus. Nach dem Abkühlen wird die Lösung mit einer schwach alkalischen Hypochlorit- oder Hypobromitlösung versetzt, wobei das blaue Iridium(IV)-oxyd sogleich abgeschieden wird. Bei Anwesenheit eines größeren Überschusses an Platin wird das Zusammenballen des Dioxyds durch Erwärmen herbeigeführt. Der Niederschlag läßt sich leicht filtrieren, geht aber beim längeren Auswaschen trübe durchs Filter, was durch Zusatz von etwas Natriumchlorid zum Waschwasser verhindert wird. Mit dieser Reaktion lassen sich noch 0,2% Iridium im Platin sicher nachweisen, aber auch geringe Mengen von Platin im Iridium auffinden. Wie das Iridium verhalten sich auch die übrigen Platinmetalle[2] und andere Schwermetalle (außer Gold), die als Oxyde gefällt werden (MYLIUS und MAZZUCCHELLI). Vgl. auch unter Platin, S. 53.

An Stelle des Zusatzes von alkalischer Hypochloritlösung genügt es, in die Lösung einige Blasen Chlor einzuleiten, um die Ausfällung herbeizuführen. Bei einiger Übung gelingt es ohne Schwierigkeit, in der einen oder anderen Weise eine vollständige Trennung des Platins vom Iridium zu erreichen. Nach dem Lösen des Dioxyds in Chlorwasserstoffsäure wird Ir beim Versetzen der konz. Lösung mit Salmiak an der schwarzen Fällung oder mit der Reaktion nach LECOQ DE BOISBAUDRAN erkannt. Das Platin im Filtrat der Dioxydfällung wird nach dem Ansäuern mit HCl und Eindampfen zur Trockne mit Wasser aufgenommen und mit der gelben Salmiakfällung nachgewiesen.

γ) Nach Abscheidung des Platins mit KCl (NH_4Cl) im Anschluß an die Reduktion des Iridiums zur 3wertigen Stufe. Nach mehrfachem Abdampfen der Platin und Iridium enthaltenden Königswasserlösung mit Chlorwasserstoffsäure läßt sich durch Reduktion des Iridium(IV)-chlorids zu Iridium(III)-chlorid und Fällen des Platins mit NH_4Cl oder KCl ebenfalls eine für qualitative Zwecke meist hinreichende, wenn auch nicht vollständige Trennung beider Metalle herbeiführen (vgl. Platin, S. 37).

Auf die reduzierende (dechlorisierende) Wirkung des NaOH, die sich nach längerem Kochen bei den höheren Chlorierungsstufen der Platinmetalle, mit Aus-

---

[1] Der Überschuß des Fällungsmittels läßt sich auch durch Einengen mit Brom beseitigen (W. BILTZ, S. 88 im Orig.).

[2] Ruthenium und Osmium sind wegen der Bildung flüchtiger Tetroxyde vor der Ausführung der Probe durch Destillation mit Chlor zu entfernen.

nahme des Platins, einstellt, ist bereits von CLAUS (b) hingewiesen worden. VON SCHNEIDER und SEUBERT haben dieses Verfahren zur Herstellung von reinem Platin benutzt. Dieses Verhalten des NaOH läßt sich für die qualitative Trennung des Platins vom Iridium und den Nachweis des letzteren in einfacher Weise wie folgt verwenden:

Die Probe wird in einem Reagiercylinder mit NaOH kräftig alkalisch gemacht und einige Minuten gekocht. Zur Zerstörung etwa gebildeten Hypochlorits werden einige Tropfen Alkohol hinzugesetzt. Man kühlt die Probe an der Wasserleitung ab, macht ohne Rücksicht auf einen etwa ausgeschiedenen Niederschlag schwach salzsauer, kocht abermals einige Minuten, läßt wiederum abkühlen, filtriert nötigenfalls und fällt das Platin mit KCl oder NH_4Cl im Überschuß, wobei, wenn die Reduktion des Iridiums vollständig war, ein reingelber Niederschlag entstehen muß. Die Mutterlauge der Platinfällung wird auf dem Wasserbade eingedampft und nach Entfernung störender Mengen Alkalichloride durch Aussalzen auf Iridium geprüft. Bei einiger Übung gelingt es leicht auf diese Weise neben 100 mg Platin noch 0,2 mg Iridium nachzuweisen.

δ) Nach Trennung des Iridiums vom Platin durch die Bleischmelze. Unlösliche oder schwerlösliche Platin-Iridium-Legierungen bis zu 30% Iridium werden zweckmäßig durch Schmelzen mit der 10fachen Menge reinsten Bleis aufgeschlossen. Näheres über das Wesen und die Ausführung des Aufschlusses siehe S. 207.

Für qualitative Zwecke genügt es, wenn die Bleischmelze in einem Rosetiegel oder gewöhnlichen Porzellantiegel bei Gegenwart von Wasserstoff mit einem guten Teclubrenner durchgeführt wird. Man schmelzt 1 Std. bei höchster Brennertemperatur. Den Bleiregulus löst man in verd. heißer HNO_3 (1 : 7) und behandelt den in HNO_3 unlöslichen Rückstand mit verd. heißem Königswasser (1 : 7), wobei das Platin vollständig gelöst wird. Nicht gelöst werden Iridium und Ruthenium, die als hellgraues krystallines Pulver zurückbleiben, das am einfachsten mit NaCl und Chlor aufgeschlossen und auf diese Weise in wasserlösliche Form gebracht wird. Nach Entfernung des Rutheniums durch die Chlordestillation (Ruthenium, S. 128) wird das Iridium in der Mutterlauge, die man zur Zerstörung der Chlorate mit HCl eingedampft hat, mit Salmiak oder nach LECOQ DE BOISBAUDRAN nachgewiesen.

e) Trennung und Nachweis von Iridium und Rhodium. α) Trennung durch Salmiak-(KCl-)Fällung. Liegt das Iridium in der 4wertigen Form vor, wie z. B. nach dem Aufschluß mit NaCl und Chlor, so löst man die Probe in möglichst wenig Wasser und fällt das Iridium mit feingeriebenem KCl oder NH_4Cl. Ein geringer Teil des schwarzen Niederschlages wird mit H_2SO_4 bis zum Erscheinen der weißen SO_3-Dämpfe erhitzt und mit NH_4NO_3 nach LECOQ DE BOISBAUDRAN nachgewiesen. In der Mutterlauge[1] der Iridiumfällung läßt sich das Rhodium mit $SnCl_2$ nach IWANOFF (vgl. Rhodium, S. 93) nachweisen. Liegt das Iridium nicht oder nur zum Teil in der 4wertigen Form vor, so muß die Probelösung vorher oxydiert werden. Im übrigen verfährt man bei der Ausführung der Probe wie auf S. 112, Ziffer δ, angegeben.

β) Trennung mit Hilfe der KNO_2-Fällung. Siehe hierzu Rhodium, S. 98.

γ) Trennung durch die Pyrosulfatschmelze. Über die Ausführung der Schmelze siehe Rhodium, S. 86.

δ) Trennung durch die Wismutschmelze. Über Ausführung der Wismutschmelze siehe Rhodium S. 88.

Der Nachweis des Iridiums und Rhodiums zu γ und δ wird in der beim Rhodium, S. 98, angegebenen Weise durchgeführt.

---

[1] Prüft man die Mutterlauge von der Salmiak- oder KCl-Fällung mit dem Ausschüttelverfahren nach WÖLBLING, so läßt sich nach dem Ausschütteln der Rhodiumreaktion in der abgetrennten wäßrigen Phase noch die geringe Menge Iridium mit frischbereitetem Chlorwasser nachweisen, die sich der Fällung mit KCl bzw. NH_4Cl entzogen hat.

ε) Trennung durch Reduktion des Rhodiums mit $TiCl_3$. Die Ausführung der Trennung ist, ebenso wie der Nachweis des Iridiums, beim Rhodium, S. 96, beschrieben.

ζ) Trennung auf Grund der verschiedenen Löslichkeit der Natriumkomplexe in Aceton-Äther (1 : 1). Über die Ausführung der Trennung und den Nachweis des Iridiums und Rhodiums siehe unter Rhodium, S. 97.

η) Trennung mit Hilfe des Ausschüttelverfahrens von WÖLBLING. Vgl. hierzu Rhodium, S. 94, Ziffer κ.

f) Prüfung des Iridiums auf seine Reinheit. Nach L. WÖHLER und METZ läßt sich Iridium, das man z. B. vom Rhodium getrennt hat, dadurch auf seine Reinheit prüfen, daß man das Iridium durch Chlorieren in $IrCl_3$ verwandelt und die Menge des hierbei aufgenommenen Chlors ermittelt. Da $IrCl_3$ theoretisch 64,48% Ir und 35,52% Cl enthält, muß das Chlorierungsprodukt, vollständige Chlorierung und reines Iridium vorausgesetzt, mithin $\frac{35,52}{64,48} \times 100 = 55,09\%$ Chlor hierbei aufnehmen[1].

Würde das Iridium aber einen geringen Teil Rhodium enthalten, so wäre die dem Rhodium entsprechende Menge Chlor etwa doppelt so groß als für die gleiche Iridiummenge, denn 1 Teil Rhodium erfordert zur Bildung von $RhCl_3$ 1,0336 Teile Chlor (vgl. Rhodium, S. 84). Ein solches Rh-haltiges Iridium würde (vollständige Chlorierung vorausgesetzt) also eine auf alle Fälle höhere Chloraufnahme als 55,09% zeigen.

Man kann nun noch einen Schritt weitergehen und auf die vorausgehende Trennung des Rhodiums vom Iridium ganz verzichten, indem man das Rh-haltige Iridium bis zur Gewichtskonstanz chloriert und durch nachfolgende Reduktion im Wasserstoffstrom das bei der vorangegangenen Chlorierung aufgenommene Chlor aus der Gewichtsabnahme ermittelt. Aus den so erhaltenen Zahlen kann man dann den Ir- und Rh-Gehalt rechnerisch nachweisen. Bedeutet x das Gewicht des Rhodiums und y das des Iridiums, M das ermittelte Gewicht des reduzierten Metallgemisches und C das der Chloride, so ist $C - M$ das Gewicht des aufgenommenen Chlors. Wir haben somit 2 Gleichungen mit 2 Unbekannten:

$$x + y = M,$$
$$1,0336\,x + 0,5509\,y = C - M.$$

Nach Auflösung der beiden Gleichungen erhält man für

$$x = 2,0717\;C - 3,2129\;M,$$
$$y = 4,2129\;M - 2,0717\;C.$$

In erster Annäherung (für qualitative Zwecke) genügt

$$x = 2,1\;C - 3,2\;M,$$
$$y = 4,2\;M - 2,1\;C.$$

Die Genauigkeit dieser „indirekten Analyse“ ist allerdings von der Vollständigkeit der Chlorierung stark abhängig. Für etwaige Verluste durch Verflüchtigung ist stillschweigend vorausgesetzt, daß Ir und Rh davon im Verhältnis zu ihrer Menge betroffen werden, so daß keine relative Veränderung beider Metalle stattfindet, was meistens aber nicht der Fall sein wird. (Vgl. auch BRUNCK, Ziffer 159, S. 181 im Original.)

Weitere Anhaltspunkte für die Prüfung des Iridiums auf seine Reinheit geben Beschläge im Chlorierungsrohr und bis zu einem gewissen Grade auch die Farbe

---

[1] Bereitet die Chlorierung Schwierigkeiten, wie das z. B. häufig bei grobkrystallinem Iridium aus der Bleischmelze der Fall ist, so wird das Material zunächst mit der Zinkschmelze aufgelockert (vgl. S. 110, Ziffer ε), oder man schließt mit $NaCl + Cl_2$ auf, reduziert das aufgeschlossene Material im Wasserstoff und entfernt das vorhandene NaCl mit Wasser. Für Rhodium gilt das gleiche. Siehe hierzu noch Rhodium, S. 87.

des bei der Chlorierung erhaltenen $IrCl_3$, dessen strohgelbe bis olivgrüne Färbung (für reines Iridium) gegenüber Verunreinigung mit dem ziegelroten $RhCl_3$ und besonders dem schwarzen $RuCl_3$ sehr empfindlich ist. Beschläge im Rohr lassen sich durch verdünnte HCl bequem herauslösen. Die Prüfung dieser Beschläge gibt in der Regel Pt, Ru, Fe, Ni, Pb.

Die Chlorbehandlung ist daher für den qualitativen Nachweis von Verunreinigungen im Iridium besonders geeignet. Vgl. Rhodium, S. 101.

g) Dokimastische Probe auf Ir mit Gold. Iridium bleibt bei dem Probierverfahren zunächst beim Lösen des Silberkornes in H_2SO_4 beim Goldplatin und nach der HNO_3-Scheidung beim Gold in Gestalt feiner, eisenschwarzer, glänzender Flitterchen, die aber leicht schwimmen und deshalb beim Abgießen der Säuren zum Teil mit fortgespült werden können. Für die annähernd quantitative Bestimmung muß eine Sonderprobe durchgeführt werden. Nach der Schwefelsäurescheidung wird der Au-Pt-Ir-Rückstand mit Königswasser behandelt, ausgeschiedenes AgCl mit Ammoniak gelöst und das zurückgebliebene Iridium abfiltriert, geglüht und gewogen. Bei geringen Mengen wird das Filter eingeäschert und mit einer genau gewogenen größeren Menge reinsten Goldes (des 100fachen und mehr) in ein Bleiskarnitzel gepackt und auf der Feinkapelle abgetrieben. Die Gewichtszunahme des Goldes entspricht dem Iridium. Das Treiben muß bei hoher Hitze erfolgen, da sonst das Ergebnis ganz ungenau wird (SCHIFFNER). Es ist zweckmäßig, hierbei die gleiche Goldmenge mit dem gleichen Bleizusatz als Blindprobe unter den gleichen Bedingungen abzutreiben, um den Goldverlust zu ermitteln, der bei der Feststellung des Iridiumwertes zu berücksichtigen ist. Vgl. auch BANNISTER und DU VERGIER.

h) Strichprobe zur Prüfung von Platin-Iridium-Legierungen mit 20—100‰ Ir. Über die Ausführung dieser Probe, die eine gewisse Ähnlichkeit mit der Strichprobe von Platin-Palladium-Legierungen hat, vgl. GOLDBERGER und KIENBERGER.

VIII. Physikalische Methoden.

Spektralanalytische Nachweismethoden. Sie werden in einem besonderen Abschnitt gemeinsam mit den anderen Platinmetallen behandelt.

Literatur.

AOYAMA, S.: Z. anorg. Ch. **133**, 237 (1924).

BANNISTER, C. O., u. E. A. DU VERGIER: Analyst **39**, 342 (1914); durch Ch. Z. **38**, 900 (1914) u. C. **86 I**, 506 (1915); Angew. Ch. **28 II**, 418 (1915). — BEHRENS-KLEY: Mikrochem. Anal. I, S. 165 (1921). — BILTZ, W.: Ausf. Qual. Anal., S. 161 (1939). — BUNSEN, R.: A. **146**, 265 (1868).

CHLOPIN, W.: Ann. Inst. Platine **4**, 324 (russ.); durch C. **97 II**, 1672 (1926). — CLAUS, C.: (a) Festschrift, S. 25 (1854); (b) J. pr. **39**, 105; **42**, 351; durch GRAHAM-OTTO, S. 1153 Fußnote und 1299 (1889). — COHEN, E., u. TH. STRENGERS: Ph. Ch. **61**, 740 (1908). — COLE, H. J.: Philippine J. Sci. **22**, 631 (Manila); durch C. **94 IV**, 559 (1923). — CROOKES: Pr. Roy. Soc. A **80**, 535 (1908); durch C. **79 II**, 371 (1908). — CURTMANN, L. J., u. P. ROTHBERG: Am. Soc. **33**, 718 (1911); durch C. **82 II**, 489 (1911); FEIGL, F.: Tüpfelreaktionen, S. 207 (1938).

DELÉPINE, M.: C. r. **158**, 265 (1914). — DESCOTILS: Phil. Mag. **37**, 68 (1811); durch GM., Syst. Nr. 68, S. 453 (1940). — DONAU, J.: M. **25**, 916 (1904); durch C. **75 II**, 1256 (1904).

EMICH, F.: M. **29**, 1077 (1908); durch C. **80 I**, 521 (1909).

FISCHER, H.: Angew. Ch. **42**, 1025 (1929). — FRASER, H. J.: Am. Mineralogist **22**, 1022 (1937); durch C **109 I**, 3503 (1938).

GERLACH, H.: Diss. Braunschweig, T. H. **4** (1925); durch GM., Syst. Nr. 67, S. 44, 48 (1939). — GILCHRIST, R.: Am. Soc. **45**, 2820 (1923). — GILCHRIST, R., u. E. WICHERS: Am. Soc. **57**, 2565 (1935). — GOLDBERGER, F., u. O. KIENBERGER: Mikrochemie **10**, 397 (1932); Fr. **94**, 114 (1933); GRAHAM-OTTO: S. 1145 (1889). — GUTBIER, A., u. E. LEUTHEUSSER: Z. anorg. Ch. **149**, 187 (1925). — GUTBIER, A., u. F. LINDER: Ph. Ch. **69**, 307 (1909).

HAHN, F. L.: Mikrochemie **8**, 77 (1930); durch FEIGL, F.: Tüpfelreaktionen, S. 208 (1938). — HOLBORN, L., u. F. HENNING: Sitz.-Ber. Preuß., S. 936 (1902); durch C. **73 II**, 840 (1902); GEIBEL, W.: Chem. Technol. d. Neuzeit von O. DAMMER, 2. Aufl., Bd. II, 2. T., S. 266 (1933).

— HOLBORN, L., F. HENNING u. L. W. AUSTIN: Wiss. Abh. Phys.-Techn. Reichsanst. **4**, Nr. 1, S. 85 (1904); durch GM., Syst. Nr. 67, S. 40 (1939).

IPATIEFF, W. W., u. W. G. TRONEFF: C. r. Acad. USSR. I, S. 627 (1935); durch C. **107 II**, 2079 (1936); I, S. 1790, 3260 (1936).

JUZA, R., Z. anorg. Ch. **219**, 131 (1934), Fußnote 1.

KARPOFF, B.: Ann. Inst. Platine **4**, 360 (russ.); durch C. **97 II**, 1672 (1926). — KARPOFF u. Mitarbeiter siehe S. 57. — KRAUSS, F., u. H. GERLACH: Z. anorg. Ch. **147**, 266 (1925).

LATHE, F. E.: Canadian J. Res. **18**, Sec. B, Nr. 11, 334 (1940). — LEBEDINSKI, W. W., u. J. A. FJEDOROFF: Ann. secteur platine (russ.) **15**, 19, 27 (1938). — LECOQ DE BOISBAUDRAN: C. r. **96**, 1338 (1883). — LEIDIÉ, E.: In E. FRÉMY: Encycl. Chim. Paris III, Abt. 3, S. 178 (1901); durch GM., Syst. Nr. 67, S. 68 (1939). — LUNDE, G.: Z. anorg. Ch. **163**, 350 (1927).

MANCHOT, W., u. H. GALL: B. **58**, 232 (1925). — MEYER, J., u. K. HOEHNE: Mikrochemie **19**, 68 (1935/36). — MILLER, CH. C., u. A. J. LOWE: Soc. S. 1263 (1940); durch C. **112 I**, 3117; **II**, 3221 (1941). — MOSER, L., u. H. HACKHOFER: M. **59**, 44 (1932); durch C. **103 I**, 2356 (1932). — MÜLLER, E., u. K. SCHWABE: Z. El. Ch. **35**, 180 (1929). — MYLIUS, F.: Z. anorg. Ch. **70**, 211 (1911). — MYLIUS, F., u. C. HÜTTNER: B. **44**, 1315 (1911). — MYLIUS, F., u. A. MAZZUCCHELLI: Z. anorg. Ch. **89**, 14 (1914).

OGBURN, S. C.: Soc. **48**, 2506 (1926).

PALMAER, W.: Z. anorg. Ch. **10**, 332 (1895). — PASSERINI, L., u. L. MICHELOTTI: G. **65**, 824 (1935); durch C. **107 II**, 2595 (1936).

SCHIFFNER, C.: Probierkunde, S. 112 (1912). — v. SCHNEIDER: durch GRAHAM-OTTO, S. 1153 (1889). — SEUBERT, K.: Literaturstelle wie vorher. — SHUKOW, J.: Ann. Inst. Analyse Physico-Chim. Leningrad (russ.) **3**, 600; durch C. **98 II**, 2658 (1927). — STREICHER, S.: Diss. Darmstadt, T. H., S. 75 (1913).

TREADWELL, F. P.: Anal. Chem. I, 556 (1930). — TREADWELL, W. D.: Tabellen, S. 96 (1938). — TRUTHE, W.: Z. anorg. Ch. **154**, 420 (1926). — TSCHUGAJEFF, L.: Ann. Inst. Platine (russ.) **7**, 205 (1929); durch C. **101 I**, 3169 (1930). — TSCHERNJAJEFF, J.: Ann. Inst. Platine (russ.) **8**, 167 (1931); durch C. **102 II**, 1169 (1931).

VIVARIO, R., u. M. WAGENAAR: Pharm. Weekbl. **54**, 157 (1917); durch C. **88 II**, 244 (1917).

WADA, L., u. T. NAKAZONO: Sci. Pap. Inst. Tokyo **1**, 150 (1922/24); durch C. **97 II**, 1553 (1926). — WHITMORE, W. F., u. H. SCHNEIDER: Mikrochemie **17**, 288 (1935). — WÖHLER, L., u. PH. BALZ: Z. anorg. Ch. **149**, 354 (1925). — WÖHLER, L., u. L. METZ: Z. anorg. Ch. **149**, 306 (1925). — WÖHLER, L., u. S. STREICHER: B. **46**, 1582, 1720 (1913). — WÖHLER, L., u. W. WITZMANN: (a) Z. anorg. Ch. **57**, 324 (1908); (b) Z. El. Ch. **14**, 106 (1908).

5. Ruthenium.

Ru, Atomgewicht 101,7[1]; Ordnungszahl 44.

I. Physikalische Eigenschaften.

Unter Schutzgas im Hochfrequenzofen geschmolzenes reines Ruthenium kommt in seiner Farbe dem Platin nahe, ist aber einen Stich dunkler. Es besitzt Metallglanz. Infolge seiner Sprödigkeit kann es leicht zerstoßen werden. In der Härte übertrifft es noch das Iridium. Das geschmolzene Metall ist ziemlich blasig, offenbar eine Folge von Gasabgabe beim Erstarren (Spratzerscheinung). Seine Dichte bei 18° beträgt 12,45. Es schmilzt strenger als Iridium; sein Schmelzpunkt liegt bei etwa 2500°. Aus seinen Salzen im Wasserstoffstrom reduziertes Ruthenium ist ein dunkelgraues Pulver.

II. Stellung im periodischen System, Koordinationszahl, Wertigkeit.

Auf Grund seiner Ordnungszahl 44 steht Ruthenium im periodischen System in der 2. großen Periode, und zwar in der VIII. Gruppe an der vordersten Stelle der sog. leichten Triade Ru, Rh, Pd. In vertikaler Anordnung steht es zwischen seinen Homologen Fe und Os. In der Stellung des Rutheniums zum Osmium kommt die große Ähnlichkeit der beiden, uns hauptsächlich in chemischer Hinsicht interessierenden Elemente besonders zum Ausdruck.

Die meisten dargestellten Verbindungen besitzen die Koordinationszahl 6.

[1] Nach neueren Bestimmungen ist das Atomgewicht des Ru im Mittel zu 101,1 festgestellt (GLEU u. REHM), aber von der Atomgewichtskommission der Int. Union für Chemie noch nicht berücksichtigt worden.

Für Ruthenium ist, ebenso wie für das Osmium, die große Mannigfaltigkeit in der Valenzbetätigung kennzeichnend. Es kommt in seinen Verbindungen in sämtlichen 8 Wertigkeitsstufen vor, und zwar als 8wertiges Ruthenium in RuO_4, als 7wertiges in den Per- oder Heptaruthenaten. Ruthenium in der 6wertigen Stufe findet sich in den Alkaliruthenaten, 5wertiges nur im RuF_5, 4wertiges im RuO_2, RuS_2, 3wertiges im $RuCl_3$ und 2wertiges in den blauen Lösungen von $RuCl_2$.

1wertiges Ruthenium liegt im $RuBr \cdot CO$ vor. Über 1wertiges Ru in Lösungen siehe MANCHOT und SCHMID sowie MANCHOT und DÜSING. Vgl. ferner GRUBE und NANN. Vgl. auch GM., Syst. Nr. 63, S. 7 (1938).

III. Chemisches Verhalten des Metalles.

a) Gegen Wasserstoff. Wird Rutheniumoxyd RuO_2 bei niedriger Temperatur mit gasförmigem Wasserstoff behandelt, so nimmt das hierbei reduzierte feinverteilte Metall, wie alle Platinmetalle, im Augenblick des Entstehens große Mengen Wasserstoff auf. Bei Druckerniedrigung auf etwa 10^{-4} mm Hg wird dieser Wasserstoff bei 20° vom Ruthenium nicht wieder abgegeben, im Gegensatz zu Pd und teilweise auch zum Platin. Beim Ruthenium, ebenso wie beim Rhodium, Osmium und Iridium ist der Wasserstoff druckunabhängig und nur an der Oberfläche gebunden. Deshalb wird von diesen Metallen im kompakten Zustand praktisch kein Wasserstoff adsorbiert, im Gegensatz zu Platin und Palladium, die den Wasserstoff zu lösen vermögen.

Die bei der oben angeführten Reduktion des Rutheniums aus seinem Oxyd im Augenblick des Entstehens vom Metall aufgenommene Wasserstoffmenge betrug bei Zimmertemperatur im Höchstfall 1520 Vol. auf 1 Vol. Metall [E. MÜLLER und SCHWABE (a) (b)]. Über weitere Angaben vgl. GM., Syst. Nr. 63, S. 25 (1938). Unter diesen Umständen ist es angezeigt, nach erfolgter Reduktion auch das Ruthenium im CO_2- oder N_2-Strom erkalten zu lassen.

b) Gegen Sauerstoff. Bei gewöhnlicher Temperatur wird Ruthenium weder an der Luft noch in Sauerstoff oxydiert. Wird feinverteiltes reduziertes Ruthenium an der Luft geglüht, so entstehen wie beim Iridium nur unvollständige Oxydationsprodukte. Beim Erhitzen im Sauerstoffstrom zeigt sich bei Temperaturen von 100° ab leichte Oxydation, die aber mit steigender Temperatur rasch zunimmt und von 800° ab einem Höchstwert zustrebt. Von 600° ab beginnt die allmähliche Verflüchtigung in Form von RuO_4. Nach etwa 2stündigem Erhitzen zeigten Sauerstoffaufnahme und Verflüchtigung in Gewichts-% bei verschiedenen Temperaturen folgendes Bild (siehe Zahlentafel).

Zahlentafel.

Temperatur in °C	Sauerstoffaufnahme in %	Verflüchtigung in %
100	0,012	—
200	0,36	—
400	1,04	—
500	3,30	—
600	8,56	?
700	25,08	0,013
800	29,22	0,072
900	29,80	0,15
1000	30,00	1,23
1200	30,00	28,26

Die Oxydationsgeschwindigkeit ist, außer von der Temperatur, noch vom Verteilungsgrad und der Vorbehandlung abhängig. Ruthenium, das bereits bei hoher Temperatur geglüht war, zeigte nach der Reduktion eine geringere Oxydationsgeschwindigkeit. Das flüchtige RuO_4 zersetzt sich an den kälteren Teilen des Rohres unter Bildung ringförmiger Abscheidungen von teils blauen Dioxydkryställchen, teils von amorpher schwarzer Substanz. Die im Durchschnitt festgestellte maximale Sauerstoffaufnahme beträgt 31,13% und kommt dem mit 31,5% für RuO_2 berechneten theoretischen Wert sehr nahe (GUTBIER und MAISCH). Vgl. ferner L. WÖHLER, BALZ und METZ. Über weitere Literaturangaben siehe GM., Syst. Nr. 63, S. 22 (1938).

α) Oxyde des Rutheniums. Von den im Schrifttum angegebenen Oxyden des Rutheniums sind, als wasserfrei, nur das (IV)-Oxyd RuO_2 und das (VIII)-Oxyd RuO_4 bekannt, von denen namentlich das letztere besonderes Interesse für den Analytiker bietet.

Das (VI)-Oxyd RuO_3 und das (VII)-Oxyd Ru_2O_7 kommen nur in Verbindungen vor. Dagegen bestehen weder das Sesquioxyd (nur sein Hydrat ist darstellbar) noch das Pentoxyd, auch nicht das Ru_4O_9 und vom 2wertigen Ruthenium nur das Oxydhydrat, nicht aber das wasserfreie RuO (L. Wöhler, Balz und Metz).

Ruthenium(IV)-Oxyd RuO_2 läßt sich wasserfrei am bequemsten durch Erhitzen von reinem $RuCl_3$ im Sauerstoffstrom bei 600 bis 700° herstellen oder zunächst als Hydrat durch Reduktion einer wäßrigen Lösung von RuO_4 mit 6%igem Wasserstoffperoxyd, wobei sich reines, grünschwarzes (IV)-Oxydhydrat allmählich abscheidet, das sich schnell absetzt und gut filtrieren läßt. Beim Erhitzen im Vakuum auf weniger als 800° erhält man schwarzblaues Dioxyd. Ebenso wird aus Kaliumruthenatlösungen mit Kohlensäure oder durch Neutralisation mit Salpetersäure neben flüchtigem RuO_4 reines Dioxydhydrat abgeschieden, das im Kohlensäurestrom geglüht schwarzblaues, etwas alkalihaltiges Dioxyd gibt (L. Wöhler, Balz und Metz).

Wegen der bei Temperaturen über 700° beginnenden Bildung flüchtiger RuO_4 muß das Verglühen von (IV)-Oxydhydrat zu RuO_2 mit einiger Vorsicht erfolgen. Wird bei Benutzung eines gewöhnlichen Bunsenbrenners nicht mit voller Brennerhitze geglüht, so besteht keine Gefahr des Substanzverlustes. Ist das Oxydhydrat durch Fällung mit Alkohol aus Ruthenat erhalten worden, so können Verluste durch Versprühen unter Feuererscheinung entstehen. Vgl. S. 141. Weitere Herstellungsmethoden siehe GM., Syst. Nr. 63, S. 26 (1938). Das wasserfreie Dioxyd RuO_2 ist unlöslich in Säuren und Säuregemischen und wird auch von schmelzendem Pyrosulfat kaum angegriffen.

Ruthenium(VIII)-Oxyd RuO_4 ist in analytischer Hinsicht, aber auch für die Reindarstellung des Metalls die bei weitem wichtigste Verbindung des Rutheniums.

β) Entstehung von RuO_4. *aa) Durch Erhitzen.* Von der Bildung und der Flüchtigkeit des RuO_4 im O_2-Strom ist bereits bei der Betrachtung über das Verhalten des metallischen Rutheniums im Sauerstoffstrom bei Temperaturen über 600° die Rede gewesen. Von diesem Verhalten ausgehend, wird zum Teil im Schrifttum (Treadwell) die Trennung des Rutheniums vom Pt, Pd, Rh, Ir durch Verflüchtigung des ersteren als RuO_4 empfohlen. Bei der geringen Oxydationsgeschwindigkeit des Rutheniums, selbst im Sauerstoffstrom in dem Temperaturgebiet von 600 bis 1000° (vgl. Tafel S. 125), kann günstigenfalls wohl der Rutheniumnachweis auf diesem Weg geführt werden, aber für eine analytisch brauchbare Trennung besteht keine Aussicht. Dagegen gestattet das unterschiedliche Verhalten des Rutheniums und Osmiums gegenüber Sauerstoff eine glatte und elegante Trennung des Osmiums als leichtflüchtiges OsO_4 vom Ruthenium und den übrigen Platinmetallen durch Oxydation im Sauerstoffstrom bei Temperaturen bis höchstens 600° oder durch Behandeln mit NO_2 bei 275°. Voraussetzung ist allerdings in beiden Fällen, daß die Platinmetalle nicht legiert, sondern als feinste Pulvergemische vorliegen. Vgl. auch unter Os, S. 152 [L. Wöhler und Metz (a)].

bb) Durch Destillation mit Chlor. Weit energischer als von gasförmigem Sauerstoff bei höheren Temperaturen wird metallisches, oxydfreies Ruthenium, insbesondere in feiner Verteilung, von frischbereitetem Hypochlorit angegriffen. Es löst sich hierbei mit gelber Farbe unter Gasentwicklung, wobei der ozonähnliche Geruch des Tetroxydes auftritt. Natriumhypochloritlösungen greifen leichter an als Kaliumhypochloritlösungen. In alkalischer Lösung bildet sich hierbei z. B. wasserlösliches Alkaliruthenat. Wird in diese Lösungen Chlor eingeleitet, so entweicht nach einiger Zeit mit dem Chlor RuO_4, das in gekühlten Vorlagen sich zu gelben Krystallen verdichtet, die bei 25° zu einer braunen Flüssigkeit schmelzen. Dieser Oxydationsvorgang verläuft mit einer Destillation quantitativ beim Vorliegen von besonders fein verteiltem Ruthenium, wie es z. B. durch mehrfaches, abwechselndes Chlorieren und Reduzieren im Wasserstoffstrom erhalten wird (L. WÖHLER und METZ). Da die anderen Platinmetalle Pt, Pd, Rh, Ir im Rückstand bleiben[1], ermöglicht die Destillation mit Chlor eine vollständige Trennung des Rutheniums von diesen Metallen. Am zweckmäßigsten wird hierbei wie folgt verfahren: Das feinverteilte, gut reduzierte Material wird in den Destillierkolben gebracht, mit wäßriger NaOH-Lösung übergossen und der Kolben zur Kühlung in eine mit Eiswasser beschickte Schale gestellt. Von den Vorlagen wird die erste, die das RuO_4 aufnehmen soll, zwecks weitgehender Kondensation der RuO_4-Dämpfe mit Eis gekühlt. Die anderen Vorlagen enthalten konz. HCl (D 1,19), die letzte ein Gemisch von gleichen Teilen Salzsäure (1 + 1), Wasser und Alkohol. Bei dieser Anordnung besteht keine Explosionsgefahr. Dies ist vielmehr nur dann der Fall, wenn Alkoholdämpfe in den Destillierkolben gelangen können[2]. Wird keine Kondensation von RuO_4-Dämpfen beabsichtigt, so enthält die erste Vorlage konz. HCl (D 1,19), die folgenden, je nach Anzahl, teils konz., teils verd. HCl (1 + 1), die letzte die oben angegebene Mischung. Da der

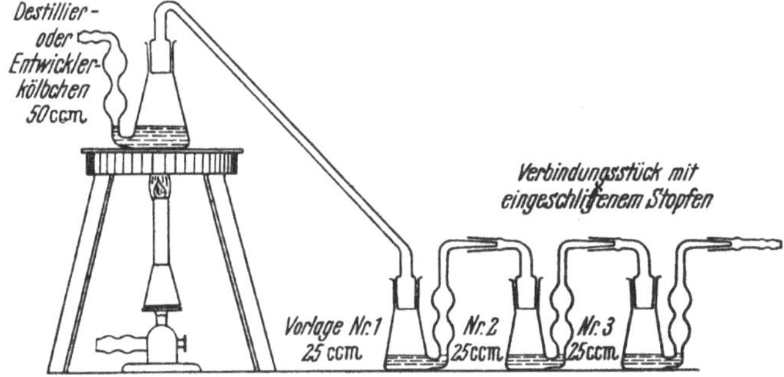

Abb. 4. Rutheniumdestillation.

Absorptionsvorgang, der im vorliegenden Falle außerdem mit der Reduktion des RuO_4 zu $RuCl_4$ verknüpft ist[3], eine meßbare Zeit beansprucht, hängt die Zahl der Vorlagen unter sonst gleichen Umständen von der Geschwindigkeit ab, mit der die Dämpfe oder Gase durch die Vorlagen getrieben werden. Außer der Destillationsgeschwindigkeit spielt auch die Temperatur der Vorlagen hierbei eine Rolle. In der Regel genügen für qualitative Zwecke 3 Vorlagen.

Die Ausführung der Destillation läßt sich mit bestem Erfolg in der aus Abb. 4 nach Größe und Anordnung ersichtlichen kleinen Glasapparatur vornehmen. Sämtliche Gefäße sind VOLHARD-FRESENIUS-Vorlagen in stark verkleinertem Maßstab. Die Destillierkolben besitzen einen Inhalt von 50, höchstens 100 cm³, die Vorlagen von je 25 cm³. Wegen der leichten Reduzierbarkeit der RuO_4-Dämpfe durch organische Substanzen sind Vorlagen und Verbindungsstücke sowohl an der Eingangs- als auch an der Austrittsstelle mit dichtschließenden Glasschliffen ausgestattet, der Destillierkolben jedoch nur an der Austrittsstelle. Selbstverständlich dürfen die Schliffe nicht eingefettet werden.

In dieser Glasapparatur lassen sich noch bequem bis zu 20 mg Ruthenium auf einmal destillieren. Bei größeren Mengen muß allerdings der Vorlageninhalt öfters erneuert werden.

[1] Palladium wird hierbei zum Teil gelöst.
[2] Vgl. hierzu Osmium, S. 174, Fußnote.
[3] Eine zusammenfassende Darstellung über die hierbei sich abspielenden chemischen Vorgänge findet sich im GM., Syst. Nr. 63, S. 58 (1938).

Ausführung der Chlordestillation. Ist die Apparatur beschickt und gasdicht verschlossen, so wird ein langsamer Chlorstrom in die Lösung des Destillierkolbens eingeleitet, wobei zunächst die NaOH in NaClO und NaCl verwandelt wird. Dieser Vorgang ist bekanntlich stark exotherm. Zur Verhinderung der bei Temperaturen über 25° in der Lösung beginnenden unerwünschten Chloratbildung wird der Destillierkolben gekühlt. Auf diese Weise erreicht man, daß in der Lösung für die Oxydation des Rutheniums ein Höchstbetrag an Sauerstoff verfügbar wird. Mit der NaClO-Bildung schreitet die Oxydation des Ru zu RuO_4 fort, das sich im NaOH-Überschuß zunächst unter O_2-Entwicklung und Bildung von Ruthenat auflöst[1]. Bei weiterem Cl_2-Einleiten wird das Ruthenat zu Perruthenat oxydiert und schließlich RuO_4 in Freiheit gesetzt, das mit dem Chlor entweicht und sich in der gekühlten Vorlage zu gelben Kryställchen verdichtet oder in den anschließenden, mit HCl beschickten Vorlagen zu tief dunkelbraunem Tetrachlorid umsetzt[2]. Ist die Lösung des Destillierkolbens mit Chlor gesättigt, so wird die Kühlung entfernt und der Inhalt des Destillierkolbens auf einer Asbestplatte zur Austreibung des noch in Lösung verbliebenen RuO_4 (vgl. S. 132) erhitzt, bis das Verbindungsrohr vom Destillierkolben nach der I. Vorlage von den übergehenden H_2O-Dämpfen heiß wird.

Nun wird die Wärmezufuhr abgestellt und die Apparatur der Abkühlung überlassen. Schließlich wird auch das Chlor abgestellt und der noch in der Apparatur verbliebene Rest durch reine Luft daraus verdrängt.

Das in der I. Vorlage kondensierte gelbe RuO_4 (Smp. 25,5°) wird nun durch Schmelzen in warmem Wasser zum Zusammenlaufen gebracht und mit dem Wasser aus der Vorlage ausgekippt.

Die Beendigung des Destilliervorganges erkennt man am sichersten daran, daß der Inhalt der mit frischer HCl (D 1,19) beschickten I. Vorlage auch bei wiederholter Destillation aus der jedesmal zuvor mit NaOH alkalisch gemachten Lösung des Destillierkölbchens in der oben geschilderten Weise nicht mehr gefärbt wird. Über weitere Einzelheiten, wie z. B. bezüglich Bestätigung des Befundes mit Hilfe weiterer Reagenzien, siehe S. 132—134.

Schwierigkeiten bei der Trennung des Rutheniums von Iridium mit Hilfe der Chlordestillation nach vorausgegangenem oxydierend-alkalischem Schmelzaufschluß können entstehen, wenn das Ruthenium z. B. mit größeren Mengen Iridium legiert ist. Zum völligen Aufschluß des Analysenmaterials sind dann unter Umständen mehrere Schmelzen mit Ätzkali-Salpeter erforderlich. Siehe S. 147, Ziffer dd, sowie Aufschlußmethoden, S. 211, Absatz I. Vgl. auch SAINTE-CLAIRE DEVILLE, STAS. Es ist in diesem Falle zweckmäßiger, statt des oben angegebenen Schmelzaufschlusses den NaCl-Cl_2-Aufschluß bei höherer Temperatur zu wählen. Anschließend folgt dann die Rutheniumdestillation mit Chlor aus der mit NaOH alkalisch gemachten wäßrigen Lösung des NaCl-Cl_2-Aufschlusses.

Vorbedingung für einen glatten Verlauf der Rutheniumdestillation aus Pulvergemischen der nicht legierten Platinmetalle (Os wird vorher mit Sauerstoff oder NO_2 entfernt, wie bereits erwähnt) ist feinste Verteilung und gut reduziertes Material, andernfalls ist nur mit Teilerfolgen zu rechnen. Liegen die zur Destillation bestimmten Metalle als Mohre vor, so sollte man meinen, daß die Destillation hierbei besonders rasch verläuft. Das Gegenteil ist der Fall, sie wird dadurch erheblich in die Länge gezogen. Wahrscheinlich wird hierbei bis zu einem gewissen Grade das RuO_4 von den Mohren adsorptiv gebunden. Über ähnliche Vorgänge vgl. S. 131. Am glattesten verläuft die Rutheniumdestillation und damit die Trennung des Rutheniums von den übrigen Platinmetallen aus der molekulardispersen oder auch aus der kolloiddispersen Phase. In diesen Fällen genügt zur Erreichung des Zweckes meist eine einzige Destillation.

---

[1] Vgl. S. 131. [2] Vgl. S. 132.

Der Inhalt des Destillierkölbchens samt den unter Umständen noch vorhandenen Platinmetallen wird nötigenfalls auf dem Wasserbade eingeengt und zur Zerstörung der Chlorate bei bedecktem Gefäß mit HCl erhitzt, bis alle Chlorentwicklung aufgehört hat. Das meist in größerer Menge nunmehr vorhandene Natriumchlorid wird bei dieser Gelegenheit ausgesalzen[1], über einen Filtriertiegel filtriert und mit starker Chlorwasserstoffsäure ausgewaschen. Das Salz wird in Wasser gelöst und der metallische Rückstand mit dem vom Chlornatrium größtenteils befreiten Filtrat wieder vereinigt. Das ausgeschiedene Natriumchlorid ist mitunter nicht rein weiß, sondern hält geringe Mengen Edelmetallösung zurück. Am größten ist nach bisherigen Beobachtungen der Edelmetallrückhalt beim Rhodium. In solchen Fällen wird das Salz wieder aufgelöst und das Aussalzen wiederholt, oder man trennt die Platinmetalle von den Alkalichloriden mit H_2S oder durch die Zinkfällung und löst die Sulfide oder Mohre der Platinmetalle in Königswasser. Ein etwa unlöslich bleibender Rückstand wird mit etwas $NaCl + Cl_2$ aufgeschlossen. Vgl. auch Gang, S. 216, letzter Absatz, ferner S. 221, Fußnote 1.

In der gleichen Weise läßt sich RuO_4 auch aus Rutheniumsulfid[2] darstellen, das bei der Chlordestillation aus alkalischer Lösung vollständig zu Ruthenium(VIII)-oxyd oxydiert und verflüchtigt wird, während die anderen Platinmetallsulfide ebenfalls oxydiert und schließlich in Chloride oder die entsprechenden Komplexsalze verwandelt werden. Das vom Rutheniumsulfid Gesagte gilt in gleicher Weise vom frisch gefällten Rutheniumhydroxyd.

Auch durch Behandlung mit Chlorwasser wird Ruthenium zu RuO_4 oxydiert. So wurden in einem Falle von 0,1024 g reduziertem Rutheniumpulver, das in ein Destillierkölbchen gebracht und nach Zugabe von Wasser der Chlordestillation unterworfen wurde, in 3 Destillationen 16,5 mg = 16,1% und sogar im Falle der Verwendung eines Stückchens geschmolzenen Rutheniums im Gewicht von 0,1220 g mit einer Destillation 1 mg = 0,8% zu RuO_4 oxydiert und in der Vorlage nachgewiesen. Die vorher blanke und glänzende Oberfläche des Metalls war teilweise mattiert.

Ruthenium(VIII)-oxyd entsteht ferner, wenn wäßrige oder alkalische Lösungen von Salzen des Rutheniums mit Chlor behandelt werden, wie z. B. Lösungen aus alkalischen Schmelzflüssen (vgl. S. 138), in denen das Ruthenium in der Regel als Alkaliruthenat vorliegt. Über die Weiterbehandlung vgl. S. 131.

Die Vorgänge, die sich in der wäßrigen Lösung eines Rutheniumsalzes, wie z. B. in einer verdünnten Lösung von Ruthenium(III)-chlorid beim Einleiten von Chlor abspielen, werden durch das Gleichgewicht gekennzeichnet, das zwischen in Wasser gelöstem Chlor oder unterchloriger Säure einerseits und RuO_4 andererseits besteht.

$$2\,Ru^{\cdot\cdot\cdot} + 5\,Cl_2 + 8\,H_2O \rightleftharpoons 16\,H^{\cdot} + 10\,Cl' + 2\,RuO_4$$

oder

$$2\,Ru^{\cdot\cdot\cdot} + 5\,(ClO)' + 3\,H_2O \rightleftharpoons 6\,H^{\cdot} + 5\,Cl' + 2\,RuO_4$$

[Remy (a)].

Wird in die Lösung Chlor eingeleitet, gleichzeitig aber das entstehende RuO_4 mit den abziehenden Chlorgasen entfernt, so bleibt das Gleichgewicht zunächst vollkommen nach rechts verschoben, es bildet sich weiterhin RuO_4, wobei allerdings auch die H^+-Konzentration in entsprechendem Maße zunimmt.

Da wäßrige Lösungen der Rutheniumsalze bekanntlich sehr stark zum hydrolytischen Zerfall neigen und infolgedessen ein dunkles, fast schwarzes und tintiges Aussehen besitzen, muß sich die Erhöhung der H^+-Konzentration in dem Verschwinden der Hydrolysenprodukte zeigen, was sich auch in dem allmählichen Übergang der Farbe in das normale Rotbraun kundgibt. War nun z. B. in der Rutheniumchloridlösung bereits eine gewisse HCl-Konzentration vorhanden, so kann in

[1] Vgl. auch Gutbier u. Leutheusser. [2] Vgl. auch S. 142.

dem Maße, wie die unterchlorige Säure verbraucht und die Bildung neuer Mengen durch die steigende H+-Konzentration nach

$$HOH + 2\,Cl \rightleftharpoons HClO + HCl$$

zurückgedrängt wird, sogar der Gesamtreaktionsverlauf nach und nach zum Stillstand kommen. Weil in konz. Chlorwasserstoffsäure jede Möglichkeit der Bildung von unterchloriger Säure ausgeschlossen ist, kann aus stark sauren Rutheniumchloridlösungen (wie z. B. aus dem Vorlageninhalt der Destillation mit Chlor) niemals RuO_4 durch Chloreinleiten entstehen. Erst wenn die Konzentration der Chlorwasserstoffsäure durch Verdünnen mit Wasser oder durch Eindampfen stark herabgesetzt oder die Säure durch Lauge neutralisiert wird, kommt die Oxydation des Rutheniumchlorids zu RuO_4 wieder in Gang.

Verläuft dagegen die Reaktion z. B. von vornherein in Gegenwart von überschüssigem Natriumhydroxyd, so wird in kurzer Zeit das gesamte Ruthenium in der bereits erwähnten Weise aus der Lösung entfernt.

Die gleichen Vorgänge wie bei Behandlung wäßriger Rutheniumchloridlösungen mit Chlor finden statt, wenn man an Stelle des Chlors Chlorat und verdünnte Salzsäure benutzt.

Aus diesen Feststellungen ergibt sich die auch für den Analytiker überaus wichtige Regel, daß *wäßrige Rutheniumchloridlösungen nie ohne Rutheniumverlust mit Chlor behandelt werden können*. Wenn es sich also z. B. darum handelt, Ru-haltige Lösungen nach reduzierender Behandlung (wie etwa zwecks Goldfällung mit SO_2-Wasser) wieder aufzuoxydieren, so wird dieser Vorgang am zweckmäßigsten nach weitgehender Entfernung freier HCl durch Eindampfen oder Neutralisation mit verd. NaOH in einem Destillierkölbchen vorgenommen, das Ruthenium mit der Chlordestillation als RuO_4 ausgetrieben und in der mit konz. HCl (D 1,19) beschickten Vorlage aufgefangen. Die Bildung von RuO_4 läßt sich auch durch Erhöhung der HCl-Konzentration verhindern. Es genügt die Anwesenheit von etwa 20 Vol.-% HCl (D 1,19).

Wird eine alkalische, durch Schmelzen von Ru mit NaOH (S. 137) erhaltene Lösung von Na_2RuO_4 mit $\frac{2}{1}$ n Salpetersäure bis zur genauen Neutralisation versetzt (Tüpfeln mit Lackmus!), so entsteht neben einem Niederschlag von (IV)-Oxydhydrat ebenfalls (VIII)-Oxyd, das sich durch den Geruch deutlich zu erkennen gibt (L. Wöhler, Balz und Metz). Bedeckt man das Reagensglas mit Papier, so läßt sich das RuO_4 durch Schwarzfärben des Papiers ebenfalls nachweisen.

Schmelzt man das Ruthenium statt mit NaOH mit $NaNO_3$, so bleibt beim Neutralisieren der wäßrigen Lösung der Schmelze mit Salpetersäure die Bildung von (VIII)-Oxyd aus. Schmelzt man das Ruthenium mit Alkalihydroxyd und Salpeter, so hängt es offenbar ganz von dem Mengenverhältnis des Alkalihydroxydes zu Salpeter ab, ob beim Ansäuern mit Salpetersäure mehr oder weniger (VIII)-Oxydbildung erfolgt. Da Nitrat im Schmelzfluß, namentlich in Gegenwart von Metall, das hierbei oxydiert wird, leicht in Nitrit übergeht (Leschewski und Degenhard), war die Annahme naheliegend, daß das oben geschilderte Verhalten des Rutheniums mit der Anwesenheit des Alkalinitrits zusammenhängt. Tatsächlich wurde gefunden, daß, wenn man der in Wasser gelösten Schmelze mit NaOH eine reichliche Menge Nitrit zusetzt, auch in diesem Falle beim Ansäuern mit Salpetersäure keine (VIII)-Oxydbildung stattfindet. Diese Feststellungen sind insofern von Wichtigkeit für den Analytiker, als bei Anwendung der Ätzkali-Salpeter-Schmelze mit anschließender Trennung des Os vom Ru durch Destillation mit Salpetersäure bisweilen beobachtet wird, daß gleichzeitig mit dem OsO_4 auch RuO_4-Dämpfe verflüchtigt werden. Werden nämlich diese Dämpfe in stark alkalischer Lösung aufgefangen und wird die Lösung zur Reduktion und Fällung des Osmiums als $K_2OsO_4 \cdot 2\,H_2O$ vorsichtig mit Alkohol versetzt, so kann neben der Bildung des violetten Kalisalzes die allmähliche Entstehung eines grünschwarzen Niederschlags die Anwesenheit von Ruthenium anzeigen (vgl. S. 134, 138), das in diesem Falle zu grünschwarzem Oxydhydrat reduziert wird[1]. Vgl. auch Osmium, S. 160 und 163, Nachweis des Rutheniums neben Osmium mit Thioharnstoff und $SnCl_2$ in salzsaurer Lösung oder in einer Sonderprobe mit Rubeanwasserstoff. (Vgl. Ruthenium, S. 144.) Nach GILCHRIST (d), S. 446, wird von kochender HNO_3 bis zu 40 Vol.-% HNO_3 (D 1,4) kein Ruthenium als RuO_4 bei der Destillation ausgetrieben, wohl aber in merklichen Mengen durch konz. kochende HNO_3.

Zusammenfassung, die Cl_2-Destillation betreffend. In allen Fällen, in welchen bei der Chlordestillation vom metallischen Ruthenium oder von Lösungen eines Rutheniumsalzes ausgegangen wird, sind somit das HClO in wäßriger oder schwach HCl-saurer Lösung oder das NaClO (in Gegenwart von NaOH) die Träger der Oxydation des Ru zu RuO_4.

$$Ru + 4\,(ClO)' = RuO_4 + 4\,Cl'.$$

Während aber RuO_4 bei niedriger HCl-Konzentration größtenteils flüchtig geht, wird bei Anwesenheit von NaOH das RuO_4 unter Sauerstoffentwicklung, und zwar je nach der Menge des vorhandenen NaOH, entweder zu Per- oder Heptaruthenat oder zu Ruthenat gelöst.

$$2\,RuO_4 + 2\,NaOH = 2\,NaRuO_4 + H_2O + {}^1/_2\,O_2 \text{ (grün)},$$

$$RuO_4 + 2\,NaOH = Na_2RuO_4 + H_2O + {}^1/_2\,O_2 \text{ (orangerot)}.$$

Vgl. DEBRAY und JOLY (a).

Bei den oxydierenden Alkalihydroxydschmelzen erfolgt die Oxydation des Ru zu RuO_4 in der Hauptsache durch den Sauerstoff des Oxydationsmittels.

Wird Chlor in die wäßrige Ruthenatlösung eingeleitet, so entsteht zunächst Perruthenat und schließlich RuO_4.

$$Na_2RuO_4 + {}^1/_2\,Cl_2 = NaRuO_4 + NaCl,$$

$$NaRuO_4 + {}^1/_2\,Cl_2 = RuO_4 + NaCl.$$

cc) Durch Destillation ohne Chlor. Wird Rutheniumpulver in Anwesenheit von Permanganat mit der Kaliumhydroxydschmelze aufgeschlossen und die Lösung nach weiterem Permanganatzusatz mit verd. H_2SO_4 (1 : 3) in der Wärme unter Durchleitung eines Kohlensäurestromes destilliert, so erhält man ebenfalls RuO_4, das vollkommen frei von Chlor und außerordentlich beständig ist (RUFF und VIDIČ). Diese Methode ist weniger für analytische als vielmehr für präparative Zwecke, besonders aber für Herstellung eines gewissen Vorrates für längere Zeit haltbaren reinen RuO_4 geeignet.

Auch wäßrige oder mit Schwefelsäure angesäuerte Rutheniumsalzlösungen ergeben beim Destillieren mit Permanganatlösung in der Wärme unter Hindurchleiten eines gereinigten Luftstromes flüchtiges RuO_4. Die gleiche Wirkung — bei etwas geringerer Ausbeute — wird beim Destillieren mit Chromschwefelsäure erzielt. Selbst feinverteiltes metallisches Ruthenium wird sowohl von Permanganatlösung als auch von Chromschwefelsäure unter Bildung von flüchtigem RuO_4 oxydiert.

Wird eine Rutheniumchloridlösung mit H_2SO_4 abgeraucht und nach Zusatz von Wasser und einer 5%igen Permanganatlösung erwärmt und im CO_2-Strom destilliert, so entweicht ebenfalls RuO_4 (CROWELL und YOST). Die Destillation in schwefelsaurer Lösung kann aber auch in Gegenwart eines gleichen Vol. 10%iger $NaBrO_3$-Lösung, und zwar sogar wesentlich einfacher als mit Chlor in alkalischer Lösung durchgeführt werden. Im letzteren Falle muß nämlich öfters Alkalihydroxyd

[1] Wird zu konzentrierten Lösungen des OsO_4 in Alkalihydroxyd auf einmal ein größerer Zusatz an Alkohol gegeben, so bildet sich neben $K_2OsO_4 \cdot 2\,H_2O$ häufig infolge der hierbei entstehenden Reaktionswärme schwarzes Osmiumoxydhydrat.

zugegeben werden, um während der Destillation entstehende Niederschläge von Oxydhydraten des Ir, Rh, Pt, Pd wieder aufzulösen[1], da diese die vollständige Entfernung des RuO_4 verhindern (vgl. S. 128). Durch die Anwesenheit der freien Schwefelsäure wird jede Entstehung dieser Niederschläge von vornherein ausgeschaltet, und die Rutheniumdestillation läßt sich, auch in Gegenwart der übrigen Platinmetalle, ohne Störung zu Ende führen [GILCHRIST (a); GILCHRIST und WICHERS].

γ) Reinigung des RuO_4. Die Reinigung des in der einen oder anderen Weise gewonnenen RuO_4 von anhaftendem Chlor erfolgt durch mehrmaliges Behandeln mit Wasser und Destillation bei 80 bis 85° in Gegenwart von P_2O_5 im trockenen Luftstrom. Dabei erhält man das RuO_4 in der goldgelben Modifikation. Durch Umschmelzen läßt es sich in die beständigere orangegelbe Form überführen, die sich im zugeschmolzenen Röhrchen mehrere Wochen ohne Zersetzung hält (KRASSIKOFF, FILIPOFF, TSCHERNJAJEFF). Ebenso hält sich trockenes, wasserfreies RuO_4 längere Zeit, feuchtes dagegen zersetzt sich schon nach kurzer Zeit unter Abscheidung von schwarzem Dioxydhydrat. Über das verschiedene Verhalten der beiden Modifikationen vgl. KRAUSS (a).

δ) Eigenschaften des RuO_4. Der Schmelzpunkt für die sublimierten gelben Nadeln beträgt 25,5°, für die braune Abart in körnig-krystallinen Kugeln 27°. Der Siedepunkt liegt bei etwas über 100°.

RuO_4 verdampft an der Luft bereits bei gewöhnlicher Temperatur. Der Dampf erinnert an Ozon, reizt zum Husten und kann, eingeatmet, zu Erkrankungserscheinungen führen. Doch ist die Einwirkung individuell verschieden. Über Explosionserscheinungen bei Erhitzung des RuO_4 auf Temperaturen über 100° vgl. SAINTE-CLAIRE DEVILLE, DEBRAY und JOLY (a), (b). Über Vermeidung von Explosionen beim Arbeiten mit RuO_4 vgl. KRAUSS. RuO_4-Dämpfe sind bei hohen Temperaturen sehr beständig [DEBRAY und JOLY (b)].

Da es sich sowohl im diffusen, namentlich aber im direkten Sonnenlicht schnell zersetzt, muß RuO_4 im Dunkeln aufbewahrt werden. In Wasser löst es sich zu einer goldgelben Flüssigkeit, die sehr leicht zersetzt wird, durch etwas Chlor aber stabilisiert werden kann. Vgl. hierzu REMY (a).

ε) Chemisches Verhalten des RuO_4. *Alkalien* lösen RuO_4 unter Bildung von Ruthenaten oder Perruthenaten (vgl. S. 131).

Mit *konz.* NH_3 erfolgt Zersetzung des RuO_4 unter Feuererscheinung.

Mit verdünntem *Alkohol* reagieren selbst geringste Spuren von Cl_2-freiem, trockenem RuO_4 unter heftigsten Explosionserscheinungen (GUTBIER, LEUCHS und WIESSMANN). *Alkoholdämpfe* können in Gegenwart von RuO_4 ebenfalls heftige Explosionen hervorrufen (HOWE).

Gegen *organische Stoffe* sind RuO_4-Dämpfe außerordentlich empfindlich, ebenso gegen Staub und Kohlensäure.

Von *konz. Chlorwasserstoffsäure* wird RuO_4 unter Chlorentwicklung zunächst zu $RuCl_4$ reduziert (REMY und LÜHRS). Aus dem (IV)-Chlorid kann sekundär, infolge hydrolytischer Spaltung, auch $RuCl_3(OH)$ entstehen, dessen Bildung in konz. HCl allerdings nur langsam vor sich geht und von einer nicht unerheblichen Aufhellung der Färbung begleitet ist[2]. Das $RuCl_4$ kann aber auch unter bestimmten Bedingungen, solange die Hydrolyse noch nicht begonnen hat, in $RuCl_3$ und Chlor zerfallen [REMY (b)].

---

[1] Die Auflösung kann auch durch Zugabe kleiner Portionen wäßriger HCl-Lösung durch den Tropftrichter des Destillationskolbens erreicht werden, bis die Lösung sauer reagiert (Umschlag von Blau nach Dunkelbraun). Nach jeder zugesetzten Portion Säure wird wieder Chlor eingeleitet und die Lösung zum Sieden erhitzt. (Analytische Komm. d. Platininst. Leningrad.)

[2] Nach einer auf briefliche Anfrage des Verfassers von Herrn Prof. REMY freundlichst erteilten Auskunft.

Im Gegensatz zum OsO_4 wird RuO_4 von HCl wesentlich leichter und schneller zu (IV)-Chlorid reduziert, auch durch HCl von geringerem spez. Gew. als 1,160 (vgl. Osmium, S. 156). Die Grenzkonzentration der HCl, bei welcher die Reduktionswirkung gegenüber RuO_4 verschwindet, liegt etwas unterhalb der Konzentration HCl (D 1,19) : H_2O = 1 : 2. Die von RUFF stammende Angabe, daß HCl der Dichte 1,124 nicht reagiert, ist daher unzutreffend[1].

Auf Grund der Tatsache, daß das beim Umsetzen von RuO_4 mit HCl zunächst entstandene $RuCl_4$ in stark saurer Lösung eine auf der ersten Stufe stehenbleibende Hydrolyse erleidet, die zur Bildung des Rutheniumhydroxytrichlorids $RuCl_3(OH)$ führt, ergibt sich für die Umsetzung des RuO_4 mit konz. HCl die Formel:

$$RuO_4 + 7\,HCl = RuCl_3(OH) + 3\,H_2O + 2\,Cl_2\,^2.$$

Über Reindarstellung des $RuCl_3(OH)$ vgl. H. REMY (d).

Die intensive braune Färbung bei der Reduktion des RuO_4 durch konz. HCl (D 1,19) zu $RuCl_4$ *ist so kennzeichnend für Ruthenium*, daß sie *ohne weiteres als Nachweis* benutzt werden kann. Da sie außerdem den gebräuchlichsten Farbenreaktionen hinsichtlich der Schärfe kaum oder nicht viel nachsteht, ist es verwunderlich, daß dieser Nachweis selbst in den modernsten Hand- und Lehrbüchern nicht einmal erwähnt ist,

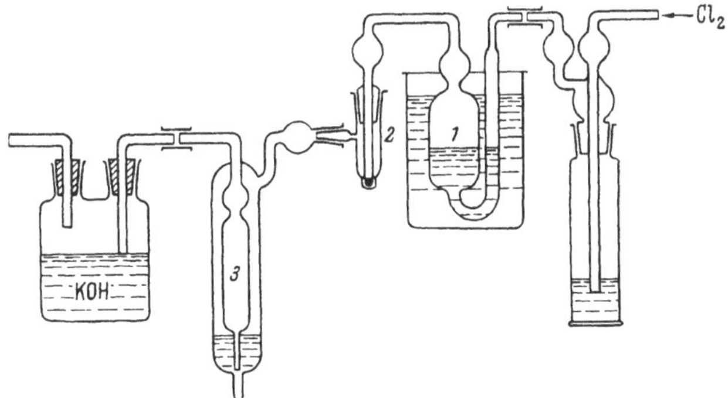

Abb. 5. Destillation von RuO_4.

obwohl diese Reaktion von REMY (a) eingehend beschrieben und auf ihre Brauchbarkeit als empfindlicher, sicherer und leicht auszuführender Nachweis ausdrücklich hingewiesen worden ist. Hinzu kommt, daß, bis auf Spuren $FeCl_3$, das bei der Destillation gewonnene $RuCl_4$ frei von allen störenden Verunreinigungen ist. Denn im normalen Analysengang wird das gleichfalls im Chlorstrom flüchtige OsO_4[3] *vor* dem Ruthenium durch Behandeln z. B. der Lösung aus dem alkalischen Schmelzaufschluß mit HNO_3 oder des Pulvergemisches der Platinmetalle mit Sauerstoff bei höheren Temperaturen entfernt. Unter diesen Umständen läßt sich dann das Ruthenium unter Benutzung dieses, bei der Destillation erhaltenen reinen $RuCl_4$, selbst mit den gegen Verunreinigungen empfindlichsten Reagenzien, wie z. B. KCNS, ohne Störung identifizieren. Da ferner beliebige Rutheniumverbindungen durch Chlor in wäßriger Lösung zu RuO_4 oxydiert werden, ist diese Reaktion nahezu in allen Fällen anwendbar, was einen weiteren Vorzug dieser Methode bedeutet.

Für die Ausführung des Nachweises wird von REMY der in Abb. 5 wiedergegebene Apparat vorgeschlagen. Vorbedingung für das Auffinden namentlich

---

[1] Vgl. auch GM., Syst. Nr. 63, S. 30 (1938), ferner REMY (c).

[2] Über die bei der Umsetzung des RuO_4 durch konz. HCl im einzelnen sich abspielenden chemischen Vorgänge siehe auch GM., Syst. Nr. 63, S. 58 (1938).

[3] OsO_4 wird von konz. HCl unter Cl_2-Entwicklung und Bildung einer gelben Lösung zersetzt. Vgl. Os, S. 156.

sehr geringer Mengen Ruthenium ist eine fortwährende innige Durchmischung der zu prüfenden Lösung der Suspension mit Chlor, um auch schwer angreifbare Rutheniumverbindungen selbst in Spuren zu oxydieren und in RuO_4 zu verwandeln. Zu diesem Zweck wird eine geeignete Menge der zu untersuchenden Lösung in das etwa 120 cm³ fassende Gefäß 1 gegeben. Enthält die Lösung viel freie Säure, so muß diese durch Alkalihydroxyd gebunden werden unter Vermeidung zu starker Übersättigung, da hierdurch nur unnötig Chlor verbraucht und die Versuchsdauer verlängert wird. Vorlage 2 wird mit etwa 1 cm³ konz. Chlorwasserstoffsäure (D 1,19) beschickt. Die umgekehrt geschaltete Waschflasche 3 dient nur dazu, etwa vorhandene größere Mengen Ru aufzunehmen. Als Absorptionsflüssigkeit dient eine Mischung von 1 Teil konz. HCl und 1 Teil Alkohol auf 4 Teile Wasser. Ferner ist noch eine Waschflasche zum Waschen des Chlors (vor Reaktionsgefäß 1) und eine WOULFsche Flasche zur Absorption des überschüssigen Chlors (mit konz. KOH) am Ende der Apparatur vorgesehen.

Zunächst wird 20 Min. lang in der Kälte Chlor durch den Apparat geleitet. Hierauf wird das Gefäß 1 einige Zeit erhitzt, jedoch nicht über 80°, um den Übergang von zuviel Wasserdämpfen zu vermeiden, die zur unerwünschten Verdünnung der in der Vorlage befindlichen HCl führen würden. An der mehr oder weniger intensiven Braunfärbung kündigt sich die Anwesenheit von Ruthenium an. Falls nur Spuren von Ruthenium vorhanden sind, so beginnt die Färbung erst nach dem Erhitzen des Gefäßes 1. Die Erfassungsgrenze liegt noch unter 1 Millionstel g ($< 1\gamma$). Zur Identifizierung des Rutheniums kann schließlich, wie bereits eingangs erwähnt, der Inhalt des Gefäßes 1 noch mit KCNS, ammoniakalischer Thiosulfatlösung, Thioharnstoff oder Rubeanwasserstoff geprüft werden.

Osmium wird aus den bereits oben angegebenen Gründen vorher entfernt. Von den übrigen Elementen kann nur Eisen[1] bis zu einem gewissen Grade stören, da es mit dem Chlor[1] in Spuren übergehen kann. Bei sehr wenig Ruthenium würde die Farbe der vorgelegten Chlorwasserstoffsäure dadurch von Braungelb nach Citronengelb hin verschoben werden. Da es sich aber meist nur um Spuren Eisen[1] handeln dürfte, ist die Herabsetzung der Empfindlichkeit des Nachweises dadurch praktisch bedeutungslos.

Weiterhin wird durch feste Stoffe in der zu untersuchenden Lösung oder durch entstehende Niederschläge die Empfindlichkeit der Probe nur in geringem Maße beeinträchtigt. Das gilt selbst für starke Adsorbentien wie Aluminiumhydroxyd, wasserhaltige Tonerdesilikate (Bolus), Eisenhydroxyd, SiO_2, SnO_2. Tierkohle ist wegen der starken Absorptionswirkung vorher zu entfernen. Unter den geprüften Stoffen störte verhältnismäßig am stärksten gallertige Zinnsäure. Aber auch bei Anwesenheit von 10 g dieses Stoffes waren 0,00002 g $= 20\gamma$ Ruthenium in 100 cm³ Lösung noch mit Sicherheit nachweisbar [REMY (a)].

Durch Oxydation des Ru zu RuO_4 mit anschließender Destillation und Reduktion des RuO_4 mit konz. Chlorwasserstoffsäure zu $RuCl_4$ wird nicht nur eine *vollständige Trennung der Platinmetalle Pt, Pd, Ir, Rh vom Ruthenium* erreicht, sondern durch die dabei auftretende dunkelbraune Farbreaktion auch *gleichzeitig dessen einwandfreier und zuverlässigster Nachweis* geführt.

ζ) Eigenschaften und chemisches Verhalten der wäßrigen Lösung des RuO_4. RuO_4 ist in Wasser ziemlich löslich [REMY (a)].

Die goldgelbe Lösung wird im Dunkeln wenig, im Sonnenlicht schnell zersetzt unter Abscheidung eines schwarzen Niederschlages von Dioxydhydrat. Mit 6%igem H_2O_2 erfolgt ebenfalls Reduktion zu schwarzem RuO_2-Hydrat. Das gleiche wird mit Alkohol erreicht. Im letzten Falle ist der Niederschlag durch eine explosive organische Verbindung verunreinigt (L. WÖHLER, BALZ und METZ). Vgl. auch S. 131 und 138.

[1] Die Rutheniumdestillation ist auch ohne Chlor durchführbar, siehe S. 131, letzter Absatz.

SO_2 färbt die Lösung zunächst purpurrot, beim Erhitzen violettblau.

Mit H_2S fällt ein schwarzer Niederschlag, der keine konstante Zusammensetzung aufweist.

Mit Gerbsäure entsteht eine braune Fällung [CLAUS (a)].

Benzidin gibt in wäßrigen RuO_4-Lösungen die gleichen Reaktionen wie in wäßrigen OsO_4-Lösungen (vgl. unter Osmium, S. 163).

c) Verhalten des metallischen Rutheniums gegen Chlor. Wird feinverteiltes metallisches Ruthenium bei Temperaturen zwischen 300 und 840° mit trockenem Chlor von 1 Atm. behandelt, so entsteht schwarzes Ruthenium(III)-chlorid, $RuCl_3$. Besonders feinverteiltes Ruthenium, durch mehrmaliges abwechselndes Chlorieren und Reduzieren erhalten, wird schon bei 400° nahezu völlig chloriert. Selbst nicht sehr fein verteiltes Metall wird bei 700 bis 800° in weniger als $^1/_2$ Std. quantitativ chloriert. Oberhalb 845° findet keine Chlorierung mehr statt. Bei Temperaturen über 600° beginnt die Verflüchtigung merkbare Beträge anzunehmen (L. WÖHLER und BALZ).

Dagegen gelingt es nicht, die niederen Chloride des 2- oder 1 wertigen Rutheniums auf diese Weise herzustellen, sie werden auch nicht, wie z. B. beim Platin, als Zwischenprodukte bei der Dissoziation des (III)-Chlorides erhalten. Sofern sie überhaupt bestehen, ist ihr Existenzbereich höchstens auf wenige Temperaturgrade beschränkt (L. WÖHLER und BALZ).

Die unter Zusatz von Kohlenoxyd bei 400° durchgeführte Chlorierung soll angeblich ein mit blauer Farbe in verdünntem Alkohol lösliches (II)-Chlorid ergeben. Es ist sehr wenig wahrscheinlich, daß dieses Chlorierungsprodukt Ruthenium(II)-chlorid enthält. Dieses scheint vielmehr erst bei der Behandlung mit verdünntem Alkohol aus dem (III)-Chlorid zu entstehen. Somit wäre die Bildung der (II)-Chloridlösung auf die reduzierende Wirkung des Alkohols zurückzuführen, was mit den Beobachtungen von KRAUSS (c) im Einklang steht. Das beim Chlorieren verwendete Chlor muß auf alle Fälle frei von Sauerstoff sein, da das (III)-Chlorid mit Sauerstoff leicht und vollständig schon oberhalb 300° in (IV)-Oxyd übergeht. Phosgen chloriert metallisches Ruthenium bei 400° zu C-freiem Chlorid, das mit verdünntem Alkohol zum Teil eine blaue Lösung gibt. Vermutlich entsteht hierbei ein oberflächenreiches, reaktionsfähiges (III)-Chlorid. Wasser und chlorwasserstoffsäurefreies (IV)-Chlorid konnte weder durch Zersetzung von $H_2(RuCl_6)$ noch durch Chlorierung aus (III)-Chlorid erhalten werden (L. WÖHLER und PH. BALZ).

Wird bei der Chlorierung statt des Chlors ein Gemisch von Chlor und Kohlenoxyd verwendet, wobei das Chlor aber immer vorherrscht, so vollzieht sich die Reaktion bereits bei 360 bis 440° weit besser. Das Metall verwandelt sich dabei unter beträchtlicher Volumenvergrößerung (13 : 1) schnell in ein braunes Pulver. Durch Digerieren mit absol. Alkohol im geschlossenen Gefäß löst sich das chlorierte Metall langsam, während das unangegriffene Ruthenium als Rückstand bleibt. Die Farbe der Lösung ist purpurviolett und wird nach einigen Tagen, besonders aber bei Zutritt der Luftfeuchtigkeit, blauviolett bis tief indigoblau (JOLY).

In Gegenwart von Kohlenoxyd wird der Angriff des Rutheniums durch Chlor außerordentlich erleichtert. Unter diesen Bedingungen wird eine völlig durchgreifende Chlorierung von beliebigem metallischem Ruthenium auch in solchen Fällen erzielt, in denen eine zufriedenstellende Chlorierung ohne Kohlenoxyd niemals zu erreichen ist. Ruthenium, das einmal unter Verwendung von CO in Chlorid umgewandelt, dann aber wieder reduziert worden ist, kann bei erneuter Chlorierung auch ohne Kohlenoxyd durchgreifend chloriert werden [REMY (a)]. Die Erleichterung der Chlorierung durch Kohlenoxyd beruht auf der Bildung intermediärer Kohlenoxyd-Chlorverbindungen des Rutheniums, welches dadurch in einen Zustand sehr feiner Verteilung gelangt, der die Chlorierung begünstigt (JOLY, MANCHOT, KÖNIG). Das trifft vor allen Dingen beim Arbeiten in ganz reinem, sauerstoffreiem Chlor zu. Bei

Verwendung von Bombenchlor, das immer geringe Mengen Sauerstoff enthält, wird dieser in Anwesenheit von Kohlenoxyd unschädlich gemacht. Infolgedessen läßt sich auch unmittelbar reines Chlorid sogar aus Ruthenium(IV)-oxyd herstellen, wenn dem Chlor Kohlenoxyd beigemischt wird [REMY (a)]. Wegen der großen Empfindlichkeit des $RuCl_3$ gegen Sauerstoff, auch bei verhältnismäßig niedrigen Temperaturen und der bei Temperaturen über 600° beginnenden Verflüchtigung ist es zweckmäßig, die Chlorierung bei Temperaturen unter 600° und in Gegenwart von Kohlenoxyd durchzuführen, wobei darauf zu achten ist, daß Chlor stets im Überschuß vorhanden ist. Nähere Einzelheiten über die Durchführung der Chlorierung siehe Rhodium, S. 84, ferner REMY (e).

α) *Unlösliche Chloride.* Weitere Methoden zur Herstellung von $RuCl_3$ vgl. GM., Syst. Nr. 63, S. 44, 45 (1938).

Wasserfreies $RuCl_3$ ist in der Kälte in Wasser, Mineral- und organischen Säuren unlöslich. Kochendes Wasser zersetzt es langsam unter schwacher Blaufärbung. Der größte Teil bleibt als schwarzes, unlösliches, nicht näher untersuchtes Pulver zurück (JOLY).

Im Gegensatz zu den wasserfreien (III)-Chloriden des Ir und Rh, die in Chlorwasserstoffsäure ebenso wie in Königswasser praktisch unlöslich sind, wird $RuCl_3$ in beiden Fällen in der Wärme etwas gelöst, und zwar in Königswasser stärker noch als in Chlorwasserstoffsäure. Längere Zeit mit konz. Alkalihydroxyd in der Hitze behandelt, quillt es auf und ist in dieser Form in Chlorwasserstoffsäure löslich. $RuCl_3$ enthält theoretisch 48,88% Ru.[1]

β *Wasserlösliche Rutheniumchloride.*

Wasserlösliches Ruthenium(III)-chlorid des Handels, wie es z. B. durch Auflösen von Rutheniumhydroxyd in Salzsäure und mehrfaches Eindampfen auf dem Wasserbade gewonnen wird, enthält häufig 4wertiges Ruthenium, neben wechselnden Mengen Chlorwasserstoffsäure und Wasser. Die Chloride lösen sich leicht in kaltem Wasser mit brauner bis grünbrauner Farbe. Nach einiger Zeit wird die Lösung smaragdgrün und schlägt beim Kochen in Braun um.

Wird eine gekochte und filtrierte Lösung des käuflichen Ruthenium(III)-chlorids im Vakuumexsiccator über konz. Schwefelsäure zur Trockne eingedunstet, so erhält man ein stark hygroskopisches Salz, das aus schwarzblauen glänzenden Blättchen besteht und dessen Zusammensetzung der Formel $RuCl_3 \cdot H_2O$ entspricht. In Eiswasser löst sich dieses Salz ebenfalls mit brauner bis braungrüner Farbe und gibt mit $AgNO_3$ keine Fällung. Aber bald beginnt die Abspaltung ionogenen Chlors unter Farbenumschlag nach Grün. Nach einiger Zeit hat sich in der Lösung bei 0° das braune, zunächst als Nichtelektrolyt gelöste Ruthenium(II)-chlorid vollständig in die grüne Verbindung mit einem ionogenen Chlor umgewandelt. Von dieser beim Ruthenium zu beobachtenden Hydratisomerie

$$(RuCl_3 \cdot H_2O) + H_2O \rightarrow [RuCl_2 \cdot (H_2O)_2]Cl + \cdots \rightarrow [Ru(H_2O)_4]Cl_3$$

konnten bisher nur die ersten beiden Stufen nachgewiesen werden. Beim Erwärmen der grünen Lösung des Komplexes $[RuCl_2 \cdot (H_2O)_2]Cl$, in dem also 2 Chlor-Ionen komplex an das Rutheniumkation gebunden sind, schlägt die Farbe in Braun um, wobei unter Abspaltung freier Chlorwasserstoffsäure lösliche Hydrolysenprodukte entstehen (GRUBE und NANN). Beim Eindampfen in offenen Gefäßen werden Ruthenium(III)-chloridlösungen bereits durch den Luftsauerstoff oxydiert (GRUBE und FROMM). Über die Chloride des Rutheniums vgl. auch REMY und LÜHRS.

Durch Oxydation des Ruthenium(III)-chlorids oder durch Reduktion des RuO_4 mit konz. Chlorwasserstoffsäure erhält man $RuCl_4$, das in Chloratmosphäre beständig ist. Bei Einhaltung besonderer Vorsichtsmaßregeln, die Hydrolyse und Chlor-

[1] 1 T. Ruthenium braucht zur Bildung von $RuCl_3$ 0,95313 T. Chlor.

abspaltung verhindern, läßt sich $RuCl_4 \cdot 5H_2O$ isolieren (AOYAMA; RUFF und VIDIČ).

Über weitere Angaben bezüglich der Ruthenium(IV)-chloride vgl. GM., Syst. Nr. 63, S. 58 (1938).

Wäßrige Lösungen der Chloride des Rutheniums werden besonders beim Erwärmen leicht hydrolytisch zersetzt unter Bildung von Oxydhydraten und freier Chlorwasserstoffsäure. Die Lösungen werden hierbei fast schwarz und undurchsichtig. Hydroxyde und kohlensaure Salze der Alkalien sowie Ammoniak wirken in der gleichen Richtung. Von den Komplexsalzen der Chloride, so namentlich von den Komplexen des Kaliums und Ammoniums, gilt mehr oder weniger das gleiche.

Bezüglich des hierzu gehörigen Schrifttums vgl. GM., Syst. Nr. 63, S. 47 (1938).

Vom Ruthenium(I)- und (II)-chlorid interessiert den Analytiker das letztere nur insofern, als es wegen seiner lasurblauen Farbe als Nachweis für Ruthenium benutzt werden kann. Diese Färbung tritt vorübergehend z. B. bei der Reduktion von Rutheniumchloridlösungen mit metallischem Zink oder Schwefelwasserstoff auf. Vgl. hierzu auch GRUBE und NANN.

d) Verhalten des metallischen Rutheniums gegen Säuren. Im Gegensatz zu Iridium wird metallisches Ruthenium sowohl von konzentrierter Chlorwasserstoffsäure als auch von konz. Königswasser deutlich angegriffen, und zwar von letzterem mehr als von der ersteren. Etwa in gleicher Stärke erfolgt der Angriff durch konz. Chlorwasserstoffsäure in Gegenwart von Chlor. Geschmolzenes Ruthenium dagegen wird unter diesen Bedingungen nur sehr wenig gelöst. Von konz. heißer Schwefelsäure wird es kaum angegriffen, doch zeigt pulverförmiges Ruthenium in diesem Falle eine deutliche Löslichkeit etwa in der Stärke wie gegenüber konz. Chlorwasserstoffsäure.

Feinverteiltes reduziertes Ruthenium wird in der Wärme nicht nur von konz. Königswasser etwas angegriffen, sondern auch von konz. HNO_3. Während aber im ersteren Falle nur Lösewirkung festgestellt werden kann, findet bei Behandlung mit konz. HNO_3 außer der Lösewirkung, wenn auch nur in geringer Menge, aber doch deutliche Bildung flüchtiger Perrutheniumsäure statt.

Verhältnismäßig widerstandsfähig gegenüber Säuren ist dagegen Rutheniummohr, er gleicht in dieser Hinsicht dem Iridiummohr. (Vgl. Iridium, S. 108.) Wie bei allen Mohren scheint hierbei die Herstellungsart und der Gasgehalt (Passivierungserscheinungen) eine Rolle zu spielen. Dagegen wird Ruthenium in verdünnter Chlorwasserstoffsäure von Chlor infolge Bildung von HClO um so stärker angegriffen, je niedriger die Konzentration der Chlorwasserstoffsäure gehalten wird (vgl. S. 129). Der größere Teil des Rutheniums geht als RuO_4 flüchtig, der Rest bildet Chlorid oder den entsprechenden Komplex[1].

Ist das Ruthenium mit Platin legiert, dann geht, sofern der Rutheniumgehalt nicht besonders hoch ist, wie z. B. bei 5%igen Platin-Ruthenium-Legierungen, das gesamte Ruthenium mit dem Platin ohne erhebliche Schwierigkeiten in Lösung. In Königswasser schwer- oder unlösliche Platin-Ruthenium-Legierungen werden am besten mit der Bleischmelze aufgeschlossen (vgl. S. 139). In dem Königswasserauszug der Bleischmelze finden sich zuweilen neben der Hauptmenge des Platins auch Spuren Ruthenium.

e) Verhalten gegen alkalische Schmelzflüsse allein und in Gegenwart von Oxydationsmitteln. Von schmelzendem Alkalihydroxyd wird Ruthenium größtenteils in lösliches Ruthenat übergeführt, während ein kleinerer Teil sich in Oxyd verwandelt, das leicht in Salpetersäure löslich ist. Wird als Schmelzmittel Natriumhydroxyd verwendet und die Schmelze bei etwa 500 bis 550° durchgeführt, so wird im Falle der gleichzeitigen Anwesenheit von Ir dieses wohl zum Teil oxydiert,

[1] Über das Verhalten des Rutheniums gegenüber Hypochlorit vgl. S. 126 und 149.

aber nicht gelöst. Dadurch ist also außerdem noch die Möglichkeit einer einfachen Trennung des Rutheniums vom Iridium gegeben. Diese Trennung läßt sich aber nur durchführen, sofern beide Metalle nicht legiert vorliegen. Ist dies nicht der Fall, so muß die Ätzkali-Salpeter-Schmelze angewendet werden (L. WÖHLER und METZ). Vgl. auch S. 137, Fußnote.

Über Alkalimetallhydroxyde als Sauerstoffüberträger in der Schmelzhitze vgl. v. HEVESY. Über NaOH als Sauerstoffüberträger vgl. ferner JUSTIN-MUELLER.

Über Superoxydbildung des Sauerstoffs mit Na_2O bei höheren Temperaturen vgl. ZINTL und MORAWIETZ.

Über den Na_2O_2-Gehalt im NaOH vgl. Z. Instrumentenkunde.

Feinverteiltes Ruthenium wird von einem Gemenge von Alkalihydroxyd und Alkalinitrat im Schmelzfluß besonders leicht und vollkommen aufgelöst, wobei sich Ruthenat bildet, eine in Wasser lösliche Verbindung des Alkalioxyds mit der hypothetischen Rutheniumsäure $H_2RuO_4(RuO_3)$. Die Lösung ist orangerot gefärbt, und zwar so intensiv, daß dadurch Spuren des Metalls angezeigt werden. Wird in eine konz. Lösung des Ruthenats Chlor eingeleitet, so entsteht unter Sauerstoffentwicklung in kaltem Wasser wenig lösliches Per- oder Heptaruthenat, das sich beim langsamen Erkalten in Form kleiner schwarzer, metallisch-glänzender Krystalle abscheidet [DEBRAY und JOLY (a)].

Außer dem Ruthenium wird durch diesen Schmelzvorgang noch Osmium in der gleichen Weise vollkommen zu einer wasserlöslichen Verbindung aufgeschlossen. Die übrigen Platinmetalle bilden teils wasser-, teils säurelösliche Oxydhydrate. Nur Rhodium gibt hierbei wasser- und säureunlösliches kaffeebraunes (III)-Oxydhydrat. Über Ausführung der Schmelze vgl. unter Aufschlußmethoden, S. 209. Vgl. auch Rhodium, S. 83 unter B, Absatz 2.

Ruthenatlösungen sind ebenso wie wäßrige RuO_4-Lösungen gegen organische Substanzen, Staub, Kohlensäure sehr empfindlich und können deshalb nicht durch Papier filtriert werden, da die Ruthenatlösung hierdurch sofort zu grünschwarzem Oxydhydrat[1] reduziert wird. Aus den gleichen Gründen wird bei Berührung mit Ruthenatlösung die Haut sofort schwarz gefärbt.

Wird die tief orangerote, alkalische wäßrige Lösung des Alkaliruthenats mit einigen Tropfen Alkohol versetzt, so fällt das Ruthenium als grünschwarzes, unreines, organische Substanz enthaltendes (IV)-Oxydhydrat[2] aus, leicht löslich in Chlorwasserstoffsäure. Über das Verhalten der Ruthenatlösung gegenüber Salpetersäure vgl. S. 130 und 139.

Chlorwasserstoffsäure fällt zunächst Oxydhydrat, wobei sich auch etwas RuO_4 entwickelt. Nach einiger Zeit hat sich vermutlich ein Natriumkomplex des $RuCl_4$ gebildet, da mit Alkohol keine Fällung von (IV)-Oxydhydrat mehr entsteht (L. WÖHLER und METZ).

Die Angabe, daß Ruthenium von verd. NaOH- oder Na_2O_2-Lösungen leicht angegriffen wird, beruht offenbar auf einer Verwechslung mit den entsprechenden Schmelzflüssen. Siehe hierzu GM., Syst. Nr. 63, S. 23 (1938).

f) Verhalten des metallischen Rutheniums gegen Kohlenoxyd und Kohlensäure. Feinverteiltes Ruthenium bildet bei erhöhter Temperatur und unter Druck mit CO Carbonyle. Mit CO_2 reagiert es beim Erhitzen unter teilweiser Bildung von RuO_2 (GRAF).

g) Verhalten gegen Salzschmelzen. Alkalinitrate schließen im Schmelzfluß metallisches Ruthenium auf, unter Bildung von Alkaliruthenat (vgl. S. 130). Von schmelzendem Pyrosulfat wird Ruthenium oxydiert und in geringer Menge aufgeschlossen. In der vom aufgeschlossenen Ruthenium nach dem Eindampfen

[1] Dieser Reduktionsvorgang wird durch Anwesenheit von Glycerin vollständig verhindert. Vgl. S. 148 unter c.

[2] Vgl. auch S. 130, 131, 134 und 141.

grünlich gefärbten wäßrigen Lösung der Pyrosulfatschmelze läßt sich nach Ansäuern mit Chlorwasserstoffsäure das Ruthenium mit Thioharnstoff deutlich nachweisen. Ruthenium(IV)-oxyd wird dagegen von der Pyrosulfatschmelze nicht angegriffen. Ruthenium verhält sich in diesem Punkte ganz wie Iridium (vgl. Iridium, S. 104).

Natriumchlorid und Chloraufschluß. Mit Kochsalz gemischt, gibt feinverteiltes metallisches Ruthenium in Gegenwart von trockenem Chlor bei 600 bis 700° dunkelbraunes, geschmolzenes Natriumrutheniumchlorid, das sich sehr leicht in Wasser und ebenso in verdünntem Alkohol mit rotbrauner Farbe löst. Zur Verhinderung hydrolytischer Zersetzung empfiehlt es sich, die Lösung mit Chlorwasserstoffsäure anzusäuern.

h) Gegen Metallschmelzen. Schmelzenden Metallen gegenüber verhält sich Ruthenium wie Iridium. Vgl. hierzu Iridium, S. 109.

IV. Reaktionen des Rutheniums auf trockenem Wege.

a) Boraxperle. Durch Ruthenium wird die Boraxperle wie durch Palladium schwarz gefärbt. Vgl. Palladium, S. 61.

b) Bleischmelze. Um Ruthenium in Legierungen mit Platinmetallen nachzuweisen, wird eine Probe der Legierung mit Blei geschmolzen, der Regulus, wie bei dem Aufschluß mit Hilfe der Bleischmelze (vgl. Iridium, S. 109), mit HNO_3 behandelt und der unlösliche Rückstand zur Vertreibung des Os an der Luft geglüht. Der Glührückstand von Pt, Ir, Rh, Ru wird mit Kaliumhydroxyd und Salpeter geschmolzen, die erkaltete Schmelze mit Wasser ausgezogen und mit HNO_3 übersättigt, wobei folgende Reaktion stattfindet[1]:

$$2\,K_2RuO_4 + 4\,HNO_3 = RuO_4 + Ru(OH)_4 + 4\,KNO_3.$$

Die braune Flüssigkeit wird in ein Probierglas gegossen, das mit Filterpapier bedeckt wird. Nach Verlauf von 12 bis 24 Std. hat sich, falls Ruthenium zugegen war, auf der unteren Seite das Papier infolge Reduktion der RuO_4-Dämpfe geschwärzt. Es lassen sich auf diese Weise noch 0,01 g Ru leicht nachweisen. Beim Erwärmen der Lösung entsteht die Schwärzung des Papiers in kürzerer Zeit, doch sind hierbei Verluste an RuO_4-Dämpfen möglich. Da OsO_4-Dämpfe ein ähnliches Verhalten zeigen, muß alles Os vorher aus dem Metallgemisch entfernt sein (ORLOFF).

Wird das Ausglühen des in HNO_3-unlöslichen Rückstandes in einem geschlossenen Rohr im Sauerstoffstrom ausgeführt (bei vorgelegter KOH), so läßt sich auch noch das Osmium bei dieser Gelegenheit nachweisen. Bei sehr kleinen Mengen Ru ist es ratsam, den Nachweis des Rutheniums über die Chlordestillation zu führen.

c) Kupellation. Werden jeweils 500 mg reines Silber mit wechselnden Mengen Ruthenium und je 1 g Blei in der Treibmuffel bei 1100 bis 1200° abgetrieben, so zeigen die erhaltenen Silberkörner folgende Veränderungen: Bis 25 mg Ru (5% bezogen auf das Silber) weisen die unteren Teile der Körner starke Spratzeffekte auf. Bereits bei 0,5 mg Ru (0,1%) ist der reine Silberglanz verlorengegangen, die Körner werden matt, rötlichweiß und zeigen gitterförmige Oberflächenstruktur. Bei 1 mg Ruthenium zeigt sich neben starker Spratzwirkung ein schwarzer Anflug, der bei höheren Rutheniumgehalten immer stärker auftritt und schließlich das ganze Korn rußartig überzieht. Bei 25 bis 50 mg Ruthenium bilden sich schon lokale Anhäufungen dieses rußförmigen Rutheniums und zwischen 75 und 100 mg Ruthenium sogar rußartige Abscheidungen im Herd. Die Körner werden dabei ganz flach, rauh und in die Länge gezogen. Die bleiben nur bis 15 mg Ru (3%) flüssig und sind infolge Bleirückhalt und Oxydation des Ru durch merkliche Gewichtszunahme gekennzeichnet (TRUTHE).

---

[1] Vgl. auch S. 130, 138 und 149.

V. Reaktionen des Ruthenium(III)- und (IV)-chlorids oder der entsprechenden Komplexe auf nassem Wege.

a) Mit anorganischen Reagenzien. Bei den meisten Reaktionen ist es gleichgültig, ob in der zu prüfenden Lösung 3- oder 4wertiges Ruthenium vorliegt. Eine Ausnahme macht die Fällung mit KCl oder NH_4Cl, die 4wertiges Ruthenium erfordert. Durch wiederholtes Eindampfen mit Chlorwasserstoffsäure werden, namentlich in Gegenwart von etwas Alkohol, aus Lösungen mit 4wertigem Ruthenium solche mit 3wertigem Ruthenium erhalten. Andererseits kann man Ruthenium(III)-chlorid ohne Schwierigkeit durch Oxydation in die 4wertige Stufe überführen[1]. Als Oxydationsmittel dienen z. B. Chlor oder Perhydrol in Gegenwart von Salzsäure. Wegen der hierbei möglichen RuO_4-Bildung ist der zweite Teil der Fußnote 1 besonders zu beachten. Das mit Chlornatrium bei 600 bis 700° aufgeschlossene wasserlösliche komplexe Natriumrutheniumchlorid enthält das Ruthenium in der 4wertigen Form (vgl. S. 139). Zur Haltbarmachung wird die Lösung mit Chlorwasserstoffsäure angesäuert.

α) Kalium- oder Natriumhydroxyd fällen sowohl aus 3- als auch aus 4wertiger Rutheniumchloridlösung bei vorsichtiger Zugabe des Reagenses in der Hitze sofort schwarzbraunes Hydroxyd, unlöslich im Überschuß des Fällungsmittels, in heißer Chlorwasserstoffsäure, je nach der Konzentration des Rutheniums, mit orangeroter bis rotbrauner Farbe löslich[2]. Wird von vornherein ein größerer Überschuß des Reagenses hinzugefügt, so hellt sich die Lösung auf, und beim Kochen fällt alles Ruthenium als Hydroxyd aus. In Gegenwart von Ammoniumsalzen wird die Hydroxydfällung durch Bildung von Ammoniakverbindungen um so mehr verzögert, je größer die Menge der Ammoniumsalze ist.

β) Alkalicarbonate fällen gleichfalls schwarzes Hydroxyd (TREADWELL).

γ) Ammoniak verhält sich wie Alkalihydroxyd. Bei größerem Überschuß des Reagenses löst sich alles mit grünlichbrauner Farbe. Beim Erhitzen fällt Hydroxyd aus, während die gelbe Mutterlauge noch Ruthenium gelöst enthält, das nach Zugabe von Ammoniumsulfid beim Ansäuern mit Chlorwasserstoffsäure als Sulfid ausfällt [CLAUS (a)].

Stark verdünnte wäßrige Chloridlösungen werden besonders in der Wärme leicht hydrolytisch zersetzt, wobei sich neben Chlorwasserstoffsäure ebenfalls schwarze Oxydhydrate abscheiden.

Bei den KCl- bzw. NH_4Cl-Komplexen des $RuCl_4$ kann die Hydrolyse geradezu als Nachweis für Ruthenium benutzt werden. Man löst die Salze in viel Wasser, wobei sich allmählich beim Stehen, beim Erwärmen sogleich, ein schwarzer, lange suspendiert bleibender, stark färbender, kolloidaler Niederschlag ausscheidet (C. R. FRESENIUS).

Das in der einen oder anderen Weise erhaltene Oxydhydrat ist, der vorliegenden Chloridlösung entsprechend, meist ein uneinheitliches Gemenge von $Ru(OH)_3$ und $Ru(OH)_4$.

Es gelingt auf diese Weise nicht, ein alkali- und chlorfreies Hydroxyd zu erhalten. Vorschläge zur Herstellung reiner Hydroxyde sind von KRAUSS und KÜKENTHAL (a), (b), ferner von GUTBIER gemacht worden.

δ) $NaHCO_3$. Für quantitative Rutheniumbestimmungen wird von GILCHRIST (b) eine Fällungsmethode mit $NaHCO_3$ angegeben, die sich ohne Schwierigkeiten durchführen läßt, wenn das Ruthenium als Chlorid vorliegt, während bei Amminverbindungen die Fällung nicht quantitativ verläuft. Über weitere Einzelheiten muß auf das Original bzw. auf die Ausführungen im quantitativen Teil verwiesen werden.

---

[1] Ruthenium(III)-chloridlösungen werden bereits durch den Luftsauerstoff oxydiert (vgl. S. 136). Vgl. ferner S. 130, Absatz 3.

[2] Rutheniumhydroxyd wird ebenfalls durch frischbereitetes Chlorwasser oder saures Hypochlorit leicht mit gelber Farbe gelöst (vgl. S. 129). In alkalischer Lösung bildet sich hierbei über Perruthenat orangefarbiges Ruthenat, in saurer Lösung dagegen flüchtiges RuO_4.

Verhalten der Hydroxyde beim Trocknen und Verglühen. Beim Erhitzen der Oxydhydrate des Rutheniums (wie auch derjenigen der meisten anderen Platinmetalle) zeigen sich Erscheinungen explosiver Natur (Verpuffungen, Deflagrationen), die verschiedene Ursachen haben können. Vorgänge wie z. B. das plötzliche Zerspringen und Umherschleudern der Substanz, das nur selten mit Aufglühen verbunden ist, sind als Folge der plötzlichen Auslösung starker Oberflächenspannungen zu deuten. Das Versprühen kann schon in der Kälte, und zwar bei den geringsten Erschütterungen, entstehen, wie z. B. beim Herausnehmen der trockenen Substanz aus dem Exsiccator oder beim Berühren der Substanz mit den Pinselhaaren u. dgl.

Das Entwässern durch Erhitzen z. B. des Ruthenium(III)-oxydhydrates führt unter Sprühen zum freiwilligen Zerfall in seine Seitenstufen, das Dioxyd und Metall. Dieser Vorgang ist oft mit Glüherscheinungen verbunden.

Eine andere Ursache wiederum hat das Versprühen beim Verglühen von Oxydhydratfällungen, welche durch Fällen aus Ruthenatlösungen mit Alkohol entstehen und durch organische Substanzen verunreinigt sind. Hierbei verläuft der Vorgang fast stets unter Erglühen. Über weitere Einzelheiten bei diesen eigenartigen Verpuffungserscheinungen vgl. L. Wöhler, Balz und Metz sowie L. Wöhler und König.

Zur Verhinderung dieser für analytische Arbeiten besonders störenden Erscheinungen werden folgende Methoden empfohlen:

1. Gegen Versprühen infolge der Auslösung von Oberflächenspannungen: Glühen in Kohlendioxyd (L. Wöhler, Balz und Metz).

2. Gegen Versprühen infolge von Verunreinigungen des Oxydhydrates mit organischen Verbindungen: Substanz und Filter einige Stunden bei 50° trocknen, darauf bei Zimmertemperatur mit Wasserstoff behandeln. Durch die hierbei schon eintretende Reduktion wird beim Veraschen das Versprühen verhindert (L. Wöhler und Metz).

Ferner wird empfohlen, nach dem Filtrieren und Auswaschen des Niederschlages diesen samt Filter mit Ammoniumchlorid, beim Ruthenium mit Ammoniumsulfat, zu durchtränken und erst nachher die vorsichtige Verkohlung des Filters vorzunehmen mit anschließendem Glühen zur Überführung des Niederschlags in Oxyd, das dann im Wasserstoffstrom reduziert wird.

Beim Osmiumoxydhydrat wird der mit Ammoniumchlorid durchtränkte Niederschlag im Wasserstoffstrom geglüht [Gilchrist (b), (c), (d)].

Für die Verglühung des Iridiumoxydhydratniederschlags wird noch folgende Methode empfohlen: Filter samt Inhalt werden nach dem Trocknen bei 110° in einem bedeckten Porzellantiegel $^1/_2$ Std. im Wasserstoffstrom im Luftbad auf 160 bis 180° erhitzt und nach dem Abkühlen im Wasserstoffstrom im offenen Tiegel in der sonst üblichen Weise verascht (Moser und Hackhofer).

Über Verpuffungserscheinungen beim Erhitzen von feinverteilten Rückständen der Platinmetalle, wie sie beim Auflösen der Zinkschmelze in verdünnter Chlorwasserstoffsäure oder des Aufschlusses von Pt-Rh-haltigen Legierungen mit der Bleischmelze durch Lösen in Salpetersäure vorkommen, vgl. Aufschlußmethoden, S. 209. Über Verpuffungen beim Erhitzen der Sulfide des Rutheniums an der Luft siehe S. 142, Ziffer ζ.

ε) Schwefelwasserstoff fällt bei Zimmertemperatur aus einer schwach sauren, mäßig verdünnten Lösung von Ruthenium(III)-chlorid erst nach einiger Zeit einen flockigen, braunschwarzen Niederschlag, während die Lösung infolge Bildung von $RuCl_2$ vorübergehend eine lasurblaue Farbe annimmt. Die Blaufärbung kommt besonders zur Geltung, wenn das Einleiten des Schwefelwasserstoffs rechtzeitig unterbrochen wird, andernfalls hat die nach Beendigung des Einleitens geklärte Flüssigkeit nur einen schwachen Stich ins Bläuliche.

Wird Schwefelwasserstoff in die saure, heiße Lösung des Rutheniumchlorids eingeleitet, so fällt alles Ruthenium als schwarzes Sulfid, das weder in farblosem noch in gelbem Ammoniumsulfid, auch nicht in Natriumsulfid löslich ist. Dagegen wird es von konz. Salpetersäure und besonders von konz. Königswasser leicht gelöst. Konz. Salzsäure löst es in Gegenwart von Chlor ebenfalls. Übergießt man das Sulfid mit frischbereitetem Natriumhypochlorit, so findet unter lebhafter Gasentwicklung Oxydation zu RuO_4 statt, das im Überschuß von NaOH orangerotes Ruthenat bildet. Über Trennung des Rutheniumsulfids von den Sulfiden des Pt, Pd, Ir. Rh mit Hilfe der Chlordestillation aus alkalischer Lösung vgl. S. 129.

ζ) Ammoniumsulfid fällt ebenfalls Sulfid, doch bleibt ein Teil des Rutheniums gelöst, der jedoch beim Ansäuern der Lösung gleichfalls als Sulfid niedergeschlagen wird. Da Rutheniumsulfid beim Erhitzen an der Luft ebenfalls zum Verpuffen neigt, muß das Abrösten unter Beachtung der im vorhergehenden Abschnitt gegebenen Vorsichtsmaßregeln erfolgen. Vgl. hierzu Osmium, S. 161 und 170 und GM., Syst. Nr. 68, S. 463, 464 (1940).

η) Kaliumchlorid und Ammoniumchlorid. Aus konz. Lösungen des komplexen Natriumruthenium(IV)-chlorids oder des Ruthenium(IV)-chlorids fällen KCl oder NH_4Cl in konzentrierter Form krystalline, dunkelbraune bis schwarze Niederschläge[1], die große Ähnlichkeit mit den entsprechenden Iridiumkomplexen haben. Wie diese sind sie in Wasser sehr leicht löslich, in Alkohol aber unlöslich. Selbst nach vorausgegangener Oxydation bleibt die Fällung des Rutheniums, auch nach Zusatz von Alkohol, mit den beiden Reagenzien unvollständig[2]. Sie kommt daher für quantitative Zwecke überhaupt nicht in Betracht und spielt auch in qualitativer Hinsicht in der Makroanalyse kaum eine Rolle. Vgl. auch unter Mikroreaktionen.

Ist Ruthenium in der 4wertigen Form bei der Fällung des Platins zugegen, so wird es ebenfalls größtenteils mit dem Platin zusammengefällt, wodurch die Farbe des Niederschlages dem Mengenverhältnis der beiden Metalle entsprechend verändert wird. Rutheniumarme Niederschläge sind gelb bis orangefarbig, bei größeren Rutheniumgehalten ist die Farbe der Niederschläge bräunlich. (Vgl. Platin, S. 36.) Durch mehrfaches Eindampfen der Lösung unter Zusatz von etwas Alkohol läßt sich *vor* der Fällung das Ruthenium in die 3wertige Form überführen, wodurch es bei der Fällung des Platins mit KCl oder NH_4Cl größtenteils in Lösung bleibt. Von der mehr oder weniger großen Reinheit der nunmehr erhaltenen Platinfällung kann man sich durch Vergleich mit einer Standardfällung aus reinem Platin überzeugen. Am einwandfreisten geschieht die Trennung des Ru von Platin durch Destillation mit Chlor aus alkalischer Lösung oder durch die Bleischmelze. So kann z. B. der geringe Rutheniumgehalt der oben mit KCl erzeugten Platinfällung unmittelbar nachgewiesen werden, indem man das gelbe Salz in verd. NaOH löst und die Lösung der Destillation mit Chlor unterwirft[3]. In dem schwach rötlichbraunen Destillat läßt sich mit Thioharnstoff das Ruthenium einwandfrei nachweisen (vgl. S. 148).

Über das eigenartige Verhalten des Rutheniums und Iridiums, die nach vorausgegangener Reduktion zur 3wertigen Stufe jedes für sich weder mit KCl noch mit NH_4Cl, bei Anwesenheit von Platin aber aus der gemeinschaftlichen Chloridlösung, trotz vorausgegangener Reduktion zum Teil mit dem Platin gefällt werden, vgl. Mylius und Mazzucchelli.

ϑ) Reduktion des RuO_4 durch konz. HCl. Durch konz. Chlorwasserstoffsäure wird RuO_4 zu dem sehr intensiv gefärbten $RuCl_4$ oder einer sich von diesem ableitenden Komplexsäure reduziert. Über die Ausführung des Nachweises vgl. S. 133. Erfassungsgrenze $< 1\gamma$ Ru. [Remy (a)].

---

[1] Vgl. S. 145.

[2] Verhältnismäßig am vollständigsten wird das Ruthenium mit KCl oder NH_4Cl gefällt nach der beim Platin, S. 35 angegebenen Methode.

[3] Salmiakfällungen müssen *vor* der Destillation mit Chlor so lange mit NaOH erhitzt werden, bis der NH_3-Geruch verschwunden ist.

ι) Natriumthiosulfat. Wird eine ammoniakalische Lösung von Rutheniumchlorid mit dem Reagens versetzt und erhitzt, so färbt sie sich rosa. Grenzkonzentration: etwa 1 : 100000 (GILCHRIST). Die Reaktion wurde erstmalig von LEA benutzt.

$\varkappa$) Kaliumsulfocyanat gibt mit Rutheniumchloridlösungen zunächst eine rötliche, dann allmählich purpurrote Färbung, die beim Erhitzen in Blauviolett übergeht. Bei Anwesenheit anderer Platinmetalle ist die Reaktion unbrauchbar [ROSE-FINKENER, CLAUS (b)].

λ) $(NH_4)_2S$ und KNO_2. Wird eine mit Alkalicarbonat neutralisierte Rutheniumchloridlösung mit einer Lösung von KNO_2 kurze Zeit gekocht, so entsteht nach dem Abkühlen auf Zusatz von 1 bis 2 Tropfen Ammoniumsulfidlösung eine prächtige karminrote Färbung. Auf Zusatz von mehr Ammoniumsulfid fällt Rutheniumsulfid. Durch die Anwesenheit anderer Platinmetalle wird die Reaktion nicht wesentlich gestört (ROSE-FINKENER). Diese Reaktion ist erstmalig von GIBBS benutzt worden. Sie gelingt einwandfrei nur mit frischbereitetem $(NH_4)_2S$ (Zugabe vorsichtig, tropfenweise) und verläuft am besten in mäßig konzentrierter Lösung. Platin und Rhodium stören am wenigsten, die anderen Platinmetalle besonders dann, wenn sie in größerem Überschuß vorhanden sind. Die Farbreaktion ist sehr kurzlebig. Bald beginnt Trübung durch Abscheidung von Rutheniumsulfid.

μ) Blaufärbung durch Reduktion zu $RuCl_2$. Dieser Reaktion begegnet der Analytiker vor allem bei der Schwefelwasserstoffällung (vgl. S. 141) und bei der Reduktion von sauren Rutheniumchloridlösungen mit Zink oder Titan(III)-chlorid. Die Färbung ist nur vorübergehend, da sie dem bei der Reduktion als Zwischenprodukt auftretenden $RuCl_2$ zukommt. Vgl. auch S. 146. Diese Blaufärbung ist, wenn auch nicht besonders scharf, kennzeichnend für Ruthenium, da sie bei keinem anderen der Platinmetalle, wohl aber bei Wolfram, Molybdän und Vanadin vorkommt (MYLIUS und MAZZUCCHELLI). Vgl. hierzu auch Osmium, S. 164.

ν) Zinn(II)-chlorid entfärbt zunächst die Rutheniumlösung. Beim Kochen der Lösung entsteht eine blaßbraune Färbung. Gold, Platin, Palladium und Iridium stören (SPORCQ).

b) Katalytische Reaktionen. α) Rutheniumnachweis durch katalytische Reduktion von Nickelsalzen. Außer Palladium und Platin katalysiert auch Ruthenium die Reduktion von Nickelsalzen durch Natriumhypophosphit. Die näheren Bedingungen, unter denen dieser Nachweis geführt werden kann, sind beim Palladium, S. 65, eingehend dargelegt. An dieser Stelle ist auch bereits auf die Widersprüche hingewiesen worden, die bezüglich der im Schrifttum zu findenden Angaben über Erfassungsgrenze und Grenzkonzentration gerade beim Ruthenium und ebenso beim Osmium bestehen.

β) Rutheniumnachweis durch Aktivierung der Oxydation verschiedener Substanzen mittels Alkalichloraten. Dieser Nachweis ist beim Osmium, S. 166, eingehend beschrieben.

c) Mit organischen Reagenzien. α) Thioharnstoff. Wird eine komplexe Ruthenium(III)-chloridlösung[1], wie man sie aus RuO_4 und konz. Chlorwasserstoffsäure erhält, kurze Zeit mit Thioharnstoff und Chlorwasserstoffsäure (D 1,2) erhitzt, so wird die Lösung schön blau. Mit dieser Reaktion können noch 3 γ Ru/cm^3 nachgewiesen werden. Osmium gibt mit dem Reagens auch eine Färbung [L. WÖHLER und METZ (b)].

---

[1] Der Nachweis mit Thioharnstoff ist übrigens nicht abhängig von dem Vorhandensein des Rutheniums in der 3wertigen Stufe. Die gleiche Reaktion gibt auch eine Lösung des Natriumkomplexes vom Chlornatrium-Chlor-Aufschluß und die schwarze Ammoniumchloridfällung aus dieser Lösung. Ebenso ist bekannt, daß die nach den obigen Angaben hergestellte Rutheniumchloridlösung in der Hauptsache das Ruthenium als Ruthenium(IV)-chlorid enthält, dem jedoch sowohl $RuCl_3(OH)$ als auch $RuCl_3$ beigemengt sein kann.

Der Nachweis wird von der Internationalen Kommission (Tabellen der Reagenzien, S. 71) zur Ausführung empfohlen. Bezüglich weiterer Hinweise auf das Schrifttum vgl. GM., Syst. Nr. 68, S. 433 (1940).

Verwendet man statt des Thioharnstoffs

β) Thiocarbanilid (Diphenylthioharnstoff), so läßt sich das Produkt als blaugrüne Lösung mit Äther ausschütteln. Auf diese Weise lassen sich noch 0,3 γ Ru/cm³ Äther nachweisen. Stark chlorwasserstoffsaure Osmiumlösungen ergeben mit dem Reagens ebenfalls gefärbte Lösungen [L. Wöhler und Metz (b)]. Erfassungsgrenze 1,5 γ Ru/cm³ in 5 cm³. Grenzkonzentration 1 : 3330000. Die Reaktion wird als empfindlicher Nachweis von der Internationalen Kommission (Tabellen der Reagenzien, S. 71) zur Ausführung empfohlen.

γ) Rubeanwasserstoff reagiert mit Rutheniumsalzen beim Kochen in salzsaurer Lösung unter Bildung einer tiefblauen Färbung. Als Reagens dient eine 0,2%ige Lösung von Rubeanwasserstoff in Eisessig. Zu der neutralen oder sauren Rutheniumsalzlösung gibt man einige Tropfen des Reagenses und erwärmt, wobei eine tiefblaue bis schwarzblaue Färbung, bei größeren Rutheniummengen sogar eine schwarzblaue Fällung entsteht. Ist sehr wenig Ruthenium vorhanden, so beobachtet man nur eine smaragdgrüne Färbung. Anwesenheit von Säure beschleunigt bereits bei Spuren Ruthenium den Farbenumschlag nach Blau. Alkalische Lösungen geben keine Blaufärbung. Im Reagensglas sind bei Zugabe von 1 bis 2 Tropfen Chlorwasserstoffsäure noch 0,2 γ deutlich nachweisbar.

Der Nachweis ist für Ruthenium spezifisch[1], da die anderen Platinmetalle keine Farbreaktion geben (Wölbling und Steiger). Das Reagens kann daher auch zum Nachweis von Ruthenium neben Osmium verwendet werden. Platin und Palladium geben zwar rote, krystalline Niederschläge, die sich aber durch Filtrieren oder Zentrifugieren abscheiden lassen. Grenzkonzentration: 1 : 250000. Über die Ausführung des Nachweises im Mikrotiegel vgl. Feigl.

δ) Abkömmlinge des Thioharnstoffs nach Steiger. Folgende Abkömmlinge des Thioharnstoffes geben noch empfindliche Farbenreaktionen für den Nachweis von Ru:

N-Monomethyl- und N-Monoäthylthioharnstoff in konz. Chlorwasserstoffsäure.
N, N, N′-Trimethylthioharnstoff in konz. Chlorwasserstoffsäure.
N, N, N′, N′-Tetramethylthioharnstoff in Eisessig.
Thiosemicarbazid in Gegenwart von konz. Chlorwasserstoffsäure.
Thiocarbohydrazid in Eisessig, Thiobarbitursäure in Eisessig.
Dithiourazol(3-Thio-3,5-endoimino-2,3-dihydro-4, 1,2-thiobiazol) in fester Form.
Diphenylthiosemicarbazid in Eisessig, 2,4-Diphenylthiosemicarbazid in Eisessig.
α-Diphenylthiosemicarbazid in Eisessig.

Die Erfassungsgrenzen liegen zwischen 0,3 und 0,017 γ/cm³, Osmiumverbindungen stören nicht (Steiger).

ε) Benzidin. Als Reagens dient eine Lösung von 1 g Benzidin in 10 cm³ konz. CH_3COOH und 50 cm³ Wasser. Saure Rutheniumchloridlösungen geben keine Fällung. Beim Neutralisieren mit Natriumhydrogencarbonat fällt ein dunkelvioletter voluminöser Niederschlag, der bei längerem Stehen allmählich schwarzviolett wird. Vgl. Platin, S. 42.

d) Mikroreaktionen. α) Caesiumchlorid CsCl fällt aus der braunen Lösung von Ruthenium in Königswasser einen rötlichbraunen, feinkörnigen Niederschlag, der sich in heißem Wasser löst und unverändert aus dieser Lösung wieder ausfällt unter Bildung von rötlichbraunen Körnern von 3 μ. Erfassungsgrenze bei mikroskopischer Beobachtung 0,8 γ Ru (Behrens; Behrens-Kley). Vgl. ferner Whitmore und Schneider sowie Benedetti-Pichler und Rachele.

---

[1] Vgl. hierzu Analysenvorschläge (Wölblings Methode), S. 189.

β) Kaliumchlorid. Aus nicht allzu verdünnten Lösungen von Ruthenium(III)-chlorid erhält man mit dem Reagens schwarzbraune Oktaeder von 40 bis 60 μ, die aus heißem Wasser umkrystallisiert werden können. Die Reaktion ist recht kennzeichnend, aber nicht empfindlich (BEHRENS-KLEY, S. 166).

γ) Ammoniumrhodanid. Die durch Rhodanide in Lösungen des Rutheniums erzeugte Rotfärbung läßt sich für mikroskopische Beobachtung wie folgt verwenden: Die zu untersuchende Probelösung wird soweit wie möglich konzentriert und in die Mitte des flachen Tropfens 1 Tröpfchen des Reagenses in gesättigter Lösung gebracht. Im Falle des Versagens der Reaktion wird mit dem Konzentrieren fortgefahren und dabei der Rand des Tropfens beobachtet. Der Nachweis wird durch Eisen, Kobalt, Platin, Palladium gestört (BEHRENS-KLEY, S. 166).

δ) Kaliumnitrit. Gibt man zu dem Tropfen einer 1%igen Lösung von Ruthenium(III)-chlorid ein Kryställchen Kaliumnitrit, so läßt sich bei mikroskopischer Beobachtung eine tiefgrüne Färbung rings um den Krystall und die allmähliche Entstehung eines feinkörnigen Niederschlages feststellen (WHITMORE und SCHNEIDER).

ε) Tetraäthylammoniumbromid. *Versuchslösung:* Eine 1%ige Lösung von Ruthenium(III)-chlorid. Fügt man das Reagens entweder in 10%iger Lösung oder als festen Bestandteil zu einem Versuchstropfen, so beobachtet man unter dem Mikroskop nach einiger Zeit sehr charakteristische dreiblättrige, rote, rosettenähnliche Formen, die sich nach und nach über den ganzen Tropfen entwickeln. Der Nachweis kann in Gegenwart von Gold und den anderen Elementen der Gruppe geführt werden, obschon die Schärfe nachläßt, wenn der verhältnismäßige Anteil des Rutheniums im Versuchstropfen gering ist (WHITMORE und SCHNEIDER).

ζ) Methylammoniumchlorid als 10%ige Lösung, vorzugsweise aber als fester Bestandteil zu dem Versuchstropfen (1%ige Lösung) gegeben, erzeugt nach kurzem Stehen einen tiefgrünen Ring am Rande des Tropfens. In dem Maße, wie der Tropfen verdampft, krystallisiert das Reagens in Form großer Würfel, die am Rande des Tropfens eine sehr hellgrüne Farbe annehmen. Der Nachweis kann in Gegenwart von Gold und den anderen Platinmetallen geführt werden (WHITMORE und SCHNEIDER).

Hierbei sei zunächst noch auf einen Widerspruch in der Abhandlung von WHITMORE und SCHNEIDER hingewiesen. Während auf S. 287 dieser Abhandlung die Reaktion des $RuCl_3$ mit Methylammoniumchlorid eingehend beschrieben wird, sind in der tabellarischen Übersicht auf S. 302 nur die Reaktionen des $IrCl_4$ und der H_2PtCl_6 mit dem Reagens angegeben. Darunter wird aber ausdrücklich vermerkt: „Other metals give no test.“

Bei Nachprüfung der Reaktionen des Methylammoniumchlorids (Methylaminhydrochlorids) mit H_2PtCl_6, $IrCl_4$, $RuCl_3$ konnten die in der tabellarischen Übersicht mitgeteilten Befunde der Verfasser vollauf bestätigt werden. Liegt jedoch das Ruthenium in der 4wertigen Form vor, so erhält man mit dem Reagens einen ähnlichen dunkelroten Niederschlag, wie er bei $IrCl_4$ entsteht, mit dem Unterschied, daß die Krystalle kleiner sind als die des entsprechenden Iridiumkomplexes (vgl. S. 142). Es besteht also, ebenso wie bei den entsprechenden Salzen des Platins und Iridiums, auch bezüglich des Ruthenium(IV)-chlorids oder seines Komplexes vollkommene Analogie mit den Reaktionen des Ammomiumchlorids.

Dagegen ließen sich die von den Verfassern auf S. 287 der Originalabhandlung angegebenen Reaktionen des Rutheniums (tiefgrüner Ring am Umfange des Tropfens, beim Eindampfen Krystallisation großer Würfel mit sehr hellgrüner Farbe am Saume des Tropfens) weder bei Benutzung des im Handel erhältlichen Rutheniumchlorids noch des nach GRUBE und NANN hergestellten $RuCl_3 \cdot H_2O$ (vgl. Ruthenium, S. 136) beobachten.

Eine Nachprüfung der Reaktionen des Rutheniumchlorids mit Tetraäthylammoniumbromid konnte leider nicht erfolgen, da dieses Reagens nicht zu beschaffen war.

Bezüglich weiterer Nachweismethoden der Platinmetalle mit anorganischen und organischen Reagenzien, insbesondere mit organischen Stickstoffverbindungen, siehe WHITMORE und SCHNEIDER. Vgl. auch FRASER.

e) Sonstige Reaktionen. Über eine Reihe von weiteren Rutheniumreaktionen mit seltener verwendeten anorganischen Reagenzien siehe CLAUS (b). Über Reaktionen des Rutheniums mit 30 anorganischen und 90 organischen Reagenzien nebst tabellarischer Übersicht vgl. S. C. OGBURN.

Über Abkömmlinge des 8-Oxychinolins als Reagenzien für Ruthenium vgl. tabellarische Übersicht nach GUTZEIT und MONNIER.

Ferner über Diphenylthiocarbazon (Dithizon) zum Nachweis der Platinmetalle siehe H. FISCHER.

f) Verhalten der Ru-Verbindungen gegenüber Reduktionsmitteln. α) In wäßriger Lösung. Die Reduktion des Rutheniums aus den wäßrigen Lösungen seiner Salze bietet ähnliche Schwierigkeiten wie beim Iridium (vgl. Iridium, S. 117). Insbesondere sind die Reduktionsvorgänge bis zum Metall langwierig und trotzdem vielfach noch unvollständig. Verhältnismäßig einfach ist die Reduktion aus saurer Lösung zu Metall durch Zink. Hierbei tritt zunächst die für Ruthenium kennzeichnende lasurblaue Färbung auf, und im weiteren Verlauf der Reduktion fällt dann Ruthenium als Mohr aus und die Lösung wird farblos. Da alle im Zink enthaltenen elektronegativeren Metalle, wie z. B. Cu, Pb, mit dem Ruthenium ausfallen, dieses also je nach der vorhandenen Menge mehr oder weniger verunreinigen würden, ist nur reinstes Zink für diese Reduktionsvorgänge zu verwenden, am zweckmäßigsten in Pulverform. In gleicher Weise wird auch Ruthenium durch Magnesium zu Metall reduziert (OGBURN). Durch Drucke von 125 Atm. läßt sich bei 350° metallisches Ruthenium durch Wasserstoff unmittelbar abscheiden (IPATIEFF und SWJAGINZEFF).

Die meisten anderen Reduktionsmittel, wie z. B. SO_2, Oxalsäure, Hydroxylamin, Eisen(II)-sulfat, Natriumformiat, hellen die Lösungen auf ohne Metallabscheidung. Hierbei entstehen in der Regel grünlichgelb bis chromgrün gefärbte Lösungen. Ebenso verhalten sich Hydraziniumsalze in saurer Lösung, während aus alkalischer Lösung in der Hitze ein schwarzer Niederschlag sich abscheidet, der, je nach der Länge des Kochens, aus Mohr mit mehr oder weniger Oxydhydrat verunreinigt, bestehen dürfte. Das gleiche gilt von der Reduktion mit Formaldehyd aus alkalischer Lösung. Natriumformiat scheidet in Gegenwart von Ammoniumacetat nach längerem Kochen ebenfalls Rutheniummohr ab.

Titan(III)-chlorid gibt in sauren Rutheniumlösungen, wie bei der Reduktion mit Zink, ebenfalls zunächst eine blaue Färbung, während nach langem Kochen Metall sich ausscheidet. Dagegen wird von Zinn(II)-chlorid nur ein blaßbrauner Purpur gebildet.

β) In festen Salzen. Viel einfacher, glatter und sauberer verläuft die Reduktion zu feinverteiltem Metall oder Mohr aus festen Salzen durch Reduktion im Wasserstoffstrom bei Temperaturen unter 400°. Etwa vorhandene Alkalisalze werden hierbei in Chloride verwandelt und durch Auslaugen mit Wasser entfernt. Vgl. hierzu Iridium, S. 117.

Über die Herstellung von Rutheniummohr vgl. GM., Syst. Nr. 68, S. 398 (1939).

VI. Nachweis des Rutheniums neben anderen Platinmetallen.

a) Nachweis in Pulvergemischen oder in Gemischen der Sulfide der Platinmetalle. Die Trennung des Rutheniums vom Osmium im Sauerstoff- oder NO_2-Strom ist bereits auf S. 126 gestreift worden und wird beim Osmium noch näher behandelt (vgl. Osmium, S. 170). Von den anderen Platinmetallen geschieht die Trennung am besten mit Hilfe der Chlordestillation. Die gut reduzierten Pulvergemische[1] der Metalle Pt, Pd, Ir, Rh, Ru werden in der auf S. 128 beschriebenen Weise in Gegenwart von NaCl mit Chlor behandelt, das flüchtige RuO_4 in konz. Chlorwasserstoffsäure zu $RuCl_4$ reduziert und in dieser Chloridlösung das Ru mit den bekannten Reagenzien, wie z. B. Thioharnstoff, nachgewiesen.

In der gleichen Weise läßt sich Ruthenium in Gemischen der Sulfide der Platinmetalle (außer Osmium, das sich hierbei wie Ruthenium verhält) durch Destillation mit Chlor von den übrigen Platinmetallen trennen und nachweisen (vgl. auch S. 128).

b) Nachweis in Legierungen. α) Die Legierung ist in Königswasser löslich (z. B. eine 5%ige Pt-Ru-Legierung). aa) *Nachweis durch unmittelbare Destillation mit Chlor.* Die Lösung wird zur Entfernung der Salpetersäure mehrmals mit Salzsäure abgedampft, mit NaOH alkalisch gemacht und das Ru mit der Chlordestillation als RuO_4 entfernt und, wie oben angegeben, nachgewiesen. In der gelben Mutterlauge wird nach dem Eindampfen und Zerstören des Chlorats mit HCl das Platin mit KCl mikroskopisch nachgewiesen. Siehe auch SAINTE-CLAIRE DEVILLE und STAS, S. 172, Ziffer VIII der Originalabhandlung.

In Pt-Ru-Lösungen läßt sich der qualitative Nachweis des Rutheniums neben Platin auch noch in folgender Weise durchführen:

bb) *Nachweis durch unmittelbare Fällung des Ru mit NaOH.* Man setzt zu der HCl-sauren, siedend heißen, rötlichbraunen Lösung tropfenweise wäßrige NaOH-Lösung, bis das Gemisch alkalisch reagiert. Entsteht hierbei nicht sofort ein flockiger dunkler Niederschlag, so erhitzt man die alkalische Lösung so lange, bis die Fällung sich einstellt und die Lösung nur noch schwach gefärbt ist. Man filtriert den schwarzen Niederschlag ab, der gut mit heißem Wasser ausgewaschen und dann in heißer HCl (1+2) gelöst wird. Eine Probe wird mit Thioharnstoff versetzt und gekocht; blaue Färbung zeigt Ruthenium an. Die schwach bräunlichgelb gefärbte Mutterlauge der NaOH-Fällung, die das Platin enthält, wird mit HCl angesäuert, aufgekocht und nach dem Einengen das Platin als gelbes Kaliumplatinchlorid gefällt und mikroskopisch nachgewiesen. Vgl. Platin S. 44.

cc) *Nachweis des Ru durch Destillation aus der KCl-Fällung.* Soll z. B. bei der Fällung einer rutheniumhaltigen Platinchloridlösung mit KCl die ungefähre Verteilung des Rutheniums auf Niederschlag und Mutterlauge geprüft werden, so wird wie folgt verfahren: Die Platin-Ruthenium-Lösung wird nach mehrfachem Abdampfen mit HCl (zur Zerstörung der Nitrosylverbindungen) und das Platin mit KCl gefällt. (Vgl. auch S. 140, V, Absatz 1.) Salmiak könnte beim nachfolgenden Rutheniumnachweis störend wirken.

dd) *Nachweis des Ru durch Destillation aus der Mutterlauge der KCl-Fällung.* Im Filtrat weist man nach VI, b, α, bb) das Ruthenium mit NaOH nach, oder man führt den Nachweis wie folgt: Nachdem die Fällung mit einer kaltgesättigten KCl-Lösung sorgfältigst ausgewaschen worden ist, wird der Rutheniumgehalt der mit NaOH alkalisch gemachten Mutterlauge mit der Chlordestillation geprüft. Der Rutheniumgehalt des ausgewaschenen und getrockneten K_2PtCl_6 wird nach c, S. 148, ebenfalls mit der Chlordestillation geprüft. Bei der Schätzung des Rutheniumgehaltes in der vorgelegten HCl wird wie im Analysenvorschlag Nr. J, S. 198 verfahren. Vgl. auch unter MYLIUS und MAZZUCCHELLI, Analysenvorschläge, S. 193.

Die nach bb) und cc) erzielten Trennungen des Platins vom Ruthenium mit Hilfe der KCl- oder NaOH-Fällung[2] sind für manche qualitativen Zwecke zwar ausreichend, aber nicht vollständig. Trotz der hellgelben Farbe der Platinfällung

[1] Zur Vermeidung von Legierungsbildung darf die Reduktionstemperatur 400° nicht übersteigen (L. WÖHLER und METZ).

[2] Vgl. hierzu auch Analysenvorschläge G, Analysengang nach OGBURN, S. 195.

z. B. läßt sich in dieser mit der Chlor-Destillation in den meisten Fällen immer noch Ruthenium nachweisen. Vgl. hierzu unten.

ee) Über die Trennung von Platin und Ruthenium mit Glycerin und Brom in alkalischer Lösung siehe RUFF und VIDIČ.

β) Die Legierung ist unlöslich in Königswasser. aa) *Das Untersuchungsmaterial ist feinpulverig.* Die reduzierte Probe wird mit Ätzkalisalpeter geschmolzen und die wäßrige alkalische Lösung der Schmelze samt Rückstand der Destillation mit Chlor unterworfen. Prüfung auf Ruthenium wie S. 147 unter dd angegeben. Ist Osmium zugegen, so läßt sich dieses ohne weiteres im Anschluß an die Prüfung auf Ru mit Thioharnstoff in der gleichen Probe durch $SnCl_2$ nachweisen (vgl. Osmium, S. 172 und 174). Ist Ruthenium mit Iridium legiert, so muß man vor der Chlordestillation zwecks Bildung löslichen Ruthenats mehrfach mit Kali und Salpeter schmelzen mit nachfolgender Hypochloritbehandlung der Schmelzlösung (WÖHLER und METZ). (Siehe S. 137 unter e.) Besonders widerspenstige Legierungen müssen unter Umständen zuvor mit der Zinkschmelze aufgeschlossen werden.

Handelt es sich um den Nachweis von wenig Ruthenium im Iridium (z. B. Prüfung des Iridiums auf Reinheit), so wird man den Aufschluß mit NaCl und Chlor bei höherer Temperatur mit nachfolgender Chlordestillation aus der alkalischen wäßrigen Lösung dieses Aufschlusses vorziehen. Diese Methode gestattet einen schärferen und insbesondere zuverlässigeren Nachweis des Rutheniums, namentlich wenn, wie hier vorgesehen, das Ruthenium mit Iridium legiert sein soll.

Beim Aufschluß im Rohr entstandene Beschläge müssen bei der Prüfung ebenfalls berücksichtigt werden.

bb) *Das zu untersuchende Material ist grobkörnig.* In Säuren schwer- oder unlösliche Rutheniumlegierungen müssen durch eine vorhergehende Schmelze mit Zink oder Blei in ihre Bestandteile zerlegt werden. Während die erstere in allen Fällen anwendbar ist, kommt die letztere nur für Platin-Ruthenium-Legierungen auf Basis Platin in Betracht. Der Nachweis des Rutheniums z. B. aus der Bleischmelze kann in der auf S. 139 unter Ziffer b angegebenen Weise erfolgen. Vgl. außerdem Iridium, S. 109, unter Ziffer α.

c) Nachweis des Rutheniums in Salmiak- oder KCl-Fällungen des Platins und des Iridiums. Beim Fällen von Platin mit Salmiak oder KCl aus einer Ru-haltigen Lösung von Hexochloroplatin(IV)-säure wird Ruthenium ebenfalls zum Teil mit niedergeschlagen. Die sonst hellgelbe Platinsalmiak- oder K_2PtCl_6-Fällung wird dadurch, entsprechend der Menge des mitgefällten Rutheniums, verfärbt, während im Falle sehr geringer Mengen Ruthenium keine Veränderung der Farbe des Niederschlages wahrnehmbar ist.

Zur Prüfung dieser Fällungen auf Ruthenium wird, nach gründlichem Auswaschen[1], das Fällungsgemisch mit NaOH alkalisch gemacht, so daß alles mit gelber Farbe in Lösung geht. Handelt es sich um Salmiakfällungen, so wird die alkalische Lösung zunächst so lange gekocht, bis kein NH_3-Geruch mehr festzustellen ist. Die kalte Lösung wird nun in der üblichen Weise der Destillation mit Chlor unterworfen und das entweichende RuO_4 in konz. HCl aufgefangen. Selbst Spuren von Ruthenium bringen in der HCl noch eine hellorange Färbung hervor. Die Prüfung auf Ruthenium erfolgt beim Nachweis sehr geringer Mengen zweckmäßig neben der Thioharnstoffreaktion (zartblau) zur Kontrolle noch mit Rubeanwasserstoff (smaragdgrün).

In der gleichen Weise erfolgt der Nachweis des Rutheniums in den entsprechenden Fällungen des Iridiums.

[1] Prüfung des Waschwassers auf Ruthenium durch Eindampfen von 10 cm^3 des Ablaufes, Aufnehmen mit Salzsäure (1 + 1) und Zugabe von Thioharnstoff. Blaufärbung in der Hitze zeigt Ruthenium an.

d) Nachweis des Rutheniums mit NaClO. Die intensiv orangerote Färbung des Ruthenats gestattet den Nachweis von Spuren von Ruthenium, auch in *Pulvergemischen der Platinmetalle.* Man übergießt eine kleine Probe mit frischbereitetem saurem Hypochlorit, läßt dieses eine kurze Weile einwirken und macht die Lösung mit einigen Tropfen NaOH alkalisch. Vorhandenes Ru macht die zunächst gelblichgrüne Lösung sogleich orangefarbig. Die Farbe wird besonders intensiv, wenn man der Lösung z. B. mit einer Capillare etwas Alkohol hinzufügt. Durch mehr Alkohol färbt sich die Lösung dunkel infolge Bildung von Hydroxyd [CLAUS (c)]. Der Nachweis kann auch als Tüpfelprobe auf einer Tüpfelplatte aus Porzellan geführt werden. Auf ein Stäubchen der Metallmischung setzt man einen Tropfen der sauren Hypochloritlösung, gibt einen Tropfen 15%iger NaOH hinzu und infiziert die Lösung mit der Capillare mit einer Spur Alkohol. Sofort erscheint die intensive, orangerote Färbung.

Auch die Schwarzfärbung organischer Substanzen durch RuO_4 kann als Nachweis dienen. In einem kleinen kurzen Reagierzylinder wird die Substanz mit einigen Tropfen saurem Hypochlorit versetzt und der Zylinder mit einer Filterpapierkappe bedeckt. Nach kurzer Zeit zeigt Schwarzfärbung des Papiers die Anwesenheit von Ruthenium an. Vgl. auch S. 139.

e) Trennung und Nachweis von Osmium und Ruthenium in Lösungen auf mikrochemischem Wege. In Anlehnung an das Analysenschema von NOYES und BRAY wird von BENEDETTI-PICHLER und RACHELE eine mikrochemische qualitative Trennung von Osmium und Ruthenium und deren Nachweis beschrieben.

Die Abtrennung sowohl des Osmiums als auch des Rutheniums aus der die beiden Metalle enthaltenden Versuchslösung wird bewirkt im Falle des Osmiums durch Destillation mit HNO_3 und beim Ruthenium durch Destillation der salpetersauren, ziemlich konzentrierten Mutterlauge mit Perchlorsäure. Zu diesem Zwecke wird ein besonders konstruierter Mikrodestillationsapparat[1] benutzt, der gestattet, das bei der Destillation entweichende Tetroxyd in Tröpfchen (50%ige KOH) aufzufangen. Die Destillation wird so lange fortgesetzt, als die KOH sich noch gelb färbt. Die weitere Behandlung der alkalischen Destillate erfolgt — immer unter Benutzung entsprechender Mikrogeräte — durch Fällung mit H_2S, Filtrieren, Auswaschen und Lösen der Sulfide in HCl unter Zusatz eines Tröpfchens Brom. Nach Verdampfen des Bromüberschusses eines Tröpfchens der Lösung auf dem Objektträger wird das Osmium mit einem winzigen Stückchen Hexamethylentetramin (hellgelbe Oktaeder), das Ruthenium mit einem kleinen Körnchen CsCl (bräunliche, schlecht ausgebildete Oktaeder) nachgewiesen.

An Versuchslösungen mit Osmium- und Rutheniumgehalten in den Verhältnissen 1 : 100 und 100 : 1 wurde die Brauchbarkeit des Verfahrens für halbquantitative Analysen bis zu 5 γ des in geringerer Menge vorhandenen Metalles herab nachgewiesen. Der Versuch, Osmium als K_2OsO_4 zu identifizieren, schlug fehl[2]. Von Farbreaktionen zum Nachweis von Osmium haben sich dagegen Thioharnstoff und die Tüpfelprobe mit Benzidin oder Kaliumhexacyanoferrat(II) auch für Mengen unter 5 γ bewährt.

Über weitere Einzelheiten bezüglich Trennung und Nachweis vgl. Original; siehe ferner Fr. **125**, 195 (1943).

VII. Physikalische Methoden.

a) Chromatographische Methode. Etwa 0,25 cm³ einer wäßrigen Lösung von $AsCl_3$ und $RuCl_2$ werden in einem 5 mm engen Rohr durch eine Schicht von Aluminiumoxyd (nach BROCKMANN, durch Fa. E. Merck) gesaugt. Wird mehrmals mit Wasser nachgewaschen, so erfolgt auf Grund der verschiedenen Adsorption

---

[1] Siehe Mikrochemie **19**, 1 (1935), ferner Fr. **109**, 184 (1937).
[2] Vgl. hierzu Osmium, S. 165.

der Salze eine Trennung in zwei Schichten. Der Nachweis wird durch Entwickeln mit frisch hergestellter, gesättigter H_2S-Lösung geführt. Während die erste Schicht hierbei durch Bildung von As_2S_3 gelb gefärbt wird, färbt sich die zweite Schicht infolge Bildung von RuS_2 grau. Da $RuCl_2$ leicht hydrolisiert, werden beide Lösungen am besten schwach angesäuert (VENTURELLO und AGLIARDI).

b) Spektralanalyse. Der Nachweis des Rutheniums auf spektralanalytischem Wege wird in einem besonderen Abschnitt gemeinsam mit den anderen Platinmetallen behandelt.

Literatur.

ANAL. KOMM. PLATIN-INST. LENINGRAD: Ann. Inst. Platine (russ.) **9**, 102 (1932); durch C. **104 II**, 1223 (1933); GM., Syst. Nr. 68, S. 531 (1940). — AOYAMA, S.: Z. anorg. Ch. **153**, 248 (1926).

BEHRENS, H.: Fr. **30**, 154 (1891). — BEHRENS-KLEY: Mikrochem. Anal. I, S. 166 (1921). — BENEDETTI-PICHLER, A. A., u. J. R. RACHELE: Mikrochem. **24**, 16 (1938).

CLAUS, C.: (a) Bl. Acad. Sci. Petersb. [3] **1**, 116 (1860); durch GM., Syst. Nr. 63, S. 31 (1938); (b) Festschrift, S. 31 (1854); (c) durch GRAHAM-OTTO, S. 1368 (1889). — CROWELL, W. R., u. D. M. YOST: Am. Soc. **50**, 374 (1928); durch C. **99 I**, 2072 (1928); GM., Syst. Nr. 63, S. 28 (1938).

DEBRAY, H., u. A. JOLY: (a) C. r. **106**, 1494 (1888); (b) **106**, 100 (1888).

FEIGL, F.: Tüpfelreaktionen, S. 216 (1938). — FISCHER, H.: Z. anorg. Ch. **42**, 1025 (1929). — FRASER, H. J.: Am. Mineralogist **22**, 1022 (1937). — FRESENIUS, C. R.: Qual. Anal., S. 279 (1919).

GIBBS, W.: Am. J. Sci. [2] **34**, 144 (1862); durch GM., Syst. Nr. 68, S. 435 (1940). — GILCHRIST, R.: Bur. Stand. J. Res. (a) **12**, 285 (1934); (b) **3**, 1003 (1929); (c) **12**, 299 (1934); (d) **6**, 430 (1931). — GILCHRIST, R., u. E. WICHERS: Am. Soc. **57**, 2567 (1935). — GLEU, K., u. R. REHM: Z. anorg. Ch. **235**, 352 (1938). — GRAF, F.: Diss. Jena, S. 27, 65 (1927); durch GM. Syst. Nr. 63, S. 24 (1938). — GRUBE, G., u. G. FROMM: Z. El. Ch. **47**, 208 (1941). — GRUBE, G., u. H. NANN: Z. El. Ch. **45**, 874 (1939). — GUTBIER, A.: Z. anorg. Ch. **109**, 207 (1920). — GUTBIER, A., G. A. LEUCHS, H. WIESSMANN: Z. anorg. Ch. **95**, 177 (1916). — GUTBIER, A., u. E. LEUTHEUSSER: Z. anorg. Ch. **149**, 182 (1925); **129**, 67 (1923). — GUTBIER, A., u. O. MAISCH: Z. anorg. Ch. **96**, 202 (1906). — GUTZEIT, G., u. R. MONNIER: Helv. **16**, 485 (1933); durch C. **104 I**, 3980 (1933).

v. HEVESY, G.: Ph. Ch. **73**, 668 (1910); durch C. **81 II**, 1188 (1910). — HOWE, J. L.: Am. Soc. **23**, 775 (1901); durch C. **73 I**, 18 (1902); GM., Syst. Nr. 63, S. 30 (1938).

IPATIEFF, W. N., u. O. E. SWJAGINZEFF: B. **62**, 709 (1929).

JOLY, A.: C. r. **114 I**, 291 (1892). — JUSTIN-MUELLER, E.: Bl. [5] **10**, 510 (1943); durch C. **116 I**, 3. (1945).

KRASSIKOFF, S. E., A. N. FILIPOFF u. J. J. TSCHERNJAJEFF: Ann. secteur platine (russ.) **13**, 19 (1936); durch C. **108 II**, 2790 (1937). — KRAUSS, F.: (a) Z. anorg. Ch. **131**, 348 (1923); (b) **119**, 217 (1921); (c) **136**, 72 (1924). — KRAUSS, F., u. H. KÜKENTHAL: (a) Z. anorg. Ch. **132**, 316 (1924); (b) **136**, 70 (1924).

LEA, M. C.: (a) Chem. N. **10**, 302 (1864); (b) **11**, 3 (1865); durch GM., Syst. Nr. 68, S. 435 (1940). — LESCHEWSKI, K., u. W. DEGENHARD: Z. anorg. Ch. **239**, 17 (1938).

MANCHOT, W., u. J. DÜSING: Z. anorg. Ch. **212**, 29 (1933). — MANCHOT, W., u. J. KÖNIG: B. **57**, 2182 (1924). — MANCHOT, W., u. H. SCHMID: B. **64**, 2673 (1931). — MOSER, L., u. H. HACKHOFER: M. **59**, 44 (1932); durch C. **103 I**, 2356 (1932). — MÜLLER, E., u. K. SCHWABE: (a) Ph. Ch. **154** A, 143, 166 (1931); (b) Z. El. Ch. **35**, 175 (1929). — MYLIUS, F., u. A. MAZZUCCHELLI: Z. anorg. Ch. **89**, 13 (1914).

NOYES, A. A., u. W. C. BRAY: A system of qualitative Analysis for the Rare Elements. New York: Macmillan & Co. 1927.

OGBURN, S. C.: Am. Soc. **48**, 2509 (1926). — ORLOFF, N. A.: Ch. Z. **32**, 77 (1908).

REMY, H.: (a) Angew. Ch. **39**, 1062 (1926); (b) Lehrb. d. anorg. Ch., 2. u. 3. Aufl., Bd. II, S. 323. Leipzig: Akad. Verl. Ges. Becker u. Erler, Kom.-Ges. 1942; (c) J. pr. **101**, 341, 342 (1921); (d) B. **61 II**, 2109 (1928); (e) Z. anorg. Ch. **137**, 374 (1924). — REMY, H., u. A. LÜHRS: B. **61 I**, 917 (1928). — ROSE-FINKENER: I, S. 380 (1867). — RUFF, O., u. E. VIDIČ: (a) Z. anorg. Ch. **136**, 49 (1924); (b) **143**, 168 (1925).

SAINTE-CLAIRE DEVILLE, H., H. DEBRAY u. A. JOLY: (a) C. r. **80**, 458 (1875); (b) **106**, 328 (1888). — SAINTE-CLAIRE DEVILLE, H., u. J. S. STAS: Procès verbaux, Comité intern. des Poids et Mesures (1877). — SPORCQ: Bl. Soc. chim. Belg. **38**, 20; durch C. **100 I**, 2906 (1929). — STEIGER, B.: Mikrochemie **16**, 195 (1934/35).

TREADWELL: Anal. Ch. I, S. 546 (1930). — TRUTHE, W.: Z. anorg. Ch. **154**, 420 (1926).

VENTURELLO, G., u. N. AGLIARDI: Ann. Chim. applic. **30**, 221, 228 (1940); durch C. **111**, 1757 (1940).

WHITMORE, W. F., u. H. SCHNEIDER: Mikrochemie **17**, 294 (1935). — WÖHLER, L., u. PH. BALZ: Z. anorg. Ch. **139**, 213 (1924). — WÖHLER, L., PH. BALZ u. L. METZ: Z. anorg. Ch. **139**, 205 (1924). — WÖHLER, L., u. J. KÖNIG: Z. anorg. Ch. **46**, 331 (1905). — WÖHLER, L., u. L. METZ: (a) Z. anorg. Ch. **149**, 297 (1925); (b) **138**, 368 (1924). — WÖLBLING, H., u. B. STEIGER: Mikrochemie **15**, 296 (1934).

Z. Instr.-K. **27**, 194 (1907). — ZINTL, E., u. W. MORAWIETZ: Z. anorg. Ch. **236**, 373 (1938).

6. Osmium.

Os, Atomgewicht 190,2; Ordnungszahl 76.

I. Physikalische Eigenschaften.

Elektrisch geschmolzenes Osmium ist ein bläulichweißes, glänzendes Metall, das in seiner Farbe am meisten dem Zink ähnelt. Es besitzt eine große Härte und übertrifft in dieser Hinsicht alle übrigen Platinmetalle. Außerdem ist es sehr spröde, so daß es sich pulverisieren läßt. Mit seiner Dichte von 22,5 ist es das schwerste aller Elemente. Ferner besitzt es von allen Platinmetallen den höchsten Schmelzpunkt, der etwa bei 2700° liegen dürfte. Aus seinen Salzen durch Reduktion gewonnenes Osmium ist ein blaugraues Pulver, das an der Luft bei gewöhnlicher Temperatur bereits oberflächlich oxydiert wird und infolgedessen den durchdringenden, stechenden Geruch nach OsO_4 verbreitet.

II. Stellung im periodischen System, Koordinationszahl, Wertigkeit.

Entsprechend seiner Ordnungszahl 76 steht das Osmium im periodischen System in der 3. großen Periode, und zwar in der VIII. Gruppe an erster Stelle der sog. schweren Triade der Platinmetalle Os, Ir, Pt. In vertikaler Anordnung steht es unter Fe und Ru, worin die bereits beim Ru erwähnte große Ähnlichkeit, namentlich im chemischen Verhalten der beiden Metalle zum Ausdruck kommt.

In den meisten, den Analytiker besonders interessierenden Komplexverbindungen besitzt Osmium die Koordinationszahl 6.

In seiner Valenzbetätigung zeigt das Osmium nahezu die gleiche Vielseitigkeit wie das Ruthenium. Es liegt als 8wertiges Osmium im OsO_4 und im OsF_8 vor, als 6wertiges in den Osmiaten, wie z. B. $K_2OsO_4 \cdot 2H_2O$, als 4wertiges im OsO_2 und den Komplexen vom Typus $K_2(OsCl_6)$, als 3wertiges im $OsCl_3$ und als 2wertiges im $OsCl_2$. Ein Zwischenprodukt mit 7wertigem Os wird bei der Reaktion von OsO_4 mit HBr angenommen (Kirschman und Crowell). Bei der Aktivierung von Chloratlösungen durch OsO_4 (vgl. S. 167) soll infolge Sauerstoffabgabe, ebenfalls als Zwischenprodukt, das Pentoxyd Os_2O_5 entstehen, das seinen Sauerstoff durch Reduktion des Chlorates zu Chlorid ergänzt (K. A. Hofmann, Ehrhart und Schneider).

Dagegen sind Verbindungen mit 1wertigem Os bisher im Schrifttum nicht beschrieben worden.

III. Chemisches Verhalten des Metalles.

a) Gegen Wasserstoff. Vom Verhalten des Osmiums gegenüber Wasserstoff gilt im wesentlichen das gleiche wie vom Ruthenium. Bei der Reduktion von Dioxyd nimmt das reduzierte Metall im Augenblick des Entstehens beachtliche Mengen Wasserstoff auf. Dagegen hat geglühtes und gesintertes Osmium ein erheblich geringeres Adsorptionsvermögen für Wasserstoff [E. Müller und Schwabe (a); Gutbier und Schieferdecker]. Es ist zweckmäßig, bei der Reduktion z. B. von Dioxydhydrat oder Sulfid zu Metall, nach dem Abkühlen im Wasserstoffstrom, den Wasserstoff durch Kohlensäure zu ersetzen.

b) Gegen Sauerstoff. Daß feinverteiltes metallisches Osmium bereits bei gewöhnlicher Temperatur an der Luft allmählich unter Bildung von OsO_4 oxydiert wird, ist bereits erwähnt worden. Geschmolzenes und kompaktes Osmium wird dagegen erst bei höherer Temperatur oxydiert. Die mit der Oxydation des Osmiums zu OsO_4 verbundene Verflüchtigung erreicht meßbare Beträge beim Erhitzen an der Luft von etwa 200° ab, beim Erhitzen im Sauerstoffstrom oberhalb 150° (Šulc; Wöhler und Metz).

α) Oxyde des Osmiums. Von den im Schrifttum aufgeführten Oxyden des Osmiums sind nur OsO_2 samt seinem Oxydhydrat $OsO_2 \cdot 2H_2O$ und OsO_4 mit

Sicherheit bekannt. Das Bestehen der übrigen Oxyde ist dagegen mehr oder weniger zweifelhaft.

Osmium(IV)-oxyd OsO_2 bildet sich beim Entwässern des Dioxydhydrates und bei längerem Erhitzen in einem indifferenten Gasstrom auf 150 bis 250° (RUFF und RATHSBURG; RUFF und BORNEMANN). Braunschwarzes bis schokoladebraunes OsO_2 wird aus nicht zu fein verteiltem Osmium neben OsO_4 durch Erhitzen im NO_2-freien NO-Strom auf 520° erhalten (L. WÖHLER und METZ). Je nach der Darstellungsweise kennt man schwarzes, braunes oder pyrophores Oxyd. Näheres über Darstellung dieser verschiedenen Formen des Dioxyds siehe RUFF und RATHSBURG.

Dioxydhydrat $OsO_2 \cdot 2H_2O$ erhält man durch Einwirkung reduzierender Stoffe (z. B. Alkohol) auf wäßrige, alkalische oder saure Lösungen von OsO_4 als schwarzen Niederschlag, ferner durch Hydrolyse von Osmiumsalzen, wie z. B. von $K_2OsO_4 \cdot 2H_2O$ oder $(NH_4)_2(OsCl_6)$, oder durch Umsetzen z. B. von K_2OsCl_6 mit Natronlauge. Zu beachten ist, daß das Dioxydhydrat in schwach sauren oder alkalischen Lösungen oder solchen, die frei von Elektrolyten sind, leicht reversible, äußerst beständige kolloide Lösungen bildet. Vollständige Ausflockung dieses Kolloides erfolgt nur aus einer neutralen, eine Mindestmenge eines Elektrolyten enthaltenden Lösung. Hinzu kommt, daß das Dioxydhydrat wegen seiner kolloiden Beschaffenheit aus der Lösung nicht nur Alkalisalze, sondern auch Teile des Reduktionsmittels oder seiner Zersetzungsprodukte adsorbiert, die durch Auswaschen schwer oder kaum zu entfernen sind. Der Gehalt an reduzierenden Stoffen macht das Dioxydhydrat außerdem nach dem Trocknen unter Luftabschluß mehr oder weniger stark pyrophor (RUFF und RATHSBURG). Über weitere Einzelheiten bezüglich der Darstellung und Eigenschaften des Dioxydhydrates vgl. ferner GM., Syst. Nr. 66, S. 27 (1939).

Osmium(VIII)-oxyd OsO_4. Wie beim Ruthenium das RuO_4, so ist beim Osmium das OsO_4 sowohl für die Reindarstellung des Metalles als besonders für analytische Zwecke die bei weitem wichtigste Verbindung des Osmiums, auf die im folgenden näher eingegangen werden soll.

β) Entstehung von OsO_4. aa) *Herstellung auf trockenem Wege.* Reines Osmium wird beim Erhitzen an der Luft, besonders aber im Sauerstoffstrom leicht zu OsO_4 oxydiert, und zwar um so leichter, je oberflächenreicher, also feinpulveriger es vorliegt. Wie schon erwähnt, beginnt die merkbare Oxydation und Verflüchtigung des feinverteilten Osmiums im Sauerstoffstrom bereits oberhalb 150°. Mit steigender Temperatur nimmt die Oxydationsgeschwindigkeit erheblich zu, so daß beispielsweise bei Rotglut auch geschmolzenes Osmium, falls es in geeigneter Form, z. B. als Perle[1], vorliegt, in verhältnismäßig kurzer Zeit oxydiert und verflüchtigt wird.

Während aber beim Erhitzen im Sauerstoffstrom auf Temperaturen über 300° in der Hauptsache nur OsO_4 entsteht, bildet sich bei Temperaturen unter 300° auch gleichzeitig nichtflüchtiges OsO_2 (L. WÖHLER und METZ). Nach WICHERS, GILCHRIST und SWANGER entsteht bei 220 bis 230° zunächst ein schwarzes voluminöses Pulver, wahrscheinlich OsO_2, das bei weiterem Erhitzen zu OsO_4 oxydiert wird. Da die Bildung von OsO_4 aus OsO_2 offenbar mit größerer Geschwindigkeit erfolgt als die des OsO_2 aus gleich feinzerteiltem Os, ist beim Erhitzen des Osmiums im Sauerstoffstrom nur die Bildung von OsO_4 nachweisbar (RUFF und RATHSBURG).

Wird dagegen Osmium in einem Strom von Stickstoffdioxyd erhitzt, so gelingt bereits bei 275° eine vollständige und leichte Oxydation und Verflüchtigung als OsO_4, während Ruthenium unterhalb 600° in NO_2 nicht flüchtig ist. Auf diese Weise läßt sich Osmium nicht allein vom Ruthenium, sondern auch z. B. von Tellur

[1] So wurden bei heller Rotglut von einer Osmiumperle im Gewicht von 0,8679 g im Luftstrom innerhalb 5 Min. 0,2425 g Os = 27,9% oxydiert und verflüchtigt.

trennen, welches als nichtflüchtiges Dioxyd zurückbleibt (L. WÖHLER und METZ). Mit dem unterschiedlichen Verhalten des Osmiums und des Rutheniums (vgl. Ruthenium, S. 126) gegenüber Sauerstoff bei Temperaturen bis 600° oder gegenüber NO_2 bei 275 bis 300° haben wir ein bequemes Mittel in der Hand, das Osmium vom Ruthenium (und den übrigen Platinmetallen) in einfacher Weise auf trockenem Wege zu trennen. Wie bereits beim Ruthenium betont, gelingt die Trennung am besten, wenn die Metalle als feinste Pulvergemische vorliegen.

Wie reines Osmium verhalten sich auch hochprozentige Osmiumlegierungen gegenüber Sauerstoff bei höheren Temperaturen. So läßt sich z. B. aus einer solchen Legierung, die außer Os noch geringe Mengen anderer Platinmetalle enthält, durch mehrfaches, abwechselndes Oxydieren und Reduzieren das Osmium vollständig als OsO_4 verflüchtigen. Hierbei wirkt also die oxydierende Behandlung mit Sauerstoff bei höherer Temperatur geradezu als „Aufschlußmittel" für die an sich sehr widerstandsfähigen Legierungen. Das gleiche gilt in besonderen Fällen auch für die Behandlung namentlich des feinen, flitterförmigen Osmiridiums, wie es vielfach in den Platinkonzentraten enthalten ist, durch unmittelbares Abrösten im Sauerstoff- oder Luftstrom [FRÉMY (a)]. Im allgemeinen aber ist es beim Vorliegen von gröberen Osmiridiumsorten, wie z. B. dem tasmanischen oder südafrikanischen Osmiridium, angebracht, das in der Regel auch in physikalischer Hinsicht sehr verschiedenartig zusammengesetzte Material *vor* der Sauerstoffbehandlung mit der Zinkschmelze (vgl. unter Aufschlußmethoden, S. 207) aufzulockern. Die Oxydation und Verflüchtigung des Osmiums als OsO_4 verläuft unter diesen Umständen wesentlich schneller als mit der Sauerstoffbehandlung allein.

Das hier vom Sauerstoff Gesagte gilt in gleicher Weise von der Trennung des Osmiums von Ruthenium und von den übrigen Platinmetallen mit NO_2 bei 275 bis 300°. Nach L. WÖHLER und METZ liegen in diesem Falle die Verhältnisse sogar noch günstiger als bei Verwendung von Sauerstoff. So wurden bei gleicher Strömungsgeschwindigkeit (0,57 l/h/cm²) von 0,15 g Osmium bei 275° im NO nichts, im N_2O 3%, in Sauerstoff 8%, in NO_2 100% verflüchtigt. Stickstoffoxyd ist nach L. WÖHLER und METZ bei 279° zu 13% dissoziiert, so daß seine besondere Wirkung für den vorliegenden Fall in der Bildung von Sauerstoff „in statu nascendi" liegt, der bei Stickoxyd unter den vorliegenden Verhältnissen erst bei 500° erscheint. Außerdem gelingt bei Verwendung von NO_2 als Oxydationsmittel die vollkommene Trennung des Osmiums von Tellur, dessen Oxydation bereits bei 275° beginnt, während die Verflüchtigung von Tellur erst oberhalb 500° einsetzt[1]. Vgl. auch S. 174.

Die WÖHLERschen Versuche sind indes nicht mit legiertem Material, sondern mit künstlichen Mischungen der feinverteilten Metalle gemacht worden.

Liegen Os-haltige Platinlegierungen vor, so kann auch die Bleischmelze in der beim Ruthenium, S. 139, dargelegten Weise angewendet werden.

bb) *Herstellung auf nassem Wege.* Werden Rohplatinkonzentrate (vgl. Zahlentafel I) mit konz. Königswasser in der Wärme behandelt, so geht neben dem Platin und den hauptsächlichsten Begleitmetallen Ir, Rh, Pd auch Osmium, zum Teil unter Bildung von OsO_4 in Lösung, das sich, sofern der Lösevorgang in geschlossener Apparatur stattfindet, ebenfalls erfassen und nachweisen läßt. Da Osmiridium in konz. Königswasser praktisch unlöslich ist, ist anzunehmen, daß das in Königswasser gelöste Osmium nicht aus Osmiridium stammt, sondern wahrscheinlich als feste Lösung im Platin vorhanden war[2]. Es ist daher zweckmäßig, Os-haltige

[1] Durch Sulfide (Pyrit) oder Schwefel wird die Verflüchtung des Osmiums bei 275° stark verzögert. Erst nach Oxydation des Schwefels wird Os als OsO_4 vollständig verflüchtigt. Man geht deshalb in diesem Falle mit der Temperatur zweckmäßig auf 500 bis 600° (L. WÖHLER u. METZ).

[2] Vgl. SWJAGINZEFF u. BRUNOWSKI: Über Osmiridium (Röntgenographische Untersuchungen). C. **103 II**, 2868 (1932); **107 II**, 30 (1936); Metallwirtschaft **15**, 439 (1936).

Legierungen zur Vermeidung von Os-Verlusten in geschlossener Apparatur aufzulösen. Vgl. Ruthenium, S. 128; ferner Analysenbeispiel Nr. I, S. 228.

Feinverteiltes metallisches Osmium wird, namentlich in der Wärme, nicht nur von Königswasser, sondern auch von Salpetersäure, ferner von schwefelsaurer Permanganat- und Dichromatlösung, ebenfalls in der Wärme, zu flüchtigem OsO_4 oxydiert (RUFF und BORNEMANN). Die gleiche Wirkung erzielt man, wenn statt von metallischem Osmium von niederen Oxyden, wie z. B. OsO_2, ferner von Oxydhydraten, Sulfiden und Osmiumverbindungen, wie z. B. den komplexen Salzen vom Typus Na_2OsCl_6, oder von Osmiat ausgegangen wird. Beim Erhitzen mit einer Lösung von CrO_3 in 10%iger H_2SO_4 werden sowohl feinverteiltes Osmiummetall als auch niedere Oxyde des Osmiums quantitativ zu OsO_4 oxydiert und beim Durchleiten von Luft abdestilliert (RUFF und BORNEMANN; L. WÖHLER und METZ). Selbst kompaktes Osmium wird von einem Gemisch von CrO_3 und konz. H_2SO_4 noch kräftig oxydiert unter Bildung von flüchtigem OsO_4 (v. KNORRE). Feinverteiltes lockeres OsO_2 wird teilweise auch von konz. H_2SO_4 oxydiert (RUFF und RATHSBURG; RATHSBURG). Auch durch wäßriges H_2O_2 (ORLOFF) werden feinverteiltes gefälltes Osmiummetall, wäßriges Osmium(IV)-oxydsol (RATHSBURG), frischgefälltes Dioxydhydrat zu OsO_4 oxydiert, desgleichen von frischbereitetem Chlorwasser und Hypochlorit. Durch Hydrolyse oder beim Ansäuern von Osmiaten entsteht ebenfalls OsO_4. Siehe auch S. 158 unter d.

In alkalischen Lösungen wird sowohl feinverteiltes metallisches Osmium als auch Osmium in Form von Salzen, niederen Oxyden, Hydroxyden, Sulfiden beim Einleiten von Chlor zu OsO_4 oxydiert und schließlich mit dem Chlorstrom verflüchtigt. Aus wäßrigen $K_2(OsCl_6)$-Lösungen verläuft die Destillation des OsO_4 mit HNO_3 oder schwefelsaurer Permanganatlösung leichter und schneller, etwas langsamer beim Einleiten von Chlor in die alkalisch gemachten Lösungen[1] (TSCHUGAJEFF und BORODULIN). Weitere Hinweise auf das Schrifttum betr. Herstellung von OsO_4 vgl. GM., Syst. Nr. 66, S. 33 (1939).

In den vorgenannten Fällen handelt es sich in der Hauptsache um feinverteiltes metallisches Osmium bzw. um Verbindungen oder Salze des Osmiums. Liegen in konz. Königswasser unlösliche, Os-haltige Legierungen der Platinmetalle vor, die auch von Sauerstoff bei Rotglut nicht zersetzt werden, so müssen zunächst Aufschlußverfahren (vgl. S. 205) zu Hilfe genommen werden. Feinverteiltes Material kann ohne weiteres mit der Alkalihydroxyd-Salpeter-Schmelze aufgeschlossen werden, gröberes Material muß zuvor mechanisch zerkleinert oder mit der Zinkschmelze in seine Bestandteile zerlegt werden.

Aus dem wäßrigen Auszug der alkalischen Schmelze wird nach Ansäuern in einer Destillationsapparatur unter Hindurchsaugen eines gereinigten Luftstromes das Os als OsO_4 ausgetrieben und in mit verdünnter KOH beschickten Vorlagen aufgefangen. Die letzten Reste des OsO_4 werden durch Erhitzen des Entwicklerkolbens mit den abziehenden Wasserdämpfen entfernt. Zum Ansäuern dient in der Regel HNO_3 oder auch H_2SO_4. Bisweilen wird auch Königswasser verwendet (DUPARC und TIKONOWITSCH). Um zu verhindern, daß mit dem Osmium auch Ruthenium teilweise mit abdestilliert wird, sind die beim Ruthenium, S. 130, gemachten Ausführungen zu beachten. Wird zur Destillation Chlor in die alkalische Lösung eingeleitet, so wird mit dem Chlorgas ebenfalls Osmium als OsO_4 verflüchtigt. Ist außer Osmium noch Ruthenium anwesend, so werden hierdurch beide als Tetroxyde abdestilliert.

Bei der Destillation von OsO_4 aus verdünnten Lösungen wird die Destillationsgeschwindigkeit durch Zusatz von $NaNO_3$ günstig beeinflußt. Bei Verwendung von schwefelsauren Permanganat- oder Dichromatlösungen ist es vorteilhafter,

---

[1] Vgl. hierzu S. 165.

die Na-Salze zu benutzen anstatt der K-Salze, weil die ersteren, ebenso wie die bei dem Oxydationsvorgang entstehenden Sulfate, leichter löslich sind als die entsprechenden K-Salze. Eine vorzüglich oxydierende Wirkung besitzen CrO_3-H_2SO_4-Gemische. Zu konzentrierte Lösungen halten jedoch, ebenso wie konz. H_2SO_4, das gelöste OsO_4 sehr hartnäckig zurück. Man geht deshalb mit der Konzentration nicht über eine 50- bis 75%ige wäßrige H_2SO_4-Lösung und setzt so viel 10- bis 20%ige CrO_3-Lösung hinzu, daß 2 CrO_3 auf 3 H_2SO_4 kommen [E. FRITZMANN (a)].

Weitere Einzelheiten über Gewinnung des OsO_4, Aufarbeitung verschiedener Os-Rückstände, Darstellung von OsO_4-Lösungen, vgl. GM., Syst. Nr. 66, S. 33 (1939).

Die durch mehrfache Destillation gereinigten OsO_4-Krystalle werden über P_2O_5 getrocknet und in zugeschmolzenen Gefäßen aufbewahrt.

γ) Eigenschaften des OsO_4. Durch Sublimation erhaltenes reines OsO_4 bildet krystalline weiße Nadeln, die beim Erhitzen zu einer gelben, durchsichtigen Flüssigkeit schmelzen. Beim Abkühlen erstarrt diese je nach Menge und Abkühlungsgeschwindigkeit zu einer durchsichtigen hellgelben oder weißen opaken Masse von der Dichte $D_4^{22} = 4,906$ (v. WARTENBERG). Der Schmelzpunkt liegt bei 40,6 bis 40,7°, der Siedepunkt bei 130°. Die im Schrifttum gemachten Angaben über das Bestehen zweier Modifikationen werden widerlegt [OGAWA; vgl. KRAUSS und WILKEN (a)]. OsO_4 ist auch bei hohen Temperaturen sehr beständig. Selbst beim Erhitzen auf 1500° tritt im evakuierten und zugeschmolzenen Quarzrohr keine Schwärzung auf (v. WARTENBERG). Im Wasserstoffstrom werden OsO_4-Dämpfe bei Rotglut unter Spiegelbildung zersetzt. Die Angaben von KRAUSS und WILKEN (a), daß OsO_4 im Wasserstoffstrom sich bei Rotglut *unzersetzt* verflüchtigt und in den kälteren Teilen der Apparatur wieder verdichtet, konnten vom Verfasser nicht bestätigt werden. In Berührung mit erhitztem Kupfer wird Os auf dem Kupfer ausgeschieden (MORATH und WISCHIN). In Stickstoffoxyden läßt sich OsO_4 unverändert sublimieren (L. WÖHLER und METZ). Von Schwefelwasserstoff wird es unter Wärmeentwicklung und Bildung von Sulfiden zersetzt (BERZELIUS). Gegen organische Substanzen ist OsO_4 sehr reaktionsfähig. Alkohol reduziert, besonders schnell in der Wärme, OsO_4 zu Dioxydhydrat (PAAL und AMBERGER). Fette werden geschwärzt unter Abscheidung von Dioxydhydrat. Die Reaktion ist an das Vorhandensein von Ölsäure oder deren Glycerinester gebunden (GOLODETZ), während gesättigte Säuren nicht wirken.

Weiteres diesbezügliches Schrifttum: O. SCHULTZE (Über miskroskopischen Nachweis von Fetten), F. LEHMANN (Fetthärtung), NORMANN und SCHICK (Teilweise Entstehung von metallischem Osmium bei der Reduktion). Vgl. hierzu GM., Syst. Nr. 66, S. 42 (1939).

OsO_4-Dämpfe sind giftig. Durch ihre stark ätzende Wirkung werden die Atmungswege und besonders die Augen sehr in Mitleidenschaft gezogen. Bei fortgesetzter Einatmung ist auch chronische Vergiftung möglich. Besonders durchdringend und unerträglich stechend ist der Geruch des OsO_4, der bis zu einem gewissen Grade dem der nitrosen Dämpfe ähnlich ist. Die Geruchsgrenze liegt in der Nähe einer Konzentration von 2×10^{-5} mg/cm³ (v. WARTENBERG; EDELSHÄUSER). H_2S ist ein gutes Gegenmittel gegen OsO_4-Dämpfe, deren Reizwirkung sofort verschwindet [CLAUS (a)]. Vgl. hierzu auch GM., Syst. Nr. 66, S. 42 (1939).

δ) Wäßrige OsO_4-Lösungen. Mit Wasser gibt OsO_4 eine farblose bis hellgelbe Lösung, in welcher das OsO_4 unzersetzt löslich und beim Anwärmen mit den Wasserdämpfen flüchtig ist (BERZELIUS). Die gesättigte Lösung enthält in 100 g Wasser: bei 0° 5,30 g, bei 18° 6,47 g, bei 25° 7,24 $\pm$ 0,01 g OsO_4 (v. WARTENBERG; ANDERSON und YOST; TSCHUGAJEFF und LUKASCHUK). Die wäßrige Lösung ist vollkommen neutral und wird durch Einwirkung des Lichtes nicht zersetzt, ist also auch in nichtfarbigen Flaschen unbegrenzt haltbar (BUTLEROFF; O. SCHULTZE).

Die Dissoziation einer 1%igen OsO_4-Lösung beträgt etwa $^1/_{2000}$ derjenigen einer starken Säure (K. A. HOFMANN, EHRHART und SCHNEIDER).

ε) Chemisches Verhalten des OsO_4 (soweit dieses nicht später bei den Reaktionen berücksichtigt ist). aa) *Gegen anorganische Stoffe. Von konz. Chlorwasserstoffsäure* wird OsO_4 unter Cl_2-Entwicklung zersetzt (MILBAUER). Nach Untersuchungen von REMY kommt es hierbei *nur* auf die *Konzentration der HCl* an. Die Zersetzung erfolgt durch Salzsäure vom spez. Gewicht $>1{,}160$ bei Zimmertemperatur mit merklicher Geschwindigkeit unter Cl_2-Entwicklung. Die zunächst schwachgelbe Lösung wird orangefarbig und bei Verwendung von konz. HCl intensiv gelb. Hierbei geht das Osmium nicht in den 2wertigen Zustand über, wie MILBAUER angibt, sondern in den 4wertigen. Bei Verwendung von HCl (D 1,19) verläuft die Reaktion schon bei Null Grad mit beträchtlicher Geschwindigkeit, während durch HCl (D 1,140) innerhalb 12 Std. keine nachweisbare Zersetzung mehr stattfindet[1]. Ist bei der Reduktion KCl zugegen, so erhält man unter Cl_2-Entwicklung zunächst $K_2(OsO_2Cl_4)$, das beim Kochen mit konz. HCl unter Cl_2-Entwicklung in $K_2(OsCl_6)$[2] übergeht (WINTREBERT).

Hydroxyde. Von Alkalihydroxyden wird OsO_4, je nach der Konzentration, mit gelber bis braunroter Farbe gelöst, wobei das koordinativ ungesättigte OsO_4 unmittelbar 2 KOH unter Bildung von $K_2[OsO_4(OH)_2]$ anlagern kann (KRAUSS).

Eisen(II)-sulfat gibt in der wäßrigen Lösung von OsO_4 bereits bei Zimmertemperatur dunkle Niederschläge (ROSE). Dagegen wird auf Zusatz von

Zinn(II)-chlorid die Lösung zunächst purpurrot bis braunrot gefärbt. In der Wärme scheidet sich ein dunkler Niederschlag ab. Vgl. S. 169.

Titan(III)-Verbindungen reduzieren OsO_4 in saurer Lösung zunächst zu 4wertigem und schließlich zu 3wertigem Os. Die Reaktion kann in Gegenwart von HBr zur potentiometrischen Bestimmung des OsO_4 verwendet werden [CROWELL und KIRSCHMAN (b)].

Wasserstoffperoxyd wird durch eine alkalische OsO_4-Lösung katalytisch zersetzt. Hierbei nimmt die Lösung eine kirschrote Farbe an (TSCHUGAJEFF; TSCHUGAJEFF und BIKERMANN).

Hydrazinhydrat reduziert wäßrige, alkoholische OsO_4-Lösungen sofort unter Bildung eines blau- oder braunschwarzen Niederschlages, der nach dem Trocknen möglicherweise ein Gemisch von Os mit höheren Oxyden darstellt (PAAL und AMBERGER). Wird eine saure OsO_4-Lösung mit Hydrazin erwärmt, so entstehen unter N_2-Entwicklung Verbindungen des 4wertigen Osmiums, wie z. B. $H_2(OsBr_6)$ bei Anwesenheit von HBr [CROWELL und KIRSCHMAN (a)].

Über das weitere Verhalten gegen anorganische Stoffe, wie Unedelmetalle (Zn, Sn, Cu, Hg), Ammoniak, CO und COS, Natriumcarbonatlösung, Nitrite, Fluoride, Chlorate, Cyanide, Dichlorotetrapyridinrhodium(IV)-chlorid vgl. GM., Syst. Nr. 66, S. 46 (1939).

bb) *Gegen organische Stoffe.* Organischen Substanzen gegenüber ist die wäßrige OsO_4-Lösung, trotz ihrer langsamen Einwirkung in einzelnen Fällen, ein kräftiges Oxydationsmittel. Vor der HNO_3, dem Chlor, der Permangansäure, Chromsäure hat sie den Vorzug des ruhigeren Oxydationsverlaufes und des Wegfalles der Bildung von Substitutionsprodukten [BUTLEROFF (b)]. Als Reduktionsprodukt des OsO_4 tritt das Hydrat des OsO_2 auf (PAAL und AMBERGER; RUFF und BORNEMANN).

Äthylen, Propylen, Isobutylen werden sofort unter Abscheidung eines schwarzen Pulvers oxydiert (PHILLIPS).

---

[1] Nach GILCHRIST (b) verwendet man als Absorptionsflüssigkeit für OsO_4 bei der Os-Destillation eine 6 n, mit SO_2 gesättigte HCl.

[2] Vgl. auch OGBURN.

Acetylen reduziert OsO_4 sofort zu Metall (PHILLIPS)[1].

Methyl- und Äthylalkohol werden zu Aldehyden oxydiert. In alkalischer Lösung entstehen Osmiate, wie z. B. $K_2OsO_4 \cdot 2H_2O$ (K. A. HOFMANN).

Über nähere Einzelheiten und das Verhalten der wäßrigen OsO_4-Lösung gegenüber weiteren organischen Verbindungen vgl. GM., Syst. Nr. 66, S. 47 (1939).

c) Verhalten des Osmiums gegen Chlor. Im Schrifttum werden 3 Chloride des Osmiums aufgeführt, nämlich das Osmium(II)-chlorid $OsCl_2$, das (III)-chlorid $OsCl_3$ und das (IV)-chlorid $OsCl_4$.

α) Bildung flüchtiger Chloride. Wird feinverteiltes reduziertes Os im Chlorstrom auf 650 bis 700° erhitzt, so läßt es sich größtenteils in flüchtige Chloride verwandeln. Selbst kompaktes Metall wird bei Temperaturen über 1050° im Chlorstrom vollständig verflüchtigt. Die Produkte dieser Chlorierung erweisen sich bei rascher Abkühlung in ihrer Zusammensetzung als Gemische aus Osmium(III)-chlorid und Osmium(IV)-chlorid.

aa) *Osmium(III)-chlorid* entsteht bei der Chlorierung des Os bei höheren Temperaturen und bei rascher Abkühlung der Dämpfe. In reiner Form wird es durch Zersetzen von $(NH_4)_2(OsCl_6)$ im Chlorstrom erhalten. Leicht in Wasser lösliches, braunschwarzes, lockeres hygroskopisches Pulver.

bb) *Osmium(IV)-chlorid* entsteht bei langsamem Abkühlen der braungelben, im Chlorstrom bei 650 bis 700° auftretenden Osmiumchloriddämpfe. Es bildet schwarze, metallglänzende Krusten, sublimiert beim Erhitzen im Vakuum oder in Chloratmosphäre in gelben Dämpfen, die sich beim Abkühlen wieder als schwarze Krusten ablagern. Es ist nicht hygroskopisch und löst sich in konz. oxydierenden Säuren. Mit Wasser erfolgt allmähliche hydrolytische Zersetzung, wobei wahrscheinlich $OsO_2 \cdot 2H_2O$ neben HCl als Endprodukte entstehen (RUFF und BORNEMANN; BORNEMANN).

Von diesen Chlorprodukten interessiert den Analytiker besonders die Flüchtigkeit. Näheres über Darstellung und Eigenschaften der Os-Chloride siehe RUFF und BORNEMANN; BORNEMANN. Vgl. auch GM., Syst. Nr. 66, S. 51 (1939).

β) Herstellung von Osmiumchloridlösungen. Es handelt sich hierbei in der Hauptsache um Tetrachloride vom Typus $OsCl_4 \cdot H_2O$ oder $OsCl_4 \cdot 2HCl \cdot 6H_2O = H_2(OsCl_6) \cdot 6H_2O$. Wird OsO_4 mit konz. Chlorwasserstoffsäure reduziert, so entstehen orangefarbene bis intensiv gelbe Lösungen, die 4wertiges Chlorid oder eine komplexe Säure, wie z. B. $H_2(OsCl_6)$, enthalten (REMY). Vgl. dagegen die Feststellung von RUFF und BORNEMANN.

Läßt man eine Lösung von OsO_4 in konz. HCl über P_2O_5 bei Zimmertemperatur eindunsten, so erhält man sehr zerfließliche rote Krystalle von der Zusammensetzung $OsCl_4 \cdot 2HCl \cdot 6H_2O$ (CHARONNAT).

Durch längeres Erhitzen von OsO_4 in 20%iger HCl in Gegenwart von etwas Alkohol entsteht H_2OsCl_6[2]. Zunächst wird die Mischung leicht erhitzt, wobei die blaßgelbe Farbe der OsO_4-Lösung in Tiefbraun übergeht. Nach längerem Erhitzen, zum Schluß bis zum beginnenden Sieden, wird die Farbe schließlich durchsichtig rötlichgelb. Die auf dem Dampfbad zum Sirup eingedampfte[3] Lösung erstarrt beim Abkühlen zu einer Krystallmasse [GILCHRIST (a)]. Löst man das Oxydhydrat $OsO_2 \cdot 2H_2O$ in 25%iger HCl, so erhält man in der Wärme eine olivgrüne bis gelbgrüne Flüssigkeit, die beim Eindunsten im HCl-Strom orangefarbige, zerfließliche, in Wasser mit gelber Farbe lösliche Nadeln liefert. Beim Lösen des Oxydhydrates in konz. HCl erhält man eine braune Lösung. Wird Chlor in die HCl-saure

[1] Bei Nachprüfung des Verhaltens von wäßriger OsO_4-Lösung gegen CO konnte durch den Verfasser die von PHILLIPS angegebene Reduktion, auch bei langem Einleiten von CO aus der Bombe, nicht beobachtet werden, auch dann nicht, wenn das Einleiten durch einen lebhaften CO-Strom mit einer Capillare erfolgte. Vgl. hierzu MAKOWKA.

[2] Um OsO_4-Verluste zu vermeiden, erfolgt die Umsetzung in einem Kolben mit Rückflußkühler, an den außerdem noch ein mit NaOH-Lösung beschicktes U-Rohr angeschlossen ist.

[3] Das Eindampfen geschieht ohne Verlust [GILCHRIST (b): S. 437 (1931)].

Lösung eingeleitet, so färbt sie sich tief orangegelb und liefert beim Einengen im Cl_2-Strom orangegelbe Krystalle (RATHSBURG; PAAL und AMBERGER). Wegen der beim Eindunsten stets eintretenden Zersetzung können $OsCl_4$-Lösungen aus OsO_4 und konz. HCl nicht hergestellt werden [KRAUSS und WILKEN (b)]. Die in der vorstehend geschilderten Weise erhaltenen Chloride neigen bei geringer HCl-Konzentration zur Hydrolyse, die besonders nach geringem Zusatz von Alkalihydroxyd leicht zur Bildung von $OsO_2 \cdot 2H_2O$ führt. Es handelt sich hierbei offenbar um eine umkehrbare Reaktion

$$OsO_2 + 6\,HCl \rightleftharpoons H_2(OsCl_6) + 2\,H_2O$$

KRAUSS und WILKEN (b); RUFF und RATHSBURG; H. RATHSBURG].

Bequemer und einfacher ist es, namentlich für analytische Zwecke, statt der Osmiumchloride den wohldefinierten, leicht löslichen Komplex Na_2OsCl_6 zu benutzen, der sich durch Aufschluß von Osmiumpulver mit NaCl im Chlorstrom bei beginnender Rotglut leicht herstellen läßt (siehe S. 159).

d) Chemisches Verhalten des Metalles gegen Säuren. Metallisches Osmium wird von allen Mineralsäuren, seinem Verteilungsgrad entsprechend, angegriffen, von HCl allerdings nur in Gegenwart von Chlor. Selbst geschmolzenes Osmium wird von heißem konz. Königswasser ziemlich gelöst. Dagegen ist der Angriff von heißer konz. HCl bei Gegenwart von Chlor, auch in der Siedehitze, nur minimal. Wenig mehr wird geschmolzenes Osmium von verd. HNO_3 (1+1) oxydiert, dagegen sehr stark von konz. HNO_3, in beiden Fällen unter Bildung von OsO_4. Im System Os geschm. —H_2O—Cl_2 wird Osmium bei Zimmertemperatur sogar noch etwas stärker angegriffen als von heißem konz. Königswasser. Beachtlich ist immerhin auch der Angriff durch heiße konz. Schwefelsäure.

Feingepulvertes metallisches Osmium wird um so stärker von Säuren angegriffen, je feiner verteilt es vorliegt. So wird reduziertes, feinpulveriges Osmium nicht allein von konz. HNO_3 und Königswasser, namentlich in der Wärme, ganz beträchtlich gelöst, sondern auch von konz. Chlorwasserstoffsäure in Gegenwart von Chlor. Im letzteren Falle findet, im Gegensatz zu HNO_3 und Königswasser, allerdings keine Bildung und Verflüchtigung von OsO_4 statt, sondern nur Lösewirkung, offenbar unter Bildung von Chloriden oder den entsprechenden Komplexen. Aus den salpetersauren Lösungen läßt sich dagegen das Os als OsO_4 ebenso austreiben, wie aus verdünnten Königswasserlösungen. Im System Osmiumpulver —H_2O—Cl_2 findet ebenfalls Oxydation unter Bildung von OsO_4 statt. Auch von konz. heißer Schwefelsäure wird feinverteiltes Osmiumpulver unter Bildung von OsO_4 und SO_2 beträchtlich gelöst. Von dem Verhalten des feinverteilten Osmiums gegen 10%ige H_2SO_4 in Gegenwart von CrO_3 war bereits auf S. 154 die Rede. Vgl. auch die dortigen Schrifttumsangaben.

e) Gegen Chloratlösungen, H_2SO_4-saure Permanganatlösungen. Osmiummetall wird von neutraler oder hydrogencarbonathaltiger Chloratlösung rasch als Tetroxyd aufgelöst (K. A. HOFMANN, EHRHART und SCHNEIDER) ebenso wie durch Oxydation mit $KMnO_4$ in H_2SO_4-saurer Lösung (L. WÖHLER und METZ).

f) Gegen Alkalihydroxyde. Von Alkalihydroxyden im Schmelzfluß wird Osmiumpulver, besonders leicht in Gegenwart eines Oxydationsmittels wie Salpeter, Chlorat, Na_2O_2 vollständig aufgeschlossen, unter Bildung einer leicht wasserlöslichen, braunroten Additionsverbindung von der Formel

$$OsO_4 \cdot 2\,KOH \quad \text{oder} \quad 2\,K_2OsO_4(OH)_2$$ [1]

(KRAUSS). Vgl. Aufschlußmethoden S. 209. Daß verdünnte Lösungen von NaOH, Na_2CO_3 oder Na_2O_2 Osmium leicht angreifen sollen (anonym), beruht, soweit NaOH

[1] Dieses Verhalten des OsO_4, mit starken Alkalien lockere Additionsverbindungen zu bilden, ist zuerst von TSCHUGAJEFF festgestellt worden [REMY, H.: Lehrb. anorg. Ch., 2. u. 3. Aufl., Bd. II, S. 327 (1942)].

und Na_2CO_3 in Frage kommen, jedenfalls auf einem Irrtum (vgl. auch Ruthenium, S. 138). Wenn sich in den oben angegebenen wäßrigen Lösungen Spuren Osmium bisweilen nachweisen lassen, so hängt das offenbar damit zusammen, daß feinverteiltes Osmium bereits an der Luft oder durch den Sauerstoff des Na_2O_2 oberflächlich zu OsO_4 oxydiert wird und daß diese Spuren dann von den alkalischen Reagenzien gelöst werden. Wird z. B. frischbereiteter, feuchter Mohr mit einer frischbereiteten Na_2O_2-Lösung in der Wärme behandelt, so gibt die Lösung mit Thioharnstoff eine kräftige Os-Reaktion. Wird der Mohr dagegen mit NaOH- oder Na_2CO_3-Lösungen in der gleichen Weise behandelt, so fällt die Prüfung der Lösungen auf OsO_4 mit Thioharnstoff negativ aus.

Leitet man jedoch Chlor in das mit einer NaOH-Lösung vermengte feinverteilte Osmiumpulver, so wird dieses restlos zu OsO_4 oxydiert und mit dem Chlorgas abdestilliert. Sogar geschmolzenes Osmium wird bei diesem Vorgang kräftig oxydiert.

g) Gegen Salzschmelzen. Von schmelzendem Kaliumpyrosulfat wird Osmium ebenfalls angegriffen, dagegen sind schmelzende Alkalicyanide ohne Einwirkung (Carter).

Kochsalzchloraufschluß. Feinverteiltes metallisches Osmium wird nach gründlicher Reduktion im Wasserstoffstrom (um alle Oxyde restlos zu entfernen) mit der gleichen Menge Kochsalz innig verrieben und im trockenen, O_2-freien Chlorstrom bei beginnender Rotglut aufgeschlossen, wobei sich das komplexe $Na_2(OsCl_6)$[1] bildet. Nach neueren Untersuchungen von Puche beginnt die Zersetzung dieses Komplexes bei etwa 500°, entsprechend dem Gleichgewicht:

$$^1/_2\, Na_2(OsCl_6) \rightleftharpoons {}^1/_2\, Os + NaCl + Cl_2.$$

Der Chlordruck von 1 Atm. wird bei etwa 762° erreicht. Das aufgeschlossene Material ist in der Wärme fast schwarz, erkaltet dunkelkarminrot und wird an feuchter Luft durch Aufnahme von Krystallwasser hellmennigrot. Es löst sich sehr leicht in Wasser unter Wärmeentwicklung mit tieforangeroter Farbe. Verdünnte Lösungen sind zunächst rein hellgelb gefärbt, werden aber nach kurzer Zeit grünlich und allmählich trübe, wobei sich feines schwarzes Pulver abscheidet und Geruch nach OsO_4 auftritt (Seubert).

h) Gegen Metalle im Schmelzfluß. Schmelzenden Metallen gegenüber verhält sich Osmium wie Iridium. Vgl. hierzu Iridium, S. 109.

i) Gegen Stickstoffoxyde. Feinverteiltes Osmium wird bei 275° von NO_2 leicht zu OsO_4 oxydiert. Über weitere Oxydationsmöglichkeiten mit N_2O und NO vgl. L. Wöhler und Metz. Vgl. auch S. 153.

k) Gegen Wasserstoffperoxyd. Feinverteiltes Osmium — z. B. in Form von Mohr — ist in H_2O_2 unter Bildung von OsO_4 leicht löslich (Orloff; Willstätter und Sonnenfeld).

IV. Reaktionen des Osmiums auf trockenem Wege.

a) Boraxperle. Sog. Boraxschaum wird mit einer Osmiumsalzlösung befeuchtet und zur Perle geschmolzen, die im durchfallenden Lichte rehbraun erscheint. Platin und Iridium geben die gleiche Färbung, jedoch zeigt die Osmiumperle, im Gegensatz zur Platinperle, im auffallenden Lichte keine Trübung (Donau).

b) Salpeter- oder NaOH-Salpeterperle. Wird eine Salpeterperle mit etwas metallischem Osmium über einer kleinen Flamme bis zum Schmelzen des Salpeters *ganz schwach* erhitzt, so färbt sich die Perle sofort braun, wobei OsO_4 entweicht, das man am Geruch erkennt. Bei längerem Erhitzen geht schließlich alles Osmium flüchtig, wobei die Perle sich wieder entfärbt. Wird jedoch statt der Salpeterperle eine Natriumhydroxyd-Salpeterperle benutzt, so bleibt alles Osmium als Osmiat

[1] Bei Verwendung von Bombenchlor wird ein geringer Teil Osmium hierbei verflüchtigt.

gebunden. Beim Ansäuern der Schmelze wird OsO_4 frei, das man mit Thioharnstoff (Rotfärbung) oder mit Jodid (Grünfärbung) nachweist (F. P. TREADWELL).

c) Flammenfärbung. Wird ein Stäubchen Osmium auf einem Platinblech in den äußeren Saum einer entleuchteten Gasflamme (etwa in halber Höhe der Flamme) gebracht, so wird die Flamme sofort grell leuchtend, so daß sich geringe Spuren von Osmium durch diese Flammenreaktion z. B. im osmiumhaltigen Iridium nachweisen lassen. Das Aufleuchten ist jedoch nur für einen Augenblick sichtbar, läßt sich aber wiederholen, wenn die Probe erst in die Reduktionsflamme, dann wieder in den äußeren Saum der Flamme gebracht wird (C. R. FRESENIUS).

d) Geruch. Erhitzt man Osmiumverbindungen in der Oxydationsflamme des BUNSENbrenners, so entweicht OsO_4, das einen durchdringenden und unerträglich stechenden Geruch besitzt und besonders die Schleimhäute kräftig angreift. Werden z. B. kleine Mengen einer Spur von Osmium oder niederen Oxyden des Osmiums enthaltenden Substanz im trockenen Reagensglas mit Chromsäure und konz. H_2SO_4 erhitzt, so entsteht ebenfalls OsO_4, das an dem unangenehmen, intensiven Geruch kenntlich ist (v. KNORRE). Die Geruchsgrenze liegt bei einer Konzentration von $0{,}02\,\gamma/cm^3$. Vgl. S. 155.

e) Kupellation. Werden jeweils 500 mg reinstes Silber mit je einem Gramm Blei und verschiedenen Mengen Osmium bei etwa 1150° in der Treibmuffel abgetrieben, so zeigen sich bei den einzelnen Proben folgende Erscheinungen: Bereits von 1 mg Osmium ab (0,2%, auf die Ag-Menge bezogen) entstehen starke mechanische Verluste dadurch, daß das Bleibad nicht wie üblich ruhig treibt, sondern ,,sprudelt". Das zu leichtflüchtigem OsO_4 oxydierte Osmium reißt beim Entweichen zahlreiche Silberkügelchen mit fort. Zwar bleiben die Körner flüssig, hochrund, glatt und weiß, sie zeigen jedoch keinen reinen Silberglanz, und in ihren unteren Zonen treten starke Spratzeffekte auf. Die stete Gewichtsabnahme der Körner, ferner das Sprudeln beim Treiben und das damit verbundene Auftreten der unzähligen, im ganzen Kupellenherd verstreuten Silberperlen sind außerordentlich kennzeichnende Merkmale für die Anwesenheit von Osmium (TRUTHE).

V. Reaktionen der OsO_4-Lösungen.

a) Mit anorganischen Reagenzien. α) Fällung als Kaliumosmiat $K_2OsO_4 \cdot 2H_2O$. Wird OsO_4 in wäßrigem Kaliumhydroxyd aufgelöst, so entsteht eine, je nach der Konzentration, orangefarbige bis braunrote Lösung der Anlagerungsverbindung $2\,KOH \cdot OsO_4$ oder $K_2[OsO_4(OH)_2]$ (vgl. S. 158). Sehr konzentrierte Lösungen sind tief dunkel braunrot gefärbt. Bei Zusatz des gleichen Volumens Alkohol[1] wird im Verlauf einiger Zeit (am besten beim Stehen über Nacht) der Alkohol zu Aldehyd oxydiert (vgl. S. 157), wobei durch gleichzeitige Reduktion des $K_2[OsO_4(OH)_2]$ allmählich das violette, krystalline $K_2OsO_4 \cdot 2\,H_2O$ ausfällt, leicht löslich in Wasser, unlöslich in Alkohol und Äther [RUFF und BORNEMANN; FRÉMY (c)]. Die wäßrige Lösung absorbiert Sauerstoff aus der Luft und wird beim Stehen allmählich, schneller beim Erhitzen, hydrolytisch zersetzt unter Ausscheidung von schwarzem $OsO_2 \cdot 2\,H_2O$ und Bildung von flüchtigem OsO_4, wobei die Lösung alkalisch wird. Durch Zusatz von viel KOH kann die Zersetzung verhindert werden. Durch Säuren (auch CO_2!) tritt sofort Zersetzung ein nach:

$$2\,K_2OsO_4 + 2\,H_2SO_4 = 2\,K_2SO_4 + OsO_2 + OsO_4 + 2\,H_2O.$$

Die Entstehung von OsO_4 kann durch Zusatz von Alkohol verhindert werden (FRÉMY). Vgl. ferner Mikroreaktionen, S. 165.

β) Schwefelwasserstoff. Beim Einleiten von Schwefelwasserstoff werden, besonders in sauren Lösungen des OsO_4 oder K_2OsO_4, neben OsS_2 und sauerstoff-

[1] An Stelle des Alkohols können als Reduktionsmittel auch SO_2 oder Nitrite verwendet werden.

haltigen Osmiumsulfiden (Hydroxydsulfiden), reichliche Mengen Schwefel mit ausgefällt. Reine, sauerstoffreie höhere Osmiumsulfide können auf diese Weise nicht erhalten werden. Die Sulfide sind in Alkalihydroxyd- und Alkalisulfidlösungen ebenso unlöslich wie in Polysulfiden. Erwärmen, höhere HCl-Konzentration, Ausschluß der Luft begünstigen die Bildung schwefelreicherer Fällungen.

Der abgeschiedene Schwefel kann, falls er nicht etwa vorher mit CS_2 oder durch Auskochen mit einer 10%igen Na_2SO_3-Lösung entfernt wird, namentlich bei der Bestimmung des Osmiums zu unliebsamen Störungen führen insofern, als er selbst nach mehrstündigem Glühen im Wasserstoffstrom nicht restlos entfernt werden kann (siehe unten). [Fritzmann (c); Juza.]

γ) Natriumsulfid. Die Fällung mit Natriumsulfid verdient wegen der mit der H_2S-Fällung verbundenen Nachteile den Vorzug. Man fällt am besten aus alkalischer Lösung, erhitzt die Fällung auf 85 bis 90°, macht mit HCl (1 + 1) schwach sauer und setzt etwas NH_4Cl hinzu, wodurch das kolloidale Osmiumsulfid rasch koaguliert. Freies NH_3 ist nachteilig. Zusatz einiger Tropfen Formalin befördert ebenfalls die Koagulation und verhindert die Oxydation des Niederschlages, der aus leicht oxydierbaren Osmiumhydroxydsulfiden besteht. Durch abermaliges Erhitzen wird die Fällung vervollständigt. In Gegenwart von Alkohol wird die Fällung des Osmiums als Sulfid verzögert [Fritzmann (b)].

Die Fällung kann auch in der Weise durchgeführt werden, daß man H_2S in eine alkalische Lösung von $K_2OsO_4 \cdot 2H_2O$ einleitet und hernach z. B. mit verdünnter H_2SO_4 ansäuert. Doch ist es auch in diesem Falle nicht möglich, beim Glühen im Wasserstoffstrom das Sulfid frei von Schwefel zu erhalten (Paal und Amberger).

Aus alkalischer Lösung gefällte Os-Sulfide können unter Umständen beachtliche Mengen SiO_2 enthalten, die aus den Reagenzien und Gefäßen herrühren. Zwecks Abscheidung dieser Verunreinigung wird das Sulfid im Wasserstoffstrom zu Metall reduziert und hierauf im Sauerstoff zu OsO_4 verbrannt und in verdünnter Lauge aufgefangen. Die Verunreinigungen bleiben als grauweißes Pulver zurück. Ist der Rückstand dunkel gefärbt, so kann er noch Osmium (außer anderen Metallen oder Metalloxyden) enthalten und muß nochmals durch Reduktion und anschließende Oxydation im Sauerstoffstrom auf Osmium geprüft werden.

Osmiumsulfid wird, wie Rutheniumsulfid, von Chlor in alkalischer Lösung zu flüchtigem Tetroxyd oxydiert, das sich durch Destillation im Chlorstrom entfernen und auf diese Weise von den übrigen Platinmetallen trennen läßt. Ist Rutheniumsulfid zugegen, so werden beide zusammen als Tetroxyde abdestilliert. Die Sulfide der übrigen Platinmetalle werden hierbei ebenfalls gelöst (vgl. hierzu Ruthenium, S. 128). Über Trennung und Nachweis von Os und Ru vgl. S. 173 und 174.

Osmiumsulfide zeigen in noch höherem Maße als Rutheniumsulfid beim Erhitzen an der Luft ausgeprägte Neigung zum Verpuffen (vgl. Ruthenium, S. 141).

Wird OsS_2 im Wasserstoffstrom auf 750° erhitzt, so wird der Schwefel quantitativ als H_2S abgespalten (L. Wöhler, Ewald und Krall).

Erfolgt die Reduktion der Osmiumsulfide bei 1000°, so ist die Entschwefelung vollständig (Juza).

δ) Kaliumsulfocyanat. Wird eine salzsaure, schwefelsaure oder salpetersaure OsO_4-Lösung mit einer konz. Lösung von Kaliumsulfocyanat versetzt und mit Äther oder Amylalkohol ausgeschüttelt, so färbt sich die nichtwäßrige Schicht sofort blau. Die Tiefe der Färbung nimmt nach einigem Stehen noch zu. Auf Zusatz von Wasser verschwindet die Blaufärbung, kommt aber nach Zugabe von Äther oder Amylalkohol sofort wieder zum Vorschein. Erfassungsgrenze: 1 γ/cm^3; Grenzkonzentration 1 : 1000000 (Hirsch). Vgl. auch Singleton.

Die gleiche Reaktion erhält man unter den gleichen Bedingungen auch bei Verwendung einer Lösung von $K_2OsO_4 \cdot 2H_2O$ statt der wäßrigen OsO_4-Lösung. Beim Arbeiten in salpetersaurer Lösung zeigen sich öfter, mit der Reaktionswärme an Heftigkeit zunehmende Zersetzungserscheinungen, wobei sich, offenbar infolge Einwirkung der Salpetersäure auf KCNS, namentlich in Gegenwart des Äthers, gelbe voluminöse Zersetzungsprodukte abscheiden[1]. Bei Anwesenheit von Fe(III) können durch das intensiv rotgefärbte $Fe(CNS)_3$, das sich ebenfalls mit Äther ausschütteln läßt, Mischfarben entstehen.

ε) Kaliumjodid. Wird zu einer mit konz. Chlorwasserstoffsäure oder Phosphorsäure versetzten Lösung von Kaliumjodid eine OsO_4-Lösung gegeben, so erhält man eine smaragdgrüne Färbung. Die Ausführung des Nachweises geschieht am besten in der Weise, daß man zunächst 2 cm^3 einer wäßrigen Kaliumjodidlösung (1 : 100) in einem Probierglas mit 1 cm^3 konz. HCl (D 1,18) oder besser noch mit 1 cm^3 reiner konz. sirupöser Phosphorsäure (D 1,7) vermischt und nach dem Durchschütteln in der Kälte einen Tropfen der zu prüfenden OsO_4-haltigen Lösung hinzufügt. Nach kurzer Zeit — bei höheren OsO_4-Gehalten sogleich — erscheint die smaragdgrüne Färbung der Osmiumverbindung:

$$OsO_4 + 10\,HJ = 2\,HJ \cdot OsJ_2 + 4\,H_2O + 3\,J_2\,.$$

Beim Ausschütteln mit Äther wird die grüne Färbung von der Ätherschicht aufgenommen, während die übrige Lösung farblos bleibt. Auf diese Weise lassen sich noch 5 γ OsO_4 in 1 cm^3 Lösung durch die grünliche Färbung nachweisen (Pinerua; Alvarez). Die gleiche Reaktion erhält man bei Verwendung einer Lösung von $K_2OsO_4 \cdot 2\,H_2O$ anstatt einer OsO_4-Lösung. Vom *Osmium* läßt sich das *Rhenium* durch sein Verhalten gegen Kaliumjodid unterscheiden. Während saure Osmiumlösungen die oben beschriebene grüne Färbung zeigen, bringt Zusatz von KJ zur Rheniumlösung keine Veränderung hervor (W. Noddack).

b) Mit organischen Reagenzien. α) Thioharnstoff. Wird eine mit Chlorwasserstoffsäure angesäuerte wäßrige Lösung von OsO_4 oder $K_2OsO_4 \cdot 2\,H_2O$ mit einem Überschuß von Thioharnstoff versetzt, so färbt sich, je nach der vorliegenden Os-Konzentration, die Lösung intensiv rosa oder dunkelrot durch Bildung des kennzeichnenden roten Komplexes $[Os(NH_2CSNH_2)_6]Cl_3$. Durch Erwärmen wird die Reaktion beschleunigt. Erfassungsgrenze 10 γ Os/cm^3, Grenzkonzentration 1 : 100000 (Tschugajeff). Die gleiche Reaktion zeigen auch die 4wertigen Os-Verbindungen vom Typus Na_2OsCl_6 mit dem Unterschied, daß die Rotfärbung hierbei erst in der Wärme erscheint. Um auch Osmium in Gegenwart von HNO_3, die Thioharnstoff zersetzt, nachzuweisen, wird der salpetersauren OsO_4-Lösung ein Überschuß einer wäßrigen Lösung von SO_2 hinzugefügt und nach Zugabe einiger Krystalle von Thioharnstoff auf dem Wasserbad erhitzt. Grenzkonzentration 1 : 5000000. Bei Os-Konzentrationen von mehr als 1 : 2500000 zeigt sich die Rosafärbung in weniger als 15 Min. [Gilchrist (b)].

Der Nachweis wird am besten mit Thioharnstoff und Chlorwasserstoffsäure in Gegenwart von Zinn(II)-chlorid geführt. Dadurch wird eine Beschleunigung und Vertiefung der Reaktion erreicht und eine Beeinflussung der Farbe durch die analoge blaue Ru-Reaktion verhindert. Auf diese Weise sind noch 10^{-6} g Os/cm^3 durch Rotfärbung nachweisbar (Wölbling).

Wegen seiner Einfachheit, Zuverlässigkeit, Vielseitigkeit im Gebrauch (sowohl 8- und 6wertiges Os in Form von OsO_4- und $K_2OsO_4 \cdot 2\,H_2O$-Lösungen als auch 4wertiges Osmium in Form von Alkalichloroosmiat(IV)-lösungen lassen sich damit nachweisen) ist Thioharnstoff wohl das in der Praxis am meisten verwendete Reagens für den Nachweis von Osmium. Vor allem bedeutet dieser Nachweis in salpetersauren Kondensaten bei der Osmiumdestillation nach dem Vorschlage von Gilchrist unter Zuhilfenahme von SO_2-Lösung eine wesentliche Vereinfachung der Kontrolle über den Fortgang der Os-Destillation mit HNO_3. Desgleichen bietet der Vorschlag von Wölbling den Nachweis mit Thioharnstoff in Gegenwart

[1] Nach Henriques wirkt freie HNO_3 merklich zersetzend auf Sulfocyansäure ein.

von Zinn(II)-chlorid durchzuführen, außer der Herabsetzung der Erfassungsgrenze von 10 γ auf 1 γ, eine Möglichkeit, den störenden Einfluß der Farbe der blauen Ru-Reaktionen mit Thioharnstoff zu verhindern.

β) Diphenylthioharnstoff (Thiocarbanilid). Wird die stark saure Osmium-Lösung mit 0,2 g des Reagenses 2 Min. unter Schütteln gekocht, so färbt sich dieses[1] bald rosa bis bordeauxfarben. Durch Ausschütteln mit Äther, Chloroform, Benzol u. a. läßt sich die Empfindlichkeit auf mehr als das Dreifache steigern [L. Wöhler und Metz (b)]. Erfassungsgrenze 15 γ in 5 cm^3, Grenzkonzentration 1 : 330000. (Internationale Kommission, Tabellen der Reagenzien, S. 79.) Weitere Reaktionen mit organischen Schwefelverbindungen vgl. unter Sonstige Reaktionen, S. 168.

γ) Benzidin. Wird eine stark verdünnte wäßrige OsO_4-Lösung (0,2 g OsO_4/l) mit einigen Tropfen einer Lösung von 1 g Benzidin in 10 cm^3 konz. Essigsäure und 50 cm^3 Wasser versetzt, so entsteht zunächst eine kornblumenblaue Färbung, die bei längerem Stehen allmählich violett wird.

In konzentrierteren Lösungen scheidet sich nach voraufgegangener Färbung und längerem Stehen ein schwärzlich violetter, flockiger Niederschlag aus. Gibt man zu der blauen oder violetten Lösung einige Tropfen einer wäßrigen Lösung von Natriumhydrogencarbonat bis zum Ausbleiben des Aufbrausens, so wird sogleich ein voluminöser, schwärzlich violetter Niederschlag ausgefällt. Die darüberstehende Flüssigkeit ist farblos. Aus verdünnteren Lösungen erfolgt nach Zusatz von Natriumhydrogencarbonat das Ausflocken des Niederschlags erst nach einiger Zeit. Erfassungsgrenze: 10 γ/cm^3. Ähnlich verhalten sich wäßrige Lösungen von $K_2OsO_4 \cdot 2H_2O$. Vgl. auch unter Tüpfelreaktionen, S. 166. Wäßrige Lösungen von RuO_4 geben die gleichen Reaktionen (vgl. Ruthenium, S. 135).

δ) Alkohol. Wird eine alkalische wäßrige Lösung von OsO_4 oder $K_2OsO_4 \cdot 2H_2O$ mit Alkohol längere Zeit erwärmt, so scheidet sich ein feinverteilter schwarzer Niederschlag von Osmium(IV)-oxydhydrat aus. Fügt man vorsichtig verdünnte Schwefelsäure hinzu, so ballt sich der Niederschlag im Neutralisationspunkt zu groben Flocken zusammen, die sich rasch absetzen, während die Mutterlauge farblos bleibt. Vgl. hierzu die Ausführungen S. 152 betr. Dioxydhydrat. Über Darstellung von alkalifreiem Dioxydhydrat vgl. Krauss, Wilken (b), Ruff und Bornemann. Vgl. auch Ruthenium, S. 130.

Über Fällung des Osmiums mit Alkohol aus einer chlorwasserstoffsauren Lösung von $K_2OsO_4 \cdot 2H_2O$ vgl. E. Müller und Schwabe (b).

ε) Gerbstoffe bringen in der OsO_4-Lösung eine tiefblaue Farbe hervor (Tennant). Beim Eindampfen der Lösung bildet sich ein blauschwarzer Rückstand, der offenbar infolge Anlagerung der OsO_4 an die Gerbsäure entsteht [Butleroff (b)]. Über Nachweis und Bestimmung von Gerbstoffen mit Hilfe dieser Farbreaktion vgl. Mitchell.

ζ) Hexamethylentetramin bildet eine Additionsverbindung, welche die Zusammensetzung $C_6H_{12}N_4 \cdot 2OsO_4$ aufweist und aus orangegelben Schuppen oder flachen Nadeln besteht, die in kaltem Wasser fast unlöslich sind (Tschugajeff und Tschernjajeff).

VI. Reaktionen des Natriumosmiumchlorids auf nassem Wege.

a) Mit anorganischen Reagenzien. ***Versuchslösung:*** Eine frischbereitete wäßrige Lösung von $Na_2OsCl_6 \cdot 2H_2O$ mit 1 g Osmium/l.

α) Kaliumhydroxyd. Gibt man das Reagens bei Zimmertemperatur zu der citronengelben Versuchslösung bis zur schwach alkalischen Reaktion, so erfolgt

[1] GM., Syst. Nr. 68, S. 450 (1940) enthält die irrtümliche Angabe, daß sich bei der Reaktion die Lösung färbt an Stelle des in fester Form zugegebenen Reagenses.

vorerst keine Veränderung. Beim Erhitzen hellt sich die Lösung zunächst etwas auf, wird aber bald blau und plötzlich fällt schwarzes Dioxydhydrat aus, das sich rasch absetzt. Die Mutterlauge ist farblos. In konz. Na_2OsCl_6-Lösungen fällt zunächst gelbbraunes K_2OsCl_6, das aber beim Erwärmen wieder in Lösung geht.

β) Natriumhydroxyd und Alkalicarbonat fällen ebenfalls schwarzes Dioxydhydrat.

γ) Ammoniak, in geringem Überschuß hinzugesetzt, bringt zunächst beim Erwärmen Farbenumschlag nach Dunkelbraun hervor, nach einiger Zeit fällt bei weiterem Erhitzen, namentlich in konzentrierteren Lösungen, ebenfalls schwarzes Dioxydhydrat aus, während die Mutterlauge gefärbt bleibt.

δ) Hydrolyse. Stark verdünnte Lösungen werden in der Wärme hydrolytisch vollständig zersetzt unter Abscheidung von schwarzem, flockigem Dioxydhydrat.

ε) KCl und NH_4Cl fällen aus konzentrierteren Lösungen die Komplexe $K_2(OsCl_6)$ oder $(NH_4)_2(OsCl_6)$, bestehend aus schwarzen Oktaedern von karminrotem bzw. ziegelrotem Strich. Die Fällungen sind in salzsauren Lösungen beständig, in wäßriger Lösung beim Erhitzen zersetzlich, und zwar der NH_4Cl-Komplex leichter als der KCl-Komplex. Schon auf dem Wasserbade tritt Hydrolyse des ersteren ein. In der gleichen Weise werden mit

ζ) CsCl und RbCl die entsprechenden isomorphen Komplexe $Cs_2(OsCl_6)$ und $Rb_2(OsCl_6)$ erhalten in Form himbeerroter oder karminroter Oktaeder, schwer löslich in kaltem Wasser, unlöslich in Alkohol. Die wäßrigen Lösungen sind zersetzlich, die HCl-sauren beständig [Gutbier und O. Maisch; Gutbier und K. Maisch; Dählmann; Krauss und Wilken (b); Gilchrist; Ruff und Rathsburg]. Einzelheiten über die Fällungsbedingungen sowie über weitere Schrifttumsangaben siehe GM., Syst. Nr. 66, S. 71, 79, 80, 89, 91 (1939).

η) Schwefelwasserstoff verändert die neutrale oder schwach mit HCl angesäuerte Lösung bei Zimmertemperatur überhaupt nicht. Beim Erhitzen fällt sofort schwarzes Sulfid. Die Mutterlauge bleibt klar und farblos. Die bei der Fällung bisweilen zu beobachtende Blaufärbung ist nur verhältnismäßig schwach und bei weitem nicht so intensiv wie beim Ruthenium. Sie ist wahrscheinlich eine Folge von Reduktion zu niedrigeren, unbeständigen Oxydationsstufen (F. P. Treadwell). Vgl. auch Ruthenium, S. 143. Unter Druck verläuft die H_2S-Fällung in Anwesenheit von 5% HCl (D 1,19) in der Siedehitze des Wasserbades quantitativ.

ϑ) Natriumsulfid gibt zunächst nur eine schwache Trübung. Beim Erhitzen fällt schwarzes Sulfid. Die Mutterlauge bleibt schwach hellbraun gefärbt, wird aber beim Ansäuern unter Schwefelabscheidung entfärbt. Ammoniumsulfid verhält sich genau wie Natriumsulfid.

Über die Löslichkeitsverhältnisse der Osmiumsulfide vgl. S. 161.

ι) Eisen(II)-sulfat scheidet in der Siedehitze einen schwarzen, feinverteilten Niederschlag ab. Freie Säure verhindert die Ausfällung.

κ) Kaliumjodid bewirkt in der Wärme schnelles Dunkelwerden der Lösung, die schließlich eine tief purpurrote Farbe annimmt [Claus (b)]. In Gegenwart von freier Chlorwasserstoffsäure erhält man eine smaragdgrüne Lösung.

b) Mit organischen Reagenzien. α) Thioharnstoff. Die Ausführung des Nachweises erfolgt in der bereits auf S. 162 angegebenen Weise. Besonders zweckmäßig ist es hierbei, nach dem Vorschlag von Wölbling die Reaktion zur Vertiefung und Beschleunigung mit Thioharnstoff und Chlorwasserstoffsäure in Gegenwart von Zinn(II)-chlorid durchzuführen.

β) Diphenylthioharnstoff. Siehe unter V, b, β, S. 163.

γ) Benzidin. In sauren verdünnten Lösungen bilden sich auf Zusatz des Reagens rötlichgelbe Niederschläge. Wird die Säure größtenteils mit Natriumhydrogencarbonat neutralisiert, so entstehen zunächst graugrüne, voluminöse Fällungen, die beim Stehen schließlich grauviolett werden. Vgl. Platin, S. 42.

δ) Gerbsäure wird, in fester Form zur Lösung gegeben, beim Erwärmen mit schwach bräunlichgelber Farbe klar aufgelöst. Bei weiterem Kochen wird die Lösung schließlich dunkelbraun. Freie Säure verhindert die Farbenreaktion.

c) Verhalten gegen Chlor. Eigenartig ist das Verhalten des Na_2OsCl_6 und der Chloride des Osmiums bei der Destillation mit Chlor aus der alkalischen Lösung dieser Salze. Während z. B. aus den entsprechenden Lösungen des Rutheniums sich dieses ohne Schwierigkeit restlos als RuO_4 abdestillieren läßt, führt dieses Verfahren beim Osmium bestenfalls nur zu einem Teilerfolg. Wird dagegen die alkalische Lösung *vor* der Destillation kurz aufgekocht, so läßt sich das Osmium ebenfalls im Chlorstrom restlos abdestillieren. Der Grund für dieses unterschiedliche Verhalten ist offenbar darin zu suchen, daß Rutheniumchloridlösungen, ebenso wie die Lösungen der entsprechenden Komplexe, auf Zusatz von Alkalihydroxyd bereits in der Kälte weitgehend umgesetzt werden, was schon äußerlich in dem Farbenumschlag der Lösungen zum Ausdruck kommt. Bei einer Na_2OsCl_6-Lösung dagegen tritt auf Zusatz von Alkalihydroxyd (S. 164) bei Raumtemperatur zunächst keine sichtbare Änderung ein. Erst beim Erhitzen beginnt die Einwirkung des Reagenses, indem sich die Lösung plötzlich blauschwarz färbt und sich beim Kochen schwarzes Oxydhydrat abscheidet.

Diese Hydroxyde des Osmiums werden, ebenso wie die Rutheniumhydroxyde, sowohl in kolloiddisperser als auch in grobdisperser Form beim Einleiten von Chlor in die alkalische Lösung spielend leicht mit gelber bzw. orangeroter Farbe gelöst und hierbei in osmium- oder rutheniumsaure Verbindungen verwandelt. Weiteres Chloreinleiten führt schließlich zur Bildung der flüchtigen Tetroxyde, so daß namentlich beim Erhitzen des Destillationskölbchens schließlich sowohl Osmium wie Ruthenium in kurzer Zeit restlos abdestillieren und der Kölbcheninhalt vollkommen farblos wird.

Zwecks vollständiger Austreibung des Osmiums durch die Chlordestillation ist es daher erforderlich, die alkalischen Lösungen vorher kurz aufzukochen, dann wieder abzukühlen und erst in die gekühlte Lösung Chlor einzuleiten. An die Stelle der Chlordestillation kann auch die Destillation mit Salpetersäure treten.

Wäßrige neutrale oder schwach HCl-saure Lösungen des Na_2OsCl_6 verhalten sich beim Behandeln mit Chlor dagegen genau wie die entsprechenden Rutheniumlösungen (vgl. Ruthenium, S. 129).

Übereinstimmung besteht auch bezüglich der stark sauren Lösungen. Aus stark HCl-sauren Na_2OsCl_6-Lösungen läßt sich nämlich Osmium durch Chlor ebensowenig als OsO_4 austreiben, wie Ruthenium als RuO_4 aus den stark HCl-sauren Lösungen der entsprechenden Rutheniumkomplexe[1] durch Chlor ausgetrieben werden kann. Die einfachen Chloride verhalten sich ebenso.

d) Mikro- und Tüpfelreaktionen. α) Als Kaliumosmiat $K_2(OsO_4) \cdot 2H_2O$. Wird die einigermaßen konzentrierte rotbraune Lösung von OsO_4 in KOH mit einigen Tropfen Alkohol reduziert, so entstehen rötlichviolette Oktaeder (50 μ) des rhombischen Systems. Verdünnte Lösungen lassen sich bei Siedehitze in Gegenwart einer hinreichenden Menge von KOH ohne Bedenken konzentrieren. Die violetten Krystalle verschwinden nach einiger Zeit, kommen aber bei Zusatz von Alkohol und KOH wieder zum Vorschein. Erfassungsgrenze bei mikroskopischer Beobachtung 0,1 γ Osmium (BEHRENS; BEHRENS-KLEY). Die Reaktion wird von der Internationalen Kommission (Tabelle der Reagenzien, S. 77) zur Ausführung empfohlen.

Der Nachweis läßt sich bei Anwesenheit anderer Platinmetalle in der Weise durchführen, daß man in der in Abb. 3 (S. 25) skizzierten Mikroapparatur 5 Tropfen

[1] So kann z. B. das Zerstören von Alkalichloraten durch starke HCl in Gegenwart von Komplexsalzen des Osmiums und Rutheniums trotz der heftigen Chlorentwicklung ohne Osmium- und Rutheniumverluste durchgeführt werden.

der Probelösung mit dem gleichen Volumen konz. HNO_3 vorsichtig erhitzt und das abdestillierte OsO_4 in einer Lösung von 10%iger KOH auffängt, wobei sich die Lösung je nach der Menge des OsO_4 gelb bis orangerot färbt. Aus einem Tropfen Lösung krystallisieren beim Eindunsten kleine wohlausgebildete Oktaeder von $K_2(OsO_4)$[1] aus (WHITMORE und SCHNEIDER).

β) Ammoniumchlorid. Gibt man zu einer Lösung von $K_2(OsO_4)$ das Reagens in reichlicher Menge, so erhält man hellgelbe Stäbchen (40 bis 70 μ) und Dendriten. Erfassungsgrenze unter dem Mikroskop 0,5 γ Os (BEHRENS; BEHRENS-KLEY).

γ) Caesiumchlorid gibt mit einer Lösung von OsO_4 in Chlorwasserstoffsäure einen weißlichen, aus hell gelblichgrünen Oktaedern (10 bis 30 μ) bestehenden Niederschlag. Mikroskopische Erfassungsgrenze 0,1 γ Os (BEHRENS-KLEY).

δ) Kalium(II)-cyanid oder

ε) Benzidin geben sehr empfindliche Tüpfelreaktionen auf Filtrierpapier zum Nachweis von Osmium.

Ausführung: 1 Tropfen der zu untersuchenden Lösung wird auf Filterpapier gebracht und mit einem Tropfen einer gesättigten Lösung von Benzidin in Essigsäure betupft. Beim Vorhandensein geringster Mengen Osmium(VIII)-oxyd in der zu prüfenden Lösung zeigt sich eine blaue Färbung, die sich über den ganzen Fleck verbreitet, wobei sie allmählich ein violettes und schließlich dunkelviolettes Aussehen annimmt. In der gleichen Weise wird bei Verwendung von Kaliumhexacyanoferrat(II) in essigsaurer Lösung als Reagens der Nachweis geführt, wobei eine hellgrüne Färbung erscheint.

Kleinste Mengen Osmium lassen sich dadurch nachweisen, daß man mit dem zu untersuchenden Tropfen auf dem Filterpapier einen Flecken erzeugt, darauf ein kleines Kryställchen Benzidin gibt und dieses einige Male mit Essigsäure betupft. Dabei bildet sich um das Kryställchen herum eine zart hellblaue oder violette Färbung, die auch allmählich von dem Kryställchen angenommen wird.

Eine noch empfindlichere Reaktion auf Osmium kann man mit Kaliumhexacyanoferrat(II) oder Benzidin dadurch erreichen, daß man das OsO_4 verflüchtigt und in dieser Form auf das Reagens einwirken läßt. Zu diesem Zweck werden 1 bis 2 Tropfen der zu untersuchenden Lösung in ein kleines Reagensglas gegeben, das man mit einem Stopfen verschließt, durch den ein kurzes, zu einer engen Öffnung ausgezogenes Rohr führt. Die mit einem Tropfen der Benzidin- oder Kaliumhexacyanoferrat(II)-lösung angefeuchtete Stelle des Filtrierpapiers wird auf die Öffnung des Glasrohres gebracht, und zwar muß bei Benützung von Kaliumhexacyanoferrat(II) der Flecken noch feucht sein. Nun wird die Flüssigkeit im Röhrchen bis zum Sieden erhitzt und das OsO_4 mit den Wasserdämpfen verflüchtigt. In $^1/_2$ Min. kommt die violette (bei Benzidin) oder grüne (bei Kaliumhexacyanoferrat(II) Farbe zum Vorschein. Die Ergebnisse der verschiedenen nach dem Tüpfel- als auch nach dem Verflüchtigungsverfahren ausgeführten Versuche sind in einer Tabelle übersichtlich zusammengestellt. Vgl. Originalabhandlung. Der Nachweis des Osmiums in der geschilderten Weise gelingt auch bei Anwesenheit von Ammonium, Magnesium, Barium und Strontium sowie in Gegenwart der Kationen der Platinmetalle und der Schwermetalle wie in Gemischen aller Kationen. Ausnahmen bilden nur Zinn, Antimon und Arsen in der 3wertigen Form, da sie reduzierend wirken. Erfassungsgrenze 0,01 γ Os in 0,001 cm^3 (TANANAEFF und ROMANJUK). Mit Hilfe dieser Reagenzien läßt sich Osmium befriedigend nachweisen (BENEDETTI-PICHLER und RACHELE).

e) Katalytische Reaktionen in wäßriger Lösung. α) Osmiumnachweis durch katalytische Reduktion von Nickelsalzen. Auch Osmium katalysiert ähnlich wie Palladium, Platin und Ruthenium die Reduktion von Nickelsalzen durch Natriumhypophosphit. Die Ausführung dieses Nachweises ist beim Palladium, S. 65, ein-

[1] Vgl. hierzu Ruthennium, S. 149 unter e.

gehend geschildert. Ebenso ist dort bereits auf Widersprüche hingewiesen, die im Schrifttum bezüglich der Erfassungsgrenze und Grenzkonzentration besonders beim Osmium und Ruthenium bestehen.

β) Durch Aktivierung der Oxydation verschiedener Substanzen mit Alkalichloraten. Vgl. auch GM., Syst. Nr. 66, S. 48 (1939). *aa*) *Aktivierung der Oxydation von KJ durch Alkalichlorate in Gegenwart von* OsO_4. *Wesen des Verfahrens.* In schwach saurer oder neutraler Lösung wirken Alkalichlorate nur in geringem Maße oxydierend. Durch einen Zusatz von Osmium(VIII)-oxyd oder Rutheniumhydroxyd werden aber Alkalichloratlösungen derart aktiviert, daß sie ihren Sauerstoff unter Reduktion zu Chlorid rasch an anorganische oder organische Verbindungen abgeben. Diese Steigerung der Reaktionsfähigkeit der Chlorate wird mit der Bildung einer löslichen Komplexverbindung zwischen Chlorat und OsO_4 erklärt, und zwar auf Grund von Beobachtungen über die Erhöhung der Löslichkeit von $KClO_3$ in neutralen OsO_4-Lösungen und über die anomale Höhe des Oxydationspotentials einer $KClO_3$-OsO_4-Mischung.

So läßt sich beispielsweise aus Kaliumjodid in schwach saurer Lösung Jod frei machen, sobald Spuren von OsO_4 zugegen sind. Um aber hierbei jede Einwirkung des OsO_4 auf Kaliumjodid (die allerdings erst bei größeren OsO_4-Mengen merkbar wird) auszuschalten, ist es erforderlich, die auf Os zu prüfende Lösung stark zu verdünnen.

Mit Hilfe der Jodreaktion können kleine Mengen Osmium und Ruthenium bei Abwesenheit anderer oxydierend wirkender oder farbiger Stoffe als Tüpfelreaktion in folgender Weise nachgewiesen werden.

Ausführung: 1 Tropfen einer Alkalichlorat-Kaliumjodidlösung mit je 1 g der beiden Salze in 100 cm³ Wasser wird in die Vertiefung einer Tüpfelplatte gebracht und mit einem Tropfen verdünnter Schwefelsäure (1 : 1000) angesäuert. Wird nun 1 Tropfen einer 1%igen Stärkelösung und 1 Tropfen der neutralen Probelösung hinzugefügt, so entsteht je nach der Osmium- oder Rutheniummenge infolge Bildung von Jodstärke mehr oder weniger schnell eine Blaufärbung. Beim Vorliegen geringer Mengen OsO_4 ist es zweckmäßig, eine Blindprobe anzustellen. Erfassungsgrenze: 0,005 γ OsO_4; Grenzkonzentration: 1 : 10000000 [1].

Im Vergleich mit einem Blindversuch kann bei mehrstündigem Stehen OsO_4 noch in einer Verdünnung von 1 : 50000000 nachgewiesen werden.

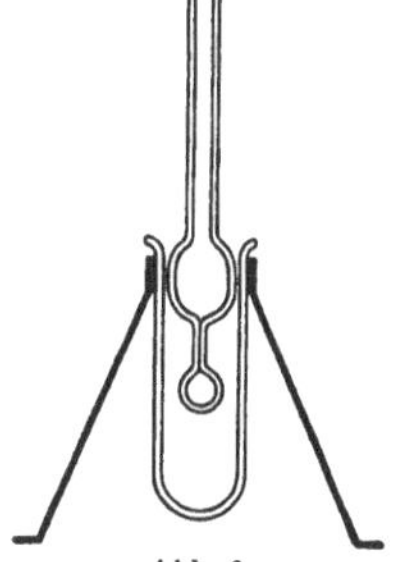

Abb. 6. Mikro-Apparat zum Auffangen kleiner Gasmengen durch Flüssigkeitströpfchen nach FEIGL.

Diese Reaktion läßt sich für Osmium spezifisch gestalten, wenn zunächst das Osmium in einem geeigneten Apparat (vgl. Abb. 6) durch Erwärmen der angesäuerten Probe verflüchtigt und in einem Tropfen Wasser aufgefangen wird. Dieser Tropfen wird dann zur Durchführung des Nachweises in der oben geschilderten Weise verwendet. Erfassungsgrenze: 0,01 γ Osmium; Grenzkonzentration: 1 : 5000000 (FEIGL und PICKHOLZ; K. A. HOFMANN; K. A. HOFMANN, ECKHART und SCHNEIDER).

bb) *Aktivierung der Oxydation organischer Substanzen durch Alkalichlorate in Gegenwart von* OsO_4. Zum Nachweis von Osmium läßt sich auch die Oxydation verschiedener organischer Verbindungen mit Hilfe der durch OsO_4 bewirkten Aktivierung von Chloraten verwenden, wie aus folgenden Versuchen hervorgeht: Es wurden 0,7 cm³ einer Acetatpufferlösung ($p_H = 4$) zu 0,1 cm³ einer 10%igen Chloratlösung, ferner 0,1 cm³ der OsO_4-Lösung und 0,1 cm³ der Reagenslösung gegeben. Als Reagenzien dienten: Leukonitrobrillantgrün, Benzidin, Leukomalachitgrün,

[1] Die Grenzkonzentration ist hierbei ausgedrückt in γ/50 mm³.

Leukonitromalachitgrün, Tetramethyl-p-phenylendiamin, o-Toluidin und Phenolphthalein. Die Erfassungsgrenzen liegen zwischen 5 γ und 0,002 γ; die entsprechenden Grenzkonzentrationen[1] zwischen 1 : 20000 und 1 : 50000000. Da die Reagenzien beim Erwärmen zum Teil auch bei Abwesenheit von OsO_4 reagieren, müssen in diesen Fällen Blindproben zu Hilfe genommen werden. Als besonders geeignete Reagenzien haben sich o-Toluidin und Phenolphthalein infolge ihrer höheren Beständigkeit erwiesen (Kuhlberg). Wegen weiterer Einzelheiten muß auf die gleiche Stelle von Gmelins Handbuch verwiesen werden, wo sich auch eine tabellarische Übersicht über die mit den einzelnen Reagenzien erzielten Ergebnisse befindet (vgl. unter f).

f) Sonstige Reaktionen. Über Nachweismethoden mit verschiedenen anorganischen Reagenzien siehe Claus (b). Osmium kann in seinen Salzlösungen noch durch Farbreaktionen mit folgenden organischen Schwefelverbindungen nachgewiesen werden:

Mit Thiocarbonat (Na-Salz) nach L. Wöhler und Metz.

Mit Thiosemicarbazid nach B. Steiger.

Mit Abkömmlingen des Thioharnstoffs, wie sie z.B. zum Nachweis des Rutheniums verwendet werden (vgl. hierzu Ru, S. 144).

Ferner kann OsO_4 durch Oxydation verschiedener organischer Verbindungen, die hierbei gefärbte Lösungen ergeben, nachgewiesen werden. Als Reagenzien kommen in Betracht: Benzidin, Phenolphthalein, Leukonitromalachitgrün, o-Toluidin, Tetramyl-p-phenylendiamin (Kuhlberg).

Über nähere Einzelheiten siehe GM., Syst. Nr. 68, S. 451 (1940). An der gleichen Stelle findet sich auch eine tabellarische Zusammenstellung über die Farben der oxydierten Lösungen, über die Erfassungsgrenzen und Grenzkonzentrationen.

Über Reaktionen von Os-Salzlösungen mit Rubeanwasserstoff vgl. Wölbling und Steiger. Über die Möglichkeit der Verwendung von Diphenylthiocarbazon zum Nachweis der Platinmetalle siehe H. Fischer. Besonders zu erwähnen sind noch die folgenden Reagenzien: Anilinsulfat, β-Naphthylammoniumchlorid, Brenzkatechin und Pyrogallol, ferner Oxyhydrochinon, Phloroglucin und Urotropin, die teils mit 4-, 6- und 8wertigen Os-Verbindungen und Salzlösungen reagieren. Wegen näherer Einzelheiten, auch bezüglich des Schrifttums, vgl. GM., Syst. Nr. 68, S. 451 (1940).

Eine tabellarische Zusammenstellung über Reaktionen der Platinmetalle mit 30 anorganischen und 90 organischen Reagenzien findet sich bei S. C. Ogburn jr. Über mikroskopische Nachweismethoden der Platinmetalle mit einer Reihe von anorganischen Stoffen, besonders aber mit zahlreichen organischen Stickstoffverbindungen siehe Whitmore und Schneider. Vgl. ferner auch Fraser.

g) Verhalten der Osmiumsalze gegenüber Reduktionsmitteln. α) In wäßriger Lösung. Bei den Reduktionsvorgängen in wäßrigen Lösungen scheint, soweit es sich hierbei um OsO_4-Lösungen handelt, die Reduktion mit Hilfe organischer Reduktionsmittel in der Hauptsache nur bis zum $OsO_2 \cdot 2H_2O$ zu führen. Vgl. S. 155. So haben Ruff und Bornemann in Übereinstimmung mit Paal und Amberger festgestellt, daß OsO_4 durch Alkohol, Formaldehyd und Hydrazin nicht zu Metall, sondern zu schwarzem Dioxydhydrat reduziert wird. Das gleiche scheint nach K. A. Hofmann bezüglich der Schwärzung des Fettes und der Reduktion mit Acetylen der Fall zu sein. Dagegen reduziert Ameisensäure OsO_4 zwar auch zunächst zu $OsO_2 \cdot 2H_2O$, das aber schließlich, wenn auch mit geringerer Geschwindigkeit, in Metall übergeht. Das ausgeschiedene feine Osmium katalysiert weiter den Zerfall der HCOOH in CO_2 und H_2. Die katalytische Zersetzung wird durch den Dispersitätsgrad des Osmiums bestimmt. Sie erlahmt bei Verminderung

[1] Die Grenzkonzentration ist hierbei ausgedrückt in $\gamma/100\ mm^3$.

der Dispersität. Durch Schutzkolloide kann das Nachlassen der Katalyse weitgehend verhindert werden (E. MÜLLER und KEIL). Durch ameisensaures Natrium wird eine Lösung des Chlorids (oder eines entsprechenden Komplexsalzes) in der Hitze zu Metall reduziert [CLAUS (b)].

Über weitere Reduktionsvorgänge, wobei das Osmium als Mohr abgeschieden wird, vgl. GM., Syst. Nr. 68, S. 401 (1939).

Verhältnismäßig einfach gestaltet sich die Reduktion des Osmiums aus wäßrigen Lösungen der Chloride oder der entsprechenden Komplexsalze mit Zink. So wird z. B. von OGBURN das mit NaClO vom Ir getrennte Os nach Ansäuern mit Chlorwasserstoffsäure mit Zinkstaub gefällt. Auch aus wäßrigen Lösungen des OsO_4 kann das Os nach Ansäuern[1] mit HCl z. B. mit Zn, Cd, Fe gefällt werden. In stark saurer Lösung haftet indes das Os fest als Überzug auf dem Zink, während bei geringer Säurekonzentration eine blaue Lösung entsteht, aus der sich nach und nach das Metall abscheidet (VAUQUELIN; N. W. FISCHER). Bezüglich der Fällung mit Zink vgl. auch Ruthenium, S. 146, Iridium, S. 117. Statt mit Zink kann die Fällung auch mit Magnesium oder mit Aluminium z. B. aus Lösungen des alkalischen Osmiats vorgenommen werden. Diese Fällung ist aber nur dann quantitativ, wenn nach vorangegangener Reduktion von häufig vorhandenem Nitrit oder Nitrat durch Aluminiumspäne in nicht zu großem Überschuß zur Fällung der letzten Osmiummengen Alkohol hinzugefügt und heiß mit H_2SO_4 angesäuert wird. Zweckmäßig werden alkalische Osmiatlösungen sowie Nitrat und Nitrit mit DEVARDAscher Legierung reduziert bis zum Verschwinden des Ammoniakgeruchs (L. WÖHLER und METZ). Vgl. ferner LEIDIÉ und QUENNESSEN sowie PAAL und AMBERGER.

Nach TREADWELL verläuft die Reaktion mit Zink nicht immer quantitativ, vielmehr erst dann, wenn von einer schwach alkalischen Osmiatlösung ausgegangen wird.

Nach eigenen Versuchen erfordert die Fällung des Os mit Zink sowohl aus saurer als auch aus alkalischer Lösung eine gewisse Zeit. Kräftiges Erhitzen, hinreichende Mengen Zink und Säure bzw. Lauge, die zweckmäßig in kleinen Anteilen nach und nach zugesetzt werden, führen in beiden Fällen zur quantitativen Abscheidung des Osmiums. Je langsamer die Ausfällung betrieben wird, desto feiner ist das ausgefällte Os, das sich dann besonders leicht in NaClO auflöst. Durch Verwendung von *Zinkstaub* wird die Zeitdauer erheblich abgekürzt. Die Prüfung der Endlaugen auf Os erfolgt am besten mit Thioharnstoff in Gegenwart von Chlorwasserstoffsäure. Weder $ZnCl_2$ noch $ZnSO_4$ oder Eisen(II)-sulfat stören hierbei, ebensowenig stören $MgCl_2$, $AlCl_3$, $CaCl_2$.

Von *Zinn(II)-chlorid* werden Osmiumsalze in saurer Lösung in gleicher Weise, wie z. B. Gold-, Platin-, Palladiumsalze, zu Metall reduziert, das aber unter Bildung eines feinverteilten Purpurs in Lösung bleibt. Vgl. S. 156.

Titan(III)-chlorid fällt aus Lösungen von Osmiumchlorid sehr feinverteiltes Metall, welches durch Einwirkung des Luftsauerstoffes, namentlich nach längerem Stehen, teilweise wieder aufgelöst wird (TREADWELL).

β) In festen Salzen. Zur Bestimmung des Osmiums ist für die Mehrzahl seiner Verbindungen deren Reduktion auf trockenem Wege die beste Methode (RUFF und BORNEMANN). Die Reduktion und das Abkühlen des reduzierten Osmiums erfolgen grundsätzlich im Wasserstoffstrom, der schließlich durch Kohlensäure ersetzt wird. Das reduzierte Metall ist dabei um so feiner verteilt, je niedriger die Temperatur beim Reduzieren gehalten wird. Vgl. hierzu auch Ruthenium, S. 146, Iridium, S. 117, ferner MILLER; GRAF.

---

[1] Vorsichtig ansäuern! Zu große Säurekonzentrationen sind wegen der Gefahr der Osmiumverluste durch die entweichenden Gase, die OsO_4 mitreißen, zu vermeiden.

VII. Trennungen des Osmiums von den übrigen Platinmetallen.

a) Trennung durch Oxydation und Verflüchtigung auf trockenem Wege. α) Trennung in Gemischen der Platinmetalle oder in hochprozentigen Osmium-Legierungen durch Erhitzen im Sauerstoff- oder NO_2-Strom. Sie läßt sich am einfachsten durchführen auf Grund der in Gegenwart von Sauerstoff äußerst leichten Oxydierbarkeit des Osmiums zu OsO_4 und der hohen Beständigkeit und Flüchtigkeit der OsO_4-Dämpfe bei den erforderlichen Oxydationstemperaturen. Nach erfolgter Oxydation werden mit den abziehenden heißen Gasen die OsO_4-Dämpfe aus dem Oxydationsraum entfernt und in geeigneten Absorptionsmitteln (in der Regel verdünnte Natrium- oder Kaliumhydroxydlösung) aufgefangen. Der Vorgang läßt sich ebenso im Sauerstoff wie auch im NO_2-Strom mit gutem Erfolg durchführen (vgl. S. 152ff.).

Auf diese Weise kann nicht nur Osmium als solches oder in Gemischen der übrigen Platinmetalle oxydiert und verflüchtigt werden und damit von den nichtflüchtigen Begleitmetallen getrennt werden, sondern auch in hochprozentigen Osmiumlegierungen (vgl. S. 153). Allerdings muß im letzteren Falle zur restlosen Entfernung des Osmiums die Oxydation unter Umständen mehrere Male unter Zwischenschaltung von Reduktionen (bei möglichst niedriger Temperatur zur Vermeidung von Legierungsbildung) wiederholt werden. Vgl. Ruthenium, S. 147, Fußnote.

In den wäßrigen Alkalihydroxydlösungen der Vorlagen wird OsO_4, je nach seiner Menge, mit gelber bis braunroter Farbe gelöst (vgl. S. 156). Bei Abwesenheit von Ruthenium und reduzierend wirkender Verbindungen, wie z. B. SO_2 (vgl. unter β), ist die Färbung der Alkalihydroxydlösung in der Vorlage bereits kennzeichnend für Osmium. Ist Ruthenium zugegen, so bleibt man, um die Bildung und Verflüchtigung von RuO_4 zu vermeiden, bei der Sauerstoffbehandlung mit der Temperatur unter 700° (vgl. Ruthenium, S. 126).

Über die zur Ausführung der Oxydation und Verflüchtigung erforderliche Apparatur siehe S. 23, vgl. unter zusätzliche Geräte.

β) Trennung des Osmiums von den übrigen Platinmetallen in Gemischen der Platinmetallsulfide. Eine unmittelbare Oxydation durch Erhitzen der Sulfide im Luft- oder Sauerstoffstrom ist wegen der namentlich beim Osmiumsulfid in diesem Falle stark ausgeprägten Neigung zur Verpuffung nicht ratsam, besonders dann nicht, wenn gegenüber dem Osmiumsulfid die Sulfide der übrigen Platinmetalle stark zurücktreten.

Zweckmäßiger ist es, falls man nicht den nassen Weg vorzieht (S. 172), die Sulfide zunächst durch Erhitzen im Wasserstoffstrom zu reduzieren und dann erst die Oxydation vorzunehmen, die sich nunmehr in der gleichen Weise wie unter α) durchführen läßt. Enthält das reduzierte Metall noch Schwefel, so wird dieser hierbei zu SO_2 und durch katalytische Vorgänge teilweise auch zu SO_3 oxydiert. Infolge Reduktionswirkung des SO_2 wird die zur Absorption der flüchtigen Überosmiumsäure vorgelegte Alkalihydroxydlösung, die außerdem mit SO_3 neutrales Sulfat bildet, nicht, wie bei Abwesenheit des Schwefels, gelb bis braunrot gefärbt, sondern bleibt unter Umständen farblos oder wird zum Teil violett, infolge Bildung von Alkaliosmiat. Enthält die Vorlage KOH, so scheidet sich bei hinreichender Konzentration das violette Salz $K_2OsO_4 \cdot 2H_2O$ aus.

γ) Trennung des Osmiums von Iridium, Rhodium, Ruthenium durch Chlorbehandlung. Die leichte Flüchtigkeit der bei Behandlung von metallischem Osmium im Chlorstrom bei höheren Temperaturen sich bildenden Osmiumchloride läßt sich ebenfalls zur Trennung des Osmiums namentlich vom Iridium, Rhodium und Ruthenium in gewissem Umfang benutzen. Durch mehrfache Wiederholung der Chlorbehandlung nach vorausgegangener Reduktion der nichtflüchtigen Platinmetallchloride im Wasserstoffstrom[1] läßt sich das Osmium weitgehend entfernen.

[1] Reduktionstemperatur nicht über 400° (vgl. Ruthenium, S. 147, Fußnote).

Zur Absorption der leichtflüchtigen Chloride wird Wasser oder verdünnte Salzsäure vorgelegt.

Je nach Zusammensetzung des zu prüfenden Materials können hierbei die Osmiumchloriddämpfe mitunter noch durch flüchtige Chloride der Platin- und der Unedelmetalle[1] mehr oder weniger verunreinigt sein. Es müssen deshalb die in der Chlorierungsröhre niedergeschlagenen Sublimate und der Inhalt der Vorlagen unter Umständen noch weiteren Reinigungsvorgängen unterworfen werden, um den Nachweis des Osmiums sowie der übrigen Edel- und Unedelmetalle einwandfrei führen zu können[2].

Über Versuche z. B. zur Reinigung des Osmium(III)-chlorids durch Sublimation im Vakuum oder in einer Chloratmosphäre bei etwa 6 bis 7 Atm. Druck siehe Ruff und Bornemann: Z. anorg. Ch. **65**, 452 (1910).

Das hierbei nach den Autoren erhaltene Osmium(III)-chlorid war ein braunschwarzes, lockeres hygroskopisches Pulver, das in Wasser sehr leicht löslich ist. Während aber die dunkelgefärbten Trichloride der übrigen Platinmetalle in Wasser unlöslich sind, sofern sie wasserfrei hergestellt waren und nur in ihren hydratischen Formen löslich sind, ist das Osmium(III)-chlorid auch in seiner wasserfreien Form in Wasser löslich.

Aus dem chemischen Verhalten des Osmium(III)-chlorides schließen die beiden Autoren auf eine ganz besonders große Neigung des Osmiums zur Komplexbildung. Zum Schluß werden noch außer vom Osmium(IV)-chlorid die Darstellung des $OsCl_2$ aus dem Trichlorid durch Erhitzen auf etwa 500 bis 600° und die Eigenschaften des Dichlorids näher beschrieben.

Die Methode der Chlorbehandlung des Osmiums ist für analytische Zwecke etwas umständlich. Sie wird deshalb in der Praxis, wenn überhaupt, erst nach Entfernung der Hauptmenge des Osmiums z. B. auf trockenem Wege (Sauerstoff- oder NO_2-Methode) eingeschaltet und dient daher mehr als Reinigungsvorstufe zum NaCl-Aufschluß (vgl. Analysenbeispiel II, S. 236). [Vgl. Gilchrist und Wichers (b), Fällung von Os als Dioxydhydrat.]

Zum Auffangen der bei der Oxydation flüchtigen Tetroxyde des Osmiums und Rutheniums verwendet man neben starken Laugelösungen (NaOH, KOH) Salzsäure (1,19) oder Salzsäure (1 + 1), zum Teil mit Alkohol vermischt, oder auch Salzsäure (1 + 2). Gilchrist (b) bevorzugt für diesen Zweck mit SO_2 gesättigte 6n HCl.

Da Chlor bei höherer Temperatur ziemlich energisch in das Metallgefüge eingreift, läßt sich der Chloraufschluß in der beschriebenen Weise auch bei feinverteilten Legierungen der Platinmetalle mit Erfolg, namentlich für qualitative Zwecke, verwenden.

δ) Trennung des Osmiums von den mit diesem legierten Platinmetallen. Legierungen des Osmiums mit den übrigen Platinmetallen, die weder von heißem konz. Königswasser gelöst noch von Sauerstoff oder NO_2 bei höheren Temperaturen oxydiert und unter Bildung flüchtiger OsO_4 zersetzt werden, können, falls sie in feinverteiltem Zustand vorliegen, mit der Ätzkali-Salpeterschmelze aufgeschlossen werden. Grobkörniges Material (wie z. B. Osmiridium) muß zuvor mit der Zinkschmelze aufgelockert und zerlegt werden und kann nach Entfernung der Hauptmenge des Zinkes, je nach seiner Zusammensetzung, entweder zunächst mit der Ätzkali-Salpeterschmelze oder mit Sauerstoff oder NO_2 bei höheren Temperaturen zur unmittelbaren Austreibung des Osmiums als OsO_4 weiter behandelt

---

[1] Zum Beispiel Fe, As, Sn, Pt, Ir.

[2] Schwierigkeiten bei Reinigung des Chlorierungsrohres lassen sich dadurch beheben, daß man z. B. schwer- oder unlösliche Beschläge im Rohr unter Hindurchleiten von Wasserstoff mit fächelnder Flamme reduziert und anschließend in der gleichen Weise chloriert, wodurch diese Beschläge in säurelösliche Form gebracht werden können.

werden. Den letzteren Weg wird man vorzugsweise bei Os-reichen Legierungen einschlagen.

An Stelle der Ätzkali-Salpeterschmelze kann auch mit Vorteil der Kochsalz-Chloraufschluß angewendet werden, der bereits von WÖHLER für den Aufschluß von fein zerkleinertem Osmiridium empfohlen worden ist. Diese Aufschlußmethode wird von CLAUS als die beste bezeichnet. Sie übertrifft nach GIBBS alle anderen Methoden an Eleganz. Zur Trennung des Osmiums von den übrigen Platinmetallen kann die wäßrige Lösung des Aufschlusses mit Salpetersäure (siehe unten) destilliert werden. Ist aber das Osmium, wie im vorliegenden Falle, als Chloroosmiat(IV) vorhanden, so empfiehlt es sich, zur Abkürzung der Destillationsdauer, aus konz. Schwefelsäure zu destillieren [GILCHRIST (b)]. Zweckmäßiger ist es, aus der alkalisch gemachten Lösung des Aufschlusses mit Chlor Osmium und Ruthenium gemeinsam abzudestillieren. Gegenüber der Kochsalz-Chlormethode und der Oxydation und Verflüchtigung des Osmiums im Sauerstoff- oder NO_2-Strom erfordert der Aufschluß durch Schmelzen mit Ätzkali-Salpeter erheblich mehr Zeit und einen größeren Aufwand an Reagenzien und Geräten. Wegen dieser für qualitative Zwecke etwas umständlichen alkalischen Schmelzmethoden (siehe auch Aufschlußmethoden, S. 209) wird man zunächst versuchen, mit den einfacheren Aufschlußmethoden zum Ziele zu kommen. So hat z. B. besonders die Oxydation im Sauerstoff- oder NO_2-Strom den großen Vorzug, daß außer Sauerstoff oder NO_2 keinerlei Reagenzien mit dem Analysenmaterial zusammengebracht werden. Das gleiche gilt von dem Chloraufschluß.

Platin-Osmium-Legierungen auf Basis Platin können sowohl mit der Zink- als auch mit der Bleischmelze zerlegt werden.

Nähere Einzelheiten über die Ausführung dieser Schmelzen vgl. unter Aufschlußmethoden, S. 207, und Iridium, S. 109.

b) Trennung des Osmiums von den übrigen Platinmetallen durch Oxydation und Verflüchtigung auf nassem Wege. α) Destillation mit Salpetersäure. Liegen die gut reduzierten, feinpulverigen Platinmetalle in loser Mischung vor (also nicht legiert!), so läßt sich das Osmium durch Salpetersäure, namentlich in der Wärme, leicht zu OsO_4 oxydieren und durch Destillation von den übrigen Platinmetallen trennen.

Anmerkung: Bei Verwendung von konz. Salpetersäure wird zum Teil auch Ruthenium als RuO_4 verflüchtigt. Siehe auch GILCHRIST: Bur. Stand. J. Res. **6**, 446 (1931), ferner W. D. TREADWELL, Tabellen (1947).

Das gleiche ist der Fall, wenn die Platinmetalle als Sulfidgemische vorliegen. Osmiumsulfid wird, besonders in der Wärme, leicht gelöst und zu OsO_4 oxydiert, das durch Destillation von den übrigen Platinmetallen getrennt wird. Die Sulfide der übrigen Platinmetalle werden hierbei ebenfalls gelöst. (Anmerkung wie oben.)

Bei der Ausführung der Destillation bedient man sich mit Vorteil der auf S. 127 beim Ruthenium beschriebenen Glasapparatur. Die Vorlagen werden mit verdünnter Alkalihydroxydlösung beschickt. Während der Destillation wird ein Strom gereinigter Luft durch die Apparatur hindurchgesaugt.

Handelt es sich um die Destillation alkalischer Lösungen aus der Ätzkali-Salpeterschmelze, so wird zunächst die HNO_3 vorsichtig in kleinen Anteilen zum Inhalt des Destillierkölbchens hinzugegeben. Ist dieser sauer geworden, so entweicht OsO_4 und die wäßrige Alkalihydroxydlösung der Vorlagen beginnt infolge Bildung von $OsO_4 \cdot 2\,KOH$ (vgl. S. 156) sich erst gelb, dann orange und schließlich dunkelrotbraun zu färben. Inzwischen hat man das Destillierkölbchen allmählich unter fortwährendem Hindurchsaugen von Luft bis nahe zum Sieden erhitzt. Die Destillation in der Wärme wird fortgesetzt, bis der Inhalt der ersten, öfter zu wechselnden Vorlage nicht mehr gefärbt wird und eine daraus entnommene Probe nach Ansäuern mit HCl und Zugabe eines Überschusses von SO_2-Lösung mit Thioharnstoff keine Rotfärbung mehr zeigt (vgl. S. 163).

Um zu verhindern, daß bei der Destillation außer OsO_4 auch RuO_4 mit übergeht, darf die Konzentration der Salpetersäure in der Lösung 40 Vol.-% HNO_3 (D 1,4) nicht überschreiten [vgl. Ruthenium, S. 131, und GILCHRIST (b)].

Für quantitative Zwecke wird von GILCHRIST (b) statt wäßriger Lösungen von Alkalihydroxyd als Absorptionsflüssigkeit eine frisch mit SO_2 gesättigte 6nHCl vorgeschlagen.

β) Destillation mit Permanganat oder Chromsäure. In Abwesenheit von Ruthenium läßt sich die Trennung des Osmiums auch mit Hilfe von Oxydationsmitteln, wie z. B. $KMnO_4$ oder CrO_3, in schwefelsaurer Lösung glatt durchführen, während bei Gegenwart von Ruthenium kleine Mengen hiervon, und zwar durch Permanganat mehr wie durch CrO_3, mit dem Osmium verflüchtigt werden (WÖHLER und METZ). Siehe auch RUFF und VIDIČ.

Über die Ausführung der Trennung vgl. unter „Trennung des Osmiums von Tellur".

γ) Destillation mit Chlor. Bei der Destillation mit Chlor in alkalischer Lösung wird, im Gegensatz zu den Destillationen mit $KMnO_4$ oder CrO_3 in schwefelsaurer Lösung, das gesamte Ruthenium mit dem Osmium abdestilliert. Handelt es sich hierbei um Lösungen, die das Osmium in Form von Chlorid oder Na_2OsCl_6 ($NaCl$-Cl_2-Aufschluß) enthalten, so muß die Lösung vor der Chlordestillation mit überschüssigem Alkalihydroxyd kurz aufgekocht werden (vgl. S. 165). Im anderen Falle genügt es, den Inhalt des Destillationskölbchens mit NaOH alkalisch zu machen.

Nach LATHE (The Determination of the Metals of the Platinum Group in Nickel Ores and Concentrates) werden von den Platinwerken J. Bishop & Co. (USA) OsO_4 und RuO_4 bei der Chlordestillation in WOULFFschen Flaschen aufgefangen, die der Reihe nach mit Wasser, Natriumhydrogensulfat und Natriumhydroxyd beschickt sind. Die vereinigten Destillate werden mit HCl angesäuert, mit Zink gefällt und filtriert. Osmium wird in H_2O_2 gelöst und mit H_2S abgeschieden. Beim Lösen hinterbleibt Ru als Rückstand.

Liegen die Platinmetalle als Sulfide vor, so läßt sich die Oxydation und Verflüchtigung aus alkalischer Lösung mit Hilfe der oben angegebenen Chlordestillation ohne weiteres durchführen, da Osmiumsulfid hierbei sich ganz so verhält wie Rutheniumsulfid (vgl. Ruthenium, S. 129), d. h. durch die Destillation im Chlorstrom werden beide restlos entfernt und können auf diese Weise von den übrigen Platinmetallen getrennt werden.

Mit der Chlordestillation lassen sich sonach auch aus Sulfidgemischen der Platinmetalle Osmium und Ruthenium glatt von den übrigen Platinmetallen trennen. Dagegen scheinen in dieser Hinsicht, zumindest bei der Destillation mit CrO_3-H_2SO_4-Gemischen, auch bei den Sulfiden Schwierigkeiten insofern zu bestehen, als der Oxydationsvorgang beim Rutheniumsulfid zwar wesentlich günstiger verläuft als beim metallischen Osmium, dafür aber das OsO_4 sehr leicht überdestilliert, während nur ein geringer Teil Ruthenium als RuO_4 mit dem OsO_4 gleichzeitig übergeht (FRITZMANN).

δ) Trennung durch kombinierte Verfahren. In manchen Fällen können auch kombinierte Verfahren mit Vorteil angewendet werden. Enthält z. B. eine in Königswasser unlösliche Legierung (Osmiridium) außer Osmium und Iridium als Hauptmetalle noch wesentliche Mengen Platin, so wird man nach der Zinkschmelze zunächst die Hauptmenge des Osmiums mit Sauerstoff und anschließend das Platin mit Königswasser entfernen. Der Rest des Osmiums kann mit dem Chloraufschluß oder auch mit dem Kochsalzchloraufschluß und anschließender Destillation mit alkalischem Chlor und mit dem Ruthenium zusammen erfaßt und so von den übrigen Platinmetallen getrennt werden.

Als Absorptionsflüssigkeit für das bei der Chlordestillation entweichende Gemisch von RuO_4 und OsO_4 kann man nach Vorschlag von LEIDIÉ eine Mischung von Alkohol und Wasser benutzen[1]. (Vorsicht, Explosionsgefahr!) Hierbei sollen die Tetroxyde zu Metall reduziert und nach der Methode von SAINTE-CLAIRE DEVILLE und DEBRAY getrennt werden. Sehr einfach läßt sich der Nachweis in folgender Weise durchführen:

Das schwärzliche Reaktionsgemisch aus der Vorlage wird mit dem gleichen Volumen HCl (D 1,19) versetzt und erhitzt. Sogleich hellt sich die dunkle Lösung auf, wird zunächst rotbraun und schließlich orangerot. Der Niederschlag geht also glatt in Lösung. Fügt man zu dieser Lösung Thioharnstoff, so erscheint sogleich beim Kochen die tiefblaue Färbung, die die Anwesenheit des Rutheniums anzeigt. Setzt man nun einige Tropfen Zinn(II)-chlorid hinzu, so erfolgt bei gleichzeitiger Anwesenheit von Osmium Farbenumschlag nach Rot. Erscheint auf Zusatz von Thioharnstoff statt der blauen eine mehr violette Färbung, so deutet der violette Farbton auf die Anwesenheit verhältnismäßig größerer Mengen Osmium. Auf Zusatz einiger Tropfen Zinn(II)-chlorid kommt ebenfalls die reine rote Farbe des Osmiums zum Vorschein. Der positive Nachweis des Rutheniums kann in diesem Falle in einer Sonderprobe mit Rubeanwasserstoff geführt werden (vgl. Ruthenium, S. 144). Mit diesem Reagens werden Osmiumchloridlösungen nicht verändert[2]. Zu beachten ist, daß die Lösung des Reagenses in Eisessig nach längerer Zeit unbrauchbar wird.

Aus der Tatsache, daß der schwärzliche Niederschlag der Vorlage sehr leicht von konz. HCl gelöst wird, scheint hervorzugehen, daß es sich hierbei nicht um Metall, wie LEIDIÉ angibt, sondern wahrscheinlich um Oxydhydrat handeln dürfte.

An Stelle der wäßrigen alkoholischen Absorptionsflüssigkeit läßt sich auch verd. HCl (1 + 2) (Analytische Kommission des Platininstituts Leningrad) mit gutem Erfolg verwenden. Gibt man nach beendeter Destillation die Absorptionsflüssigkeit der Vorlagen in den entleerten und gereinigten Destillierkolben zurück und erhitzt die Mischung unter Hindurchleiten eines reinen Luftstromes, so entweicht alles OsO_4, das in mit Alkalihydroxyd beschickten Vorlagen aufgefangen und auf diese Weise vom Ruthenium getrennt werden kann.

Auch Mischungen von verd. HCl (1 + 1) mit Alkohol können als Absorptionsflüssigkeit verwendet werden.

In den wäßrigen alkalischen, salzsauren oder alkoholischen Absorptionsflüssigkeiten der Vorlagen läßt sich das Osmium mit Thioharnstoff in Gegenwart von HCl einwandfrei als rote Farbenreaktion nachweisen. Im Falle der Anwesenheit von Ruthenium erfolgt der Nachweis nach WÖLBLING unter Zuhilfenahme von Zinn(II)-chlorid, in Anwesenheit von Salpetersäure nach GILCHRIST unter Anwendung von SO_2-Wasser (S. 162). In Gegenwart von Osmium läßt sich Ruthenium mit Rubeanwasserstoff nachweisen (vgl. Ruthenium, S. 144).

c) Trennung des Osmiums vom Tellur. Die bereits mehrfach erwähnte Oxydation von feinverteiltem metallischem Osmium zu OsO_4 durch saures Permanganat oder durch Chromschwefelsäure mit anschließender Verflüchtigung des OsO_4 läßt sich, wie L. WÖHLER und METZ gezeigt haben, auch zur Trennung des Osmiums vom

[1] Bei der Rutheniumdestillation (Ruthenium, S. 126) ist darauf hingewiesen worden, daß zur Vermeidung von Explosionen verhindert werden muß, daß alkoholische Dämpfe in den Destillierkolben gelangen. Trotz zahlreicher Chlordestillationen, wobei Gemische von RuO_4 und OsO_4 unmittelbar in wäßrigen Alkohol destilliert wurden, ist bisher nicht eine einzige Explosion beobachtet worden. Die oben angegebene Vorbedingung für explosionsfreies Destillieren ist hierbei allerdings sorgfältigst berücksichtigt worden, insbesondere, solange der Destillierkolben erhitzt wurde, denn die Temperatur scheint hierbei ein Rolle zu spielen.

Die erste Vorlage wurde mit Eis gekühlt. Auf diese Weise gelang es, die abdestillierten Tetroxyde bei Vorhandensein nicht zu großer Mengen größtenteils in einer einzigen Vorlage zu konzentrieren. Vgl. auch S. 173, Absatz β.

[2] Lösungen des 6- oder 8wertigen Osmiums geben in saurer Lösung mit Rubeanwasserstoff bräunlich gefärbte kolloide Lösungen.

Tellur benutzen. Hierbei wird Tellur zur nichtflüchtigen Tellursäure oxydiert. Vgl. auch S. 153.

α) Destillation mit saurem Permanganat. Zur Destillation verwendet man eine Lösung, die auf 50 cm³ 2/1 n H_2SO_4 15 g $KMnO_4$ enthält und die unter langsamem Durchleiten von Luft im Schwefelsäurebad auf 120° erhitzt wird. Die entweichende OsO_4 wird in alkoholischem Kaliumhydroxyd (12 Teile KOH, 4 Teile C_2H_5OH, 84 Teile H_2O) aufgefangen (WÖHLER und METZ).

β) Destillation mit Chromschwefelsäure. Hierzu wird eine Lösung von 30 g CrO_3 auf 100 cm³ 2/1 n H_2SO_4 verwendet. Bei 70° beginnt bereits das OsO_4 sich zu verflüchtigen, indem die vorgelegte Kalilauge sich gelb färbt. Es wird so lange bei langsamem Durchleiten von Luft destilliert, bis sich die Chromsäure im Entwicklerkölbchen krystallin abzuscheiden beginnt. Die Trennung verläuft quantitativ. Keine Spur der entstandenen Tellursäure geht hierbei mit über (WÖHLER und METZ).

Das Tellur läßt sich im Falle der Permanganatdestillation nach Zerstörung des überschüssigen Permanganats und Reduktion des MnO_2 durch Oxalsäure und im Falle der Chromschwefelsäuredestillation nach dem Kochen mit Alkohol beide Male mit Hydrazinhydrat (GUTBIER) reduzieren und anschließend bestimmen oder nachweisen. Über die Bestimmung weiterer Beimengungen, wie Pb, Ir, vgl. L. WÖHLER und METZ.

γ) Durch Verflüchtigung des Os im nitrosen Gas. Da Tellur bereits bei 275° zu oxydieren beginnt, Telluroxyd aber erst oberhalb 700° flüchtig ist, läßt sich aus einem Gemisch von tellurhaltigem Osmium durch Behandlung im NO_2-Strom bei 275 bis 300° das Osmium in einfacher Weise als OsO_4 verflüchtigen und glatt vom Tellur trennen, das als Dioxyd im Rückstand bleibt. Da ferner die Trennung des Osmiums vom Tellur mit Hilfe der unter α) und β) beschriebenen Destillationen mit saurem Permanganat oder Chromschwefelsäure bei Gegenwart von Ruthenium durch teilweisen Übergang von RuO_4 mit dem OsO_4 gestört wird, ist es zweckmäßig, bei *Gegenwart von Tellur und Ruthenium* die Abtrennung des Osmiums durch Verflüchtigung als OsO_4 im nitrosen Gase vorzunehmen (WÖHLER und METZ).

VIII. Nachweis von Osmium neben Rhenium.

Wie bereits auf S. 162 angegeben, bietet die dort beschriebene Kaliumjodidreaktion nach ALVAREZ ein Mittel, um das Osmium von dem ihm analytisch verwandten Rhenium zu unterscheiden.

IX. Trennung des Osmiums vom Rhenium.

Rheniumlösungen können in Gegenwart von Salpetersäure *ohne* Rheniumverlust eingedampft werden, während hierdurch Osmium vollständig als OsO_4 verflüchtigt wird (NODDACK). Wird also eine salpetersaure, Osmium und Rhenium enthaltende Lösung in der auf S. 127 (Ruthenium) beschriebenen kleinen Glasapparatur unter Hindurchsaugen eines reinen Luftstromes erhitzt, so wird sich das Os als OsO_4 verflüchtigen und in der mit verdünnter Kalilauge beschickten Vorlage durch die bräunlichgelbe Farbe verraten und mit Thioharnstoff nachweisen lassen. Im Inhalt des Destillierkölbchens wird dagegen das Rhenium durch Kalium-Ion als das schwer lösliche weiße Kaliumperrhenat nachgewiesen.

Über weitere Osmiumnachweise vgl. unter „Reaktionen auf trockenem Wege", S. 159.

X. Physikalische Methoden.

Spektralanalytische Nachweismethoden. Sie werden in einem besonderen Abschnitt gemeinsam mit den anderen Platinmetallen behandelt.

Literatur.

ALVAREZ, E. P.: Chem. N. **91**, 172 (1905); G. **35 II**, 423 (1905); C. r. **140**, 1255 (1905). — ANAL. KOMM. PLATIN-INST. LENINGRAD: Ann. Inst. Platine **9**, 102 (1932); durch C. **104 II**, 1223 (1933); GM., Syst. Nr. 68, A, S. 531 (1940). — ANDERSON, L. H., u. D. M. YOST: Am. Soc. **60**, 1822 (1938); durch C. **110 I**, 4017 (1939); GM., Syst. Nr. 66, S. 43 (1939). — Anonym: Dtsch. Goldschm.-Ztg. **33**, kleine Nr. 22, S. 5 (1930); durch GM., Syst. Nr. 66, S. 22 (1939).

BEHRENS, H.: Fr. **30**, 155 (1891). — BEHRENS-KLEY: Mikrochem. Anal. I, S. 163 (1921). — BENEDETTI-PICHLER, A. A., u. J. R. RACHELE: Mikrochemie **24**, 20 (1938). — BERZELIUS, J. J.: Svenska Akad. Handl. **94**, 98 (1828); durch GM. Syst. Nr. 66, S. 41 (1939). — BORNEMANN, F.: Diss. Danzig, T. H., S. 539 (1910). — BUTLEROFF, A.: Bl. Acad. Sci. Pétersb. [2] **10**, 179, 162, 183 (1852); durch GM., Syst. Nr. 66, S. 43, 46 (1939).

CARTER, F. E.: Chem. Metallurg. Eng. **36**, 553 (1929); durch C. **100 II**, 2825 (1929); GM., Syst. Nr. 66, 22 (1939). — CHARONNAT, R.: Siehe P. PASCAL: Traité de Chimie Minérale, Paris, **11**, 368 (1932); durch GM., Syst. Nr. 66, S. 55 (1939); C. **103 II**, 3855 (1932). — CLAUS, C.: (a) A. **63**, 356 (1847); (b) Festschrift, S. 30 (1854). — CROWELL, W. R., u. H. D. KIRSCHMAN: (a) Am. Soc. **51**, 175 (1929); durch C. **100 I**, 1719; (b) Am. Soc. **51**, 1695 (1929); durch C. **100 II**, 1331 (1929).

DÄHLMANN, H.: Diss. Braunschweig, T. H., S. 17 (1932). — DONAU, J.: M. **25**, 916 (1904); durch C. **75 II**, 1256 (1904). — DUPARC, L., u. M. TIKONOWITSCH: Le platine usw., Genf, S. 233 (1920).

EDELSHÄUSER, O.: Diss. Erlangen, S. 12 (1914); durch GM., Syst. Nr. 66, S. 42 (1939).

FEIGL, F., u. S. PICKHOLZ: Durch FEIGL: Tüpfelreaktionen, S. 215 (1938). — FISCHER, H.: Angew. Ch. **42**, 1025 (1929). — FISCHER, N. W.: Pogg. Ann. **12**, 439 (1828); durch GM., Syst. Nr. 66, S. 45 (1939). — FRASER, H. J.: Am. Mineralogist **22**, 1022 (1937). — FRÉMY, E.: C. r. (a) **38**, 1010 (1854); (b) **19**, 472 (1844); (c) Ann. Chim. Phys. [3] **12**, 519 (1844); durch GM., Syst. Nr. 66, S. 67 (1939). — FRESENIUS, C. R.: Qual. Anal., S. 281 (1919). — FRITZMANN, E.: Z. anorg. Ch. (a) **163**, 174 (1927); (b) **169**, 362, 357 (1928).

GILCHRIST, R.: Bur. Stand. J. Res. (a) **9**, 282 (1932); (b) **6**, 431, 446 (1931). — GOLODETZ, L.: Ch. Rev. Fett-Harz Ind. **17**, 72 (1910); durch C. **81 I**, 1648 (1910). — GRAF, F.: Diss. Jena, S. 49 [(1926) 1927]; durch GM., Syst. Nr. 68, A, S. 401 (1939). — GUTBIER, A.: Ch. Z. **37**, 857 (1913). — GUTBIER, A., u. O. MAISCH, GUTBIER, A. u. K. MAISCH: B. **42**, 4240 (1909). — GUTBIER, A., u. W. SCHIEFERDECKER: Z. anorg. Ch. **184**, 329 (1929).

HENRIQUES, R.: Ch. Z. **16**, 1597 (1892). — HIRSCH, M.: Ch. Z. **46**, 390 (1922). — HOFMANN, K. A.: B. **45**, 3329 (1912). — HOFMANN, K. A., O. EHRHART u. O. SCHNEIDER: B. **46**, 1657 (1913).

JUZA, R.: Z. anorg. Ch. **219**, 129 (1934).

KIRSCHMAN, H. D., u. W. R. CROWELL: Am. Soc. **55**, 488 (1933); durch C. **104 II**, 169 (1933). — v. KNORRE, G.: Angew. Ch. **15**, 395 (1902); durch C. **73 I**, 1338 (1902). — KRAUSS, F.: Z. anorg. Ch. **175**, 345 (1928). — KRAUSS, F., u. D. WILKEN: Z. anorg. Ch. (a) **145**, 151 (1925); (b) **137**, 349 (1924). — KUHLBERG, L.: Chem. J. Ser. A, **8** (70), 1139 (1938); durch C. **110 II**, 4289 (1939); GM., Syst. Nr. 68, A, S. 448 (1940).

LATHE, F. E.: Canadian J. Res. **18**, 339 (1940). — LEHMANN, F.: Arch. Pharm. **251**, 152 (1913); durch C. **84 I**, 1267 (1913). — LEIDIÉ, E.: C. r. **131**, 888 (1900); durch C. **72 I**, 64 (1901). — LEIDIÉ u. QUENNESSEN: C. r. **136**, 1399 (1903); durch C. **74 II**, 218 (1903).

MAKOWKA, O.: B. **41**, 943 (1908). — MILLER, A.: Diss. Stuttgart, T. H., S. 15 (1922); durch GM., Syst. Nr. 68, A, S. 401 (1939). — MILBAUER, J.: J. pr. [2] **96**, 187 (1917); durch C. **89 II**, 10 (1918). — MITCHELL, C. A.: Analyst **49**, 162 (1924); durch C. **95 II**, 788 (1924). — MORATH, H., u. C. WISCHIN: Z. anorg. Ch. **3**, 159 (1893). — MÜLLER, E., u. J. KEIL: Z. El. Ch. **29**, 395 (1923). — MÜLLER, E., u. K. SCHWABE: (a) Ph. Ch. A. **154**, 143 (1931); (b) Z. El. Ch. **35**, 173 (1929).

NODDACK, W.: Z. El. Ch. **34**, 629 (1928). — NORMANN, W., u. F. SCHICK: Arch. Pharm. **252**, 208 (1914); durch C. **85 II**, 442 (1914).

OGAWA, E.: Bl. chem. Soc. Japan **6**, 302 (1931); durch C. **103 I**, 1501 (1932). — OGBURN, S. C.: Am. Soc. **48**, 2509 (1926). — ORLOFF, N. A.: Ch. Z. **30**, 714 (1906).

PAAL, C., u. C. AMBERGER: B. **40**, 1378 (1907). — PHILLIPS, F. C.: Z. anorg. Ch. **6**, 238, 241 (1893). — PUCHE, F.: Ann. Chim. [11] **9**, 233 (1938); durch C. **109 I**, 4432 (1938); GM., Syst. Nr. 66, S. 64 (1939).

RATHSBURG, H.: Diss. Danzig, S. 63, 67 (1914); durch GM., Syst. Nr. 66, S. 32 (1939). — REMY, H.: (a) J. pr. [2] **101**, 342 (1921); (b) Lehrb. Anorg. Ch., 2. u. 3. Aufl., Bd. II, 327 (1942). — ROSE, H.: Ausf. Handb. Anal. Ch. I, S. 225, Braunschweig 1851; durch GM., Syst. Nr. 66, S. 46 (1939). — RUFF, O., u. F. BORNEMANN: Z. anorg. Ch. **65**, 437 (1910). — RUFF, O., u. H. RATHSBURG: B. **50**, 497, 485, 495 Fußnote (1917). — RUFF, O., u. E. VIDIČ: Z. anorg. Ch. **136**, 51 (1924).

SAINTE-CLAIRE DEVILLE, H., u. H. DEBRAY: Ann. Chim. Phys., III. Serie, **56**, 407 (1859). — SCHULTZE, O.: Z. wiss. Mikroskopie **27**, 467 (1910); durch GM., Syst. Nr. 66, 42 (1939). — SEUBERT, K.: A. **261**, 258 (1891); durch GM., Syst. Nr. 66, S. 64 (1939). — SINGLETON, W.: Ind. Chimist (chem. Manufacturer) **3**, 121 (1927); durch C. **98 I**, 2580 (1927). — STEIGER, B.: Mikrochemie **16**, 198 (1934/35). — SULČ, O.: Z. anorg. Ch. **19**, 334 (1899).

Tananaeff, N. A., u. A. N. Romanjuk: Fr. **108**, 30 (1937). — Tennant, S.: J. natur. Phil., Nicholson **8**, 221 (1804); durch GM., Syst. Nr. 66, S. 47 (1939). — Treadwell, F. P.: Anal. Ch. I, S. 554 (1930). — Truthe, W.: Z. anorg. Ch. **154**, 421 (1926). — Tschugajeff, L.: Z. anorg. Ch. **172**, 214 (1928). — Tschugajeff, L.: C. r. **167**, 235 (1918); durch Wöhler, L., u. L. Metz: Z. anorg. Ch. **138**, 368 (1924). — Tschugajeff, L., u. J. Bikermann: Z. anorg. Ch. **172**, 229 (1928). — Tschugajeff, L., u. M. Borodulin nach E. Fritzmann: Z. anorg. Ch. **172**, 227 (1928). — Tschugajeff, L., u. A. J. Lukaschuk nach E. Fritzmann: Z. anorg. Ch. **172**, 223 (1928). — Tschugajeff, L., u. J. Tschernjajeff: Z. anorg. Ch. **172**, 216 (1928).
Vauquelin: Ann. Chim. **89**, 150 (1814); durch GM., Syst. Nr. 66, S. 45 (1939).
v. Wartenberg, H.: A. **440**, 98 (1924). — Whitmore, W. F., u. H. Schneider: Mikrochemie **17**, 288 (1935). — Wichers, E., R. Gilchrist u. W. H. Swanger: Trans. Am. Inst. min. metalling. Eng. **76**, 602 (1928); durch C. **1001**, 2814 (1929); GM., Syst. Nr. 66, S. 31 (1939). — Willstätter, R., u. E. Sonnenfeld: B. **47**, 2814 (1914). — Wintrebert, L.: Ann. Chim. Phys. [7] **28**, 15 (1903); durch C. **741**, 314 (1903); GM., Syst. Nr. 66, S. 43 (1939). — Wöhler, F.: Pogg. Ann. **31**, 161 (1834). — Wöhler, L., K. Ewald u. H. G. Krall: B. **66**, 1646 (1933). — Wöhler, L., u. L. Metz: Z. anorg. Ch. (a) **149**, 297 (1925); (b) **138**, 368 (1924). — Wölbling, H.: B. **67**, 773 (1934). — Wölbling, H., u. B. Steiger: Mikrochemie **15**, 301 (1934).

7. Übersichtstafeln.

Erläuterungen zu den beigefügten Tafeln A bis E.

Wichtig für den Analytiker ist es unter anderem auch, sich darüber Klarheit zu verschaffen, bis zu welchen Beträgen herab er mit seinen Methoden die Bestandteile der zu analysierenden Substanzen noch mit Sicherheit nachweisen kann und von welchen Mengen er bei Durchführung der Analysen ausgehen muß. Besondere Bedeutung kommt diesen Fragen namentlich in den Fällen zu, in denen es sich um die Untersuchung z. B. hochreiner Edelmetalle handelt. Bei dem hohen Wert dieser Metalle wird er sich meist auf die unbedingt nötige Menge beschränken müssen, und häufig werden ihm für seine Zwecke überhaupt nur sehr begrenzte Mengen zur Verfügung stehen.

Um nun eine Entscheidung in diesen Fragen treffen zu können, sind zur raschen Orientierung die beifolgenden Tafeln A bis E einschließlich zusammengestellt worden. An Hand dieser Tafeln soll vor allem auch der im Umgange mit kleinen und kleinsten Substanzmengen weniger vertraute Analytiker in die Lage versetzt werden, sich ohne weiteres eine rasche und sichere Vorstellung von den im Einzelfalle bei seinen Befunden vorliegenden Metallmengen zu verschaffen.

Tafel A. Prozentgehalte bei verschiedenen Einwaagen.

I Einwaage	II Faktoren	III 10^{-8} g = 0,01 γ	IV 10^{-7} g = 0,1 γ	V 10^{-6} g = 1 γ	VI 10^{-5} g = 10 γ	VII 10^{-4} g = 100 γ
		Abnehmende Verunreinigung ←		Zunehmende Verunreinigung →		
		Steigender Reinheitsgrad		Abnehmender Reinheitsgrad		
1. 100 g	$\frac{100}{100}$ = 1,00 = 1 · 10^0	0,000 000 01%	0,000 000 1%	0,000 001%	0,000 01%	0,000 1%
2. 75 g	$\frac{100}{75}$ = 1,33 = 1,33 · 10^0	0,000 000 013 3%	0,000 000 133%	0,000 001 33%	0,000 013 3%	0,000 133%
3. 50 g	$\frac{100}{50}$ = 2,00 = 2 · 10^0	0,000 000 02%	0,000 000 2%	0,000 002%	0,000 02%	0,000 2%
4. 25 g	$\frac{100}{25}$ = 4,00 = 4 · 10^0	0,000 000 04%	0,000 000 4%	0,000 004%	0,000 04%	0,000 4%
5. 20 g	$\frac{100}{20}$ = 5,00 = 5 · 10^0	0,000 000 05%	0,000 000 5%	0,000 005%	0,000 05%	0,000 5%
6. 10 g	$\frac{100}{10}$ = 10,00 = 1 · 10^1	0,000 000 1%	0,000 001%	0,000 01%	0,000 1%	0,001%
7. 5 g	$\frac{100}{5}$ = 20,00 = 2 · 10^1	0,000 000 2%	0,000 002%	0,000 02%	0,000 2%	0,002%
8. 1 g	$\frac{100}{1}$ = 100 = 1 · 10^2	0,000 001%	0,000 01%	0,000 1%	0,001%	0,01%
9. 0,5 g	$\frac{100}{0,5}$ = 200 = 2 · 10^2	0,000 002%	0,000 02%	0,000 2%	0,002%	0,02%
10. 0,1 g	$\frac{100}{0,1}$ = 1000 = 1 · 10^3	0,000 01%	0,000 1%	0,001%	0,01%	0,1%

Tafel A gibt eine Übersicht über die bei verschiedenen Einwaagen im Bereich von 0,1 bis 100 g sich ergebenden Prozentgehalte aus den am häufigsten im Laufe der qualitativen Analysen anzutreffenden Beträgen von 10^{-8} bis 10^{-4} g, oder 0,01 bis 100 γ Platinmetalle, bezogen auf 1 cm³ Lösung.

Tafel B

über die in der Praxis gebräuchlichen Reagenzien bzw. Methoden zum Nachweis der Platinmetalle, ferner über die dabei stattfindenden Reaktionen, die damit erreichbaren Erfassungsgrenzen und Grenzkonzentrationen, soweit diese in der Literatur angegeben oder an Hand eigener Ermittlungen festgestellt worden sind.

	Reagens oder Methode	Reaktion	Erfassungsgrenze	Grenzkonzentration	Nähere Angaben Seite
		A. Platin.			
1a.	KCl	gelbe Krystalle (Oktaeder)	0,6 γ mikr.		44
1b.	(NH_4Cl)				
2.	RbCl, CsCl	„	0,2 γ mikr.		44
3.	$TlNO_3$	gelber Staub	0,004 γ mikr.		
4.	KJ	dunkelpurpurrote Färbung	0,5 γ/cm³ (mineralsauer) 2 γ/cm³ (essigsauer)		44 40
5.	$SnCl_2$	mit steigendem Pt-Gehalt gelbe, orange, blutrote Färbung	0,1 γ/cm³		39
6.	Jod und Stärke	Verhinderung der Blaufärbung	0,4 γ/2 cm³	1 : 5000000	41
7.	Hg	metallisches Pt		1 : 3000000	47
8.	Kat. Red. v. P-Molybd. durch HCOOH	Blaufärbung	0,1 γ/1 cm³		42
9.	Katalyse d. H_2-Oxydation	Glühreaktion	0,04 γ/1 mm³	1 : 25000	33
		B. Palladium.			
1.	KJ	schwarze Fällung	0,1 γ mikr.		72
2.	Jod und Stärke	Verhinderung der Blaufärbung	0,4 γ/2 cm³	1 : 5000000	64
3.	$TlNO_3$	Krystalle	0,2 γ mikr.		72
4.	$SnCl_2$	Grünfärbung	10—40 γ/cm³		64
5.	Dimethylglyoxim	gelbe Nadeln	0,01 γ mikr.		72
6.	„	„ „	< 5 γ/5 cm³ *	1 : 1000000	68
7.	Katalyse d. H_2-Oxydation	Glühreaktion	0,01 γ/mm³	1 : 100000	62
		C. Iridium.			
1a.	KCl	schwarzrote Oktaeder	25 μ mikr.		116
1b.	NH_4Cl				
2.	Chlorwasser	Braunfärbung	unter 10^{-5} g/cm³		190
3.	CsCl	rote Oktaeder	0,3 γ mikr.		116 **
4.	H_2SO_4u.NH_4NO_3	Blaufärbung	1 γ		113
5.	Leukomalachitgrün	blaugrüne Färbung	0,8 γ/5 cm³	1 : 6000000	115
6.	Katalyse d. H_2-Oxydation	Glühreaktion	0,18 γ/mm³		110
		D. Rhodium.			
1.	$SnCl_2$	himbeerrote Färbg.	0,6 γ/cm³	1 : 1660000	93
2.	KNO_2	weiße Krystalle	0,09 γ mikr.	1 : 10000	95
3.	Katalyse d. H_2-Oxydation	Aufglühen	0,02 γ/mm³		91

* Nach eigenen Feststellungen im Reagierzylinder.

** Analysenvorschläge, Methode Wölbling.

Tafel B (Fortsetzung.)

	Reagens oder Methode	Reaktion	Erfassungsgrenze	Grenz-konzentration	Nähere Angaben Seite
		E. Osmium.			
1.	Verflüchtigung von OsO_4	Geruch	0,02 γ/cm^3		160
2.	KCNS	Blaufärbung	1 γ/cm^3	1 : 1000000	161
3.	KJ u. H_3PO_4	smaragdgrüne Färb.	5 γ/cm^3	1 : 200000	162
4.	NH_4Cl	Krystalle	0,5 γ mikr.		166
5.	CsCl	„	0,1 γ mikr.		166
6.	als $K_2OsO_4 \cdot H_2O$	violette Krystalle	0,1 γ mikr.		166
7.	Thioharnstoff	rote Färbung	10 γ/cm^3	1 : 100000	165
8.	„ + SO_2-Lösg.	„ „	0,2 γ/cm^3	1 : 5000000	162
9.	„ + $SnCl_2$	„ „	1 γ/cm^3	1 : 1000000	162
10.	Aktivierung d. Oxydation von KJ durch Alkalichlorate in Gegenw. v. OsO_4	blaue Jodstärke	0,01 γ	1 : 5000000	167
		F. Ruthenium.			
1.	CsCl	rötlichbraune feinkörnige Fällung	0,8 γ mikr.		144
2.	Red. $RuO_4 \rightarrow$ $\rightarrow RuCl_4$ durch HCl 1,19	rötliche bis dunkelbraune Färbung	unter 1 γ/cm^3		133
3.	Thioharnstoff	Blaufärbung	15 $\gamma/5\ cm^3$	1 : 330000	143
4.	Diphenylthioharnstoff	blaugrüne Färbung	1,5 $\gamma/5\ cm^3$	1 : 3330000	144
5.	Rubeanwasserstoff	Blaufärbung	0,2 γ	1 : 250000	144

Die Beträge in Tafel A sind in 5 vertikalen Kolonnen von III bis VII angeordnet, und zwar von links nach rechts immer um eine Zehnerpotenz steigend, während die Prozentgehalte in der vertikalen Richtung mit der Abnahme der Einwaagen im entsprechenden Verhältnis steigen. Das heißt also, daß unter sonst gleichen Umständen die Konzentration des aufzufindenden Stoffes in der ursprünglichen Probe um so größer sein muß, je geringer die Einwaage ist, wenn die Erfassungsgrenze z. B. bei 1 γ/cm^3 (Kolonne V) liegen soll. Die Grenzkonzentration würde in diesem Falle 1 : 1000000 sein.

Ist z. B. für eine Farbenreaktion die Erfassungsgrenze mit $4 \cdot 10^{-5}$ g angegeben, so beträgt bei 10 g Einwaage der Prozentgehalt der mit dieser Farbenreaktion nachgewiesenen Metallmenge, wie ohne weiteres aus der Tafel A (Kolonne VI, Reihe 6) zu entnehmen ist, 4mal 0,0001% = 0,0004% oder 4 zehntausendstel Prozent. Die Grenzkonzentration wäre in diesem Falle $= 1 : \frac{100000}{4} = 1 : 25000$. Dieser Fall wäre z. B. bei dem Ausschüttelverfahren nach WÖLBLING gegeben, nach dessen Angaben hierbei die Farbenreaktionen von 10^{-5} g/cm³, entsprechend 0,00001 g, noch gut sichtbar und innerhalb von einigen Vielfachen auf eine Einheit zu unterscheiden sind. So läßt sich in diesem Falle die an sich nicht besonders scharfe Palladiumreaktion mit $SnCl_2$, die bekannte Grünfärbung, nach WÖLBLING immerhin noch Palladiumreaktionen von 1 bis $4 \cdot 10^{-5}$ g/cm³ (10 bis 40 γ) deutlich erkennen.

Der schärfste Nachweis des Pd z. B. erfolgt bekanntlich durch katalytische Reduktion von Nickelsalzen (vgl. Palladium, S. 65, unter b). Erfassungsgrenze = 0,00015 γ oder 1,5 zehntausendstel Gamma im Kubikzentimeter, die Grenzkonzentration beträgt 1 : 6600000000. Leider ist diese überaus empfindliche Reaktion gerade deswegen überhaupt nur unter besonderen Voraussetzungen ausführbar.

Tafel B bringt schließlich eine Übersicht über die in der Praxis gebräuchlichen Reagenzien bzw. Methoden zum Nachweis der Platinmetalle, ferner über die dabei stattfindenden Reaktionen, die damit erreichbaren Erfassungsgrenzen (E.G.) und Grenzkonzentrationen (G.K.), soweit diese in der Literatur angegeben oder durch eigene Ermittlungen festgestellt worden sind.

Tafel C. Spannungsreihe nach F. FOERSTER[1].

Metall in 1 n Lösung	ε_h	ε_a
Mg als Sulfat	− 1,72	− 1,45
Mn „ „	− 1,089	− 0,815
Zn „ „	− 0,796	− 0,522
Cd „ „	− 0,426	− 0,152
Te „ „	− 0,396	− 0,122
Fe „ „	− 0,46	− 0,19
Co „ „	− 0,32	− 0,05
Ni „ „	− 0,26	+ 0,01
Sn „ „	− 0,190	+ 0,084
Pb „ Nitrat	− 0,148	+ 0,126
H als 2 n H_2SO_4	± 0,000	+ 0,274
Sb als 0,005 n Sulfat in 2 n H_2SO_4	+ 0,160	+ 0,434
Bi „ Silicofluorid	+ 0,295	+ 0,569
Cu „ Sulfat	+ 0,307	+ 0,581
Ag „ Nitrat	+ 0,775	+ 1,049
Au „ $AuCl_4$ EP ε_h	+ 1,001	

ε_h = relative Potentiale auf die Wasserstoffelektrode bezogen. — ε_a = absolute Potentiale auf die Tropfelektrode bezogen. — EP bedeutet „elektrolytisches Potential".

Bei den üblichen, für uns in Frage kommenden qualitativen Reaktionen (Tafel B) können im allgemeinen, bezüglich der Platinmetalle, mit wenig Ausnahmen noch 1 γ/cm^3 und zum Teil darunter mit Sicherheit erfaßt werden. Wie sich weiterhin aus den Tafeln erkennen läßt, wird man daher *bei der qualitativen Prüfung hochreiner Platinmetalle in vielen Fällen mit 10, höchstens aber mit 50 g Einwaage auskommen* und bei den meisten Reaktionen damit noch *Gehalte nachweisen können*, die bei *0,00001%* (*einhunderttausendstel*) *Prozent und zum Teil sogar noch darunter liegen.*

Tafel D. Merkblatt zum NaCl-Cl_2-Aufschluß.

Es erfordern	zur Bildung des Na-Komplexes	theoretisch
1 Pt	Na_2PtCl_6 oder Na_2PtCl_4	0,5989 NaCl
1 Os	Na_2OsCl_6	0,6125 „
1 Ir	Na_2IrCl_6	0,6055 „
1 Ir	Na_3IrCl_6	0,9082 „
1 Rh	Na_3RhCl_6	1,7044 „
1 Ru	Na_2RuCl_6	1,1497 „
1 Pd	Na_2PdCl_6 oder Na_2PdCl_4	1,0958 „

Da ein größerer Überschuß an NaCl bei den nachfolgenden Reaktionen bisweilen stören kann, ist es zweckmäßig, bei der Bemessung des NaCl-Zusatzes die theoretisch erforderliche Menge nicht wesentlich zu überschreiten. Im allgemeinen wird man, auf das aufzuschließende Metall bezogen, mit der gleichen bis doppelten Menge NaCl auskommen.

Tafel E. Über Reduktionstemperaturen einiger Edelmetallchloride.
Nach F. C. PHILLIPS: Z. anorg. Ch. 6, 233 (1894).

Chlorid	Temperatur	Chlorid	Temperatur
$PdCl_2$	Zimmertemperatur	$PtCl_4$	unter 80°
Rh_2Cl_6 (wasserfrei)	200°	Ru_2Cl_6 (wasserfrei)	190°
$AuCl_3$	150°	AgCl	270 bis 280°

[1] FOERSTER, F.: Elektrochemie wäßriger Lösungen, S. 181. 1922.

§ 7. Allgemeine kritische Betrachtung über die im Anschluß an die Reaktionen behandelten Trennungs- und Nachweismethoden der Platinmetalle.

Im Anschluß an die Reaktionen sind bereits bei jedem der 6 Platinmetalle praktische Beispiele über die Ausführung von Trennungen sowie über den Nachweis der einzelnen Platinmetalle, auch in Gegenwart anderer Metalle, behandelt worden. Zum Teil ist auch bereits bei den Reaktionen auf die hieraus sich ergebenden Trennungsmöglichkeiten hingewiesen worden.

Die Herbeiführung einfacher qualitativer Trennungen begegnet bekanntlich bei den Platinmetallen bisweilen recht erheblichen Schwierigkeiten, so daß der Analytiker nicht selten gezwungen ist, in solchen Fällen umständlichere quatitative Trennungsmethoden zu Hilfe zu nehmen.

Die Gründe für diese Schwierigkeiten sind bereits im allgemeinen Teil (S. 25) dargelegt worden. Es fehlt auch nicht an Vorschlägen, durch Verwendung geeigneter Reagenzien die Trennung völlig zu umgehen. Das würde aber bedeuten, daß jedes der in der Lösung anwesenden Platinmetalle in einer sog. „Sonderprobe" nachgewiesen werden müßte, vorausgesetzt natürlich, daß eine genügende Anzahl spezifischer Reagenzien zur Verfügung stände. Diese Voraussetzung trifft unseres Wissens aber, abgesehen von Tüpfelreaktionen, nur für die von WHITMORE und SCHNEIDER angegebene mikroskopische Analyse in gewissem Umfang zu (vgl. S. 197).

In der Praxis der Makroanalyse der Platinmetalle wird zur Zeit hauptsächlich nur *ein* spezifisches Reagens angewendet, nämlich Dimethylglyoxim[1], das in Gegenwart sämtlicher Platinmetalle nur mit Palladium eine Fällung gibt, falls alles Platin in der 4wertigen Oxydationsstufe vorhanden ist[2].

Wird nun Palladium in einer Sonderprobe festgestellt, so muß es in der Hauptprobe jedenfalls zunächst entfernt werden, es sei denn, daß der Nachweis der übrigen Platinmetalle durch Palladium nicht gestört wird. Da das meistens nicht zutrifft, läßt sich auch in diesem Falle die Trennung von den übrigen Platinmetallen in der Hauptprobe nicht umgehen. Sehr zweckmäßig kann hierbei die Fällung mit H_2S nach MYLIUS und MAZZUCCHELLI sein (vgl. Palladium, S. 63), während bei Verwendung von Dimethylglyoxim der unter Umständen störende Einfluß des Alkohols und des Reagensüberschusses ebenfalls beim Nachweis der übrigen Platinmetalle in der Lösung zu berücksichtigen ist.

Neben den spezifischen Reaktionen können auch noch selektive[3] Reaktionen, die also für eine engere Auswahl weniger Bestandteile einer Lösung charakteristisch sind, Trennungen in manchen Fällen ersetzen. Zur Erreichung dieses Zweckes müssen allerdings die häufig mehr oder weniger komplizierten Bedingungen, unter denen diese Reaktionen erfolgen sollen, peinlichst eingehalten werden. Das gilt übrigens bis zu einem gewissen Grade auch für die spezifischen Reaktionen. Es fragt sich nur, ob dem Analytiker, der doch das Material unbekannter chemischer Zusammensetzung erst auf die An- oder Abwesenheit der betreffenden Elemente qualitativ prüfen soll, mit solchen Vorschriften viel geholfen ist (vgl. z. B. Palladium,

---

[1] Auch die durch Palladium katalysierte Reduktion von Phosphormolybdatlösungen mit CO, ferner noch einige Oxime und 6-Nitrochinolin sowie p-Aminoacetophenon sind als spezifische Reagenzien für Palladium zu bezeichnen (vgl. Palladium, S. 67, 69, 70 und 73). Über ihre Anwendung in der Praxis ist unseres Wissens nichts bekannt geworden. Als spezifische Reaktionen bei den Platinmetallen sind noch zu bezeichnen für Ruthenium(VIII)-oxyd: die intensive braunrote bis dunkelbraune Färbung, die sich bei der Reduktion des RuO_4 durch konz. HCl zu $RuCl_4$ einstellt, und der Nachweis mit Rubeanwasserstoff; für Osmium(VIII)-oxyd die Fällung als $K_2OsO_4 \cdot 2H_2O$ durch Reduktion der Anlagerungsverbindung $OsO_4 \cdot 2KOH$ in alkalischer Lösung z. B. mit Alkohol.

[2] Vgl. Rhodium, S. 94, unter b, und Palladium, S. 68, Fußnote.

[3] Die Unterscheidung in spezifische und selektive Reaktionen ist von der Internationalen Kommission für neue analytische Reaktionen und Reagenzien im Jahre 1937 beschlossen worden. [Mikrochim. A. **1**, 253 (1937); durch GM., Syst. Nr. 68, S. 421 (1940).]

S. 67). Demgegenüber ist nach glatt verlaufener Trennung der Nachweis der einzelnen Bestandteile bei der Anzahl der zur Verfügung stehenden brauchbaren Reagenzien ohne besondere Schwierigkeiten und mit der größten Zuverlässigkeit und Schärfe durchführbar, und zwar meist bis zu der für das betreffende Reagens ermittelten Erfassungsgrenze herab.

In der Makroanalyse der Platinmetalle wird deshalb den Trennungsverfahren der Vorzug gegeben. Sie spielen, nicht zuletzt auch in Rücksicht auf die oben angedeuteten Schwierigkeiten und aus anderen später zu erörternden Gründen, qualitativ wie quantitativ eine überragende Rolle und bilden geradezu das Rückgrat für makroanalytische Arbeiten. Sie können in mancher Hinsicht aber auch für die Mikro-[1] oder Tüpfelanalyse und sogar für die Spektralanalyse von Nutzen sein. Denn auch hierbei gelingt der Nachweis um so einwandfreier, je einfacher die Verhältnisse hinsichtlich des zu untersuchenden Materials liegen. In strittigen Fällen und für die Prüfung oder Eichung von Standardproben wird, trotz ihrer etwas umständlichen aber zuverlässigen Trennungsmethoden, letzten Endes immer noch die Makroanalyse entscheidend sein.

Besonders zu erwähnen ist noch ein einfaches colorimetrisches Verfahren nach WÖLBLING, das sich für die qualitative Prüfung auf kleine Mengen von Platin, Palladium, Rhodium, Iridium (nach vorheriger Abscheidung des Osmiums und Rutheniums als Tetroxyde) als recht brauchbar gezeigt hat (vgl. S. 189). Der Nachweis erfolgt durch Farbenreaktionen, die Trennung in der Hauptsache durch Ausschütteln mit Äthylacetat. Der gleichfalls von WÖLBLING vorgeschlagene Osmiumnachweis in Gegenwart von Ruthenium mit Thioharnstoff und Zinn(II)-chlorid (vgl. Osmium, S. 175) verdient volle Beachtung.

Ausschlaggebend für die Beurteilung eines Nachweises ist bekanntlich in rein wissenschaftlicher Hinsicht außer seiner Empfindlichkeit oder Schärfe (Erfassungsgrenze) noch die Eindeutigkeit der Reaktion. Es ist ohne weiteres verständlich, wenn bei dem hohen Wert der hier in Frage kommenden Metalle die Praxis, abgesehen von der Erfassungsgrenze und der Eindeutigkeit, vor allem der Zuverlässigkeit der Reaktion besondere Bedeutung beimißt. Denn hierbei kann es sich unter Umständen um enorme Beträge handeln, für deren Zustandekommen und Richtigkeit (abgesehen von der Probenahme) die Analyse die Verantwortung zu übernehmen hat. Deswegen werden z. B. solche Nachweise, die zwar eine außerordentlich niedrige Erfassungsgrenze aufweisen, deren Zuverlässigkeit aber, eben infolge ihrer übertrieben großen Schärfe, von mancherlei Zufälligkeiten abhängig ist (wie z. B. der Nachweis mit Hilfe der durch spurenhafte Edelmetallgehalte katalysierten Reduktion von Nickelsalzen mit Natriumhypophosphit[2]), vorläufig wenigstens, nur eine sehr interessante wissenschaftliche Feststellung bleiben. Die am häufigsten gebrauchten und in längerer Laboratoriumspraxis als zuverlässig erprobten Reagenzien sind bei den einzelnen Platinmetallen besonders hervorgehoben.

Überprüft man an Hand des Schrifttums die in den letzten Jahrzehnten neu hinzugekommenen Vorschläge über Nachweismethoden der Platinmetalle, so findet man, daß zunächst auf dem Gebiet der Farbenreaktionen, und zwar mit Hilfe organischer und einiger anorganischer Reagenzien, dann aber auch unter Benutzung der ausgezeichneten katalytischen Eigenschaften der Platinmetalle und nicht zuletzt auch im Bereich der Tüpfel- und Mikroanalyse, beachtliche Fortschritte zu verzeichnen sind. Aber auch auf dem eigentlichen Arbeitsgebiet der Makroanalyse ist besonders eine Reihe von Verbesserungen bestehender und Ausführungen neuartiger Trennungsmethoden vorgeschlagen worden. In diesem Zusammenhang seien vor allem die zahlreichen Arbeiten WÖHLERS und seiner Mitarbeiter erwähnt.

---

[1] Vgl. z. B. hierzu Ruthenium, S. 147. [2] Vgl. Palladium, S. 65.

§ 8. Kritische Betrachtung einiger aus dem Schrifttum bekannter Vorschläge für qualitative Analysengänge [1].

Für die Durchführung qualitativer Analysen auf nassem Wege sind die von MYLIUS und DIETZ wie auch von MYLIUS und MAZZUCCHELLI gemachten Vorschläge in deutschen Fachkreisen wohl die seither bekanntesten.

Auf den diesbezüglichen Arbeiten von CLAUS, SAINTE-CLAIRE DEVILLE, DEBRAY und STAS sowie auf den bereits erwähnten Arbeiten von MYLIUS und Mitarbeitern und schließlich von L. WÖHLER und METZ fußend bringt F. P. TREADWELL in Form einer Tabelle einen Vorschlag zur qualitativen Trennung der Platinmetalle, der eine rasche qualitative Übersicht gestatten und sich auch für quantitative Zwecke auswerten lassen soll.

Eine qualitative, mikrochemische Analysenmethode zur Untersuchung von Platin und Platinerzen wird von BEHRENS-KLEY angegeben. Von neueren Vorschlägen auf dem analytischen Gebiet der Platinmetalle ist das Ausschüttelverfahren nach WÖLBLING zu nennen, ferner sind Analysenvorschläge für Edelmetallegierungen von W. BILTZ gemacht worden.

Von fremdsprachlichen Arbeiten seien folgende erwähnt:

a) Der Vorschlag von OGBURN JR.
b) Die mikroskopische Analyse von WHITMORE und SCHNEIDER.
c) Die qualitative Halbmikroanalyse von MILLER und LOWE.

A. Analysengang nach MYLIUS und DIETZ.

Der von MYLIUS und DIETZ vorgeschlagene einfache Gang zur Auffindung der Platinmetalle, der in Form der bekannten Tabelle wohl in den meisten deutschen Lehr- und Handbüchern der qualitativen Analyse wiedergegeben ist, geht von der Annahme aus, daß die sämtlichen 6 Platinmetalle nebst Gold und Quecksilber in neutraler oder saurer chloridhaltiger Lösung vorliegen. Gesamtmenge der Platinmetalle etwa 1 g. Platinlegierungen sollen mit der Bleischmelze aufgeschlossen werden.

Der Gang ist kurz folgender:

1. Entfernung des Osmiums durch Destillation mit HNO_3. *Os*
2. Abtrennung des Goldes durch Ausschütteln mit Äther. *Au*
3. Übrige Platinmetalle und Hg in Gegenwart von Ammoniumacetat mit freier HCOOH zu Metall reduzieren, durch längeres Kochen am Rückflußkühler.
4. Getrocknete Metalle im H_2-Strom glühen. *Hg*
5. Entfernung von Unedelmetallen (Sn) durch heiße HCl.
6. Trockenen Rückstand mit NaCl und Chlor (feucht) aufschließen, in H_2O lösen, mit NH_4Cl-Lösung versetzen, solange Fällung entsteht und filtrieren.

Niederschlag A	$(NH_4)_2PtCl_6$	$(NH_4)_2IrCl_6$	$(NH_4)_2RuCl_6$
Lösung B	Na_2PdCl_4	Na_3RhCl_6	

Niederschlag A [2]. In warmem H_2O lösen, salzsaures Hydroxylamin hinzufügen, nach Erkalten mit NH_4Cl fällen, filtrieren, gelbe Fällung zeigt Pt an. *Pt*

Mutterlauge zur Trockne verdampfen, verglühen, mit KOH + KNO_3 im Silbertiegel schmelzen, in H_2O lösen, blauschwarzen Rückstand abfiltrieren[3]. Wäßrige Lösung mit Cl_2 sättigen und Ru durch Destillieren entfernen, in alkoholischer HCl auffangen. Gelbbraune Färbung zeigt Ru an. *Ru*

Bestätigung: Erwärmen mit Thiosulfat in ammoniakalischer Lösung: rotviolette Färbung.

Unlöslichen blauschwarzen Rückstand mit NaCl + Cl_2 aufschließen, schwarze Fällung mit NH_4Cl zeigt Ir an. *Ir*

---

[1] Bei Bezugnahme auf diesen Abschnitt kurz als „Analysenvorschläge" bezeichnet.

[2] Die Trennung des Platins, Iridiums und Rutheniums von Palladium und Rhodium durch Fällung der ersteren mit NH_4Cl wird von MYLIUS und DIETZ als unvollkommen bezeichnet.

[3] Kein Papierfilter benutzen. Vgl. Ruthenium, S. 138.

Lösung B. Mit überschüssigem NH_3 langsam zur Trockne verdampfen, Rh-Komplex in Chloropurpureochlorid verwandeln, aus wenig warmer verdünnter NH_3-Lösung umkrystallisieren und nach Erkalten abfiltrieren. Im Filtrat: $Pd(NH_3)_4Cl_2$.

Kleinen Teil des Rh-Salzes verglühen, mit NaCl + Cl_2 aufschließen, in Wasser lösen, rosenrote Farbe zeigt Rh an. *Rh*

Ammoniakalische Lösung des $Pd(NH_3)_4Cl_2$ mit HCl ansäuern, fällt gelbes $Pd(NH_3)_2Cl_2$, das verglüht und reduziert metallisches Pd gibt. Lösen in konz. HNO_3, vorsichtig verdampfen, mit H_2O aufnehmen, mit $Hg(CN)_2$ fällen. Gelbe Fällung zeigt Pd an. *Pd*

Dieser Analysengang soll nach MYLIUS und DIETZ nur zur ersten Orientierung des Analytikers dienen.

Anmerkungen: Zu 6. *Trennung des Pt, Ir, Ru vom Pd und Rh in der wäßrigen Lösung des NaCl-Cl_2-Aufschlusses durch Fällen mit NH_4Cl.* Hierbei ist die Anwesenheit des Ru insofern unerwünscht, als es, im Gegensatz zu Platin und Iridium, meist nur unvollkommen mit NH_4Cl oder KCl gefällt wird, mithin teilweise in die Lösung B gelangen und dort zu Störungen führen kann. Es ist daher unseres Erachtens zweckmäßiger, das Ru z. B. durch Einleiten von Chlor in die alkalische Lösung des NaCl-Cl_2-Aufschlusses als RuO_4 vorher zu entfernen.

Zu A. *Trennung von Iridium und Platin.* Von den Schwierigkeiten, die sich der qualitativen Trennung nach dem Vorschlag der Verfasser in den Weg stellen können, ist bereits mehrfach[1] die Rede gewesen. Bezüglich der Verwendung von salzsaurem Hydroxylamin zur Reduktion der 4wertigen Ir- und Ru-Komplexe zur 3wertigen Stufe ist zu bemerken, daß bei längerer Einwirkungsdauer von dem Reagens auch Chloroplatin(IV)-säure, namentlich in der Wärme, verhältnismäßig leicht zu Chloroplatin(II)-säure reduziert und dadurch der Fällung mit NH_4Cl oder KCl entzogen wird. Außerdem bleibt die Trennung aus bekannten Gründen unvollständig (MYLIUS und MAZZUCCHELLI). Dagegen gelingen Trennung und Nachweis nach der oben angedeuteten Entfernung des Rutheniums schnell und zuverlässig, wenn die wäßrige Lösung, die das Ammoniumchloroplatinat (IV) und Ammoniumchloroiridat(IV) enthält, mit dem Ausschüttelverfahren nach WÖLBLING weiterbehandelt wird (siehe Platin, S. 52). Der Nachweis sehr geringer Ir-Mengen in einem größeren Überschuß von Platin wird zweckmäßig in der beim Iridium, S. 119, unter d, geschilderten Weise geführt.

Zu B. *Nachweis des Pd und Rh.* Dieser Nachweis läßt sich in gemeinsamer Lösung beider Metalle sehr rasch in folgender Weise durchführen: Palladium wird mit geringem Überschuß von Dimethylglyoxim in der Wärme gefällt und nachgewiesen, der gelbe flockige Niederschlag abfiltriert, das Filtrat auf einige Kubikzentimeter eingedampft[2] und nach Zugabe von $SnCl_2$ erhitzt. In der Wärme braune, nach Abkühlung himbeerrote Farbe zeigt Rhodium an.

B. Analysengang nach MYLIUS und MAZZUCCHELLI.

Während MYLIUS und DIETZ für ihren Analysengang von 1 g Gesamtgewicht der Platinmetalle ausgingen, benutzten MYLIUS und MAZZUCCHELLI von den 5 Platinmetallen Platin, Palladium, Rhodium, Iridium, Ruthenium und ebenso von Gold, Silber, Kupfer und Eisen nur je 1 mg in einer Chloridlösung. Als auffallend erwies sich, daß unter dieser Voraussetzung (Lösung der 9 Metalle zu gleichen Teilen) einige der Metalle sich an ihren charakteristischen Reaktionen leichter auffinden ließen als die anderen. Als schwer nachweisbar unter diesen Umständen erwies sich das Platin im Gegensatz zu Ruthenium, das ziemlich leicht festgestellt werden konnte. Bei diesem Analysenvorschlag werden außerdem Gruppenreaktionen angewendet, deren primäre Niederschläge abgesondert und dann sekundären Tren-

[1] Vgl. VII, S. 27, und Platin, S. 37.

[2] In nicht zu stark verdünnten Lösungen läßt sich der Rh-Nachweis mit $SnCl_2$ nach IWANOFF im Filtrat unmittelbar nach der Filtration des Pd-Niederschlages führen (vgl. Rhodium, S. 101, Fußnote!).

nungen unterworfen werden. Die Gruppenfällungen und die sekundären Trennungen verlaufen in entgegengesetzter Richtung, so daß die Möglichkeit besteht, die bei den einzelnen Trennungen anfallenden Zwischenprodukte (Ir und Ru) mit den Hauptmengen der Metalle wieder zu vereinigen, die erst am Schlusse der Analyse getrennt werden.

Der Gang der Analyse mit den Gruppenfällungen (von I bis VI nach unten) und den sekundären Trennungen (von 1 bis 6 nach oben) ist aus der Tafel auf S. 186 ersichtlich.

Nach Angaben der Verfasser hat sich dieser Gang der Analyse als genügend empfindlich erwiesen. Die sämtlichen neun Metalle konnten mit Sicherheit festgestellt werden, obwohl sie nur mit je einem Milligramm in der Lösung vorhanden waren. Verfasser glauben, daß mit Hilfe dieses Verfahrens die Metalle sogar zu je $^1/_{10}$ mg nachzuweisen wären.

Zu beachten an diesem Gang ist die Trennung des Palladiums vom Iridium und Ruthenium und des Rhodiums von Gold und Kupfer mit Hilfe der rasch durchgeführten H_2S-Fällung in der Kälte, die sich in der Praxis recht gut bewährt hat (vgl. Palladium, S. 63).

Besonders zu beachten ist die unter Nr. III (S. 186) des Analysenschemas angegebene Abscheidung der restlichen Palladium-, Iridium- und Rutheniumgehalte aus der Salmiakfällungsmutterlauge und die Trennung dieser Platinmetalle von Rhodium, Gold, Kupfer und Eisen durch Eindampfen mit verdünnter HNO_3 in Gegenwart reichlicher Mengen NH_4Cl. Diese Methode geht offenbar auf SAINTE-CLAIRE DEVILLE und DEBRAY zurück und wird im wesentlichen auch von SCHOELLER zur quantitativen Trennung des Eisens vom Iridium vorgeschlagen.

Ein heikler Punkt bleibt dagegen die einwandfreie Trennung des Platins vom Iridium und Ruthenium. Verfasser empfehlen, die vereinigten Salmiakniederschläge (Nr. 5) samt den unlöslichen Rückständen aus den sekundären Trennungen stark im Wasserstoff zu erhitzen, zum Schluß auf Weißglut, und nachher das Platin mit Königswasser auszuziehen. Durch den bei hoher Temperatur erfolgenden Reduktionsvorgang muß aber die Legierungsbildung[1] gefördert und die Wiederauflösung des Platins erschwert werden. Trennung und Nachweis des Ir und Ru sollen durch Schmelzen mit Natriumnitrat erfolgen.

Statt des von den Verfassern gemachten Vorschlages scheint uns der folgende Weg praktischer und zuverlässiger zu sein:

Die vereinigten Salmiakniederschläge (Nr. 5) werden in wenig Wasser unter Zusatz von etwas NaOH gelöst und so lange gekocht, bis aller NH_3-Geruch verschwunden ist. Inzwischen hat man die unlöslichen reduzierten Rückstände aus den sekundären Trennungen mit etwas NaCl im Chlorstrom aufgeschlossen. Die wäßrige Lösung des Aufschlusses vereinigt man mit der alkalischen Lösung der Salmiakniederschläge, gibt die Mischung in ein Destillierkölbchen und entfernt das Ruthenium als RuO_4 in bekannter Weise durch die Chlordestillation. In der mit konz. HCl beschickten Vorlage wird das Ruthenium mit Thioharnstoff in der Wärme nachgewiesen. Die vom Ruthenium befreite Lösung des Destillierkölbchens wird mit HCl (zur Zerstörung der Chlorate) eingedampft und der Eindampfrückstand mit verd. HCl (10 Vol.-%, D 1,19) aufgenommen. Platin und Iridium werden nach dem Ausschüttelverfahren von WÖLBLING nachgewiesen (vgl. Platin, S. 52).

Der Analysengang von MYLIUS und MAZZUCCHELLI gehört mit zu den in der Praxis seither wohl am meisten benutzten Vorschlägen.

Eigenartig berührt indes die Ablehnung des Dimethylglyoxims als Reagens auf Palladium durch die Verfasser und die dafür gegebene Begründung (vgl. S. 16, Abs. 1 der Originalabhandlung).

[1] Zur Vermeidung der Legierungsbildung soll nach L. WÖHLER und METZ die Temperatur beim Reduzieren höchstens 400° betragen.

Gang zur Auffindung von Pd, Pt, Rh, Ru, Ir, Au, Ag, Cu, Fe je 1 mg in einer Chloridlösung.

Gruppenfällung	Sekundäre Trennungen
I. Die Lösung wird fast bis zur Trockne abgedampft, mit 2 cm^3 Wasser verdünnt und vom dunkeln Niederschlag abfiltriert. Niederschlag: Silberchlorid.	6. Der Niederschlag wird auf dem Filter mit Ammoniak ausgelaugt. Ein im Filtrat durch Salpetersäure entstehender weißer Niederschlag zeigt *Silber* an. Der dunkle Rückstand auf dem Filter wird nach 5 übertragen.
II. Das Filtrat von I wird mit pulverigem Salmiak gesättigt. Nach 1 Std. wird filtriert und der Niederschlag mit wenig Salmiaklösung gewaschen. Niederschlag: Platin—Iridium—Ruthenium—Doppelchloride.	5. Der Salmiakniederschlag wird (nach Hinzufügen der bei der Reinigung 1 bis 6 erhaltenen unlöslichen Rückstände) im Wasserstoff (zuletzt auf Weißglut) erhitzt. Man extrahiert das Metall mit verdünntem Königswasser und weist in der eingedampften Lösung das *Platin* durch den gelb gefärbten Platinsalmiak nach. Der unlösliche Rückstand wird in einem kleinen Löffel aus Gold- oder Silberblech mit 0,3 g Natriumnitrat geglüht. Das *Ruthenium* geht dabei mit gelber Farbe in die Schmelze über, während der blaue unlösliche Rückstand das *Iridium* anzeigt.
III. Das Filtrat II wird mit 3 cm^3 verdünnter Salpetersäure zur Trockne abgedampft. Der erkaltete Salzrückstand wird mit verdünnter Salpetersäure zu einer mit Salmiak fast gesättigten Flüssigkeit vermischt, so daß die leicht löslichen Doppelchloride von Rhodium, Gold, Kupfer und Eisen in Lösung gehen, die dunklen Doppelsalze von *Palladium*, *Iridium* und *Ruthenium* aber hinterbleiben, welche man abfiltriert und mit sehr wenig verdünnter Salmiak-Salpetersäure wäscht.	4. Der Niederschlag wird durch Eindampfen mit Salzsäure und Aufnahme durch 3 cm^3 Wasser in Lösung übergeführt, welche kalt mit Schwefelwasserstoff gesättigt wird. Die abfiltrierten braunen Sulfidflocken werden mit Königswasser eingedampft. In der Lösung des Abdampfrückstandes wird das *Palladium* an der Fällbarkeit durch Quecksilbercyanid erkannt. Etwaige iridiumhaltige Rückstände werden nach 5 übergeführt.
IV. Das Filtrat von III wird mit verdünnter Salzsäure zur Trockne verdampft, der Rückstand unter Zusatz eines Tropfens verdünnter Salzsäure in 5 cm^3 Wasser gelöst und die Lösung bei etwa 18° schnell mit Schwefelwasserstoff gesättigt. Der schwarze Niederschlag wird nach 10 Min. abfiltriert und mit Wasser gewaschen. Niederschlag: Sulfide von Gold und Kupfer.	3. Der Sulfidniederschlag wird in verdünntem Königswasser gelöst und die Lösung eingedampft. Der in verdünnter Salzsäure gelöste Rückstand wird mit Äther extrahiert. Das *Gold* wird an der Gelbfärbung der ätherischen Schicht und an der Fällbarkeit mit schwefliger Säure erkannt. Aus der wäßrigen Schicht wird mit Schwefelwasserstoff das Sulfid gefällt, nach der Filtration gewaschen und verbrannt. Das hinterbliebene Oxyd wird mit verdünnter Salpetersäure extrahiert. An der Blaufärbung bei dem Übersättigen mit Ammoniak wird das *Kupfer* erkannt. Ein in Salpetersäure unlöslicher Rest ist nach 5 zu übertragen.
V. Das rotgefärbte Filtrat von IV (6 bis 8 cm^3) wird $^1/_2$ Std. *in der Wärme* mit Schwefelwasserstoff behandelt. Nach dem Aufkochen wird der braune Niederschlag abfiltriert und mit Wasser gewaschen. Niederschlag: Rhodiumsulfid.	2. Der Sulfidniederschlag wird auf dem Filter in heißem verdünntem Königswasser gelöst und die Lösung abgedampft. Der Rückstand liefert bei dem Erwärmen mit konz. Salzsäure eine rosenrote Lösung, welche das *Rhodium* anzeigt. Bei dem Erwärmen mit Mercaptan wird dasselbe gelblich gefällt. Im Filtrat können noch Spuren *Iridium* vorhanden sein.
VI. Das Filtrat von V wird darauf gekocht, mit Salpetersäure oxydiert und mit Ammoniak versetzt; der braune Eisenhydroxydniederschlag wird abfiltriert. Das Filtrat hinterläßt bei dem Abdampfen Ammoniumsalze, welche durch Erhitzen völlig zu verflüchtigen sind.	1. Der Niederschlag wird geglüht. Nach dem Auflösen in Salzsäure wird das *Eisen* als Berliner Blau nachgewiesen. Ein etwa vorhandener unlöslicher Rückstand wäre nach 5 zu übertragen.

C. Analysengang nach TREADWELL.

Die von TREADWELL angegebene qualitative Trennung der Platinmetalle setzt voraus, daß alle 6 Platinmetalle als Mischung ihrer feinverteilten Pulver vorliegen. Der Analysengang ist folgender:

Vorgang	Ergebnis und Nachgang
1. Behandeln der 6 Platinmetalle Os, Ru, Pd, Ir, Rh, Pt mit NO_2 bei 300°.	Os destilliert ab als OsO_4, wird in NaOH aufgefangen und mit Zink zu Metall reduziert.
2. Ru, Pt, Pd, Ir, Rh werden bei 700° mit Sauerstoff behandelt.	Ru destilliert als RuO_4 ab usw. wie beim Os.
3. Pt, Pd, Ir, Rh, die nunmehr hauptsächlich als *Oxyde* vorhanden sind, werden im Wasserstoffstrom zu *Metall* reduziert.	Feinverteilte Pulvergemische der reduzierten Platinmetalle.
4. Anschließend folgt der NaCl-Chloraufschluß bei 400°.	Na-Komplexe der Chloride werden in H_2O gelöst.
5. Wäßrige Lösung der Komplexe mit Hydroxylamin-hydrochlorid behandelt. Zugabe von festem KCl.	Pd wird zur 2wertigen, Ir zur 3wertigen Stufe reduziert, beide mit KCl nicht fällbar. Es fällt nur Pt als K_2PtCl_6.
6. Pd, Ir, Rh werden durch Einleiten von Chlor in die Lösung oxydiert.	Pd und Ir werden zur 4wertigen Stufe oxydiert und fallen mit dem überschüssigen KCl aus, Rh bleibt in Lösung.
7. Die KCl-Fällungen des Pd und Ir werden in HCl gelöst und mit Zink oder Natriumformiat zu Metall reduziert.	Pd und Ir fallen als Mohr aus.
8. Behandlung des Metallgemisches mit HNO_3.	Pd wird gelöst, Ir bleibt im Rückstand.
9. Rhodiumlösung mit KNO_2 gefällt.	Rh fällt als $K_3[Rh(NO_2)_6]$.

Hierzu ist folgendes zu bemerken:

Zu 1. Neben der Reduktion des in NaOH aufgefangenen OsO_4 mit Zink zu Metall ist es erforderlich, den eigentlichen positiven Nachweis des Osmiums zumindest auch mit einer der bekannten Farbreaktionen, z. B. Thioharnstoff, in Gegenwart von HCl zu führen (Rotfärbung) oder mit KCNS (vgl. Osmium, S. 161).

Zu 2. Wird die Sauerstoffbehandlung wie angegeben bei 700° durchgeführt, also bei einer Temperatur, bei der die Verflüchtigung des RuO_4 eben erst schwach beginnt (vgl. Ruthenium, S. 125), so läßt sich auf diese Weise bestenfalls der Nachweis z. B. mit Thioharnstoff in Gegenwart von HCl (Blaufärbung in der Wärme) erbringen, aber keine brauchbare Trennung herbeiführen. Zweckmäßig für den qualitativen Nachweis ist es, RuO_4 statt in NaOH in konz. HCl aufzufangen, welche RuO_4 zu dem intensiv gefärbten $RuCl_4$ reduziert. Die Färbung an sich ist bereits kennzeichnend für Ru. Bestätigung: Mit Thioharnstoff wie oben. Das noch in der Probe vorhandene Ruthenium muß aber zur Vermeidung von Störungen bei den nachfolgenden Trennungen ebenfalls entfernt werden.

Abänderungsvorschlag 1. Es ist deshalb vorteilhafter, von vornherein die Pulvermischung der Platinmetalle, nach der Entfernung des Osmiums, bei möglichst niedriger Temperatur (zur Verhinderung von Legierungsbildung) zu reduzieren, in einem kleinen Destillierkölbchen mit verdünnter NaOH zu übergießen und das Ru als RuO_4 mit der Chlordestillation zu entfernen. Beim Austreiben der letzten Rutheniumreste aus der heißen, inzwischen schwach HCl-sauer gewordenen Lösung geht gewöhnlich etwas Palladium in Lösung, das nach Zerstörung des Chlorates in der durch Eindampfen schwach sauren Lösung ohne weiteres mit Dimethylglyoxim nachgewiesen werden kann. Die übrigen Metalle bleiben ungelöst und werden reduziert. Sofern keine Legierungen vorliegen[1], lassen sich aus dem reduzierten Metallpulver Palladium mit HNO_3 und Platin mit Königswasser (1+4) (in beiden Fällen in der Wärme) entfernen und wie üblich nachweisen.

[1] Vgl. S. 185, Fußnote.

Abänderungsvorschlag 2. Nach der Entfernung des Os und Ru in der oben geschilderten Weise hinterbleiben in Pulverform die vier Platinmetalle Pt, Ir, Rh, Pd, die, falls sie nicht legiert sind[1], sich auch nach Reduktion mit der Pyrosulfatschmelze trennen lassen, wobei Rh und Pd als in Wasser lösliches $NaRh(SO_4)_2$ bzw. $Na_2Pd_2(SO_4)_3$ erhalten werden, während Ir und Pt ungelöst zurückbleiben. Die Weiterbehandlung erfolgt wie auf S. 214 ausführlich dargelegt.

Zu 4. Der Aufschluß der reduzierten Metalle mit NaCl und Chlor zwecks Bildung der entsprechenden Na-Komplexe geht bei 400° nur sehr unvollständig vor sich. Die beste Aufschlußtemperatur liegt bei 600 bis 650°.

Ganz abgesehen davon, dürfte es im vorliegenden Falle zweckmäßiger sein, zur glatten Trennung des Palladiums und Platins voneinander und vom Rhodium-Iridium die beiden ersteren zunächst mit Salpetersäure (Pd) und anschließend mit Königswasser (Pt) zu lösen und in den Lösungen nachzuweisen. Schließlich wären Rhodium und Iridium mit NaCl und Chlor bei etwa 600 bis 650° in die entsprechenden Komplexe zu verwandeln.

Zu 5. Selbst nach vorangegangener Reduktion des 4wertigen Iridiums zur 3wertigen Stufe wird dieses vom ausfallenden Platinsalmiak (vom entsprechenden Kalium- oder Rubidiumsalz gilt das gleiche) trotzdem zum Teil mit ausgefällt (MYLIUS und MAZZUCCHELLI). Bezüglich des zur Reduktion vorgeschlagenen Hydroxylamins siehe S. 184.

Zu 8. Zwecks positiven Nachweises muß das im Rückstand verbleibende Iridium z. B. mit NaCl + Cl_2 aufgeschlossen und als schwarzer Iridiumsalmiak oder als Blaufärbung mit NH_4NO_3 in konz. heißer H_2SO_4 nachgewiesen werden. Auch für das in Salpetersäure gelöste Palladium muß noch der Nachweis z. B. mit Dimethylglyoxim in der Kälte geführt werden.

D. Analysengang nach BEHRENS-KLEY.

Dieser mikrochemische Analysengang berücksichtigt sowohl die Untersuchung von Platin als auch von Platinerzen (Rohplatinkonzentraten) und Osmiridium. Als Lösungsmittel dienen konz. Salpetersäure und Königswasser, als Aufschlußmittel bei höheren Temperaturen die KOH-$KClO_3$-Schmelze und der NaCl-Chloraufschluß. Ein für mikroanalytische Zwecke besonders geeignetes Glasgerät (Chlorierungsröhre) zur Ausführung des NaCl-Chloraufschlusses ist auf S. 250/251 des Originaltextes näher beschrieben.

Abb. 7. Kaliumchloroplatinat. V. = 120. Nach BEHRENS und KLEY.

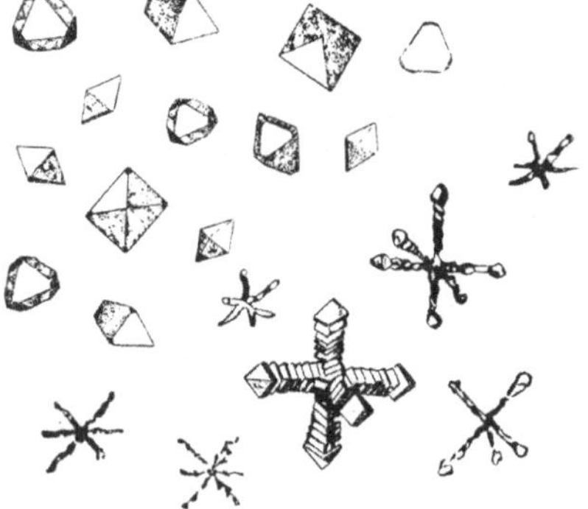

Abb. 8. Kaliumchloroplatinat. V. = 120. Nach BEHRENS und KLEY.

[1] Liegen die vier Metalle in legierter Form vor, so schließt man nach Reduktion mit NaCl + Cl_2 auf und verfährt mit der Lösung am besten wie auf S. 220 angegeben, oder man benutzt die Ausschüttelmethode nach WÖLBLING (vgl. S. 189).

Bei Besprechung der KOH-$KClO_3$-Schmelze (S. 250 im Original) findet sich am Schluß des Absatzes der Hinweis, daß Iridium hierbei nicht gelöst wird, sich vielmehr in schwarzes Oxyd verwandelt, welches von keiner Säure angegriffen wird. Diese Angabe steht teils mit den Befunden von L. WÖHLER und METZ in Widerspruch, teils auch mit den Angaben TREADWELLS, der angibt, daß sich beim Aufschließen mit Kaliumchlorat[1] das entstehende IrO_2 in konz. HCl löst, was auch normalerweise der Fall ist. Vgl. hierzu unter Ruthenium, S. 147, ferner SAINTE-CLAIRE DEVILLE und STAS.

Der Nachweis der einzelnen Platinmetalle erfolgt nach den Methoden der Mikroanalyse (s. Abb. 7 und 8). Näheres siehe Original. Der von den Verfassern aufgestellte Analysengang verdient volle Beachtung.

E. Analysengang nach WÖLBLING zum Nachweis kleiner Gehalte von Platinmetallen.

Obwohl es für die Bestimmung kleinster Mengen Platinmetalle nicht an Reaktionen großer Empfindlichkeit fehlt, bereitet doch die Ermittlung kleiner Gehalte der einzelnen Metalle in gemeinsamer Lösung Schwierigkeiten.

Nachstehende Farbreaktionen erlauben in einem einfachen, kurzen Gange noch Bruchteile eines Milligramms der einzelnen Platinmetalle auf colorimetrischem Wege nebeneinander nachzuweisen und zu bestimmen.

Ruthenium und *Osmium* werden zweckmäßig vorher als Tetroxyde verflüchtigt und gesondert bestimmt. Der Nachweis für Osmium wird mit Thioharnstoff und Salzsäure in Gegenwart von Zinn(II)-chlorid geführt und dadurch eine Beschleunigung und Vertiefung der Reaktion sowie eine Verhinderung der Beeinflussung der Farbe durch die analoge blaue Reaktion des Ru erreicht. Auf diese Weise sind 10^{-6} g Osmium/cm^3 durch Rotfärbung noch nachweisbar, während ohne Zinn(II)-chlorid die Thiocarbamidreaktion des Os noch bei fünffach größerer Konzentration nicht sichtbar ist.

Der Rutheniumnachweis erfolgt am besten durch Thiocarbamid oder durch die der Thioharnstoffreaktion an Farbtiefe überlegene blaue Farbenreaktion mit Rubeanwasserstoff. Sie wird bewirkt durch Kochen der neutralen oder sauren Lösung mit Rubeanwasserstoff in Eisessig. Diese Reaktion wird durch Osmium nicht gestört, wenn letzteres mit Äthylacetat ausgeschüttelt wird[2]. Pt, Pd, Au, Ag geben Fällungen, die sich durch Zentrifugieren abtrennen lassen.

Trennung und Nachweis der Metalle Pt, Pd, Rh und Ir. Diesem colorimetrischen Verfahren liegen nach WÖLBLING folgende Reaktionsvorgänge zugrunde:

1. Pt gibt mit Zinn(II)-chlorid in HCl-saurer Lösung die bekannte Farbreaktion von großer Empfindlichkeit, die sich bereits bei 10^{-6} g als Gelbfärbung zeigt und bei höheren Gehalten zu Orange vertieft. Durch Ausschütteln mit Äther oder Essigester läßt sich diese Farbreaktion selbst in solchen Fällen sichtbar machen, wo infolge Eigenfärbung eine unmittelbare Beobachtung in wäßriger Lösung verhindert wird. Störungen verursachen Rh und Pd, die ein ähnliches Verhalten zeigen, dagegen sind Ir, Os, Ru ohne Einfluß.

2. Im Gegensatz zu Pt verläuft die Reaktion beim Rh langsam und gibt allmählich einen rötlichen Farbton, während Palladium Braunfärbungen zeigt, die mehr oder weniger schnell über Olivgrün unter Abscheidung grauer Metallflitterchen schließlich in ein grünes, in organischen Lösungsmitteln nicht lösliches Hydrosol übergehen. Doch gibt die Zinn(II)-chloridreaktion beim Vorliegen einer Mischung der Chloridlösungen dieser drei Metalle Färbungen, die sich analytisch nicht ohne weiteres verwerten lassen.

[1] Gemeint ist wahrscheinlich der Aufschluß mit KOH + $KClO_3$.
[2] Vgl. hierzu Ruthenium, S. 144.

3. Durch Behandeln dieser Färbungen oder ihres Essigesterauszuges mit Ammoniak und nachfolgendes Ansäuern erhält man aber Pt und Rh als ätherlösliche Farbreaktionen und Pd als Grünfärbung, die sich aus dem wäßrigen Teil *nicht* ausschütteln läßt. Man kann auch von vornherein Zinn(II)-chlorid zu der ammoniakalischen Lösung geben und die entstehende Trübung wieder in HCl lösen[1].

4. Bei größeren Säurekonzentrationen kann die Pd-Färbung mit Zinn(II)-chlorid durch die voraufgegangene Ammoniakbehandlung völlig verhindert werden, während die Farbreaktion des Pt dadurch nur wenig abgeschwächt, die Rh-Reaktion nicht beeinflußt wird.

5. Bei geringerer Säurekonzentration gibt Pd auf Zusatz von Zinn(II)-chlorid auch nach der Ammoniakkomplexbildung die bekannte Grünfärbung, welche Pd-Konzentrationen von 1 bis 4×10^{-5} g/cm^3 deutlich unterscheiden läßt.

6. Liegen Mischungen von Lösungen der salzsauren Platinmetallchloride vor, so erhält man nach der Ammoniakbehandlung und Ansäuern mit HCl[1] bei etwa 1/1 n Acidität auf Zusatz von Zinn(II)-chlorid eine dem Pt-Gehalt bei gleicher Behandlung entsprechende Gelbfärbung, die allmählich durch die Rh-Reaktion vertieft wird. Nach dem Ausschütteln mit Essigester kommt in dem wäßrigen Teil durch Abstumpfen mit Ammoniak[1] die grüne Pd-Reaktion zum Vorschein. Ir und Ru bleiben dabei farblos in der wäßrigen Phase.

Zum Nachweis des Rh neben Pt in den gemeinsamen Farblösungen wird von Wölbling die Rotfärbung mit Alkalijodid vorgeschlagen. Doch ist es zweckmäßiger, die Platinfärbung unmittelbar nach dem Zusatz des Zinn(II)-chlorids zur wäßrigen Lösung durch Ausschütteln mit Äthylacetat zu entfernen. Nach längerem Stehen (1 bis 2 Std.) wird die Rhodiumfärbung im Ablauf mit Essigester ausgeschüttelt und das Rhodium mit KJ nachgewiesen. Der Jodidzusatz wird besser auf den Essigesterauszug der Rhodium-Zinn(II)-chloridfärbung beschränkt, um in wäßriger Phase Störungen durch vorhandenes Ir und Pd (schwache Braunfärbung) zu vermeiden. Auch die grüne Pd-Reaktion wird durch Alkalijodid beeinträchtigt.

7. Ir läßt sich mit überschüssigem Chlorwasser durch die intensive Braunfärbung der salzsauren Ir-Lösungen nachweisen. Andere Pt-Metalle in geringeren Konzentrationen beeinflussen die Färbung kaum, größere können leicht entfernt werden. So läßt sich Pd als Jodid leicht abscheiden, doch verläuft nach der Ammoniakbehandlung die Fällung sehr langsam und wird erst im Verlauf eines Tages vollständig.

Die beschriebenen Farbreaktionen sind im allgemeinen für Konzentrationen von 10^{-5} g/cm^3 gut sichtbar und innerhalb von einigen Vielfachen auf eine Einheit zu unterscheiden.

Der von Wölbling an Hand der voraufgegangenen Darlegungen vorgeschlagene Analysengang, der außer dem Nachweis auch bereits die colorimetrische Auswertung der Farbreaktionen zwecks Bestimmung der Metalle zum Ziele hat, ist folgender:

„Die von Osmium, Ruthenium und Gold befreiten Lösungen der Chloride der Platinmetalle werden ammoniakalisch gemacht und nach dem Ansäuern mit Salzsäure auf etwa 1/1 n Acidität mit Zinn(II)-chloridlösung tropfenweise versetzt, bis die eintretende Färbung nicht mehr zunimmt. Man schüttelt alsdann in einem Rotheschen Apparat mit dem doppelten Volumen Äthylacetat[2] aus und trennt nach erfolgter Klärung der beiden Schichten durch Ablassen der wäßrigen in die untere Kugel. Zur Vervollständigung der Scheidung wird der Essigesterauszug in der oberen Kugel mit zinn(II)-chloridhaltiger Normalsäure geschüttelt, die wäßrige Phase in der unteren Kugel mit Essigester. Nach Vereinigung der Waschflüssigkeiten

[1] Vgl. hierzu S. 193, 2. Absatz.

[2] Das Teilungsverhältnis zwischen wäßriger Phase und Äthylacetat beträgt für die Platinreaktion nur 1 : 4,8.

bestimmt man das Platin colorimetrisch durch Vergleich mit Lösungen bekannter Konzentration und gleicher Behandlung. Die wäßrige Phase bleibt zum Ablauf der Rhodiumreaktion 1 bis 2 Std. stehen und wird zur Extraktion der Rhodiumfärbung ebenfalls mit Essigester ausgeschüttelt. In diesem Auszug erfolgt alsdann die Rhodiumbestimmung colorimetrisch. Die wäßrige Phase, welche nunmehr Palladium und Iridium enthalten kann, wird mit Ammoniak abgestumpft, um die grüne Reaktion des Palladiums hervorzurufen. Nach ihrer colorimetrischen Auswertung versetzt man mit überschüssigem Chlorwasser und bestimmt den Iridiumgehalt aus der Intensität der Braunfärbung. Zuweilen tritt die grüne Palladiumreaktion nicht rein in Erscheinung; dann läßt sich Palladium aus der zinnchloridhaltigen Lösung durch Alkalijodid über Nacht abscheiden und nach Lösung in Chlorwasser bei nicht zu großem Lösungsvolumen durch Färbung ermitteln."

Die Dauer der Analyse wird im wesentlichen bestimmt durch die für den Ablauf der Rhodiumreaktion erforderliche Zeit (nach WÖLBLING 1 bis 2 Std.).

Diese Analysenmethode verbindet die Schärfe der Farbenreaktionen mit den Vorzügen der Trennung durch Verteilen zwischen zwei nicht mischbaren Lösungsmitteln.

Bekanntlich zeigen gerade die Platinmetalle bei Fällungen aus Lösungen recht häufig die unangenehme Erscheinung des „Mitreißens" an sich löslicher Salze anderer Metalle, ein Vorgang, der durch Adsorptionserscheinungen und Mischkrystallbildung verursacht wird, durch den der Trennungseffekt aber unter Umständen recht erheblich gestört werden kann.

Demgegenüber besitzen die Trennungsverfahren durch Ausschütteln neben anderen Vorzügen noch den, daß sie frei sind von Adsorption und Mischkrystallbildung, obwohl auch hierbei eine Art „Mitreißen", jedoch nur in Ausnahmefällen in störendem Umfang, vorkommen kann (FISCHER).

Diese Arbeitsweise hat noch den Vorteil, daß sie gestattet, die selbst in ziemlich verdünnten Lösungen enthaltenen Platinmetalle in kürzester Zeit nachzuweisen, was z. B. für die Prüfung edelmetallhaltiger Mutterlaugen oder Waschwässer, ferner von hauchdünnen Beschlägen, z. B. im Chlorierungsrohr u. dgl., kurz für viele Kontrollzwecke recht wertvoll sein kann.

Colorimetrische Nachweise oder Bestimmungen lassen sich bekanntlich erst von einer gewissen Verdünnung der Lösung ab mit Erfolg durchführen. Da der erforderliche Verdünnungsgrad aus jeder Konzentration erreicht werden kann, ist das Verfahren nach WÖLBLING praktisch in allen Fällen anwendbar. In der Eignung für Ermittlung kleiner Gehalte der einzelnen Platinmetalle ist es dem Analysengang nach MYLIUS und MAZZUCCHELLI an die Seite zu stellen, dem es indes an Schnelligkeit bei weitem überlegen ist. Es erfordert, wie bereits erwähnt, nicht viel mehr als die für den Ablauf der Rh-Reaktion (nach WÖLBLING 1 bis 2 Std.) vorgesehene Wartezeit, wobei allerdings ein normaler Verlauf der Palladiumreaktion vorausgesetzt wird.

Ist das jedoch nicht der Fall, kommt also z. B. die grüne Palladiumreaktion nicht rein zum Vorschein, so daß die Fällung des Palladiums als PdJ_2 eingeschaltet werden muß, dann kann freilich der Vorteil, den das WÖLBLINGsche Verfahren bei normalem Verlauf der Palladiumreaktion bietet und der gerade in der raschen Durchführbarkeit der Analyse liegt, dadurch ganz erheblich beeinflußt werden.

Diese Störungen, die nach den Ausführungen von WÖLBLING in Übereinstimmung mit eigenen Versuchen ihre Ursache in zu hoher HCl-Konzentration haben, lassen sich größtenteils vermeiden, wenn man bei 1/1 n Acidität arbeitet. Dagegen führt, wie wir festgestellt haben, weitere Herabsetzung der HCl-Konzentration ebenfalls zu Störungen ähnlicher Art.

Bei mangelnder Übung und Erfahrung in der Handhabung dieses Ausschüttelverfahrens mag es dabei, namentlich in Fällen, in denen es auf besondere Genauigkeit ankommt, ratsam sein, das Palladium vorher mit Dimethylglyoxim abzuscheiden und nach Zerstörung des Reagensüberschusses durch Eindampfen mit Königswasser und Austreiben der HNO_3 mit HCl die übrigen vorhandenen Platinmetalle mit dem Verfahren nach WÖLBLING zu trennen und nachzuweisen. Vgl. hierzu auch Analysengang II, S. 233.

Störungen zeigen sich aber auch im Verhalten des Rhodiums, und zwar insofern, als stets ein Teil dieses Metalles mit dem Platin zusammen durch Äthylacetat ausgeschüttelt wird. Nach unseren Versuchen steigt hierbei die Menge des ausgeschüttelten Rhodiums mit der HCl-Konzentration. Aber auch in ganz schwach HCl-sauren Lösungen läßt sich nach dem Ausschütteln in der nichtwäßrigen Schicht deutlich Rhodium nachweisen. Wird jedoch statt des Essigesters zum Ausschütteln wasserfreier Äther benutzt, so zeigen sich diese Störungen, wie wir festgestellt haben, seltener oder in schwächerer Form.

Aus diesem Verhalten des Rhodiums wäre zu erwarten, daß das Ausschütteln z. B. der Rhodium-Zinn(II)-chlorid-Färbung mit Essigester bei höheren HCl-Konzentrationen besonders günstig verlaufen müßte. In der Tat ließ sich bei Verwendung von HCl-Konzentrationen mit 25 Vol.-% HCl (D 1,19) (entsprechend 3 n HCl) und mehr auf diese Weise das Rhodium fast restlos in den Ester überführen. Leider wird aber, wie sich dabei herausstellte, infolge der höheren HCl-Konzentration der Palladiumnachweis durch Ausbleiben der Grünfärbung nach dem Ausschütteln der Rhodium-Zinn(II)-chlorid-Färbung vollständig verhindert. Dagegen wird der Nachweis des Iridiums mit Chlorwasser hierdurch nicht im geringsten gestört.

Mit Rücksicht darauf, daß eine gewisse HCl-Konzentration überhaupt für das Zustandekommen der Farbreaktionen ebenso wie für die Trennung durch Ausschütteln erforderlich ist, wird man daher infolge der Verzettelung im Falle des Rhodiums immer nur einen, den jeweils vorliegenden Versuchsbedingungen entsprechenden Teil dieses Metalles erfassen, was im Gang der qualitativen Analyse an sich belanglos ist. Nötigenfalls (z. B. für die colorimetrische Bestimmung des Rhodiums) läßt sich der im Platinester oder -äther noch enthaltene Anteil in der auf S. 224 angegebenen Weise feststellen. Bei 1/1 n HCl-Konzentration und entsprechend langer Wartezeit für den Ablauf der Rhodiumreaktion (vgl. unten!) wird in der Regel der größte Teil des Rhodiums im Essigesterauszug der Rhodium-Zinn(II)-chlorid-Färbung erfaßt. Unter Umständen muß jedoch auch für qualitative Zwecke außer diesem Essigesterauszug noch der Platinester oder -äther und gegebenenfalls sogar der wäßrige Ablauf vom Essigesterauszug auf die Anwesenheit von Rhodium geprüft werden. Das hat besonders dann zu geschehen, wenn die Prüfung des Essigesterauszuges auf Rhodium negativ ausfällt.

Nach den Angaben WÖLBLINGs genügen zum Ablauf der Rhodiumreaktion 1 bis 2 Std. In der Praxis hat sich diese Zeit aber als nicht immer hinreichend erwiesen. So haben wir z. B. festgestellt, daß die IWANOFFsche Rhodiumreaktion mit $SnCl_2$ (um die es sich hierbei handelt), die beim Kochen der Probe über Braun zu der nach dem Abkühlen charakteristischen himbeerroten Färbung führt, bei Raumtemperatur erst nach etwa 10 Std. die gleiche Farbenintensität erreicht wie die gekochte Probe nach dem Abkühlen (vgl. Rhodium, S. 93).

Es wurde nun gefunden, daß in diesem Falle durch Lufteinblasen, besonders aber bei Verwendung von Sauerstoff (Kohlensäure wirkt noch langsamer als Luft), die Einstellung der intensiven himbeerroten Farbe sich auch bei Raumtemperatur wesentlich beschleunigen läßt. Dagegen wirkt die Anwesenheit von Äther oder Essigester verzögernd, was namentlich für die praktische Durchführung des Ausschüttelverfahrens nach WÖLBLING von Bedeutung ist. Durch Erwärmen oder Kochen der Probe wird jedoch die Palladiumreaktion vollständig gestört.

Was die Zeit anbelangt, innerhalb welcher bei der oben angedeuteten Gas- oder Luftbehandlung der beschleunigte Ablauf der Rh-Reaktion sich erreichen läßt, so sind hierfür bei Verwendung von Sauerstoff etwa 5 bis 10 Min. erforderlich. Das würde allein gegenüber der WÖLBLINGschen Zeitangabe eine Ersparnis von mindestens $^3/_4$ bis $1^1/_2$ Std. bedeuten. Bei Ausführung der Probe wird man daher in die nach dem Ausschütteln und Abtrennen des Platinesters oder -äthers erhaltene wäßrige Phase zunächst für die oben angegebene Zeitdauer Sauerstoff einleiten und nachher anschließend mit Äthylacetat die Rhodiumfärbung ausschütteln. Der weitere Verlauf der Analyse ist der gleiche wie bisher.

Wir haben schließlich noch festgestellt, daß das von WÖLBLING vorgesehene Abstumpfen mit Ammoniaklösung zur Hervorbringung der grünen Farbreaktion des Palladiums bei der von uns gewählten Arbeitsweise ebenso unnötig ist wie die Ammoniakbehandlung mit nachfolgendem Ansäuern mit HCl (vgl. hierzu S. 190, ferner S. 233 unter b Ausschütteln mit Äther).

Ist kein Palladium vorhanden, so kann, um das Ausschütteln des Rhodiums mit Essigester möglichst quantitativ zu gestalten, dieser Vorgang ebenso wie die Sauerstoffbehandlung auch bei den oben angegebenen höheren HCl-Konzentrationen erfolgen.

Was die Trennung des Platins vom Iridium mit Hilfe des Ausschüttelverfahrens anbelangt, so ist diese nach unseren bisherigen Erfahrungen gegen Verschiebungen in der HCl-Konzentration nach oben ziemlich unempfindlich, etwas weniger bei Konzentrationsänderungen im umgekehrten Sinne. Zu beachten ist, daß nach KARPOFF und SSAWTSCHENKO bei der Platinreaktion mit $SnCl_2$ die Intensität der Färbung umgekehrt proportional ist der Säurekonzentration der Lösung, was namentlich für die colorimetrische Bestimmung von Wichtigkeit ist.

MYLIUS und MAZZUCCHELLI führen die colorimetrische Bestimmung des Iridiums mit Hilfe der Braunfärbung sogar in Gegenwart von konz. HCl durch.

Aus den bisherigen Beobachtungen ergibt sich weiterhin, daß beim WÖLBLINGschen Ausschüttelverfahren die Trennung des Platins vom Iridium am einfachsten, sichersten und vollständigsten verläuft. Hält man z. B. bei zweimaligem Ausschütteln die beiden Abläufe getrennt, so kann man sich nach Zugabe des Chlorwassers zu den beiden Proben an Hand der verschiedenen Intensität der Braunfärbung sehr schön davon überzeugen, daß der erste Ablauf nahezu das gesamte Iridium enthält. Ferner lassen sich mit dem Verfahren Platin und Iridium, sofern sie in Form ihrer mit NH_4Cl oder KCl fällbaren Komplexe vorliegen, innerhalb 5 Min. trennen und nachweisen. Man kann daher auch zunächst beide Metalle in gemeinsamer Lösung zusammen mit NH_4Cl oder KCl fällen und von den übrigen Platinmetallen trennen. Nach Wiederauflösen ihrer Komplexe in Wasser werden alsdann Platin und Iridium nach WÖLBLING getrennt und nachgewiesen und dadurch in einfacher Weise die Schwierigkeiten umgangen, denen der Analytiker bei der qualitativen Trennung des Platins vom Iridium nach den bisherigen Methoden immer begegnete.

Auf Grund der guten Erfahrungen, die inzwischen mit diesem Verfahren gemacht worden sind, bestehen keine Bedenken, Trennung und Nachweis des Platins und Iridiums ganz allgemein nach diesem Verfahren auch bei den übrigen Analysenmethoden einzuführen, was in dem S. 220 angegebenen Gang der Analyse und ebenso bei den angeführten Analysenbeispielen (vgl. S. 228ff.) auch schon geschehen ist.

Für das Verfahren kommen nach WÖLBLING, wie bereits erwähnt, von den Platinmetallen nur Platin, Palladium, Iridium und Rhodium in Form ihrer Chloride oder der entsprechenden Komplexe in Betracht. Osmium und Ruthenium müssen dagegen, ebenso wie Gold[1], vorher entfernt sein.

Ob und inwieweit bei dem Verfahren nach WÖLBLING das Verhalten der obengenannten vier Platinmetalle durch die Anwesenheit von Unedelmetallen beeinflußt

[1] Vgl. hierzu Platin, S. 51 unter VII, γ.

wird, darüber liegen unseres Wissens keine Untersuchungen vor. Nach eigenen bisherigen Erfahrungen scheinen die häufiger anzutreffenden Unedelmetalle, wie Cu, Ni, Fe, Trennung und Nachweis der Platinmetalle mit diesem Verfahren nicht oder kaum zu beeinträchtigen.

Außerdem wird sich die Entfernung störender Mengen von Unedelmetallen in den meisten Fällen durch Kupellation der betreffenden Proben unter Zusatz entsprechender Mengen Silber mit nachfolgender Scheidung in HNO_3, Lösen des Rückstandes in Königswasser oder mit dem NaCl-Cl_2-Aufschluß fast immer erreichen lassen.

Da die praktische Durchführung des gesamten Analysenganges nach WÖLBLING immerhin einige Übung erfordert, ist bei den Analysenbeispielen in der Hauptsache das Ausschüttelverfahren auf die wichtige und in einfacher Weise auszuführende Trennung und den Nachweis des Iridiums und Platins (nach vorausgegangener gemeinsamer Fällung mit Salmiak) beschränkt worden (vgl. S. 193, Absatz 3 und 4).

Es ist an sich verständlich, wenn bei der analytischen Behandlung der Platinmetalle in Rücksicht auf den hohen Wert dieser Edelmetalle in der Praxis vielfach noch den alten, seit Jahrzehnten erprobten Trennungs- und Nachweismethoden der Vorzug gegeben wird gegenüber den colorimetrischen Methoden[1] in Verbindung mit der Trennung durch Ausschütteln.

Doch bieten diese Methoden bei entsprechender Übung und genügendem Einblick in die Zuverlässigkeit der Trennungen und Farbenreaktionen recht beachtliche Vorteile, die besonders in der raschen Ausführbarkeit der Analyse mit einfachsten Mitteln und bei geringstem Materialverbrauch bestehen. Die Analyse kann im Bedarfsfalle an einem Tage mehrmals wiederholt werden. Die Methode eignet sich daher wie keine andere für rasch durchzuführende Kontrollproben zur Betriebsüberwachung.

Wenn auch ein abschließendes Urteil über die unbeschränkte Anwendbarkeit der WÖLBLINGschen Methode als Ganzes zur Zeit noch nicht abgegeben werden kann — dafür ist die Methode noch zu kurze Zeit in Gebrauch —, so ist doch allein schon die rasche und glatt verlaufende Trennung und der einwandfreie Nachweis von Platin und Iridium in gemeinsamer Lösung nach WÖLBLINGs Methode als eine willkommene Bereicherung der bisherigen analytischen Methoden zu bewerten. Die praktische Anwendung dieses Verfahrens ist unter III, S. 221, näher beschrieben.

Über den mit Ausschüttelverfahren zu erzielenden Trennungserfolg mag nachstehende Betrachtung Aufschluß geben:

Zwischen zwei miteinander nicht mischbaren Flüssigkeiten verteilt sich ein in beiden lösbarer Stoff derart, daß nach Einstellung des Gleichgewichtes seine Konzentrationen in beiden Lösungsmitteln ein konstantes Verhältnis aufweisen. (Gesetz von BERTHELOT.)

Sind in $L\,\text{cm}^3$ des ersten Lösungsmittels (z. B. Wasser) x Teile des gelösten Stoffes enthalten und wird diese Lösung mit $m\,\text{cm}^3$ eines zweiten Lösungsmittels (z. B. Äthylacetat) geschüttelt, sei ferner x_1 die Menge des gelösten Stoffes, der im ersten Lösungsmittel (Wasser) zurückbleibt, so beträgt die Konzentration des gelösten Stoffes im ersten Lösungsmittel $\frac{x_1}{L}$ und im zweiten $\frac{x - x_1}{m}$. Bezeichnet k die konstante Verhältniszahl (Teilungskoeffizient), so gilt:

$$\frac{\frac{x_1}{L}}{\frac{x - x_1}{m}} = k \quad \text{oder} \quad \frac{x_1}{L} = k \cdot \frac{x - x_1}{m}, \quad \text{mithin} \quad x_1 = x\left(\frac{kL}{m + kL}\right),$$

---

[1] Eine Ausnahme macht nur die schon lange Zeit benutzte und erprobte $SnCl_2$-Reaktion auf Platin.

nach 2maligem Ausschütteln demnach $x_2 = x\left(\frac{kL}{m + kL}\right)^2$

und nach n-maligem Ausschütteln demnach $x_n = x\left(\frac{kL}{m + kL}\right)^n$.

Das heißt, die im ersten Lösungsmittel (Wasser) zurückbleibende Menge des gelösten Stoffes wird um so kleiner, je öfter die Ausschüttelung wiederholt und je kleiner der Bruch $\frac{kL}{m + kL}$ wird, also je größer m (Menge des Äthylacetats) und je kleiner k wird. Da $\left(\frac{kL}{m + kL}\right)^n$ sich wohl dem Nullwert nähert, ihn aber niemals erreicht, ist zwar eine weitgehende, aber keine restlose Trennung möglich (HOLLEMAN).

In unserem Falle beträgt nach WÖLBLING das Teilungsverhältnis zwischen wäßriger Phase und Äthylacetat für die Platinreaktion 1 : 4,8. Wird also die zu untersuchende Lösung (5 cm³) mit der doppelten Menge Äthylacetat ausgeschüttelt, so ist

$$\frac{x_1}{x} = \frac{\frac{1}{4,8} \cdot 5}{10 + \frac{1}{4,8} \cdot 5} = \frac{1}{10,6}$$

und nach 2maligem Ausschütteln

$$= \left(\frac{1}{10,6}\right)^2 = \frac{1}{112}.$$

Es bleibt also nur $\frac{1}{112} = 0{,}90\%$ der ursprünglich vorhandenen Menge Platin zurück. Die Trennung ist mithin bei 2maligem Ausschütteln mit der doppelten Menge Äthylacetat für unsere Zwecke vollkommen ausreichend.

F. Analysengang nach W. BILTZ.

Qualitative Analyse einer Edelmetallegierung, die Cu, Ag, Au, Ir, Pt, Rh, Pd, Cd, Zn, Sn, Ni, Fe enthält.

Nach ausführlicher Schilderung des Lösevorganges und der Behandlung des unlöslichen Rückstandes (AgCl, Ir) folgt die Beschreibung des Nachweises der Edelmetalle. Gold wird hiernach (neben Fe und Sn) mit Äther ausgeschüttelt und nach dessen Entfernung aus der wieder aufoxydierten Lösung das Platin mit Salmiak gefällt. Der Platinsalmiak wird zu Schwamm verglüht, dieser in Königswasser gelöst und Platin mikrochemisch mit KCl nachgewiesen. In der Mutterlauge der Salmiakfällung erfolgt ohne weiteres die Prüfung auf Palladium mit Dimethylglyoxim. Nach Zerstörung des überschüssigen Dimethylglyoxims durch Eindampfen mit Königswasser wird in der HCl-sauren Lösung das Kupfer durch Kaltfällung mit H_2S und anschließend das Rhodium durch Heißfällung mit H_2S entfernt. Das Rhodiumsulfid wird in Königswasser gelöst und in der konz. Lösung durch seine rote Farbe identifiziert. Über den Nachweis der Unedelmetalle siehe Original.

Anmerkung: Dem hierbei vorgeschlagenen Iridiumnachweis durch Schmelzen des beim Auflösen zurückgebliebenen, feinverteilten Iridiums mit KNO_3 ist unseres Erachtens der $NaCl$-Cl_2-Aufschluß und Nachweis mit NH_4Cl oder mit NH_4NO_3 und H_2SO_4 vorzuziehen (vgl. Iridium, S. 108 und 113).

G. Analysengang nach OGBURN.

Nach Prüfung zahlreicher organischer und anorganischer Reagenzien auf ihre analytische Brauchbarkeit für den Nachweis der sechs Platinmetalle hat OGBURN mit den für diesen Zweck geeigneten Reagenzien versucht, gewichtsmäßig kontrollierte Trennungen dieser Metalle zu erreichen, und zwar so quantitativ wie möglich, mit dem Ergebnis, daß die angeblich qualitative Trennung für jedes der sechs Metalle bis auf $2^1/_2\%$ quantitativ verlief.

Zur Durchführung der Versuche diente eine Mischung der reinen Chloridlösungen der sechs Platinmetalle oder deren Komplexe, welche mit HCl angesäuert wurde, so daß auf 100 cm^3 Lösung 7 bis 8 cm^3 konz. HCl kamen und die Konzentration jedes Metalles etwa 3 mg/cm^3 der Endlösung betrug.

Der Analysengang ist kurz folgender:

Zunächst wird das Palladium mit einer 1%igen alkoholischen Lösung von Dimethylglyoxim bei Raumtemperatur gefällt. Die Lösung wird zur Ausflockung des Niederschlages mit Alkohol versetzt und etwa 1 Std. auf der Heizplatte auf 35 bis 40° erwärmt, dann filtriert und mit alkoholischem Wasser gewaschen. Im Filtrat der Fällung wird dann das Platin mit einer 2%igen alkoholischen Lösung von α-Furildioxim in der Siedehitze abgeschieden. Hierauf wird das Filtrat der Platinfällung eingedampft, mit HCl und $NaClO_3$ zur Zerstörung des Oximüberschusses versetzt und so lange erhitzt, bis kein Chlor mehr wahrnehmbar ist. Es folgt die Fällung des Rhodiums mit einer alkoholischen Lösung von KNO_2 in der Siedehitze. Den Niederschlag läßt man über Nacht stehen, filtriert und löst die Fällung in Königswasser. Nach Eindampfen mit konz. HCl wird mit Wasser aufgenommen und das Rhodium mit Magnesiumdrehspänen gefällt. Das Filtrat von der KNO_2-Fällung wird mit konz. HCl bis nahe zur Trockne eingedampft, mit Wasser aufgenommen und Ruthenium mit alkoholischer NaOH-Lösung in der Siedehitze gefällt. Der Niederschlag wird in HCl gelöst und das Ruthenium mit Zinkstaub gefällt.

Zur Entfernung des Alkohols wird das Filtrat zunächst eingedampft und mit HCl deutlich angesäuert. Iridium und Osmium werden mit Zink als Mohr gefällt, filtriert und mit frisch bereitetem NaClO behandelt. Osmium wird gelöst und Iridium hinterbleibt als Rückstand. Nach dem Abfiltrieren wird das Osmium im Filtrat ebenfalls mit Zinkstaub gefällt.

Die Oximfällungen werden getrocknet, vorsichtig verascht, in Wasserstoff reduziert und gewogen. Die mit Zink oder Magnesium gefällten Metalle werden getrocknet, bei Luftzutritt geglüht, im Wasserstoffstrom reduziert und gewogen. Beim Osmium wird das Trocknen im elektrisch geheizten Ofen bei 190° vorgenommen.

Die quantitative Prüfung dieses Analysenganges ergab nach OGBURN folgende Abweichungen gegenüber den eingewogenen Substanzmengen:

Ruthenium	+1,96%	Osmium	−1,91%
Rhodium	+1,67%	Iridium	−2,73%
Palladium	−2,47%	Platin	−1,06%

Auffallend ist hierbei, daß bei der an sich einfachen Fällung des Palladiums mit Oxim nur 97,53% erfaßt wurden. Das hängt wahrscheinlich damit zusammen, daß die Fällung in Gegenwart von 7 bis 8% konz. HCl und in der Wärme (35 bis 40°) erfolgte. (Vgl. Palladium, S. 68.)

Außer der Beschreibung des (in diesem Falle quantitativen) Verlaufes der Analyse hat OGBURN zu den Bestimmungen der einzelnen Metalle noch ausführliche Ergänzungen, Hinweise und Erklärungen gegeben, bezüglich derer auf das Original verwiesen wird.

Das Eigenartige an diesem Analysengang ist darin zu sehen, daß OGBURN von der allgemeingültigen Regel, das gegen oxydierende Einflüsse außerordentlich empfindliche Osmium zuerst zu entfernen, vollkommen abweicht. Da er bei seinen Versuchen das Osmium nicht allein in Form des ziemlich stabilen Komplexes Na_2OsCl_6[1], sondern auch als das bereits gegen Säuren empfindliche K_2OsO_4 (vgl. Osmium, S. 160) verwendet, ist die Tatsache, daß es gelingt, nach seiner Methode das Osmium mit 98,09% im Durchschnitt zu erfassen, immerhin beachtlich. Die

[1] Daß z. B. beim Zerstören von Chlorat mit konz. HCl in Gegenwart von Na_2OsCl_6 keine Osmiumverluste entstehen, ist bekannt. Vgl. Osmium, S. 165.

Erklärung hierfür ergibt sich daraus, daß durch die reichliche Verwendung von Alkohol und konz. HCl in Gegenwart von Alkalichloriden[1] auch das empfindliche K_2OsO_4 in die beständige komplexe Form übergeführt wird, was, wie in den beigefügten Erläuterungen angegeben wird, z. B. auch bei Einwirkung von KNO_2 in Gegenwart von HCl auf das Osmiumsalz zutrifft. Trotzdem hält es OGBURN für zweckdienlicher, einen Überschuß von KNO_2 bei der Fällung des Rhodiums zu vermeiden, ebenso mit Rücksicht auf die nachfolgende Fällung des Rutheniums mit alkoholischer NaOH.

Ganz abgesehen von dem hier vorliegenden Ausnahmefall wird aber bei den anderen Analysenmethoden grundsätzlich immer zunächst mit der Entfernung und dem Nachweis des Osmiums begonnen.

Nach OGBURN ist die von ihm angegebene Methode sowohl für qualitative als auch für halbquantitative Bestimmungen geeignet. Nach unserer Ansicht trägt diese Methode aber bereits so sichtbar den Stempel der quantitativen Analyse, daß von einer Benutzung dieser Methode für rein qualitative Zwecke (im klassischen Sinne) in der Praxis besser abgesehen wird.

Mit Ausnahme der kanariengelben Fällung des Palladiums als Oxim, die für dieses Metall als spezifisch gilt, und der Fällung des Rhodiums als gelblichweißes Nitrit wird für die übrigen Platinmetalle keine einzige Reaktion für den positiven Nachweis angegeben. Die Metalle werden vielmehr (abgesehen von der bisher unbekannten Fällung des Platins als α-Furildioxim) als solche aus ihren Lösungen zwecks Überführung in die geeignete Wägeform mit Zn und Mg auszementiert.

Diese Methode setzt mithin für ihre Benutzung voraus, daß das zu untersuchende Analysenmaterial nach seiner chemischen Zusammensetzung bereits bekannt ist. Dann ist aber die qualitative Analyse überflüssig. Dagegen dürfte diese Methode als „Übungsanalyse" für die quantitative Trennung der Platinmetalle immerhin recht wertvolle Dienste leisten.

Wegen weiterer Einzelheiten bezüglich des Analysenganges wird auf das Original verwiesen.

H. Analysengang nach WHITMORE und SCHNEIDER.

Es handelt sich hierbei um eine mikroskopische qualitative Analyse der Gruppe der Platinmetalle (neben Gold), wobei fast ausnahmslos organische Reagenzien verwendet werden. Diese Methode schließt allerdings die Prüfung auf Rhodium nicht ein, da ein positiver Nachweis dieses Elementes in Gegenwart der anderen Metalle dieser Gruppe noch nicht gefunden ist.

Bei Durchführung der Analyse hat es sich als zweckmäßig erwiesen, das Gold von den Metallen der Platingruppe durch Ausziehen mit Äthylacetat zu trennen und Osmium durch Destillation als flüchtiges Tetroxyd vorher zu entfernen. Dadurch wird vorteilhafterweise die Zahl der für die mikroskopische Untersuchung in Betracht kommenden Metalle um zwei verringert.

Die Versuchslösung enthielt die Chloride der Platinmetalle mit Ausnahme von Osmium, das als Na_2OsCl_6 verwendet wurde. Die für jedes Metall kennzeichnenden Reaktionen sind bereits bei den Reaktionen der einzelnen Platinmetalle behandelt worden (siehe diese).

Analysengang.

A.

Au. Entfernung des Goldes aus der Versuchslösung mit Äthylacetat.

a) Äthylacetatauszug: Eindampfen, Rückstand in Wasser und verdünnter HCl lösen.
   Prüfung auf Gold mit NH_4CNS. Bestätigung durch Prüfung mit Coffein.

b) Äthylacetatrückstand: Nach *B* behandeln.

[1] Vgl. hierzu Osmium, S. 156.

B.

Os. Da kein zufriedenstellendes Reagens für Os zur Verfügung steht, das in Gegenwart der anderen Metalle verwendet werden könnte, wird es aus einem Gemisch durch Destillation des flüchtigen Tetroxydes OsO_4 entfernt. Das geschieht mit einem besonderen Apparat[1], in welchem etwa 5 Tropfen der Mischung eingebracht werden. Ein gleiches Volumen konz. HNO_3 wird hinzugefügt. Beim leichten Erhitzen dieser Mischung wird das flüchtige Tetroxyd ausgetrieben und in 10%iger KOH aufgefangen. Das OsO_4 verleiht der KOH eine intensiv gelbe Farbe, die sich vertieft und schließlich hellrot wird, je mehr Tetroxyd aufgenommen worden ist. Ist die Destillation zu Ende (was in der Regel nach etwa $^1/_2$ Std. der Fall ist), wird ein Tropfen des Destillates auf eine Glasplatte gebracht. In dem Maße, wie der Tropfen verdampft, bilden sich nach kurzer Zeit wohlausgebildete Oktaeder von K_2OsO_4[2]. Den Inhalt des Destillierkölbchens verdampft man fast zur Trockne und fügt HCl hinzu, dampft auf dem Wasserbad mehrmals mit HCl zur Sirupdicke ein und schließlich nahezu zur Trockne, nimmt mit wenig Wasser auf und verfährt weiter nach C.

C.

Rückstand von der Os-Destillation.

Pd. Ein Tropfen von C.
Ansäuern mit HCl.
Prüfung mit Dimethylglyoxim. Bestätigung durch Prüfung mit Coffein.

Ir. Ein Tropfen von C.
Prüfung mit einem Splitter Methylaminhydrochlorid.

Ru. Ein Tropfen von C.
Prüfung mit einem Splitter Methylaminhydrochlorid.
Bestätigung durch Prüfung mit Tetraäthylammoniumbromid.

Pt. Ein Tropfen von C.
Prüfung mit einem Splitter von Metaphenylendiamin.
Bestätigung durch Prüfung mit einem Splitter von Metatoluidinhydrochlorid.

Da manche der hierbei als Reagens dienenden organischen Basen definierte Krystallverbindungen mit den Elementen der Platingruppe bilden, ist es augenscheinlich, daß diese Elemente auch benutzt werden können, eine Anzahl dieser basischen Verbindungen nachzuweisen.

Es wird von den Verfassern noch darauf hingewiesen, daß nach dieser Methode unbekannte Lösungen mit gutem Erfolg analysiert worden sind und daß bei sorgfältigem Arbeiten und einiger Übung in der Technik der chemischen Mikroskopie ähnliche Ergebnisse zu erwarten sind. Nach unserer Auffassung setzt diese mikroskopische Analysenmethode zumindest eine gründliche Kenntnis des Verhaltens der in Frage kommenden Platinmetalle gegenüber den betreffenden Reagenzien in mikrochemischer Hinsicht voraus. Auch sind in diesem Zusammenhang die auf S. 284 der Originalabhandlung gemachten Ausführungen wohl zu beachten. Auf Unstimmigkeiten, die bei Nachprüfung der Rutheniumreaktion mit Methylaminhydrochlorid von uns festgestellt worden sind, ist noch besonders hinzuweisen (vgl. Ruthenium, S. 145). Unter diesen Umständen ist der absolut sichere und zuverlässige Weg des Ru-Nachweises mit Hilfe der Chlordestillation auf alle Fälle vorzuziehen.

J. Analysengang nach Miller und Lowe.

Diese von den Verfassern mit Bezug auf das System von Noyes und Bray entwickelte qualitative Halbmikroanalyse umfaßt die sog. Goldgruppe, nämlich Gold, Quecksilber, Palladium, Platin, Rhodium, Iridium. Es können mit Hilfe

[1] Eine Skizze dieses Apparates befindet sich auf Seite 25.

[2] Vgl. hierzu Trennung und Nachweis von Osmium und Ruthenium auf mikrochemischem Wege von A. A. Benedetti-Pichler und J. R. Rachele; Ruthenium, S. 149.

dieses Verfahrens 0,25 bis 50 mg Quecksilber, 0,25 bis 10 mg Gold, Platin und Palladium und 0,25 bis 2 mg Iridium und Rhodium in einem Chloridgemisch getrennt und nachgewiesen werden, wobei diese Mischung nicht mehr als 50 mg der gesamten anwesenden Metalle enthält.

Ausgangslösung: Sie enthält die Chloride von Gold, Quecksilber, Palladium, Platin, Rhodium, Iridium in $HCl—HNO_3$ (1+3). Die Lösung wird auf dem Dampfbad bis auf 0,1 cm^3 eingedampft, mit 3 cm^3 Wasser aufgenommen und nach Hinzufügen von einem Tropfen n HCl mit $1\,{}^1/_2$ cm^3 Äthylacetat extrahiert. Die Extraktion wird wiederholt. Man erhält eine Esterschicht (*A*) und eine wäßrige Schicht (*B*).

A. Esterschicht.

Der Ester wird auf dem Dampfbad zur Trockne gedampft und mit 3 n HCl aufgenommen. Der Goldgehalt wird nach der Intensität der gelben Farbe geschätzt. Zur Bestätigung wird das Gold in einem Teil mit Rhodamin B nachgewiesen und nötigenfalls die Menge geschätzt. Der Rest wird mit Wasser verdünnt, SO_2 eingeleitet und in der Wärme digeriert.

Der *Goldniederschlag* wird abfiltriert, die Lösung auf dem Dampfbad zur Entfernung der SO_2 und HCl zur Trockne verdampft, in einigen Kubikzentimeter Wasser aufgelöst, mit einem Überschuß von CH_3COONa versetzt und auf p_H 7 bis 8 eingestellt. Man prüft mit Diphenylcarbazon. Purpurfarbige Lösung oder Niederschlag zeigt Hg an.

B. Wäßrige Schicht.

Diese wird mit HCl fast zur Trockne verdampft und mit 20 cm^3 Wasser aufgenommen. Man erhitzt zum Sieden, gibt 2 cm^3 einer 10%igen wäßrigen $NaBrO_3$-Lösung zu und dann 10%iges wäßriges $NaHCO_3$ tropfenweise bis $p_H = 6$, setzt abermals einen Kubikzentimeter $NaBrO_3$ hinzu, kocht 5 Min., erhöht auf $p_H = 8$, fügt einen weiteren Kubikzentimeter $NaBrO_3$ hinzu und kocht 15 Min. Man erhält Rückstand *C* (Dioxydhydrate des Pd, Ir, Rh) und eine Lösung *D*, die das Platin enthält.

Rückstand C. Die Fällung der Dioxydhydrate wird in 1 cm^3 heißer konz. HCl gelöst, auf 30 cm^3 mit Wasser verdünnt und mit 1%iger alkoholischer Dimethylglyoximlösung das Palladium gefällt. Man läßt den Niederschlag $^1/_2$ Std. stehen, zentrifugiert, um ihn kompakt zu machen, etwa 10 Min. und schätzt die Menge nach einem Standard. Falls nötig, wird die organische Substanz mit HNO_3 und H_2SO_4 zerstört und das Palladium mit Dithiol nachgewiesen. Das Filtrat vom Palladiumoximniederschlag wird mehrmals zur Zerstörung der organischen Substanz mit HCl und HNO_3 zur Trockne gedampft, in sehr wenig HCl aufgenommen und in 2 Teile geteilt:

Ein Teil wird zur Entfernung der Nitrate eingedampft, mit 1 cm^3 2 n HCl aufgenommen, zum Kochen erhitzt und Rhodium als Mohr mit einem kleinen Überschuß von $TiCl_3$ (in 15%iger HCl-saurer Lösung) gefällt. Die Menge des Rhodiums wird geschätzt.

Ein anderer Teil wird mit H_2SO_4 abgeraucht und nach Hinzufügen einiger Tropfen HNO_3 wieder erhitzt. Blaufärbung zeigt Iridium an. Es folgt die Schätzung der Menge des Iridiums.

Lösung D. Die das Platin enthaltende Lösung wird mit 3 cm^3 46%iger HBr versetzt, das Br ausgetrieben und H_2S eingeleitet. Das unreine PtS_2 wird in Königswasser gelöst, HNO_3 ausgetrieben, mit 4 n HCl aufgenommen und das Platin in der Gesamtlösung oder in einem Teil nachgewiesen und geschätzt durch Fällen seines rötlichgelben Phenylbenzyldimethylammoniumchlorids und Erhitzen in kochendem Wasser[1].

---

[1] Der mikrochemische Nachweis des Platins kann ebensogut durch Fällung z. B. mit KCl, RbCl, CsCl, Tl_2SO_4 erfolgen (vgl. Platin, S. 44).

Der hier aufgeführte kurze Analysengang gibt nur einen schematischen Überblick über die hierbei anzuwendenden Trennungsverfahren und den Nachweis der einzelnen Metalle. Für die praktische Durchführung der Analyse ist es indes erforderlich, auch die von den Verfassern beigefügten eingehenden Erläuterungen zu den Trennungen und Nachweismethoden zu berücksichtigen, von deren Wiedergabe wegen ihres großen Umfanges abgesehen worden ist.

Kennzeichnend für diese qualitative Halbmikroanalyse ist die Tatsache, daß zur Erreichung einer vollständigen Trennung des Platins von den Beimetallen Palladium, Rhodium, Iridium die bekannte quantitative Methode von GILCHRIST und WICHERS benutzt wird, die gewissermaßen als Haupttrennungsverfahren das Kernstück des ganzen Analysenganges bildet. Ebenso wird zur Trennung des Iridiums vom Rhodium die gleichfalls von GILCHRIST empfohlene quantitative Reduktion mit $TiCl_3$ (vgl. Rhodium, S. 96) angewendet. Der eigentliche Nachweis des Rh (z. B. mit $SnCl_2$) wird gar nicht geführt.

Eine Literaturübersicht über den Nachweis der Platinmetalle im Gang der qualitativen Analyse bringt GM., Syst. Nr. 68, Pt (A), S. 462 (1940). (Nachweis und Bestimmung der Platinmetalle.)

Bezüglich des Iridiumnachweises kommen Verfasser auf Grund ihrer Versuche zu dem Ergebnis, daß die von TSCHUGAJEFF empfohlene Reaktion (vgl. Iridium, S. 114) mit einer 1%igen essigsauren Lösung von Leukomalachitgrün weniger zufriedenstellend ist als der einfache Nachweis durch Erhitzen mit konz. H_2SO_4 und HNO_3.

Nachstehende Tabelle gibt eine Übersicht über den mit der vorgeschlagenen Analysenmethode bei den einzelnen Metallen zu erzielenden Genauigkeitsgrade. Die gefundenen Zahlenwerte beruhen auf Schätzung.

	Au	Hg	Pt	Pd	Rh	Ir
1. Anwesend	—	—	0,25	10	0,25	0,25
Gefunden	—	—	1,00	15	0,50	0
2. Anwesend	2	1,5	0,25	1,5	1,—	0,5
Gefunden	6	0,5	0,50	1,—	2,5	0,5

Bei der Analyse Nr. 1 war der Fehler beim Nachweis des Iridiums infolge Anwendung des Leukomalachitgrünnachweises entstanden.

An weiteren Beispielen aus der Praxis sollen schließlich noch die durch die Verschiedenartigkeit des jeweils zur Analyse benutzten Materials bedingten Abweichungen im Analysengang veranschaulicht werden. Vgl. hierzu S. 228.

Literatur.

BEHRENS, H., u. P. D. C. KLEY: Mikrochem. Anal. I, 248 (1921). — BILTZ, W.: Ausf. Qual. Anal., S. 161 (1939).

CLAUS, C.: (a) Festschrift, 1854; (b) Bl. Acad. Sci. Pétersb. [3] **1**, 116 (1860).

FISCHER, W.: Chemie **55**, 209 (1942).

GILCHRIST, R., u. E. WICHERS: Am. Soc. **57**, 2565 (1935).

HOLLEMAN, A. F.: Lehrb. Org. Ch. 9. Aufl., S. 28 (1911). Leipzig: Verl. Veit & Co.

KARPOFF, B. G., u. G. S. SSAWTSCHENKO: Izvestija Sektora Platiny (russ.) **15**, 125 (1938); durch GM., Syst. Nr. 68, (A) 487 (1940).

MILLER, CHR. C., u. A. J. LOWE: J. chem. Soc. (London), S. 1263 (1940), Edinb. Univ.; durch C. **112 II**, 3117 (1940). — MYLIUS, F., u. R. DIETZ: B. **31**, 3187 (1898). — MYLIUS, F., u. A. MAZZUCCHELLI: Z. anorg. Ch. **89**, 1 (1914).

NOYES, A. A., u. W. C. BRAY: A system of qualitative Analysis for the Rare Elements. New York: Macmillan & Co. 1927; durch W. BILTZ: Ausf. Qual. Anal., S. 80 (1939).

OGBURN, S. C. JR.: Am Soc. **48**, 2494 (1926); durch C. **98 I**, 775 (1927).

SAINTE-CLAIRE DEVILLE, H., u. H. DEBRAY: Ann. Chim. Phys. III, **56**, 385, 439 (1859). — SAINTE-CLAIRE DEVILLE, H., u. J. S. STAS: Procès Verb. Séances Paris, S. 170 (1877); Comité International Poids Mesures, Séances S. 151, 170 (1877) u. S. 127 (1878). — SCHOELLER, W. R.:

Analyst **51**, 395 (1926); durch GM., Syst. Nr. 68, Pt S. 503 (1940). — STAS, J. S.: Procès-verbaux du Comité intern. des Poids et Mesures (1878).

TREADWELL, F. P.: Anal. Chem. I, S. 559 (1930). — TSCHUGAJEFF, L.: Isvestija Inst. Izuceniju Platiny (russ.) **7**, 206 (1929); durch GM., Syst. Nr. 68, (A) 453 (1940).

WHITMORE, F., u. H. SCHNEIDER: Mikrochemie **17**, 279 (1935), Originalabhandlung. — WÖHLER, L., u. L. METZ: Z. anorg. Ch. **149**, 297 (1925). — WÖLBLING, H.: B. **67**, 773 (1934).

§ 9. Systematischer Gang der qualitativen Analyse.

Vorprobe und Aufschlußmethoden.

Nach Überprüfung der zu analysierenden Substanz hinsichtlich ihrer äußeren Beschaffenheit, wie Farbe, Glanz, Härte, Dichte, Sprödigkeit, Duktilität, Zerreiblichkeit, Feinheit, Gleichmäßigkeit (z. B. bei Pulvern) usw., und genügender Vorbereitung wird das für die Analyse bestimmte Durchschnittsmuster gezogen. Auch für die qualitative Analyse hat die Entnahme des Analysenmaterials grundsätzlich aus dem sorgfältigst vorbereiteten Durchschnittsmuster zu erfolgen[1].

Zunächst handelt es sich darum, mit Hilfe einer rasch auszuführenden Prüfung auf trockenem Wege, die im wesentlichen nach den Grundsätzen der Lötrohrprobierkunde erfolgt, einen allgemeinen Überblick über die wichtigsten Bestandteile der zu analysierenden Substanz zu erhalten. Der Prüfung auf trockenem Wege folgt dann nach Auflösen der Substanz die endgültige qualitative Analyse auf nassem Wege.

Liegt die zu untersuchende Substanz als Lösung vor (Abfallwässer, Endlaugen), so wird die Analyse auf trockenem Wege mit dem Eindampfrückstand eines Teiles ausgeführt.

A. Die Analyse auf trockenem Wege (Vorprobe).

Sie umfaßt die bei der allgemeinen anorganischen Analyse üblichen Prüfungsarten, wie z. B. die Prüfung im einseitig geschlossenen Glasrohr und im beiderseits offenen Glasrohr (Röstprobe), die Lötrohrprobe, die Perlenprobe und die Flammenfärbung. Bei Ausführung dieser Prüfungen sind vor allem die bei den einzelnen Platinmetallen angegebenen Reaktionen auf trockenem Wege zu berücksichtigen. Hinzu treten noch weitere, für die Platinmetalle typische Prüfverfahren, nämlich die Prüfung auf Glühbeständigkeit, die Anwendung dokimastischer Methoden und die Katalyse der Wasserstoffoxydation. Besonders zu erwähnen ist noch, daß Osmium als einziges Metall der Gruppe beim Erhitzen eine Flammenreaktion gibt. Vgl. hierzu Osmium, S. 160, Ziffer d.

Die allgemeine Prüfung im einseitig geschlossenen und im beiderseits offenen Glasrohr wird z. B. von W. BILTZ eingehend beschrieben (S. 15 bis 24 im Original). Zur Prüfung auf Osmium (und Ruthenium) durch Erhitzen der Probe im Sauerstoffstrom (siehe Aufschlußmethoden, S. 205) benutzt man zweckmäßig das auf S. 24 beschriebene durchsichtige Quarzrohr bei vorgelegter NaOH-Lösung. Über den Nachweis des Osmiums in der Sperrflüssigkeit vgl. S. 236, über den Nachweis des Os neben Ruthenium S. 237. Der Nachweis des Osmiums kann bei der Röstprobe auch durch den penetranten Geruch des OsO_4 oder die Schwärzung organischer Substanzen (Fett, Papier, vgl. Osmium, S. 155 und 160d) erfolgen. Ähnlich verhält sich Ruthenium. Durch Schwärzung organischer Substanzen (Papier) und den ozonartigen Geruch läßt sich ebenfalls RuO_4 nachweisen (vgl. Ruthenium, S. 130 und 139).

Mit der Perlenreaktion (Borax- oder Phosphorsalzperle) können zwar sehr geringe Mengen der Platinmetalle (die Erfassungsgrenze für Platin liegt nach DONAU z. B. bei 0,05 γ) nachgewiesen werden, soweit es sich um *Lösungen* der *reinen Metalle*

[1] Über die Probenahme edelmetallhaltiger Materialien vgl. Analyse der Metalle I: Schiedsverfahren, S. 163. Herausgegeben vom Chemiker-Fachausschuß des Metall u. Erz e.V. Berlin: Springer-Verlag 1942.

handelt, doch läßt sich diese Voraussetzung bei der Vorprobe von Analysenmaterial unbekannter Zusammensetzung nur in seltenen Fällen ohne weiteres verwirklichen.

Dagegen kann die Lötrohrprobe auf Kohle, gerade bei edelmetallhaltigem Material, oft recht wertvolle Hinweise liefern. Außer pulverförmigem Material werden auch metallische Substanzen mit dem Lötrohr auf der Kohle geprüft. Die Platinmetalle als solche sind vor dem Lötrohr unschmelzbar. Schmelzen lassen sich jedoch Legierungen, die außer den Platinmetallen z. B. noch größere Mengen Silber und Unedelmetalle enthalten. Werden solche Proben einige Zeit mit oxydierender und reduzierender Flamme behandelt (zur Erhöhung der Reduktionswirkung und Verschlackung der Verunreinigungen wird etwas Soda zugesetzt), so bleibt in der Hauptsache eine die Platinmetalle enthaltende Silberlegierung (die allerdings auch noch Unedelmetalle enthalten kann) in Form von metallischen Kügelchen oder Klümpchen, je nach der Menge des vorhandenen Silbers, zurück, während ein Teil der Unedelmetalle oxydiert und verschlackt, ein anderer unter Bildung charakteristischer Beschläge auf der Kohle verflüchtigt wird.

Pulverförmiges Analysenmaterial wird zuvor mit der doppelten Menge kalzinierter Soda gemischt und mit der Reduktionsflamme erhitzt. Die vorhandenen Edelmetalle werden dadurch reduziert und bleiben, wie oben angegeben, auf der Kohle zurück, während die Verunreinigungen zum Teil verschlackt oder verflüchtigt werden. Schwefelhaltige Verbindungen werden hierbei zu Alkalisulfiden reduziert und bilden gelbe bis bräunliche Schlacken, die zum Schwefelnachweis mit der Heparprobe verwendet werden. Nach dem Herausbrechen aus der Kohle lassen sich die metallischen Teile im Mörser breitdrücken oder -reiben und die Kohleteilchen durch Abschlämmen von den Metallflittern trennen; die so erhaltenen metallischen Rückstände werden zum Nachweis der Metalle auf nassem Wege weiterbehandelt. Näheres über die Ausführung der Lötrohrprobe auf Kohle vgl. KOLBECK, ferner W. BILTZ.

Es ist erstaunlich, mit welcher Genauigkeit und Zuverlässigkeit man hierbei unter Zuhilfenahme einiger nasser Prozesse in verhältnismäßig kurzer Zeit neben den Edelmetallen auch noch einen Teil der Verunreinigungen nachweisen kann. So konnten z. B. bei einem Material, das aus der Aufarbeitung edelmetallhaltiger Anodenschlämme der Nickelelektrolyse herrührte, nach Behandeln der bei der Lötrohrprobe in der oben geschilderten Weise erhaltenen Metallflitter mit verd. HNO_3, Aufschließen des unlöslichen Rückstandes mit Kochsalz im Chlorstrom, Destillieren der alkalisch gemachten wäßrigen Lösung des Aufschlusses mit Chlor und Prüfung der Lösung des Destillierkölbchens nach dem Verfahren von WÖLBLING (vgl. S. 189) die sämtlichen Platinmetalle (außer Osmium, das nicht vorhanden war) innerhalb 4 Std.[1] nachgewiesen werden. Außerdem wurden im HNO_3-Auszug noch Palladium, Silber, Nickel und Kupfer und mit der Heparprobe Schwefel festgestellt. Flammenfärbung, Beschläge und Geruch der Dämpfe deuteten auf Kupferchlorid, Antimon, Arsen und Blei.

Über eine weitere Methode zur Ausführung der Lötrohrprobe von Platinlegierungen auf Kohle nebst Abtreiben des Korns auf Knochenasche und Naßscheidung vgl. KOLBECK.

Von besonderem Wert für die qualitative Analyse der Platinmetalle ist auch die Vorprüfung durch Abtreiben einer Probe mit Blei in der Treibmuffel bei etwa 1150° unter Zusatz von Silber oder Gold (TRUTHE). Stark verunreinigtes, insbesondere nicht durchweg metallisches Ausgangsmaterial wird vorher mit Blei und etwas Borax angesotten und der Bleiregulus unter Silber- oder Goldzusatz abgetrieben.

Aus dem Verhalten des treibenden Metalles und dem Aussehen des erstarrten Silberkornes z. B. kann man bei einiger Übung nicht allein auf die Anwesenheit

[1] Einschließlich 2 Std. Wartezeit für Ablauf der Rhodiumreaktion (vgl. S. 191).

von Platin oder Palladium schließen, auch der Einfluß des Osmiums sowie der des Rhodiums läßt sich, wie wir bei den Reaktionen der einzelnen Elemente gesehen haben, deutlich erkennen, während die für Iridium und Ruthenium kennzeichnenden Merkmale eine gewisse Ähnlichkeit aufweisen (breitgelaufene, zum Teil mit schwarzen Flecken überzogene Körner)[1]. Auf alle Fälle wird man, wenn durch diese Probe die Anwesenheit der Platinbeimetalle festgestellt ist, die analytische Behandlung des Materials, bis auf den Osmiumnachweis auch nach dem Verbleien, im wesentlichen auf nassem Wege vornehmen (SCHIFFNER).

Bis zu einem gewissen Grade kann auch die *Prüfung auf Glühbeständigkeit*, z. B. von Blechen, Aufschluß geben über die Natur des Metalls. So lassen sich z. B. Palladiumbleche nach schwachem Ausglühen ohne weiteres von Platinblechen unterscheiden. Während letztere ebenso wie hochprozentige Platinbleche auch nach längerem Glühen unverändert bleiben, zeigen Palladiumbleche infolge oberflächlicher Oxydation blaugrüne bis violette Anlauffarben.

Bei stärkerem Erhitzen dagegen verschwinden, infolge Zerfalls in Sauerstoff und Metall, diese Oxydfilme, die sich aber bei langsamem Abkühlen an der Luft wieder bilden. Die Anlauffarben verschwinden ebenfalls sofort bei kurzer Berührung mit der Flamme, sie bleiben aus, wenn die hocherhitzten Metalle z. B. in Wasser abgeschreckt werden.

Die Entstehung dunkler Anlauffarben kann z. B. beim Glühen von Blechen aus legiertem Platin, aber auch durch Unedelmetalle[2] verursacht werden, wie z. B. Ni, Co oder Cu, die mit dem Platin legiert sind und mehr oder weniger dunkle Oxyde bilden. Diese oxydischen Unedelmetallfilme reagieren in der Hitze leicht mit sauren Flüssen (Borax, Phosphorsalz) und gestatten dadurch meist ohne weiteres den Nachweis der betreffenden Unedelmetalle. Os-haltige Legierungen verlieren durch anhaltendes Glühen an Gewicht infolge Verflüchtigung von Os als OsO_4. Beim Glühen in geschlossener Apparatur läßt sich das verflüchtigte Osmium in einer mit Alkalihydroxyd beschickten Vorlage unmittelbar nachweisen. Das gleiche gilt für Ru-haltige Legierungen bei entsprechender Temperatur und Glühdauer[3]. Mit dem Glühvorgang ist stets eine Änderung der physikalischen Beschaffenheit des geglühten Metalles verbunden (z. B. Beseitigung der Bearbeitungshärte).

Auch durch Feststellung des spezifischen Gewichtes z. B. von kompakten Probestücken lassen sich oft Anhaltspunkte für die Natur der metallischen Probe gewinnen.

Über die Anwendungsmöglichkeiten der katalytischen Wasserstoffoxydation vgl. Platin, S. 33.

B. Auflösen und Aufschließen.

1. Löseverfahren unter Anwendung von Säuren.

Als Lösemittel für *Platin* und die meisten seiner Legierungen mit den übrigen Platinmetallen sowie mit Gold kommt konz. heißes Königswasser in Betracht. Am günstigsten verhält sich das Metall oder die Legierung beim Lösevorgang, wenn das Material z. B. als Schwamm oder dünnes Blech vorliegt. Die Lösungsgeschwindigkeit steigt mit der Größe der Oberfläche und ist um so größer, je dünner die Bleche gewalzt sind. Ausgeglühte Bleche lösen sich verhältnismäßig langsamer als solche mit der Walzhärte. Sehr langsam lösen sich Drähte[4]. Feinverteiltes Platin,

[1] Auch die Farbe der beim Treiben benutzten und mit PbO mehr oder weniger durchtränkten Kupelle kann nach dem Erkalten Anhaltspunkte über das Vorhandensein gewisser Verunreinigungen nach Art und Menge geben. Kupfer z. B. färbt die Kupelle dunkelgrün bis schwarz (vgl. SCHIFFNER, S. 76).

[2] Vgl. auch KUBASCHEWSKI.

[3] Vgl. hierzu Ruthenium, S. 125. Über den Nachweis des Os neben Ru siehe Osmium, S. 174,

[4] Über Beschleunigung durch Auflösen unter Druck siehe O. BRUNCK: Quantitative Analyse, S. 44 (1936).

wie es z. B. durch Legieren mit einem größeren Überschuß von Zink oder Blei und Herauslösen des überschüssigen Metalles mit HCl bzw. HNO_3 erhalten wird, löst sich spielend in verdünntem heißem Königswasser. Sehr leicht wird auch Mohr gelöst, doch treten hierbei bisweilen Passivierungserscheinungen auf (offenbar eine Folge der Gasabsorption), die sich aber durch Reduzieren leicht beseitigen lassen.

Mit steigendem Gehalt der edlen Legierungszusätze (Ir, Ru, Os) sinkt die Lösungsgeschwindigkeit verhältnismäßig rasch, bis sie schließlich gleich Null wird. Eine Ausnahme machen nur die Legierungen mit Gold und Palladium. Wird Platin mit viel Silber legiert (achtfache Menge und mehr), so wird es mit dem Silber zusammen in HNO_3 mit brauner Farbe gelöst.

Das zweithäufigste Metall der Platingruppe, das *Palladium*, wird bereits von HNO_3 gelöst, und zwar um so kräftiger, je feiner verteilt es ist. Frisch gefällter Mohr wird von HNO_3 stürmisch gelöst. Trotzdem werden auch hierbei Passivierungserscheinungen (S. 203) beobachtet. Mit Silber legiertes Palladium wird ebenfalls leicht gelöst. Hierbei genügt bereits die dreifache Menge Silber statt der achtfachen beim Platin (SCHIFFNER). Mit Blei legiert wird Palladium von verdünnter Salpetersäure bereits in der Kälte gelöst. Auch heiße konz. Schwefelsäure löst Palladium leicht auf, desgleichen schmelzendes Pyrosulfat. Sehr leicht löst sich Palladium in verdünntem Königswasser.

Palladium wird ferner in verd. HCl durch Einleiten von Chlor, namentlich in der Wärme, leicht gelöst. Das gleiche geschieht, wenn in Gegenwart z. B. von Palladiumschwamm in eine gesättigte heiße Kochsalzlösung Chlor eingeleitet wird, oder wenn an Stelle des Chloreinleitens das Palladium in HCl-sauren oder gesättigten Kochsalzlösungen anodisch behandelt wird (vgl. Pd, S. 60)[1].

Legierungen des Palladiums mit Silber, Gold, Platin und Unedelmetallen werden bei überwiegendem Silber-Palladium-Gehalt teils in Salpetersäure, teils in Königswasser gelöst.

Von den Beimetallen wird *Rhodium* namentlich von heißer konz. H_2SO_4 und von schmelzendem Pyrosulfat gelöst, weniger von konz. heißer HCl in Gegenwart von Chlor und von Königswasser. HNO_3 ist ohne Einwirkung.

Legierungen des Rhodiums mit Platin widerstehen dem Angriff der Säuren, auch dem Königswasser, um so mehr, je höher der Rhodiumgehalt ist.

Osmium wird vor allem von konz. HNO_3 und auch von konz. Königswasser um so stärker angegriffen, je feiner verteilt es ist, und hierbei in flüchtige OsO_4 verwandelt. Dagegen sind Legierungen des Osmiums mit den anderen Platinmetallen (Osmiridium!) in Säuren größtenteils vollkommen unlöslich.

Für die übrigen Beimetalle *Iridium* und *Ruthenium* kommen Säuren als Lösungsmittel praktisch überhaupt nicht in Betracht, und für die wichtigen Legierungen dieser Metalle mit Platin nur insoweit, als es sich hierbei um Legierungen mit geringen Beimetallgehalten handelt, während höherprozentige Legierungen ebenfalls in Säuren unlöslich sind. Die Grenze der Löslichkeit in Säuren liegt bei etwa 10% Beimetallgehalt.

Metallische Abfälle wie Feilung, Säge- und Bohrspäne werden zunächst durch Glühen von Fett und Schmutz befreit und, je nach der Zusammensetzung, wie die entsprechenden Legierungen behandelt.

Bei *Legierungen unbekannter Zusammensetzung* wird man in einem Vorversuch feststellen, in welcher Säure oder Säurekonzentration der Lösungsvorgang am günstigsten verläuft. Außerdem gestattet die Geschwindigkeit, mit welcher der Lösevorgang in Säuren bestimmter Konzentration vonstatten geht[2], und die Farbe,

---

[1] Dieselben Erscheinungen zeigen sich übrigens auch bei Verwendung von reinem Au und Legierung auf Basis Au, wie z. B. Au-Pd 80/20, Au-Pt-Pd 70/20/10, Au-Pt 75/25 und 90/10.

[2] In diesem Zusammenhang ist vor allen Dingen die *Strichprobe* zu erwähnen. Vgl. hierzu HRADECKY u. MICHEL: Analysenbeispiele, S. 241.

welche die Lösungen hierbei annehmen, gewisse Rückschlüsse auf die Natur der Legierung.

Nach FRASER besitzen die Lösungen der Edelmetalle in etwa 1%iger Metallkonzentration folgende Färbungen: Gold = gelb, Platin und Osmium = gelb mit schwachem Stich ins Orange, Iridium = braun, Palladium = braunrot, Rhodium = kirschrot, Ruthenium = dunkelkirschrot. Wird als Lösungsmittel der Chloride konz. HCl verwandt, so ist die colorimetrische Bestimmung einzelner Platinmetalle als Chloride nicht aussichtslos (MYLIUS und MAZZUCCHELLI).

Pulverförmiges, metallisches Material verschiedener Herkunft wird zunächst gründlich reduziert, und zwar zur Vermeidung von Legierungsbildung bei möglichst niedriger Temperatur. Durch Behandlung mit HNO_3 werden Verunreinigungen wie Silber, Blei, Kupfer ausgezogen, desgleichen zum großen Teil auch Palladium. Platin nebst Gold werden mit Königswasser entfernt. Nach abermaliger Reduktion wird der Rückstand mit einem der später zu behandelnden Aufschlußverfahren in Lösung gebracht.

Sehr stark mit nichtmetallischen Verunreinigungen (SiO_2, Al_2O_3, Fe_2O_3 usw.) *durchsetzte Rückstände* werden wie Gekrätze behandelt, d.h. mit Blei und Flußmittel reduzierend verschmolzen. Der Bleiregulus wird unter Silberzusatz in der Treibmuffel kupelliert. Enthält das Material Platinbeimetalle (Ir, Os, Rh, Ru), so wird der Bleiregulus auf nassem Wege analysiert.

Der Lösevorgang wird somit in den weitaus meisten Fällen unter Verwendung von Salpetersäure und Königswasser durchgeführt. Nur ausnahmsweise wird konz. Schwefelsäure oder Chlor verwendet. Material, das der Säureeinwirkung widersteht, muß mit einem Aufschlußverfahren in wasser- oder säurelösliche Form gebracht werden.

2. Löseverfahren unter Anwendung schmelzender Alkalihydroxyde.

Der Vorgang ist der gleiche wie bei den Aufschlußverfahren mit alkalisch oxydierenden Schmelzflüssen (vgl. S. 209). Das Verfahren kommt nur für Ru- und Os-haltiges Material in Betracht. Vgl. unter Osmium, S. 154, 158, ferner Ruthenium, S. 137.

Aufschlußverfahren[1].

Platinmetalle und Legierungen dieser Metalle, die auch von konz. heißem Königswasser nicht oder nur schwer gelöst werden, müssen durch „Aufschließen" in wasser- oder säurelösliche Form gebracht werden. Hierher gehören also außer den Beimetallen Iridium, Osmium, Ruthenium und Rhodium z. B. auch alle in Königswasser unlöslichen Legierungen des Platins mit diesen Beimetallen.

Folgende Aufschlußverfahren kommen in Betracht:

I. Erhitzen im Sauerstoff- oder Chlorstrom.
II. Salzschmelzen:
  a) Pyrosulfatschmelze;
  b) Kochsalz-Chlor-Aufschluß.
III. Metallschmelzen:
  a) Bleischmelze[2];
  b) Wismutschmelze;
  c) Zinkschmelze.
IV. Alkalisch oxydierende Schmelzflüsse.

I. Erhitzen im Sauerstoff- oder Chlorstrom. (Vgl. auch S. 212.) Wegen der bei höheren Temperaturen sich bildenden leichtflüchtigen Reaktionsprodukte des Osmiums ist das Erhitzen im Sauerstoff- ebenso wie im Chlorstrom für osmiumhaltige Stoffe besonders geeignet. Das Verfahren setzt allerdings in beiden Fällen

[1] Vgl. hierzu auch: Kritische Betrachtungen zu den Aufschlußverfahren, S. 211.
[2] Siehe Iridium, S. 110.

voraus, daß das zu behandelnde Material in geeigneter Oberflächenbeschaffenheit und gut reduzierter Form vorliegt. Abgesehen vom Osmium in jeder Form, ferner von hochprozentigen Osmiumlegierungen und Os-haltigen Rückständen, können daher z. B. Os-haltige Platinlegierungen diesem Verfahren erst nach Zerlegung durch die Blei- oder Zinkschmelze (vgl. S. 207) unterworfen werden. Da ferner Platin beim Erhitzen im Chlorstrom ebenfalls flüchtige Chlorierungsprodukte bildet[1], kommt zunächst in diesem Falle nur die Sauerstoffbehandlung in Betracht, es sei denn, daß das vorhandene Platin durch verdünntes Königswasser vorher ausgezogen wird. Wegen des hierbei entstehenden flüchtigen Osmium(VIII)-oxyds muß dann allerdings die Königswasserbehandlung in geschlossener Apparatur, wie z. B. in der öfter schon erwähnten kleinen Glasapparatur (Ruthenium, S. 127), erfolgen. Vgl. Analysenbeispiel Nr. I, S. 228.

Zur möglichst restlosen Entfernung des Osmiums ist es nötig, die Sauerstoff- oder Chlorbehandlung nach vorausgegangener Reduktion im Wasserstoffstrom mehrmals zu wiederholen. Durch den abwechselnden Oxydations- oder Chlorierungs- und Reduktionsvorgang[2] wird das Material besonders fein aufgeschlossen (WÖHLER und METZ).

Bei der praktischen Ausführung des Aufschlusses Os-haltigen Materials wird so verfahren, daß man zunächst die Sauerstoffbehandlung vornimmt. Hat man auf diese Weise den größten Teil des Osmiums entfernt und sich durch den Nachweis mit Thioharnstoff über das Vorhandensein des Osmiums und seine ungefähre Menge Klarheit verschafft, so wird zunächst das Platin (und Palladium) mit Königswasser (1 : 4) gelöst, der Rückstand chloriert und mit Kochsalz im Chlorstrom aufgeschlossen. Bei der Sauerstoffbehandlung werden die Vorlagen mit verdünnter Lauge, bei der Chlorbehandlung und dem Kochsalzchloraufschluß mit verd. HCl (1 + 2) beschickt.

Von Bedeutung ist der Aufschluß mit Chlor noch insbesondere für die Prüfung von feinpulverigem Iridium oder Rhodium auf Reinheit, wie es z. B. im Laufe der Analyse erhalten wird.

Aus der während der Chlorbehandlung aufgenommenen Chlormenge wird auf die Reinheit des Iridiums oder Rhodiums geschlossen. Vgl. hierzu Iridium, S. 122.

II. Aufschluß durch Salzschmelzen. a) Die Pyrosulfatschmelze[3]. Die Ausführung der Schmelze ist bereits beim Rhodium, S. 86, eingehend behandelt worden. Sie dient zur Auflösung des Rhodiums und zu seiner qualitativen Trennung von Iridium, Ruthenium und Platin. Voraussetzung für gutes Gelingen der Schmelze ist allerdings Vorliegen des Materials in feinverteilter, nichtlegierter und gut reduzierter Form. Diese an sich einfache und bequem durchzuführende Schmelze hat nur den einen Nachteil, daß die damit beabsichtigte Trennung nicht ganz vollständig ist, und zwar insofern, als bei der günstigsten Aufschlußtemperatur für Rhodium (Dunkelrotglut) geringe Anteile sowohl vom Iridium als auch vom Ruthenium und Platin mit aufgelöst werden. Die Beträge sind allerdings so gering, daß sie qualitativ keine Rolle spielen. Iridium und Ruthenium werden nach der Entfernung des Platins durch Königswasser mit Kochsalz im Chlorstrom aufgeschlossen. Außer Rhodium wird noch Palladium vollständig von schmelzendem Pyrosulfat aufgelöst.

b) Aufschluß mit Natriumchlorid und Chlor[4]. Dieser Aufschluß dient der Überführung der Platinmetalle in die entsprechenden wasserlöslichen Komplexe von der allgemeinen Formel $Na_2(M^{IV}Cl_6)$ oder $Na_3(M^{III}Cl_6)$ bzw. $Na_2(M^{II}Cl_4)$, worin M ein Platinmetall und die römische Ziffer die Wertigkeit bedeuten.

Näheres über Ausführung, Temperatur usw. ist den bei den einzelnen Platinmetallen gemachten Ausführungen zu entnehmen.

[1] L. WÖHLER und STREICHER.

[2] Chloride der Platinmetalle dürfen wegen der Gefahr der Bildung leichtflüchtiger Carbonylchloride nur im CO-freien Wasserstoffstrom reduziert werden.

[3] Vgl. auch S. 212. [4] Vgl. auch S. 211.

Im Gegensatz zu F. WÖHLER, der für dieses Verfahren feuchtes Chlor verwendete, werden die hier beschriebenen Aufschlüsse stets mit über konz. H_2SO_4 getrocknetem Chlor durchgeführt.

Dieser Aufschluß setzt allerdings ebenfalls voraus, daß die Platinmetalle in feiner Verteilung und in metallischer, oxydfreier Form vorliegen. Bei Einhalten der erforderlichen Aufschlußtemperaturen und der nötigen Zeit (etwa $^1/_2$ Std.) sowie bei Verwendung sauerstoffreien Chlors verläuft der Vorgang im allgemeinen glatt. Bisweilen macht sich, namentlich bei verhältnismäßig viel Rhodium, eine Wiederholung des Aufschlusses nötig. Dagegen wird nach den Angaben F. WÖHLERs unter den von ihm gewählten Arbeitsbedingungen das Rhodium von allen Beimetallen am leichtesten aufgeschlossen.

III. Aufschluß mit Hilfe von Metallschmelzen. a) Die Bleischmelze[1]. Sie dient in erster Linie der Trennung des Platins vom Iridium (Ruthenium, Osmium), die hierbei als in Königswasser unlösliches, hellgraues, krystallines Metallpulver, vollkommen frei von Platin, zurückbleiben. Über die Löslichkeit geringer Mengen Iridium bei der Behandlung mit Königswasser vgl. Iridium, S. 109. Darüber hinaus wird die Bleischmelze noch in all den Fällen angewendet, in denen es sich darum handelt, z. B. stark verunreinigtes pulverförmiges Material von den meist oxydischen unedlen Bestandteilen, wie Al_2O_3, Fe_2O_3, SiO_2, Silikate zu trennen. Zur Erleichterung der Trennung werden Flußmittel hinzugesetzt, welche diese Verunreinigungen verschlacken, während gleichzeitig durch Zusatz von Bleioxyd und Reduktionsmitteln und von metallischem Blei die Aufnahme der Edelmetalle durch das reduzierte Blei gefördert und vervollständigt wird.

Durch oxydierende Behandlung des erschmolzenen Bleikönigs, z. B. beim Ansieden in der Treibmuffel, lassen sich die im Blei neben den Edelmetallen angesammelten Verunreinigungen, wie z. B. Cu, Ni, W, As, Sb, Sn, Se, Te, S, oxydieren und verflüchtigen oder durch Zusatz von Borax größtenteils verschlacken. Nach Entfernung dieser Verunreinigungen wird der Bleiregulus in der beim Iridium, S. 109, beschriebenen Weise auf nassem Wege weiterverarbeitet. Bei besonders stark verunreinigtem Material muß der Oxydationsprozeß unter Zusatz von Blei und Borax unter Umständen mehrmals wiederholt werden.

b) Aufschluß durch die Wismutschmelze. Dieser Aufschluß dient den gleichen Zwecken wie die Bisulfatschmelze, nämlich der Trennung des Rhodiums vom Iridium und Ruthenium. Das Rhodium wird hierbei in wasserlösliche Form gebracht, ebenso vorhandenes Platin (im Gegensatz zur Bisulfatschmelze), während Iridium und Ruthenium, wie bei der Bleischmelze, als hellgraues, krystallines Pulver zurückbleiben. Nähere Einzelheiten über die Ausführung siehe unter Rhodium, S. 88.

c) Aufschluß mit Hilfe der Zinkschmelze. (Vgl. S. 212.) Zweck der Zinkschmelze ist, schwer oder unlösliche, kompakte oder geschmolzene Platinmetalle oder Legierungen des Platins mit den Beimetallen oder auch natürliches Osmiridium durch Auflösen im schmelzflüssigen Zink aufzulockern, so daß nach der Entfernung des überschüssigen Zinks das Material in möglichst feinverteilter lockerer Form zurückbleibt. Man schmelzt deshalb das wenn möglich zerkleinerte Material (z. B. in möglichst kleine Stücke zerschnittenen Draht oder im Mörser zerstoßenes sprödes Material) in einem Überschuß von reinstem Zink[2], dessen Menge, vornehmlich bei der Ausführung unter β S. 208, so bemessen wird, daß die Legierung ziemlich dünnflüssig bleibt.

Die Ausführung der Zinkschmelze kann auf zweierlei Art erfolgen:

α) Das Ausgangsmaterial wird mit der 5- bis 10fachen Menge Zink[3] in einem bedeckten ROSE-Tiegel eingeschmolzen, die Schmelze zunächst in reduzierender

[1] Vgl. auch S. 212.
[2] Elektrolytzink enthält mindestens 99,99% Zn.
[3] Smp. des Zinks: 419,4°, Sdp.: 906°.

Atmosphäre bis auf dunkle Rotglut erhitzt und mindestens 1 Std. bei dieser Temperatur gehalten. Darauf steigert man die Temperatur auf helle Rotglut und erhitzt 2 Std. bei dieser Temperatur, bis kein Zinkdampf mehr in der Flamme sichtbar wird und das gesamte überschüssige Zink abdestilliert ist. Der Rückstand besteht nunmehr aus einer porösen, leicht zerreiblichen Masse. [SAINTE-CLAIRE DEVILLE und DEBRAY; LEIDIE-QUENNESSEN; BRUNCK (a).]

β) In Gegenwart von $ZnCl_2$ geht die Auflösung der Platinmetalle in Zink leicht bei Temperaturen vonstatten, die wenig oberhalb des Schmelzpunktes des Zinks liegen. Um eine dünnflüssige Schmelze zu erhalten, werden auf 1 Teil Platinmetall 20 bis 30 Teile Zink angewendet (BUNSEN). An Stelle des $ZnCl_2$ kann man als Schutzdecke auch ein Gemisch von $ZnCl_2$ und Alkalichlorid oder Salmiak benutzen (DESCOTILS; BUNSEN). Das Zink kann auch durch Cadmium ersetzt werden (DESCOTILS). Durch Kombination der beiden Methoden 1 und 2 soll ein besonders guter Aufschluß erzielt werden können.

Zur *Ausführung der Schmelze* wird das möglichst zerkleinerte Material (z. B. Bohrspänchen) in einem bedeckten Porzellan- oder Quarztiegel mit der 20fachen Menge reinstem Zink mit Salmiak vermengt, unter einer Salmiakdecke eingeschmolzen und die Temperatur allmählich auf dunkle Rotglut gesteigert. Unter dem Einfluß der Hitze zerfällt der Salmiak unter Bildung von HCl, der sich mit dem metallischen Zink unter Wasserstoffentwicklung zu $ZnCl_2$ umsetzt, das sich seinerseits wieder mit dem überschüssigen Salmiak zu wasserklarem, niedrig schmelzendem Doppelsalz[1] vereinigt und das metallische Zink vor Oxydation schützt. Hierdurch wird die Metalloberfläche immer blank gehalten und der Legierungsvorgang gefördert. Zur besseren Durchmischung der Schmelze wird der bedeckte Tiegel öfter vorsichtig umgeschwenkt oder mit einem Stäbchen aus Quarz die Schmelze durchgerührt. Handelt es sich um verhältnismäßig leicht legierbares Material, wie z. B. Platin-Iridium oder Platin-Rhodium-Legierungen auf Basis Platin, so genügt es im allgemeinen, die Schmelze etwa 2 Std. bei dunkler Rotglut zu halten. Liegt aber z. B. geschmolzenes Iridium oder Rhodium oder grobkörniges Osmiridium vor, so erhöht sich die Schmelzdauer zur Erzielung eines möglichst vollständigen Aufschlusses dabei unter Umständen auf 4 bis 5 Std.

Von Zeit zu Zeit wird nach Entfernung des Brenners etwas Salmiak nachgefüllt und die Schmelze bei bedecktem Tiegel weiter wie zuvor erhitzt. Hat man sich durch Umrühren davon überzeugt, daß keine gröberen Teilchen mehr vorhanden sind, so wird die dünnflüssige Schmelze durch vorsichtiges Ausgießen in viel Wasser[2] granuliert. Die Granalien werden in verd. HCl oder H_2SO_4 gelöst. Ein beim Granulieren sich abscheidender grauweißer Rückstand (wahrscheinlich Oxydhydrat oder Hydroxychlorid des Zn) löst sich ebenfalls in warmer Säure. Schwarzer Rückstand wird zum Rückstand der Granalien gegeben (DESCOSTILS; BUNSEN).

Überschüssiges Zink kann aus dem Rückstand der Zinkdestillation bzw. aus den durch Ausgießen in Wasser erhaltenen Granalien durch Behandeln mit HCl oder H_2SO_4 so lange entfernt werden, als der hierdurch bedingte Lösevorgang mit einer Wasserstoffentwicklung verbunden ist. Mit dem Aufhören der Wasserstoffentwicklung wird, um die Auflösung von Edelmetall zu verhindern, die Säurebehandlung unterbrochen und der Rückstand mit heißem Wasser gründlichst ausgewaschen, bis alle Säure entfernt ist. Der Rückstand muß nach dem Trocknen ein lockeres leichtes Pulver ergeben. Sind noch metallische Stückchen vorhanden, so müssen diese abermals mit Zink geschmolzen werden. Wegen der feineren Verteilung des Rückstandes wird in der Praxis vielfach die Ausführung der Zinkschmelze nach 2 bevorzugt.

Der mit Säure behandelte Edelmetallrückstand hält trotzdem noch recht beachtliche Mengen Zink zurück, die offenbar mit dem Edelmetall legiert sind und als

[1] Der Sdp. des $ZnCl_2$ liegt bei 730°, der Smp. des $(NH_4)_2(ZnCl_4)$ bei 150°. Vgl. hierzu REMY.

[2] Der Wasserbehälter muß verhältnismäßig tief sein (kleiner Eimer).

feste Lösung vorliegen[1]. Zu berücksichtigen ist noch, daß feinverteiltes Rhodium von Salzsäure unter Mitwirkung des Luftsauerstoffs gelöst wird (vgl. Rhodium, S. 85). Außerdem zeigen bekanntlich feinverteiltes Rhodium, Iridium und Ruthenium, zum Teil auch Platin, sofern sie aus der Zinkschmelze durch Säurebehandlung erhalten sind, beim Erhitzen explosive Eigenschaften, die auf eine Knallgasocclusion zurückgeführt werden und vorzugsweise bei den nach 2 hergestellten feinverteilten Metallen aufzutreten scheinen. Das gleiche ist bei Legierungen mit Cadmium der Fall. Rückstände von Rhodium-Blei-Legierungen, die mit Salpetersäure extrahiert worden sind, enthalten Stickoxyde und sind ebenfalls explosiv.

Die „explosiven" Rückstände verlieren diese Eigenschaft, wenn sie längere Zeit auf nicht zu hohe Temperatur erwärmt werden.

Sowohl das „explosive" als auch das „explodierte" Rhodium gehen in Lösung, wenn zuerst Chlorwasserstoffsäure, dann Salpetersäure zugesetzt wird. Zugabe der Säuren in umgekehrter Reihenfolge führt zur Passivität [BRUNCK (b); COHEN und STRENGERS]. Vgl. auch GM., Syst. Nr. 68, (A), S. 345 (1939).

Die explosiven Eigenschaften lassen sich auch durch längeres Digerieren der Rückstände mit Ameisensäure in der Wärme beseitigen.

Die auf diese Weise erhaltenen feinverteilten Edelmetalle werden, wie oben angegeben, entweder mit Säuren behandelt oder, wenn sie säureunlöslich sind, weiteren Aufschlußverfahren unterworfen, wie z. B. zunächst der Behandlung im Sauerstoffstrom oder der Ätzkalisalpeterschmelze, wenn es sich dabei um Osmiridium handelt. Enthält das Ausgangsmaterial kein Osmium, so wird der unlösliche Rückstand zwecks Überführung in die wasserlösliche Form mit Natriumchlorid im Chlorstrom bei 600 bis 700° aufgeschlossen.

IV. Aufschluß unter Zuhilfenahme alkalisch oxydierender Schmelzflüsse. (Vgl. S. 211.) Für den Aufschluß mit Hilfe alkalisch oxydierender Schmelzflüsse[2] kommen hauptsächlich in Betracht natürliche und künstliche Legierungen des Osmiums und Rutheniums mit den übrigen Metallen der Platingruppe sowie mit Rhenium und Unedelmetallen. Zweck des Aufschlusses ist, Osmium und Ruthenium hierbei unmittelbar in wasserlösliche Form zu bringen, um sie dann durch geeignete Destillationsvorgänge von den übrigen Metallen zu trennen und im Destillat nachzuweisen. Das aufzuschließende Material muß in feiner Verteilung vorliegen.

Als Reagenzien für die in Frage kommenden Aufschlüsse dienen hauptsächlich Alkalihydroxyde unter Zusatz von Alkalinitrat, die sich seither für analytische Zwecke als am vorteilhaftesten erwiesen haben. Auch Alkalihydroxyd mit Alkalichlorat oder Permanganat, ferner Bariumperoxyd mit Bariumnitrat sowie Natriumperoxyd oder NaOH mit Na_2O_2 und auch kohlensaure Alkalien sind vorgeschlagen und benutzt worden.

Wesentlich ist hierbei, daß der Schmelzsatz eine möglichst dünnflüssige Schmelze gibt und daß das Oxydationsmittel bei der Temperatur, bei welcher die Einwirkung der Agenzien am größten ist (in der Regel Rotglut), seinen Sauerstoff allmählich abgibt. Leichtflüssige Schmelzen spülen die aufgeschlossenen Teile des Analysenmaterials ab, wodurch noch unaufgeschlossene Partikel der Einwirkung der Agenzien besser zugängig gemacht werden. Außerdem lassen sich leichtflüssige Schmelzen bequem ausgießen [CLAUS (a)].

Als *Schmelzgefäße* werden Tiegel oder Schalen aus Nickel, Silber oder Gold verwendet. Für qualitative Zwecke sind kleine Löffel aus Silber oder Gold geeignet (vgl. W. BILTZ). Je nach der Zusammensetzung der Schmelzflüsse und der Höhe der Schmelztemperaturen werden die Schmelzgefäße dabei verschieden stark angegriffen, so daß das Analysenmaterial mit dem Tiegelmetall mehr oder weniger verunreinigt werden kann. Das trifft in besonders hohem Maße beim Schmelzen

[1] Vgl. FOERSTER, ferner REMY: Tabelle 24, S. 239; siehe auch Literaturübersicht, S. 228.
[2] Über den Aufschluß von Ruthenium mit Ätznatron allein vgl. Ruthenium, S. 137, e.

von Natriumperoxyd im Nickeltiegel zu (GUTBIER, ZWICKER und FALCO). Am vorteilhaftesten sind Gefäße aus Gold.

Schmelzsätze. CLAUS (a) verwendete für den Aufschluß von 1 Teil Osmiridium 1 Teil Ätzkali und 2 Teile Salpeter. Die wäßrige Lösung der Schmelze enthielt außer Osmium und Ruthenium nur Spuren der Platinmetalle. Der schwarze Rückstand wurde abermals mit der gleichen Reaktionsmischung wie oben geschmolzen.

Für den Aufschluß von Ruthenium wurden von CLAUS (b) auf 3 Teile Ruthenium 24 Teile KOH und 8 Teile KNO_3 angewendet. Der Aufschluß erfolgte im Silbertiegel bei schwacher Glühhitze. Die Schmelze wurde ausgegossen und in 48 Teilen Wasser gelöst.

RUFF und BORNEMANN haben zum Aufschluß von 2 g Osmium 5 g KOH und 3 g KNO_3 benutzt. Das Material wurde in einem Silbertiegel bis zum ruhigen Fließen der Schmelze erhitzt und die geschmolzene Masse nach Erkalten in etwa 50 cm^3 Wasser gelöst.

GUTBIER, ZWICKER und FALCO fanden, daß zum Aufschluß von 4 g pulverförmigem Ruthenium 33 g KOH und 4 g KNO_3 ausreichen, um das Ruthenium vollständig in Kaliumruthenat überzuführen. Als Schmelzgefäß diente eine flache Silberschale.

Für den Aufschluß von feinverteiltem Osmiridium hat sich in der Praxis die Verwendung der 6- bis 10fachen Menge Alkalihydroxyd mit der 3- bis 4fachen Menge Salpeter gut bewährt.

Statt des Salpeters wird mitunter auch $KClO_3$ verwendet.

SAINTE-CLAIRE DEVILLE und DEBRAY haben den Schmelzaufschluß mit BaO_2 und $Ba(NO_3)_2$ durchgeführt. Das Barium wurde aus der Lösung mit H_2SO_4 wieder entfernt. Nach CLAUS (a) ist die Verwendung sowohl von Chlorat als auch von BaO_2 und $Ba(NO_3)_2$ insofern ungünstig, als in beiden Fällen der Sauerstoff bereits *vor* Erreichung der erforderlichen Aufschlußtemperatur abgegeben wird, was z. B. im Falle des Chlorates vielfach unter heftigem Aufschäumen erfolgt und zu Verlusten führen kann. Außerdem ist die Abscheidung verhältnismäßig großer Mengen $BaSO_4$ ebenfalls mit Verlusten verknüpft infolge „Mitreißens“[1] von Platinmetallsalzen. Die Einwendungen von CLAUS sind wohl zu beachten.

Ausführung: Zunächst wird das Alkalihydroxyd mit kleiner Flamme eingeschmolzen und entwässert. Hierauf wird ein Teil Nitrat in der Schmelze aufgelöst und in die flüssige Masse eine gleiche Menge des aufzuschließenden feinpulverigen Materials vorsichtig in kleinen Teilen eingetragen, bis die Reaktion nachläßt, dann gibt man wieder Salpeter auf usw. In dieser Weise fährt man fort, abwechselnd Nitrat und Analysenmaterial aufzugeben, bis alles eingetragen ist und die letzten Anteile vom Analysenmaterial durch die letzten Reste des Nitrats zersetzt sind.

Bei dem Schmelzvorgang wird die Temperatur so geregelt, daß ohne zu lebhafte Sauerstoffentwicklung (Aufschäumen) der Aufschluß ruhig und glatt vonstatten geht. Die günstigste Aufschlußtemperatur liegt bei mäßiger Rotglut. Man erhitzt bei bedecktem Gefäß etwa noch $^1/_2$ Std., bis die Schmelze in ruhigem Fluß ist, und gießt dann den Inhalt auf ein blankes Silber- oder Nickelblech in dünner Schicht aus oder schreckt das Gefäß durch Eintauchen in eiskaltes Wasser ab, so daß der Schmelzkuchen beim Kippen des Gefäßes leicht herausfällt (GUTBIER, ZWICKER und FALCO). In dem Schmelzgefäß festhaftende Teile der Schmelze werden zweckmäßig zunächst mit etwas schmelzendem KOH herausgelöst, der Rest nach Abkühlen mit Wasser.

Der meist schwarzgrüne Schmelzkuchen enthält das Ruthenium hauptsächlich als Perruthenat, das in Berührung mit Wasser unter Sauerstoffentwicklung in wasser-

[1] Vgl. hierzu KRAUSS und UMBACH. Vgl. auch FEIGL: Tüpfelreaktionen, S. 67 und Fr. **49**, 393 (1910).

lösliches, tief orangerotes Ruthenat übergeht. Das Osmium bildet hierbei mit KOH eine in Wasser lösliche dunkelbraune Anlagerungsverbindung $OsO_4 \cdot 2KOH$ oder $K_2[OsO_4(OH)_2]$, während die übrigen Platinmetalle zum kleinen Teil als wasserlösliche, größtenteils aber als wasserunlösliche, aber säurelösliche und zum geringen Teil unter Umständen auch als säureunlösliche oxydische Verbindungen in der alkalischen Lösung des Schmelzkuchens enthalten sind [CLAUS (a)].

Zu beachten ist noch, daß sowohl das bei der Schmelze entstehende Ruthenat als auch die entsprechende Osmiumverbindung sehr hygroskopisch und leicht zersetzlich sind (vgl. Ruthenium, S. 138 und Osmium, S. 155—156).

Das Gelingen des Aufschlusses ist unter sonst gleichen Umständen stark von der Feinheit des Analysenmaterials abhängig. Bleiben beim Auflösen des Schmelzkuchens in Wasser unaufgeschlossene Teilchen zurück (was nicht selten der Fall ist), so ist der Schmelzvorgang zu wiederholen. Handelt es sich z. B. um den Aufschluß von Osmiridium, so ist es deshalb zweckmäßig, dieses zunächst mit der Zinkschmelze zu behandeln.

Aus der alkalischen Lösung des Schmelzkuchens wird zunächst mit Salpetersäure das Osmium und anschließend mit Chlor das Ruthenium durch Destillieren entfernt[1]. Die im Destillierkolben verbliebene Lösung wird, nach dem Eindampfen mit HCl, mit Wasser und HCl aufgenommen und filtriert. Ein etwa verbleibender unlöslicher Rückstand kann Rhodium neben etwas Iridium und Platin enthalten. Er wird abfiltriert, verglüht, reduziert, mit NaCl und Cl_2 aufgeschlossen und der Lösung hinzugefügt.

§ 10. Kritische Betrachtung der Aufschlußverfahren.

A. Aufschlußmöglichkeiten.

Von allen Aufschlußverfahren wird der *NaCl-Cl_2-Aufschluß* wohl am meisten angewendet. Mit seiner Hilfe lassen sich sämtliche Platinmetalle, sofern sie in feinverteilter metallischer Form oder als unlösliche Chloride vorliegen, unmittelbar in die wasserlöslichen Na-Komplexe verwandeln. Hierzu werden, außer geringen Mengen NaCl (und Chlor), keine weiteren Reagenzien benötigt. Der Aufschluß verläuft besonders günstig nach Auflockerung des Materials durch voraufgegangene Behandlung mit Chlor. Er ist nahezu in allen Fällen anwendbar und erfordert selbst im Falle der Wiederholung wenig Zeit und Arbeit. Für die Ausführung benutzt man zweckmäßig eine besondere Apparatur, am besten aus Quarzglas. In manchen Fällen genügt aber auch ein einfaches Glasrohr aus schwer schmelzbarem Glas (vgl. S. 24).

Dagegen wird der *Aufschluß mit alkalisch oxydierenden Schmelzflüssen* in der Hauptsache für Os- und Ru-haltiges Material angewendet. Der Schmelzvorgang erfordert, abgesehen von besonders widerstandsfähigen Schmelzgefäßen, verhältnismäßig größere Mengen Reagenzien, namentlich wenn der Aufschluß, wie es nicht selten der Fall ist, mehrmals wiederholt werden muß[2]. Die große Menge der hierbei entstehenden Alkalisalze kann sich bei nachfolgenden Operationen störend bemerkbar machen, ebenso die Verunreinigung durch das Tiegelmaterial. Beide müssen daher bei der ersten sich bietenden Gelegenheit wieder entfernt werden. Das geschieht bei den Alkalichloriden z. B. am einfachsten durch Aussalzen (vgl. auch S. 216).

Obwohl dieser Aufschluß für quantitative Zwecke nicht entbehrt werden kann, läßt er sich doch für die qualitative Analyse in den meisten Fällen dadurch um-

[1] Osmium und Ruthenium können auch gemeinsam durch die Chlordestillation entfernt werden (vgl. Osmium, S. 173). Bei der Os-Destillation mit HNO_3 in Gegenwart von Ruthenium sind noch die beim Ruthenium, S. 130 nebst Fußnote S. 131 gemachten Ausführungen zu beachten.

[2] Siehe auch Ruthenium, S. 128, 5. und 6. Absatz.

gehen, daß man an seiner Stelle den Kochsalz-Chlor-Aufschluß verwendet, welcher wegen seines glatten Verlaufes und seiner Sauberkeit als der elegantere Prozeß zu bezeichnen ist.

Über den *Aufschluß* mit Hilfe der *Pyrosulfatschmelze* im Vergleich zu der *Schmelze mit Wismut* sind bereits beim Rhodium, S. 89, nähere Ausführungen gemacht worden. Mit dem Aufschluß ist in beiden Fällen gleichzeitig die Trennung des Rhodiums vom Iridium und Ruthenium verbunden.

Das gleiche gilt vom Aufschluß unlöslicher Platin-Iridium-Legierungen und der Trennung des Platins vom Iridium und Ruthenium mit der *Bleischmelze* (vgl. Iridium, S. 109). Sie wird namentlich für Legierungen des Platins mit Iridium im Bereiche bis zu 30% Iridium wegen ihrer Einfachheit und Schnelligkeit und der für die meisten Zwecke hinreichenden Genauigkeit[1] und Zuverlässigkeit besonders bevorzugt und seit Jahrzehnten mit bestem Erfolg für die in der Praxis wichtigen Iridiumbestimmungen angewendet[2]. In dem über einen langen Zeitraum aus solchen Bestimmungen angesammelten Iridium konnten sowohl chemisch als auch spektralanalytisch nur Spuren Eisen und Ruthenium nachgewiesen werden.

Daß mit der Bleischmelze auch Legierungen des Platins mit Osmium aufgeschlossen werden können, ist beim Osmium, S. 159, bereits erwähnt worden. Vgl. Ruthenium, S. 139.

Mit der *Zinkschmelze* besitzen wir ein einfaches und bequemes Mittel, in Säuren nicht lösliche Legierungen aufzulockern und zu zerlegen (desintegrieren). Der eigentliche Aufschluß erfolgt, nach Entfernung des Zinküberschusses, durch Lösen des aufgelockerten Rückstandes in Königswasser oder durch Behandeln mit NaCl und Chlor bei höheren Temperaturen.

Ein Nachteil der Zinkschmelze ist, daß die aufgeschlossenen Metalle auch nach Behandlung mit HCl oder H_2SO_4 immer noch Zink hartnäckig zurückhalten, so daß die letzten Reste häufig erst durch Behandlung mit Chlor bei höherer Temperatur entfernt werden können. Auch darf zum Aufschluß nur reinstes Elektrolytzink verwendet werden, weil sonst alle Verunreinigungen, die elektronegativer als Zink sind[3], bei dem aufgeschlossenen Metall verbleiben.

Die bei der *Sauerstoff- oder Chlorbehandlung* stattfindenden Oxydations- und Chlorierungsvorgänge sind, ähnlich wie bei der Zinkschmelze, mit einer starken Auflockerung des metallischen Gefüges verbunden. So lassen sich z. B. durch wiederholtes Oxydieren oder Chlorieren und Reduzieren (im letzten Fall bei möglichst niedriger Temperatur) die Platinmetalle (außer Osmium, das vollständig verflüchtigt wird) in äußerst feinzerteilte Form bringen (Wöhler und Metz). Man erreicht damit also den gleichen Zweck wie bei Anwendung der Zinkschmelze. Während diese aber, je nach der Reinheit des verwendeten Zinkes, das Analysenmaterial mehr oder weniger verunreinigen kann, ist z. B. die mehrfache Chlorierung und Reduzierung stets mit einer im Verhältnis zur Anzahl dieser chemischen Vorgänge steigenden Reinigung der Beimetalle verbunden. Auf diese Weise können sogar geschmolzene, mechanisch möglichst zerkleinerte Beimetalle in einfacher Weise vollkommen zerlegt, von flüchtigen Verunreinigungen befreit und in unlösliche Chloride verwandelt werden. Diese können ihrerseits wieder ohne weiteres als Ausgangsmaterial für den NaCl-Cl_2-Aufschluß dienen.

---

[1] Zur Prüfung des so erhaltenen Iridiums auf Reinheit muß dieses zuvor mit dem NaCl-Chlor-Aufschluß oder der Zinkschmelze behandelt werden (vgl. Iridium, S. 122).

[2] Sehr kleine Mengen Iridium (unter 0,1%), bei denen sich bereits Verunreinigungen durch Filterasche oder aus den Reagenzien oder Gefäßen (SiO_2, Al_2O_3) störend bemerkbar machen können, werden zweckmäßig mit der dokimastischen Goldprobe (vgl. unter Iridium, S. 123) gereinigt, nachgewiesen und bestimmt.

[3] Wie z. B. Blei, Zinn.

Mit der Sauerstoff- und namentlich mit der Chlorbehandlung kann also, abgesehen von gleichzeitiger Entfernung des Osmiums, neben der vollkommenen Auflockerung und Zerlegung auch noch eine — im Gegensatz zur Zinkschmelze — weitgehende Reinigung des Analysenmaterials von besonders als Chlorverbindungen flüchtigen Verunreinigungen (wie z. B. des Fe, As) erreicht werden. Außer mit Sauerstoff und Chlor wird in diesem Falle das Analysenmaterial mit keinen weiteren Reagenzien in Berührung gebracht. Dieses einfache und saubere Verfahren hat gegenüber der Zinkschmelze nur den Nachteil der längeren Dauer. Man greift daher in der Praxis mit Vorliebe zu einer Verbindung beider Verfahren, indem man zunächst das Material mit der Zinkschmelze vorbehandelt und nach der Entfernung des Zinkes der Sauerstoff- und Chlorbehandlung unterwirft. Nach dieser doppelten Vorbehandlung findet der eigentliche Aufschluß mit Königswasser oder NaCl und Chlor bei höheren Temperaturen statt.

Die besprochenen Aufschlußverfahren stellen mithin gleichzeitig auch wichtige und vor allem zuverlässige Trennungsmethoden dar. Die Trennung kann unmittelbar mit dem Aufschluß verbunden sein, wie bei der Blei-Wismut- oder Pyrosulfatschmelze und der Sauerstoff- oder Chlorbehandlung, oder mittelbar, wie bei dem $NaCl$-Cl_2-Aufschluß und den alkalisch oxydierenden Schmelzflüssen. In den beiden letzten Fällen erfolgt nach dem Aufschluß die Trennung des Osmiums und Rutheniums von den übrigen Platinmetallen in gemeinsamer Lösung durch Destillation. Für die eigentliche nasse Analyse bleibt dann nur noch die Trennung der vier Platinmetalle Platin, Palladium, Iridium und Rhodium und ihr Nachweis übrig.

In besonders komplizierten Fällen, wie z. B. beim Vorliegen von Osmiridium, kommen für den vollständigen Aufschluß des Analysenmaterials, einschließlich Destillationen, außer der Zinkschmelze noch die Arbeitsgänge durch Natriumchlorid-Chlor-Aufschluß und Kaliumhydroxyd-Kaliumnitrat-Schmelze in Betracht.

Auf die Wahl des von Fall zu Fall in Frage kommenden Aufschlußverfahrens hat das Ergebnis der Vorprobe auf trockenem Wege in der Regel entscheidenden Einfluß.

B. Die Analyse auf nassem Wege.

Die allgemeine anorganische Analyse befaßt sich bei der Untersuchung auf nassem Wege bekanntlich zunächst mit der Gruppeneinteilung der Elemente, d. h. die zu einer Gruppe gehörigen Elemente werden vorerst durch ein Gruppenreagens gemeinsam gefällt und dadurch von der Nachbargruppe getrennt. Im Anschluß hieran folgt dann die Untersuchung in der Gruppe selbst mit dem Nachweis der einzelnen Elemente. Diese Arbeitsweise setzt voraus, daß das Analysenmaterial zuvor restlos in wasser- oder säurelösliche Form gebracht wird, was sich bei den Unedelmetallen in den meisten Fällen ohne größere Schwierigkeiten bewerkstelligen läßt. Ganz abgesehen davon, daß die Überführung der Platinmetalle in wasser- oder säurelösliche Form, wie wir gesehen haben, nicht immer so einfach und glatt vonstatten geht, ist es, wie sich aus den nachfolgenden Beispielen ergibt, gerade bei den Platinmetallen auch nicht immer vorteilhaft und erwünscht, die sämtlichen Metalle miteinander in Lösung zu bringen, um sie nachher wieder mit mehr oder weniger komplizierten Fällungsmethoden voneinander zu trennen. Eine Gruppierung im Sinne der allgemeinen anorganischen Analyse ist bei den Platinmetallen wegen ihres bekannten, je nach den Versuchsbedingungen unterschiedlichen Verhaltens in gemeinsamer Lösung gegenüber den gebräuchlichen Reagenzien auch nicht ohne weiteres durchführbar[1].

---

[1] Eine Ausnahme hiervon bildet bis zu einem gewissen Grade der Analysenvorschlag von Mylius und Mazzucchelli, vgl. S. 134.

Schema über Aufschlüsse von Osmiridium einschließlich Destillationen.
Entfernung und Nachweis von Osmium und Ruthenium.

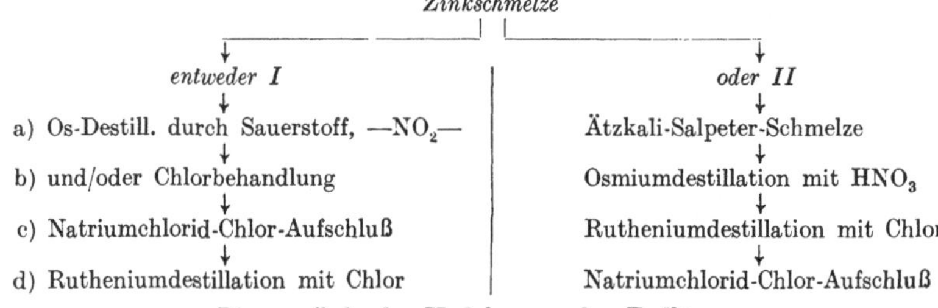

Die aus I, d oder II, d kommenden Endlösungen
dienen zum Nachweis der übrigen Platinmetalle Pt, Pd, Ir, Rh.

Die zwischen den Platinmetallen bestehenden verwandtschaftlichen Beziehungen lassen in chemischer Hinsicht immerhin auch eine gruppenmäßige Zusammengehörigkeit erkennen, die vor allem in der Stellung der Platinmetalle zueinander im periodischen System sinnfällig zum Ausdruck kommt. Besonders gilt das für die aus der vertikalen Anordnung sich ergebenden drei Untergruppen (Dyaden):

	1. Untergruppe	2. Untergruppe	3. Untergruppe
Leichte Triade	Ruthenium	Rhodium	Palladium
Schwere „	Osmium	Iridium	Platin

In ihrem analytischen Verhalten heben sich diese drei Gruppen recht deutlich voneinander ab. So sind z. B. die Metalle der ersten Untergruppe durch die Bildung leichtflüchtiger Tetroxyde besonders scharf und eindeutig gekennzeichnet, die der zweiten durch ihre — namentlich in kompakter Form — große Widerstandsfähigkeit gegen Säuren, und die der dritten durch ihre vollständige Löslichkeit in Königswasser und ihre Fällbarkeit aus der 2wertigen Stufe mit Dimethylglyoxim.

Eine Sonderstellung nehmen bis zu einem gewissen Grade Palladium und Rhodium hierbei insofern ein, als das erstere von sämtlichen Platinmetallen als einziges in Salpetersäure löslich ist, während beide durch ihre Löslichkeit in heißer konz. H_2SO_4 oder schmelzendem Pyrosulfat besonders gekennzeichnet sind.

1. Trennung und Nachweis des Pt, Pd, Ir, Rh in nichtlegierten Pulvergemischen.

Das Verhalten der Metalle der zweiten und dritten Untergruppe gegenüber den vorgenannten Lösungsmitteln kann ohne weiteres für Zwecke der Trennung verwendet werden, wenn diese Metalle als reine, nicht legierte, oxydfreie Pulvergemische vorliegen. Man behandelt zunächst die pulverige Mischung mit Salpetersäure, trennt das gelöste Palladium von den unlöslichen Metallen durch Filtrieren oder einfaches Abgießen und Auswaschen durch Dekantieren und löst anschließend das Platin mit Königswasser. Man erhält hierbei die Metalle der zweiten Untergruppe Rhodium und Iridium als unlöslichen[1] Rückstand. Ihre Trennung läßt sich z. B. mit Hilfe der Pyrosulfatschmelze bequem durchführen. Das in schmelzendem Pyrosulfat unlösliche Iridium wird schließlich mit NaCl im Chlorstrom bei höherer Temperatur aufgeschlossen.

Der Nachweis des Palladiums in verdünnter kalter, salpetersaurer Lösung mit Dimethylglyoxim bietet keinerlei Schwierigkeiten, ebenso wie sich Platin in der Königswasserlösung, nach mehrfachem Eindampfen mit HCl, in einfacher Weise als gelber Platinsalmiak fällen und in einer in Wasser gelösten kleinen Probe der

[1] Feinverteiltes Rhodium wird von Königswasser etwas angegriffen.

Salmiakfällung mit $SnCl_2$ in Gegenwart von HCl als orangegelbe Farbenreaktion[1] nachweisen läßt. Rhodium wird in der wäßrigen Lösung des Natriumrhodiumsulfates entweder mit KNO_2 in der Wärme als weißes krystallines Nitrit $K_3[Rh(NO_2)_6]$ oder mit $SnCl_2$ nach IWANOFF als himbeerrote Farbreaktion nachgewiesen[2]. Das in schmelzendem Pyrosulfat unlösliche Iridium wird schließlich in der konz. wäßrigen Lösung des Aufschlusses mit NaCl und Cl_2 als schwarzer Salmiak oder mit $NH_4NO_3 +$ $+ H_2SO_4$ als blaue Farbreaktion festgestellt (vgl. Iridium, S. 113).

Man kann auch Palladium und Rhodium mit dem Pyrosulfataufschluß von Platin und Iridium trennen[3], im wäßrigen Auszug der Schmelze Palladium mit Dimethylglyoxim nachweisen, vom Rhodium trennen und dieses in dem eingeengten Filtrat mit $SnCl_2$ wie oben nachweisen[4]. Platin und Iridium werden mit Königswasser (1 + 4) in der Wärme getrennt, das erstere wird in der Lösung, das letztere im Rückstand, wie oben angegeben, nachgewiesen.

Diese stufenweise Auflösung kann, abgesehen von dem vorliegenden Fall, namentlich dann von besonderem Vorteil sein, wenn die Platinmetalle noch durch Unedelmetalle mechanisch verunreinigt sind, die sich in geeigneter Form, z. B. als Oxyde, im Gegensatz zu den Platinmetallen durch Behandlung mit verschiedenen Lösungsmitteln verschiedener Konzentration und Temperatur bequem entfernen und von den Edelmetallen trennen lassen, wie es z. B. bei Anodenschlämmen der Fall ist (vgl. S. 227).

Der Nachweis der einzelnen Metalle ist in den beiden angeführten Beispielen eindeutig und zuverlässig. Die uns bekannte geringe Löslichkeit z. B. des Iridiums in schmelzendem Pyrosulfat oder die geringe Löslichkeit des Rhodiums in Königswasser bleiben ohne Einfluß auf das Ergebnis der qualitativen Untersuchung. Das Mengenverhältnis, in dem die Platinmetalle hierbei vorliegen, spielt im Gang der Analyse keine Rolle. Das ist ein weiterer Vorteil dieser Trennungsmethode.

Nach diesen Beispielen erfolgt, im Gegensatz zu den Methoden der allgemeinen qualitativen Analyse, in einfachster Weise die Trennung lediglich auf Grund des unterschiedlichen Verhaltens des Platins, Palladiums, Rhodiums und Iridiums gegenüber den Lösungsmitteln Salpetersäure, Königswasser und schmelzendem Pyrosulfat. Von diesem Verhalten der Platinmetalle (in nicht legierter Form)[5] wird daher der Analytiker zur Vereinfachung der Trennungsvorgänge nach Möglichkeit Gebrauch machen. Über Trennung und Nachweis des Osmiums und Rutheniums nach vorausgegangener Trennung dieser beiden von den übrigen Platinmetallen vgl. S. 216.

Liegen dagegen die Platinmetalle, wie es meist der Fall ist, als Legierungen vor, so lassen sich brauchbare Trennungen auf Grund der verschiedenen Löslichkeit einzelner Legierungsgenossen, nur noch unter bestimmten Voraussetzungen erzielen, nämlich, wenn diese Legierungen gewissen Aufschlußverfahren, wie z. B. der Blei- oder Wismutschmelze, unterworfen werden. Durch die Wahl geeigneter Aufschlußmittel lassen sich daher auch in komplizierteren Fällen die Trennungsvorgänge in gewünschter Weise beeinflussen und vereinfachen.

---

[1] Meist läßt sich diese Farbenreaktion bereits in einer Probe der Mutterlauge der Platinsalmiakfällung, die gewöhnlich noch etwas Platin enthält, mit genügender Schärfe durchführen.

[2] Siehe Rhodium, S. 93.

[3] Diese Trennung verläuft z. B. bei Zinkfällungen auffallenderweise nicht so glatt, wie man zunächst annehmen sollte. Das hängt offenbar damit zusammen, daß beim Fällen der Platinmetalle mit Zink bereits mit der Möglichkeit der Legierungsbildung zu rechnen ist. Auch in anderer Weise erzeugte Mohre zeigen mitunter ein ähnliches Verhalten. (Vgl. hierzu FOERSTER; ferner Fußnote S. 208.)

[4] In nicht zu sehr verdünnten Lösungen läßt sich Rh mit $SnCl_2$ nach IWANOFF ohne weiteres im Filtrat des Palladiumoxims nachweisen.

[5] Beim reduzierenden Glühen von Pulvergemischen der Platinmetalle läßt sich die Bildung von Legierungen vermeiden, wenn man mit der Temperatur hierbei *unter 400°* bleibt (WÖHLER und METZ).

Im allgemeinen führt der Lösungsvorgang bei Legierungen dagegen zu Mischlösungen, so daß dann die weit umständlichere und auch schwierigere Trennung in der Lösung mit Hilfe von Fällungsreaktionen durchgeführt werden muß, falls man nicht vorzieht, sich bei der Trennung und dem Nachweis der Farbreaktionen in Verbindung z. B. mit dem Ausschüttelverfahren nach WÖLBLING zu bedienen. In diesem Falle wird man dann allerdings, im Gegensatz zu den vorhergehenden Beispielen, von vornherein darauf hinarbeiten, das gesamte Material in wasser- oder säurelösliche Form zu bringen, wie z. B. durch den Kochsalz-Chlor-Aufschluß.

2. Trennung und Nachweis des Osmiums und Rutheniums nach vorausgegangener Trennung von den übrigen Platinmetallen.

Sind außer Platin, Palladium, Rhodium und Iridium noch Osmium und Ruthenium vorhanden, so ist es zweckmäßig, diese beiden vorher zu entfernen, weil sie bei den folgenden Trennungs- und Nachweisverfahren stören würden. Analytisch bietet die Flüchtigkeit der Tetroxyde des Osmiums und Rutheniums ein ausgezeichnetes Mittel für die restlose Trennung dieser beiden Metalle von den vier übrigen Platinmetallen. Auch die Flüchtigkeit der bei der Chlorbehandlung bei höheren Temperaturen entstehenden Chloride läßt sich, vor allem beim Osmium, aber zum Teil auch beim Ruthenium, analytisch verwerten.

Bei der großen Empfindlichkeit, namentlich des Osmiums gegen oxydierende Einflüsse und der leichten Flüchtigkeit des sich hierbei bildenden OsO_4, wird man daher grundsätzlich zunächst dieses Metall, und aus den bereits vorher erwähnten Gründen nach Möglichkeit auch Ruthenium, durch Destillation von den übrigen Platinmetallen trennen und diese in dem Destillationsrückstand, Osmium und Ruthenium in den Vorlagen der Destillierapparatur nachweisen.

Die Trennung des Osmiums von den übrigen Platinmetallen kann auf zweierlei Art erfolgen:

I. Beim Vorliegen in metallischer, möglichst aufgeschlossener Form auf trockenem Wege mit der Sauerstoff- und/oder Chlorbehandlung bei höherer Temperatur in der bei den Aufschlußverfahren unter 1, S. 205, angegebenen Weise. Vor der Chlorbehandlung werden Platin und Palladium soweit als möglich mit Königswasser entfernt. Der nach der Chlorbehandlung verbleibende Rückstand wird mit NaCl und Chlor aufgeschlossen.

II. In wäßrigen Lösungen z. B. des Aufschlusses mit Alkalihydroxydsalpeter oder mit NaCl-Chlor, oder in feinverteilten Pulvergemischen durch Destillation mit Salpetersäure[1] (vgl. Osmium, S. 154 und 157).

Das *Ruthenium* wird aus den Mutterlaugen der HNO_3-Destillation und den wäßrigen Lösungen des NaCl-Cl_2-Aufschlusses oder aus feinstverteilten Pulvergemischen nach Zugabe verd. NaOH-Lösung zweckmäßig mit der Cl_2-Destillation entfernt[2]. Osmium und Ruthenium können aber auch gemeinsam mit der Chlordestillation entfernt und nachher getrennt und nachgewiesen werden. Vgl. auch Osmium, S. 173 unter 3 und unter 4.

Als Reagens für den Nachweis von Ruthenium und Osmium wird in der Praxis die Thioharnstoffreaktion bevorzugt, beim Osmium unter Zusatz von $SnCl_2$ (vgl. Osmium, S. 162).

Bei der Weiterbehandlung der Endlaugen von der Osmium- und Rutheniumdestillation werden zunächst die Nitrate oder Chlorate durch mehrfaches Eindampfen mit HCl zerstört. Im Anschluß hieran werden nötigenfalls größere Mengen Alkalichloride, die sich bei den Destillationen gebildet haben, ausgesalzen, sofern keine andere Möglichkeit besteht, lästige Mengen dieser Salze im weiteren Verlauf

[1] Über die Osmiumdestillation mit anderen Oxydationsmitteln als Salpetersäure vgl. Osmium, S. 173.

[2] Über die Rutheniumdestillation ohne Chlor vgl. Ruthenium, S. 131.

der Analyse zu entfernen, wie z. B. wenn anschließend an die Osmium- und Rutheniumdestillation die Platinbeimetalle vom Platin mit der Hydrolyse getrennt werden (vgl. Analysenbeispiel II, Analyse von Osmiridium, Ausführungsform B, S. 236). Zuweilen kann auch die Einschaltung der H_2S-Fällung hierbei von Vorteil sein, z. B. in Verbindung mit der Trennung der Platinmetalle von den Metallen der Eisengruppe.

3. Trennung und Nachweis des Platins, Palladiums, Iridiums und Rhodiums in gemeinsamer Lösung.

In den weitaus meisten Fällen müssen diese vier Platinmetalle bei den nachfolgenden Trennungs- und Nachweisverfahren in Form der wasserlöslichen Chloride oder der entsprechenden Komplexe vorliegen. Von der Entfernung der HNO_3 bzw. Zerstörung der Nitrate und Chlorate war bereits oben die Rede. Ebenso können freie Schwefelsäure und Sulfate bisweilen störend wirken[1]. Durch Fällen mit $BaCl_2$ Abhilfe zu schaffen, ist nicht ratsam (vgl. Aufschlußmethoden, S. 210). Besser ist es, aus den Lösungen die Metalle als Mohre durch Reduktion z. B. mit Zink oder Magnesium oder als Sulfide abzuscheiden und mit Königswasser oder dem $NaCl$-Cl_2-Aufschluß wieder in Lösung zu bringen. In manchen Fällen genügt Neutralisation der freien H_2SO_4 oder längeres Digerieren mit HCl in der Wärme (vgl. Rhodium, S. 92).

Gewisse Schwierigkeiten können bei der Trennung in gemeinsamer Lösung, sehr im Gegensatz zur Trennung nichtlegierter Pulvergemische der Platinmetalle (vgl. S. 215) durch das Mengenverhältnis, in welchem die einzelnen Metalle in der Lösung vorliegen, verursacht werden. Je mehr ein Legierungsbestandteil auf Kosten der anderen, wie z. B. bei den sog. reinen Metallen, überwiegt, desto größer können diese Schwierigkeiten werden (vgl. auch Analysenbeispiel I, S. 228).

Es ist daher in allen Fällen zweckmäßig, die im großen Überschuß vorhandenen Bestandteile zur Vermeidung unnötiger Erschwerungen bei den Trennungen und dem Nachweis vorher vollständig oder größtenteils zu entfernen. Hierbei stört vor allen Dingen die bei den Platinmetallen stark ausgeprägte Neigung, bei der Fällung andere, an sich nicht fällbare Metalle „mitzureißen". Charakteristisch hierfür ist, namentlich in Lösungen des Rhodiums[2], das Verhalten mancher Salze, wie z. B. $BiOCl$, $BaSO_4$, $PbSO_4$, wie auch SnO_2, $PbCl_2$, Alkalichloride, die häufig Anteile der Rhodiumlösung hartnäckig zurückhalten. Diese Vorgänge sind, wie bereits an anderer Stelle erörtert (vgl. S. 192), eine Folge von Adsorptionserscheinungen und Mischkrystallbildung. Eigenartig ist auch das Verhalten kleiner Mengen Platinmetalle, z. B. bei der Fällung des Fe oder Al mit NH_3. Nach Wölbling konnten durch eine 15fache Menge Fe oder Al kleine Konzentrationen von Platin, Iridium, Rhodium und Ruthenium vollständig, Osmium und Palladium dagegen nur unvollständig abgeschieden werden. Auch dieses Verhalten der Platinmetalle läßt sich unter Umständen analytisch verwerten (vgl. Analysenbeispiel I, S. 231, Ziffer 8; vgl. auch Saint-Claire Deville und Stas).

Was nun die Trennung und den Nachweis der obengenannten vier Platinmetalle, nämlich Platin, Palladium, Iridium und Rhodium, in gemeinsamer Lösung ihrer Chloride oder der entsprechenden löslichen Komplexe anbelangt, so liegen die Verhältnisse beim *Palladium* am einfachsten.

Mit Dimethylglyoxim, dem spezifischen Reagens für Palladium, wird dieses nicht nur am sichersten und zuverlässigsten nachgewiesen, sondern auch die vollkommen quantitativ verlaufende Trennung von den sämtlichen übrigen Platinmetallen herbeigeführt. Störungen sind nur möglich, wenn Platin in der 2wertigen

---

[1] Ausnahmen: vgl. Rhodium, S. 92, 100, Iridium, S. 113, Palladium, S. 63, 70.

[2] Vgl. hierzu S. 210, Fußnote.

Stufe zugegen ist. Es ist also lediglich dafür zu sorgen, daß das Platin in 4wertiger Form vorliegt[1].

In manchen Fällen läßt sich Palladium mit für qualitative Zwecke hinreichender Genauigkeit durch die „rasche H_2S-Fällung in der Kälte" (vgl. Palladium, S. 63) zusammen mit Cu, Au, Pb von den übrigen Platinmetallen trennen. Mit der Oxim- oder H_2S-Fällung ist ebenso die Abscheidung des Palladiums aus Sulfatlösungen durchführbar. Mitunter kann auch die Fällung in Form der KCl- oder NH_4Cl-Komplexe des 4wertigen Palladiums von Vorteil sein, wie z. B. bei Trennung von Unedelmetallen aus saurer Lösung (vgl. Palladium, S. 78). Für den Nachweis gibt es außer Dimethylglyoxim noch zahlreiche, namentlich organische Reagenzien, mit denen Palladium auf makro- und mikrochemischem Wege festgestellt werden kann. Bei dem Ausschüttelverfahren nach WÖLBLING dient die grüne Farbe der $SnCl_2$-Reaktion als Nachweis, die noch Palladiumkonzentrationen von 1 bis 4×10^{-5} g/cm³ deutlich unterscheiden läßt. Mit Alkalijodid kann Palladium aus der $SnCl_2$-haltigen Lösung nach längerem Stehen (über Nacht) als PdJ_2 ausgefällt werden (vgl. Analysenvorschläge, S. 190). Palladium ist das reaktionsfähigste Element in der Gruppe der Platinmetalle.

Bei der Prüfung von Palladium auf Verunreinigungen läßt sich die Abscheidung der Hauptmenge des Palladiums sehr einfach durch Fällen als Palladium(II)-diamminchlorid durchführen. Durch wiederholtes Lösen in NH_3 und Ausfällen mit HCl lassen sich die Verunreinigungen vollständig ausscheiden (vgl. Palladium, S. 62).

Für *Platin* gibt es nur eine Möglichkeit, um dieses von den Beimetallen mit Hilfe von Fällungsreaktionen vollständig zu trennen, nämlich die *Hydrolyse*[2]. Vom Iridium (und Ruthenium) läßt sich Platin noch mit Hilfe der Bleischmelze quantitativ trennen, was namentlich für die Iridiumbestimmung der in der Technik wichtigen Platin-Iridium-Legierungen von besonderer Bedeutung ist.

Die bekannte kanariengelbe, krystalline Fällung der reinen Chloroplatin(IV)-säure mit NH_4Cl oder KCl, die sehr häufig zur Abscheidung des Platins benutzt wird, ist nach Farbe und Gestalt (gelbe Oktaeder!) überaus kennzeichnend für Platin. In Gegenwart von Iridium, namentlich wenn dieses in der 4wertigen Form z. B. als $(IrCl_6)^{--}$-Komplex vorliegt, entstehen jedoch stets mehr oder weniger mit dem isomorphen Ir-Salz verunreinigte Fällungen, was sich besonders in der Farbe der Niederschläge zeigt, die nicht mehr rein kanariengelb, sondern um so mehr rot bzw. dunkelrot gefärbt sind, je höher der Ir-Gehalt ist (MYLIUS und MAZZUCCHELLI).

In Fällen, wo es nicht auf eine besonders scharfe Trennung ankommt, wie z. B. bei vielen qualitativen Proben, kann man sich damit helfen, daß man *vor* der Fällung ein Reduktionsmittel hinzufügt, um Iridium (und, falls vorhanden, auch Ruthenium) in die 3wertige Form überzuführen.

Die meisten für diesen Zweck vorgeschlagenen Reduktionsmittel haben jedoch den Nachteil, daß unter Umständen auch ein Teil des Platins, namentlich bei längerer Einwirkung, reduziert und dadurch der späteren Fällung mit NH_4Cl oder KCl entzogen wird (wie z. B. bei Verwendung von SO_2 oder salzsaurem Hydroxylamin in der Wärme). Am besten geeignet als leichtes Reduktionsmittel erscheint uns der Alkohol[3]. Man digeriert damit die schwachsaure Lösung in der Wärme so lange, bis eine Tüpfelprobe mit KCl oder NH_4Cl eine hellgelbe Fällung gibt, und fällt hierauf das Platin mit KCl oder NH_4Cl. Anwesendes Palladium wird hierbei ebenfalls in das nicht fällbare Palladium(II)-salz verwandelt.

[1] Über das Ausflocken des Palladium-Oximniederschlages in Gegenwart von Rhodium vgl. Palladium, S. 68.

[2] Platin (und Palladium) lassen sich auch mit der Oximfällung glatt von den übrigen Pt-Beimetallen trennen (vgl. Analysengang II, S. 223).

[3] Eine schnellere Wirkung wird durch die NaOH-Kochung erreicht (vgl. Iridium, S. 120).

Im Gegensatz zu den übrigen Platinmetallen liegt das Rhodium als Chlorid oder dessen Natriumkomplex stets in der 3wertigen, mit NH_4Cl oder KCl aus verdünnten wäßrigen Lösungen nicht fällbaren Form vor. Nach der Fällung des Platins mit KCl oder NH_4Cl scheidet sich bei Anwesenheit von Rhodium aber häufig eine grünliche, rhodiumhaltige Nachfällung (vgl. hierzu Rhodium, S. 101) aus, so daß der gelbe Platinniederschlag durch längeres Verweilen in der Mutterlauge von neuem verunreinigt wird, ein Vorgang, der übrigens, wie wir bereits oben gesehen haben, ganz allgemein bei den Platinmetallen, und zwar nicht nur bei den komplexen KCl- oder NH_4-Cl-Fällungen, sondern auch bei den entsprechenden Nitritfällungen und auch z. B. bei der Fällung des Palladiums als Palladium(II)-diamminchlorid zu beobachten ist. Es ist deshalb zweckmäßig, die Niederschläge in allen Fällen nach etwa einhalb- bis einstündigem Stehen zu filtrieren.

Wenn die auf diesem Wege erzielten Platinfällungen bisweilen auch von denen des reinen Platins kaum oder nur schwer für den Ungeübten zu unterscheiden sind, so läßt sich auf diese Weise, wie bereits mehrfach dargelegt, eine vollständige Trennung nicht erreichen. Das geschieht vielmehr durch Hydrolyse oder, bezüglich der Trennung von Ir(Ru), durch die Bleischmelze. Vgl. hierzu auch Iridium, S. 121, Ruthenium, S. 142, und Rhodium, S. 99.

Von den Farbenreaktionen hat sich neben der KJ-Reaktion (vgl. Platin, S. 40) namentlich die $SnCl_2$-Reaktion für den Nachweis geringer Platinmengen hervorragend bewährt. Sie kann in Verbindung mit dem Ausschüttelverfahren nach Wölbling auch zur Trennung des Platins von den übrigen Platinmetallen, nämlich Palladium, Rhodium, Iridium, benutzt werden.

Beim *Iridium* kommt hauptsächlich die Fällung mit NH_4Cl oder KCl in Betracht. Nach vorsichtigem Verglühen des Iridiumsalmiaks bzw. nach Reduktion des K_2IrCl_6 im Wasserstoffstrom (bei möglichst niedriger Temperatur zur Vermeidung von Legierungsbildung) und Auslaugen des KCl mit Wasser, läßt sich aus dem feinverteilten, bei ungehindertem Luftzutritt vorsichtig geglühten Rückstand das Platin in der Wärme mit verdünntem Königswasser ausziehen. Kleine Mengen Platin werden, ebenso wie andere Verunreinigungen (außer Rhodium), zweckmäßig nach Reduktion beim Chlorieren verflüchtigt[1] oder durch Behandlung des unlöslichen $IrCl_3$ mit verdünntem Königswasser in der Wärme entfernt.

Für die Trennung des Iridiums vom Platin kann man sich mit Vorteil auch der Hydrolyse oder der Blei- oder Silberschmelze bedienen, für die Trennung vom Rhodium der Pyrosulfat- oder Wismutschmelze oder auch der Fällung mit $TiCl_3$. Sehr einfach und bequem ist die Trennung Platin-Iridium und Iridium-Rhodium nach dem Ausschüttelverfahren von Wölbling (vgl. Platin, S. 52), ferner nach V, a, Iridium, S. 118. Vgl. auch S. 223 Analysengang II (Trennung Ir-Rh).

Für den Nachweis eignen sich am besten die Braunfärbung mit frischbereitetem Chlorwasser (vgl. Iridium, S. 118), die schwarze bis dunkelrote Salmiak- oder KCl-Fällung und die NH_4NO_3-Reaktion in konz. heißer H_2SO_4 nach Lecoq de Boisbaudran.

Als Fällungsreaktion zur Trennung des *Rhodiums* von den übrigen Platinmetallen kommt höchstens die KNO_2-Fällung[2] in Betracht, und für Abscheidung größerer Mengen Rhodium noch die Fällung als Chloropurpureochlorid $[Rh(NH_3)_5Cl]Cl_2$, vgl. Rhodium, S. 91. Für die Trennung größerer Mengen Rhodium von Platin und Iridium (nicht von Palladium, das ebenfalls gelöst wird) eignet sich auch die Pyrosulfatschmelze (vgl. Rhodium, S. 86), sofern die Platinmetalle nicht miteinander legiert sind.

Die Trennung des Rhodiums vom Platin läßt sich sehr schön durch die Hydrolyse nach a oder b, Rhodium, S. 99, vornehmen. Für viele Zwecke genügt auch die

---

[1] Dabei kann allerdings unter Umständen auch etwas Ir verflüchtigt werden. Vgl. Iridium, S. 105.

[2] Vgl. Rhodium, S. 92.

Trennung mit der NH_4Cl- oder KCl-Fällung, vgl. Rhodium, S. 99. Auf die Trennung Ir-Rh durch die Wismutschmelze oder mit Hilfe der WÖLBLINGschen Methode ist bereits beim Iridium hingewiesen worden. Rhodium und Iridium können auch nach dem NaCl-Chlor-Aufschluß mit Äther-Aceton oder Alkohol getrennt werden (vgl. unter Rhodium VII, c, S. 98). Die meisten Verunreinigungen (auch geringe Mengen Iridium und Ruthenium) lassen sich aus dem Rhodium mit Chlor bei höherer Temperatur (vgl. Rhodium, Ziffer VIII, S. 101) und anschließender Behandlung der chlorierten Probe mit Königswasser (1 + 4) in der Wärme bequem entfernen (vgl. Rhodium, S. 101). In diesem Zusammenhang ist auch noch die Silberschmelze zu erwähnen (vgl. Iridium, S. 110). Als Nachweis dient außer der bekannten rosenroten Farbe[1] der Chloride die $SnCl_2$-Reaktion nach IWANOFF. WÖLBLING schlägt für sein Ausschüttelverfahren die Rotfärbung des Essigesterauszuges der Rhodium-Zinn(II)-chloridfärbung mit Alkalijodid vor. Über weitere Trennungs- und Nachweisreaktionen siehe unter Reaktionen der einzelnen Platinmetalle.

Was nun den eigentlichen *Gang der Analyse* anbelangt, so ist für die praktische Durchführung qualitativer Analysen seither, abgesehen von dem Analysenvorschlag von MYLIUS und DIETZ, in der Hauptsache wohl das Analysenschema von MYLIUS und MAZZUCCHELLI als Grundlage benutzt worden. Unter Berücksichtigung der bei der Besprechung dieses Analysenganges (vgl. S. 184) von uns vorgeschlagenen Abänderungen würde sich der Gang dieser Analyse beim Vorhandensein von je 1 mg Platin, Iridium, Palladium, Rhodium, Ruthenium, Gold, Silber, Kupfer, Eisen in gemeinsamer Lösung ihrer Chloride[2] nur in den sog. sekundären Trennungen, und zwar in folgenden Punkten ändern:

Nr. 5. Neuer Text wie unter Analysenvorschläge Absatz 7, S. 185, angegeben.

Nr. 4. An Stelle des Palladiumnachweises mit $Hg(CN)_2$ tritt der Nachweis mit Dimethylglyoxim.

Nr. 2. Neuer Text: Der Sulfidniederschlag wird getrocknet und nach Veraschen des Filters schwach geglüht und reduziert. Der Rückstand wird mit etwas Pyrosulfat geschmolzen und im wäßrigen Auszug der Schmelze Rh mit $SnCl_2$ nach IWANOFF nachgewiesen. Ein in H_2O unlöslicher Rückstand wird nach 5 übertragen.

Das Wesentliche hierbei ist also, abgesehen von dem Rhodiumnachweis nach IWANOFF unter Nr. 2, die im Text unter Nr. 5 von uns angeregte Trennung des Rutheniums mit der Chlordestillation und des Platins vom Iridium mit Hilfe des WÖLBLINGschen Ausschüttelverfahrens. Im übrigen kann die Analyse auch weiterhin nach der von MYLIUS und MAZZUCCHELLI angegebenen Methode durchgeführt werden.

Handelt es sich dagegen lediglich um die Trennung und den Nachweis der vier Platinmetalle Pt, Ir, Pd, Rh in gemeinsamer Lösung, so werden zunächst Platin und Iridium mit NH_4Cl gefällt[3] und durch Filtration vom Palladium und Rhodium getrennt. In der wäßrigen Lösung ihrer Komplexsalze werden Platin und Iridium nach Ansäuern mit HCl (vgl. Platin, S. 52) mit dem Ausschüttelverfahren nach WÖLBLING getrennt und nachgewiesen. Bezüglich des Iridiumnachweises vgl. ferner unter Iridium, S. 116, d und 120, β.

In der ziemlich verdünnten Mutterlauge der Salmiakfällung wird anschließend Palladium mit Dimethylglyoxim in der Wärme gefällt, filtriert und im Filtrat nach Einengen das Rhodium mit der $SnCl_2$-Reaktion nach IWANOFF nachgewiesen.

[1] Nach MYLIUS und MAZZUCCHELLI ist die rosenrote Farbe der Rhodiumchloridlösung zwar besonders charakteristisch, wird aber hydrolytisch stark beeinflußt.

[2] Vgl. hierzu: Analysenvorschläge, S 185, Fußnote.

[3] Um eine möglichst vollständige Fällung des Platins und Iridiums mit NH_4Cl oder KCl zu erzielen, verfährt man wie beim Platin, S. 35 angegeben.

Besonders schön gelingt der Nachweis, wenn man das überschüssige NH_4Cl zuvor durch Eindampfen mit Königswasser zerstört und die HNO_3 mit HCl ausgetrieben hat [1]. Dauer der Analyse: höchstens 2 bis $2^1/_2$ Std. Vgl. auch Analysengang II, S. 223.

Zur raschen Trennung und zum Nachweis kleiner Mengen der vier in gemeinsamer Lösung befindlichen Platinmetalle Platin, Palladium, Iridium und Rhodium ist das *Ausschüttelverfahren nach* WÖLBLING besonders geeignet.

Über das Wesen dieses colorimetrischen Verfahrens, seine Anwendungsmöglichkeiten und Vorzüge, ferner über die bei den einzelnen Metallen auftretenden Störungen und ihre Behebung sind bei Besprechung der aus der Literatur bekanntgewordenen Vorschläge für qualitative Analysenmethoden (vgl. S. 189ff.) bereits nähere Ausführungen gemacht worden.

Was die praktische Durchführung des Ausschüttelverfahrens anbelangt, so sei bemerkt, daß an Stelle des von WÖLBLING angegebenen ROTHEschen Schüttelapparates, namentlich für qualitative Zwecke, auch gewöhnliche Scheidetrichter von etwa 60 bis 160 cm³ Inhalt benutzt werden können. Sowohl für den Nachweis als auch für die colorimetrische Feststellung der Metallgehalte sind möglichst immer die gleichen Arbeitsbedingungen einzuhalten. Das gilt nicht nur für die angewandten Metallmengen (für jedes Metall sind nicht viel mehr als etwa je 0,5 mg auf 5 cm³ Gesamtprobelösung erforderlich), sondern auch für die Volumina und die Konzentrationen der Reagenzien, ganz besonders aber für die HCl-Konzentration der Probelösungen, die zunächst [2] am vorteilhaftesten bei etwa 1/1 n Acidität liegen soll.

Nach eingehenden Untersuchungen von FIGUROWSKY über die günstigsten Bedingungen für die colorimetrische Platinbestimmung ist zu langes und zu starkes Schütteln zu vermeiden, da hierdurch beständige, schwer trennbare Emulsionen entstehen. Die Trennung der Schichten soll erst nach 10 Min. ruhigem Stehen erfolgen [3]. Während dieser Zeit ist das Gefäß zur Verhinderung von Konzentrationsänderungen durch Verdampfen geschlossen zu halten. Die Lösung muß frei von oxydierenden Substanzen (HNO_3!) sein, da hierdurch in Äthylacetat trübe Lösungen entstehen. An der gleichen zitierten Stelle befinden sich noch weitere Hinweise, die namentlich für die colorimetrische Bestimmung der Platinmetalle besonders zu beachten sind.

Analysengang I.

Folgende Arbeitsweise hat sich seither als hinreichend zuverlässig erwiesen:

Von der zu untersuchenden, möglichst neutralen, oder ganz schwach sauren, stark verdünnten Lösung, welche jedes der vier Platinmetalle Platin, Palladium, Iridium, Rhodium in Konzentrationen von höchstens einigen Zehnteln Milligramm im Kubikzentimeter enthält, werden je nach dem Verdünnungsgrad 1 bis 3 cm³ entnommen und mit Wasser und konz. HCl auf 5 cm³ aufgefüllt, so daß die Lösung eine Säurekonzentration von 7,5 bis 8 Vol.-% [4] HCl (D 1,19) besitzt. Die Metallkonzentration soll hierbei nicht mehr als etwa 0,1 mg/cm³ für jedes Metall betragen. Als Reagens benutzt man eine $SnCl_2$-Lösung, die man durch Verdünnen einer 40%igen $SnCl_2$-Lösung in 30%iger HCl mit der Hälfte ihres Volumens an Wasser erhält.

---

[1] In Gegenwart größerer Mengen KCl oder NaCl wird, namentlich beim Nachweis verhältnismäßig kleiner Mengen Rhodium, dieses vorher zweckmäßig mit H_2S gefällt und nach Verglühen und Reduzieren mit Pyrosulfat aufgeschlossen (vgl. S. 231, Ziffer 7).

[2] Das heißt wenn der Analysengang, wie es ja meist der Fall ist, mit dem Ausschütteln der Platinfärbung beginnt.

[3] Im Interesse einer möglichst vollständigen Trennung des Platins z. B. vom Rhodium wird man jedoch in diesem Falle die Trennung der Schichten unmittelbar nach erfolgter Klärung vornehmen.

[4] Das entspricht bei 5 cm³ Flüssigkeitsvolumen etwa 12 Tropfen HCl (D 1,19) (aus einer Glashahnbürette entnommen, wobei 30 Tropfen = 1 cm³).

Das Reagens wird der in der oben angegebenen Weise vorbereiteten Lösung so lange tropfenweise hinzugesetzt, bis nach gehörigem Durchmischen die Farbe der Lösung sich nicht mehr ändert[1]. In der Regel werden 8 bis 12 Tropfen genügen. Nun wird das doppelte Volumen Äther hinzugefügt und die Mischung unter Berücksichtigung der oben gegebenen Hinweise im Scheidetrichter ausgeschüttelt. Nach erfolgter Klärung beider Schichten wird die untere abgelassen. Das geschieht zweckmäßig in der Weise, daß man zunächst den größten Teil abfließen läßt, den Hahn des Scheidetrichters schließt und den Rest samt der Ätherschicht durch mehrmaliges Umschwenken in lebhaft kreisende Bewegung versetzt, um die noch an den oberen Teilen des Gefäßes sitzenden Tröpfchen zu erfassen. Man wartet noch eine Weile, bis vollkommene Trennung der Schichten erfolgt ist und läßt den Rest des wäßrigen Teiles ebenfalls vorsichtig ausfließen. Auf diese Weise erreicht man eine nahezu vollständige Trennung der beiden nicht mischbaren Lösungen. Der Ätherauszug wird abermals mit $SnCl_2$-haltiger 1 n HCl, der wäßrige Ablauf, wie oben, mit Äther ausgeschüttelt (vgl. S. 190).

Gelbe oder orangefarbige Ätherschicht zeigt das Vorhandensein von Platin an. Die vereinigten ätherischen Lösungen können gegebenenfalls noch zur Bestätigung des Befundes und zur Nachprüfung z. B. auf Rhodium benutzt werden (vgl. Anhang, S. 224).

In den abgelassenen wäßrigen Teil wird nun zum beschleunigten Ablauf der Rhodiumreaktion 5 Min. lang ein lebhafter Sauerstoffstrom eingeleitet[2]. Die Lösung wird darauf zweimal mit dem gleichen Volumen Äthylacetat, wie oben, ausgeschüttelt, wobei das Rhodium vom Ester mit rein gelber Farbe aufgenommen wird. In den vereinigten gelben Esterauszügen wird das Rhodium mit einigen Tropfen wäßriger KJ-Lösung als Rotfärbung nachgewiesen und diese (nach Abtrennung des wäßrigen Teiles), zwecks Bestätigung, zum Rhodiumnachweis mit der $SnCl_2$-Reaktion nach Iwanoff verwendet (vgl. Anhang). Die nach dem Ausschütteln der Rhodium-Zinn(II)-chloridfärbung abgelassene wäßrige Phase, deren Grünfärbung die Anwesenheit des Palladiums bestätigt, wird mit frisch bereitetem Chlorwasser im Überschuß[3] versetzt. Braunfärbung zeigt Iridium an. *Dauer der Analyse*: höchstens 20 bis 30 Min.[4].

Bei hinreichender Übung lassen sich die vier in Frage kommenden Platinmetalle auch noch bei 10facher Verdünnung (bis zu 10 γ/cm^3 herab) deutlich colorimetrisch nachweisen.

Wie bereits an anderer Stelle betont (vgl. S. 191), werden die Schwierigkeiten dieses Analysenganges hauptsächlich bedingt durch die gegen Konzentrationsänderungen, insbesondere aber hinsichtlich der HCl-Konzentration offenbar sehr empfindliche Palladiumreaktion. Sollte daher die grüne Farbe des Palladiums nach dem Ausschütteln der Rhodiumfärbung ausbleiben[5], so sind sowohl der Ester, als auch der wäßrige Auszug, nachdem der Ir-Nachweis mit Chlorwasser geführt worden ist, auf Palladium zu prüfen (vgl. Anhang).

Zur Umgehung dieser Schwierigkeiten kann man auch, was namentlich für Ungeübte zu empfehlen ist, das Palladium vorher mit Dimethylglyoxim entfernen.

[1] So durchläuft z. B. die Palladiumreaktion bis zur Einstellung der endgültigen grünen Farbe mehrere Zwischenstufen (vgl. S. 190).

[2] Den vollständigen Ablauf der Rhodiumreaktion kann man auch durch Stehenlassen über Nacht erreichen.

[3] Ein Teil des hinzugegebenen Chlorwassers wird lediglich zur Umwandlung des in der Lösung noch vorhandenen $SnCl_2$ in $SnCl_4$ verbraucht. Dieser Vorgang vollzieht sich noch *vor* der Oxydation des Iridiums (Braunfärbung).

[4] Hierbei ist die Zeit für Ausführung der Proben zur Bestätigung der colorimetrischen Befunde (laut Anhang, S. 224) nicht eingerechnet.

[5] Mitunter kann die Grünfärbung nach Zusatz einiger Tropfen $SnCl_2$ allmählich wieder zum Vorschein kommen. Vgl. Fußnote 3, S. 221. In diesem Falle ist also die Störung in der Hauptsache auf einen $SnCl_2$-Mangel zurückzuführen.

Noch zweckmäßiger ist es, bei dieser Gelegenheit auch gleich das Platin mit abzuscheiden, was sich mit Hilfe der Oximfällung ohne Schwierigkeit erreichen läßt. Eine in dieser Hinsicht einfache und sichere Methode, die teils mit Fällungsreaktionen, teils nach dem WÖLBLINGschen Ausschüttelverfahren arbeitet, ist die folgende:

Analysengang II.

Es werden 3 cm³ der zu analysierenden, schwach sauren Lösung[1] auf 30 cm³ mit heißem Wasser verdünnt. Man fügt eine gehäufte Messerspitze festes, staubfeines Dimethylglyoxim hinzu und stellt die in einen Reagierzylinder gegebene Lösung 15 bis 20 Min. lang in kochendes Wasser.

Der zunächst ausgefallene, kanariengelbe Palladiumoximniederschlag nimmt zusehends eine mehr graugrüne bis spinatgrüne Farbe[2] an infolge des nunmehr sich abscheidenden Platin(II)-oxims (vgl. Platin, S. 49). Der grünflockige Niederschlag wird nach Abkühlen der Lösung filtriert, mit kaltem Wasser ausgewaschen und das Filtrat zur Zerstörung des Oximüberschusses auf dem Wasserbade mit Königswasser eingedampft. Das Eindampfen mit Königswasser wird zwei- bis dreimal wiederholt und der Rückstand mit 5 cm³ 3 n HCl [entsprechend 25 Vol.-% HCl (D 1,19) enthaltender Salzsäure] aufgenommen. Man gibt nun 6 bis 10 Tropfen $SnCl_2$-Lösung hinzu und leitet in die Mischung etwa 5 bis 10 Min. lang einen flotten Sauerstoffstrom ein. Die so behandelte Lösung wird hierauf, wie im Beispiel I angegeben, zweimal mit Äthylacetat ausgeschüttelt und der Ester, wie ebenda, auf Rhodium geprüft. Im nahezu farblosen wäßrigen Ablauf wird ebenfalls, wie im Beispiel I geschildert, Iridium als Braunfärbung nachgewiesen. Sollte der beim ersten Ausschütteln abgelassene wäßrige Teil bräunlichgelbe Farbtöne zeigen, so setzt man vor dem zweiten Ausschütteln einige Tropfen $SnCl_2$-Lösung hinzu, solange sich hierbei die Probelösung noch entfärbt.

Die grüne Oximfällung, die sich spielend leicht in verd. warmer NaOH mit intensiv gelber Farbe löst und durch Ansäuern mit verd. HCl (bei etwa gleichen Teilen Pt und Pd) mit purpurroter[3] Farbe in voluminöser Form wieder abgeschieden wird, ist geradezu kennzeichnend für das gleichzeitige Vorhandensein von Palladium (das für sich als Oxim aus alkalischer Lösung durch Ansäuern mit HCl mit gelber Farbe gefällt wird) und Platin (das unter den gleichen Umständen eine prachtvoll kornblumenblaue Fällung gibt).

Der grüne oder purpurfarbige Oximniederschlag wird zur Bestätigung seines Pt- bzw. Pd-Gehaltes zunächst mit verd. NH_4Cl-Lösung durchtränkt und dann nach dem Trocknen mitsamt dem Filter im Porzellantiegel vorsichtig verascht und reduziert. Der metallische Rückstand wird in verdünntem Königswasser gelöst, die Lösung eingedampft und mit einigen Tropfen verd. HCl aufgenommen. Der Nachweis des Platins und Palladiums kann nach WÖLBLING oder aus schwach saurer Lösung mit KCl und im Filtrat mit Dimethylglyoxim, wie bekannt, geführt werden.

Nach der oben angegebenen Zerstörung des überschüssigen Dimethylglyoxims mit Königswasser kann in der mit HCl aufgenommenen Lösung das Iridium auch als Salmiak[4] gefällt und mit der Reaktion von LECOQ DE BOISBAUDRAN nachgewiesen werden und im Filtrat das Rhodium mit der $SnCl_2$-Reaktion nach IWANOFF. In dieser Form wäre dann der beschriebene Analysengang das Gegenstück zu dem

[1] Gehalte der Platinmetalle wie im Analysengang I.

[2] Vgl. Palladium, S. 69, 3. Absatz, und S. 80 unter H.

[3] Die Farbe der beim Wiederausfällen des in verdünnter NaOH umgelösten grünen Oximniederschlages entstehenden voluminösen Fällungen ist, je nach dem Verhältnis der beiden Metalle, Orange bis Blauviolett.

[4] Die Abscheidung des Iridiums als Salmiak erfolgt in der auf S. 225 geschilderten Weise durch Eindampfen mit NH_4Cl unter Verwendung von frischbereitetem Chlorwasser als Oxydationsmittel.

auf S. 220 angeführten Analysenbeispiel. Während aber dort zuerst Platin und Iridium zusammen mit Salmiak ausgefällt werden, erfolgt hier zunächst die gemeinsame Abscheidung des Platins und Palladiums mit Oxim. Dauer der Analyse: etwa 2 Std.[1]. Mit Hilfe dieser Analysenmethode lassen sich die Platinmetalle ebenfalls noch in Konzentrationen bis zu 10 γ/cm^3 herab mit Sicherheit nachweisen.

Anhang zum Analysengang I.

Um die ausgeschüttelten Farbenreaktionen auf ihre Zuverlässigkeit zu prüfen, kann man folgende Nachweismethoden benutzen:

a) Nachweis von Rhodium neben Platin im Äther oder Essigester. Der Essigester oder Äther wird auf dem Wasserbade verflüchtigt und die völlig eingedampfte Lösung mindestens zweimal mit HNO_3 abgeraucht und schließlich mit HCl zur Trockne gebracht. Der Rückstand wird mit möglichst wenig H_2O aufgenommen und die Lösung mit festem Salmiak gesättigt. Nach einiger Zeit scheiden sich deutlich gelbe Kryställchen von Platinsalmiak ab, während die Mutterlauge im Falle der Anwesenheit von Rhodium zart rosenrot gefärbt bleibt[2]. Die rosenrote Farbe ist zwar sehr kennzeichnend für Rhodium, wird aber hydrolytisch stark beeinflußt (Mylius und Mazzucchelli). Man prüft daher noch zur Bestätigung mit der Reaktion nach Iwanoff. Zu diesem Zwecke gießt man die Lösung durch ein kleines, mit NH_4Cl benetztes Filter, wäscht mit ganz wenig verdünnter Salmiaklösung aus und prüft (am besten nach Entfernung des NH_4Cl-Überschusses durch Eindampfen mit Königswasser) mit $SnCl_2$ auf Rhodium. Eine geringe weiße Trübung (vgl. Fußnote 2, S. 224) in der Lösung ist belanglos. Sie verschwindet wieder nach Zusatz des sauren $SnCl_2$ in der Wärme.

b) Nachweis des Rhodiums im Essigesterauszug. Von Wölbling wird das Rhodium im Essigesterauszug der Rhodium-Zinn(II)-chloridfärbung mit KJ nachgewiesen.

Der Nachweis kann ebenso mit $SnCl_2$ nach Iwanoff geführt werden, wenn man den Ester vorher verdunstet, den Rückstand mit konz. HNO_3 abraucht und nach Eindampfen mit HCl mit etwas Wasser aufnimmt und in der oben angegebenen Weise mit $SnCl_2$ prüft[3]. Dieser Nachweis ist nach unserer Ansicht zuverlässiger und charakteristischer für Rhodium als die KJ-Reaktion, erfordert jedoch etwas längere Zeit als die letztere.

Man wird daher zunächst den Nachweis mit KJ führen und zur Bestätigung die rotbraune Lösung nach Verdunsten des Esters auf dem Wasserbad zur Trockne verdampfen. Der Rückstand wird ebenfalls mit HNO_3 abgeraucht, schließlich mit HCl eingedampft, mit Wasser aufgenommen und mit $SnCl_2$ auf Rhodium geprüft.

c) Bestätigung des Iridiumnachweises. Im Zweifelsfalle läßt sich auch eine Bestätigung des Iridiumnachweises (Braunfärbung mit Chlorwasser) durch die Reaktion nach Lecoq de Boisbaudran herbeiführen. Dies geschieht in der beim Platin, S. 52, geschilderten Weise (vgl. hierzu auch Iridium, S. 113), ferner wie unter Ziffer η angegeben.

d) Nachweis des Palladiums im wäßrigen Ablauf (nach Ausschütteln der Rhodiumreaktion) und eines etwa noch vorhandenen Rh-Gehaltes neben Iridium. Nach Wölbling läßt sich Palladium aus der zinnchloridhaltigen Lösung durch Alkalijodid über Nacht abscheiden. Die Fällung verläuft also sehr langsam. In kürzerer Zeit gelangt man auf folgendem Wege zum Ziele:

[1] Die Dauer wird hierbei in der Hauptsache bestimmt durch die für das Eindampfen des Filtrates von der Oximfällung mit Königswasser benötigte Zeit.

[2] Ein bisweilen sich abscheidender geringer weißer Bodensatz (offenbar Meta-Zinnsäure) ist ohne Einfluß auf den Platinnachweis.

[3] Soll gleichzeitig auf Palladium geprüft werden, so wird die schwach saure Lösung zuvor mit einigen Tropfen Dimethylglyoxim versetzt und kurz aufgekocht (vgl. auch Palladium, S. 68). Im Filtrat wird dann, wie oben, auf Rh geprüft.

Nachdem man mit Chlorwasser auf Iridium geprüft hat, wird die mehr oder weniger braungefärbte Lösung unter Zusatz von etwas Salmiak auf dem Wasserbade zur Trockne gedampft und weiter behandelt wie beim Platin, S. 35 und 36, angegeben.

Das hierbei als dunkelroter Salmiak abgeschiedene Iridium wird abfiltriert und zunächst mit kaltgesättigter Salmiaklösung, zum Schluß mit etwas Alkohol gewaschen und getrocknet. Das farblose alkoholische Waschwasser wird fortgegossen. Der Salmiakniederschlag kann zur Bestätigung des Iridiums mit der Reaktion nach LECOQ DE BOISBAUDRAN benutzt werden, die in diesem Falle besonders schön gelingt. Das alkoholfreie Filtrat vom Salmiakniederschlag wird mit verd. HCl versetzt, mit Zink reduziert und filtriert. Nach gründlichem Auswaschen wird Filter samt Niederschlag[1] verascht, der Rückstand reduziert und mit etwas Pyrosulfat geschmolzen. In der wäßrigen Lösung der Schmelze wird das Palladium mit Dimethylglyoxim in der Wärme nachgewiesen und im Filtrat nach Einengen das Rhodium mit $SnCl_2$ nach IWANOFF[2]. Anstatt das Filtrat der Iridiumfällung mit Zn zu reduzieren, kann man auch die Lösung zur Zerstörung des Salmiaks zunächst zweimal mit Königswasser abdampfen und den Trockenrückstand mit wenig HCl aufnehmen. Die schwach HCl-saure Lösung wird mit Dimethylglyoxim in der Wärme auf Pd geprüft und im Filtrat das Rhodium wie oben mit $SnCl_2$ nachgewiesen.

Bei den unter a bis b angegebenen Nachweismethoden kann sich allerdings, wie bereits verschiedentlich erwähnt, wenn auch nur vorübergehend, die Anwesenheit kolloidaler SnO_2 in den Lösungen bis zu einem gewissen Grade störend bemerkbar machen.

Für den Fall, daß bei sehr kleinen Metallmengen die Farbenreaktionen zum Teil unsicher werden, kann man sich auch mit einer Gegenprobe helfen, die das vermutete Metall in einer noch mit Sicherheit nach dem gleichen Verfahren nachzuweisenden Konzentration enthält. Über Störungen der $SnCl_2$-Reaktion des Platins durch Huminsubstanzen, Filterpapier beim Eindampfen mit Königswasser vgl. Platin, S. 40.

Abschließend sei nochmals ausdrücklich darauf hingewiesen, daß die erfolgreiche Benutzung des WÖLBLING*schen Ausschüttelverfahrens nicht nur eine gewisse Übung und Erfahrung, sondern vor allen Dingen auch die Einhaltung der erprobten Konzentrationsverhältnisse zur Voraussetzung hat.*

In besonders schwierigen Fällen, wie z. B. bei der Prüfung hochprozentiger geschmolzener Platinmetalle, bei denen bereits der Lösevorgang auf erhebliche Schwierigkeiten stößt ebenso wie die Abtrennung des vorherrschenden Metalles, benutzt man mit Vorteil die Spektralanalyse.

C. Über die Trennung und den Nachweis von Unedelmetallen in Gegenwart der Platinmetalle und Gold.

In den bisher besprochenen Fällen handelte es sich hauptsächlich um die Trennung und den Nachweis der Platinmetalle. In einzelnen Beispielen ist auch bereits auf Unedelmetalle, wie z. B. Kupfer, Eisen, Nickel, Rücksicht genommen worden.

Die Platinmetalle wurden hierbei nach vorheriger Abscheidung des Osmiums und Rutheniums als Tetroxyde teils durch die Salmiakfällung (Pt, Ir), teils im Filtrat der Salmiakfällung durch H_2S in saurer Lösung von den Unedelmetallen (Eisengruppe und folgende Gruppen) getrennt. Die H_2S-Fällung wurde zur Trennung der Edelmetalle vom Kupfer in zwei Stufen durchgeführt; in der ersten (Kaltfällung) wurde neben Gold und Palladium noch Kupfer gefällt, in der zweiten

[1] Vgl. auch Rhodium, S. 93, Fußnote 2. Wegen des geringen Zinngehaltes ist im vorliegenden Falle die Chlorbehandlung nicht nötig.

[2] Vgl. hierzu auch S. 215, Fußnote 4.

(Heißfällung) das Rhodium. Gold und Palladium wurden vom Kupfer nach Lösen der Sulfide in verdünntem Königswasser und Eindampfen mit HCl durch Ausschütteln mit Äther (Au) und, nach Entfernung des Äthers in der wäßrigen Lösung, durch Fällung des Palladiums mit Dimethylglyoxim abgesondert. Damit war die Trennung der Platinmetalle von den Unedelmetallen vollzogen. Kupfer wurde nach Zerstörung des Oxims durch Königswasser wie üblich mit Ammoniak nachgewiesen. Im Filtrat der H_2S-Fällung wurde dann im normalen Gang der allgemeinen qualitativen Analyse auf Eisen, Nickel usw. geprüft[1].

Nach der vorstehend angegebenen Methode wird sich ein großer Teil der einfacheren Legierungen der Platinmetalle mit den Unedelmetallen analytisch behandeln lassen. Die hauptsächlich für Legierungen mit den Platinmetallen in Betracht kommenden Unedelmetalle sind aus nachstehender Tafel F (Nachbarn der Platinmetalle im Periodischen System) ersichtlich. Als Legierungselemente können, je nach dem Verwendungszweck (Vergütung), auch noch Metalle der anderen Gruppen hinzukommen.

Tafel F. Nachbarn der Platinmetalle im Periodischen System.

Gruppe VIa	Gruppe VIIa	Gruppe VIII			Gruppe Ib
24 Cr	25 Mn	26 Fe	27 Co	28 Ni	29 Cu
42 Mo	43 Ma (Tc)	44 Ru	45 Rh	46 Pd	47 Ag
74 W	75 Re	76 Os	77 Ir	78 Pt	79 Au

In manchen Erzen, Konzentraten, ferner in Rückständen aus hüttentechnischen Prozessen, wie z. B. Anodenschlämmen, Speisen (Arsenide und Antimonide der Metalle der Eisengruppe), Steinen (Sulfide der Metalle der Eisengruppe und des Kupfers, Se-Te-haltig), die zum Teil als Sammler für die Edelmetalle, besonders aber für die Platinmetalle (Speisen)[2] benutzt werden, sind außer den Platinmetallen nebst Gold und Silber und den bereits aufgeführten Unedelmetallen noch As, Sb, Sn, Pb, Se, Te zu berücksichtigen. Vielfach wird in solchen Fällen nur der Nachweis der Platinmetalle gefordert. Durch Oxydations- (Röst-) Prozesse[3] und anschließendes reduzierendes Verschmelzen unter Verwendung von Blei oder Silber als Sammler für die Edelmetalle und Zuschlag von Flußmitteln (Borax, Soda, Glas) werden die Unedelmetalle und die sonstigen unedlen Bestandteile größtenteils verschlackt und verflüchtigt. Dieser Vorgang kann mit der Vorprobe unter Benutzung des Lötrohres (trockene Analyse) oder mit Hilfe der Dokimasie (für Vorprobe und Bestimmung) durchgeführt werden.

Komplizierter liegt der Fall, wenn außer den Platinmetallen (nebst Gold und Silber) noch die unedlen Bestandteile nachgewiesen werden sollen.

Bei der außerordentlichen Anzahl und Verschiedenheit der hierbei möglichen Fälle, können an dieser Stelle nur einige allgemeine Hinweise gegeben werden. Wegen weiterer Einzelheiten wird besonders auf das bereits mehrfach erwähnte, im übrigen ausgezeichnete Buch von W. Biltz hingewiesen.

Schon mit Hilfe der Vorprobe läßt sich, besonders vorteilhaft im vorliegenden Falle, ein großer Teil der Unedelmetalle, wie z. B. As, Sb, Te, Se, W, Pb, Zn, Ni, Co, Ag, Cu, Bi, ferner Schwefel (Heparprobe) mit einfachen Mitteln feststellen.

[1] Vgl. auch Analysenbeispiel I, S. 228.

[2] Über den Nachweis der Platinmetalle in südafrikanischen Speisen siehe Rusden und Henderson, ferner S. African Min. Eng. J., S. 623 und 759 (1930).

[3] Über Goldverluste beim Rösten arsenhaltiger Erze vgl. Downie.

Das erfordert allerdings eine gute Kenntnis und hinreichende Erfahrung auf dem Gebiete der Probierkunst mit dem Lötrohr. Vgl. auch W. BILTZ.

Sehr zu beachten ist der Hinweis von W. BILTZ (S. 67, 89 des oben zitierten Buches), daß man nach Möglichkeit vermeiden soll, Gold oder Platin in Form von Salzen in den Gang der allgemeinen Analyse zu bringen, da die fraglichen Metalle dort zu erheblichen Störungen führen würden. Das vom Platin Gesagte gilt selbstverständlich in diesem wie in anderen Fällen auch für die Platinbeimetalle. Doch lassen sich Gold, Palladium und Platin durch Hydrazinsalze aus schwach HCl-saurer Lösung in der Siedehitze metallisch abscheiden[1] und von den Unedelmetallen größtenteils trennen. Ein Überschuß an Hydraziniumsalzen läßt sich durch Einengen mit Brom entfernen (BILTZ, S. 88 im Orig.). Ebenso läßt sich eine Trennung der Edelmetalle von den Unedelmetallen bis zu einem gewissen Grade durch Reduktion der betreffenden Lösungen mit metallischem Zink (Spannungsreihe!) und entsprechende Behandlung dieser Zinkfällungen herbeiführen[2].

Werden entsprechend dem Zustand des Analysenmaterials (ob oxydisch oder metallisch) geeignete Lösungsmittel angewendet, so läßt sich bereits hierdurch vielfach eine weitgehende Trennung der Unedelmetalle von den Edelmetallen erreichen (vgl. S. 215).

Beispiel: Entfernung von CuO und anderen Oxyden durch verd. H_2SO_4 oder von WO_3 durch wäßrigen Ammoniak, Behandlung des reduzierten Materials mit HNO_3 u. dgl. Vor allen Dingen ist die Anwendung von Königswasser zu vermeiden. Ebenso ist das unterschiedliche Verhalten der Platinmetalle in Legierungen gegen Mineralsäuren (HCl, HNO_3, H_2SO_4, Königswasser) noch besonders zu berücksichtigen (vgl. unter Reaktionen der einzelnen Platinmetalle). Sind trotzdem Platinmetalle oder Gold in den Gang der Analyse gelangt, so werden sie teils bei den Sulfo- oder Thiobasen, teils bei den lösliche Salze bildenden Sulfo- oder Thiosäuren der Schwefelwasserstoffgruppe aufgefunden. Nach W. BILTZ kann hierbei die Verzettelung des Platins sogar so weit gehen, daß es sich teilweise im Filtrat von der Gruppe IV neben Mo und W gelöst vorfindet. Außerdem begünstigt nach W. BILTZ die Anwesenheit von Platin das Mitfällen von Fe in der H_2S-Gruppe. Ferner sind bei der Fällung der Platinmetalle mit H_2S ganz bestimmte Bedingungen (z. B. bezüglich der Temperatur, zum Teil auch des Druckes und der HCl-Konzentration) einzuhalten. Abgesehen vom Palladium (vgl. dieses, S. 63) werden die Platinmetalle verhältnismäßig langsam durch H_2S gefällt. Die vollständige Ausfällung des Iridiums z. B. wird in der Siedehitze nur unter Druck erreicht.

Auf die Möglichkeit der Trennung des Goldes und des Platins von Zinn, Antimon, Arsen, Selen und Tellur unter Zuhilfenahme trockenen Chlores bei mäßig erhöhter Temperatur sei in diesem Zusammenhang noch besonders hingewiesen. Diese Unedelmetalle werden hierbei, auch wenn sie in Form von Schwefelverbindung vorliegen[3], in leichtflüchtige Chloride verwandelt, die zum Nachweis in mit verd. HCl beschickten Vorlagen aufgefangen werden.

Auch ein großer Teil der anderen Unedelmetalle läßt sich auf diese Weise, namentlich von den Platinbeimetallen, leicht trennen. Nichtflüchtige Unedelmetallchloride werden durch Behandeln der chlorierten Probe mit HCl in der Wärme in Lösung gebracht (BRUNCK)[4].

Eine weitere Methode zur Trennung des Platins von Zinn, Antimon, Arsen wird von R. FRESENIUS angegeben. Danach werden die trockenen Sulfide dieser Metalle mit 3 bis 5 Teilen NH_4Cl und 1 Teil NH_4NO_3 in einem schwer schmelzbaren Rohr unter Hindurchleiten eines Luftstromes in einem Schiffchen erhitzt, wobei

[1] Vgl. Platin, S. 51, unter b, desgleichen Iridium, S. 119, ferner BRUNCK (a), S. 116—132 im Original. Siehe ferner PAAL und FRIEDERICI, S. 65 (Pd), Katalytische Reaktionen.

[2] Vgl. Platin, S. 54 unter i, sowie FOERSTER und REMY: Tabelle 24, S. 239 im Original.

[3] Siehe auch DE KONINCK und LECREMIER. [4] DEBRAY: C. r. **104**, 1470 (1887).

sich As, Sb und Sn als Chloride verflüchtigen, während Pt zurückbleibt. Vgl. auch Platin, S. 54, unter V, Ziffer a, ϑ.

Ist in der Vorprobe Osmium festgestellt, so müssen die HNO_3-sauren Lösungen ebenfalls auf Osmium geprüft werden (vgl. Osmium, S. 162, unter ε). Unter diesen Umständen kann es sogar zweckmäßig sein, bereits die Behandlung des Analysenmateriales mit HNO_3 in geschlossener Apparatur (z. B. in der bei der Rutheniumdestillation verwendeten Glasapparatur, S. 128, Ruthenium) und bei vorgelegter NaOH durchzuführen.

In diesem Zusammenhang ist noch zu beachten, daß die Sulfide der Platinmetalle von Alkali- und Ammoniumsulfid sowie Polysulfiden kaum oder, wie im Falle der Platinsulfide, nur schwer gelöst werden. Vgl. auch Platin, S. 39.

Über die Trennung des Osmiums vom Tellur, ferner über Trennung und Nachweis von Osmium und Rhenium vgl. unter Osmium, S. 174.

Über Trennung des Goldes von den Platinmetallen und Unedelmetallen, besonders in Münzen, vgl. MYLIUS.

Literatur.

BILTZ, W.: Ausf. Qual. Anal. (1939). — BRUNCK, O.: (a) Quant. Anal., S. 115 (1936); (b) Ch. Z. **61**, 434 (1937). — BUNSEN, R.: A. **146**, 272 (1868).

CLAUS, C.: (a) J. pr. **85**, 121; durch Fr. **5**, 117 (1866); Festschrift, S. 6 (1854); (b) Bl. Acad. Sci. Pétersb. [2] **1**, 97 (1859); durch GUTBIER, A.: Angew. Ch. **22 I**, 487 (1909). — COHEN, E., u. TH. STRENGERS: Z. Ph. Ch. **61**, 698 (1908).

DESCOTILS: Mém. Phys. Chim. Arcueil **1**, 371 (1807); Ann. Chim. **64**, 334 (1807); Phil. Mag. **37**, 66 (1811); Gilb. Ann. **27**, 232 (1807); durch GM., Syst. Nr. 68, Platin (A) 345 (1939). — DONAU, J.: M. **25**, 916 (1904); Z. Chem. Ind. Kolloide **2**, 275 (1908); durch C. **75 II**, 1256 (1904). — DOWNIE, C. C.: Min. Mag. **68**, 375 (1943); durch C. **116 I**, 92 (1945).

FIGUROWSKY, N. A.: Izvestija Ssektora Platiny i drugich blagorodnych Metallow **15**, 130 (1938); durch C. **110 I**, 2257 (1939); Žurnal prikladnoj Chim. (russ.) **9**, 38 (1936); durch GM., Syst. Nr. 68, (A) 487 (1940). — FOERSTER, F.: Elektrochemie wäßriger Lösungen I, III. Aufl., S. 181, 185 (1922). — FRASER, H. J.: Am. Mineralogist **22**, 1016 (1937); durch Fr. **125**, 446 (1943). — FRESENIUS, R.: Fr. **25**, 200 (1886).

GUTBIER, A., H. ZWICKER u. F. FALCO: Angew. Ch. **22 I**, 487 (1909).

IWANOFF, W. N.: J. Russ. phys.-chem. Ges. **50**, 460 (1918); durch C. **94 IV**, 136 (1923); siehe auch Fr. **64**, 408 (1924).

KOLBECK, FR.: PLATTNERS Probierkunst mit dem Lötrohr 8. Aufl., S. 304. Leipzig: Joh. Ambr. Barth 1927. — DE KONINCK, L. L., u. A. LECREMIER: Fr. **27**, 462 (1885). — KRAUSS, F., u. H. UMBACH: Z. anorg. Ch. **180**, 49 (1929). — KUBASCHEWSKI, O.: Z. El. Ch. **49**, 446 (1943).

LECOQ DE BOISBAUDRAN: C. r. **96**, 1338 (1883). — LEIDIÉ-QUENNESSEN: Bl. Soc. Chem. [3] **29**, 802 (1903); durch GM., Syst. Nr. 68, (A) 345 (1939).

MYLIUS, F.: Quantitative Goldanalyse mit Äther. Z. anorg. Ch. **70**, 203 (1911). — MYLIUS, F., u. R. DIETZ: B. **31**, 3187 (1898). — MYLIUS, F., u. A. MAZZUCCHELLI: Z. anorg. Ch. **89**, 1 (1914).

PAAL, C., u. L. FRIEDERICI: B. **64**, 1766, 2561 (1931).

REMY, H.: Anorg. Ch. 2. u. 3. Aufl., S. 428, 449 (1942), Tabelle 24, S. 239. — RUFF, O., u. F. BORNEMANN: Z. anorg. Ch. **65**, 434 (1910). — RUSDEN, H., u. J. HENDERSON: J. Chem. Met. Min. Soc. S. Africa **28**, 181 (1928).

SAINTE-CLAIRE DEVILLE, H., u. H. DEBRAY: Ann. chim. phys. [3] **56**, 385, 406 (1859). — SAINTE-CLAIRE DEVILLE, H., u. J. S. STAS: Procés verbaux du Comité intern. des Poids et Mesures, Séances 1877, S. 195; ferner GM., Syst. Nr. 68, Pt (A) 503 (1940). — SCHIFFNER, C.: Probierkunde, S. 76, 113 (1912).

TRUTHE, W.: Z. anorg. Ch. **154**, 413 (1926).

WÖHLER, Fr.: Pogg. Ann. **31**, 161 (1834); durch Fr. **5**, 121, 130 (1866). — WÖHLER, L., u. L. METZ: Z. anorg. Ch. **149**, 306 (1925). — WÖHLER, L., u. S. STREICHER: B. **46**, 1592 (1913). — WÖLBLING, H: B. **67**, 773 (1934).

§ 11. Analysenbeispiele.

Beispiel A. Qualitative Analyse eines Rohplatin-Waschkonzentrates.

Diese Konzentrate, die häufig (wenn auch nicht ganz zutreffend) als „Erze“ bezeichnet werden, sind gekennzeichnet durch einen hohen Platingehalt (75 bis 85%), während die übrigen Platinmetalle, jedes für sich, selten 3% überschreiten, vielfach sogar unter 1% liegen. Bei manchen Sorten beträgt der Gehalt an Eisen (in legierter Form) 10 bis 15%. Infolge des starken Überwiegens des Platins und (bei manchen Vorkommen) auch des Eisens gegenüber den anderen nachzuweisenden Metallen, ist es nötig, auf die Wahl geeigneter Abscheidungsmethoden für diese beiden, im großen Überschuß vorhandenen Metalle, bedacht zu sein. Konzentrate mit hohem Eisengehalt sind in der Regel stark magnetisch, lassen sich also mit Hilfe des Magneten als solche kenntlich machen. Als Verunreinigungen enthalten die Konzentrate im allgemeinen noch Mineralien, wie z. B. Chromeisenstein, Titaneisen, Sand u. dgl.

Gewisse Schwierigkeiten bietet die Probenahme insofern, als daß die Waschkonzentrate des Rohplatins (wie auch des Osmiridiums) fast durchweg aus gediegenen Metallkörnern bestehen von etwa $^1/_2$ bis 5 mm Korngröße. Da infolgedessen eine Homogenisierung des Materials durch regelrechtes Mischen nicht zu erreichen ist, hilft man sich in diesem Falle damit, daß man eine größere Menge (bis zu 10 g für qualitative Analysen) mit Königswasser aufschließt, die Lösung auf ein bestimmtes Volumen auffüllt und zur Analyse einen entsprechenden Teil entnimmt.

Ausführung. 1. Von dem mehr oder weniger fein- bis grobkörnigen Material werden 5 bis 10 g, zweckmäßig in einem ERLENMEYER-Kölbchen von etwa 250 cm³ Inhalt, mit konz. Königswasser zunächst bei gelinder[1] Wärme behandelt und schließlich so lange gekocht, bis nach Entfernung der verbrauchten Säure ein neuer Aufguß nach längerem Kochen nicht mehr oder nur noch schwach gefärbt ist. Zur Vermeidung von Sprühverlusten wird in den Hals des Kochkölbchens ein kleiner Glastrichter eingehängt.

Soll bei dieser Gelegenheit auch die mit dem Rohplatin in Lösung gehende geringe Menge Os nachgewiesen werden, so muß der Lösevorgang wegen der Flüchtigkeit[2] des Osmiums in geschlossener Apparatur durchgeführt werden. Als sehr geeignet für diesen Zweck hat sich die beim Ruthenium, S. 127, beschriebene Glasapparatur erwiesen. Die Auflösung der Konzentrate erfolgt hierbei in einem Kölbchen von 100 cm³ Inhalt. Für den gesamten Lösevorgang genügen im allgemeinen für 10 g Analysenmaterial einmal 50 und zweimal je 25 cm³ konz. Königswasser (1 Raumteil HNO_3 1,40, auf 4 Raumteile HCl 1,19). Die Vorlagen werden beschickt mit HCl (1 + 1) oder mit alkoholischer HCl oder auch, nach GILCHRIST (vgl. Osmium, S. 156, Fußnote), mit 6 n HCl[3], die mit SO_2 gesättigt ist. Die erste Vorlage bleibt leer zur Aufnahme des stark sauren Kondensates und wird zweckmäßig mit Eis gekühlt. Von Zeit zu Zeit werden die Vorlagen auf Os geprüft (vgl. hierzu Osmium, S. 161—163); der Inhalt wird erneuert und Vorlage Nr. 1 entleert. In den Vorlagen läßt sich mitunter während der ganzen Dauer des Lösevorganges Os nachweisen.

2. Ist der Lösevorgang zu Ende (was gewöhnlich nach etwa 8 bis 12 Std. der Fall ist), so wird die Lösung mit samt dem in Königswasser unlöslichen Rückstand in eine Schale gespült und auf dem Wasserbade bis zur Sirupdicke[4] eingedampft. Der Rückstand wird mit heißem Wasser zur Zerstörung des beim Lösen gebildeten Nitrosylplatinchlorids $(NO)_2PtCl_6$ aufgenommen und etwas HCl hinzugefügt. Die verdünnte HCl-saure Lösung wird bis zur vollständigen Abklärung (am besten über Nacht) stehengelassen. Der in der Hauptsache aus den in Königswasser unlöslichen mineralischen Verunreinigungen bestehende OsIr-haltige Rückstand, der bei hinreichender Verdünnung der Lösung außerdem das Ag des Rohplatins[5] als

[1] Durch sofortiges starkes Erhitzen wird das Königswasser größtenteils vorzeitig nutzlos zerstört.

[2] Vgl. Osmium, S. 153 unter bb; ferner S. 158.

[3] Das entspricht etwa einer halbkonzentrierten Säure (HCl 1,19 : H_2O = 1 : 1), genauer 493,8 cm³ HCl 1,19, auf 1000 cm³ mit H_2O aufgefüllt.

[4] Wird zur völligen Trockne eingedampft, so findet leicht teilweise Zersetzung des $HAuCl_4$ unter Abscheidung von Goldflittern statt.

[5] Das Silber ist in den Platinkonzentraten wahrscheinlich als Legierungsbestandteil des Goldes vorhanden.

AgCl enthält, wird abfiltriert und bis zur Farblosigkeit des Ablaufs mit heißem Wasser gewaschen. Nach dem Ausziehen des AgCl mit wäßrigem NH_3 wird der getrocknete Rückstand mit samt dem Filter vorsichtig bei nicht zu hoher Temperatur (zur Vermeidung von Os-Verlusten) verascht. In dem ammoniakalischen Auszug wird das Ag mit HNO_3 als AgCl gefällt[1]. Die Weiterbehandlung des verglühten OsIr-haltigen Rückstandes geschieht in der auf S. 232 angegebenen Weise.

3. Das die Hauptmenge der Platinmetalle enthaltende Filtrat wird zusammen mit den beim Reinigen des Osmiridiums mit der Silber-Borax-Schmelze erhaltenen, vom Silber befreiten Säureauszügen (vgl. S. 232) auf dem Wasserbade eingeengt und mit H_2O auf 100 cm³ aufgefüllt. Davon werden 10 cm³ Lösung entnommen und zur Fällung des Platins und Iridiums mit festem NH_4Cl [2] (etwa $1^1/_2$ bis 2 g) gesättigt[3]. Es fällt, je nach dem Iridiumgehalt, ein mehr oder weniger rot gefärbter, krystalliner Niederschlag. Man rührt mehrfach um und läßt 1 Std. stehen. Die Fällung wird sodann von der orange gefärbten Mutterlauge abfiltriert und bis zum Verschwinden der Fe-Reaktion mit $K_4[Fe(CN)_6]$ zunächst mit einer kaltgesättigten NH_4Cl-Lösung und hierauf mit Äthylalkohol gewaschen und getrocknet.

Anmerkung: Bei verhältnismäßig stark Au-haltigen Konzentraten (wie z. B. den Kolumbischen) ist es im allgemeinen zweckmäßiger, die Analyse statt mit der Pt-Ir-Fällung, mit der Abscheidung des Au zu beginnen (Ausschütteln mit Äther oder Fällen mit SO_2, $H_2(CO_2)_2$[4]. Für die dann anschließend durchzuführende Pt-Ir-Fällung ist aber das Filtrat von der Goldfällung vorher durch Austreiben des Äthers (vgl. S. 233) bzw. der überschüssigen SO_2 oder Zerstörung des Oxalsäure-Überschusses mit H_2O_2 und Aufoxydation entsprechend vorzubereiten. Bezüglich des Goldnachweises vgl. Ziffer 5 und 6, S. 231.

4. Zwecks Trennung und Nachweis von Platin und Iridium in der trockenen NH_4Cl-Fällung verfährt man, wie beim Platin, S. 52, angegeben. Der Iridiumnachweis kann auch in der beim Iridium, S. 119, unter VII, d angegebenen Weise geführt werden, namentlich wenn mit einem geringen Ir-Gehalt zu rechnen ist (die Farbe der Salmiakfällung ist dann gewöhnlich orange bis gelb)[5]. Über den Rutheniumnachweis in der NH_4Cl-Fällung[5] des Platins vgl. Ruthenium, S. 148. Vgl. auch Sonderproben, S. 231, unter a.

5. Die Mutterlauge der NH_4Cl-Fällung von Nr. 3 wird auf etwa 18° abgekühlt und 1 bis $1^1/_2$ Min. lang H_2S eingeleitet (etwa 150 Blasen/Min.)[6]. Nach kräftigem Schütteln und Absitzenlassen wird die Sulfidfällung abfiltriert, mit ganz schwach HCl-saurem Wasser gut ausgewaschen und in warmem verdünntem Königswasser

[1] Bestätigung: Reduzieren des AgCl mit etwas Zn in Gegenwart von HCl, filtrieren, Filter auf Kapelle veraschen und mit 1 g Blei abtreiben, wobei ein Silberkörnchen zurückbleibt. Sollte dieses infolge eines geringen Rh-Ir-Gehaltes dunkel gefärbt sein, dann wird es in HNO_3 gelöst, vom unlöslichen Rückstand abfiltriert und das Ag im Filtrat mit HCl nachgewiesen. Behandlung des Rückstandes vgl. S. 231, Ziffer 8.

[2] An Stelle des NH_4Cl kann die Fällung auch mit feingeriebenem KCl erfolgen (vgl. hierzu Platin, S. 38). Mylius u. Mazzucchelli. Siehe ferner: Analysenvorschläge S. 186.

[3] Hatte man versehentlich zu weit abgedampft (vgl. Fußnote 4, S. 229), so wird zur Beseitigung etwaiger Reduktionswirkungen die Lösung samt der Fällung eine Zeitlang mit H_2O_2 bei bedecktem Gefäß in der Wärme digeriert, bis sich die Farbe des Niederschlages nicht mehr ändert. Ein Rutheniumverlust hierbei ist im Hinblick auf die Sonderprobe (S. 231) ebenso belanglos wie bei der obigen Aufoxydation nach der Goldfällung mit Schwefeldioxyd.

[4] Dadurch wird nicht nur die Verunreinigung anderer Niederschläge mit dem leicht reduzierbaren Gold und dessen unnötige Verzettelung verhindert, sondern auch der Analysengang vereinfacht.

[5] Die Trennung des Ir und Pt kann ebenso im Anschluß an die Prüfung auf Ru in der gleichen Probe z. B. durch Hydrolyse (S. 233) herbeigeführt werden. Platin wird im Filtrat, wie auf S. 234 angegeben, nachgewiesen, das Ir in der Lösung der Hydrolysefällung durch die Probe nach Lecoq de Boisbaudran.

[6] Vgl. Palladium, S. 63.

gelöst. Zur Entfernung der HNO_3 wird mehrmals mit HCl bis zur Sirupdicke[1] eingedampft. Der Rückstand wird in verd. HCl gelöst und das Au hierauf durch mehrmaliges Ausschütteln mit Äther[2] entfernt. Zur Abscheidung des Goldes wird die ätherische Lösung mit etwas schwefliger Säure eingeengt.

6. In der durch Eindampfen vom Äther vollständig befreiten und hinreichend verdünnten, ganz schwach HCl-sauren Lösung des wäßrigen Teiles wird das Palladium mit geringem Überschuß von Dimethylglyoxim in der Kälte gefällt und nachgewiesen (kanariengelber, flockiger Niederschlag). Nach der Zerstörung des überschüssigen Dimethylglyoxims mit Königswasser wird im Filtrat in bekannter Weise mit NH_3 auf Kupfer geprüft. — Man kann auch das Gold in schwach HCl-saurer Lösung mit SO_2 in geringem Überschuß und bei gelinder Wärme ausfällen, abfiltrieren und im Filtrat das Palladium nach Verjagen von SO_2 mit Dimethylglyoxim nachweisen. Prüfung auf Kupfer wie oben. Ist die Au-Fällung mißfarbig (Pd!), so wird der Rückstand unter Zusatz von etwa 0,1 g Silber mit 1 g Blei abgetrieben und das ausgeplättete Ag-Korn mit HNO_3 geschieden. Etwa mit dem Au vorher gefälltes Pd läßt sich in der salpetersauren Lösung nach Abscheidung des Ag als AgCl und Filtrieren im eingedampften Filtrat mit Dimethylglyoxim nachweisen.

7. Das (häufig schwach rosa gefärbte) Filtrat von der *ersten* H_2S-Fällung (Ziffer 5) wird mit etwa 1 cm³ konz. HCl (D 1,19) (auf 20 cm³ Lösung) versetzt und in die siedend heiße Lösung ein lebhafter H_2S-Strom eingeleitet. Man filtriert und wäscht wie oben aus. Die getrocknete schwarzbraune Sulfidfällung wird vorsichtig abgeröstet, schwach reduziert und mit etwas Pyrosulfat geschmolzen. Im wäßrigen Auszug der Schmelze wird nach dem Einengen das Rhodium mit $SnCl_2$ nach IWANOFF nachgewiesen[3].

8. Das Filtrat der *zweiten* H_2S-Fällung wird nach Entfernung des H_2S auf dem Wasserbad zur Oxydation mit verd. HNO_3 oder H_2O_2 behandelt. Nach Zusatz von etwas NH_4Cl (falls man das Platin unter Ziffer 3 mit KCl abgeschieden hat) wird das Eisen mit wäßrigem Ammoniak gefällt, nach Aufkochen filtriert und mit heißem Wasser ausgewaschen. Ein ganz geringer Teil des Niederschlages wird in verd. HCl gelöst und das Fe mit $K_4[Fe(CN)_6]$ nachgewiesen. Waren noch Spuren Edelmetalle (hauptsächlich Rh neben wenig Ir) vorhanden, so werden diese mit dem Eisen zusammen durch wäßriges Ammoniak gefällt[4] (vgl. S. 217). Das Filtrat von der Eisenfällung wird eingeengt und mit Dimethylglyoxim und wäßriger NH_3-Lösung das Nickel nachgewiesen.

Sonderproben. a) Das im Rohplatin sehr seltene Ruthenium[5] wird zweckmäßig in einer Sonderprobe (10 cm³, entsprechend 0,5 bis 1 g Rohplatinkonzentrat) in folgender Weise einwandfrei festgestellt:

Die etwa 8 cm³ konz. HCl (D 1,19) auf 100 cm³ enthaltende, siedend heiße Lösung wird mit H_2S gesättigt, nochmals kurz aufgekocht, der Niederschlag abfiltriert und mit schwach HCl-saurem Wasser bis zum Verschwinden der Reaktion auf Eisen (das nach der H_2S-Fällung als $Fe^{\cdot\cdot}$ vorliegt) ausgewaschen. Die Sulfide werden mit möglichst wenig Wasser in ein Destillierkölbchen gespült. Man fügt etwas NaOH-Lösung hinzu und leitet Chlor in die gekühlte Lösung bis zur Sättigung ein. Nach einiger Zeit entfernt man die Kühlung und erhitzt das Kölbchen bis

[1] Vgl. Fußnote 4, S. 229. [2] Vgl. Platin, S. 50.

[3] Ein geringer wasserunlöslicher Rückstand der Pyrosulfatschmelze enthält gewöhnlich noch etwas Platin, das der Hauptfällung entgangen war.

[4] Nachweis: Ansiedeprobe der veraschten und im H_2-Strom reduzierten NH_3-Fällung mit Blei, etwas Bleiglanz (zur Verschlackung des Fe) und Borax, Abtreiben des Bleiregulus (etwa 5 g) mit 50 mg Ag. Prüfung des Ag-Kornes auf Aussehen, Farbe und Gestalt (vgl. Rhodium, S. 90, Kupellation). Wenn nötig, Ag-Korn in HNO_3 lösen, Rückstand mit NaCl + Chlor aufschließen, wäßrige Lösung nach WÖLBLING auf Rh und Ir prüfen (vgl. S. 223 unter Analysengang II).

[5] Vgl. GM., Syst. Nr. 68, (A) 276 (1939): Vorkommen (Abschluß).

zum Sieden. Ist Ruthenium vorhanden, so färbt sich die mit konz. HCl beschickte Vorlage schwach rötlichgelb. Bestätigung: Nachweis mit Thioharnstoff; in der Wärme Blaufärbung.

b) Soll das den *Rohplatin-Waschkonzentraten* offenbar mechanisch beigemengte Mineral Osmiridium, das in Königswasser praktisch unlöslich ist und sich infolgedessen in dem in Königswasser unlöslichen Rückstand befindet, nachgewiesen und bestimmt werden, so werden die OsIr-haltigen Rückstände (vgl. unter Ziffer 2, S. 229) mit der 8- bis 10fachen Menge reinstem Silber und Borax (zur Verschlackung der Begleitmineralien, Sand u. dgl.) in einem Goldglühtiegel in der Treibmuffel bei vorgelegter Holzkohle und möglichst hoher Temperatur etwa $^1/_2$ Std. geschmolzen.

Nach dem Erkalten der Schmelze wird der Silberregulus zunächst durch Hämmern gut von anhaftender Schlacke mechanisch gereinigt und einige Zeit zur Entfernung der Schlackenreste mit verd. H_2SO_4 in der Wärme digeriert. Nach Auflösen des Silbers in HNO_3 wird der unlösliche Rückstand mit Königswasser (1+4) kräftig ausgekocht, abfiltriert und auf dem Filter mit warmem Ammoniak zur Entfernung von AgCl behandelt. Vorhandenes Osmiridium hinterbleibt hierbei in Form eines grauen Rückstandes, der von feinen glänzenden Flitterchen oder Schüppchen durchsetzt ist.

Die nach Abscheidung des AgCl verbleibenden HNO_3- und Königswasserauszüge enthalten noch geringe Mengen Platinmetalle, die als in Königswasser unlösliche Legierung (vgl. Tafel II, S. 20) in den Waschkonzentraten enthalten waren. Die filtrierten Lösungen werden daher nach Entfernung der HNO_3 durch Eindampfen mit HCl der Hauptlösung hinzugefügt (vgl. unter Ziffer 3, S. 230).

In der gleichen Weise erfolgt auch die Reinigung z. B. des tasmanischen und südafrikanischen Osmiridiums von den diese Waschkonzentrate begleitenden Mineralien.

c) Bei *Prüfung auf etwaige Verfälschung* sowohl der Rohplatin- als auch der Osmiridium-Waschkonzentrate ist vor allen Dingen auf Blei, das in Form von Kornblei (Probierblei) den Konzentraten zugesetzt wird, oder auf Wolfram Rücksicht zu nehmen. Das erstere läßt sich leicht durch Behandeln mit HNO_3 entfernen und als Sulfat oder Chromat nachweisen, während sich die Anwesenheit von Wolfram[1] beim Behandeln mit kochendem konz. Königswasser an der gelben Farbe des WO_3 verrät. Dieses scheidet sich mit Vorliebe teilweise an den Wänden des Lösegefäßes festhaftend ab. Es wird mit warmer verdünnter Lauge entfernt und, nach Ansäuern mit HCl, mit Zink als Blaufärbung (W_2O_5) nachgewiesen. Eine weitere Möglichkeit zur Prüfung auf W besteht darin, daß man den in Königswasser unlöslichen Rückstand der Konzentrate zunächst im Sauerstoffstrom erhitzt, wobei auch kompaktes Wolfram zu WO_3 oxydiert wird, das man in wäßriger Ammoniaklösung löst und am besten mit der $SnCl_2$-Reaktion nachweist (TREADWELL). Zur Vermeidung von Os-Verlusten bei der Oxydation mit Sauerstoff wird die Prüfung in geschlossener Apparatur (vgl. S. 229) und bei vorgelegter KOH durchgeführt.

Weitere Möglichkeiten zum Nachweis der Pt-Metalle in den Rohplatin-Waschkonzentraten.

Außer dem vorstehend geschilderten Analysenbeispiel gibt es natürlich auch noch andere Möglichkeiten zur qualitativen Ermittlung der Platinmetalle in den Rohplatinwaschkonzentraten. So läßt sich beispielsweise das Platin statt mit der KCl- oder NH_4Cl-Fällung auch durch Hydrolyse (vgl. Platin, S. 53, und Rhodium, S. 99) abscheiden, ein Verfahren, das selbst bei den eisenreichen Sorten sich ohne weiteres anwenden läßt.

[1] Wolfram löst sich auch sehr leicht in einer Mischung von $HF : HNO_3 = 3 : 1$.

1. Hydrolyse.

Bei dieser Trennung bleibt das Platin[1] in Lösung, während die Beimetalle sowie Unedelmetalle, wie z. B. Fe, Ni, Cu als (meist dunkle) Oxyde bzw. Oxydhydrate abgeschieden werden. Nach gründlichem Auswaschen[2] wird der Niederschlag in HCl gelöst und nach Zugabe von etwas H_2O_2 eingedampft.

Anmerkung: Zu beachten ist, daß bei der Hydrolyse, namentlich bei einem Überschuß von Hypochlorit oder -bromit, Rutheniumoxyd sehr leicht sich unter Bildung flüchtiger RuO_4 löst, was durch Zugabe von etwas Alkohol verhindert werden kann (MYLIUS und MAZZUCCHELLI). Zuverlässiger ist es jedoch, die Prüfung auf Ruthenium entweder *vor* der Hydrolyse auszuführen oder in einer Sonderprobe, wie auf S. 231 angegeben.

Da ferner bei der Prüfung auf Ruthenium das Eisen stören könnte[3], ist es zweckmäßig, dieses von den Platinmetallen vorher zu trennen. Das geschieht am einfachsten durch die H_2S-Fällung oder durch Ausschütteln mit Äther.

a) Die H_2S-Fällung. Zunächst werden wieder wie im Analysenbeispiel I durch rasche Sättigung der Lösung bei etwa 18° mit H_2S Kupfer, Gold und Palladium als Sulfide gefällt, abfiltriert und in der auf S. 230—231, Ziffer 5 und 6, wiedergegebenen Weise getrennt und nachgewiesen. Zur vollständigen Erfassung der übrigen Platinmetalle (vgl. Iridium, S. 113) wird nun mit dem Filtrat die H_2S-Fällung, zweckmäßig in der Druckflasche bei der Siedetemperatur des Wasserbades, wiederholt. Dauer der Kochung: etwa 2 Std. Die gut ausgewaschenen Sulfide werden, wie in der Sonderprobe a) auf S. 231 angegeben, mit der Chlordestillation auf Ruthenium geprüft. Nach beendeter Destillation wird der Inhalt des Destillierkölbchens mit HCl eingedampft und der Rückstand mit Wasser und HCl aufgenommen. Es folgt die Fällung des Ir[4] als Salmiak, wie beim Iridium, S. 112 und 121 angegeben (vgl. auch Platin, S. 36). Nachweis und Bestätigung nach LECOQ DE BOISBAUDRAN (vgl. Iridium, S. 113).

In dem Filtrat der Iridiumsalmiakfällung wird das Rhodium mit $SnCl_2$ nach IWANOFF nachgewiesen[4]. Im Filtrat der zweiten H_2S-Fällung wird auf Ni usw. geprüft.

b) Ausschütteln mit Äther. Bei dem Ausschütteln des Eisens z. B. aus 3 n HCl-Lösung wird neben dem Gold auch ein geringer Teil Iridium (vgl. Platin, S. 50) ausgeschüttelt[5], offenbar aber nur dann, wenn dieses als Chlorid oder als entsprechender Komplex vorliegt. Dagegen ließ sich z. B. aus einer Lösung des Komplexes $(NH_4)_2(IrCl_6)$ in HCl (D 1,124) kein Iridium ausäthern[6]. Das beim Eisen befindliche Iridium wird bei der Fällung des ersteren mit NH_3 mit dem $Fe(OH)_3$[7] zusammen wieder abgeschieden (vgl. S. 231). Der Nachweis des Au in dem Äther erfolgt wie auf S. 231 angegeben.

Aus der mit Äther behandelten Lösung wird zunächst durch Eindampfen der gelöste Äther entfernt, was wegen der Entflammungsgefahr mit einiger Vorsicht geschehen muß. Anschließend folgt die Prüfung auf Ruthenium durch Destillation mit Chlor aus schwach alkalischer Lösung (vgl. Fußnote 3).

Nach Eindampfen der vom Ruthenium befreiten Lösung des Destillierkölbchens mit HCl wird der Rückstand mit Wasser aufgenommen und das Palladium aus schwach saurer Lösung mit Dimethylglyoxim in der Wärme gefällt und nachgewiesen. Im Filtrat wird der Überschuß des Oxims durch Eindampfen mit Königs-

[1] Nachweis siehe S. 234.
[2] Dem Waschwasser etwas NaCl hinzusetzen!
[3] Vgl. Ruthenium, S. 132, Fußnote, und S. 133—134.
[4] Iridium und Rhodium lassen sich auch nach der im Analysengang II, S. 223, gegebenen Vorschrift nach dem Ausschüttelverfahren nachweisen.
[5] Über die Löslichkeit von Metallchloriden in Äther siehe W. BILTZ, S. 159 (Orig.).
[6] Vgl. Methode WÖLBLING, S. 190, Ziffer 6 (NH_3-HCl-Behandlung?). Diese hat offenbar den Zweck, das Ausäthern des Iridiums zu verhindern.
[7] Vgl. auch SAINTE-CLAIRE DEVILLE und STAS, ferner GM., Syst. Nr. 68, Pt (A) 503 (1940).

wasser zerstört und die schwach HCl-saure Lösung zur Fällung des Iridiums mit festem Salmiak versetzt und wie unter a), S. 233 weiterbehandelt.

Im Filtrat dieser Fällung wird zunächst Kupfer mit H_2S in der Kälte und nach Filtration anschließend das Rhodium in der Siedehitze mit H_2S gefällt. Der Nachweis des Kupfers geschieht in bekannter Weise und der des Rhodiums wie auf S. 231 unter Ziffer 7 angegeben. Prüfung auf Unedelmetalle wie unter a), S. 233.

Das Filtrat der Hydrolyse (S. 233), welches das gesamte Platin enthält, wird nach Ansäuern mit HCl auf dem Wasserbade eingedampft. Der Trockenrückstand wird mit etwas Wasser aufgenommen und das Platin mit NH_4Cl als gelber Platinsalmiak gefällt.

2. NaOH-Kochung.

Eine weitere, *für qualitative Zwecke brauchbare Trennung* der Hauptmenge des Platins von den übrigen Platinmetallen und von Eisen läßt sich noch in einfacher Weise wie folgt erzielen: Die Lösung wird mit NaOH alkalisch gemacht und längere Zeit nach Zusatz einiger Tropfen Alkohol kräftig gekocht[1], wobei mit dem Eisenhydroxydniederschlag neben etwas Platin der größte Teil der Platinbeimetalle ausgefällt wird, die dem Niederschlag in der Siedehitze eine schwarzbraune Färbung erteilen. Nach dem Filtrieren und Auswaschen mit heißem Wasser, dem etwas NaCl hinzugefügt wurde, wird der Niederschlag in heißer verdünnter HCl gelöst und die Lösung zunächst zurückgestellt.

Das die Hauptplatinmenge enthaltende Filtrat der NaOH-Fällung wird mit HCl angesäuert, auf dem Wasserbade eingedampft, der Rückstand in wenig Wasser gelöst und das Platin mit NH_4Cl als schöner gelber Platinsalmiak gefällt und nachgewiesen. Die Salmiakfällung wird abfiltriert und das Filtrat mit der obigen Lösung vereinigt. Die Weiterbehandlung geschieht zunächst mit der H_2S-Fällung aus siedender Lösung unter Druck (vgl. S. 233 unter 1, a). Die Sulfide werden, wie auf S. 233 angegeben, gelöst und zunächst auf Ru geprüft. Anschließend wird in der mit HCl eingedampften und von den Chloraten befreiten Lösung mit $H_2(CO_2)_2$ das Gold nachgewiesen. Nach Aufoxydation der Mutterlauge mit H_2O_2 oder Chlorwasser werden Iridium und der Rest des Platins mit NH_4Cl in bekannter Weise gefällt und nach Wölbling getrennt und nachgewiesen. Im Filtrat der Iridiumfällung werden zunächst Palladium und Kupfer mit H_2S in der Kälte vom Rhodium getrennt. Nach Auflösen der Sulfide in HNO_3 oder Königswasser wird das Palladium in der Kälte mit Dimethylglyoxim nachgewiesen und im Filtrat, nach Zerstörung des überschüssigen Dimethylglyoxims mit HNO_3, mit Ammoniak auf Kupfer geprüft.

Im Filtrat von der kalten H_2S-Fällung wird nach Verjagen des H_2S und bei entsprechend eingestellter Konzentration (vgl. Rhodium, S. 99 und 100) das Rhodium mit der Hydrolyse nach Wichers (3, VII, e, β, S. 99) ausgefällt und nach Verglühen und Reduzieren mit etwas Pyrosulfat geschmolzen. Im wäßrigen Auszug der Schmelze wird mit $SnCl_2$ auf Rh geprüft.

Das Filtrat von der ***heißen*** H_2S-Fällung wird zur Vertreibung des überschüssigen H_2S auf dem Wasserbade eingeengt und auf Fe, Ni usw. in bekannter Weise geprüft.

3. Aufschluß durch die Bleischmelze.

Der Aufschluß der Rohplatin-Waschkonzentrate läßt sich anstatt mit Königswasser auch mit der Bleischmelze durchführen. Zu diesem Zweck werden etwa 3 g des Analysenmaterials mit 30 g Blei und 5 g Bleiglanz (zur besseren Verschlackung des Eisens) auf dem Ansiedescherben unter Zusatz von wenig Borax bei geschlossenem Muffeltor und vorgelegter Holzkohle zusammengeschmolzen. Nach vollständigem Einschmelzen wird die Probe einige Zeit unter Luftzutritt

[1] Vgl. unter Iridium, S. 120—121.

bei offenem Metallauge (vgl. C. SCHIFFNER, S. 72) zur Oxydation und Verschlackung der unedlen Bestandteile in der Treibmuffel kräftig erhitzt. Nach dem Erkalten wird der gut gereinigte, äußerst spröde Bleiregulus[1] dann nach den Grundsätzen der Bleischmelze weiterbehandelt (vgl. Iridium, S. 109). Da das Osmium hierbei mit den anderen Platinbeimetallen legiert, als in Blei (und Silber) unlösliche Legierung vorliegt (Osmiridium!), besteht hierbei keine Gefahr des Verlustes an Osmium[2]. Vgl. hierzu Osmium, S. 153, Ruthenium, S. 143. Löst man den Bleiregulus in verd. HNO_3 (1 + 7) und behandelt man den unlöslichen Rückstand in Königswasser (1 + 7), so treten auch in diesem Falle aus den oben angeführten Gründen keine Verluste an Osmium auf. Erst wenn der in Königswasser unlösliche, feinkrystalline Rückstand bei höherer Temperatur im Sauerstoffstrom oxydiert oder mit Chlor behandelt wird, geht Osmium als OsO_4 oder Chlorid flüchtig.

Nach Beendigung der Behandlung mit HNO_3 und Königswasser liegen die nachzuweisenden Metalle in drei Gruppen getrennt vor, und zwar enthält die

1. Gruppe (HNO_3-Auszug) alles Kupfer (soweit nicht verschlackt), den größten Teil des Palladiums, etwas Platin und Rhodium.

2. Gruppe (Königswasserauszug) alles Platin und Rhodium bis auf die in der Gruppe 1 enthaltenen geringen Mengen, alles Gold, den Rest vom Palladium, geringe Mengen Iridium (vgl. Iridium, S. 110)

3. Gruppe (in Königswasser unlöslicher Rückstand) Ir, Ru, Os, Osmiridium.

Die Metalle der Gruppen 1 und 2 werden dabei bis auf den in Gruppe 2 geringen Ir-Rest von den Metallen der Gruppe 3 getrennt.

Der Nachweis der in Lösung befindlichen Platinmetalle und des Goldes (Silbers) in den Gruppen 1 und 2 bietet nach Abscheidung des Bleis als Sulfat[3] an Hand der bereits geschilderten Beispiele keine besonderen Schwierigkeiten.

Die Trennung des Platins vom Rhodium (Pd, Ir) erfolgt nach der beim Rhodium, S. 99, unter 3, VII, e, β angegebenen Hydrolyse.

Die Metalle der Gruppe 3 werden zwecks Trennung und Nachweis wie in Beispiel II, S. 236, angegeben behandelt.

Nachteile der Bleischmelze sind:

1. daß mit dem erheblichen Überschuß an Blei auch die Gefahr der Einschleppung von Verunreinigungen des Bleis besteht und

2. daß der unmittelbare Nachweis der im Rohplatinkonzentrat enthaltenen Hauptmenge des Iridiums sowie des Osmiums und Rutheniums ebensowenig durchführbar ist wie der des Osmiridiums, mit dem zusammen die drei genannten Metalle nach der HNO_3- und Königswasserbehandlung der Bleischmelze vermengt vorliegen. Erst bei der Analyse des Osmiridiums werden diese drei Metalle mit den entsprechenden Metallen dieses Minerals erfaßt und nachgewiesen.

Wird jedoch auf die Sonderbestimmung des in den Rohplatin-Waschkonzentraten enthaltenen Minerals Osmiridium als solchem verzichtet, so kann es unter Umständen vorteilhaft sein, den Aufschluß durch die Bleischmelze zu wählen, nament-

---

[1] Der durch vorsichtiges Abklopfen der Schlacke mechanisch gereinigte Regulus wird einige Zeit in der Wärme mit verd. H_2SO_4 behandelt. Hierbei kann man bereits in der Kälte, besonders aber in der Wärme eine deutliche Auflösung von Blei (Aufsteigen von Wasserstoffbläschen) beobachten, während der Regulus sich allmählich mit einer hellgrauen Schicht von Bleisulfat überzieht.

[2] Über Bestimmung des Osmiums in Bleikönigen vgl. RUSSEL, BEAMISH und SEATH.

[3] Das durch Abrauchen mit H_2SO_4 meist nur in kleinen Mengen aus der Königswasserlösung oder nachträglich aus der HNO_3-Lösung abgeschiedene Bleisulfat ist häufig edelmetallhaltig. Nachweis: Ansieden des $PbSO_4$ mit Blei und Borax in der Muffel bei vorgelegter Holzkohle mit nachfolgender Oxydation und Abtreiben unter Zusatz von 50 mg Silber und Scheiden mit HNO_3. Größere Mengen $PbSO_4$, z. B. aus dem HNO_3-Auszug, werden stets im Tiegel reduzierend verschmolzen. Geringe Mengen Platinmetallsalze lassen sich aus dem $PbSO_4$ durch Waschen mit $(NH_4)_2CO_3$-Lösung entfernen (DUPARC und TIKONOWITSCH). Siehe auch: SAINTE-CLAIRE DEVILLE und STAS.

lich in Rücksicht darauf, daß hierbei das sonst beim Lösen der Analysenprobe in konz. Königswasser als Tetroxyd flüchtige Os ebenfalls erfaßt wird.

DUPARC und TIKONOWITSCH erwähnen gleichfalls, daß Rohplatinkonzentrate mit Hilfe der Bleischmelze analysiert werden können, ohne jedoch näher darauf einzugehen. Sie verweisen lediglich auf die Analysenmethode von SAINTE-CLAIRE DEVILLE und STAS [1], die eingehend beschrieben wird.

Beispiel B. Qualitative Analyse von Osmiridium.

Grobkörniges Osmiridium, wie z. B. tasmanisches, muß zunächst mit der Zinkschmelze aufgeschlossen werden. Aber auch bei dem verhältnismäßig feinkörnigen südafrikanischen OsIr empfiehlt es sich, vorher den Zinkaufschluß vorzunehmen. Nur das den Rohplatinkonzentraten beigemengte OsIr liegt nach Reinigung durch die Silber-Borax-Schmelze mitunter in so feiner Verteilung vor, daß es durch Behandlung mit Sauerstoff und namentlich mit Chlor ohne weiteres vollständig aufgeschlossen wird. Wegen der Probenahme vgl. Beispiel I, S. 228.

Ausführung A. 1. Von dem fein- bis grobkörnigen Osmiridium werden etwa 2 bis 3 g mit der 20- bis 30fachen Menge reinstem Zink geschmolzen und granuliert. Näheres über Ausführung der Zinkschmelze und die Verhütung von Verpuffungen, wie sie häufig beim Erhitzen der hierbei in feinverteiltem Zustand vorliegenden Metalle auftreten, vgl. Aufschlußmethoden, S. 208—209.

Nach Entfernung des Zinks mit verd. HCl oder H_2SO_4 bleibt das Osmiridium als feinverteiltes, lockeres Pulver zurück, aus dem das Material für die Analyse entnommen wird (etwa 0,25 g)[2].

2. Mehrfache Behandlung des in Form feinster Schüppchen, Flitter oder eines feinen lockeren Pulvers vorliegenden Materials mit *Sauerstoff* bei mäßiger Rotglut unter Zwischenschaltung von Reduktionen[3]. Der größte Teil des Osmiums wird, namentlich nach vorausgegangenem Zinkaufschluß, hierbei als OsO_4 entfernt und diese in KOH aufgefangen[4]. Nachweis mit Thioharnstoff oder KCNS in HCl-saurer Lösung (vgl. hierzu Osmium, S. 161).

3. Ist mit verhältnismäßig viel Platin zu rechnen (wie z. B. bei dem feinkörnigen südafrikanischen OsIr), so wird nach der Sauerstoffbehandlung zunächst die Hauptmenge des Platins mit *Königswasser* entfernt. Mit dem Platin wird gleichzeitig vorhandenes Palladium gelöst.

Nachweis des Platins, nach Eindampfen der Lösung mit HCl, mit NH_4Cl (gelbe Fällung)[5] oder mit $SnCl_2$ und HCl in einem Teil des in Wasser gelösten gelben Platinsalmiaks als Farbreaktion — Orangefärbung zeigt Platin an. In der Mutterlauge der Salmiakfällung Prüfung auf Palladium mit Dimethylglyoxim.

4. Der in Königswasser unlösliche Rückstand wird reduziert[6], im Quarzschiffchen in dünner Schicht ausgebreitet und im Quarzrohr bei 600 bis 650° *chloriert*. Hierbei wird, falls noch vorhanden (was meist zutrifft), Os als Chlorid verflüchtigt, das in der verd. HCl der Vorlagen aufgefangen wird und sich in dieser HCl-sauren Lösung mit Thioharnstoff in der Wärme, wie oben, nachweisen läßt. Zum Teil werden bei der Chlorbehandlung auch Ruthenium und etwas Platin verflüchtigt, kondensieren

[1] Vgl. Iridium, S. 109.

[2] Von den mit Königswasser aufgeschlossenen Rohplatinwaschkonzentraten wird der gesamte Rückstand zur Os-Ir-Analyse verwendet.

[3] Schiffcheninhalt im CO_2-Strom vollkommen erkalten lassen, da das reduzierte Material starke pyrophore Eigenschaften zeigt.

[4] Ist der Inhalt der Vorlagen sehr stark gefärbt, so fügt man der Lösung zur Prüfung auf Osmium einige Tropfen Alkohol hinzu, wobei infolge Reduktion das schwer lösliche, violette $K_2OsO_4 \cdot 2H_2O$ sich in krystalliner Form abscheidet (vgl. Osmium, S. 160 und 165). In der Mutterlauge dieses Salzes läßt sich ebenfalls noch Osmium wie oben nachweisen.

[5] Entsteht hierbei statt der gelben eine rötliche Fällung, die auf die Anwesenheit von Iridium deutet, so erfolgen Trennung und Nachweis des Iridiums und Platins wie unter Ziffer 7, S. 237, angegeben.

[6] Beachte Fußnote 3.

sich aber ziemlich vollständig im kälteren Teil des Rohres. Bei Überschreitung der angegebenen Temperatur kann auch Iridium verflüchtigt werden, das sich aber ebenfalls wie Platin und Ruthenium wieder niederschlägt. Das der Chlorbehandlung unterworfene Material wird nun im Wasserstoffstrom zu Metall reduziert[1] und die Chlorierung wiederholt[2], nach deren Beendigung die chlorierte Beschickung des Schiffchens nunmehr mit der gleichen Menge NaCl vermischt, im Chlorstrom bei 650 bis 700° vollständig aufgeschlossen wird.

5. Das Sublimat, das sich im kalten Teil des Chlorierungsrohres während der verschiedenen Chlorbehandlungen abgeschieden hat, wird mit HCl-haltigem Wasser herausgespült[3], filtriert und auf dem Wasserbade eingedampft. Der Eindampfrückstand wird mit wenig Wasser aufgenommen und mit der wäßrigen Lösung des NaCl-Chlor-Aufschlusses zusammen in ein Destillierkölbchen gebracht. Man macht mit NaOH schwach alkalisch, erhitzt bis zum Kochen (vgl. Osmium, S. 165), kühlt die Lösung mit Eiswasser ab und entfernt das Ruthenium (und noch vorhandenes Osmium) in der üblichen Weise durch Destillation mit Chlor. Das abdestillierte RuO_4 wird in den mit konz. HCl beschickten Vorlagen zu intensiv rotbraunem bis dunkelbraunem $RuCl_4$ reduziert. Bestätigung mit Thioharnstoff, Blaufärbung in der Wärme zeigt Ruthenium an. Enthält das der Chlorbehandlung unterworfene Material noch etwas Osmium (was häufig der Fall ist), so wird dieses mit dem Ru zusammen ebenfalls als Tetroxyd verflüchtigt und in den Vorlagen aufgefangen. Zum Nachweis des Osmiums neben dem Ruthenium wird zunächst eine Probe mit Thioharnstoff gekocht, bis die blaue Farbreaktion des Rutheniums sich einstellt. Setzt man nun einige Tropfen $SnCl_2$ hinzu, so verschwindet die blaue Farbe wieder und die rote Farbreaktion des Osmiums kommt zum Vorschein (vgl. Osmium, S. 174).

6. Der Inhalt des Destillierkölbchens wird zur Zerstörung der Chlorate mit HCl auf dem Wasserbad zur Trockne gedampft und mit wenig Wasser und einigen Tropfen verd. HCl aufgenommen. Die Lösung wird zur Fällung des Iridiums mit festem Salmiak versetzt, mit einigen Tropfen H_2O_2 abermals zur Trockne[4] gebracht und in der gleichen Weise behandelt, wie bei Platin, S. 35, angegeben.

7. In der getrockneten dunkelroten Salmiakfällung wird, wie im Beispiel 1, S. 230, unter Ziffer 4 angegeben, das Iridium samt dem Platin mit dem Ausschüttelverfahren nachgewiesen (vgl. auch Platin, S. 52). Wenig Platin läßt sich neben verhältnismäßig viel Iridium, wie im vorliegenden Fall, auch mit der KJ-Reaktion nach Mylius und Mazzucchelli nachweisen (vgl. Iridium, S. 119).

Die Mutterlauge von der Salmiakfällung wird zunächst in der Kälte rasch mit H_2S behandelt und der schwarze Sulfidniederschlag in der beim Analysenbeispiel I, S. 230, angegebenen Weise auf Au, Pd und Cu geprüft. Im Filtrat der H_2S-Fällung wird der Nachweis des Rhodiums gleichfalls in der dort (S. 231) beschriebenen Weise geführt (vgl. Ziffer 7).

Im Filtrat der zweiten H_2S-Fällung wird in bekannter Weise auf Ni und Fe geprüft (vgl. Ziffer 8, Analysenbeispiel I, S. 231).

Ausführung B. An Stelle der Behandlung mit Sauerstoff und Chlor mit anschließendem NaCl-Chlor-Aufschluß läßt sich das mit der Zinkschmelze vorbehandelte Osmiridium auch mit der KOH-KNO_3-Schmelze aufschließen. Näheres über Ausführung der Schmelze s. Aufschlußmethoden, S. 209.

1. Aus der wäßrigen Lösung des Aufschlusses[5] wird zunächst das Osmium mit Salpetersäure als OsO_4 entfernt (vgl. Osmium, S. 172), in KOH aufgefangen

[1] Beachte Fußnote 3, S. 236.

[2] Die mehrfache Chlorbehandlung ist, namentlich bei nicht mit der Zinkschmelze vorbehandeltem Material, zur Vollständigkeit des Aufschlusses erforderlich.

[3] Vgl. hierzu auch Osmium, S. 171, Fußnote 2.

[4] Die Lösung kann auch mit frisch bereitetem Chlorwasser zur Trockne gedampft werden.

[5] Bleiben größere Mengen unaufgeschlossenes Material zurück, so muß der Aufschluß mit KOH-KNO_3 wiederholt werden.

und wie oben nachgewiesen. Der Inhalt des Destillierkolbens wird hierauf mit NaOH alkalisch gemacht und Ru durch Destillation mit Chlor, wie oben S. 237 angegeben, entfernt und nachgewiesen[1].

2. Nach beendeter Destillation wird der Inhalt des Destillierkolbens mehrmals mit HCl auf dem Wasserbade zur Trockne gedampft, mit heißem Wasser aufgenommen[2] und in der stark verdünnten Lösung Platin von den Beimetallen durch Hydrolyse getrennt. Das Filtrat hiervon wird mit HCl angesäuert, zur Trockne gedampft, mit H_2O aufgenommen und Platin mit NH_4Cl oder nach Ansäuern mit HCl mit der $SnCl_2$-Reaktion nachgewiesen. Der gut mit NaCl-haltigem heißen Wasser ausgewaschene dunkle Niederschlag von der Hydrolyse wird in HCl gelöst, zur Abscheidung des Iridiums mit festem NH_4Cl versetzt und auf dem Wasserbad zur Trockne verdampft, nachdem man vorher noch einige Tropfen H_2O_2 hinzugefügt hatte[3]. Der Salzrückstand wird in der gleichen Weise weiterbehandelt wie im Ausführungsbeispiel A. Ein Teil des dunkelroten bis schwarzen Iridiumsalmiaks wird zur Bestätigung nach Lecoq de Boisbaudran geprüft. In der Mutterlauge von der Salmiakfällung wird die Prüfung auf Au, Pd, Rh, Cu und Unedelmetalle wie in dem vorangegangenen Beispiel nach A durchgeführt.

3. Statt das Platin von den Beimetallen mit der Hydrolyse zu trennen, kann man auch Platin und Iridium gemeinsam fällen, indem man die aus der Rutheniumdestillation stammende wäßrige Lösung (Ziffer 2) nach Zerstörung der Chlorate und Nitrate mit verd. HCl zur Trockne verdampft, wobei infolge des vorhandenen KCl bereits Platin und Iridium als Kalium-Komplexe größtenteils abgeschieden werden[4]. Man nimmt den mit Wasser[5] angefeuchteten Rückstand mit kaltgesättigter KCl-Lösung auf, filtriert und wäscht zunächst mit der gleichen KCl-Lösung, hernach mit Äthylalkohol aus und trocknet den Niederschlag. In der wäßrigen Lösung dieser Komplexe werden mit dem Ausschüttelverfahren Platin und Iridium wie unter A angegeben getrennt und nachgewiesen. In der Mutterlauge der KCl-Fällung werden der Palladium- und Rhodiumnachweis usw. in der bereits geschilderten Weise geführt.

4. Die nach der *vollständigen Zerstörung*[6] der Chlorate (Nitrate) eingedampften Salze aus dem Destillierkolben kann man auch mit PbO, Mehl und Soda vermengt, reduzierend-verschlackend verschmelzen und den Bleiregulus nach Beispiel I, Ziffer 3, S. 234, weiterbehandeln.

Beispiel C. Nachweis der Platinmetalle in Flotationskonzentraten.

Flotationskonzentrate, z. B. aus südafrikanischen Noritvorkommen (vgl. S. 15)[7], mit etwa 100 bis 200 g Platin und Platinmetalle je Tonne, werden zur Entfernung von Schwefel und Arsen zunächst abgeröstet und dann die Platinmetalle unter Zuhilfenahme dokimastischer Methoden (vgl. Platin, S. 55) durch Kupellation im Silber angesammelt. Die hierbei erhaltenen Silberreguli dienen als Ausgangsmaterial für den weiteren Nachweis der Platinmetalle auf nassem Wege.

Neben Silber und Gold enthalten diese Konzentrate hauptsächlich Platin und Palladium. Zu prüfen ist ferner auf Rhodium, Ruthenium und Iridium. Durch Behandeln der Silberreguli mit HNO_3 oder heißer konz. H_2SO_4 und des in HNO_3 (konz.

[1] Man kann auch Osmium und Ruthenium gleichzeitig mit Chlor abdestillieren und beide in dem Inhalt der Vorlagen nachweisen (vgl. Osmium, S. 173).

[2] Ein unter Umständen zurückbleibender unlöslicher Rest kann Rhodium und etwas Iridium enthalten und muß mit NaCl + Cl_2 aufgeschlossen werden.

[3] Vgl. Fußnote 4, S. 237.

[4] Will man das vermeiden (z. B. um das Iridium mit NH_4Cl zu fällen), dann muß der Aufschluß anstatt mit KOH-KNO_3 mit den entsprechenden Natriumsalzen durchgeführt werden.

[5] Die Menge des Wassers richtet sich nach der Menge des überschüssigen KCl.

[6] Sonst erfolgt beim Schmelzen in Gegenwart des Mehles Verpuffung!

[7] Vgl. auch P. Trotzig, S. 18, Literaturverzeichnis.

H_2SO_4) unlöslichen Rückstandes mit Königswasser werden Silber, Gold, Platin und Palladium aufgelöst und in den betreffenden Lösungen nach bekannten Methoden getrennt und nachgewiesen; Rhodium[1], Ruthenium und Iridium hinterbleiben bei denLösevorgängen als unlösliches, metallisch-krystallines Pulver, das mit NaCl im Chlorstrom aufgeschlossen wird[2]. Ruthenium wird zunächst durch Destillation mit alkalischem Chlor entfernt und in der Vorlage als $RuCl_4$ nachgewiesen. In der Lösung des Destillierkölbchens wird nach Zerstörung des Chlorates auf Iridium und Rhodium in bekannter Weise (vgl. Iridium, S. 121) geprüft. Vgl. auch Analysengang II, S. 223.

Muß auf Osmium Rücksicht genommen werden oder ist die oben vorgesehene Prüfung auf Ruthenium negativ ausgefallen, so wird wie folgt verfahren: Statt der Kupellation mit Silber wird der nach mehrfacher Oxydation und Verschlackung auf dem Scherben gründlich von den Verunreinigungen (S, As, Sb, Sn, Ni, Cu u. dgl.) befreite und bis auf etwa 3 bis 5 g (bei höchstens 5 mg Osmium) konz. Bleikönig[3] in der bei der Bleischmelze angegebenen Weise weiterbehandelt (vgl. Analysenbeispiele, Ziffer 3, S. 234). In dieser Probe kann ferner der gesonderte Silbernachweis[4] geführt und gleichzeitig auf Osmium geprüft werden. (Vgl. Ruthenium, S. 139, Ziffer b.)

Beispiel D.
Nachweis der Platinmetalle in reichen Raffinierschlämmen.

Etwa 100 bis 200 mg werden zunächst auf dem Scherben mit Probierblei[5] in der üblichen Weise verschlackt. Braucht auf Os oder Ru keine Rücksicht genommen zu werden, so werden die Proben in Bleifolie (sog. Bleiskarnitzel) verpackt, ohne weiteres mit 20 g Probierblei und dem erforderlichen Silber auf der Kupelle abgetrieben. Es empfiehlt sich auch hierbei, etwa die 20fache Menge Silber, bezogen auf das Gewicht des Goldes plus Platinmetalle, zur Kupellation zu verwenden (LATHE). Muß dagegen auch auf Ru und Os geprüft werden, so verfährt man wie oben angegeben.

Der weitere Gang der Untersuchung ist der gleiche, wie beim Beispiel C angegeben.

Metallische Abfälle wie Feilung, Späne aus der Bijouterie oder Dentalindustrie[6], die meist nur in kleinen Mengen anfallen, werden, nachdem man die Eisenteile mit einem Magneten entfernt hat, in der Regel unter Zusatz von etwas Borax zusammengeschmolzen und, um Entmischungen vorzubeugen, zu einer dünnen Platte (Plansche) ausgegossen. In der Hauptsache handelt es sich hierbei um den Nachweis von Silber, Gold, Platin und teilweise auch Palladium, seltener Rhodium und Iridium.

Die Probenahme erfolgt durch Anbohren an verschiedenen Stellen, zum Teil auch durch Granulieren, oder bei größeren Posten durch Entnahme einer Schöpfprobe (vgl. hierzu auch Systematischer Gang der qualitativen Analyse, S. 201, Fußnote 1). An der Farbe und dem Verhalten des Metalles (z. B. beim Bohren)

---

[1] Ein Teil des Rhodiums geht bei der Säurebehandlung in Lösung.

[2] Im Chlorierungsrohr abgeschiedenes Sublimat wird nach dem vorhergehenden Beispiel II, S. 237, unter Ziffer 5 behandelt.

[3] Durch weitere Konzentration der Platinmetalle im Blei mit der Oxydation (Abtreiben des Bleis) entstehen Osmiumverluste. Vgl. RUSSEL, BEAMISH und SEATH. Je mehr Os, desto größer der Bleikönig.

[4] Zum Silbernachweis wird in der HNO_3-Lösung von der Auflösung des Bleikönigs das Ag mit HCl gefällt und nach dem Erhitzen rasch filtriert. Der Niederschlag wird mit Zn und HCl reduziert, abermals filtriert, getrocknet und abgetrieben, wobei das Ag als Korn zurückbleibt.

[5] Probierblei kann 0,2 bis 0,7 g Ag und 0,3 mg Au je Tonne enthalten (SCHIFFNER, S. 55 im Orig.).

[6] Bei Untersuchung von Dentallegierungen ist außer Pt und Pd, Silber und Gold noch auf Sn, Cu, Cd, Ni und Zink Rücksicht zu nehmen.

und nötigenfalls an einer Strichprobe[1] oder rasch durch Abtreiben mit etwas Blei ausgeführten Vorprobe erkennt der erfahrene Probierer, welcher Weg für die Weiterbehandlung des zu untersuchenden Materials einzuschlagen ist. Eine qualitative Probe unter Verwendung nasser Methoden ist nur selten erforderlich, falls nicht etwa auch Unedelmetalle nachgewiesen werden sollen (vgl. S. 225).

Dagegen werden Abfälle aus der Schreibfederfabrikation vorteilhafter auf nassem Wege analysiert, und zwar in Anlehnung an die Analysenmethode Nr. II für Osmiridium.

Was auf S. 226—227 unter D über die erfolgreiche Anwendung der Lötrohrprobierkunde gesagt wurde[2], gilt in gleicher Weise auch von der Edelmetallprobierkunde (Dokimasie), die der Analytiker, der sich mit den Platinmetallen eingehend befassen will, unter keinen Umständen, am wenigsten aber bei der Bestimmung der Platinmetalle, entbehren kann.

Beispiel E. Nachweis der Platinmetalle in Abfällen.

In der gleichen Weise wie im vorigen Abschnitt (Beispiel C) angegeben, werden, falls erforderlich, auch Gekrätze, Kehrrichte und ähnliche edelmetallhaltige Abfälle nach entsprechender Aufbereitung (Brennen, Mahlen, Sieben, Mischen) qualitativ auf Edelmetalle geprüft.

Schlußbetrachtung.

Von der Aufstellung eines allgemeingültigen Analysenschemas ist abgesehen worden. Dadurch würde nur die Zahl der bereits bestehenden um eines vermehrt.

Bei der Eigenart der Platinmetalle, die sich, wie wir gesehen haben, in ihrem von den übrigen Metallen stark abweichenden chemischen Verhalten besonders ausprägt, wird jede Schematisierung in analytischer Hinsicht immer auf gewisse Schwierigkeiten stoßen.

Wir haben uns deshalb bemüht, außer den bereits bestehenden und eingehend besprochenen Vorschlägen für Ausführung qualitativer Analysen, eine Anzahl wichtiger Trennungsverfahren zu behandeln und außerdem noch Beispiele aus der Praxis beizufügen. Mit Hilfe dieser Unterlagen und der wichtigsten Reaktionen der einzelnen Platinmetalle hoffen wir, daß selbst der auf dem Gebiete der Platinmetalle weniger bewanderte Analytiker in der Lage sein wird, von sich aus einen von Fall zu Fall brauchbaren Analysengang zusammenzustellen. Ganz abgesehen davon, hat das analytische Arbeiten, ohne an einen starren Schematismus gebunden zu sein, seinen besonderen Reiz, worauf auch schon von W. Biltz (S. 7 des Originals) hingewiesen wird. Daß gerade bei der analytischen Behandlung der Platinmetalle für erfolgreiches Arbeiten auch die persönliche Erfahrung und Geschicklichkeit eine große Rolle spielen, ist im Hinblick auf die Schwierigkeiten, denen der Analytiker auf diesem Arbeitsgebiet immer begegnen wird, selbstverständlich.

§ 12. Extreme Sonderfälle.

A. Über die Prüfung hochreiner Platinmetalle auf Verunreinigungen.

Es kommen zwei Prüfungsarten in Betracht, nämlich die chemische und die physikalische Prüfung.

1. Allgemeines.

Die Prüfung auf chemischem Wege ist bei sämtlichen Metallen in hochreinem Zustand von jeher ein besonders schwieriges Kapitel gewesen. Doch sind, namentlich in der Eisen- und Stahlindustrie, bei Untersuchung der verschiedenen Eisen- und

[1] Vgl. hierzu Hradecky, ferner Michel sowie Strebinger nebst Strebinger und Holzer.
[2] Vgl. hierzu besonders W. Biltz.

Stahlsorten, auch mit rein chemischen Hilfsmitteln in den vergangenen Jahrzehnten recht beachtliche Fortschritte erzielt worden. Soweit die Patinmetalle in Betracht kommen, hat seit etwa 20 Jahren neben der chemischen Analyse die Spektralanalyse nicht nur bei der qualitativen Analyse, sondern auch bei der quantitativen Bestimmung der Verunreinigungen ausgezeichnete Erfolge aufzuweisen.

Bei geringstem Materialverbrauch werden die Ergebnisse in kürzester Zeit erhalten. Diese rein physikalische Methode erfordert aber, außer gründlicher Kenntnis und hinreichender praktischer Erfahrung auf diesem Gebiete, eine ziemlich kostspielige Apparatur, die sich leider nicht alle Werke und Institute werden leisten können und die dieserhalb in der Hauptsache auf den chemischen Weg angewiesen sind.

Die bereits im allgemeinen Teil der qualitativen Analyse der Platinmetalle geschilderten Schwierigkeiten, die namentlich in dem besonderen chemischen Verhalten der Platinmetalle in gemeinsamer Lösung, noch dazu in Gegenwart gewisser Unedelmetalle, ihre Ursache haben, können naturgemäß bei der Prüfung der hochreinen Metalle dieser Gruppe sogar noch in verstärkter Form erscheinen. So kann z. B. das bei Fällungen durch Adsorption und Mischkrystallbildung bedingte „Mitreißen" fremder Edelmetalle, besonders bei den hochreinen Platinmetallen, den Wert der Prüfung vollständig in Frage stellen. Beispiel: Das Verhalten des Iridiums bei der Fällung des Platins als Salmiak. (Es können unter Umständen bis zu 50% und mehr des vorhandenen Iridiums hierbei mit „niedergerissen" werden!)

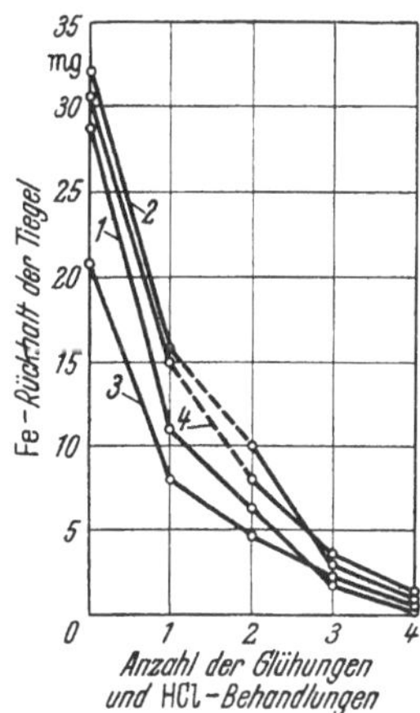

Abb. 9. Reinigung eines oberfl. mit Fe legierten Pt-Bleches.

Es wäre deshalb verfehlt, wollte man versuchen, einen für alle vorkommenden Fälle gültigen Analysengang aufzustellen. Es sollen vielmehr nur allgemeine Richtlinien angegeben und Vorschläge auf Grund praktischer Erfahrungen darüber gemacht werden, welcher Weg in dem einen oder anderen Falle voraussichtlich der zweckmäßigere sein dürfte. Ferner soll hierbei die Anwendbarkeit der am geeignetsten erscheinenden Reaktionen kurz gestreift werden.

2. Vorbereitende Arbeiten.

Zur Verhütung von Verfälschungen muß zunächst für vollkommen einwandfreie Oberflächenbeschaffenheit des Probematerials gesorgt werden. Das geschieht in der Praxis im wesentlichen durch Behandlung der Proben mit heißen konzentrierten Säuren (mit Ausnahme von Königswasser und beim Vorliegen von Palladium und Osmium auch von konz. HNO_3). In manchen, besonders hartnäckigen Fällen benutzt man zu diesem Zwecke auch schmelzendes Pyrosulfat. Handelt es sich dabei aber um Palladium oder Rhodium, die von schmelzendem Pyrosulfat stark angegriffen werden, dann verwendet man schmelzende Soda und läßt eine Säurenachbehandlung folgen, und zwar mit verd. HCl beim Palladium (unter Umständen Luftausschluß)[1] und konz. HNO_3 beim Rhodium. Meist wird eine Behandlung mit HF und HCl genügen.

Liegt der Fall vor, daß Verunreinigungen bereits zur teilweisen Legierung mit dem Platinmetall geführt haben[2], wie es z. B. beim Eisen als Verunreinigung häufig

[1] Vgl. Palladium, S. 60, unter d, Absatz 3.

[2] G. Bauer: Über Korrosionserscheinungen an Platingeräten, Aschebestimmung im Koks. Ch. Z. 62, 257 (1938); ferner Mylius und Hüttner sowie H. und W. Biltz. Vgl. Abb. 9.

der Fall ist, so muß der Platingegenstand (z. B. Blech) längere Zeit kräftig oxydierend geglüht werden. Hierbei diffundiert das Eisen an die Oberfläche, wo es oxydiert wird und mit Säuren entfernt werden kann (BAUER). Zur restlosen Entfernung stark geglühten Eisenoxyds empfehlen SAINTE-CLAIRE DEVILLE und STAS eine mit HCl stark angesäuerte Lösung von $(NH_4)J$. Vgl. z. B. Abb. 9.

3. Chemische Prüfung.

I. Aufschließen und Auflösen[1]. Die in der oben geschilderten Weise gereinigten Proben werden, nach Reduktion in Wasserstoff, je nach ihrer Löslichkeit entweder mit Königswasser, Salpetersäure, Hypochlorit (nasser Weg) behandelt oder mit Sauerstoff (Osmium!) oder Chlor (Rhodium, Iridium) bei höheren Temperaturen (trockener Weg). In der Hauptsache aus Osmium oder Ruthenium bestehende Proben werden auch nach dem Aufschluß mit alkalisch oxydierender Schmelze, Ruthenium, Iridium und Rhodium aber auch meist (nach Cl_2-Behandlung) dem $NaCl$-Cl_2-Aufschluß bei höheren Temperaturen und anschließender Destillation der wäßrigen Aufschlüsse mit Salpetersäure oder Chlor (gemischter trocken-nasser Weg) unterworfen. Da stark alkalisch oxydierende Schmelzen die Schmelzgefäße recht erheblich angreifen können, ist in diesem Falle mit Verunreinigungen des Analysenmaterials durch das Metall der Schmelzgefäße zu rechnen.

Ist bei Verwendung des nassen oder trockenen Weges Rücksicht auf das als Tetroxyd leicht flüchtige Osmium zu nehmen, so müssen der oben erwähnte Lösevorgang unter Benutzung von Säuren, ebenso wie die Sauerstoffbehandlung bei höheren Temperaturen, in geschlossener Apparatur durchgeführt werden (siehe Analysenbeispiele Nr. I, S. 228, und Nr. II, S. 236).

Die Überführung in die wasser- oder säurelösliche Form vollzieht sich beim Vorliegen von Platin oder Palladium in geeigneter Form, wie z. B. als Folie, glatt durch einfaches Auflösen in den betreffenden Säuren[2]. Beim Osmium und Ruthenium in feiner Verteilung und gut reduzierter Form gelingt das ebenso mit Hypochlorit oder unter Zuhilfenahme von Destillationsmethoden, wie z. B. der Chlordestillation oder der Sauerstoffbehandlung des Osmiums bei höheren Temperaturen, nötigenfalls mit $NaCl$-Cl_2-Aufschluß bei metallischen Rückständen von der Destillation. Dagegen müssen grobkrystallines Iridium oder Rhodium, ferner Ruthenium im grobkörnigen Zustand zuvor mit der Zinkschmelze aufgeschlossen (desintegriert), d. h. in feine Bestandteile zerlegt werden. Liegen Iridium, Rhodium und Ruthenium in geschmolzener kompakter Form vor, dann muß dem Zinkaufschluß noch eine mechanische Zerkleinerung auf der Stahlplatte oder im Diamantmörser vorangehen. Derart vorzerkleinerte Proben müssen aber besonders sorgfältig von beigemengten oder oberflächlich anhaftenden Verunreinigungen unter Zuhilfenahme der oben angegebenen Reinigungsmittel befreit werden. Vgl. hierzu BRUNCK.

II. Entfernung des Hauptmetalles und Analysengang. Der schwierigste Teil bei der Prüfung hochreiner Metalle auf Verunreinigungen ist bekanntlich die möglichst vollständige Abtrennung[3] des Hauptmetalles von den Fremdmetallen (Verunreinigungen). Der Vorgang wird um so schwieriger, je reiner das zu prüfende Ausgangsmetall ist, je größer also die Anforderungen sind, die an den Reinheitsgrad der betreffenden Metalle gestellt werden. Beginnen schließlich die Nachweismethoden unsicher zu werden, so ist eine weitere Steigerung der Genauigkeit der Analysenbefunde nur dadurch möglich, daß von noch größeren Mengen Analysen-

[1] Vgl. hierzu Aufschlußmethoden, Analysengang, S. 203ff.

[2] Bei sehr dünnen Folien läßt sich z. B. der Osmiumnachweis sogar bereits durch längeres Erhitzen der Folien im Sauerstoffstrom im geschlossenen Verbrennungsrohr und bei vorgelegter KOH führen. Vgl. hierzu: Vorprobe, S. 203.

[3] Nach MYLIUS ist die chemische Prüfung sehr reiner Metalle nur durchführbar, wenn die fraktionierte Krystallisation bestimmter Salze in den Gang der Analyse eingefügt wird.

material ausgegangen wird, oder spezifische Reagenzien von noch größerer Schärfe bzw. Empfindlichkeit, also noch niedrigerer Erfassungsgrenze, verwendet werden.

Sehr eingehend haben sich MYLIUS und MAZZUCCHELLI[1] mit der Untersuchung hochreinen geschmolzenen Platins befaßt. Sie erreichten nach der Auflösung die Trennung der Hauptmasse des Platins von den Verunreinigungen durch Überführung des Metalles in das komplexe $Na_2PtCl_6 \cdot 6H_2O$, das durch wiederholte Krystallisation aus schwach sodaalkalischer Lösung gereinigt wurde. Ferner machten sie sich dabei die Erfahrung zunutze, daß das Na-Platinchlorid in absolutem Alkohol leichter löslich ist als in solchem von 95% und brachten dieses Salz aus der alkoholischen Lösung mit Wasser zur Abscheidung. Da außerdem Na-Platinchlorid zur Mischkrystallbildung (im Gegensatz z. B. zum entsprechenden Salmiaksalz) nur wenig Neigung zeigt, konnte durch die beschriebene Behandlung das Platin, bis auf geringe Beträge, als von Verunreinigungen völlig freies $Na_2PtCl_6 \cdot 6H_2O$, abgesondert werden.

Die fremden Metalle endlich, die in dem hochreinen Platin nachzuweisen waren, befanden sich entweder in den Mutterlaugen der Krystallisation oder als Niederschläge auf Filtern. Sie wurden in HCl gelöst und mit den Mutterlaugen vereint eingedampft. Die weitere Isolierung der einzelnen Verunreinigungen und deren Bestimmung wird eingehend geschildert. Nachgewiesen wurden außer Gold Iridium, Palladium neben Eisen, Nickel, Kobalt im Gesamtbetrage von etwa 0,01%. Das von der Firma W. C. Heraeus GmbH., Hanau, bezogene Blech war mit HCl von Eisen befreit worden. Es enthielt mithin 99,99% Pt. Demgegenüber weist das zur Zeit von den Platinschmelzen hergestellte hochreine Platin Reinheitsgrade von mehr als 99,999% Pt auf.

Der Fortschritt in der Reindarstellung von Platin im Verlaufe von 40 Jahren kommt durch die Heraufsetzung der Reinheitsgrenze um mehr als eine Zehnerpotenz dabei sehr instruktiv zur Geltung.

Verhältnismäßig einfach gestaltet sich auch die Trennung der Verunreinigungen vom Hauptmetall bei der Prüfung von hochreinem Palladium sowie Osmium und Ruthenium. Palladium löst sich bekanntlich bereits in konz. HNO_3. Eine gründliche Reinigung des Palladiums läßt sich z. B. unschwer über das Palladium(II)-diamminchlorid erreichen.

Osmium und Ruthenium werden durch Destillationsverfahren nicht nur vollständig von den nichtflüchtigen Verunreinigungen, sondern auch voneinander getrennt und lassen sich in den Destillationsvorlagen sogar nebeneinander in Gegenwart von HCl mit Thioharnstoff und $SnCl_2$ nachweisen (vgl. Osmium, S. 174). Der nichtflüchtige Rückstand wird in die wasser- oder säurelösliche Form gebracht und die Lösung auf Verunreinigungen nach bekannten Methoden geprüft.

Größere Schwierigkeiten bieten Rhodium und Iridium. Doch stehen auch in diesem Falle brauchbare Reaktionen sowohl auf nassem wie trockenem Wege zur Verfügung, um nach der Abtrennung das Hauptmetall auf höchste Reinheit zu bringen. Der Nachweis der Verunreinigungen im Rückstand und in den Restlaugen wird sich ohne besondere Schwierigkeiten durchführen lassen.

Im weiteren Gang der Analyse lassen sich in schwach saurer Lösung mit der kalten H_2S-Fällung neben Gold und Palladium die Unedelmetalle der H_2S-Gruppe (Thiobasen) von den übrigen Sulfiden der Platinmetalle trennen, die in stark saurer Lösung, zum Teil unter Druck, allmählich erst bei der Siedetemperatur des Wasserbades vollkommen abgeschieden werden. Mit der Auflösung dieser Sulfide bei der Chlordestillation kann ohne weiteres die Prüfung auf Ruthenium (und falls vorhanden, auch auf Osmium) verbunden werden. Vgl. auch „Über die Trennung und den Nachweis von Unedelmetallen in Gegenwart der Platinmetalle und Gold" S. 225ff. unter C.

[1] Vgl. auch GRIGORJEFF.

Zur weiteren qualitativen Prüfung wird man sich sodann gegebenenfalls der Hydrolyse in Verbindung mit der Methode von MYLIUS und MAZZUCCHELLI bedienen oder des Ausschüttelverfahrens nach WÖLBLING.

Was den Reinheitsgrad der Platinmetalle anbelangt, so werden auf Grund einer von MYLIUS für die Reinigungsstufen der Metalle im allgemeinen angegebenen Einteilung für Platin die in nachfolgender Tafel G aufgestellten Reinheitsgrade unterschieden.

Tafel G.

Reinheitsstufe	Bezeichnung	Reinheitsgrad
1	Bijouterieplatin	mindestens 95% Platin
2	Technisch reines Platin	mindestens 99,5% Pt-Metalle, davon 99% Platin,
2	Geräteplatin	höchstens 0,3% Iridium und 0,1% andere Metalle
3	Chemisch reines Platin	höchstens 0,1% Beimengungen
4	Physikalisch reines Platin	höchstens 0,01% Beimengungen
5	Spektralreines Platin	über 99,999% Platin

(W. GEIBEL, W. GERLACH.)

Für die in der Hauptsache als Legierungsmetalle in Betracht kommenden Platinbeimetalle werden, je nach dem Verwendungszweck, im allgemeinen Reinheitsgrade von etwa 99 bis 99,99% gefordert. Doch können in besonderen Fällen auch bei den Platinbeimetallen (Rhodium) Reinheitsgrade in Frage kommen, die denen des Platins wenig oder kaum nachstehen (Pt-Rh-Thermoelemente).

III. Ca und Mg im reinen, geschmolzenen Platin[1] **und ihr Nachweis.** Zu beachten ist schließlich noch, daß Platin bei *reduzierendem Schmelzen* Ca und Mg aus den Schmelztiegeln aufnehmen kann.

Prüfung auf Ca und Mg: Aus der Lösung wird zunächst das Platin in der bei der Prüfung auf Phosphor angegebenen Weise (vgl. Platin, S. 56, unter VIII, ferner Iridium, S. 117) abgeschieden. Nach Zerstörung des Überschusses an Hydraziniumsalz im Filtrat mit Brom[2] werden Ca und Mg, wie bekannt, in der 5. und 6. Gruppe nachgewiesen. Für einwandfreies Gelingen ist das Arbeiten in Gefäßen aus geschmolzenem reinstem Bergkrystall Vorbedingung. Am zweckmäßigsten ist die spektralanalytische Prüfung.

B. Nachweis der Platinmetalle (neben Gold und Silber) in Roherzen.

1. Der trockene Weg (Konzentrationsarbeit).

In den Nickel-Kupfer-Erzen z. B. des bekannten Sudbury-Distriktes in Kanada kommen die Platinmetalle größtenteils nur in sehr starker Verdünnung vor. Deshalb und wegen ihrer ungleichmäßigen Verteilung im Roherz müssen zunächst größere Mengen von diesen Erzen so weit konzentriert werden, daß die sämtlichen Edelmetalle überhaupt erst erfaßt und mit den zur Verfügung stehenden chemischen oder Probiermethoden mit Sicherheit nachgewiesen werden können.

Das kann in der bereits beim Platin, S. 55, unter VII geschilderten Weise erfolgen oder auch dadurch, daß man, um hierbei die für eine zuverlässige Probe benötigte Menge von etwa 5 bis 10 mg Platinmetalle mit Sicherheit zu erfassen, eine größere Menge des Erzes, etwa 50 bis 100 Probiertonnen (1,3 bis 2,6 kg), in einem größeren Schamottetiegel auf einmal schmelzt und die Platinmetalle auf diese Weise in einem sog. Stein (englisch: matte) ansammelt (LATHE). Dieser Stein besteht in der Hauptsache aus den Sulfiden des Nickels, Kupfers, Eisens und enthält die Platinmetalle entweder als solche oder auch als Sulfide, wahrscheinlich aber in fester Lösung (vgl. S. 14, Vorkommen).

[1] GRIGORJEFF. [2] W. BILTZ.

Für die Bestimmung der sämtlichen Platinmetalle wird z. B. von LATHE empfohlen, die Roherzproben in dreifacher Ausführung, und zwar jede zu 25 kg in einem gasgefeuerten Tiegelofen mit geeigneten Flußmitteln, wie oben angegeben, auf einen Stein zu schmelzen. Durch den zuletzt genannten Schmelzvorgang wird zunächst eine Konzentration von 10:1 erreicht. Beim Behandeln des Steines mit HCl (1 + 1) läßt sich durch Auflösen der Sulfide des Eisens und Nickels eine weitere Anreicherung von 5:1 herbeiführen. Der unlösliche Rückstand, der neben Kupfersulfid noch die Edelmetalle enthält, wird auf mehrere Schamottetiegel verteilt und mit Bleiglätte [1] geschmolzen [2].

Bei diesem Schmelzvorgang werden noch vorhandene Schwefelmetalle, wie z. B. Schwefelkupfer, Reste von Schwefelnickel, Schwefeleisen u. dgl., unter Bildung von SO_2-Gas als Oxyde in Gegenwart von etwas Borax leicht verschlackt. Aus der hinzugesetzten Bleiglätte wird gleichzeitig Blei regulinisch ausgeschieden, das als Sammler für die Edelmetalle dient.

$$\text{Metallsulfide} + 3\,PbO \rightarrow \text{Metalloxyde} + 3\,Pb + SO_2.$$

Es wird so lange Bleiglätte hinzugesetzt, als noch SO_2-Geruch entsteht. Fehlt es an Sulfidschwefel im Reaktionsgemisch, so wird krystallisierter Bleiglanz hinzugefügt.

Nach Beendigung des Schmelzens werden die völlig erkalteten Tiegel aufgeschlagen und die äußerst spröden Bleikönige vorsichtig ausgeschlackt [3]. Durch wiederholtes Ansieden der Bleikönige mit Kornblei [4] und kräftiges oxydierend verschlackendes Schmelzen wird mit der Hauptmenge des Bleies schließlich auch

Schema für die Konzentrationsarbeit
beim Verschmelzen Cu-Ni-haltiger Magnetkiese aus Sudbury (Kanada)
nach F. E. LATHE. Canadian J. Res. 18, 338 (1940).

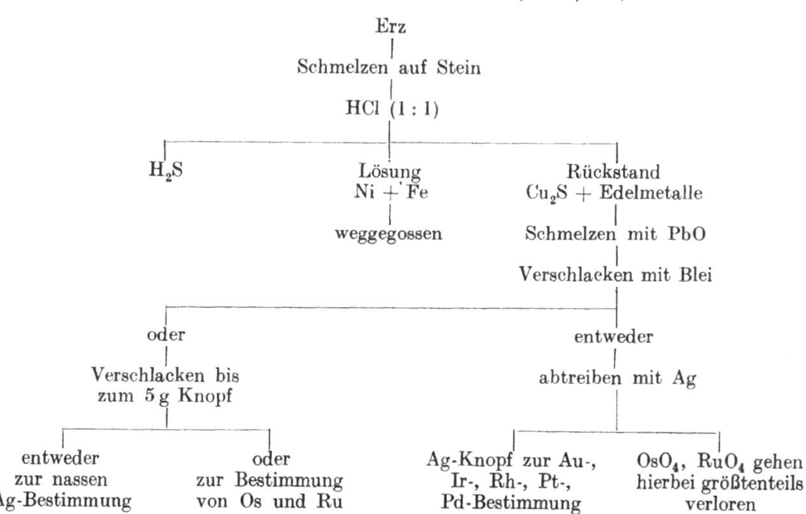

Anmerkung: Im Falle des Verschlackens „bis zum 5 g-Knopf" wird dieser am zweckmäßigsten nach dem „Aufschluß durch die Bleischmelze" behandelt. Vgl. S. 234 unter Ziffer 3 und S. 235.

[1] Bleiglätte (PbO) kann bis zu 0,001% Ag und Spuren Gold enthalten (SCHIFFNER, S. 52).
[2] Siehe auch GRAHAM-OTTO, S. 1403 (1889), ferner GM., Syst. Nr. 68, Pt (A) 527 (1940).
[3] Vgl. auch S. 235, Fußnote 1.
[4] Über Edelmetallgehalte im Kornblei, siehe S. 239, Fußnote 5.

der Rest des Kupfers und der sonstigen Verunreinigungen verschlackt. Nach Abkühlung der Schmelzen werden die Könige, wie oben, ausgeschlackt. Da Iridium, Ruthenium und Osmium sich bekanntlich nicht mit Blei legieren, ist beim Ausschlacken der Bleikönige, um keine Verluste zu erleiden, besondere Vorsicht geboten.

Bei den geschilderten Konzentrationsvorgängen wird im wesentlichen auch das in den Erzen enthaltene Nickel entfernt, durch dessen Anwesenheit die vollständige Aufnahme der Platinmetalle im Blei erschwert wird (SEATH und BEAMISH). Nach hinreichender Konzentrierung der Bleikönige bis auf einen wird nach Zusatz der 20fachen Menge Quartiersilber (bezogen auf das Gesamtgewicht der vorhandenen Platinmetalle plus Gold) schließlich abgetrieben. Die Scheidung der nach beendetem Treiben erhaltenen Silberknöpfe erfolgt in der Hauptsache auf nassem Wege. Der Nachweis der Platinmetalle in den Silberknöpfen kann auch mit Hilfe der Spektralanalyse geführt werden.

2. Der nasse Weg.

Er ist im wesentlichen der gleiche, wie im Beispiel Nr. III angegeben. Über Abänderung des Verfahrens zwecks Nachweis von Os und Ruthenium siehe S. 239.

Über Vorsichtsmaßregeln zur Verhütung von Täuschungen siehe Platin, S. 55 unter 1.

Gemessen an der Menge des für die qualitative Prüfung benötigten Ausgangsmaterials und dem Aufwand bei Durchführung der Untersuchungen, wie sie z. B. der Nachweis der Platinmetalle in Roherzen[1] erfordert, sind solche Analysen ebenso wie die Prüfung hochreiner Metalle auf Verunreinigungen den „*extremen Sonderfällen*" hinzuzuzählen. In beiden Fällen ist eine einwandfreie Prüfung erst dann durchführbar, wenn es gelungen ist, den „störenden Ballast" (bei den hochreinen Edelmetallen das Hauptmetall, bei den Roherzen das taube Gestein samt den unedlen Begleitmineralien) möglichst vollständig von den in Frage kommenden Edel- und Unedelmetallen abzutrennen und zu beseitigen. Dem Reinheitsgrad des abgeschiedenen Hauptmetalles steht mithin der Reinheitsgrad („rein" hier im Sinne von edelmetallarm!) der geschmolzenen Schlackenmasse gegenüber. Zu beachten ist hierbei noch, daß das Verhältnis Aufwand zu (dem damit zu erzielenden) Reinheitsgrad in beiden Fällen um so ungünstiger wird, je reiner (für die Schlacke: edelmetallärmer) das Ausgangsmaterial ist.

Die Probleme sind also nicht mehr rein analytischer Natur, sie liegen mindestens ebenso sehr, wenn nicht sogar noch stärker, auf dem Gebiete der „Präparativen Chemie" (Fall I), wie im Falle II auf dem Gebiete der Dokimasie oder Edelmetall-Probierkunde, von der Kostenfrage ganz abgesehen.

Da man nun z. B. im Falle I (hochreine Edelmetalle) mit Hilfe physikalischer Methoden unter geringstem Material- und Zeitaufwand zum Ergebnis gelangen kann, werden derartige „*extreme Fälle der Spurensuche*" immer ein bevorzugtes Betätigungsfeld für physikalische Prüfungsmethoden sein und bleiben. Ganz besonders trifft das aber für die *Spektralanalyse* zu. Wenn man auch mit Hilfe elektrischer Messungen in der Lage ist, den Reinheitsgrad der zu prüfenden Metalle mit höchster Genauigkeit festzustellen, so besitzt demgegenüber doch die Spektralanalyse den großen Vorzug, daß sie als einzige von den physikalischen Methoden über die qualitative und quantitative Zusammensetzung der zu prüfenden Metalle einwandfrei Auskunft geben kann. Dagegen wird, vorerst wenigstens, im Falle II die Dokimasie, besonders bei der Konzentrationsarbeit[1], auch weiterhin ihren Platz behaupten, obgleich es mit Hilfe der Spektralanalyse auch möglich ist, Schlacken als solche unmittelbar, anstatt wie sonst üblich mittelbar, über die Bleischmelze auf Edelmetalle zu prüfen (vgl. auch CL. PETERS).

---

[1] Siehe S. 244 und Platin, S. 55, unter 1.

C. Physikalische Prüfungsmethoden.

Als solche kommen, *außer der Spektralanalyse*, nur noch *Elektrische Messungen* in Betracht. Siehe hierzu Platin, S. 56; siehe auch GRIGORJEFF.

Literatur.

BILTZ, W.: Ausf. Qual. Anal. (1939).

DUPARC, L., u. M. TIKONOWITSCH: Le platine usw., S. 223 (1920). Impr. „Sonnor", Genf.

GRIGORJEFF, A. T.: Z. anorg. Ch. **178**, 213 (1929).

HRADECKY, K.: Die Strichprobe der Edelmetalle. Wien: Springer 1930.

IWANOFF, W. N.: J. Russ. phys.-chem. Ges. **50**, 460 (1918); durch C. **94 IV**, 135, (1923); Fr. **64**, 408 (1924).

LECOQ DE BOISBAUDRAN: C. r. **96**, 1338 (1883).

MICHEL, F.: Edelmetall-Probierkunde, nebst einigen Unedelmetallbestimmungen. Berlin: Springer 1927. — MYLIUS, F., u. A. MAZZUCCHELLI: Z. anorg. Ch. **89**, 1 (1914).

PETERS, CL.: Mikrodokimastische Anreicherung und spektralanalytische Bestimmung der Edelmetalle.

RUSSEL, J. J., F. E. BEAMISH u. J. SEATH: Ind. eng. Chem. Anal. Edit. **9**, 475 (1937); durch C. **109 I**, 2595 (1938); Fr. **123**, 423 (1942).

SAINTE-CLAIRE DEVILLE, H., u. J. S. STAS: Procès verbaux, Comité intern. des Poids et Mesures, S. 185 (1877). — SCHIFFNER, C.: Probierkunde (1912). — SEATH, J., u. F. E. BEAMISH vgl. RUSSEL, BEAMISH u. SEATH; ferner bei F. E. LATHE: Canad. J. Res. **18**, 344 (1940). — STREBINGER, R.: Anwendung der Mikroanalyse bei Untersuchungen von Edelmetall-Legierungen. Mikrochemie **X**, 306 (1931/32). — STREBINGER, R., u. H. HOLZER: Zur Anwendung der Mikroanalyse im Punzierungswesen. Mikrochemie **8**, 264 (1930).

TREADWELL, F. P.: Anal. Chem. **1** (1930).

WÖLBLING, H.: B. **67**, 773 (1934).

Anhang.

Spektrochemische Analysenmethoden.

Von K. Ruthardt, Hanau.

Inhaltsübersicht.

Allgemeines.

Für den Nachweis der Platinmetalle eignen sich ganz besonders spektrochemische Methoden, da alle Platinmetalle eine genügende Anzahl empfindlicher und charakteristischer Linien besitzen. Es ist schon deshalb auch bei den ersten Entwicklungen der Spektralanalyse die Bearbeitung der Platinmetalle in Angriff genommen worden (vgl. Literaturangaben am Schluß). Diese Arbeiten sind heute deshalb teilweise überholt, weil die Entwicklung der Apparatur, insbesondere die der Spektrographen, erhebliche Fortschritte gemacht hat, wodurch der Nachweis in vielen Fällen eindeutiger geworden ist. Dies ist bei der Verwertung alter Literaturangaben zu berücksichtigen.

Bei der spektrochemischen Analyse der Platinmetalle wurde sowohl eine vorhergehende chemische oder dokimastische Trennung vor der spektrochemischen Prüfung durchgeführt als auch die direkte Spektralanalyse vorgenommen. Die erstere Methode ist vorwiegend bei der Prüfung von Erzen angewandt worden, während bei der Prüfung von metallischen Proben wohl ausschließlich die direkte Analyse ohne vorhergehende chemische Trennung zur Anwendung kommt. Dies ist dadurch möglich, daß immer genügend empfindliche Linien zur Verfügung stehen, um auch im Falle des Zusammenfallens einzelner Analysenlinien mit Linien des Grundmetalls eine sichere Entscheidung zu treffen. Ausnahmen sind lediglich folgende drei Fälle, die aber ohne praktische Bedeutung sind:

1. der Nachweis geringster Mengen Ru in Os,
2. der Nachweis geringster Mengen Os in Ru,
3. schließlich die Prüfung geringster Platinmengen in Pd.

Wichtig, wie bei allen spektrochemischen Methoden, ist vor allen Dingen die Art der Probe, die Lichtanregung und der verwendete Spektrograph.

Art der Probe.

Lösungen werden am besten nach dem Eintrocknen auf einer spektralreinen Kohle entweder in einer Funken- oder einer Bogenentladung untersucht. Vorzuziehen ist für diesen Fall die Bogenentladung. Auch eine Anreicherung durch Elektrolyse auf einer reinen Kupferelektrode von etwa 1 mm Durchmesser bei 2 Volt und 40 mA kann mit Erfolg verwendet werden. Im speziellen Fall des Palladiums wird eine Anreicherung durch Extraktion mit Dithizon und anschließendes Abfunken der Lösung empfohlen.

Bei der Analyse von Erzen werden die durch den Aufschluß gewonnenen Blei- oder Silberreguli entweder in der Höhlung einer Kohleelektrode oder, falls sie nicht zu klein sind, direkt als Elektroden verwendet.

Metallpulver, wie etwa Platinschwamm, werden zu Stäbchen von 1—3 mm Durchmesser oder kleinen Körpern entsprechender Abmessungen gepreßt und ebenso wie Drähte, Blechstücke und dergleichen direkt als Elektroden verwendet.

Lichtquellen.

In der Acetylen-Sauerstoff-Flamme lassen sich Palladium, Rhodium und Ruthenium nachweisen. Die Nachweisempfindlichkeit der Platinmetalle ist jedoch bei dieser Anregungsart keine besonders hohe, so daß in der Regel elektrische Anregungsarten den Vorzug verdienen. Es kommt hier der kondensierte Funken, der Dauerbogen, besonders sein Kathodenglimmlicht, und ganz besonders der Abreißbogen in Frage. Handelt es sich um den Nachweis kleinster Mengen, so ist der Abreißbogen am geeignetsten, da seine Empfindlichkeit am größten ist.

Der Dauerbogen kann bei Spannungen zwischen 60 und 220 Volt bei Stromstärken von 5—10 Ampere, der Abreißbogen bei etwa 3—5 Ampere betrieben werden. Die Spektren des Abreißbogens besitzen gegenüber dem Dauerbogen den Vorteil, daß die im langwelligen Teil des ultravioletten Spektrums liegenden Nachweislinien erheblich weniger durch Banden und Untergrund gestört werden. Für die Anregung im kondensierten Funken eignet sich jede gesteuerte Entladung, wie sie beispielsweise der Funkenerzeuger nach FEUSSNER liefert. Es ist zu empfehlen, die Kapazitäten über 10000 cm zu vermeiden, da auch hier im langwelligen Teil des ultravioletten Gebietes, in dem eine ganze Anzahl wichtiger Nachweislinien liegen, Störungen durch zu starken Untergrund eintreten. Falls ein FEUSSNER-Funkenerzeuger verwendet wird, kann mit der Stufe 2 gearbeitet werden.

Es ist notwendig, bei der Analyse der Platinmetalle die Funkenstrecke unter einen gut ziehenden Abzug zu stellen, da beim Funkenübergang zwischen Platinelektroden Erkrankungen der Atmungsorgane festgestellt worden sind, die möglicherweise auf eine schädliche positive Ionisierung der Luft zurückzuführen sind.

Spektrograph.

Es kann sowohl mit Gitter- als auch mit Prismenspektrographen gearbeitet werden. Von grundsätzlicher Bedeutung ist aber die Auflösung sowie die Schärfe der Abbildung. Das Spektrum zwischen 2500—4000 Å soll mindestens eine Länge von 12 cm besitzen.

Der in der folgenden Aufstellung gegebene Nachweis der Platinmetalle nebeneinander ist mit einem Prismenspektrographen obiger Dispersion durchgeführt. Als Anregungsart wurde der Abreißbogen und der kondensierte Funken verwendet, bei der Prüfung von Osmium vorwiegend der letztere, z. B. FEUSSNERscher Funkenerzeuger. Die Reihenfolge der angegebenen Linien entspricht etwa ihrer spektralen Empfindlichkeit. Die Aufstellung ist so abgefaßt, daß angegeben wird, welche Linie für die jeweilige Analyse verwendet werden kann und wo sie gestört wird. Linien, die bei Konzentrationen von unter 0,5% Gehalt des einen Metalls im anderen oft nicht mehr auftreten, oder nur schwach, sind nicht berücksichtigt. Die Frage, ob in einem Metall noch geringste Spuren vorhanden sind oder nicht, ist, wie erwähnt, zweifelhaft bei Platin in Palladium, Platin in Osmium, Ruthenium in Osmium und Osmium in Ruthenium.

Iridium.

Å 3220,8 ist die empfindlichste Iridiumlinie und in allen anderen Platinmetallen zum Nachweis verwendbar. Im Falle des Rutheniums und beim Spurennachweis auch in Osmium ist auf gute Dispersion zu achten.

3133,8 eignet sich besonders gut zum Nachweis in Platin und Palladium, ist auch in Osmium und Rhodium verwendbar, nicht dagegen in Ruthenium.

Å 2924,8 ist in Platin, Ruthenium und Rhodium verwendbar. In Osmium bei sehr guter Dispersion, in Palladium nicht mehr für Spuren.

2849,7 ist verwendbar in Osmium, Palladium, Platin und Rhodium, in Ruthenium im Abreißbogen.

2639,7 ist besonders leicht mit der verhältnismäßig starken Platinlinie 2639,3 zu verwechseln. Sie kann aber in Osmium und Palladium zum Nachweis verwendet werden, in Rhodium und Ruthenium nur im Abreißbogen, und selbstverständlich nicht in Platin.

Osmium.

Å 2909,1 ist die beste Linie, die für die Analyse von Rhodium, Iridium, Palladium (nur im Funken) und Platin verwendet werden kann.

3058,7 eignet sich besonders für den Nachweis in Platin und Palladium, ist auch für Iridium verwendbar. Bei Rhodium ist sehr gute Dispersion erforderlich, ebenso bei Ruthenium.

3301,6 ist nicht zu verwenden, da sie mit einer empfindlichen Platinlinie zusammenfällt.

Palladium.

Å 3404,6 ist die beste Linie für den Palladiumnachweis, da sie nicht nur die empfindlichste Palladiumlinie, sondern auch für den Nachweis in allen anderen Platinmetallen brauchbar ist.

3634,7 ist besonders gut für Iridium und Rhodium, für Platin und Osmium ist sie brauchbar, dagegen nicht für Ruthenium.

3242,7 ist verwendbar in Osmium, Platin, Rhodium und Ruthenium, in Iridium bei guter Dispersion.

3609,6 ist geeignet für Platin und Iridium, während sie in Rhodium, Ruthenium und Osmium nur durch Verstärkung zu erkennen ist, was aber nur bei sehr geringen Konzentrationen zu Schwierigkeiten führt.

Platin.

Å 3064,7 ist verwendbar für den Nachweis in Osmium und Rhodium, nicht dagegen für Palladium, Ruthenium und Iridium.

2659,4 ist brauchbar für den Nachweis in Iridium und Osmium, ferner die beste für den Nachweis in Palladium, im Abreißbogen für Rhodium und nicht brauchbar für Ruthenium.

2998,0 ist verwendbar in Osmium und Rhodium, mit Vorsicht in Iridium, Palladium und Ruthenium.

2702,4 ist brauchbar in Iridium, Osmium, Rhodium und Palladium, mit Ausnahme kleinster Mengen, ungünstig für Ruthenium.

2929,8 ist verwendbar in Osmium, Rhodium und Ruthenium, nicht dagegen in Iridium und Palladium.

2733,9 ist verwendbar in Iridium, Osmium, Palladium, Rhodium, nicht in Ruthenium.

2830,3 ist verwendbar in Osmium, Palladium, Rhodium und Ruthenium, in Iridium weniger gut. Die Linie ist an sich nicht sehr intensiv.

Rhodium.

Å 3434,9 ist die empfindlichste Linie, die in allen Platinmetallen verwendet werden kann. Es ist jedoch, besonders im Falle des Rutheniums, auf hohe Dispersion zu achten.

3692,4 eignet sich zum Nachweis in Osmium, Ruthenium, Platin. Weniger geeignet ist sie für Iridium und Palladium.

Å 3396,8 ist geeignet zum Nachweis in Iridium, Palladium, Platin, Ruthenium, in Osmium durch Verstärkung.

3658,0 kann verwendet werden zum Nachweis in Iridium, Palladium, Platin und Osmium, in Ruthenium durch Verstärkung.

3528,0 eignet sich zum Nachweis in Iridium, in den übrigen Platinmetallen ist sie nicht so eindeutig.

3502,5 eignet sich wieder für alle Platinmetalle, mit Ausnahme von Osmium, wo sie lediglich eine schwache Linie verstärkt.

Ruthenium.

Å 3799 eignet sich zum Nachweis in Osmium und Platin, nicht dagegen zum Nachweis in Iridium, Palladium und Rhodium.

3728,0 ist zu verwenden in Iridium, Osmium, Palladium, Platin und Rhodium.

3499,0 ist zu verwenden in Iridium, Palladium, Platin, nicht dagegen in Rhodium. Der Nachweis in Osmium ist an sich mit dieser Linie ebenfalls durchführbar. Es ist aber nicht eindeutig festgestellt, ob es sich um geringe Mengen Ruthenium handelt, die in Osmium enthalten sind, oder um eine Koinzidenz.

Nachweisempfindlichkeit.

Die Nachweisempfindlichkeit liegt in den Fällen, bei denen die Metalle auf die anderen Platinmetalle geprüft werden, im Funken zwischen 0,1 und 0,001%. Bei der Bogenanregung liegt sie in der Regel um eine Zehnerpotenz niedriger. Am empfindlichsten ist der Nachweis von Palladium, dann folgend Rhodium und Ruthenium, dann Platin. Am wenigsten empfindlich sind Osmium und Iridium festzustellen, bei denen aber im Bogen der Nachweis immer bis zu 0,01% erreicht werden kann. Beim Nachweis der Platinmetalle in Erzen werden im allgemeinen Mengen von 0,2 g je Tonne noch erfaßt.

Literatur.

Auer v. Welsbach, C.: Ber. Wien. Akad. **131 IIb**, 347 (1922) (Platin).

Baiersdorf, G.: Ber. Wien. Akad. **143 IIa**, 26 (1934) (Palladium).

Geilmann, W., u. F. W. Wrigge: Z. anorg. Ch. **210**, 382 (1933) (Palladium). — Gerlach, W., u. E. Riedl: D. chem. Emissionsspektralanal. III. Teil, Tabellen zur qual. Analyse. — Gerlach, W., u. K. Ruthardt: Festschrift Platinschmelze *Siebert* (alle Platinmetalle). Hanau 1931. — Goldschmidt, V. M., u. C. Peters: Nachr. Gött. Ges. 1932, S. 380 (Nachweis in Erzen).

Jolibois, P., u. R. Bossuet: C. r. **209**, 92 (1939) (Palladium).

de Laszlo, H.: Ind. eng. Chem. **19**, 1366 (1927) (Platin). — López de Ascona: Spektrochim. Acta II, 185 (1942) (in Erzen). — Lundegårdh, H.: Die quant. Spektralan. d. Elemente, Jena 1934. Bd. 2, S. 93 (allgemein).

Rohner, F.: Helv. **21**, 25, 30 (1938) (Palladium).

Schneider, Höhn u. Moritz: Festschrift Platinschmelze *Siebert*. Hanau 1931 (alle Platinmetalle). — Schleicher, A., u. N. Kaiser: Fr. **101**, 243, 245, 247 (1935) (Platin). — Seath, J., u. F. E. Beamish: Ind. eng. Chem. Anal. Edit. **10**, 536 (1938) (Palladium).

Todd, F.: J. chem. Educat. **15**, 242 (1938) (Palladium).

Betriebserfahrungen der Firma W. C. Heraeus GmbH., Hanau.